蒙特卡罗方法理论和应用

康崇禄 著

科学出版社

北京

内 容 简 介

本书比较全面系统地介绍蒙特卡罗方法的理论和应用. 全书 15 章, 前 8 章是蒙特卡罗方法的理论部分, 包括蒙特卡罗方法简史、随机数产生和检验、概率分布抽样方法、马尔可夫链蒙特卡罗方法、基本蒙特卡罗方法、降低方差基本方法、拟蒙特卡罗方法和序贯蒙特卡罗方法. 后 7 章是蒙特卡罗方法的应用部分, 包括确定性问题、粒子输运、稀薄气体动力学、自然科学基础、统计学和可靠性、金融经济学、科学实验和随机服务系统等应用模拟.

本书内容丰富, 给出许多算法和算例, 可供从事科学技术、工程、统计和金融经济等领域的研究人员以及高等院校研究生和本科生参考.

图书在版编目 (CIP) 数据

蒙特卡罗方法理论和应用/康崇禄著. —北京: 科学出版社, 2014
ISBN 978-7-03-041895-1

I. ①蒙… II. ①康… III. ①蒙特卡罗法–研究 IV. ①O242.28

中国版本图书馆 CIP 数据核字 (2014) 第 215342 号

责任编辑: 李 欣/责任校对: 胡小洁
责任印制: 吴兆东/封面设计: 陈 敬

科学出版社 出版
北京东黄城根北街 16 号
邮政编码: 100717
http://www.sciencep.com
北京凌奇印刷有限责任公司 印刷
科学出版社发行 各地新华书店经销
*
2015 年 1 月第 一 版 开本: 720 × 1000 1/16
2022 年 7 月第十次印刷 印张: 30 1/4
字数: 566 000
定价: 148.00 元
(如有印装质量问题, 我社负责调换)

修 订 说 明

本书第一版出版已经三年, 感谢科学出版社李欣编辑对出版和发行所做的努力, 感谢京东网广告部持续三年的广告所起的传播作用. 这次修订工作, 改正了一些错误, 增补了一些内容.

20 世纪 90 年代以前, 蒙特卡罗方法研究重心在美国, 主要应用领域是物理学; 90 年代以后, 研究重心转移到欧洲, 主要应用领域是统计学. 蒙特卡罗方法对统计学方法产生了深刻的影响, 蒙特卡罗统计学方法经过 20 多年发展, 统计学的传统方法发生了历史性变化, 蒙特卡罗模拟方法成了统计学的常用工具, 贝叶斯推断走出困境, 获得新生, 走向复兴, 开辟了广阔的应用前景. 鉴于上述情况, 第 13 章的统计学部分做了重写, 对蒙特卡罗统计学方法的模拟技术有关问题做了详细深入的分析, 比较切合目前蒙特卡罗统计学方法的发展状况. 蒙特卡罗统计学方法无需采用深奥的统计理论进行解释, 模拟方法相对简便但相当有效, 我国统计学界应当重视和顺应国际统计学界的这一变化. 英国剑桥大学开发的贝叶斯推断软件 OpenBUGS 的编程模式简便, 不用编程, 使用图形模式也可以得到模拟结果. 对第 13 章的统计学部分做了重写, 内容比较详细深入, 希望能对我国统计学方法研究人员有所帮助.

深穿透困难已经成为粒子输运最难解决的问题, 本书作者近年做了深入的研究, 以各向同性伽马射线单向面源入射各向异性散射的铅平板为例, 求解深穿透概率. 使用离散纵标数值方法和各种蒙特卡罗模拟方法, 计算模拟深穿透概率. 随着铅板厚度的增加, 直接模拟方法、统计估计技巧和小区域方法模拟得到的深穿透概率, 出现比离散纵标方法的深穿透概率越加偏低的现象, 而多级分裂方法的模拟结果比较接近离散纵标方法的计算结果, 多级分裂方法模拟结果不再出现深穿透概率越加偏低的现象, 有效地解决深穿透的困难.

离散事件是随机服务系统, 包括排队系统、库存系统和修理系统. 离散事件模拟是蒙特卡罗方法一个重要应用领域, 属于运筹学领域. 系统顾客数概率的计算模拟是排队问题的核心内容, 本书作者使用直接模拟方法和多级分裂方法进行模拟, 模拟方法得到的是暂态概率, 是实际排队系统顾客数概率, 而经典排队论解析方法得到的是稳态概率, 两者有较大的差别. 从事这个领域工作的人较多. 这次修订, 增补在第 15 章后面, 希望对他们有所帮助.

本书的附录已经收入到 "蒙特卡罗方法理论和应用程序代码", 因此这次修订取消了附录. 关于新增部分的程序代码将收入到 "蒙特卡罗方法理论和应用程序代码" 修订版中, 欢迎读者使用, 需要的读者可到科学出版社网站下载. 感谢科学出版社提供这次修订本书机会, 得以完善本书的内容.

从 1946 年算起, 蒙特卡罗方法已经走过 70 多年. 蒙特卡罗方法在理论方面已经比较完备, 应用还在不断扩展, 理论和应用发展相互相成, 将是无止境的. 有几个前沿研究领域和研究热点值得我们关注.

马尔可夫链蒙特卡罗方法, 当前主流算法都是近似的, 不是精确的. 马尔可夫链的预热期是多少, 样本相关有多大, 没有理论可预测, 需要进行算法诊断和监视. 人们期望出现一种精确的抽样方法, 1996 年 J. G. Propp 和 D. B. Wilson 提出的耦合过去算法和向前耦合算法是精确抽样方法, 是马尔可夫链蒙特卡罗方法发展的突破, 精确抽样方法尚不完善, 还在发展.

稀有事件模拟方法, 特别是多级分裂方法是一种样本分裂技巧, 是很有用的蒙特卡罗技巧, 综合运用样本分裂技巧可以解决很多复杂的问题, 降低方差, 提高效率, 提高精度. 多级分裂方法在稀有事件模拟中起了重要作用.

微制造技术模拟, 包括模拟退火算法在芯片和集成电路设计的应用、微蚀刻和微机电系统等, 将是 21 世纪技术发展的前沿领域, 是研究热点.

传统数据处理分析方法很难做大样本分析和图像分析, 大数据时代的大数据处理分析将碰到困难, 蒙特卡罗方法将是一种选择, 大样本分析和图像分析的蒙特卡罗方法是研究热点.

期权定价理论研究成果与金融市场的实际操作有非常紧密的联系, 被直接应用于金融交易实践并产生了很大影响, 推动衍生金融市场的发展. 上证期权交易上市, 开启我国的 "期权" 时代, 将促进国内期权定价研究的发展.

电子计算机的计算速度提高是有限的, 将来不久出现量子计算机, 其计算速度大大地提高, 计算机速度将不再是大规模蒙特卡罗模拟的瓶颈, 并行蒙特卡罗方法是研究热点.

本书没有介绍遗传算法和元胞自动机模型, 是作者认为其理论基础与蒙特卡罗方法没有多少关系. 两者的提出有其独特思想, 可以作为模拟方法研究.

康崇禄

2018 年 1 月于北京

序

蒙特卡罗方法引入国内, 是在 20 世纪 50 年代末. 从美国回来的徐钟济教授, 在安徽大学和中国科学院计算技术研究所讲授研究蒙特卡罗方法. 与此同时, 裴鹿成研究员在中国科学院原子能研究所开展蒙特卡罗方法研究, 在粒子输运领域做了许多实际应用工作. 1964 年到 1966 年, 原子能所理论室成立裴鹿成领导的 5 人专门研究小组, 本书作者是其中成员, 他们完成核爆炸中子和伽马射线输运蒙特卡罗模拟, 为核试验提供可靠的理论数据, 作出了贡献.

最近 30 年, 国外蒙特卡罗方法发展很快. 随机数产生方法和检验方法面目一新, 各种类型概率分布的随机抽样方法更加完善更为有效, 出现许多高效的蒙特卡罗方法. 蒙特卡罗方法应用领域扩展得很宽, 涵盖了科学技术、工程、统计和金融经济. 国外出版了许多关于蒙特卡罗方法的专著. 20 世纪 80 年代国内出版了裴鹿成和徐钟济的书, 对我国蒙特卡罗方法发展起了很大的促进作用. 此后, 偶尔有蒙特卡罗应用专题著作出版, 但是全面介绍蒙特卡罗方法理论和应用的著作很少, 满足不了广大读者的需要, 这可能是人才断层的影响.

本书作者早年跟随裴鹿成学习蒙特卡罗方法, 在利用蒙特卡罗方法解决核辐射输运、热辐射输运、稀薄气体动力学、系统分析和科学试验模拟等方面, 曾经取得过很好的成果. 由于有长期技术积累, 加上近年广泛深入地跟踪研究, 写成《蒙特卡罗方法理论和应用》一书. 本书比较全面系统地介绍蒙特卡罗方法的理论发展, 基本上反映应用发展情况. 本书的理论部分包括三种类型随机数产生和检验方法、三种类型概率分布的抽样方法和各种高效蒙特卡罗方法. 应用部分包括确定性问题、粒子输运、稀薄气体动力学、物理学化学生物学、滤波问题、数理统计学、可靠性问题、金融经济学和科学实验模拟等应用领域.

本书内容丰富, 比较系统全面, 具有较高实用价值. 本书的出版将填补国内最近 30 年蒙特卡罗方法理论方面出版物的空缺, 推动国内蒙特卡罗方法的发展. 人们面临的科学技术问题越来越复杂, 维数越来越高, 难度越来越大. 蒙特卡罗方法是解决高维复杂问题的有效方法, 是很有特色的计算模拟方法. 由于蒙特卡罗方法应用领域的扩展, 从事蒙特卡罗方法的科学工作者很多, 该书出版将对他们有所帮助.

2013 年 7 月 15 日于上海

前　　言

　　人们将蒙特卡罗方法比喻为"最后的方法"，是因为它可以解决其他数值方法不能解决的问题. 没有计算机就没有蒙特卡罗模拟，现在除非大规模并行蒙特卡罗模拟要用巨型机，目前每秒运算 10 亿次的微机，就可以做相当规模的蒙特卡罗模拟，本书的算例都是用微机完成的. 随着微机的普及和蒙特卡罗方法应用的不断扩展，蒙特卡罗模拟将进入家庭，在家里就能做蒙特卡罗模拟. 之所以写此书，除了乔登江院士在序中说的原因，再就是希望更多的人，特别是年轻同志，学习蒙特卡罗方法，更为广泛地利用蒙特卡罗模拟，解决更多的科学技术问题.

　　本书第 1 章是蒙特卡罗方法简史，由于历史资料的公开，现在已经可以比较真实地介绍蒙特卡罗方法的开创历史. 第 2~8 章是蒙特卡罗方法的理论部分，包括如下内容：真随机数、伪随机数和拟随机数的产生方法；随机数检验方法只是介绍严格的统计检验方法. 随机抽样方法有直接抽样方法、马尔可夫链蒙特卡罗方法和未知概率分布抽样方法. 除了降低方差基本技巧以外，还有许多高效蒙特卡罗方法，例如，互熵方法、稀有事件模拟方法、最优化蒙特卡罗方法、马尔可夫链蒙特卡罗模拟方法、拟蒙特卡罗方法、序贯蒙特卡罗方法和并行蒙特卡罗方法等. 并行蒙特卡罗方法只是给出并行随机数产生方法和并行抽样方法.

　　第 9~15 章是蒙特卡罗方法的应用部分，包括确定性问题、粒子输运、稀薄气体动力学、物理学化学生物学、数理统计学、可靠性问题、金融经济学和科学实验模拟. 粒子滤波和粒子分裂放在序贯蒙特卡罗方法叙述，还有许多应用领域没有包括在本书中. 蒙特卡罗方法的理论与具体实际应用之间有一座联系桥梁，就是基础应用方法. 掌握了基础应用方法，具体应用就比较容易些. 作者介绍蒙特卡罗方法的应用，不是着眼于应用领域的某个具体应用，而是着重于应用原理、基本概念和基本算法，不涉及那些繁杂的专业性很强的具体应用.

　　本书给出的算例，大多数经过作者在计算机上编程计算. 关于伪随机数产生和检验程序，只在附录给出 MT19937 伪随机数的程序. 拟随机数产生程序和算例程序，特别是拟随机数序列产生需要很多基础数据，由于篇幅限制，本书无法给出，需要的读者可以通过电子邮箱获取，作者的电子邮箱是 kangchonglu@sina.com.

　　裴鹿成先生是作者学习蒙特卡罗方法的启蒙老师，感谢裴先生的教诲. 张孝泽同志是作者的良师益友, 可惜他英年早逝. 感谢乔登江院士对本书写作和出版给予的关心和支持. 书中难免有不足之处, 敬请读者批评指正.

康崇禄

2014 年 4 月于北京

目　　录

第1章　蒙特卡罗方法简史

1.1　蒙特卡罗方法产生历史

1.1.1　启蒙时期历史

1. 蒲丰投针实验

蒙特卡罗方法的起源可以上溯到 18 世纪, 法国数学家蒲丰 (C.D.Buffon, 1777) 为了验证大数定律, 提出用随机投针实验估算圆周率. 传说蒲丰和他的朋友做过投针实验, 针长是两平行线距离的一半, 投针 2212 次, 相交 704 次, 得出圆周率 π=2212/704≈3.142. 历史上曾经有许多人做过蒲丰随机投针实验, 大都有历史记录. 做得比较好的是 1864 年 Fox 的实验, 在旋转的平台上进行, 针长是两平行线距离的 2.5 倍, 投针 590 次, 相交 939 次, 得出圆周率 π=5×590/939≈3.14164, 精确到 4 位数字. 尽管蒲丰投针实验结果的精度不高, 但它却演示了蒙特卡罗方法的随机抽样和统计估计的模拟思想. 图 1.1 为法国数学家蒲丰和随机投针实验.

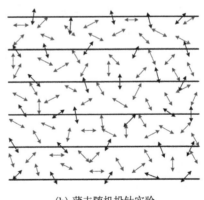

(a) C.D.Buffon(1707~1788)　　　　　　　　(b) 蒲丰随机投针实验

图 1.1　法国数学家蒲丰和随机投针实验

2. 费米模拟装置

费米 (E.Formi) 是意大利裔美籍物理学家和数学家, 他首先在实验室实现中子链式反应, 曾经参加美国研制原子弹的曼哈顿计划. 美国 *The Atom* 杂志上登载 20 世纪 30 年代费米发明 "FERMIAC"(费米阿克) 的情况 (引自 Los Alamos Scientific

Laboratory, 1966). Metropolis (1987) 晚年写的回忆文章也提到 "FERMIAC", 这是一个机械模拟装置, 用来模拟中子在核装置内的随机扩散运动. 实验时 "FERMIAC" 在核装置的二维平面上滑动, 随机地选取快中子或慢中子, 确定中子运动方向和碰撞距离, 得到中子数随时间的变化情况. 这类似于蒙特卡罗方法模拟中子随机运动, 因此可以说费米很早就独自进行蒙特卡罗模拟研究. 1948 年费米在洛斯阿拉莫斯实验室的技术报告 LAMS-850 中建议进行中子输运蒙特卡罗模拟. 费米 1954 年患癌症去世, 终年 53 岁. 图 1.2(a) 是费米, 图 (b) 是 "FERMIAC" 模拟实验, 图 (c) 是蒙特卡罗方法开创者乌拉姆手拿 "FERMIAC".

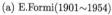

(a) E.Formi(1901~1954)

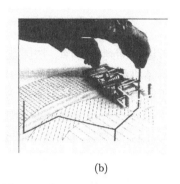

(b)

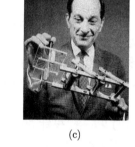

(c)

图 1.2　费米和 "FERMIAC"

　　蒙特卡罗方法的启蒙时期是那么漫长, 其主要原因是缺乏高速计算工具, 没有现代电子计算机, 不可能进行千百万次的模拟计算. 由于技术条件不成熟, 蒙特卡罗方法只好经受将近两个世纪的漫长等待.

1.1.2　开创时期历史

1. 原子弹研制时期

　　真正开创蒙特卡罗方法是 20 世纪 40 年代中期, 当时出现了蒙特卡罗方法的技术条件和应用需求. 技术条件是发明了电子计算机, 1945 年美国研制出世界第一台电子计算机 "ENIAC"(艾尼阿克). "ENIAC" 计算机速度是每秒 5000 次加法运算, 乘法运算只有 400 次, 内存仅有 20 多字节. "ENIAC" 电子计算机的编程计算不是今天的自动化方式, 没有高级语言, 没有操作系统, 手动操作台也没有. "ENIAC" 不是可编程式的, 指令码计算操作完全是通过布线电缆和触发开关来实现的. 图 1.3 是世界第一台电子计算机 "ENIAC" 和计算员操作的情况.

　　应用需求是美国制造原子弹和氢弹. 1942 年到 1947 年是美国研制原子弹时期, 实施研制原子弹的曼哈顿计划, 1945 年美国试验世界第一颗原子弹. 原子弹设

 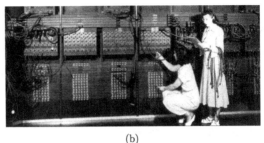

(a)   (b)

图 1.3 世界第一台计算机 "ENIAC" 和计算员操作

计需要理论计算的支持, 但是理论计算遇到了巨大的困难. 计算中子链式反应在原子弹内的爆炸过程, 涉及中子在结构复杂的原子弹内扩散和增殖问题, 需要求解高维玻尔兹曼方程, 这是一个高维偏微分积分方程. 求解方法没有解析方法, 涉及极为困难的数值计算, 当时还没有一种有效的数值求解方法, 因此理论计算遇到了巨大的挑战. 中子在原子弹内扩散和增殖, 与各种材料的元素发生碰撞, 产生散射、吸收和裂变, 是随机过程问题. 蒙特卡罗方法产生于洛斯阿拉莫斯, 洛斯阿拉莫斯国家实验室是美国核武器研究实验室, 其中有三位科学家, 乌拉姆 (S.Ulam)、冯·诺依曼 (J.von Neumann) 和梅特罗波利斯 (N.Metropolis). 图 1.4 是蒙特卡罗方法的三位开创者, 他们参与开创蒙特卡罗方法的工作, 在 "ENIAC" 计算机上实现中子在原子弹内扩散和增殖的蒙特卡罗模拟.

(a) S.Ulam(1909~1984)   (b) J.von Neumann(1903~1957)   (c) N.Metropolis (1915~1999)

图 1.4 蒙特卡罗方法的三位开创者

    乌拉姆是波兰裔美籍数学家, 在洛斯阿拉莫斯国家实验室, 他负责原子弹设计的理论计算工作, 最了解原子弹理论计算的关键和困难, 蒙特卡罗方法是乌拉姆首先提出的, 是很自然的事. 乌拉姆提出随机抽样的逆变换算法. 乌拉姆的重大贡献是在后来的氢弹研制上, 他发现了辐射内爆原理, 称为乌拉姆–特勒构形, 用原子弹引爆氢弹, 解决引爆氢弹核聚变的关键技术问题. 乌拉姆 1984 年在美国科罗拉多州逝世, 享年 75 岁.

　　冯·诺依曼是匈牙利裔美籍数学家和计算机科学家, 被誉为 "计算机之父", 世界第一台电子计算机 "ENIAC" 是在他的设计下研制成功的, 直到现在, 计算机的逻辑结构仍然是沿用冯·诺依曼原理. 乌拉姆把创建蒙特卡罗方法的思想首先与冯·诺依曼讨论, 冯·诺依曼是数学天才, 他在蒙特卡罗方法开创时期, 做了很多蒙特卡罗方法的理论和实际工作, 提出蒙特卡罗模拟具体技术方案, 提出随机抽样的取舍算法和产生随机数的平方取中方法. 1954 年冯·诺依曼发现患有癌症, 1957 年在美国华盛顿逝世, 终年 54 岁.

　　梅特罗波利斯是希腊裔美籍物理学家和计算机科学家, 负责第二台计算机 "MANIAC"(曼尼阿克) 的研制工作. 在蒙特卡罗方法开创时期, 他做了很多具体的技术工作, 特别是蒙特卡罗方法具体实现、计算机编程计算. 当时, 计算机编程计算是十分困难的事, 不像现在计算机操作那么方便. 在开创时期, 梅特罗波利斯对蒙特卡罗方法做了深入的研究, 1949 年他与乌拉姆一道公开发表第一篇蒙特卡罗方法论文 (Metropolis, Ulam, 1949). 他的重要贡献是在氢弹研制时期, 在 "MANIAC" 计算机上实现物质状态方程的蒙特卡罗模拟. 1953 年发表论文, 提出一种全新的随机抽样算法, 称为梅特罗波利斯算法, 成为持续五十多年的研究热点. 梅特罗波利斯 1999 年逝世, 享年 84 岁.

　　Eckhardt(1987) 的文章中提到 1983 年乌拉姆晚年的一段回忆: "我首先想到并提出做蒙特卡罗方法的思想产生于 1946 年, 直接想到的问题是中子扩散和其他数学物理问题, 如何把某些微分方程所描述的过程转变为相等形式的随机问题, 后来把想法告诉了冯·诺依曼, 我们开始计划实际的工作." 在 Eckhardt 的文章中给出冯·诺依曼 1947 年的信稿, 图 1.5 是冯·诺依曼 5 月写给乌拉姆的信, 信中提出两种随机抽样方法: 第一种是乌拉姆提出的逆变换算法, 第二种是冯·诺依曼自己提出的取舍算法.

　　梅特罗波利斯的回忆文章 (Metropolis, 1987) 比较详细地描述蒙特卡罗方法开创过程和各种作用因素. 文章的开头写道: "1945 年, 发生了两个震动全球的事件, 一是在阿拉莫戈多成功进行了原子弹试验; 二是第一台电子计算机产生. 这两件事改变西方与苏联之间相互影响的全局性质, 同样也在学术研究和应用科学领域造成了很大影响, 至少, 导致了原来称作统计抽样数学方法的复兴, 在新的环境下, 蒙特卡罗方法也就没人拒绝了."

　　为解决原子弹内中子扩散和增殖问题, 冯·诺依曼根据乌拉姆给出的原子弹设计原理, 提出在 "ENIAC" 计算机上实现原子弹中子扩散增殖蒙特卡罗模拟的技术方案. 模拟一个中子需要 3 分钟, 模拟 100 个中子, 需要 5 小时. 显然, 由于当时计算机速度太低, 模拟结果的精度是很差的, 虽然模拟结果的作用有限, 但其意义是重大的, 它开创了蒙特卡罗方法. 描述求解原子弹中子扩散增殖问题的蒙特卡罗方法, 收入洛斯阿拉莫斯实验室的技术报告 LAMS-551(Ulam, Richtmyer, Neumann,

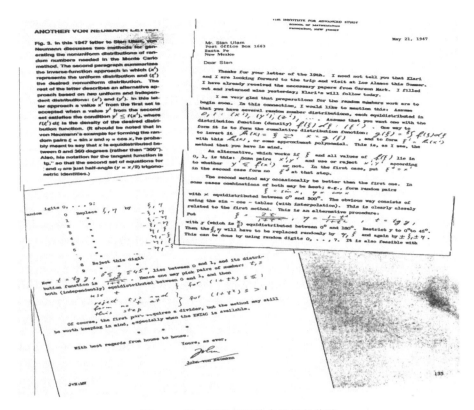

图 1.5 冯·诺依曼写给乌拉姆的信稿

1947). 从洛斯阿拉莫斯实验室战后的解密技术报告中可以看到, 大部分技术报告涉及蒙特卡罗方法. 1948 年乌拉姆在给美国原子能委员会写的报告中, 建议蒙特卡罗方法应用到宇宙射线簇射和哈密顿–雅可比偏微分方程的研究. 1948 年以后, 由于洛斯阿拉莫斯实验室的主要工作转向氢弹研制, 蒙特卡罗方法研究也转向这个领域.

国内有些人写文章时猜想, 之所以叫 "蒙特卡罗方法", 是因为研制原子弹保密缘故, 是个保密代号. 根据梅特罗波利斯 (Metropolis, 1987) 晚年写的文章中回忆: "乌拉姆家在波兰, 常提到他有一个叔叔到蒙特卡罗的亲戚那里去借钱." 于是梅特罗波利斯建议取了这样一个诙谐的名字, 因此也为它蒙上了一层神秘的色彩. 蒙特卡罗是南欧地中海沿岸摩纳哥公国的一个小城, 气候温和, 景色宜人, 是世界闻名的赌城. 乌拉姆、冯·诺依曼、梅特罗波利斯和费米的故土都在中南欧的波兰、匈牙利、希腊和意大利. 曼哈顿计划的保密措施虽然严格, 但是没有磨灭科学家的自由思想, 他们不乏南欧的风情、浪漫和想象. 蒙特卡罗方法由随机抽样统计确定估计值; 蒙特卡罗赌场里的轮盘赌, 由小球在转动轮盘上的随机位置决定输赢, 它们至少在道理上是相通的. 图 1.6 是蒙特卡罗城、蒙特卡罗赌场和轮盘赌.

(a) 蒙特卡罗城   (b) 蒙特卡罗赌场   (c) 轮盘赌

图 1.6 蒙特卡罗城、蒙特卡罗赌场和轮盘赌

2. 氢弹研制时期

1948~1953 年是美国研制氢弹时期, 1952 年成功进行第一次氢弹试验. 为研制氢弹, 冯·诺依曼和梅特罗波利斯设计制造可编程的电子计算机 "MANIAC", 已有手动操作台, 如图 1.7 所示. "MANIAC" 计算机内存 4 万字节, 速度比 "ENIAC" 快了许多. 氢弹研制中的一个非常重要的问题是要搞清楚在非常态下, 特别是在成千万度的高温和成百万个大气压的高压下, 构成氢弹物质的性质, 也就是非常态下物质的温度、压强和体积之间关系的物质状态方程问题, 这是统计力学和统计物理问题. 梅特罗波利斯及其洛斯阿拉莫斯的同事们, 在 "MANIAC" 计算机上实现物质状态方程的蒙特卡罗模拟. 求解物质状态方程, 研究二维空间问题, 系统分子数 224 个, 模拟一次需要 3 分钟, 计算一个数据点, 需要 5 小时. 最困难问题是抽样方法, 由于配分函数也是高维积分, 实际上是给不出来的, 所以概率分布的归一化常数是不知道的, 概率分布是不完全已知概率分布, 以前的直接抽样方法不适用. 梅特罗波利斯提出一个巧妙的抽样方法, 后来称为梅特罗波利斯算法.

(a) "MANIAC" 电子计算机   (b) N.Metropolis

图 1.7 "MANIAC" 电子计算机和 N.Metropolis

Metropolis, Rosenbluth, Rosenbluth, Teller, Teller(1953) 在美国化学物理杂志上发表论文. M.N.Rosenbluth 是著名统计物理学家, E.Teller 是美国 "氢弹之父",

M.N. Rosenbluth, A.W.Rosenbluth 和 E.Teller, A.H.Teller 是两对夫妇. 论文论述用蒙特卡罗方法模拟物质状态方程的方法, 该论文直至 2003 年总共被引用 8800 次, 在 1988~2003 的 15 年就被引用 7500 次. 一篇论文被那么多人所引用, 引起极大关注, 梅特罗波利斯算法成为过去几十年的研究热点, 发展成为马尔可夫链蒙特卡罗 (MCMC) 方法. 为纪念论文发表 50 周年, 2003 年 6 月 9 日至 11 日, 洛斯阿拉莫斯国家实验室召开纪念会, 邀请 42 位蒙特卡罗方法专家与会发言. 会议回顾梅特罗波利斯算法和蒙特卡罗方法在物理科学中的应用, 注意到蒙特卡罗方法在其他领域的扩展, 突出评述梅特罗波利斯算法有关问题. 专家们认为, 梅特罗波利斯算法为蒙特卡罗方法研究物理系统的性质提供了通用的工具, 激发了其他蒙特卡罗算法的发展. 2003 年梅特罗波利斯算法被评为 20 世纪十大算法之一.

1.2 蒙特卡罗方法发展简况

1.2.1 蒙特卡罗方法发展概要

1946 年是蒙特卡罗方法的开创年, 蒙特卡罗方法已经走过了 60 多年, 可以 1980 年为界线, 把蒙特卡罗方法发展历史分为前后两个时期. 蒙特卡罗方法理论包括三个方面内容: 随机数产生和检验方法、概率分布抽样方法、降低方差提高效率方法.

1. 前一时期理论发展概要

前一时期蒙特卡罗理论发展概要如下: 1978 年研制的 α 粒子放射源真随机数产生器每秒只能产生 2 个随机数, 速度很慢, 难以实时使用. 4 种伪随机数产生器都存在不同的缺点, 同余法成为事实上的标准方法, 乘同余产生器的周期只有 10^9. 随机数统计检验只有不大严格的一般检验方法. 概率分布随机抽样方法主要是直接抽样方法, 梅特罗波利斯算法发展较慢, 还未发展成马尔可夫链蒙特卡罗方法. 蒙特卡罗方法主要是解决估计值问题, 解决最优化问题的蒙特卡罗方法还未发展起来. 已经建立起估计值问题的基本蒙特卡罗方法和降低方差基本技巧, 但是高效的蒙特卡罗方法不多. 总之前一时期蒙特卡罗理论发展较为缓慢.

2. 伪随机数发展问题

在伪随机数发展过程中, 发生了两个事件, 一是 Marsaglia(1968,1972) 发现线性同余法产生的伪随机数品质差, 具有不均匀性和相关性, 出现高维伪随机数降维现象, 产生稀疏栅格结构, 影响随机数的均匀性和独立性. 二是经典斐波那契方法和反馈移位寄存器方法受到质疑、批评和非议, 主要问题是产生的伪随机数序列具有相关性, 出现与均匀性和独立性相矛盾的现象, 并且在实际使用中出了问题.

美国佐治亚大学三位物理学家 Ferrenberg, Landau, Wong(1992) 在《物理评论通讯》上发表文章, 认为 "好" 的伪随机数产生坏的物理结果. 他们报告了在统计物理著名的伊辛模型的蒙特卡罗模拟中, 模拟磁性晶体中原子行为, 5 个计算机程序由于使用反馈移位寄存器方法产生伪随机数序列并不真正随机, 而是隐藏了微妙的相关性, 只是在这种微小的非随机性歪曲了晶体模型的已知特性时才表露出来, 因此得到完全错误的结果. 1993 年物理学家 Grassberger 也发现了统计物理的另一个著名的自回避游动模型的蒙特卡罗模拟, 也出现类似的问题. 这表明蒙特卡罗模拟有一个危险的缺陷: 如果使用的随机数并不像设想的那样是真正随机的, 而是构成一些微妙的非随机的相关性, 那么整个的模拟及其预测结果可能都是错的.

这两件事促使很多学者投入很大的精力来研究新的伪随机数产生方法和新的严格的统计检验方法. 20 世纪 80 年代以后, 一直到现在, 学术研究相当活跃, 研究出各种伪随机数产生器, 其目标是使伪随机数性能尽量接近真随机数, 追求快速、长周期和高品质. 美国佛罗里达州立大学的 G. 马萨格利亚教授对随机数产生和检验的研究作出重要的贡献. 值得推荐的伪随机数产生器是麦森变型产生器和 G. 马萨格利亚提出的各种组合产生器.

20 世纪 80 年代美国 MathWorks 公司推出的数学软件 Matlab, 采用的伪随机数产生器基本上跟上伪随机数产生器的发展, 第 1~4 版本是使用乘同余产生器 ($A=16807$, $M=2^{31}-1$), 周期为 2×10^9; 1995 年开始的第 5~7 版本使用迟延斐波那契和移位寄存器的组合产生器, 周期为 10^{449}; 2007 年第 7.4 版本以后使用麦森变型产生器 MT19937, 周期为 10^{6001}. 特殊多步递推产生器 DX-3803 的周期长达 10^{35498}, 迟延斐波那契产生器的周期高达 $10^{6923698}$, 伪随机数的周期已经接近无穷大了.

3. 后一时期理论发展概要

后一时期蒙特卡罗理论发展较快, 随机数产生及其检验方法面目一新. 蒙特卡罗模拟可以使用真随机数了, 噪声和量子真随机数产生器已经做到实用, 产生速度较快, 达到每秒 50 万个随机数. 伪随机数出现 10 多种产生器, 周期很长. 随机数统计检验出现马萨格利亚的严格检验方法. 随机抽样方法更加有效和完善, 梅特罗波利斯算法发展成马尔可夫链蒙特卡罗方法, 3 种类型概率分布的抽样方法是直接抽样方法、马尔可夫链蒙特卡罗抽样方法和未知概率分布抽样方法, 几乎满足所有应用领域的需要. 离散概率分布抽样出现只需一次比较运算的高效算法, 解决并行抽样问题. 以此相应, 把离散概率分布的高效算法推广到连续概率分布, 出现自动抽样方法. 虽然新的降低方差基本技巧不多, 但随着应用的扩展, 专用的降低方差技巧不断地产生. 重要抽样技巧的重大进展是重要概率分布选择找到了几个有效的方法. 蒙特卡罗方法不但可以解决估计值问题, 而且可以解决最优化问题, 产生最优化蒙特卡罗方法. 出现许多新的高效蒙特卡罗方法, 如互熵方法、稀有事件模拟方法、马尔可夫链蒙特卡罗模拟方法、拟随机数和拟蒙特卡罗方法、序贯蒙特卡罗方法和并行蒙特卡罗方法.

4. 应用发展

蒙特卡罗方法应用的传统领域是核科学, 主要涉及核粒子输运问题. 20 世纪 50 年代以后, 蒙特卡罗方法应用从传统领域迅速扩展到其他领域, 包括科学技术、工程、统计和金融经济等领域. 例如, 确定性问题、粒子输运、稀薄气体动力学、物理学化学和生物学、粒子滤波和粒子分裂、数理统计学和可靠性、金融经济学及科学实验模拟等. 蒙特卡罗方法的发展动力来源于实际应用, 很多抽样算法和降低方差提高效率方法都产生于实际应用. 现在除非大规模并行蒙特卡罗模拟要用巨型机, 目前每秒运算 10 亿次的微机, 就可以做相当规模的蒙特卡罗模拟, 在家里就能做蒙特卡罗模拟. 随着微机的普及和蒙特卡罗方法应用的不断扩展, 蒙特卡罗模拟将进入家庭. 由于蒙特卡罗方法理论和应用的发展, 蒙特卡罗方法的文献已是海量, 出现一批蒙特卡罗方法专著, 目前能看到的比较新近的专著有 Fishman(1996); Liu(2001); Glasserman(2003); Robert 和 Casella(2005); Rubinstein 和 Kroese (2007); Kalos 和 Whitlock(2008); Kroese,Taimre,Botev(2011).

1.2.2 蒙特卡罗方法发展动力

蒙特卡罗方法虽然已经发展六十多年, 但是仍然具有强大的生命力, 来源于其强劲的发展动力. 蒙特卡罗方法发展的内部动力是蒙特卡罗方法理论发展的要求, 外部动力是应用问题的高维性和复杂性, 是蒙特卡罗方法两重性的挑战.

1. 内部发展动力

蒙特卡罗方法的数学性质决定其收敛速度慢、计算精度较低. 但是这是可以改变的, 收敛可以加速, 精确度可以提高. 产生真随机数要求更快的速度. 产生伪随机数要求更高的速度、更长的周期, 具有真随机数一样的均匀性和独立性. 随机数的理论检验方法需要发展, 统计检验方法要求更为严格. 概率分布抽样方法要求样本更加精确, 具有更高的抽样效率, 更为广泛的适应能力. 降低方差的技巧和提高效率的方法, 要求更为有效. 加速收敛、提高精度、提高效率, 是无止境的, 理论发展将是无穷尽的.

2. 外部发展动力

(1) 高维性. 求解粒子输运和稀薄气体动力学的玻尔兹曼方程, 物理学上的统计系综有 6 维的相空间, 如果粒子发生 M 次碰撞, 或者有 M 个系综粒子, 则将是 $6M$ 维的高维问题. 系统的多个组件, 网络的多条链路, 可靠性问题将是高维系统. 在系统工程和运筹学中, 会遇到各态经历模拟和瞬态现象, 问题的维数变得很高. 金融经济的多资产期权定价是高维问题, 亚式期权定价是 252 维积分, 30 年抵押契约问题是 360 维, 10 个路径相依资产 360 时间点的期权定价就是 3600 维问题. 高维数据分析已经成为国际统计学的前沿领域, 统计学上的贝叶斯推断, 高维积分数值解的困难曾使得贝叶斯分析陷入困境, 是统计学的困难孕育了蒙特卡罗统计学方法. 本书所列举的所有应用领域都会遇到高维问题. 高维问题数值解的误差将随着维数的增加而迅速增加, 其消耗的计算时间将随着维数的增加而成指数增长, 这称为维数灾难或维数诅咒. 而蒙特卡罗方法处理高维问题, 由于其误差与维数无关, 成为蒙特卡罗方法的最大优势, 是蒙特卡罗方法发展的最大动力.

(2) 复杂性. 应用领域遇到的实际问题、内部结构和边界条件都很复杂. 对付复杂问题, 过去不得已的办法是化繁为简, 对数学模型进行简化假设, 使得数值方法能够得到近似解, 其结果可能是简化模型已面目全非, 这种近似解与实际结果可能相差很大. 这些近似方法都带有迂回战术色彩. 蒙特卡罗方法是直接模拟实际的复杂系统, 具有直接解决问题的能力, 受问题的条件限制的影响不大. 例如, 粒子输运问题, 截面与能量有关、散射各向异性、介质非均匀、几何形状复杂和时间有关等问题, 数值方法处理起来是相当困难的. 这就决定蒙特卡罗方法是解决复杂问题能力很强的方法, 蒙特卡罗方法能够处理一些其他数值方法所不能处理的复杂问题. 研究实际的随机现象, 不但需要知道平均值, 而且需要知道涨落情况, 按照平均值处理观测数据可能得出完全错误的结论, 蒙特卡罗方法是对随机现象和观测结果的模拟, 模拟结果的散布正是实际涨落现象的反映, 这是蒙特卡罗方法的长处.

3. 蒙特卡罗方法两重性的挑战

蒙特卡罗方法的误差与问题维数无关, 因此, 对问题的复杂性不敏感, 但是对所研究对象的稀有性却很敏感, 这就是蒙特卡罗方法的两重性. 稀有事件称为小概率事件, 由于稀有事件的概率很小, 通常小于 10^{-4}, 在这样小的概率下, 蒙特卡罗概率估计的统计方差很大, 效率很低. 稀有程度越严重, 误差越大. 例如, 可靠性估计和粒子深穿透估计就是典型的问题. 粒子在介质中输运问题, 系统越大, 介质越厚, 穿透概率越小, 穿透概率估计值的方差很大, 而且出现穿透概率估计值比真值偏低很多的现象, 深穿透概率模拟结果偏低成为蒙特卡罗方法主要的难题. 而一般数值计算方法, 如矩方法和离散纵坐标方法比较适应厚介质的大系统, 计算比较精确. 这种复杂性与稀有性的冲突, 是一种挑战, 也是蒙特卡罗方法发展的驱动力.

1.2.3 蒙特卡罗方法存在问题

人们将蒙特卡罗方法比喻为 "最后的方法", 有两层含义, 一是说当能用解析方法或者数值方法时, 不要用蒙特卡罗方法; 二是说当其他方法不能解决问题时, 可考虑用蒙特卡罗方法. 也就是说蒙特卡罗方法可以解决其他方法无法解决的问题, 是解决问题的最后方法.

(1) 蒙特卡罗方法不但可以解决估计值问题, 也可以解决最优化问题. 既能解决确定性问题, 也能解决随机性问题. 蒙特卡罗方法既是一种计算方法, 也是一种模拟方法, 俄文称为统计试验方法. 蒙特卡罗方法具有解决广泛问题的能力和超强的适应能力, 误差容易确定, 程序结构简单清晰, 应用灵活性强. 蒙特卡罗方法的缺点是收敛速度较慢, 这是由其数学性质决定的, 但是蒙特卡罗方法的收敛速度是可以改善的.

(2) "蒙特卡罗方法精度不高". 这句话应该正确理解, 与一些数值方法比较, 直接模拟方法确实是精度不高, 但是使用各种降低方差技巧和高效蒙特卡罗方法, 并不都是如此. 解决复杂问题, 与简化模型的近似结果相比, 由于蒙特卡罗方法是实际系统的模拟, 与近似结果比较, 蒙特卡罗方法模拟结果是最准确的.

(3) 经过多年的研究和发展, 出现许多伪随机数产生器, 已经摆脱过去只能使用乘同余产生器的局面, 有了选择的余地. 如何根据自己的需要选择好的伪随机数产生器, 是两难选择的问题. 好的伪随机数产生器的两难选择准则如下: 速度快的产生器未必是好的产生器, 反之, 好的产生器一定是速度快的产生器; 周期短的产生器一般是坏的产生器, 但是, 周期长的产生器未必是好的产生器; 好的均匀性是好的产生器的必要要求, 但不是充分要求. 这里涉及理论问题, 什么样的应用问题需要什么样的伪随机数, 理论上应给以指导, 避免盲目性.

(4) 伪随机数的理论检验问题. 伪随机数的理论检验方法目前主要是针对乘同余产生器, 建立适用于其他伪随机数产生器的理论检验方法, 还有很多工作要做.

(5) 拟随机数最显著特点是高维等分布均匀性, 但是实际产生拟随机数的各种方法, 不管使用哪一种拟随机数序列, 随着维数的增加, 将产生样本点从聚现象, 维数越高, 从聚现象越严重, 使得计算结果产生大的误差, 高维并不呈现等分布均匀性. 目前改善拟随机性能有两种方法, 一是抛弃拟随机数序列开始点; 二是加扰方法. 效果不大显著, 要从产生方法根本上解决丛聚现象.

(6) 马尔可夫链蒙特卡罗抽样方法问题. 马尔可夫链蒙特卡罗抽样方法是一种近似性抽样方法, 并不是精确抽样方法. 为了实现精确抽样, 从 1996 年开始发展一种精确抽样算法, 称为完备抽样算法, 是一个突破, 但是还没有达到实用阶段, 完备抽样算法还有很多工作要做.

(7) 蒙特卡罗方法双重性的挑战. 由于稀有事件模拟方法的出现, 样本分裂方法的发展, 似乎矛盾有所缓解. 分裂方法有可能解决深穿透的困难, 应多做些理论研究和实际模拟工作, 彻底解决深穿透困难是有可能的.

参 考 文 献

Buffon C D. 1777. Essai d'arithmetique morale. Supplément à l'Histoire Naturelle, 4. Paris: de Limprimerie Royale.

Eckhardt R. 1987. Stan Ulam, John von Neumann, and the Monte Carlo method. Los Alamos Science Special Issue: Monte Carlo, 131-137.

Ferrenberg A M, Landau D P, Wong Y J. 1992. Monte Carlo simulations:hidden errors from "good" random number generators. Phys. Rev. Letters, 69: 382-384.

Fishman G S. 1996. Monte Carlo: Concepts, Algorithms and Applications. volume 1 of Springer Series in Operations Research. New York: Springer Verlag.

Glasserman P. 2003. Monte Carlo Methods in Financial Engineering. New York: Springer Verlag.

Kalos M H, Whitlock P A. 1986, 2008. Monte Carlo Methods. New York: John Wiley.

Kroese D P, Taimre T, Botev Z I. 2011. Handbook of Monte Carlo methods. New York: John Wiley & Sons.

Liu. 2001. Monte Carlo Strategies in Scientific Computing. New York: Springer Verlag.

Los Alamos Scientific Laboratory. 1966. Fermi invention rediscovered at LASL. The Atom, October,7-11.

Marsaglia G. 1968. Random numbers fall mainly in the planes. Proc. Nat. Acad. Sci., 61(1): 25-28.

Marsaglia G. 1972. The structure of linear congruential sequences//Zaremba S K, ed. Applications of Number Theory to Numerical Analysis. New York: Academic Press.

Metropolis N, Ulam S. 1949. The Monte Carlo method. Journal of the American Statistical Association, 44:335-341.

Metropolis N, Rosenbluth A W, Rosenbluth M N, Teller A H, Teller E. 1953. Equation of State calculation by fast computing machines. Journal of Chemical Physics, 21(6): 1087-1092.

Metropolis N. 1987. The Beginning of the Monte Carlo Method. Los Alamos Science, 12: 125-130.

Robert C P, Casella G. 2005. Monte Carlo Statistical Methods. New York: Springer Verlag.

Rubinstein R Y, Kroese D P. 2007. Simulation and the Monte Carlo Method. New York: John Wiley & Sons.

Ulam S, Richtmyer R D, von Neumann J. 1947. Statistical methods in neutron diffusion. Los Alamos Scientific Laboratory report LAMS–551.

第2章 随机数产生和检验

2.1 真随机数产生器

2.1.1 噪声真随机数产生器

用物理方法产生的随机数称为真随机数. 真随机数最大特点是独立性和均匀性好, 没有周期. 但是存在一些缺点, 一是由于随机数序列无法重复产生, 因此, 无法进行复算; 二是要增加硬件设备和费用. 1947 年美国兰德公司曾经用电子旋转轮产生真随机数, 做成 100 万个真随机数表. Frigerio, Clark, Tyler(1978) 曾经用 α 粒子放射源和高分辨率的计数器做成一个真随机数产生器, 每小时产生大约 6000 个 31bit 的真随机数, 产生真随机数的速度为 52 bit/s, 按照一个真随机数占用 32bit 计算, 相当于每秒产生 1.6 个真随机数. 由于产生速度很低, 难以做到实时使用, 因此产生的真随机数只能存储在磁带上, 被计算机调用.

美国 Intel 公司过去曾经生产过噪声随机数产生器. 近年来产生真随机数的噪声技术进步很快, 已有热噪声真随机数产生器出售, 真随机数产生速度较高. 噪声真随机数产生器是利用物理噪声源的随机性产生真随机数. WWW3(2010) 报道美国 ComScire 量子世界公司生产的噪声真随机数产生器 R2000KU, 重量 3 磅, 价格 895 美元, 具有阻抗的电路元件, 其电子的热激发振动产生热噪声, 熵源是热噪声和晶体管噪声, 真随机数产生速度 2Mbit/s, 相当每秒产生 6.25 万个真随机数, 有 USB 2.0 接口, 支持 Windows. 网站 http://www.random.org 就是利用噪声真随机数产生器产生真随机数.

2.1.2 量子真随机数产生器

近年来光学量子技术发展很快, 出现量子真随机数产生器, 是很有发展前途的真随机数产生器, 量子真随机数产生器技术已经比较成熟. 从量子物理学观点来看, 光是由光子的基本粒子所组成. 根据量子力学定律, 光子具有随机性, 适合用来产生二进制随机数, 光子入射到一面半透明的镜子上, 反射和透射的光子本质上是随机的, 不受任何外部参数的影响. 2001 年, 量子真随机数产生器已经成为商品, Jennewein(1999) 给出量子真随机数产生器 QRBG121 的技术指标和商品样品图, 如图 2.1 所示, 重量 370 g. 产生真随机数的速度为 12 Mbit/s, 相当于每秒产生 37.5 万个真随机数, 适用于计算机各种操作系统. 该量子真随机数产生器做成计算机的外部设备, 产生的真随机数从外部设备调用.

WWW1(2004); WWW2(2010) 报道瑞士 ID 量子公司生产的量子真随机数产生器, 有几种产品. 图 2.2 表示一个量子真随机数产生器元件 QUANTIS-OEM, 重量为 30g, 由金属外壳包装, 尺寸为 51mm×44mm×13mm, 随机数产生速度 4 Mbit/s, 相当于每秒产生 12.5 万个真个随机数. 图 2.3 表示在计算机的 PCI 卡上的四个量子真随机数产生器配置情况, PCI 卡直接插在计算机主板上, 真随机数的速度为 16 Mbit/s, 相当于每秒产生 50 万个真随机数. 还生产 QUANTIS USB, 随机数产生速度 4 Mbit/s, 相当于每秒产生 12.5 万个真随机数. 真随机数由 Windows 操作系统控制程序直接调用, 使用更加方便. 网站 http://www.randomnumbers.info, 就是利用量子真随机数产生器产生真随机数.

  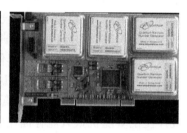

图 2.1 QRBG121   图 2.2 QUANTIS-OEM   图 2.3 QUANTIS PCI-4

当前使用真随机数产生器进行蒙特卡罗模拟已经成为现实. 目前在微机上伪随机数产生器平均每秒产生 2000 万个伪随机数, 比真随机数产生器几乎高 2 个数量级. 目前真随机数产生器的价格比微机价格还贵, 要普及使用真随机数产生器, 比较困难. 对大规模问题, 需要使用巨型机, 直接使用真随机数产生器, 由于产生速度低, 毫无优势可言, 因此在巨型机上使用真随机数进行大规模模拟计算是不合适的. 由于伪随机数性能已经很接近真随机数, 没有必要非得使用真随机数. 因此蒙特卡罗模拟完全使用真随机数, 既无可能, 也无必要.

2.2   早期伪随机数产生器

2.2.1   伪随机数产生方法

1. 随机数定义和性质

从均匀分布 $U(0,1)$ 抽样得到的简单子样称为随机数, 其概率密度函数为

$$f(x) = 1, \quad 0 \leqslant x \leqslant 1.$$

随机数用专门符号 U 表示, 随机数序列为 $(U_1, U_2, \cdots)$, 它们具有独立同分布. 随

机数具有一个非常重要的性质, 就是高维分布均匀性. 由 s 个随机数所组成的 s 维空间上的点 $(U_{n+1}, U_{n+2}, \cdots, U_{n+s})$, 在 s 维空间的单位立方体 G_s 上均匀分布. 对于任意的 $a_i, 0 \leqslant a_i \leqslant 1, i = 1, 2, \cdots, s, U_{n+i} \leqslant a_i$ 的概率为

$$P(U_{n+i} \leqslant a_i, i = 1, 2, \cdots, s) = \prod_{i=1}^{s} a_i.$$

2. 伪随机数的性能要求

用数学方法产生的随机数称为伪随机数. Tezuka(1995) 提出好的伪随机数产生器应具有如下特点:

(1) 能通过统计检验, 特别是能通过严格的统计检验.

(2) 产生伪随机数的算法有坚实的数学理论支撑.

(3) 伪随机数序列可以重复产生, 不用储存在计算机内存.

(4) 速度快而且有效, 只需要少量计算机内存.

(5) 周期长, 至少有 10^{50}, 如果问题需要 N 个随机数, 则周期需要 $2N^2$.

(6) 多流线产生, 可以在并行计算机上实现.

(7) 不产生 0 或 1 的伪随机数, 从而避免除零溢出或其他数值计算困难.

3. 伪随机数产生器的数学结构

伪随机数产生器的数学结构分为如下 5 个部分:

(1) 定义伪随机数的状态空间 S, 必须是有限域.

(2) 必须有初始状态 S_0, 给定伪随机数的初始值.

(3) 包含一个转换函数 $S_t = f(S_{t-1})$, 一般是递推式, 是数学结构的主体.

(4) 定义伪随机数的输出空间 U, 通常是整数.

(5) 包含一个输出函数 $U = g(S_t)$, 把整数随机数变成 $(0,1)$ 随机数.

重复 (3), (4), (5) 部分, 产生伪随机数序列. 为了得到一个好的伪随机数产生器, 产生好的数学结构, 选择参数和初始值, 都需要数学理论支持. 在伪随机数产生公式中, 常使用如下位运算符: 按位与 "&"、按位或 "|"、按位异或 "⊕"、左移 "≪" 和右移 "≫".

2.2.2 早期伪随机数产生方法

蒙特卡罗方法开创时期由冯·诺依曼和梅特罗波利斯提出的平方取中法, 由于周期短等原因, 已经很早就不使用了. 早期使用的伪随机数主要有线性同余产生器、经典斐波那契产生器和反馈移位寄存器产生器.

1. 经典斐波那契产生器

Taussky 和 Todd(1956) 提出加同余产生器, 其递推同余式为

$$X_i \equiv (X_{i-2} + X_{i-1})(\mathrm{mod} M), \quad i > 2.$$

为了得到最大周期, 加同余产生器如何选择模和初始值, 涉及比较复杂的理论问题. 可以考虑加同余产生器的特殊情况, 当两个初始值 $X_0 = X_1 = 1$ 时, 加同余产生器所产生的随机数序列就是经典斐波那契序列: 1, 1, 2, 3, 5, 8, 13, 21, $\cdots$. Dieter(1971); Knuth(1981) 指出经典斐波那契产生器的问题, 其随机数序列存在令人不能容忍的不居中现象, 而且产生显著的序列相关, 出现随机数只能分布在 3 维空间的 8 个等边三角形平面上, 出现样本三重分布异常现象, 如图 2.4 的图 (a) 所示. 由经典斐波那契产生器产生的随机数, 按下面抽样公式

$$X_i = \sqrt{U_i}\cos(2\pi U_{i+1})\sin(\pi U_{i+2}), \quad Y_i = \sqrt{U_i}\sin(2\pi U_{i+1})\sin(\pi U_{i+2})$$

生成 2 个随机变量 X, Y, 出现样本相关异常现象, 如图 2.4 中的图 (b) 所示.

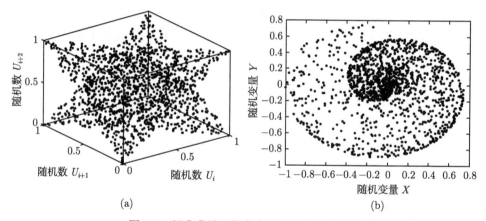

(a)   (b)

图 2.4   经典斐波那契产生器出现的异常现象

2. 反馈移位寄存器产生器

Tausworthe(1965) 提出反馈移位寄存器产生器, 反馈移位寄存器产生器的数学基础是本原多项式和异或运算. 根据本原多项式理论, 反馈移位寄存器产生器的递推公式为

$$X_i = X_{i-p} \oplus X_{i-q}, \text{或者} X_i = X_{i-p} \oplus X_{i-p+q}.$$

产生随机数序列需要 p 个二进制数字的初始值, Whittlesley(1968) 给出构造初始值的移位–按位异或算法, Fishman(1996) 有详细叙述. 反馈移位寄存器产生器算法由

于只有二进制数字按位异或运算, 产生伪随机数的速度很快, 而且周期很长, 反馈移位寄存器产生器的周期为 2^p-1. 例如, R521, $p=521$, $q=32$, 周期为 6.86×10^{156}.

Knuth(1981); Marsaglia(1984); Bratley(1987) 等对反馈移位寄存器产生器提出过异议和警告, 主要问题是由于采用简单的按位异或 "$\oplus$" 运算, 产生的伪随机数可能具有高位序列相关性, 这种用二进制位运算产生的伪随机数将是很差的随机数. 在实际工作中, 仍然有人忽视警告, 使用反馈移位寄存器产生器. 1992 年美国佐治亚大学三位物理学家 Ferrenberg, Landau, Wong(1992) 曾经在《物理评论通讯》杂志上发表批评文章, 认为 "好" 的随机数产生坏的物理结果. 他们报告了在统计物理著名的伊辛模型的蒙特卡罗模拟, 模拟磁性晶体中原子行为, 5 个计算机程序由于使用反馈移位寄存器产生器产生伪随机数序列并不真正随机, 而是隐藏了微妙的相关性, 只是在这种微小的非随机性歪曲了晶体模型的已知特性时才表露出来, 因此得到完全错误的结果. 1993 年 Grassberger 也发现了统计物理的另一个著名的自回避游动模型出现类似的问题. 这表明蒙特卡罗模拟有一个危险的缺陷: 如果使用的随机数并不像设想的那样是真正随机的, 而是构成一些微妙的非随机的相关性, 那么整个的模拟及其预测结果可能是错误的.

3. 线性同余产生器

线性同余产生器有乘同余产生器和混合同余产生器. Lehmer(1951) 提出乘同余产生器, Rotenberg (1960) 提出混合同余产生器. 线性同余产生器产生整数随机数的递推同余式为

$$X_i \equiv (AX_{i-1} + C) \,(\mathrm{mod}\, M).$$

式中, M 为模, A 为乘子, C 为增量. 当 $C=0$ 时是乘同余产生器, 当 $C > 0$ 时是混合同余产生器. 线性同余产生器产生随机数序列需要一个初始值 X_0. 参数 (M, A, C, X_0) 称为线性同余产生器参数. 通过 $U_i = X_i/M$, 把整数随机数变成 $(0,1)$ 随机数.

(1) 乘同余产生器参数选择. 参数选择是在保证最大周期条件下参数的选择. 模 M 由计算机字长决定, 32 位计算机, $M=2^{32}$. 初始值 X_0 一般可为任意正整数, 也可以是小于 M 的正奇数. 下面是 Fishman(1996) 给出乘子 A 的选择方法.

若模 M 是素数, 当且仅当乘子 A 是模 M 的原根时, 乘同余产生器的全周期为 $M-1$, 因此选择乘子 A 归结为如何寻找模 M 的原根.

当模 M 较小时, 判断乘子 A 是模 M 原根的规则是: 当且仅当 $A^{M-1}-1 \equiv 0(\mathrm{mod}\, M)$, 对所有整数 $I < M-1$, $(A^I-1)/M$ 不是整数时, 乘子 A 是模 M 的原根. 这个判断原根规则相当于对 $M-1$ 的任一素数因子 q 都有 $A^{(M-1)/q} \neq 1(\mathrm{mod}\, M)$. 当模 M 较大时, 上述判断原根规则不适用, 判断原根可用递推方法, 递推方法是根据下面两个性质来确定模 M 的原根.

性质 1   如果 A 是 M 的原根, 当且仅当 K 与 $M-1$ 的最大公因子为 1, 即 $\gcd(K, M-1)=1$ 时, 则 $B = A^K (\mathrm{mod}\ M)$ 也是 M 的原根.

性质 2   原根的个数用欧拉函数 ϕ 表示, $\phi(M-1)$ 等于素数不超过 $M-1$ 的素数个数. 欧拉函数为 $\phi(n) = n \prod_{p|n}(1-1/p)$, 其中 $p|n$ 表示 n 中的素数 p.

对于 32 位字长的计算机, $M=2^{31}-1$, 乘同余产生器的周期为 $M-1 \approx 2.1 \times 10^9$. 因为 $M-1 = 2^{31}-2 = 2 \times 3^2 \times 7 \times 11 \times 31 \times 151 \times 331$, 所以, 根据性质 2 可知有 $\phi(2^{31}-2) = 534600000$ 个原根存在.

(2) 混合同余产生器参数选择. 模 $M=2^{\beta}$, 最大周期为 M, 参数 M, A 和 C 的选取准则是, 当且仅当 $A \equiv 1(\mathrm{mod}\ 4)$, M 与 C 的最大公因数为 1, 即 $\gcd(M, C)=1$.

2.2.3 线性同余产生器问题

进入 21 世纪, 由于线性同余法存在的问题, 美国一些部门在制定标准时, 已建议不再单独使用线性同余产生器. 但是线性同余产生器并没有失去其作用, 线性同余组合产生器是线性同余产生器与线性同余产生器或者其他随机数产生器的组合. 线性同余法存在的问题主要是高维分布非均匀性, 出现降维现象, 产生稀疏栅格结构, 出现样本相关异常, 存在长周期相关问题. 这些问题不仅影响多维伪随机数的实际使用价值, 而且直接关系到一维伪随机数的独立性和均匀性.

1. 降维现象和稀疏栅格结构

前面关于随机数定义和性质已经说过, 随机数应具有一个非常重要的性质, 就是高维分布均匀性. 美国佛罗里达州立大学的 G. 马萨格利亚教授首先发现线性同余产生器产生的伪随机数具有很强的相关性. Marsaglia(1968,1972) 指出, 由线性同余产生器产生的伪随机数所组成的 s 维空间上的点为

$$P = (U_i, U_{i+1}, \cdots, U_{i+s-1}), \quad i = 1, 2, \cdots,$$

可以找到个数不多于 $(s!M)^{1/s}$ 的在 s 维空间上彼此平行的超平面:

$$C_0 + C_1 x_1 + C_2 x_2 + \cdots + C_s x_s = 0,$$

使得 s 维空间上的点全部落在这些超平面上.

具体地说, 由线性同余产生器连续产生的伪随机数序列, 把其相继的 s 个伪随机数 $(U_{i+1}, U_{i+2}, \cdots, U_{i+s})$ 作为 s 维空间的一个点时, 这些点只分布在 s 维空间的少数几个彼此平行的超平面上. 例如, $M=2^{32}$, s 维伪随机数有可能落在 s 维空间不超过 $(s!M^{1/s})$ 个低维超平面上, 维数 $s=1, 5, 10, 50, 100, 500, 1000$, 低维超平面个数为 $2^{32}, 84, 9.2, 5.6, 1.3, 1.1, 1.1$, 随着维数增大, s 维随机数迅速地落在少数几个低维超平面上, 100 维以后, 只落在 1 个超平面上, 这就是降维现象, 并产生稀疏栅格.

乘同余产生器 ($A=7$, $M=2^{31}-1$) 和 ($A=2147483630$, $M=2^{31}-1$) 在 $(0,1)$ 间隔产生稀疏栅格, 前者的二重分布稀疏栅格如图 2.5 所示, 伪随机数只落在 7 条线上; 在 $(0, 0.1)$ 间隔产生只有一两条线的稀疏栅格. 历史上, IBM 公司的计算机 IBM360/370, 有一个有名的伪随机数产生器 RANDU 使用多年, 所用乘同余产生器参数为 ($A=65539$, $M=2^{31}$), 其三重分布稀疏栅格如图 2.6 所示, 伪随机数只落在 15 个平面上, 这 15 个平面 $9x-6y+z=k(k=-5,-4,\cdots,8,9)$ 以等间隔排列. 另外三个乘同余产生器, ($A=7$, $M=2^{31}-1$), ($A=2147483630$, $M=2^{31}-1$) 和 ($A=97$, $M=2^{17}$), 也都产生三重分布稀疏栅格.

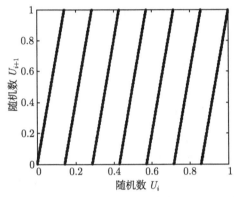
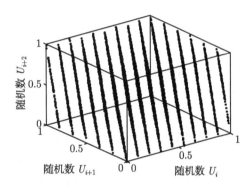

图 2.5　乘同余产生器 ($A=7$) 的稀疏栅格　　　图 2.6　RANDU 的稀疏栅格

2. 样本相关异常

乘同余产生器 $1(A=7$, $M=2^{31}-1)$ 和乘同余产生器 $2(A=2147483630$, $M=2^{31}-1)$, 在 $(0, 1)$ 间隔出现二重稀疏栅格结构, 它们产生的随机数独立性不好, 样本不独立, 从 2 维独立正态分布抽样得到样本值为

$$X_i = \sqrt{-2\ln U_i}\cos(2\pi U_{i+1}), \quad Y_i = \sqrt{-2\ln U_i}\sin(2\pi U_{i+1}).$$

由此产生 2 维正态分布的随机变量样本点分布不再是正常的随机分布, 而是呈现非正常的相关分布, 产生样本相关异常现象. 样本点 (X_i, Y_i) 落在一条螺旋线上, 如图 2.7 和图 2.8 所示, 样本值 X_i 与 Y_i 就不是独立的了, 具有很强的相关性.

3. 长周期相关

为了说明线性同余序列的长周期相关现象, 以一个简单的乘同余法为例, 乘同余法: $X_i \equiv 15X_{i-1}(\mathrm{mod}\ 19)$, $X_0=1$. 此产生器产生周期为 18 的伪随机数序列为

$\{X_i\}$: 1, 15, 16, 12, 9, 2, 11, 13, 5, 18, 4, 3, 7, 10, 17, 8, 6, 14, 1.

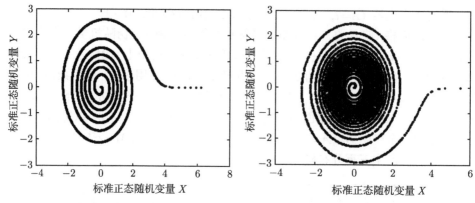

图 2.7 乘同余产生器 1 样本相关异常   图 2.8 乘同余产生器 2 样本相关异常

为了能看出此序列的前半段与后半段强相关, 写出与它相关系数为 -1 的另一序列为

$\{19 - X_i\}$：18, 4, 3, 7, 10, 17, 8, 6, 14, 1, 15, 16, 12, 9, 2, 11, 13, 5, 18.

显然, 后者只是前者的前后两半段位置的互易, 也就是说此乘同余产生器所得的伪随机数序列, 其前后两半段是强相关的, 这就是长周期相关现象.

Matteis 和 Pagnutti(1988,1990) 已从理论上证明了所有线性和非线性同余序列都存在长周期相关现象. 其他伪随机数序列也有可能发生长周期相关现象. 在并行蒙特卡罗计算中, 如果几个并行处理器分别使用同一个同余序列的不同区段, 采用分段并行算法, 在选取分点时进行分割, 应避开具有强相关的分点, 回避这种长周期相关现象.

2.3 伪随机数产生器的发展

2.3.1 非线性同余产生器

令 M 是素数, $F_M = \{0, 1, \cdots, M-1\}$ 是一个 M 阶 Galois 域. $g(X_{i-1})$ 是 F_M 上的一个非线性整数函数, 通常是 F_M 上的一个排列多项式, 此时有 $\{g(0), g(1), \cdots, g(M-1)\} = F_M$, $X_{i-1} \in F_M$. 非线性同余产生器的一般形式为

$$X_i \equiv g(X_{i-1})(\mathrm{mod}\, M), \quad i \geqslant 1.$$

Eichenauer 和 Lehn(1986); Eichenauer 和 Lehn(1987); Eichenauer, Lehn, Topuzoglu (1988); Eichenauer 和 Niederreiter(1991) 等比较详细研究了非线性同余产生器. 下面介绍两种非线性同余产生器: 逆同余产生器和二次式同余产生器.

1. 逆同余产生器

逆同余产生器是非线性同余产生器中研究得最多, 也是很有前途的一种方法, 非线性整数函数 $g(X_{i-1})$ 取逆函数的形式, 逆同余产生器的递推公式为

$$X_i \equiv (AX_{i-1}^{-1} + C)(\mathrm{mod}\,M), \quad i \geqslant 1.$$

$A, C \in F_M, AC \neq 0$, 已证明当本原多项式 $f(x) = x^2 - Cx - A \in F_M$ 时, 逆同余产生器的全周期为 M. Eichenauer 和 Grothe(1992) 给出的逆同余产生器为

$$g(2^k x) \equiv (2^k A x^{-1} + C)(\mathrm{mod}\,2^w),$$

式中, A, C, k, w 为整数; x 为奇整数. 当 $A \equiv 1(\mathrm{mod}\ 4)$, $C \equiv 1(\mathrm{mod}\ 2)$ 时, 周期为 2^w.

逆同余产生器的主要优点在于消除高维稀疏栅格结构. 例如, 模为 $M=2^{31}-1$ 的逆同余产生器可以通过很高维的栅格结构检验, 而线性同余产生器要保证 10 维以内近似最优的栅格结构都有困难, 参看 Fishman 和 Moore(1986). 然而逆同余产生器的周期不比线性同余产生器的长, Matteis 和 Pagnutti(1990) 也从理论上证明了所有逆同余序列也都像线性同余序列那样存在长周期相关现象. 逆同余产生器的速度明显慢于线性同余产生器.

2. 二次式同余产生器

若非线性整数函数 $g(X_{i-1})$ 取二次式的形式, 则二次式同余产生器的递推式为

$$X_i \equiv (AX_{i-1}^2 + BX_{i-1} + C)(\mathrm{mod}\,M).$$

令 p 为素数, $M = p^\beta$, $\beta \geqslant 2$, 如果满足下面条件: $A \equiv 0(\mathrm{mod}\ p)$, $B \equiv 1(\mathrm{mod}\ p)$, $C \neq 0(\mathrm{mod}\ p)$; 当 $p=2$ 时, $A \equiv (B-1)(\mathrm{mod}\ 4)$; 当 $p=3$ 时, $A \equiv 0(\mathrm{mod}\ 9)$; $AC \equiv 6(\mathrm{mod}\ 9)$, 则 $\alpha \in \{1, 2, \cdots, \beta -1\}$, 最大公因数 $\gcd(A, p^\beta) = p^\alpha$, Knuth(1981) 证明二次式同余产生器的最大周期为 p^β.

2.3.2 多步线性递推产生器

线性同余产生器是一步线性递推产生器, 多步线性递推产生器是使用多步线性递推法产生伪随机数, 其最大特点是可以产生周期特别长的伪随机数序列, 可改善分布性能.

1. 一般多步线性递推产生器

多步线性递推产生器的递推公式为

$$X_i \equiv (A_1X_{i-1} + A_2X_{i-2} + \cdots + A_jX_{i-j})(\mathrm{mod}\,M), \quad i \geqslant j,$$

式中, M 和 j 为正整数, A_j 是介于 0 与 $M-1$ 之间的整数, 且 $A_j \neq 0$. 若给定 j 个初始值: $X_0, \cdots, X_{j-1}$, 则可产生伪随机数序列. Lidl 和 Niederreiter(1986) 证明, 如果 M 为素数, $A_j \neq 0 (\mathrm{mod}\, M)$, $f \in F_M[x]$, 当特征多项式

$$f(x) = x^j - A_1 x^{j-1} - \cdots - A_{j-1} x - A_j$$

是 M 阶 Galois 域上的本原多项式时, 多步线性递推产生器的最大的周期为 $M^j - 1$. 因此一般多步线性递推产生器可产生周期特别长的伪随机数序列, 这是其优点. 其缺点是效率较低, 因为产生一个随机数需要多个系数值和多个初始值. 当 $j=1$ 时, 多步线性递推产生器就是线性同余产生器了, 所以说线性同余产生器是多步线性递推产生器的特殊情况.

2. 特殊多步线性递推产生器

为了提高效率, 特殊多步递推产生器是只保留一般多步线性递推产生器中的两项系数 $A_j (1 \leqslant j \leqslant l)$ 和 A_l 不为零, 其他系数均为零. 由于系数项少了, 这就大大地减少乘法和加法运算量, 从而提高了效率, 而且还能保持长周期的优点. 有如下四种特殊多步线性递推产生器:

(1) FMRG($A_1=1, A_l = B$), $X_i \equiv X_{i-1} + B X_{i-l} (\mathrm{mod}\, M), i \geqslant l$.

(2) DX-k-2($A_1 = A_l = B$), $X_i \equiv B(X_{i-1} + X_{i-l})(\mathrm{mod}\, M), i \geqslant l$.

(3) DX-k-3($A_1 = A_{[l/2]} = A_l = B$), $X_i \equiv B(X_{i-1} + X_{i-[l/2]} + X_{i-l})(\mathrm{mod}\, M)$, $i \geqslant l$.

(4) DX-k-4($A_1 = A_{[l/3]} = A_{[2l/3]} = A_l = B$),

$X_i \equiv B(X_{i-1} + X_{i-[l/3]} + X_{i-[2l/3]} + X_{i-l})(\mathrm{mod}\, M), \quad i \geqslant l$.

前两个产生器的非零项数为 2, 后两个产生器的非零项数为 3 和 4. 非零项数多少确定产生器的效率, 在项数小于等于 4 下, 效率比较高. l 值则决定均匀性的维数和周期长度. 在不失高效率的情况下, 增加 l 值, 不但可以使统计性质变好, 而且可以增加周期长度. 由于双精度的有效位数为 52 bit, 为避免计算时产生的溢位问题, 建议乘子 B 给予一些限制: 当项数等于 1, 2 时, $B < 2^{20}$, 当项数等于 3, 4 时, $B < 2^{19}$. L. Y. Deng 和 H. Xu 给出特殊多步递推产生器 DX-3803, 周期长达 $2^{117923} \approx 10^{35498}$, 此产生器产生的伪随机数可以在 3803 维超平面内具有等分布性. Panneton, L'Ecuyer, Matsumoto(2006) 对模 2 线性递推产生器的长周期进行了详细讨论.

2.3.3   进位借位运算产生器

Marsaglia 和 Zaman(1991) 首先提出进位借位运算产生器, Tezuka, L' Ecuyer, Couture(1993) 对此有深入的研究. 进位借位运算产生器有进位加产生器、进位减产

生器、进位乘产生器和借位减产生器, 进位加、进位减、进位乘和借位减的原文分别是 "add with carry" "subtract with carry" "multiply with carry" 和 "subtract with borrow", 简写为 "AWC" "SWC" "MWC" 和 "SWB". 这种产生器的特点是速度很快, 周期很长.

1. 进位加产生器

设 b, p, q 为正整数, b 称为基, p, q 称为延迟, $p > q$, 进位加产生器的递推式为

$$X_i \equiv (X_{i-p} + X_{i-q} + C_{i-1})(\mathrm{mod} b), \quad i \geqslant p,$$

式中, C_i 为进位, 若 $X_{i-p} - X_{i-q} - C_{i-1} \geqslant b$, 则 $C_i = 1$; 若 $X_{i-p} - X_{i-q} - C_{i-1} < b$, 则 $C_i = 0$. 进位加产生器的初值由 $(X_0, X_1, \cdots, X_{p-1})$ 和 C_{p-1} 构成. 由于进位加没有乘法运算, 而 $\mathrm{mod} \, b$ 运算不会超过一个减法运算, 所以进位加产生器速度很快, 效率很高. 当 $M = b^p + b^q - 1$ 为素数, 且 b 是 M 的一个原根时, 进位加产生器的最大周期为 $b^p + b^q - 1$. 例如, $b = 2^{31}$, $p = 20$, 最大周期为 $2^{620} \approx 10^{186}$. 进位加产生器有一个变型, 称为补进位加产生器, 最大周期为 $b^p + b^q + 1$, 其递推公式为

$$X_i \equiv (-X_{i-p} - X_{i-q} - C_{i-1} - 1) \, (\mathrm{mod} b), \quad i \geqslant p.$$

2. 进位减产生器

进位减产生器的递推式为

$$X_i \equiv (X_{i-p} - X_{i-q} - C_{i-1})(\mathrm{mod} b), \quad i \geqslant p,$$

式中, C_i 为进位, 若 $X_{i-p} - X_{i-q} - C_{i-1} \geqslant b$, 则 $C_i = 1$; 若 $X_{i-p} - X_{i-q} - C_{i-1} < b$, 则 $C_i = 0$. 例如, $X_i = X_{i-22} - X_{i-43} - C_i$, 若 $X_i < 0$, $X_i = X_i + (2^{32} - 5)$, 则 $C_i = 1$; 若 $X_i > 0$, 则 $C_i = 0$.

3. 进位乘产生器

进位乘产生器的递推式为

$$X_i = A_n X_{i-n} + \cdots + A_2 X_{i-2} + A_1 X_{i-1} + C_{i-1},$$

式中, 进位 $C_{i-1} \equiv X_{i-1}(\mathrm{mod} \, M)$. 例如, 一个进位乘产生器的参数取值如下: $A_1 = 698769069$, $X_0 = 521288629$, $C_0 = 7654321$, $M = 2^{32}$. 另一个进位乘产生器的参数取值如下: $A_4 = 2111111111$, $A_3 = 1492$, $A_2 = 1776$, $A_1 = 5115$, $M = 2^{32}$.

4. 借位减产生器

借位减产生器有两种形式. 第一种形式的递推公式为

$$X_i \equiv (X_{i-q} - X_{i-p} - C_{i-1})(\mathrm{mod} b), \quad i \geqslant p,$$

式中, C_i 为借位, 若 $X_{i-p} - X_{i-q} - C_{i-1} < 0$, 则 $C_i = 1$; 若 $X_{i-p} - X_{i-q} - C_{i-1} \geqslant 0$, 则 $C_i = 0$. 其最大周期为 $b^p - b^q + 1$. 第二种形式的递推公式为

$$X_i \equiv (X_{i-p} - X_{i-q} - C_{i-1})(\text{mod}b), \quad i \geqslant p,$$

式中, C_i 为借位, 若 $X_{i-p} - X_{i-q} - C_{i-1} < 0$, 则 $C_i = 1$; 若 $X_{i-p} - X_{i-q} - C_{i-1} \geqslant 0$, 则 $C_i = 0$. 其最大周期为 $b^p - b^q - 1$.

2.3.4   迟延斐波那契产生器

经典斐波那契产生器的均匀性和独立性虽然不好, 但是由于速度快、周期长, 仍然吸引很多学者进行深入的研究. 为了改善经典斐波那契产生器的性能, 有学者提出迟延斐波那契产生器. 迟延斐波那契产生器能产生周期非常长的随机数, 计算效率高. 迟延斐波那契产生器是使用序列中更前面的随机数去产生新的随机数, 迟延斐波那契产生器的递推式为

$$X_i \equiv (X_{i-p} \otimes X_{i-q})(\text{mod}M), \quad i > p, p > q,$$

式中, p 和 q 称为迟延数, 运算符 $\otimes$ 是四个二进制操作符 $+, -, \times, \oplus$ 之一. 产生随机数序列需要 p 个初始值: $X_{0,1}, X_{0,2}, \cdots, X_{0,p}$. 迟延斐波那契产生器具体方法依赖于采用哪种二进制操作符, 如两个迟延斐波那契产生器分别为

$$X_i \equiv (X_{i-17} - X_{i-5})(\text{mod}M), \quad X_i \equiv (X_{i-100} + X_{i-30})(\text{mod}2^{30}).$$

迟延斐波那契产生器的性能依赖于采用哪种二进制操作符, 如何选择迟延数 p 和 q 以及模 M, 初始值选取也很灵敏, 迟延斐波那契产生器的质量依赖于选择的参数, 这都涉及比较复杂的理论问题. 迟延斐波那契产生器的最大周期为 $M^p + M^q$, 对 32 位计算机, $M = 2^{31}$, 最大周期为 $2^{31p} + 2^{31q}$. 例如, Brent(1992) 给出迟延斐波那契产生器的递推式为

$$X_i \equiv (X_{i-p} + X_{i-q})(\text{mod}1).$$

此迟延斐波那契产生器产生伪随机数序列的周期与选择参数有关. $p = 1279, q = 418$, 周期为 10^{20169}; $p = 44497, q = 21034$, 周期为 10^{692369}, 周期几乎达到无限长了.

2.3.5   线性同余组合产生器

在上述伪随机数产生器中, 都属于单一随机数产生器. 组合产生器是由几个单一随机数产生器组合而成, 组合产生器有可能得到比单一产生器性能更好的随机数. 这里讨论线性同余组合产生器, 或者是由几个线性同余产生器组合而成, 或者是由线性同余产生器与其他产生器组合而成.

1. 几个线性同余产生器的组合

L' Ecuyer 和 Tezuka(1991) 提出一种组合方法, 有 n 个线性同余产生器

$$Y_{ij} \equiv A_j Y_{i-1,j}(\mathrm{mod} M_j), \quad 1 \leqslant j \leqslant n,$$

式中, 各个模 M_j 为互异素数, 可设 M_1 为 M_j 中的最大者, 乘子 A_j 为模 M_j 的原根. 由几个线性同余产生器组合而成的产生器为

$$X_i \equiv \sum_{j=1}^n \delta_j Y_{ij}(\mathrm{mod} M_1),$$

其中, δ_j 是任意非零整数. $(0,1)$ 随机数为

$$U_i \equiv \sum_{j=1}^n (\delta_j Y_{ij}/M_j)(\mathrm{mod} 1).$$

线性同余组合产生器的周期为 $P = 1\mathrm{cm}(P_1, P_2, \cdots, P_n)$, 其中 1cm 表示最小公倍数.

例如, $Y_{i1} \equiv 40014 Y_{i-1,1}(\mathrm{mod}(2^{31}-85))$, $Y_{i2} \equiv 40692 Y_{i-1,2}(\mathrm{mod}(2^{31}-249))$, $\delta_1 = 1$, $\delta_2 = -1$, 线性同余组合产生器为

$$X_i \equiv (Y_{i1} - Y_{i2})(\mathrm{mod}(2^{31} - 85)), \quad i \geqslant 1.$$

其周期为 $P = (2^{31}-86)(2^{31}-250)/2 = 2.3 \times 10^{18}$. L'Ecuyer 和 Tezuka(1991) 计算了相邻平行超平面之间最大距离, 结果表明线性同余组合产生器的相邻平行超平面之间最大距离很小, 通过了谱检验.

例如, $Y_{i1} \equiv 16807 Y_{i-1,1}(\mathrm{mod}(2^{31}-1))$, $Y_{i2} \equiv 40692 Y_{i-1,2}(\mathrm{mod}(2^{31}-249))$, $\delta_1 = 1$, $\delta_2 = -1$, 线性同余组合产生器为

$$X_i \equiv (Y_{i1} - Y_{i2})(\mathrm{mod}(2^{31} - 1)), \quad i \geqslant 1.$$

其周期为 $P = (2^{31}-2)(2^{31}-250)/2/31 = 7.4 \times 10^{16}$. 在 $(0, 0.001)$ 间隔, 两个线性同余产生器都出现稀疏栅格, 而线性同余组合产生器没有出现稀疏栅格.

2. KISS 组合产生器

Marsaglia(1984, 1990, 1993, 1999) 提出 KISS 组合产生器, KISS 是 "keep it simple stupid" 的第一个字母. KISS 组合产生器是线性同余产生器与其他产生器组合而成.

(1) KISS84 组合产生器. 由线性混合同余、联合移位寄存器和进位乘三个产生器组成, 整数随机数为 $X_i = I_i + J_i + K_i$. 各个产生器分别为

$$I_i \equiv (69069 I_{i-1} + 12345)(\mathrm{mod} 2^{32});$$

$$J_i = J_{i-1} \oplus (J_{i-1} \ll 13), \quad J_i = J_i \oplus (J_i \gg 17), \quad J_i = J_i \oplus (J_i \ll 5);$$

$$K_i = 698769069 K_{i-1} + C_{i-1}, \quad C_i \equiv K_i (\mathrm{mod} 2^{32}).$$

初始值为 I_0=123456789, J_0=362436, K_0=521288629, C_0=7654321. 周期为 $2^{124} \approx 2.12 \times 10^{37}$.

(2) KISS90 组合产生器. 由混合同余和进位减两个产生器组成, 整数随机数为 $X_i = J_i - I_i$, 各个产生器分别为

$$I_i \equiv (I_{i-1} - 362436069)(\mathrm{mod} 2^{32}),$$

$$J_i = J_{i-22} - J_{i-43} - C_i,$$

式中, C_i 为进位, 若 $J_i < 0$, $J_i = J_i + (2^{32}-5)$, 则 $C_i = 1$; 若 $J_i > 0$, 则 $C_i = 0$.

(3) KISS93 组合产生器. 由一个混合同余产生器和两个联合移位寄存器产生器组成, 整数随机数为 $X_i = I_i + J_i + K_i$, 各个产生器分别为

$$I_i \equiv (69069 I_{i-1} + 23606797)(\mathrm{mod} 2^{32}),$$

$$J_i \equiv (I + L^{15})(I + R^{17}) J_{i-1} (\mathrm{mod} 2^{32}),$$

$$K_i \equiv (I + R^{13})(I + L^{18}) K_{i-1} (\mathrm{mod} 2^{31}),$$

式中, L^{15} 表示左移 15 位, R^{17} 表示右移 17 位. 周期为 $2^{95} \approx 3.96 \times 10^{28}$.

(4) KISS99 组合产生器. 由混合进位乘、混合同余和联合移位寄存器三个产生器组成, 整数随机数为 $X_i = I_i \oplus J_i + K_i$. 其中, 混合进位乘产生器为

$$A_i = 36969(A_{i-1} \ \& \ 65535) + (A_{i-1} \ll 16),$$
$$B_i = 18000(B_{i-1} \ \& \ 65535) + (B_{i-1} \ll 16),$$
$$I_i = (A_i \gg 16) + B_i.$$

混合同余产生器为 $J_i \equiv (69069 J_{i-1} + 1234567)(\mathrm{mod} 2^{32})$. 联合移位寄存器产生器为

$$K_i = K_{i-1} \oplus (K_{i-1} \gg 17), \quad K_i = K_i \oplus (K_i \ll 13), \quad K_i = K_i \oplus (K_i \gg 5).$$

KISS99 组合产生器产生的初始值为 A_0=12345, B_0=65435, J_0=12345, K_0=34221.

2.3.6　通用组合产生器

1. 马萨格利亚通用组合产生器

Marsaglia, Zaman, Tsang(1990); Marsaglia 和 Tsang(2004) 提出通用组合产生器. 通用组合产生器是由两个单一产生器组合而成, 一个是迟延斐波那契产生器, 一个是简单的算术序列, 通用组合产生器有很长的周期. 通用组合产生器为

$$U_i = X_i \otimes C_i,$$

式中, 运算符 $\otimes$ 是四个二进制操作符 $+, -, \times, \oplus$ 之一. 迟延斐波那契产生器为

$$X_i = X_{i-p} \otimes X_{i-q}, \quad i > p, \ p > q,$$

式中, p 和 q 称为迟延数, 运算符 $\otimes$ 定义为

$$X \otimes Y = \begin{cases} X - Y, & X \geqslant Y, \\ X - Y + 1, & \text{其他}. \end{cases}$$

简单的算术序列为 $\{C_i\}$, C_i 为

$$C_i = C_{i-1} \otimes d = \begin{cases} C_{i-1} - d, & C_{i-1} \geqslant d, \\ C_{i-1} - d + e, & \text{其他}, \end{cases}$$

式中, 设二进制小数的位数为 n, d 为任意整数除以 2^n 所得的数; e 为小于 2^n 的最大素数除以 2^n 所得的数; C_0 为任意整数除以 2^n 所得的数; 序列 $\{C_i\}$ 的周期为小于 2^n 的最大素数.

通用组合产生器需要 p 个随机数初始值, 随机数初始值用迟延斐波那契产生器和乘同余产生器产生. 迟延斐波那契产生器为

$$Y_m \equiv Y_{m-3} Y_{m-2} Y_{m-1} \bmod (179).$$

其初始值 Y_0, Y_1, Y_2 为 $[1, 178]$ 内的任意整数, 不能同时全为 1. 乘同余产生器为

$$Z_m \equiv 53 Z_{m-1} \bmod (169).$$

其初始值 Z_0 为 $[1, 168]$ 内的任意整数. 由迟延斐波那契和乘同余两个产生器产生 b_m, b_m 为

$$b_m = \begin{cases} 0, & Y_m Z_m (\bmod 64) < 32, \\ 1, & \text{其他}. \end{cases}$$

由此总共产生 $p \times n$ 个 b_k, $k=1, 2, \cdots, p \times n$. 把整数随机数初始值转化为实数随机数初始值, p 个实数随机数初始值为

$$X_{0,k} = \sum_{j=1}^{n} b_{(k-1)n+j} 2^{-j}, \quad k = 1, 2, \cdots, p.$$

有下列两个特殊通用组合产生器.

(1) 通用组合产生器 I. 由迟延斐波那契和算术级数两个产生器组成, 其周期为 $(2^{24}-1) \times 2^{94} \approx 2^{110} = 1.30 \times 10^{33}$. 通用组合产生器 I 为

$$X_i = \begin{cases} Y_i - C_i, & Y_i \geqslant C_i, \\ Y_i - C_i + 1, & Y_i < C_i, \end{cases}$$

其中, $Y_i \equiv (Y_{i-97} + Y_{i-33})(\mathrm{mod}\ 2^{24})$; $C_i \equiv (C_{i-1} - 7654321)(\mathrm{mod}(2^{24} - 3))$.

(2) 通用组合产生器 II. 由迟延斐波那契产生器和简单的算术序列组成, 通用组合产生器 II 为

$$X_i = \begin{cases} Y_i - C_i, & Y_i \geqslant C_i, \\ Y_i - C_i + 1, & Y_i < C_i, \end{cases}$$

其中 $Y_i \equiv (Y_{i-97} + Y_{i-33})(\mathrm{mod}2^{24})$, $C_i \equiv C_{i-1}(\mathrm{mod}1677213)$.

2. MRG32k3a 通用组合产生器

L'Ecuyer(1999) 提出的 MRG32k3a 产生器, 是由两个多步线性递推产生器合并的组合产生器, 周期为 $2^{191} \approx 3.1 \times 10^{57}$. MRG32k3a 产生器为

$$
\begin{aligned}
Y_i &\equiv (A_{11}Y_{i-1} + A_{12}Y_{i-2} + A_{13}Y_{i-3})(\mathrm{mod}M_1), \\
Z_i &\equiv (A_{21}Z_{i-1} + A_{22}Z_{i-2} + A_{23}Z_{i-3})(\mathrm{mod}M_2), \\
X_i &\equiv \begin{cases} (Y_i - Z_i + M_1)(\mathrm{mod}(M_1 + 1)), & Y_i \leqslant Z_i, \\ (Y_i - Z_i)(\mathrm{mod}(M_1 + 1)), & Y_i > Z_i, \end{cases} \\
U_i &= X_i/M_1,
\end{aligned}
$$

其中, $A_{11} = 0$, $A_{12} = 1403580$, $A_{13} = -810728$, $M_1 = 2^{32} - 209 = 4294967087$, $A_{21} = 527612$, $A_{22} = 0$, $A_{23} = -1370589$, $M_2 = 2^{32} - 22853 = 4294944443$. 随机数初始值为 $Y_0 = Y_1 = Y_2 = Z_0 = Z_1 = Z_2 = 12345$. MRG32k3a 产生器产生的随机数通过 TestU01 的统计检验.

2.3.7 麦森变型产生器

Tausworthe 反馈移位寄存器产生器曾经受到批评和非议, 实际工作中也出现了问题, 但是由于反馈移位寄存器产生器的快速高效和特别长的周期, 仍然吸引人们探索研究, Lewis 和 Payne(1973) 提出广义反馈移位寄存器产生器, Fishman(1996) 对反馈移位寄存器和广义反馈移位寄存器产生器进行了详细的分析研究.

1. 麦森变型产生器

以松本为首的四位日本数学家发表一系列论文, Matsumoto 和 Kurita(1992, 1994); Matsumoto 和 Nishimura(1998, 2000); Matsumoto 和 Saito(2008) 提出变型线性反馈移位寄存器产生器. 它是广义反馈移位寄存器产生器的变型, 因此也称为变型广义反馈移位寄存器产生器, 周期为 $2^s - 1$, s 是素数, $2^s - 1$ 在数论上称为麦森数 (Mersenne number), 所以这种产生器称为麦森变型 (Mersenne twister) 产生器. 麦森变型产生器由一个线性广义反馈移位寄存器产生器和一个联合移位寄存器组成, 前者的作用是产生快速长周期的随机数, 后者的作用是把随机数搅拌得更加均

匀, 麦森变型产生器为

$$X_i = X_{i-k+m} \oplus ((X_{i-k} \& p)|(X_{i-k+1} \& q))\boldsymbol{A},$$
$$Y_i = X_i,$$
$$Y_i = Y_i \oplus (Y_i \gg u),$$
$$Y_i = Y_i \oplus ((Y_i \ll s)\&b),$$
$$Y_i = Y_i \oplus ((Y_i \ll t) \& c),$$
$$Y_i = Y_i \oplus (Y_i \gg l),$$
$$U_i = Y_i/M,$$

式中, 参数 p, q, b, c 是 16 进制数; 参数 u, s, t, l 是 10 进制数; k 是递推度, $1 \leqslant m \leqslant k$, m 是递推度的中值. 第 1 式是线性广义反馈移位寄存器产生器, 它表示 X_{i-k} 与 p 按位与运算, X_{i-k+1} 与 q 按位与运算, 两者运算结果按位或运算, 其运算结果与 X_{i-k+m} 按位异或运算, 其运算结果 X 再与矩阵 $\boldsymbol{A}$ 相乘. 第 3 式到第 6 式是联合移位寄存器. 计算机的字长为 w, $w \times w$ 矩阵 $\boldsymbol{A}$ 为

$$\boldsymbol{A} = \left[\begin{array}{cc} \boldsymbol{0} & \boldsymbol{I}_{w-1} \\ a_{w-1} & a_{w-2} \cdots a_0 \end{array} \right],$$

式中, $\boldsymbol{I}_{w-1}$ 是单位矩阵. $\boldsymbol{A}$ 矩阵形式选取使得 X 与 $\boldsymbol{A}$ 相乘有很快的速度, X 与 $\boldsymbol{A}$ 相乘的结果表示为

$$X\boldsymbol{A} = \left\{ \begin{array}{ll} X \gg 1, & X_0 = 0, \\ (X \gg 1) \oplus a, & X_0 = 1, \end{array} \right.$$

式中, $X=(X_{w-1}, X_{w-2}, \cdots, X_0)$; $a=(a_{w-1}, a_{w-2}, \cdots, a_0)$, a 是 16 进制数. 可见麦森变型产生器的运算全部是二进制的位运算, 所以计算速度非常快, 计算效率很高.

2. 麦森变型产生器初值

产生伪随机数序列需要产生 k 个随机数初值, 由一个初值产生器产生, 利用递推公式计算 k 个初值, k 个初值可正可负. 第一个初值产生器为

$$X_{0,j} = (C_1 X_{0,j-1}) \& (-1), \quad j = 1, 2, \cdots, k,$$

式中, $C_1 = 69069$, $X_{0,0} = 4357$, -1 的 16 进制数为 0XFFFFFFFF. 第二个初值产生器为

$$X_{0,j} = (C_1(X_{0,j-1} \oplus (X_{0,j-1} \gg (w-2))) + j) \& (-1), \quad j = 1, 2, \cdots, k,$$

式中, $C_1 = 1812433253$, $X_{0,0} = 5489$.

3. 串行麦森变型产生器

串行麦森变型产生器有 MT19937 和 MT11213. 对于 32 位计算机, 字长 $w = 32$, $M = 2^{32}$, 假定 $a_{w-1} = a_{w-2} = \cdots = a_0 = a$. MT19937 的周期为 $2^{19937} - 1 = 4.31 \times 10^{6001}$, MT11213 的周期为 $2^{11213} - 1 = 2.81 \times 10^{3375}$.

MT19937 产生器的参数取值如下: $k = 624$, $m = 397$, $u = 11$, $s = 7$, $t = 15$, $l = 18$, $p = $ 0X80000000, $q = $ 0X7FFFFFFF, $a = $ 0X9908B0DF, $b = $ 0X9D2C5680, $c = $ 0XEFC60000.

MT11213 产生器的参数取值如下: $k = 351$, $m = 175$, $u = 11$, $s = 7$, $t = 15$, $l = 17$, $p = $ 0XFFF8, $q = $ 0X7FFFF, $a = $ 0XCCAB8EE7, $b = $ 0X31B6AB00, $c = $ 0XFFE50000.

表 2.1 给出 MT19937 产生器参数的进制数和补码表示.

表 2.1   MT19937 产生器参数的进制数和补码表示

参数	10 进制数	补码表示	16 进制数	补码表示
p	−2147483648	2147483648	0X80000000	$2^{32} - 2147483648$
q	2147483647	2147483647	0X7FFFFFFF	$2^{31} - 1$
a	−1727483681	2567483615	0X9908B0DF	$2^{32} - 1727483681$
b	−1658038656	2636928640	0X9D2C5680	$2^{32} - 1658038656$
c	−272236544	4022730752	0XEFC60000	$2^{32} - 272236544$
−1	−1	4294967295	0XFFFFFFFF	$2^{32} - 1$

麦森变型产生器产生的伪随机数速度快, 周期特别长, 能够通过最严格的随机数统计检验, 受到广泛关注, 被广泛使用, 取得很大的成功. 麦森变型产生器有三个特点:

(1) 周期特别长, MT19937 的周期长达 4.3×10^{6001}.

(2) 由于不使用实数浮点运算, 而是使用二进制的位运算, 所以算法速度快. 在 2.8GHz 32 位 Intel 处理器的微机上, 每秒产生 2.4×10^7 个随机数, 而 MRG32k3a 组合产生器每秒产生 1.0×10^7 个随机数, 比乘同余产生器还要快.

(3) 通过了 DIEHARD 所有统计检验, 特别是严格的统计检验.

(4) 随机数序列具有很好的高维均匀性, 在 623 维内具有良好的均匀特性.

4. 并行麦森变型产生器

并行麦森变型产生器有 MT2203 和 SFMT. MT2203 用在 1024 个处理机的并行计算机上进行大规模并行蒙特卡罗模拟, 可以产生 1024 个独立的伪随机数序列. Matsumoto 和 Saito(2008) 提出快速麦森变型产生器 SFMT, 在单指令多数据流 (SIMD) 巨型机上实现 128 位操作运算, SFMT 产生器随机数产生速度很快. 并

行麦森变型产生器 MT2203 为

$$X_{i,j} = X_{i-k+m,j} \oplus ((X_{i-k,j} \,\&\, p)|(X_{i-k+1,j} \,\&\, q)) \boldsymbol{A}_j,$$
$$Y_{i,j} = X_{i,j},$$
$$Y_{i,j} = Y_{i,j} \oplus (Y_{i,j} \gg u),$$
$$Y_{i,j} = Y_{i,j} \oplus ((Y_{i,j} \ll s) \,\&\, b_j),$$
$$Y_{i,j} = Y_{i,j} \oplus ((Y_{i,j} \ll t) \,\&\, c_j),$$
$$Y_{i,j} = Y_{i,j} \oplus (Y_{i,j} \gg l),$$
$$U_{i,j} = Y_{i,j}/M, \quad j = 1, 2, \cdots, 1024,$$

式中, $w \times w$ 矩阵 $\boldsymbol{A}_j$ 为

$$\boldsymbol{A}_j = \begin{bmatrix} \boldsymbol{0} & \boldsymbol{I}_{w-1} \\ a_{w-1,j} & a_{w-2,j} \cdots a_{0,j} \end{bmatrix}.$$

MT2203 的参数如下: $k = 69$, $m = 34$, $u = 12$, $s = 7$, $t = 15$, $l = 18$, $p = $ 0XFFFFFFE0, $q = $ 0X1F. $\boldsymbol{A}_j$, b_j, c_j 等众多参数选取参考 Matsumoto 和 Nishimura (2000). MT2203 的周期为 $2^{kw-5} - 1 = 2^{2203} - 1 \approx 1.48 \times 10^{663}$.

2.3.8 多维随机数产生方法

多维随机数产生方法有直接方法和间接方法. Niederreiter(1992) 给出的直接产生方法有矩阵方法和非线性方法, 用直接方法产生的多维随机数, 其随机性可能比间接方法好些, 但是人们还是习惯使用简单的间接方法. 间接方法是基于概率论定理: 若 $\{A_i, i = 1, 2, \cdots, n\}$ 是独立同分布的随机变量序列, 则 $\{(A_{(i-1)s+1}, A_{(i-1)s+2}, \cdots, A_{is}), i = 1, 2, \cdots, n\}$ 必是独立同分布的 s 维随机向量序列, 而且每个随机向量的分量也是独立同分布的. 根据概率论这一定理, 首先使用前面的各种随机数产生器产生一维随机数序列以后, 然后再由一维随机数序列产生多维随机数序列. 每维随机数有 n 个, 第 s 维随机数序列为

$$\boldsymbol{U}_s = \{(U_{(i-1)s+1}, U_{(i-1)s+2}, \cdots, U_{is}), i = 1, 2, \cdots, n\}$$
$$= \{(U_1, U_2, \cdots, U_s), (U_{s+1}, U_{s+2}, \cdots, U_{2s}), \cdots, (U_{(n-1)s+1}, U_{(n-1)s+2}, \cdots, U_{ns})\}.$$

各维随机数序列可写为

$$\boldsymbol{U}_1 = \{U_1, U_{s+1}, \cdots, U_{(n-1)s+1}\},$$
$$\boldsymbol{U}_2 = \{U_2, U_{s+2}, \cdots, U_{(n-1)s+2}\}, \cdots, \boldsymbol{U}_s = \{U_s, U_{2s}, \cdots, U_{ns}\}.$$

如果一维随机数是均匀独立的, 则由间接方法产生的多维随机数也是均匀独立的. 图 2.9 表示由伪随机数产生器 MT19937 产生的一维伪随机数, 用间接方法产生的 1000 维伪随机数的两维分布随机均匀性.

图 2.9   MT19937 产生的 1000 维伪随机数两维分布随机均匀性

2.4   随机数理论检验和统计检验

2.4.1   伪随机数理论检验

伪随机数检验有理论检验和统计检验. 伪随机数理论检验方法是一种事前检验方法, 所谓事前检验是指在构造伪随机产生器, 选取算法结构和参数时, 进行理论检验. 自从发现线性同余产生器的降维现象以后, 人们在构造伪随机数产生方法时, 自然要考虑其算法结构和参数的选择应使得具有高维等分布性能, 避免出现降维现象, 不产生稀疏栅格结构. 于是出现许多度量和检验高维等分布和栅格稀疏程度的准则. 这些准则构成理论检验方法, 理论检验方法有相邻平行超平面之间最大距离检验 (称为谱检验)、平行超平面最小数目检验和最接近点之间距离检验, 计算通过检验的概率和偏差. Fishman(1996) 对这些理论检验方法有详细的叙述. 这些理论检验方法只针对乘同余产生器, 没有普遍适用性, 因此这里不做详细介绍.

2.4.2 随机数统计检验原理

1. 一般检验原理

在很长时间内, 随机数检验只有一般检验方法, 徐钟济 (1985) 介绍了一般检验方法. 一般检验方法的检验对象是 (0,1) 随机数序列, (0,1) 随机数称为实数随机数, 实数随机数用 10 进制数值大小表示, 随机数产生器产生实数随机数序列是以实数随机数 10 进制数值大小的形式排列, 是对这样的数值序列应具有的随机性能和规律, 进行统计检验, 所以一般检验方法是按实数随机数 10 进制数值大小的检验方法. 张建中 (1989) 使用一般检验方法有矩检验、自相关检验、均匀性检验、连检验、随机数的函数检验、顺序统计量检验、组合规律性检验、模型模拟检验、奇偶序列之间和前后序列之间的 KS 检验等 9 个检验方法, 采用 FORTRAN 语言编制随机数检验程序系统 SUTEST, 对广义乘同余产生器产生的伪随机数序列, 进行 61 项检验, 计算得到 61 个检验概率值, 全部通过了统计检验.

2. 严格检验原理

实践表明, 一般检验方法是不太严格的检验方法, 有一些随机数序列, 本来的随机性不是很好, 但一般检验方法还是通过了. 同余法长期以来作为一种产生随机数的标准方法, 尽管 20 世纪 70 年代理论研究已经发现它的高维稀疏栅格结构和降维现象, 但是同余法产生的随机数序列都能通过一般检验方法的检验, 一般检验方法没有能力发现其中的问题. 由于蒙特卡罗方法发展的需要, 需要随机性能更好的高质量随机数, 检验高质量随机数需要严格的检验方法. 严格检验方法的检验对象是整数随机数, 整数随机数用 2 进制数字串表示, 对于 32 位计算机, 整数随机数用 32 位 2 进制位串表示, 随机数产生器产生整数随机数序列是以 2 进制位串形式排列, 严格检验方法是对这样的 2 进制位串序列应具有的随机性能和规律, 进行统计检验, 所以严格检验方法是按整数随机数 2 进制位串排列的检验方法. 按整数随机数 2 进制位串排列检验比按 (0,1) 随机数 10 进制数值大小排列检验要严格得多. 在检验方法设计上, 有很多独到之处.

3. 统计检验步骤

随机数统计检验步骤如下:

(1) 提出要检验的假设, 构造统计检验方法. 根据随机数应具有的随机性质和统计规律, 构造统计检验方法.

(2) 给出显著水平, 确定检验判别法则. 检验判别法则有检验显著法则和检验概率法则, 这里选用检验概率法则. 如果检验概率值 p 小于等于显著性水平 α, 则拒绝原假设; 如果检验概率值 p 大于显著性水平 α, 则接受原假设.

(3) 选取检验统计量, 确定检验统计量所遵从的分布. 参数统计量 u 遵从标准正态分布, 皮尔逊统计量 χ^2 遵从 χ^2 分布, KS 统计量遵从 Kolmogorov-Smirnov 分布, AD 统计量遵从 Anderson-Darling 分布.

(4) 根据统计检验方法计算检验统计量和检验概率值. 根据各种检验方法, 编制计算机程序, 计算检验统计量和检验概率值, 这是随机数统计检验最关键的一步, 也是工作量最大的部分.

(5) 进行统计推断, 判定假设成立与否. 根据计算的检验概率值, 进行统计推断, 如果计算的检验概率值大于规定概率值, 则承认假设成立, 认为通过了统计检验, 否则就否认假设, 认为没有通过统计检验.

2.4.3   随机数统计检验程序

1. 随机数检验程序

最近十多年, 出现了几个随机数统计检验计算机程序, 如 DieHard 程序、TestU01 程序、FIPS PUB 程序和 Crypt-XS 程序. DieHard 和 TestU01 程序主要是针对蒙特卡罗方法所用的随机数, FIPS PUB 和 Crypt-XS 程序主要针对密码技术所用的随机数. FIPS PUB 程序是美国国家技术标准局 (NIST) 推出的. Crypt-XS 程序是由澳大利亚昆士兰理工大学信息安全研究中心设计的. TestU01 程序是 L'Ecuyer 和 Simard(2007) 开发的, 包含 10 个检验方法: 生日间隔检验、碰撞检验、空隙检验、简单扑克检验、矩阵秩检验、票证收集者检验、最大重复检验、权重分布检验、汉明独立检验和随机行走检验. 这些检验方法来自 Knuth(1997) 标准检验方法、DieHard 检验方法和 FIPS PUB 检验方法等.

2. DieHard 检验程序

Marsaglia(1995, 2008, 2010a, 2010b) 提出并改进检验方法. DieHard 程序是由美国佛罗里达州立大学的 G.Marsaglia 教授开发的, 2010 年给出最后修改版本, DieHard 检验方法使用比较广泛, 是一个强有力的检验程序. DieHard 程序包括一般检验方法和严格检验方法. 一般检验方法有重叠排列检验、停车场检验、最小距离检验、三维随机球检验、挤压检验、重叠求和检验、升连检验、降连检验和掷骰子检验. 严格检验方法有 2 进制秩检验、猴子检验、计数 1 检验、生日间隔检验、最大公因数检验和大猩猩检验.

2.4.4   严格的统计检验方法

本书作者根据 DieHard 的 C 语言程序及其简单注释, 经过消化理解, 对一般检验方法和严格检验方法做了详细叙述, 形成文档, 由于篇幅限制, 这里只叙述严格检验方法, 其中生日间隔检验、最大公因数检验和大猩猩检验是最严格的检验方法, 这 3 个最严格的检验方法通过了, 可以认为通过了统计检验.

1.2 进制秩检验

矩阵的秩表示在矩阵的所有行矢量或者所有列矢量中, 线性无关的矢量个数, 所以矩阵秩的大小表征线性无关的程度. 从 32 位随机整数序列中产生矩阵, 观测矩阵的 2 进制秩 (binary ranks), 则可检验随机数序列的相关性, 所以 2 进制秩检验用来检验随机数独立性. 矩阵秩的计算不采用 10 进制, 而是采用 2 进制, 所以称为 2 进制秩. 如果随机整数是真正的随机整数, 则矩阵的 2 进制秩是一个随机变量, 将服从确定的分布. 2 进制秩检验有如下 3 种检验.

(1) 31×31 矩阵的 2 进制秩检验. 31×31 矩阵由 31 个随机整数和 31 个 2 进位数构成. 取一个随机整数的 31 位为 $b_s, b_{s+1}, \cdots, b_{s+30}$, 固定 s 值, 得到 31 位数字. 总共 40000 个矩阵, 矩阵的 2 进制秩分为 4 组: 31, 30, 29 和小于 29. 计算 31×31 矩阵的 2 进制秩的观测频数.

(2) 32×32 矩阵的 2 进制秩检验. 32×32 矩阵由 32 个随机整数和 32 个 2 进位数构成. 取一个随机整数的 32 位为 $b_s, b_{s+1}, \cdots, b_{s+31}$, 固定 s 值, 得到 32 位数字. 总共 40000 个矩阵, 矩阵的 2 进制秩分为 4 组: 32、31、30 和小于 30. 计算 32×32 矩阵的 2 进制秩的观测频数.

(3) 6×8 矩阵的 2 进制秩检验. 6×8 矩阵由 6 个随机整数和 8 个 2 进位数构成. 取一个随机整数的 8 位为 $b_s, b_{s+1}, \cdots, b_{s+7}$, $s = 1, 2, 3, \cdots, 25$, 得到 25 个位组. 总共 100000 个矩阵, 矩阵的 2 进制秩分为 3 组: 6, 5 和小于 5. 计算 6×8 矩阵的 2 进制秩的观测频数. 对 25 个位组计算 25 个检验概率值, 根据 25 个检验概率值, 进行 AD 检验, 得到 6×8 矩阵的 2 进制秩检验的检验概率值.

矩阵个数称为样本数, 一个样本为一次观测, 所以矩阵个数、样本数和观测次数是等同的. 把矩阵的 2 进制秩分成 K 个秩组. 在 m 次观测中, 第 j 个秩组 2 进制秩的理论概率为 p_j, 根据矩阵的 2 进制秩服从分布的概率密集函数求得. 第 j 个秩组 2 进制秩的理论频数为 $m_j = mp_j$. 三种检验的 2 进制秩的理论概率和理论频数做成数据表. 在 m 次观测中, 第 j 个秩组 2 进制秩的观测频数为 $\hat{m}_j$, 皮尔逊统计量

$$\chi^2 = \sum_{j=1}^{K} (\hat{m}_j - m_j)^2 / m_j$$

渐近服从自由度 ν 为 $K-1$ 的 χ^2 分布, 检验概率值 $p = \Gamma((K-1)/2, \chi^2/2)$.

2. 计数 1 检验

计数 1 检验是在字节上检验由随机数序列组成的字节流或者指定字节的独立性和均匀性. 所谓 "计数 1" 是指每个字节中 2 进位数为 "1" 的计数, 计数 1 是一个随机变量, 它将服从参数 $m = 8$, $p = 1/2$ 的二项分布 $\mathrm{Bin}(m, p)$. 二项分布的概

率密集函数表示每个字节包含有 k 个 "1" 的概率, 这个概率为

$$q(k) = C_m^k p^k (1-p)^{m-k} = 2^{-8} C_8^k,$$

式中, C_m^k 为二项系数. 把 k 分成 5 组, 各组的概率为

$$q_1 = 2^{-8}(C_8^0 + C_8^1 + C_8^2), \quad q_2 = 2^{-8} C_8^3, \quad q_3 = 2^{-8} C_8^4,$$
$$q_4 = 2^{-8} C_8^5, \quad q_5 = 2^{-8}(C_8^6 + C_8^7 + C_8^8).$$

现在考虑由重叠的 5 个字母的字构成的字节流, 或者由重叠的 5 个字母的字构成的指定字节. 5 个字母为 A, B, C, D, E, 每个字母由字节中包含 "1" 的个数确定: 包含 0 个、1 个或 2 个为 A, 包含 3 个为 B, 包含 4 个为 C, 包含 5 个为 D, 包含 6 个、7 个或 8 个为 E. 5 个组数的概率 q_1, q_2, q_3, q_4, q_5 分别表示从字母表{A, B, C, D, E}中随机选取某字母的概率. 在 32 位随机整数序列中, 随机字节序列为 B_1, B_2, B_3, $\cdots$, 随机字母序列为 l_1, l_2, l_3, $\cdots$. 重叠的 4 个字母的字为 $v_1 = l_1 l_2 l_3 l_4$, $v_2 = l_2 l_3 l_4 l_5$, $\cdots$. 重叠的 5 个字母的字为 $w_1 = l_1 l_2 l_3 l_4 l_5$, $w_2 = l_2 l_3 l_4 l_5 l_6$, $\cdots$.

计数 1 检验是在随机整数序列 2560000 个字中, 统计每 625 个可能的 4 个字母字的频数, 此频数是一个随机变量, 期望频数为 m_4, 观测频数为 $\hat{m}_{4i}$, 统计量为

$$Q_4 = \sum_{i=1}^{K} (\hat{m}_{4i} - m_4)^2 / m_4.$$

统计每 3125 个可能的 5 个字母字的频数, 此频数是一个随机变量, 期望频数为 m_5, 观测频数为 $\hat{m}_{5i}$, 统计量为

$$Q_5 = \sum_{i=1}^{K} (\hat{m}_{5i} - m_5)^2 / m_5.$$

由于这两个随机变量不是独立的, 而是相关的, 考虑 4 个字母字和 5 个字母字的散落频率的协方差, 统计量 Q_5 与统计量 Q_4 之差是一个独立的随机变量, 随机变量

$$Q = Q_5 - Q_4$$

服从正态分布 $N(\mu, \sigma^2)$, 均值 $\mu = 5^5 - 5^4 = 2500$, 均方差 $\sigma = (5000)^{1/2} = 70.71$. 随机变量观测值为 $\hat{\mu}$. 参数统计量

$$u = (\hat{\mu} - Q)/\sigma$$

渐近服从标准正态分布 $N(0, 1)$. 检验概率值为 $p = \dfrac{1}{\sqrt{2\pi}} \displaystyle\int_{-u}^{u} \exp(-t^2/2)\mathrm{d}t$.

计数 1 检验有字节流计数 1 检验和指定字节计数 1 检验.

(1) 字节流计数 1 检验. 每个 32 位随机整数有 4 个字节, 8 个 2 进位数组成一个字节, 因此随机整数序列组成字节流, 字节流计数 1 检验是字节流检验. 计算统计量 Q_5 和 Q_4 以及随机变量 Q, 得到参数统计量 u, 从而得到检验概率值.

(2) 指定字节计数 1 检验. 每个 32 位随机整数, 指定其中 8 个 2 进制数字组成一个字节, 因此随机整数序列组成指定字节. 指定字节计数 1 检验是指定字节检验. 指定字节计数 1 检验与字节流计数 1 检验相似, 区别在于: 不是对字节流, 而是对指定字节. 从每个随机整数随机选取 8 个 2 进制数字组成一个字节, 分成 25 个指定字节, $d_s, d_{s+1}, \cdots, d_{s+7}$, $1 \leqslant s \leqslant 25$. 对每个指定字节, 计算统计量 Q_5 和 Q_4 以及随机变量 Q, 得到参数统计量 u, 从而得到检验概率值.

3. 猴子检验

猴子 (monkey) 检验的名称来源于无限猴子定理. 猴子检验是一种随机模拟检验, 由随机数的 2 进制数字组成位流, 或者由随机数的 2 进制数字组成字母, 猴子检验是通过位流检验或者字母检验, 来检验随机数的独立性和均匀性, 是一种比较严格的检验方法. 猴子检验首先定义一个字, 一个字由若干个 2 进制数字或者字母组成, 字母由若干个 2 进制数字组成. 然后统计出在总字数中缺失某几位或缺失某几个字母的缺失字数. 所谓缺失字是指由若干个 2 进制数字组成的一个字, 如果其中某一位为 "0", 则该位为缺失位, 认为该字为缺失字. 某个字是否为缺失字可以如下判断: 用某位为 "1", 其他位为 "0" 的一个字与某个字进行按位与 (&) 运算, 运算结果若为零, 则某个字为缺失字. 由于字母由若干个 2 进位数组成, 缺失字母可以用缺失位方法进行判别. 在总字数中的缺失字数是一个随机变量, 如果随机数是真正独立均匀分布, 则缺失字数将服从正态分布 $N(\mu, \sigma^2)$, 均值 μ 就是期望缺失字数, 均方差为 σ. 令统计得到的观测缺失字数为 $\hat{m}$, 参数统计量

$$u = (\hat{m} - \mu)/\sigma$$

渐近服从标准正态分布 $N(0, 1)$. 检验概率值 $p = \dfrac{1}{\sqrt{2\pi}} \displaystyle\int_{-u}^{u} \exp(-t^2/2)\mathrm{d}t$.

猴子检验有四种检验: 位流检验、OPSO 检验、OQSO 检验和 DNA 检验. 四种检验的均值都相同, 理论研究表明, 总字数为 2^n 个, $\mu = 2^{20}\exp(-2^{n-20})$, 当总字数为 2^{21} 个时, 均值 $\mu = 141909.33$. 四种检验的均方差 σ 各不相同, 由模拟方法得到, σ 分别为 428, 290, 295 和 339.

(1) 位流检验. 随机整数序列中的 2 进制数字 $b_1 b_2 \cdots b_m$, 称为位流. 位流检验是检验位流的独立性和均匀性, 考察由 "0" 和 "1" 2 进制数字组成的字的随机性. 在位流中依次取 20 个 2 进制数字组成一个字, 第 1 个字为 $w_1 = b_1 b_2 \cdots b_{20}$; 第 2 个字为 $w_2 = b_2 b_3 \cdots b_{21}$; $\cdots$; 第 m 个字为 $w_m = b_m b_{m+1} \cdots b_{m+19}$. 取 $m = 2^{21}$, 总字数为 $2^{21}+19$ 个. 位流检验是对 20 位中每一位, 统计出在总字数中缺失某一位的观测缺失字数 $\hat{m}$, 计算参数统计量 u, 得到检验概率值. 总共产生 20 个观测缺失字数, 得到 20 个检验概率值.

(2) OPSO 检验. OPSO(overlapping pairs sparse occupancy) 的意思是 "双重稀疏排列重叠", OPSO 检验是考察由 $2^{10} = 1024$ 个字母中的 2 个字母组成的字的随机性. 每个字母由 10 个 2 进制数字确定, 字母 $l = b_1b_2\cdots b_{10}$. 每个字由 2 个字母组成. 例如, 第 1 个字为 $w_1 = l_1l_2$, 第 2 个字为 $w_2 = l_2l_3$, $\cdots$, 第 m 个字为 $w_m = l_ml_{m+1}$. 取 $m=2^{21}$, 总字数为 $2^{21}+1=2097153$ 个. 把 32 个 2 进制数字分成 23 个位组: 1~10, 2~11, 3~12, $\cdots$, 23~32. OPSO 检验是对每一个位组, 统计出在总字数中缺失 2 个字母的观测缺失字数 $\hat{m}$, 计算参数统计量 u, 得到检验概率值. 总共产生 23 个位组的观测缺失字数, 得到 23 个检验概率值.

(3) OQSO 检验. OQSO(overlapping quadruples sparse occupancy) 的意思是 "四重稀疏排列重叠", OQSO 检验是考察由 32 个字母中的 4 个字母组成的字的随机性. 每个字母由随机整数序列指定的 5 个依次相连的 2 进制数字确定, 字母 $l = b_1b_2\cdots b_5$. 每个字由 4 个字母组成. 例如, 第 1 个字为 $w_1 = l_1l_2l_3l_4$, 第 2 个字为 $w_2 = l_2l_3l_4l_5$, $\cdots$, 第 m 个字为 $w_m = l_ml_{m+1}l_{m+2}l_{m+3}$. 取 $m=2^{21}$, 总字数为 $2^{21}+3 = 2097155$ 个. 把 32 个 2 进制数字分成 28 个位组: 1~5, 2~6, 3~7, $\cdots$, 28~32. OQSO 检验是对每一个位组, 统计出在总字数中缺失 4 个字母的观测缺失字数 $\hat{m}$, 计算参数统计量 u, 得到检验概率值. 总共产生 28 个位组的观测缺失字数, 得到 28 个检验概率值.

(4) DNA 检验. DNA 检验的名称是借用生物遗传学上的 "脱氧核糖核酸 (DNA)" 这个词. 有 4 个字母: C, G, A, T, 每个字母由随机整数序列指定的 2 个 2 进制数字确定 (如 C = 00, G = 01, A = 10, T = 11), 由这种字母组成一个字母字序列, DNA 检验是考察这种字母字序列的随机性. 每个字由 2 个 2 进制数字确定, 字母 $l = b_1b_2$. 每个字由 10 个字母组成. 例如, 第 1 个字为 $w_1 = l_1l_2\cdots l_{10}$, 第 2 个字为 $w_2 = l_2l_3\cdots l_{11}$, $\cdots$, 第 m 个字为 $w_m = l_ml_{m+1}\cdots l_{m+9}$. 取 $m=2^{21}$, 总字数为 $2^{21}+9 = 2097161$ 个. 把 32 个 2 进制数字分成 31 个位组: 1~2, 2~3, 3~4, $\cdots$, 31~32. DNA 检验是对每一个位组, 统计出在总字数中缺失 10 个字母的观测缺失字数 $\hat{m}$, 计算参数统计量 u, 得到检验概率值. 总共产生 31 个位组的观测缺失字数, 得到 31 个检验概率值.

4. 生日间隔检验

(1) 一般生日间隔检验. 生日间隔 (birthday spacings) 这个名字取自生日悖论. 生日间隔检验是大间距地选取随机点, 这些随机点之间的间隔就是生日之间的间隔. 一般生日间隔检验是检验由 24 个 2 进制数字组成一组数字的随机性. a 是一年中的天数, b 是生日. 从一年中随机地选取生日, 即从 a 中随机地选取 b, 一般要求 a 比较大, 例如, $a = 2^{24} = 16777216$, $b = 2^{10} = 1024$, 或者 $b = 2^9 = 512$. 找出两个生日之间的间隔, 生日间隔是一个随机变量, 将渐近服从泊松分布 Poi(λ), 泊

松分布的均值 $\lambda = a^3/(4b)$. 当 $a = 2^{24}$, $b = 2^{10}$ 时, $\lambda = 16$; 当 $a = 2^{24}$, $b = 2^9$ 时, $\lambda = 2$. 从一个随机整数中选取 24 个 2 进制数字如下: $b_s, b_{s+1}, \cdots, b_{s+23}$, $s = 1, 2$, $\cdots, 9$. 按间隔 $b_s \sim b_{s+23}$, $s = 1, 2, \cdots, 9$, 分成 9 个位组. 每位组有 $K = 7$ 个生日间隔: $j = 0, 1, 2, 3, 4, 5, 6 \sim \infty$. 在 m 次观测中, 第 j 个生日间隔的理论概率为 p_j, p_j 由泊松分布的概率密集函数公式计算得到. 第 j 个生日间隔的理论频数为 $m_j = mp_j$. 在 m 次观测中, 第 j 个生日间隔的观测次数为 $\hat{m}_j$, 皮尔逊统计量

$$\chi^2 = \sum\nolimits_{j=1}^{K} (\hat{m}_j - m_j)^2/m_j$$

渐近服从自由度 ν 为 $K-1$ 的 χ^2 分布. $K = 7$, $\nu = 6$. 检验概率值 $p = \Gamma(\nu/2, \chi^2/2)$.

一般生日间隔检验是找出生日间隔并统计生日间隔的观测频数, 由观测频数和理论频数得到 9 个位组的皮尔逊统计量 χ^2 和检验概率值. 对 9 个检验概率值进行 AD 检验得到一般生日间隔检验的检验概率值.

(2) 特别生日间隔检验. 一般生日间隔检验是较弱的检验, 随机数产生器即使能通过一般生日间隔检验, 也常常不能通过特别生日间隔检验. 特别生日间隔检验是很强的检验, 是从一年 2^{32} 天中选取 2^{12} 个生日, 因此每个生日是一个 32 位整数, 检验使用它们中的 $2^{12} = 4096$ 个, 所以重复生日间隔数 j 是一个随机变量, 将渐近服从均值 λ 为 4 的泊松分布 $\mathrm{Poi}(\lambda)$. 重复生日间隔分为 11 个: $j = 0, 1, 2, 3$, $4, 5, 6, 7, 8, 9, 10 \sim \infty$. 计算重复生日间隔的理论概率和 500 次观测的理论频数. 在 m 次观测中, 第 j 个重复生日间隔的观测频数为 $\hat{m}_j$, 皮尔逊统计量

$$\chi^2 = \sum\nolimits_{j=1}^{K} (\hat{m}_j - m_j)^2/m_j$$

渐近服从自由度 ν 为 $K-1$ 的 χ^2 分布. $K = 11$, $\nu = 10$. 检验概率值 $p = \Gamma(\nu/2, \chi^2/2)$.

5. 最大公因数检验

GCD 是最大公因数 (greatest common divisor) 的缩写. 有两个紧邻的 32 位随机整数, 使用欧几里得算法求出它们的最大公因数 x, 欧几里得算法称为辗转相除法. 最大公因数检验有最大公因数步数检验和最大公因数分布检验.

(1) 最大公因数步数检验. 令 k 为得到最大公因数 x 需要的步数, 需要步数 k 是一个随机变量, 渐近服从二项分布 $\mathrm{Bin}(m, p)$, $m = 50$, $p = 0.376$. 随机整数序列中的两个随机数为一对, 共有 n 对随机数. 把需要步数 k 分为 36 个: $i = 1, 2, \cdots$, 36, 第 i 个需要步数 k 的理论频数为 $m_i = 10^{-10} n w_i$, 式中, w_i 值由数值表给出. 第 i 个需要步数 k 的观测频数为 $\hat{m}_i$, 皮尔逊统计量

$$\chi_1^2 = \sum\nolimits_{i=3}^{36} (\hat{m}_i - m_i)^2/m_i$$

渐近服从自由度 ν 为 33 的 χ^2 分布. 检验概率值 $p = \Gamma(16.5, \chi^2/2)$.

(2) 最大公因数分布检验. 最大公因数 x 也是一个随机变量, 概率密集函数 $f(x = j) = c/j^2$, 式中, $c = 6/\pi^2 = 0.6079271$. 把最大公因数 x 分为 100 个: $j = 1$, 2, $\cdots$, 100, 第 j 个最大公因数 x 的理论频数 $m_j = 0.6079271n/j^2$, 第 j 个最大公因数 x 的观测频数为 $\hat{m}_j$, 皮尔逊统计量

$$\chi_2^2 = \sum\nolimits_{j=1}^{100} (\hat{m}_j - m_j)^2/m_j$$

渐近服从自由度 ν 为 99 的 χ^2 分布. 检验概率值 $p = \Gamma(49.5, \chi^2/2)$.

最大公因数检验要产生 $n = 10^7$ 对随机数, 因此要产生 2×10^7 个整数随机数. 检验需要步数 k 的频数和最大公因数 x 的频数是否与所述的分布一致. 用线性同余产生器产生的伪随机数, 由于使用素数模, 进行最大公因数步数检验, 肯定是通不过的, 可以进行最大公因数分布检验.

6. 大猩猩检验

大猩猩 (gorilla) 检验属于猴子检验一类, 是猴子检验中最强的检验. 大猩猩检验是一种很严格的检验方法. 对 32 位随机整数序列, 从一个随机整数的第 1 位到第 32 位中 (C 语言是从 0 到 31 位, FORTRAN 语言是从 1 到 32 位) 指定一个 2 进制数字, 得到一个指定的 2 进制数字串. 大猩猩检验要求产生 $2^{26}+25 = 67108889$ 个随机整数, 每个随机整数取第 1 位到第 32 位中的一位, 因此产生 67108889 个 2 进制数字. 在 67108889 个 2 进制数字串中从头到尾顺序地取出 26 个 2 进制数字, 组成一个 26 位串, 例如, $b_1b_2\cdots b_{26}, b_2b_3\cdots b_{27}, \cdots, b_{67108864}b_{67108865}\cdots b_{67108889}$. 共有 $2^{26} = 67108864$ 个这样的 26 位串. 在 67108864 个这样的 26 位串中, 统计出 26 位串不相同的数目. 这个数目是一个随机变量, 将服从正态分布 $N(\mu, \sigma^2)$, 均值 $\mu = 24687971$, 均方差 $\sigma = 4170$, 这个数目的观测频数为 $\hat{m}$. 参数统计量

$$u = (\hat{m} - \mu)/\sigma$$

将服从正态分布 $N(\mu, \sigma^2)$. 近似计算得到检验概率值为

$$p = 1 - \exp(-u^2/2)v(0.174 + v(0.3739v - 0.04794)).$$

式中, 当 $u > 0$ 时, $v = 1/(1 + 0.33267u)$; 当 $u \leqslant 0$ 时, $v = 1/(1-0.33267u)$.

大猩猩检验时, 从第 1 位到第 32 位, 对每一位计算检验概率值, 总共得到 32 个检验概率值. 对 32 个检验概率值再进行 AD 检验, 得到大猩猩检验的检验概率值. 大猩猩检验是需要整数随机数最多、计算时间最长的检验, 整个随机数检验所需要的整数随机数取决于它, 需要 67108889 个整数随机数, 在目前微机上, 整个随机数检验需要 13 分钟, 大猩猩检验就占了 10 分钟.

2.4.5　随机数统计检验结果

本书作者使用 DieHard 检验程序 2.0 版本, 对随机数进行统计检验. 所有乘同余产生器只能通过一般统计检验, 不能通过严格的统计检验, 所以没能通过总体统计检验. MT19937 产生器全部通过了所有检验, 并能通过总体统计检验, 具有很好的随机性. KISS84 组合发生器有 2 个一般检验和 1 个严格检验没有通过, 但能通过总体统计检验. 详细检验结果由于数据太多, 不好罗列. 表 2.2 是 IBM 乘同余产生器 $(A = 16807, M = 2^{31} - 1)$、MT19937 产生器和真随机数总检验结果.

表 2.2　随机数 DieHard 总检验结果

检验序号	检验项数	随机数产生器 检验名称	IBM 乘同余		MT19937		真随机数	
			概率值	结论	概率值	结论	概率值	结论
1	5	重叠排列检验	0.289	通过	0.602	通过	0.679	通过
2	11	停车场检验	0.556	通过	0.552	通过	0.409	通过
3	11	最小距离检验	0.415	通过	0.543	通过	0.551	通过
4	21	三维随机球检验	0.816	通过	0.742	通过	0.681	通过
5	1	挤压检验	0.515	通过	0.174	通过	0.415	通过
6	11	重叠求和检验	0.808	通过	0.202	通过	0.460	通过
7	1	游程升检验	0.064	通过	0.529	通过		
8	1	游程降检验	0.268	通过	0.692	通过		
9	1	游程升降检验	0.395	通过	0.565	通过	0.698	通过
10	1	掷骰子 1 赢得数检验	0.376	通过	0.310	通过	*	通过
11	1	掷骰子 1 投掷次数检验	0.580	通过	0.968	通过	*	通过
12	1	掷骰子 2 赢得数检验	0.0	没通过	0.853	通过		
13	1	掷骰子 2 投掷次数检验	1.0	没通过	0.809	通过		
14	1	31×31 矩阵 2 进制秩检验	1.0	没通过	0.403	通过	0.692	通过
15	1	32×32 矩阵 2 进制秩检验	1.0	没通过	0.506	通过	0.789	通过
16	26	6×8 矩阵 2 进制秩检验	0.0	没通过	0.524	通过	0.730	通过
17	20	位流猴子检验	20(0)	没通过	20(20)	通过	0.622	通过
18	23	OPSO 猴子检验	23(2)	没通过	23(21)	通过	0.418	通过
19	28	OQSO 猴子检验	28(1)	没通过	28(28)	通过	0.562	通过
20	31	DNA 猴子检验	31(1)	没通过	31(30)	通过	0.657	通过
21	25	指定字节计数 1 检验	25(12)	没通过	25(24)	通过	0.557	通过
22	1	字节流计数 1 检验	1.0	没通过	0.791	通过	0.418	通过
23	10	一般生日间隔检验	0.0	没通过	0.073	通过	0.493	通过
24	1	特别生日间隔检验	1.0	没通过	0.184	通过		
25	1	最大公因数步数检验	1.0	没通过	0.158	通过	*	通过
26	1	最大公因数分布检验	1.0	没通过	0.912	通过		
27	33	大猩猩检验	1.0	没通过	0.301	通过	*	通过
28	269	总体 AD 检验	0.0	没通过	0.071	通过		通过

注 1: 23(21) 表示 23 项通过 21 项.

注 2: 真随机数检验是量子真随机数检验 (概率值) 和噪声真随机数检验 (*) 的综合, 取自 Eddelbuettel(2006) 等文献.

参 考 文 献

徐钟济. 1985. 蒙特卡罗方法. 上海: 上海科学技术出版社.

张建中. 1989. 随机数检验程序系统 SUTEST. 计算物理, 6(3): 371-377.

Bratley P, et al. 1987. A Guide to Simulation. 2nd ed. New York: Springer Verlag.

Brent R. 1992. Uniform random number generators for supercomputers. Proc. of Fifth Australian Supercomputer Conference, Melbourne, Dec. 704-706.

Dieter U. 1971. Pseudorandom numbers:the exact distribution of pairs. Math. of Comp.,25: 855-883.

Eddelbuettel D. 2006. Random:An R package for true random numbers. http://www. random. org/.

Eichenauer J, Lehn J. 1986. A nonlinear congruential pseudorandom number generator. Statics Papers, 27: 315-326.

Eichenauer J, Lehn J. 1987. On the structure of quadratic congruentical sequences. Manuscripta Math., 58: 129-140.

Eichenauer J, Lehn J, Topuzoglu A. 1988. A nonlinear congruential pseudorandom number generator with power of two modulus. Math. Comp., 51: 757-759.

Eichenauer J, Niederreiter H. 1991. On the discrepancy of quadratic congruential Pseudo random numbers. J. Comput. Appl. Math., 34: 243-249.

Eichenauer J, Grothe H. 1992. A new inversive congruential pseudorandom number generator with power of two modulus. ACM Transactions on Modeling and Computer Simulation, 2(1): 1-11.

Ferrenberg A M, Landau D P, Wong Y J. 1992. Monte Carlo simulations: hidden errors from "good" random number generators. Phys. Rev. Letters, 69: 382-384.

Fishman G S,Moore L R. 1986. An exhaustive analysis of multiplicative congruential randomnumber generators with modulus $2^{31} - 1$. SIAM J. Sci. and Statist. Comput., 7: 24-45.

Fishman G S. 1996. Monte Carlo-Concepts, Algorithms and Application. New York: Springer Verlag.

Frigerio N A, Clark N, Tyler S. 1978. Toward Truly Random Numbers. Argonne National Laboratory Rep, ANL/ES-26 Part 4.

Jennewein T et al. 1999. A Fast and compact quantum random number generator. arXiv: quant-ph/9912118 v1 28 Dec.

Knuth D E. 1981. The Art of Computer Programming. Vol.2. 3rd ed. Boston: Addison Wesley.

Knuth D E. 1997. The Art of Computer Programming, Volume 2: Seminumerical Algorithms. 3rd ed. Boston: Addison Wesley.

L'Ecuyer P, Tezuka S. 1991. Structural properties for two classes of combined random number generators. Math. Comp., 57: 735-746.

L'Ecuyer P. 1999. Good parameters and implementations for combined multiple recursive random number generators. Operations Research, 47(1): 159-164.

L'Ecuyer P, Simard R. 2007. TestU01: A C library for empirical testing of random number generators. ACM Transactions on Mathematics Software, 33(4): 22.

Lehmer D H. 1951. Mathematical methods in large scale computing methods. Ann. Comp. Lab., 26: 141-146.

Lewis T G,Payne W H. 1973. Generalized feedback shift gegister pseudorandom number algorithms. J. ACM, 20: 456-468.

Lidl R, Niederreiter H. 1986. Introduction to Finite Fields and Their Applications. New York: Cambridge University Press.

Marsaglia G. 1968. Random numbers fall mainly in the planes. Proc. Nat. Acad. Sci., 61(1): 25-28.

Marsaglia G. 1972. The structure of linear congruential sequences//Zaremba S K, ed. Applications of Number Theory to Numerical Analysis. New York: Academic Press.

Marsaglia G. 1984. A current view of random number generators. Keynote Address, Computer Science and Statistics: 16th Symposium on the Interface, Atlanta.

Marsaglia G, Zaman A, Tsang W W. 1990. Toward a universal random number generator. Letters in Statistics and Probability, 9(1): 35-39.

Marsaglia G, Zaman A. 1991. A new class of random numbers generator. Ann. Appl. Prob., 3(1): 462-480.

Marsaglia G, Zaman A. 1993. The KISS generator. Technical report, Dept. of Statistics, Univ. of Florida.

Marsaglia G. 1995. The Marsaglia Random Number CDROM including the diehard Battery of Tests Randomness. Department of Statistics, Florida State University,Tallahassee, Florida. Also at http://stat fsu edu/pub/diehard., 1996.

Marsaglia G. 1999. KISS99. http://groups.google.com/group/sci.stat.math/msg.

Marsaglia G,Tsang W W. 2004. The 64-bit universal RNG. Letters in Statistics and Probability, 6(2): 183-187.

Marsaglia G, Marsaglia J C W. 2004. Evaluating the Anderson-Darling distribution. Journal of Statistical Software, 9(2).

Marsaglia G. 2008. The DIEHARD battery of tests of randomness. [2008-5-12].http://stat fsu edu/pub/diehard.

Marsaglia G. 2010a. DIEHARD:A battery of test of randomness. http://stas.fsu.edu/die-hard.html, (Last Update)2010.

Marsaglia G. 2010b. DIEHARD: A battery of test of randomness. http://www.csis.hku.hk/~diehard/2010.

Matsumoto M, Kurita Y. 1992. Twisted GFSR generators. ACM Transactions on Modeling and Computer Simulation, 4(3): 254-266.

Matsumoto M, Kurita Y. 1994. Twisted GFSR generators II. ACM Transactions on Modeling and Computer Simulation, 2(3): 179-194.

Matsumoto M, Nishimura T. 1998. Mersenne twister: A 623-dimensionally equidistributed uniform pseudorandom number generator. ACM Transactions on Modeling and Computer Simulation, 8(1): 3-30.

Matsumoto M, Nishimura T. 2000. Dynamic creation of pseudorandom number generators. 56-69//Niederreiter H, Spanier J, ed. Monte Carlo and Quasi Monte Carlo methods 1998. Springer, http://www.math.sci.hiroshima-u.ac.jp/%7Em-mat/MT/DC/dc. html.

Matsumoto M, Saito M. 2008. SIMD-oriented fast Mersenne Twister:a 128-bit pseudorandom number generator. Monte Carlo and Quasi Monte Carlo Methods 2006, Springer.e, 32(1): 1-16.

Matteis A D, Pagnutti S. 1988. Parallelization of andom number generators and long range correlations. Numerische Mathematik, 53: 595-608.

Matteis A D, Pagnutti S. 1990. Long range correlations in linear and non linear random number generator. Parallel Computing, 14: 207-210.

Niederreiter H. 1992. Random number generation and quasi Monte Carlo methods. SIAM.

Panneton F, L'Ecuyer P, Matsumoto M. 2006. Improved long period generators based on linear recurrences modulo 2. ACM Trans. on Mathematical Software.

Rotenberg A. 1960. New pseudo random number generator. JACM, 7: 75-77.

Taussky O, Todd J. 1956. Generation and testing pseudorandom numbers. Sym. On Monte Carlo Methods,Wiley.

Tausworthe R C. 1965. Random numbers generated by linear recurrence modulo two. Math. of Comp. 19: 201-209.

Tezuka S, L'Ecuyer P, Couture R. 1993. On the lattice structure of add-with-carry and subtract-with-carry random number generators. ACM Transactions on Modeling and Computer Simulation, 3(4): 315-333.

Tezuka S. 1995. Uniform Random Numbers: Theory and Practice. Norwell: Kluwer Academic Publisher.

Whittlesley J R B. 1968. A comparison of the correlational behavior of random number generator For the IBM 360. Comm. ACM, 11: 641-644.

WWW1. 2004. Quantum random numbers generator. http//www.idquantique.com/.

WWW2. 2010. quantis-white paper. http://www.idquantique.com/products/files/.

WWW3. 2010. R2000KU Hardware Random Number Generator. http//comscire.com/.

第3章 概率分布抽样方法

3.1 随机抽样方法概述

3.1.1 概率分布抽样

随机现象结果的变量有随机变量和随机过程两大类. 随机事件可作为离散随机变量处理, 随机变量有单随机变量, 简称为随机变量, 多随机变量称为随机向量. 随机过程包括随机场, 有标量随机过程和向量随机过程.

1. 概率分布

随机变量和随机过程服从的规律可以用分布律来描述, 用概率分布表示. 当概率分布有显式解析式时, 其概率分布是已知概率分布. 已知概率分布分为完全已知概率分布和不完全已知概率分布, 完全已知概率分布的归一化常数是已知的, 不完全已知概率分布的归一化常数是未知的. 并不是所有的随机变量和随机过程的概率分布都能用显式解析式表示出来的, 因此其概率分布是未知概率分布, 可用统计参数来描述. 概率分布在各种文献中有不同的称呼, 本书一律按其定义, 给予统一的名称. "概率分布" 是泛指, 包含离散型和连续型. 离散型概率分布, 称为概率密集函数 (probability mass function). 连续型概率分布, 称为概率密度函数 (probability density function). 离散型和连续型的随机变量概率分布如图 3.1 所示.

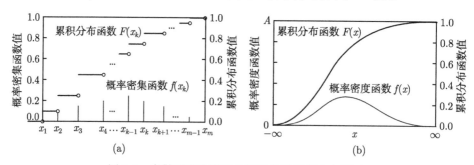

图 3.1 离散型和连续型的随机变量概率分布图示

为了避免概率分布函数与概率密度函数的英文缩写相同, 概率分布函数改称为累积分布函数. 随机变量 X 的概率分布为

$$f(x) = cf^*(x),$$

式中, c 为归一化常数; $f^*(x)$ 是非归一化分布, 只满足非负性, 不满足归一性. 如果 $f(x)$ 没有显式解析形式, 则 $f(x)$ 是未知概率分布. 如果 $f(x)$ 有显式解析形式, 则 $f(x)$ 是已知概率分布; 若 c 是已知的, 则 $f(x)$ 是完全已知概率分布, 若 c 是未知的, 则 $f(x)$ 是不完全已知概率分布.

2. 随机抽样方法

随机抽样方法是指从随机变量和随机过程服从的概率分布获得其样本值的数学方法. 从随机抽样原理来分, 随机抽样方法有直接抽样方法、马尔可夫链蒙特卡罗方法和未知概率分布抽样方法. 直接抽样方法用于完全已知概率分布. 马尔可夫链蒙特卡罗方法用于已知概率分布, 包括不完全已知概率分布和直接抽样方法失效的完全已知概率分布. 这些抽样方法基本涵盖了所有蒙特卡罗模拟的抽样方法, 扩展了蒙特卡罗方法的应用领域. 本章介绍一般概率分布抽样方法, 包括直接抽样方法和未知概率分布抽样方法, 第 4 章介绍马尔可夫链蒙特卡罗方法.

3. 随机抽样效率和费用

蒙特卡罗方法效率与统计量的方差和每次模拟时间成反比. 每次模拟时间主要是随机抽样的时间, 因此, 蒙特卡罗方法的效率与抽样费用密切相关. 评估抽样方法的好坏一般是用抽样费用来衡量, 设计抽样算法, 应使得有较低抽样费用. 蒙特卡罗方法的抽样方法之所以那么多种多样, 是由于不断地追求低费用高效率. 也可以用抽样效率来衡量抽样方法的好坏, 马尔可夫链蒙特卡罗方法, 直接抽样方法的取舍算法和复合取舍算法, 可以使用抽样效率来衡量, 抽样效率是指样本被选中的概率, 称为接受概率. 其他算法可以使用抽样费用来衡量, 抽样费用是指计算量, 或者计算时间. 抽样费用与抽样效率大体是一致的.

离散概率分布的抽样费用是指计算量, 用平均查找次数来衡量, 逆变换算法的列表查找算法的平均查找次数大于 1, 抽样费用高. 别名算法、直接查找算法、布朗算法、马萨格利亚算法和加权算法的平均查找次数等于 1, 抽样费用低. 连续概率分布的逆变换算法只使用一次随机数, 似乎效率很高, 但逆变换算法往往使用很多初等函数, 而初等函数的计算是很耗费时间的, 因此以计算时间来衡量, 逆变换算法的抽样费用并不是最低的.

随机抽样精度是指样本的精度, 直接抽样方法是精确的方法, 样本是简单子样. 马尔可夫链蒙特卡罗方法和未知概率分布抽样方法在大多情况下是近似的抽样方法, 样本是近似样本, 因此存在抽样算法收敛问题.

3.1.2 直接抽样方法原理

1. 直接抽样方法原理描述

如果随机变量、随机向量和随机过程的概率分布是完全已知的, 则可使用直接抽样方法. 直接抽样方法原理就是直接从完全已知概率分布出发, 利用均匀分布 $U(0,1)$ 的随机数, 使用严格精确的数学方法, 构造抽样算法, 产生随机变量和随机过程的样本值 X 和 $X(t)$, 使得样本具有独立同分布. 直接抽样方法是这样进行的: 首先产生随机数序列, 然后从这个随机数序列中抽取随机数, 使得满足累积分布函数 $F(x)$, 一个合理的直接抽样算法应满足 $\Pr(x \leqslant X) = F(X)$, 合理的直接抽样算法就是其产生的随机变量样本值服从 $F(x)$ 表征的概率分布, 随机向量和随机过程亦是如此. Everett 和 Cashwell(1972, 1974, 1983); Fishman(1996); Kroese, Taimre, Botev(2011) 给出各种完全已知概率分布的直接抽样算法.

2. 直接抽样方法的证明

直接抽样方法产生随机变量 X 的样本值序列 $X_1, X_2, \cdots, X_n$ 应该是统计独立的, 并且具有相同的概率分布, 这就是独立同分布 (IID) 概念. 直接抽样方法的证明本来是要证明直接抽样方法产生的样本具有独立同分布, 但是直接抽样方法的证明只能证明样本具有同分布, 不能证明样本独立性. 所以只能保证样本同分布, 不能保证样本独立性. 由于直接抽样方法是直接建立在均匀分布 $U(0,1)$ 随机数的基础上, 因此样本独立性是由随机数独立性来保证. 要证明随机变量 X 的样本值 X_1, $X_2, \cdots, X_n$ 同分布, 只要证明对于任意的 X_i, i=1,2, $\cdots$, n, 满足下面关系即可:

$$P(x < x_i < x + \mathrm{d}x) = f(x)\mathrm{d}x = \mathrm{d}F(x).$$

因此直接抽样方法的证明只是限于证明随机抽样产生的样本具有同分布.

根据测度论, 如果随机数是独立的, 则由直接抽样方法所确定的函数是博雷尔可测的, 因此由直接抽样方法所确定的样本也是独立的. 如果随机数独立性不好, 随机抽样的样本也就不能保证是独立的, 可能产生样本自相关. 随机抽样的样本独立性由均匀分布 $U(0,1)$ 的随机数独立性来保证, 如果能够选择好的随机数产生器, 能通过理论检验和严格的统计检验, 也就保证随机抽样的样本独立性. 在第 2 章已经看到由于随机数独立性不好, 样本不独立, 产生样本自相关现象. 例如, 对二维标准正态分布进行抽样, 如果随机数的独立性好, 则从二维标准正态分布抽样的随机变量样本点是独立的, 呈现正常的随机分布. 但是如果随机数的独立性不好, 出现高维的降维现象, 产生稀疏的栅格结构, 随机数自相关, 则从二维标准正态分布直接抽样产生的随机变量样本点落在一条螺旋线上, 样本点不是独立的, 而是相关的, 呈现非正常分布, 因此仔细选取好的随机数是很有必要的.

3.2 随机变量基本抽样方法

3.2.1 逆变换算法

下面所述的随机变量基本抽样方法, 包括逆变换算法、取舍算法、复合算法和复合取舍算法对离散和连续的随机变量都是适用的.

1. 逆变换算法原理

逆变换算法是 1947 年由乌拉姆提出的. 随机变量 X 的概率分布为 $f(x)$, 累积分布函数 $F(x)$ 是非降函数, 其逆函数定义为

$$F^{-1}(y) = \inf\{x \in [a, b] : F(x) \geqslant y, \ 0 \leqslant y \leqslant 1\}.$$

逆变换算法是首先产生随机数 U, 样本值是累积分布函数的逆函数: $X = F^{-1}(U)$. 要证明逆变换算法正确, 只需证明样本值具有同分布 $F(x)$, 由下式证得:

$$\Pr(X \leqslant x) = \Pr(F^{-1}(U) \leqslant x) = \Pr(U \leqslant F(x)) = F(x).$$

若随机数是独立的, 累积分布函数的逆函数 $F^{-1}(U)$ 是博雷尔可测的, 则样本具有独立同分布.

2. 离散分布逆变换算法

(1) 等概率间隔算法. 假定离散随机变量呈均匀分布, 其概率密集函数 $f(x_k) = 1/(b-a)$. 如果密集点间隔相等: $\{a, a+1, a+2, \cdots, b\}$, 则样本值 $X = a+[(b-a)U]$. 如果密集点间隔不相等: $\{a_1, a_2, \cdots, a_{n+1}\}$, 则产生 $i = [nU_1]+1$, 样本值 $X = [U_2 a_i + (1 - U_2)a_{i+1}]$. 等概率间隔算法的优点是只需一次查找, 其速度特别快, 抽样效率很高, 并且可以向量化.

(2) 列表查找算法. 假定离散随机变量呈非均匀分布, 概率密集函数可以用数值表列出, 列表查找算法为

$$X = \min\left\{x : U \leqslant \sum\nolimits_{k=1}^{k} f(x_k)\right\},$$

式中, 右边表示取满足条件的最小 x 值. 离散随机变量值 $X = \{X_1, \cdots, X_m\}$, 累积分布函数值 $F(x_k) = \{F_1, \cdots, F_m\}$, 列表查找算法的主要计算时间是进行查找次数所花费的时间, 列表查找算法的平均查找次数为

$$\bar{n} = x_1 F_1 + (x_2 - x_1)(F_2 - F_1) + \cdots + (x_m - x_{m-1})(F_m - F_{m-1}) = 1 - x_1 + E[X],$$

式中, $E[X]$ 表示随机变量 X 的期望值. 平均抽样时间随 $E[X]$ 线性增长. 当密集点很多时, 平均查找次数很多, 抽样时间将很长. 列表查找算法抽样费用较高, 并且不能向量化.

3. 连续分布逆变换算法

连续分布的概率密度函数为 $f(x)$, 累积分布函数为 $F(x)$, 如果反函数 $F^{-1}(U)$ 有显式解析表达式, 并且可以求解, 则逆变换算法抽样的样本值为

$$X = \min\left(x : U \leqslant \int_{-\infty}^{x} f(y)\mathrm{d}y\right) = F^{-1}(U).$$

逆变换算法要求累积分布函数和反函数都有显式解析表达式, 并能求解反函数. 由于很多连续分布的反函数计算要使用到初等函数, 如指数、对数、三角函数和开方根等, 初等函数运算要耗费计算机很多时间, 所以从计算时间来考虑, 逆变换法的费用是很高的. 一些连续概率分布的逆变换算法抽样的样本值如表 3.1 所示.

表 3.1　一些连续概率分布的逆变换算法抽样的样本值

概率分布名称	概率密度函数 $f(x)$	样本值 X
均匀分布	$1/(a-b)$	$a+(b-a)U$
瑞利分布	$(x/\sigma)\exp(-x^2/2\sigma)$	$(-2\sigma^2\ln U)^{1/2}$
负指数分布	$\lambda\exp(-\lambda x)$	$-\ln U/\lambda$
韦伯分布	$(a/b^a)x^{a-1}\exp(-x/b)^a$	$b[-\ln(1-U)]^{1/a}$
Γ 分布	$(a/(n-1)!)x^{n-1}\exp(-ax)$	$-(1/a)\ln(U_1, U_1, \cdots, U_n)$
β 分布	$ax^{a-1}; b(1-x)^{b-1}$	$(U)^{1/a}; 1-(1-U)^{1/b}$
逻辑分布	$\exp(-(x-a)/b)/b[1+\exp(-(x-a)/b)]^2$	$a+b\ln[U/(1-U)]$
倒数分布	$1/x\ln a$	$\exp(U\ln a)$
柯西分布	$1/\pi(1+x^2); b/\pi[b^2+(x-a)^2]$	$\tan(2\pi U); a+b\tan\pi(U-0.5)$
帕累托分布	ab^a/x^{a+1}	$b/(1-U)^{1/a}$
爱尔朗分布	$(\lambda^k/(k-1)!)x^{k-1}\exp(-\lambda x)$	$\sum_{i=1}^{k} -\ln U_i/\lambda$

3.2.2　取舍算法

1. 取舍算法原理

取舍算法是 1947 年由冯·诺依曼提出来的 (Neumann, 1951). 有许多情况, 逆变换算法遇到困难. 一是累积分布函数无显式解析表达式, 写不出反函数; 二是反函数无显式解析表达式, 解不出反函数; 三是抽样的计算量很大. 正态分布是一个很重要的分布, 但是正态分布的累积分布函数的显式解析表达式写不出来. 一般形式的 β 分布, 其累积分布函数的反函数解不出. 大部分连续分布的逆变换算法, 需要计算初等函数, 初等函数的计算量是很大的, 因此逆变换算法计算量一般都很大.

取舍算法的思想是对抽样随机点进行取舍, 取舍的原则是接受-拒绝原则, 随机点落在取中区域就被接受, 落在舍弃区域就被拒绝, 使得样本值服从概率分布. 取舍算法的几何解释如图 3.2 所示.

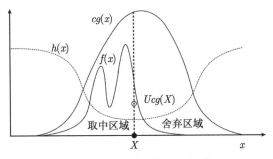

图 3.2 取舍算法的几何解释

随机变量 X 的概率分布为 $f(x)$, 建议概率分布为 $g(x)$. 对所有 x, 有 $f(x) \leqslant cg(x)$. 取舍算法是从 $g(x)$ 抽样产生 X, 以 $f(x)/cg(x)$ 概率接受 X, 以 $1-f(x)/cg(x)$ 概率拒绝 X. 取舍算法如下:

① 建议概率分布 $g(x)$ 抽样产生 X.

② 若 $U \leqslant f(X)/cg(X)$, 样本值为 X; 否则, 返回①.

2. 离散分布的取舍算法

离散随机变量的概率密集函数为 $f(x_k)$, 建议概率密集函数为 $g(x_k)$, 常数 c 为

$$c = \max(f(x_k)/g(x_k)).$$

离散概率分布取舍算法如下:

① 建议概率密集函数 $g(x_k)$ 抽样产生 X_k.

② 若 $U \leqslant f(X_k)/cg(X_k)$, 样本值为 $X = X_k$; 否则, 返回①.

例如, 离散随机变量 X 非均匀分布的概率密集函数为

$$f(x_k)=\{0.11, 0.12, 0.09, 0.08, 0.12, 0.1, 0.09, 0.09, 0.1, 0.1\}, \quad x_k = 1, 2, \cdots, 10.$$

建议概率密集函数 $g(x_k) = 1/10 = 0.1$, 常数 $c = 1.2$. 抽样效率 $\eta = 1/c = 0.83$.

3. 连续分布的取舍算法

(1) 积分分布的取舍算法. $h(x)$ 为任意函数, 积分分布的概率密度函数为

$$f(x) = \int_{-\infty}^{h(x)} g(x,y)\mathrm{d}y \bigg/ \int_{-\infty}^{+\infty} \int_{-\infty}^{h(x)} g(x,y)\mathrm{d}x\mathrm{d}y = c \int_{-\infty}^{h(x)} g(x,y)\mathrm{d}y.$$

积分分布的取舍算法如下:

① 建议联合概率密度函数 $g(x, y)$ 抽样产生 X, Y.

② 若 $Y \leqslant h(X)$, 样本值为 X; 否则, 返回①.

取舍算法产生的样本具有同分布 $F(x)$, 利用贝叶斯定理, 证明过程如下:

$$P(X \leqslant x) = \frac{P(X \leqslant x, Y \leqslant h(X))}{P(Y \leqslant h(X))} = \frac{\displaystyle\int_{-\infty}^{x} \int_{-\infty}^{h(x)} g(x,y)\mathrm{d}y\mathrm{d}x}{\displaystyle\int_{-\infty}^{+\infty} \int_{-\infty}^{h(x)} g(x,y)\mathrm{d}y\mathrm{d}x} = \int_{-\infty}^{x} f(x)\mathrm{d}x = F(x).$$

(2) 乘分布取舍算法. 假定 x, y 相互独立, $g_1(x) = g(x)$, $g_2(y) = 1$, $0 \leqslant h(x) \leqslant 1$, 乘分布的概率密度函数为

$$f(x) = g(x)h(x) \Big/ \int_{-\infty}^{\infty} g(x)h(x)\mathrm{d}x = cg(x)h(x).$$

乘分布的取舍算法如下:

① 建议概率密度函数 $g(x)$ 抽样产生 X.

② 若 $U \leqslant h(X)$, 样本值为 X; 否则, 返回①.

(3) 简单分布取舍算法. 进一步假定 $h(x) = 1$, 简单分布的概率密度函数为

$$f(x) = g(x) \Big/ \int_{-\infty}^{\infty} g(x)\mathrm{d}x = cg(x).$$

简单分布取舍算法如下:

① 建议概率密度函数 $g(x)$ 抽样产生 X.

② 若 $U \leqslant f(X)/cg(X)$, 样本值为 X; 否则, 返回①.

4. 连续分布取舍算法例子

(1) 标准正态分布抽样. 把标准正态分布的概率密度函数写成乘分布形式:

$$f(x) = (1/\sqrt{2\pi}) \exp(-x^2/2) = cg(x)h(x), \quad -\infty < x < \infty,$$

式中, $g(x) = (1/2)\exp(-|x|)$, $h(x) = \exp(-(|x|-1)^2/2)$, $c = \sqrt{2\mathrm{e}/\pi} = 1.3155$. 抽样效率 $\eta = 1/c = 0.76$. 令 $\mathrm{sign}(x)$ 为符号函数, 标准正态分布取舍算法如下:

① $g(x)$ 抽样产生 $X = -\ln U_1$, 计算 $h(X) = \exp(-(X-1)^2/2)$.

② 若 $U_2 \leqslant h(X)$, 样本值 $X = \mathrm{sign}(U_3-0.5)X$; 否则, 返回①.

(2) 一般形式的 β 分布, 其概率密度函数为

$$f(x) = (m+1)\mathrm{C}_m^n x^n (1-x)^{m-n}, \quad 0 \leqslant x \leqslant 1.$$

由于是简单分布, 一般形式的 β 分布取舍算法如下:

① 按大小排列随机数: $U_1' \leqslant U_2' \leqslant \cdots \leqslant U_n' \leqslant U_{n+1}' \leqslant \cdots \leqslant U_{m+1}'$.

② 样本值 $X = U_{n+1}'$.

3.2.3 复合算法

1. 一般形式复合算法

Kahn(1954) 提出复合算法. 随机变量 Y 的概率分布为 $h(y)$, 随机变量 X 的条件概率分布为 $g(x|y)$, 复合概率分布是指随机变量 X 服从的概率分布是与另一随机变量 Y 有关的概率分布, 复合概率分布是很重要的一类概率分布, 其概率分布为

$$f(x) = \int_{-\infty}^{\infty} g(x|y)h(y)\mathrm{d}y.$$

一般形式复合算法如下:

① 概率分布 $h(y)$ 抽样产生 Y.

② 条件概率分布 $g(x|Y)$ 抽样产生样本值 X.

例如, 对数分布和一般对数分布的概率密度函数分别为

$$f(x) = -\ln x, \quad f(x) = (-\ln x)^n/n!, \quad 0 \leqslant x \leqslant 1.$$

对数分布的概率密度函可写成复合分布

$$f(x) = \int_{-\infty}^{\infty} (1/|y|)g(x/y)h(y)\mathrm{d}y,$$

式中, $h(y)=1$, $g(x/y)=1$. 由复合算法, 对数分布抽样的样本值 $X = U_1U_2$, 一般对数分布抽样的样本值 $X = U_1U_2 \cdots U_{n+1}$. 标准正态分布、拉普拉斯分布和指数函数分布都可使用复合算法.

2. 加分布复合算法

加分布是复合分布的特殊情况, 加分布的概率密度函数为

$$f(x) = \sum_{i=1}^{n} p_i f_i(x),$$

式中, $0 < p_i < 1$, $\sum_{i=1}^{n} p_i = 1$. 加分布的复合算法如下:

① $I = \min\left(k : U \leqslant \sum_{i=1}^{k} p_i\right)$.

② $f_I(x)$ 抽样得到样本值 X.

3.2.4 复合取舍算法

1. 一般形式复合取舍算法

随机变量 Y 的概率分布为 $h(y)$, 随机变量 X 的条件概率分布为 $g(x|y)$, 函数 $q(x, y) \geqslant 0$, M 为 $q(x, y)$ 的上确界. 复合分布的概率分布为

$$f(x) = \int_{-\infty}^{\infty} q(x,y)g(x|y)h(y)\mathrm{d}y.$$

当 $q(x,y)=1$ 时, 变为复合算法, 所以复合取舍算法是复合算法的推广, 是复合算法与取舍算法的结合. 一般形式复合取舍算法如下:

① 概率分布 $h(y)$ 抽样产生 Y.

② 条件概率分布 $g(x|Y)$ 抽样产生 X.

③ 若 $U \leqslant q(X,Y)/M$, 样本值为 X; 否则, 返回①.

复合取舍算法的抽样效率 $\eta = 1/M$.

2. 乘加分布的复合取舍算法

乘加分布的概率分布为

$$f(x) = \sum_{n=1}^{\infty} q_n(x)g_n(x),$$

式中, $g_n(x)$ 为概率分布; 函数 $q_n(x) \geqslant 0$, $q_n(x)$ 的上界为 M_n. 将乘加分布的概率分布写成如下形式的加分布的概率分布:

$$f(x) = \sum_{n=1}^{\infty} p_n g_n^*(x),$$

式中, 概率分布 $g_n^*(x) = q_n(x)g_n(x)/p_n$, $p_n = \int q_n(x)g_n(x)\mathrm{d}x$. 根据一般形式复合取舍算法, 得到乘加分布的复合取舍算法如下:

① 求解满足关系 $\sum_{i=1}^{n-1} p_i < U_1 \leqslant \sum_{i=1}^{n} p_i$ 的 n 值.

② 概率分布 $g_n^*(x)$ 抽样产生 X_n.

③ 若 $U_2 \leqslant q_n(X_n)/M_n$, 样本值 $X = X_n$; 否则, 返回①.

对于只有两项的乘加分布, 概率分布为

$$f(x) = q_1(x)g_1(x) + q_2(x)g_2(x).$$

令 $p_1 = \int q_1(x)g_1(x)\mathrm{d}x$, 根据一般形式复合取舍算法, 得到乘加分布的复合取舍抽样算法如下:

① 若 $U_1 \leqslant p_1$, 转向②, 否则转向④.

② 概率分布 $g_1(x)$ 抽样得到 X_1.

③ 若 $U_2 \leqslant q_1(X_1)/M_1$, 样本值 $X = X_1$; 否则, 返回①.

④ 概率分布 $g_2(x)$ 抽样得到 X_2.

⑤ 若 $U_2 \leqslant q_2(X_2)/M_2$, 样本值 $X = X_2$; 否则, 返回①.

抽样效率 $\eta=\min(p_1/M_1,\ p_2/M_2)$, $p_2=1-p_1$. 例如, 把标准正态分布概率密度函数写成两项乘加复合分布形式, 其中, $M_1 = \lambda\sqrt{2/\pi}$; $p_1 = 2\lambda^2/(2\lambda^2 + 1)$; $q_1(x) = \sqrt{2/\pi}\lambda\exp(-x^2/2)$; $g_1(x) = 1/\lambda, 0 \leqslant x \leqslant \lambda$; $M_2 = (1/2\lambda)\sqrt{2/\pi}$; $q_2(x)=\sqrt{2/\pi}(1/2\lambda)\cdot\exp(-(x - 2\lambda)^2/2)$; $g_2(x) = 2\lambda\exp(-2\lambda(x - \lambda)), \lambda < x$.

3.3 离散随机变量高效抽样方法

3.3.1 高效抽样方法

1. 串行和并行抽样方法

本书在不特别说明时, 所讲的抽样方法都是指串行抽样方法, 应用在串行计算机上. 串行蒙特卡罗方法和并行蒙特卡罗方法, 对抽样方法要求有所不同. 在直接抽样方法中, 对于连续型的随机变量, 在串行计算时, 逆变换算法效率不高, 取舍算法更好些. 但是在并行计算时, 则相反. 由于逆变换算法没有判别和取舍问题, 适合于连续成批产生抽样值, 效率更高些.

并行蒙特卡罗方法对概率分布抽样要求实现抽样算法向量化. 对连续概率分布, 逆变换算法由于没有判别和取舍问题, 一次抽样就可以得到样本值, 是好的向量化抽样算法, 取舍算法和与取舍有关的其他抽样算法就不是好的向量化算法. 对离散概率分布, 如逆变换算法的列表查找算法和取舍算法, 由于存在判别和取舍问题, 要进行多次搜索比较, 才能得到样本值. 由于在程序中, 随机抽样使用了随机数, 使用的次数无法预知, 事先无法确定有多少次搜索比较, 也无规律可循, 因此每次抽样有不同的运算量. 在蒙特卡罗方法计算中, 带有较强的时序性, 计算程序要使用循环语句 DO-LOOP 结构, 循环体内包含有条件判别语句 IF 和转向语句 GOTO. 循环语句较短, 而判别语句和转向语句很多, 我们无法预先确切知道何时何地程序的控制转向, 这是不利于实现向量化运算的.

2. 高效抽样方法

离散随机变量的概率分布能给出解析公式的, 毕竟是少数, 大多数实际分布由列表数据形式给出. 其实解析公式也可用列表数据形式来逼近, 因此列表数据形式的离散随机变量概率分布抽样方法是基本的. 如果离散概率分布是均匀分布, 逆变换算法中的等概率间隔算法是特别快的, 因为它只需进行一次搜索比较就可以抽到样本. 但是对于非均匀分布, 列表查找算法和取舍算法等都要多次搜索比较. 至此还没有一种方法能够做到只进行一次搜索比较就可以抽到样本值的. 所以当需要好多次搜索才能抽到样本时, 抽样效率就很低, 而且不能进行并行蒙特卡罗方法所要求抽样方法向量化. 20 世纪 70 年代中期以后, 由于并行抽样方法的需要, 促使高效抽样方法的发展, 出现许多高效抽样算法, 如别名算法、布朗算法、直接查找算法、马萨格利亚算法和加权算法.

3.3.2 别名算法

Walker(1974, 1977) 提出离散概率分布抽样的别名算法. 离散概率分布有 m 个密集点: x_1, x_2, $\cdots$, x_m, 相应的概率为 p_1, p_2, $\cdots$, p_m. 如果离散概率分布为均匀分布, $p_i = 1/m$, 则是等概率间隔抽样. 如果离散概率分布是非均匀分布, $p_i \neq 1/m$, 若沿用均匀分布抽样算法, 必然导致部分 x_i 的抽样频数比应有的或多或少. 例如, $p_j < 1/m$ 而 $p_k > 1/m$, 则名为 x_j 的样本太多, 造成样本过剩, 而名为 x_k 的样本太少, 造成样本不足. 可以调整其余缺. 通过一定的规则, 把名为 x_j 的部分样本调给 x_k, 名为 x_j 的样本可另起一个别名 x_k, 这便是别名法的来由. 在具体实现时, 别名算法包括两个阶段, 首先根据离散概率分布的概率密集函数, 构造别名表; 然后根据别名表进行抽样.

1. 构造别名表

根据概率密集函数 $\{p_i, i = a, a+1, \cdots, b\}$, 构造别名表 $\{A_i, B_i, P(A_i)\}$. 其中, $\{A\}$ 为原名, $\{B\}$ 为别名, $\{P(A)\}$ 为原名概率. 令 $q_i = mp_i$, $m = (b - a + 1)$, m 也称为倍数. 构造别名表的步骤如下:

(1) 计算 m 倍概率, $q_i = mp_i$, $i = 1, 2, \cdots, m$.

(2) 给别名表置初值, $B_i = i$, $i = 1, 2, \cdots, m$.

(3) 按 $q_1, q_2, \cdots, q_m$ 顺序, 找出最先满足 $q_i > 1$ 的那个 q_i, 记为 q_k.

(4) 按 $q_1, q_2, \cdots, q_m$ 顺序, 找出最先满足 $q_i < 1$ 的那个 q_i, 记为 q_j.

(5) 调整 q_k, q_j 和 B_j 的值, $q_k = q_k - (1 - q_j)$, $q_j = 1$, $B_j = k$.

(6) 重复 (3)~(5) 步骤直至所有 $q_i \leqslant 1$ 为止.

Kronmal 和 Peteson(1979) 给出构造别名表的算法如下:

① $i \leftarrow a$; $m = (b - a + 1)$; 数组 S 和数组 T 清空: $S \leftarrow \varnothing$, $T \leftarrow \varnothing$.

② 当 $i \leqslant b$ 时, $q_i = mp_i$.

③ 若 $q_i < 1$, $S \leftarrow S + \{i\}$; 否则, $T \leftarrow T + \{i\}$.

④ $i \leftarrow i + 1$, 返回②.

⑤ $i \leftarrow a$.

⑥ 当 $i \leqslant b$ 时, 从 S 选取并除去 j, $A_i \leftarrow j$; $P(A_i) \leftarrow q_j$.

⑦ 若 $T \neq \varnothing$, 从 T 选取并除去 l, $B_i \leftarrow l$; $q_l \leftarrow q_l - (1 - q_j)$.

⑧ 若 $q_l \leqslant 1$, $S \leftarrow S + \{l\}$; 否则, $T \leftarrow T + \{l\}$.

⑨ $i \leftarrow i + 1$, 返回⑥.

其中, ①为初始化, ②~④将生成长度可变的初始数组 S 和 T, ⑤~⑨产生别名表.

例如, 概率密集函数为

$$\{p_i\}=\{0.01,\ 0.04,\ 0.07,\ 0.15,\ 0.28,\ 0.19,\ 0.21,\ 0.05\}, \quad x_i=1,\ 2,\ \cdots,\ 8.$$

构造别名表的过程和结果列在表 3.2.

表 3.2　构造别名表的过程和结果

i	p_i	q_i	j	q_j	l	q_k	q_l	S	T	A_i	B_i	$P(A_i)$
0	0	0	0	0	0	0	0	{1, 2, 3, 8}	{4, 5, 6, 7}	0	0	0
1	0.01	0.08	1	0.08	4	1.20	0.28	{2, 3, 4, 8}	{5, 6, 7}	1	4	0.08
2	0.04	0.32	2	0.32	5	2.24	1.56	{3,4,8}	{5, 6, 7}	2	5	0.32
3	0.07	0.56	3	0.56	5	1.56	1.12	{4,8}	{5, 6, 7}	3	5	0.56
4	0.15	1.20	4	0.28	5	1.12	0.40	{5, 8}	{6, 7}	4	5	0.28
5	0.28	2.24	5	0.40	6	1.52	0.92	{6, 8}	{7}	5	6	0.40
6	0.19	1.52	6	0.92	7	1.68	1.60	{8}	{7}	6	7	0.92
7	0.21	1.68	8	0.40	7	1.60	1.00	{7}	空	8	7	0.40
8	0.05	0.40	7	1.00	7			空	空	7	7	1.00

2. 别名算法描述

根据别名表, 得到别名算法如下:

① $K = a+[(b-a+1)U_1]$.

② 若 $U_2 \leqslant P(A_K)$, 样本值 $X = A_K$; 否则, 样本值 $X = B_K$.

对任何离散分布, 别名算法只需进行一次查找就可以抽到样本值, 因而有较高的抽样效率, 并且可以向量化. 但它仅适用于密集点 m 只有中等大小的情形, 因为构造别名表的过程中需要生成两个长度为 m 的数组 S 和 T, 如果概率密集函数的密集点很多, 需要的数组很大, 既占用内存, 也耗费时间, 而且构造别名表算法比较复杂, 效率不见得很高.

3.3.3　布朗算法

Brown(1981) 在研究并行蒙特卡罗方法时, 提出一种向量化抽样算法. 布朗算法为别名算法找到了理论依据. Brown 提出下面命题: 任何离散概率分布都可以表示成由等概率均匀分布与一族两点概率分布组成的复合概率分布. 离散概率分布的概率密集函数为 $f(x_k)$, $k=1, 2, \cdots, m$, 任何离散概率分布都可以表示成下面的复合概率分布:

$$f(x_k) = f(k) \sum_{k=1}^{m} f_k(x_i),$$

式中, $f(k)$ 为等概率均匀分布, $f(k)=1/m$; 两点概率分布为

$$f_k(x_i) = \begin{cases} p_k, & x_i = x_k, \\ 1 - p_k, & x_i \neq x_k. \end{cases}$$

Brown 证明了这一命题, 根据这一命题, 提出如下的抽样算法, 首先由概率密集函数 $f(x_k)$, $k=1,2,\cdots,m$, 构造向量表 $\{I(1,k),I(2,k),q_k\}$, 其中, $I(1,k)$ 和 $I(2,k)$ 是两点概率分布 $f_k(x_i)$ 的两个非零元位置, q_k 是取 $I(1,k)$ 的概率. 向量表 $\{I(1,k),I(2,k),q_k\}$ 相当于别名表 $\{A_i,B_i,P(A_i)\}$, 可以使用 Kronmal 和 Peteson(1979) 给出构造别名表的算法构造向量表.

布朗算法首先构造向量表, 然后从复合概率分布抽样, 先由等概率分布 $f(k)$ 抽样产生 K, 再从第 K 个两点概率分布 $f_K(x_i)$ 抽样, 产生样本值 X. 布朗算法如下:

① $K=[mU_1]+1$.

② 若 $U_2 \leqslant q_K$, 样本值 $X=I(1,K)$; 否则, 样本值 $X=I(2,K)$.

布朗算法只需进行一次查找就可以抽到样本值, 它完全适应向量化运算. 但是也有别名算法同样的缺点, 需要构造向量表, 如果密集点很多, 则需要存储大量数据.

3.3.4　直接查找算法

Peterson 和 Kronmal(1982) 提出直接查找算法, 也称为罐子算法. 设离散概率分布的随机变量和概率密集函数为

$$x_i: x_1, x_2, \cdots, x_m,$$
$$p_i: Q_1/Q, Q_2/Q, \cdots, Q_m/Q,$$

其中, m 为密集点数. $Q=Q_1+Q_2+\cdots+Q_m$, 正整数 Q_i 为通分后的分子, Q 为公分母. 构造一个具有 Q 个元素的数组 T, $T=\{T_1,T_2,\cdots,T_j,\cdots,T_Q\}$, 前 Q_1 个元素的值均为 x_1, 紧接着的 Q_2 个元素的值均为 x_2, 紧接着的 Q_3 个元素的值均为 x_3, 如此等等. 例如, $x_i: x_1,x_2,x_3$, $p_i: 1/8,4/8,3/8$, $m=3$, $Q=8$, 则有下面数据表:

数组 T 元素:	T_1	T_2	T_3	T_4	T_5	T_6	T_7	T_8
数组元素值:	x_1	x_2	x_2	x_2	x_2	x_3	x_3	x_3

由数据表, 直接查找算法如下:

① $j=[QU]+1$.

② 样本值 $X=T_j$.

直接查找算法只需一次查找, 但是使用直接查找算法有较多的限制, 概率密集函数是分数的形式, 而且公分母 Q 不宜太大, 需要存储数组值, 密集点不能太多.

3.3.5　马萨格利亚算法

Kronmal 和 Peterson(1985) 介绍了马萨格利亚算法. 马萨格利亚算法首先构造数据表, 更一般情况是构造向量表或者树表, 然后进行抽样. 离散随机变量 $X=a_1$, $a_2,\cdots,a_m$, 数据表 $B=(b_1,b_2,\cdots,b_n)$, 数据表的数据个数 $n=(m+1)\times m/2$. 马萨

格利亚算法是产生样本值 X 满足下面的离散概率分布:

$$P(X = a_i) = \sum_{j=1}^{n} I_{\{b_j = a_i\}}/n = \#\{j : b_j = a_i\}/n, \quad i = 1, 2, \cdots, m,$$

式中, $\#\{j: b_j = a_i\}$ 表示满足条件 $b_j = a_i$ 的 j 的数目. 上式表示样本值 $X = a_i$ 的概率正好等于 n 个数值中满足条件 $b_j = a_i$ 的 j 的个数所占的比例. 马萨格利亚算法如下:

① $I = [nU]$.

② 样本值 $X = b_I$.

例如, $X = a_1, a_2, a_3, a_4, a_5 = 1, 2, 3, 4, 5$; $B = (b_1, b_2, \cdots, b_{15}) = (1, 2, 2, 3, 3, 3,$ $4, 4, 4, 4, 5, 5, 5, 5, 5)$; $\#\{j: b_j = a_i\} = 1, 2, 3, 4, 5$; $P(X = a_i) = 1/15, 2/15, 3/15,$ $4/15, 5/15$. 构造数据表 B 可用下面简单的循环程序实现, 例如, Matlab 语言程序如下:

```
n=0; for i=1:m for j=1:i n=n+1; B(n)=i; end end
```

马萨格利亚算法只需一次查找, 但要构造数据表.

3.3.6 加权算法

别名算法、布朗算法、直接查找算法和马萨格利亚算法都只需进行一次查找就可以得到样本值, 因而有较高的抽样效率, 可以向量化. 但是这些算法有一个共同的缺点, 需要事先构造数据表. 如果离散随机变量的密集点很多, 将占用很大的内存. 所以这几种算法不适宜特别巨大的离散随机变量抽样. 最理想的抽样算法是只需一次查找运算, 而又不需要构造数据表, Sarno(1990) 提出的加权算法可以做到. 加权算法有直接加权算法、扩展加权算法和非均匀分布加权算法.

1. 直接加权算法

直接加权算法是由概率表抽样产生样本. 离散随机变量 x_j 服从的概率密集函数为 $p(x_j)$, $j = 1, 2, \cdots, m$, $p(x_j)$ 称为概率表, m 为概率表长度, 概率表的概率值满足归一化条件. 例如, 从表 3.3 的概率表抽样.

表 3.3 概率表

j	1	2	3	4	5
x_j	10	11	12	13	14
$p(x_j)$	0.40	0.20	0.30	0.08	0.02

直接加权算法如下:

① 均匀分布 $U(1, m)$ 抽样得到 $x = x_1 + [mU]$.

② 由 $x \in \{x_j, j = 1, 2, \cdots, m\}$, 确定选取 x 的概率 $p \in \{p_j, j = 1, 2, \cdots, n\}$.

③ 把 x 乘上权重 $w = mp$, 得到样本值 $X = wx = mpx$.

由于离散随机变量服从非均匀分布, 现在却是从均匀分布 $U(1, m)$ 抽样, 所以样本值要乘上校正因子 (权重). 模拟 n 次, 得到平均样本值如表 3.4 所示.

表 3.4   平均样本值

模拟次数	10	10^2	10^3	10^4	10^5	10^6	10^7	10^8
平均样本值	11.22	11.05	11.08	11.11	11.11	11.12	11.12	11.12

经过校正后的均匀分布抽样结果是原来非均匀分布均值的无偏估计. 直接加权算法的优点是只需一次查找运算, 又不需要构造数据表, 需要最少的标量和向量计算时间. 直接加权算法的缺点是由于非均匀分布远偏离均匀分布时, 将产生较大的样本方差, 可采用扩展表加权算法和非均匀分布加权算法减少样本方差.

2. 扩展加权算法

为了降低样本方差, 采取增加分布均匀性的方法, 把概率表的每一项分解成几项, 把概率表扩展成比较均匀分布的概率表, 使得校正因子的变动性较小. 例如, 概率表如表 3.5 所示.

表 3.5   概率表

j	1	2	3	4	5
x_j	11	12	13	14	15
$p(x_j)$	0.40	0.20	0.30	0.08	0.02

把表 3.5 概率表扩展成扩展概率表, 如表 3.6 所示.

表 3.6   扩展概率表

j	1	2	3	4	5	6	7	8	9
x_j	11	11	12	12	13	13	14	14	15
p_j	0.20	0.20	0.10	0.10	0.15	0.15	0.04	0.04	0.02

扩展加权算法与直接加权算法相同, 只是把概率表变成扩展概率表. 可见扩展概率表比原来的概率表分布均匀了许多, 样本方差将降低. 模拟 n 次, 得到平均样本值如表 3.7 所示.

表 3.7   平均样本值

模拟次数	10	10^2	10^3	10^4	10^5	10^6	10^7	10^8
平均样本值	12.133	11.958	11.969	11.995	11.990	11.997	11.998	11.998

3. 非均匀分布加权算法

前两种算法是从均匀分布抽样. 为了减少样本方差, 非均匀分布加权算法不是从均匀分布抽样, 而是从非均匀分布抽样. 非均匀分布的形状类似于 $p_j x_j$ 分布. 非均匀分布通常选取为二项分布和几何分布, 其概率密集函数分布分别为

$$p_j = \mathrm{C}_m^j a^j (1-a)^{m-j}, \quad j \in \{0, 1, 2, \cdots, m\},$$

$$p_j = a(1-a)^j, \quad j \in \{0, 1, 2, \cdots\},$$

式中, a 为形状参数, 选取形状参数 a 使得二项分布和几何分布尽量接近原来分布.

4. 加权算法抽样事例

Sarno, Bhavsar, Hussein(1995) 在向量计算机上比较各种向量化抽样算法. 从下面概率密集函数抽样, 其概率表如表 3.8 所示.

表 3.8 概率表

x_j	100	90	70	50	20	15	10	5	2	1
p_j	0.60	0.20	0.10	0.03	0.025	0.016	0.013	0.010	0.005	0.001

扩展概率表如表 3.9 所示, 表中 100(12×) 表示此项分解成 12 项, 0.05(12×) 表示此项分解成 12 项, 每项的概率为 0.05.

表 3.9 扩展概率表

x_j	100(12×)	90(4×)	70(2×)	50	20	15	10	5	2	1
p_j	0.05(12×)	0.05(4×)	0.05(2×)	0.03	0.025	0.016	0.013	0.010	0.005	0.001

非均匀分布加权算法的非均匀分布选取为几何分布, 参数 $a=0.68$. 模拟 10 万次, 得到各种加权算法的平均样本值、标准偏差、处理时间、加速比和性能指数, 如表 3.10 所示. 表中, %fsd 表示百分小数标准偏差. 加速比是逆变换算法标量处理时间与各种抽样算法的向量处理时间的比值. 性能指数是加速比与%fsd 的比值.

表 3.10 各种抽样算法的抽样结果

抽样算法	样本值		处理时间/ms		加速比	性能指数
	平均	%fsd	标量	向量		
逆变换算法	87.43	0.09	504.3	90.94	5.545	61
布朗算法	87.50	0.08	491.25	54.53	9.248	116
直接加权算法	87.49	0.65	416.58	34.80	14.491	22
扩展加权算法	87.48	0.18	416.58	34.80	14.491	81
非均匀分布加权算法	87.43	0.02	691.00	179.93	2.803	150

3.4   连续随机变量高效抽样方法

3.4.1   变换算法

1. 变换算法原理

变换算法的基本思想是化繁为简, 将一个比较复杂的概率分布抽样, 变换成比较简单的概率分布抽样. 如果能给出两者之间的变换关系, 则可由简单的概率分布抽样, 通过变换关系得到复杂的概率分布抽样, 变换算法是根据这个原理构造的抽样算法. 根据概率论中随机变量函数的分布理论, 知道随机变量的概率分布, 随机变量函数也是随机变量, 随机变量函数构成变换关系, 于是随机变量函数的概率分布可以求出. 对于具体概率分布, 主要问题是要找到变换关系.

如果随机变量 Y 有比较简单的容易抽样的概率分布 $f(y)$, 找到一个变换关系 $x = \varphi(y)$, 变换函数 $\varphi(y)$ 的反函数存在, 记为 $\varphi(x)^{-1} = \psi(x)$, 并且该反函数具有非零的一阶连续导数 $\psi'(x)$, 则 X 是也是随机变量, 服从的概率分布为

$$f(x) = f(\psi(x))|\psi'(x)|.$$

这就提供了一种抽样方法, 称为变换算法, 本来是要从复杂的概率分布 $f(x)$ 抽样, 可以先从比较简单的概率分布 $f(y)$ 抽样得到随机变量 Y, 然后通过变换关系 $x = \varphi(y)$, 得到复杂的概率分布 $f(x)$ 的样本值 X. 变换算法如下:

① $f(y)$ 抽样产生 Y.

② 样本值 $X = \varphi(Y)$.

不难看出, 逆变换算法是变换算法的特殊情况, 此时, $f(y)$ 是均匀分布 $U(0,1)$, 抽样产生随机变量 $Y = U$, 变换关系为 $\varphi(y) = F^{-1}(y)$, 样本值为 $X = F^{-1}(U)$.

一维变换算法可推广到多维情况, 以二维为例, 二维联合概率分布 $f(x, y)$ 抽样比较困难, 而二维联合概率分布 $f(v, w)$ 抽样比较容易. 变换关系为

$$x = \varphi_1(v, w), \quad y = \varphi_2(v, w).$$

如果变换函数 $\varphi_1(v, w)$ 和 $\varphi_2(v, w)$ 的反函数存在, 记为 $v = \psi_1(x, y)$ 和 $w = \psi_2(x, y)$, 并且该反函数具有非零的一阶连续偏导数, 则随机变量 X, Y 的联合概率分布为

$$f(x, y) = f(\psi_1(x, y), \psi_2(x, y))|\boldsymbol{J}|,$$

式中, 变换关系的雅可比行列式为 $|\boldsymbol{J}| = \begin{vmatrix} \partial v/\partial x & \partial v/\partial y \\ \partial w/\partial x & \partial w/\partial y \end{vmatrix}$.

为了从概率分布 $f(x, y)$ 抽样产生 X, Y, 可先从容易抽样的概率分布 $f(v, w)$ 抽样产生 V, W, 然后由变换关系 $X = \varphi_1(V, W)$ 和 $Y = \varphi_2(V, W)$, 得到随机变量的样本值 X, Y.

2. 标准正态分布抽样

从两个独立随机变量 x 和 y 服从的标准正态分布抽样, 其联合概率密度函数为

$$f(x, y) = (1/2\pi) \exp(-(x^2 + y^2)/2), \quad -\infty < x, y < \infty.$$

变换关系为 $x = \varphi_1(r, \theta) = r\cos\theta, y = \varphi_2(r,\theta) = r\sin\theta$, $0 \leqslant r < \infty, 0 \leqslant \theta \leqslant 2\pi, r$ 和 θ 是两个容易抽样的独立随机变量, r 和 θ 的联合概率密度函数为

$$f(r, \theta) = f(r)f(\theta) = r \exp(-r^2/2) \times 1/2\pi.$$

使用逆变换算法抽样, 得到 r 和 θ 随机变量的样本值分别为

$$r = \sqrt{-2\ln(1 - U_1)} = \sqrt{-2\ln U_1}, \quad \theta = 2\pi U_2.$$

再由变换关系 $x = r\cos\theta$, $y = r\sin\theta$, 得到标准正态分布的样本值为

$$X = \sqrt{-2\ln U_1} \cos(2\pi U_2), \quad Y = \sqrt{-2\ln U_1} \sin(2\pi U_2).$$

这就是 Box-Müller(1958) 给出的结果. 上面的任一式都可以作为单个随机变量标准正态分布的样本值. 可以推导得到随机变量 X, Y 的联合概率密度函数.

3. 各种变换算法

(1) 仿射变换算法. 位置标度族是一族连续分布, 其概率密度函数为

$$f(x; \mu, \sigma) = (1/\sigma)f_0((x - \mu)/\sigma), \quad x \in \mathbf{R},$$

其中, $f_0((x-\mu)/\sigma)$ 称为标准概率分布, 是 $\mu = 0$, $\sigma = 1$ 的概率分布 $f(x; \mu, \sigma)$. μ 称为位置, σ 称为标度. $\mu = 0$ 的位置标度族称为标度族, $\sigma = 1$ 的位置标度族称为位置族. 位置标度族与标准概率分布形状相似, 只是位置移动 μ 距离, 标度由 σ 确定. 例如, Cauchy(μ, σ), Frechet(α, μ, σ), Gumbel(μ, σ), Laplace(μ, σ), Logistic(μ, σ), $N(\mu, \sigma^2)$, $t_\nu(\mu, \sigma^2)$, $U(a, b)$ 是位置标度族. 标度族常带有标度参数 $\lambda = 1/\sigma$, 例如, Exp(λ), Gamma(α, λ), Pareto(α, λ), Weib(α, λ).

位置标度族的抽样方法是仿射变换算法. 仿射变换算法首先从标准概率分布抽样产生 X, 然后由仿射变换关系: $Z = \mu + \sigma X$, 得到样本值 Z. 典型的位置标度族是正态分布 $\{N(\mu, \sigma^2)\}$, 其概率密度函数为

$$f(x; \mu, \sigma) = (1/\sigma)f_0((x - \mu)/\sigma) = \left(1/\sqrt{2\pi\sigma^2}\right) \exp(-(x - \mu)^2/2\sigma^2).$$

仿射变换算法首先从标准正态分布 $N(0, 1) = f(x; 0, 1)$ 抽样产生 X, 正态分布 $N(\mu, \sigma^2)$ 抽样的样本值为 $Z = \mu + \sigma X$.

(2) 倒数算法. 如果随机变量 Z 是随机变量 X 的倒数: $Z = 1/X$, 根据随机变量函数的线性变换规则, 随机变量 Z 的概率密度函数为

$$f_Z(z) = f_X(z^{-1})/z^2, \quad z \in \mathbf{R}.$$

倒数算法抽样是首先从随机变量 X 的概率密度函数抽样产生 X, 随机变量 Z 的样本值为 $Z = 1/X$. 例如, Gamma(α, λ) 分布的概率密度函数为

$$f(x) = \lambda^{\alpha} x^{\alpha-1} \mathrm{e}^{-\lambda x} / \Gamma(\alpha), \quad x > 0,$$

从 Gamma(α, λ) 分布的概率密度函数抽样产生 X, 倒数 Gamma 分布 InvGamma(α, λ) 的概率密度函数为

$$f(z) = \lambda^{\alpha} z^{-\alpha-1} \mathrm{e}^{-\lambda z^{-1}} / \Gamma(\alpha), \quad z > 0.$$

其抽样样本值为 $Z = 1/X$. 如果 $\boldsymbol{X}$ 是 $n \times n$ 的可逆随机矩阵, 其概率分布为 $f_{\boldsymbol{X}}$, 则倒矩阵 $\boldsymbol{Z} = 1/\boldsymbol{X}$ 具有概率密度函数为

$$f_{\boldsymbol{Z}}(\boldsymbol{z}) = f_{\boldsymbol{Z}}(\boldsymbol{z}^{-1})/|\det(J(\boldsymbol{z}))|.$$

式中, $J(\boldsymbol{z})$ 为雅可比阵.

(3) 截断算法. 如果随机变量 X 的概率分布是在间隔 $[a, b]$ 截断概率分布, 截断概率分布为

$$f_Z(z) = f(z) \bigg/ \int_a^b f(x)\mathrm{d}x, \quad a \leqslant z \leqslant b.$$

截断累积分布函数为

$$F_Z(z) = (F(z) - F(a_1))/(F(b) - F(a_1)), \quad a \leqslant z \leqslant b,$$

式中, $F(a_1) = \lim_{x \uparrow a} F(x)$. 截断概率分布抽样的截断算法, 其样本值为

$$Z = F^{-1}(F(a_1) + U(F(b) - F(a_1))).$$

例如, 指数分布 Exp(1) 在间隔 $[0, 2]$ 截断分布, 截断概率分布为

$$f(z) = \mathrm{e}^{-z}/(1 - \mathrm{e}^{-2}), \quad 0 \leqslant z \leqslant 2.$$

因为指数分布 Exp(1) 的累积分布函数的逆函数为 $F^{-1}(u) = -\ln(1-u)$, 所以指数分布截断概率分布抽样的样本值 $Z = -\ln(1 + U(\mathrm{e}^{-2} - 1))$.

(4) 环绕算法. 连续随机变量 X 的概率分布为 f_X, 如果 $Z \equiv X \bmod(p)$, 则连续随机变量 Z 在间隔 $[0, p]$ 上是环绕的, 随机变量 Z 称为环绕随机变量, 环绕随机变量 Z 的概率分布为

$$f_Z(z) = \sum_{k=-\infty}^{\infty} f_X(z + kp), \quad z \in [0, p).$$

环绕随机变量概率分布抽样的环绕算法如下:

从概率分布 $f(x)$ 抽样产生 X, 样本值 $Z \equiv X \bmod(p)$.

例如, 随机变量 X 服从正态分布 $N(\mu, \sigma^2)$, 从正态分布抽样得到 X, 环绕算法抽样得到样本值 $Z \equiv X \bmod(p)$, 环绕随机变量 Z 的概率分布为

$$f_Z(z) = \sum_{k=-\infty}^{\infty} \left(1/\sqrt{2\pi\sigma^2}\right) \exp(-(z - \mu + kp)^2/2\sigma^2)$$

$$= (1/p) \sum_{k=-\infty}^{\infty} \exp(-2k^2\pi^2\sigma^2/p^2) \cos(2\pi k(z - \mu)/p), \quad z \in [0, p).$$

(5) 极变换算法. 极变换算法是基于极坐标变换的算法, $X = R\cos\Theta$, $Y = R\sin\Theta$, 其中, $\Theta \sim U(0, 2\pi)$, $R \sim f_R(r)$. 根据随机变量函数的一般变换规则, X 和 Y 联合概率密度函数为

$$f_{X,Y}(x, y) = f_R(r)/2\pi\, r,$$

式中, $r = \sqrt{x^2 + y^2}$. 因此随机变量 X 的概率密度函数为

$$f_X(x) = \int_0^{\infty} \left(f_R(\sqrt{x^2 + y^2})/\pi\sqrt{x^2 + y^2}\right) \mathrm{d}y.$$

例如, 如果 $f_R(r) = r\exp(-r^2/2)$, 则有 $f_X(x) = (1/\sqrt{2\pi})\exp(-x^2/2)$.

3.4.2 均匀比值算法

均匀比值算法是由 Kinderman 和 Monahan(1977) 提出的, Ahrens 和 Dieter (1991), Stadlober(1989, 1991) 对均匀比值算法进行了详细的研究. 随机变量 Z 的概率密度函数为 $f(z)$, $-\infty < z < \infty$, 均匀比值算法的思想是不直接从 $f(z)$ 抽样, 而是从两个随机变量 X 和 Y 在有界区域内的均匀分布直接抽样. 由它们抽样的比值 Y/X, 得到随机变量 Z 的样本值. 令 $r(z)$ 为非负可积函数, 随机变量 $Z = a_1 + a_2 Y/X$, 其中 a_1 和 a_2 是常数, $a_1 \in (-\infty, \infty)$, $a_2 \in (0, \infty)$. 如果两个随机变量 X 和 Y 在确界内均匀分布, 且 $X^2 \leqslant r(Z)$, 则随机变量 Z 的概率密度函数为

$$f(z) = cr(z), \quad -\infty < z < \infty,$$

其中, 归一化常数 $c = 1 \Big/ \displaystyle\int_{-\infty}^{\infty} r(z)\mathrm{d}z$. 随机变量 X 和 Y 的确界为

$$x_* = 0 \leqslant x \leqslant x^*, \quad y_* \leqslant y \leqslant y^*,$$

式中, $x^* = \sup_z r^{1/2}(z)$, $y_* = \inf_z[(z - a_1)r^{1/2}(z)/a_2]$, $y^* = \sup_z[(z - a_1)r^{1/2}(z)/a_2]$.

均匀比值算法如下:

① 均匀分布 $U(0, x^*)$ 抽样产生 X.

② 均匀分布 $U(y_*, y^*)$ 抽样产生 Y.

③ 计算 $Z = a_1 + a_2 Y/X$ 和 $r(Z)$.

④ 若 $X^2 \leqslant r(Z)$, 样本值为 Z; 否则, 返回①.

例如, 半标准正态分布 $f(z) = (2/\pi)^{1/2}\exp(-z^2/2) = (2/\pi)^{1/2}r(z)$, $0 < z < \infty$. $a_1 = 0$, $a_2 = 1$, $x^* = 1$, $y_* = 0$, $y^* = (2/e)^{1/2}$, 可使用均匀比值算法抽样.

Devroye(1986) 给出标准正态分布 $N(0,1)$ 的均匀比算法的抽样算法如下:

① $a_+ = (2/e)^{1/2}$, $a_- = -(2/e)^{1/2}$.

② $U(a_-, a_+)$ 分布抽样产生 V, 令 $X = V/U$.

③ 若 $X^2 \leqslant 6-8U+2U^2$, 样本值为 X; 否则, 转④.

④ 若 $X^2 \geqslant 2/U-2U$, 返回②; 否则, 转⑤.

⑤ 若 $X^2 \leqslant -4\ln U$, 样本值为 X; 否则, 返回②.

如果归一化常数 c 未知, 一般直接抽样方法就无能为力, 因此, 均匀比值算法有一个优点, 如果概率分布的归一化常数不知道, 可以使用均匀比值算法抽样, 避开归一化常数未知的困难, 但是要求 $r(z)$ 是非负可积函数, x^*, y_*, y^* 是可以计算的.

3.4.3 高效抽样方法

在实际应用中, 可能遇到许多新的概率分布, 前面的连续概率分布抽样算法不一定抽样效率就很高. 离散随机变量的别名算法、布朗算法、直接查找算法、马萨格利亚算法和加权算法等离散概率分布高效抽样方法有很高的抽样效率, 而且可并行化. 可以把这些离散概率分布高效抽样方法推广到连续概率分布, 提高连续概率分布的抽样效率. 推广方法有分段线性函数方法和阶梯分布近似方法.

1. 分段线性函数方法

由于矩形直方图分布与离散分布很相似, 所以离散概率分布高效抽样算法很容易扩展到矩形直方图分布. Edwards 和 Rathkopf(1991) 把别名算法推广到连续概率分布. 他们的工作是把连续分布表示成分段线性函数, 并使用统计插值方法, 均匀分布和线性分布抽样示意图如图 3.3 所示.

线性函数为 $y(x)$, 分段的左端点为 x_l, 右端点为 x_r, 相应的分段线性函数为 y_l 和 y_r, 分段的概率为

$$p_i = \int_{x_{i-1}}^{x_i} y(x)\mathrm{d}x.$$

如果分段是均匀分布, 则有一个随机点为

$$x_1 = (1 - U)x_l + Ux_r.$$

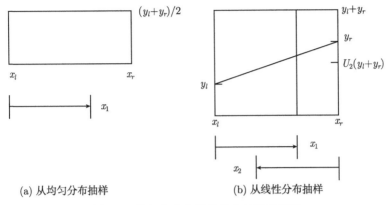

(a) 从均匀分布抽样　　　　　　(b) 从线性分布抽样

图 3.3　均匀分布和线性分布抽样示意图

样本值 $X = x_1$. 如果分段是线性分布, 则有两个随机点为

$$x_1 = (1-U)x_l + Ux_r, \quad x_2 = Ux_l + (1-U)x_r.$$

抽样算法如下: 若 $U_2(y_l + y_r) \leqslant (1-U_1)y_l + U_1 y_r$, 样本值 $X = x_1$; 否则, 样本值 $X = x_2$.

分段线性函数方法应用于中子输运问题的非弹性散射出射中子能量抽样, 在 Cray-XMP 计算机上的执行时间结果 (不插值) 如表 3.11 所示.

表 3.11　在 Cray-XMP 计算机上的执行时间　　　单位: 微秒/样本

抽样算法	时间 (标量模型)	时间 (向量模型)	两者比值
等概率间隔算法	2.280	0.294	7.76
列表查找算法	6.245	3.790	1.65
别名算法 (均匀)	4.290	0.428	10.02
别名算法 (线性)	5.831	0.642	9.08

2. 阶梯分布近似方法

裴鹿成 (2000) 提出把离散概率分布别名算法推广到连续概率分布. 由于阶梯分布是矩形直方图分布, 与离散概率分布很相似, 如果把连续概率分布用阶梯分布来逼近, 并进行误差补偿, 就可能把离散概率分布别名算法推广到连续概率分布. 把任意连续概率分布的概率密度函数用阶梯分布的概率密集函数来近似, 把阶梯分布的矩形数看作离散概率分布的密集点数. 对阶梯分布用离散概率分布的别名算法抽样, 就可以完成任意连续概率分布的抽样.

设连续概率分布的概率密度函数 $f(x)$ 定义在区间 (a,b) 上, 在此区间上插入 $m-1$ 个分割点: $a = x_1 < x_2 < \cdots < x_m < x_{m+1} = b$. 把 $f(x)$ 在子区间 $(x_i, x_{i+1}]$ 上的最大值和最小值分别记为 A_i 和 B_i, 定义下面两个阶梯函数, 上阶梯函

数: $A(x_i) = A_i$, 当 $x_i < x \leqslant x_{i+1}$, $i=1, 2, \cdots, m$ 时; 下阶梯函数: $B(x_i) = B_i$, 当 $x_i < x \leqslant x_{i+1}$, $i=1, 2, \cdots, m$ 时. 两个阶梯函数满足

$$B(x_i) \leqslant f(x) \leqslant A(x_i).$$

并且有

$$P = \sum_{i=1}^{m} B_i(x_{i+1} - x_i), \quad f_b(x_i) = B(x_i)/P, \quad f_{a-b}(x_i) = (f(x_i) - B(x_i))/(1 - P),$$

式中, $f_b(x_i)$ 和 $f_{a-b}(x_i)$ 都是离散概率分布的概率密集函数, $f_b(x_i)$ 称为阶梯分布的概率密集函数, 如图 3.4 所示, 可作为连续概率分布的概率密度函数 $f(x)$ 的近似. $f_{a-b}(x_i)$ 称为误差补偿分布的概率密集函数, 如图 3.5 所示.

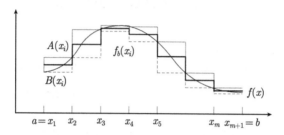

图 3.4   阶梯分布的概率密集函数

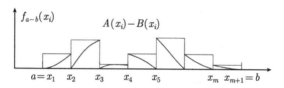

图 3.5   误差补偿分布的概率密集函数

任意连续概率分布的概率密度函数可以近似地写成阶梯分布的概率密集函数与误差补偿分布的概率密集函数的复合分布形式:

$$f(x) = Pf_b(x_i) + (1 - P)f_{a-b}(x_i).$$

可采用复合算法抽样, 以概率 P 从阶梯分布的概率密集函数 $f_b(x_i)$ 抽样作为从 $f(x)$ 抽样的近似, 并以概率 $1 - P$ 从误差补偿分布的概率密集函数 $f_{a-b}(x_i)$ 抽样作为对误差的校正. 阶梯分布的概率密集函数 $f_b(x_i)$ 的和误差补偿分布的概率密集函数 $f_{a-b}(x_i)$ 的抽样算法采用离散概率分布的别名算法.

(1) 阶梯分布 $f_b(x_i)$ 的抽样. 把阶梯函数的 m 个矩形看作离散概率分布的 m 个密集点, 记为 x_i, $i = 0, 1, \cdots, m-1$, 它的归一化面积记为 P_i, P_i 为

$$P_i = B_i(x_{i+1} - x_i)/P.$$

把该面积看作密集点 x_i 的概率, 所以有下面的抽样算法:

① 取随机数 U_1, 由别名算法确认抽样所属密集点 (假设是 Z_j).

② 取随机数 U_2, 样本值 $X = X_j + U_2(X_j - X_{j-1})$.

(2) 误差补偿分布 $f_{a-b}(x)$ 的抽样. 在每个子区间上用 5 点高斯求积公式近似求出误差补偿分布的面积, 并把这 5 点及子区间端点上函数的最大值和最小值近似认为是 $f(x)$ 在该子区间上的最大值和最小值. 将误差补偿分布在 m 个子区间上的面积认为是某个离散随机变量对应的概率值. 这个随机变量的取值对应于子区间中的某一个. 由别名算法确认抽样所属密集点 (假设是 Z_j, 这里 Z_j 对应于误差补偿分布在某个子区间上的面积). 连续概率分布的抽样算法如下:

① 由别名算法确认抽样所属密集点.

② $X' = X_{j-1} + U_1(X_j - X_{j-1})$, $Y' = (A_j - B_j)U_2$.

③ 若 $Y' \leqslant f(X') - B(X')$, 样本值 $X = X'$, 否则返回②.

只要区间的数目足够, 该算法将以很大的概率从阶梯分布中抽样. 这样, 计算 $f(x)$ 的次数将大为减少. 又因为别名算法的高效率, 可以期望该算法有较高的效率.

3.4.4 自动抽样方法

设计高效抽样方法不是一件容易的事, 而且查找已有的抽样方法并编制相应的程序也是一件费时费力的工作. 基于这一原因, 长期以来, 人们希望能有一种通用的抽样方法, 应对任何概率分布抽样, 实现抽样自动化. 自动抽样方法有显著的优点, 抽样效率较高, 而且要求容易进行向量化.

裴鹿成 (2000), Hormann, Leydold, Derfling(2004) 提出把离散分布别名算法推广到连续概率分布, 发展成自动抽样方法. 上官丹骅 (2004) 和杨自强等 (2006) 提出任意分布自动抽样的具体方法. 除了别名算法, 已经出现更多的离散概率分布高效抽样算法, 如布朗算法、直接查找算法、马萨格利亚算法和加权算法, 也可以在这些算法的基础上发展自动抽样的具体方法.

(1) 用直接查找算法从阶梯分布 $f_b(x)$ 进行抽样. 阶梯分布本是连续概率分布, 但这里借助离散概率分布的直接查找算法构造阶梯分布的高效抽样算法. 首先构造与阶梯分布关联的离散概率分布. 这时把 m 个阶梯看作是离散概率分布的 m 个密集点, 记为 z_i, $i = 1, 2, \cdots, m$, 其中 z_i 对应着以 L_i 为边的矩形. 这个矩形的归一化面积为 $p_i = L_i(x_{i+1} - x_i)/p_a$. 把该面积看作是离散概率分布中密集点 z_i 的概率, 便有如下的关联离散概率分布: 密集点名 z_i 为 z_1, z_2, $\cdots$, z_m, 概率 p_i 为 p_1, p_2, $\cdots$, p_m. 阶梯分布的具体抽样算法如下:

① 产生随机数 U_1, 并借助别名算法确定当前抽到哪个子区间.

② 在 z_j 内的连续化处理, 产生另一个随机数 U_2, 阶梯分布抽样的样本值为 $X = X_j + U_2(X_{j+1} - X_j)$.

(2) 补偿分布 $f_b(x)$ 的抽样算法与前述阶梯分布抽样算法相似, 但在构造关联离散概率分布时, 其概率为 $p_i^* = t_i/(1-p_i)$, 其中 t_i 是子区间 $(x_{i+1} - x_i)$ 内曲线 $f(x) - B(x)$ 下的面积. 补偿分布最终借助别名法与取舍法的复合算法进行抽样, 算法如下:

① 使用别名算法确定当前抽到哪个子区间 (假设是 $z = z_j$).

② 在 z_j 内使用取舍算法抽样, $X' = X_j + U_1(X_{j+1} - X_j)$, $Y' = (A(X') - B(X'))U_2$.

③ 若 $Y' \leqslant f(X') - B(X')$, 样本值 $Z = X'$; 否则, 返回②.

阶梯分布与补偿分布复合抽样的优点是: 只要区间细分数目 m 足够大, 下阶梯函数的面积 p_a 便可以很接近 1. 根据 14 个常见连续概率分布的试验, 当 $m = 256$ 时, p_a 通常可达 0.95 以上, 这就是说绝大多数场合只需作阶梯分布的抽样. 这时只需产生两个随机数 (U_1, U_2), 并辅以几个算术和比较运算而无须计算概率密度函数, 因此抽样速度很高. 显然, 只有 5% 机会的补偿分布抽样的速度对整个抽样效率的影响有限, 但补偿分布自身的抽样效率也不差. 在程序实现中还使用一条过子区间中点的折线来代替概率密度函数 (折点在准备阶段算好), 从而在抽样阶段完全不需计算原来的概率密度函数.

利用直接查找算法、别名算法和取舍算法从 $f_a(x)$ 和 $f_b(x)$ 抽样, 在奔腾 4, 主频 2.4Hz 的微机上, 对 20 个概率分布的两类抽样算法, 进行 1000 万次抽样, 一般方法主要是逆变换算法, 自动算法是由直接查找算法、别名算法和取舍算法做成的自动抽样方法. 抽样表明: 泊松分布、对数级数分布、负指数分布、韦布尔分布、瑞利分布、柯西分布、逻辑斯蒂分布、极值分布, 自动抽样效率几乎没有提高多少, 几何分布和拉普拉斯分布有些提高, 提高得比较多的在表 3.12 中给出. 可见自动抽样方法不是普适的, 好些分布抽样效率没多少提高.

表 3.12　两类抽样方法所用时间

概率分布名称	一般方法时间/秒	自动方法时间/秒
二项分布 (n=6, p=0.5)	7.364	1.500
负二项分布 (n=6, p=0.3)	23.235	1.641
超几何分布 (N=10, n=5, M=6)	8.490	1.505
标准正态分布 $N(0,1)$	5.614	1.922
χ^2 分布 (n=5)	17.692	1.890
t 分布 (n=5)	22.089	1.933
F 分布 (n_1=10, n_2=10)	5.646	1.911
Γ 分布 (a=3,b=2)	3.917	1.886
β 分布 (a=3,b=7)	5.422	1.901
对数正态分布 $\text{Log}N(0,1)$	6.651	1.990

3.5 随机向量抽样方法

3.5.1 条件概率密度算法

1. 随机向量抽样方法概述

s 维随机向量 X 的联合概率分布定义为

$$f(\boldsymbol{x}) = f(x_1, x_2, \cdots, x_s) = cf^*(\boldsymbol{x}) = cf^*(x_1, x_2, \cdots, x_s).$$

如果随机向量的各个分量是独立的, 则称为独立随机向量, 独立随机向量的联合概率分布可以写成多个独立随机变量概率分布的乘积, s 维随机向量 X 的联合概率分布可写为

$$f(\boldsymbol{x}) = f_1(x_1) f_2(x_2) \cdots f_s(x_s).$$

随机变量直接抽样方法完全可以推广到独立随机向量, 可应用随机变量直接抽样方法, 独立地分别对各个分量的概率分布进行抽样, 从而得到独立随随机向量的样本值.

如果随机向量的各个分量是相关的, 则称为相关随机向量. 相关随机向量的直接抽样方法有条件概率密度算法、取舍算法和仿射变换算法.

2. 条件概率密度算法描述

相关随机向量的联合概率分布可以写成单个随机变量的边缘概率分布与多个随机变量的条件概率分布相乘, s 维随机向量 X 的联合概率分布可写为

$$f(\boldsymbol{x}) = f(x_1, x_2, \cdots, x_s) = f_1(x_1) \prod_{j=2}^{s} f_j(x_j | x_1, x_2, \cdots, x_{j-1}),$$

其中, 边缘概率密集函数和边缘概率密度函数分别为

$$f_1(x_1) = \sum_{x_2} \cdots \sum_{x_s} f(x_1, \cdots, x_s), \quad f_1(x_1) = \int \cdots \int f(x_1, x_2, \cdots x_s) \mathrm{d}x_2 \cdots \mathrm{d}x_s.$$

条件概率密集函数和条件概率密度函数的通式分别为

$$
\begin{aligned}
&f_j(x_j | x_1, \cdots, x_{j-1}) \\
&= \sum_{x_{j+1}} \cdots \sum_{x_s} f(x_1, \cdots, x_s) / f(x_1) f(x_2 | x_1) \cdots f(x_{j-1} | x_1, \cdots, x_{j-2}), \\
&f_j(x_j | x_1, \cdots x_{j-1}) \\
&= \int \cdots \int f(x_1, \cdots x_s) \mathrm{d}x_{j+1} \cdots \mathrm{d}x_s / f(x_1) f(x_2 | x_1) \cdots f(x_{j-1} | x_1, \cdots, x_{j-2}).
\end{aligned}
$$

相关随机向量的抽样方法是, 利用随机变量直接抽样方法, 首先从边缘概率分布 $f_1(x_1)$ 抽样, 得到随机变量 X_1 的样本值, 然后依次地从各个条件概率分布 $f_j(x_j|x_1, x_2, \cdots, x_{j-1})$ 抽样, 得到随机变量 $X_2, X_3, \cdots, X_s$ 的样本值.

例如, 粒子入射角的相关联合概率密度函数为

$$f(\varphi, \theta) = (1/c)\left(1 + \sqrt{3}\sin\varphi\sin\theta\right)\sin\varphi\sin^2\theta, \quad 0 \leqslant \varphi, \theta \leqslant \pi/2, \quad c = (3 + 2\sqrt{3})\pi/12.$$

令 $x_1 = \cos\varphi$, $x_2 = \cos\theta$, 进行变量代换后, 得到相关随机变量 X_1 和 X_2 的联合概率密度函数为

$$f(x_1, x_2) = f_1(x_1)f_2(x_2|x_1),$$

式中, 边缘概率密度函数 $f_1(x_1) = (12/(3 + 2\sqrt{3})\pi)(\pi/4 + (2\sqrt{3}/3)\sqrt{1 - x_1^2})$, 条件概率密度函数

$$f_2(x_2|x_1) = \left(1 \Big/ \left(\pi/4 + \left(2\sqrt{3}/3\right)\sqrt{1 - x_1^2}\right)\sqrt{1 - x_2^2}\left(1 + \sqrt{3}\sqrt{(1 - x_1^2)(1 - x_2^2)}\right)\right).$$

采用加分布的复合算法分别从边缘概率密度函数和条件概率密度函数抽样得到 X_1 和 X_2, 再由变换关系得到粒子入射角 φ 和 θ 的样本值.

3.5.2   取舍算法

s 维相关随机向量的联合概率密度函数 $f(\boldsymbol{x}) = f(x_1, x_2, \cdots, x_s)$, $f(\boldsymbol{x})$ 在平行多面体内定义: $\{a_1 \leqslant x_1 \leqslant b_1, a_2 \leqslant x_2 \leqslant b_2, \cdots, a_s \leqslant x_s \leqslant b_s\}$, 联合概率密度函数在平行多面体内的最大值为 $L = \max f(x_1, x_2, \cdots, x_s) < \infty$. 相关随机向量的取舍算法如下:

① 产生 $s+1$ 个随机数 $U_1, U_2, \cdots, U_s, U_{s+1}$.

② 若 $U_{s+1} < f((b_1 - a_1)U_1 + (b_2 - a_2)U_2 + \cdots + (b_s - a_s)U_s)/L$, 样本值 $X_i = (b_i - a_i)U_i + a_i$, $i = 1, 2, \cdots, s$; 否则, 返回①.

取舍算法的抽样效率为

$$\eta = 1/L \prod_{i=1}^{s}(b_i - a_i).$$

例如, 椭球面上均匀分布抽样. 椭球的主轴为 a, b, c, 椭球面参数方程为

$$x_1 = a\sin v_2\cos v_1, \quad x_2 = b\sin v_2\sin v_1, \quad x_3 = c\cos v_2, \quad v_1 \in [0, 2\pi], \quad v_2 \in [0, \pi].$$

椭球面均匀分布的概率密度函数为

$$f(v_1, v_2) = Cg(v_1, v_2),$$

式中, $C = 1/S(a, b, c)$, $S(a, b, c)$ 为椭球的面积; $g(v_1, v_2)$ 为

$$g(v_1, v_2) = |\sin v_2|\sqrt{b^2c^2\sin^2(v_2)\cos^2(v_1) + a^2c^2\sin^2(v_2)\sin^2(v_1) + a^2b^2\cos^2(v_2)}.$$

当 $a=4, b=2, c=1$ 时, 由相关随机向量的取舍算法, 得到样本值 X_1, X_2, X_3. 取舍算法的接受概率为 0.8913, 有较高的抽样效率.

3.5.3 仿射变换算法

1. 仿射变换算法描述

s 维独立随机向量 $\boldsymbol{X} = (X_1, X_2, \cdots, X_s)^{\mathrm{T}}$, 其期望为 μ_X, 协方差矩阵为 $\boldsymbol{B}_X = 1$. 有矩阵 $\boldsymbol{A}$, 向量 $\boldsymbol{C}$. 随机向量 $\boldsymbol{Z}$ 的期望 $\mu_Z = \boldsymbol{C} + \boldsymbol{A}\mu_X$. 相关随机向量 $\boldsymbol{Z}$ 的协方差矩阵为 $\boldsymbol{B} = \boldsymbol{B}_Z = \boldsymbol{A}\boldsymbol{B}_X\boldsymbol{A}^{\mathrm{T}} = \boldsymbol{A}\boldsymbol{A}^{\mathrm{T}}$. 相关随机向量 $\boldsymbol{Z} = \boldsymbol{C} + \boldsymbol{A}\boldsymbol{X}$ 称为独立随机向量 $\boldsymbol{X}$ 的仿射变换. 若 $\boldsymbol{A}$ 为可逆 $n \times n$ 矩阵, 独立随机向量 $\boldsymbol{X}$ 的概率密度函数为 $f_X(\boldsymbol{x})$, 则相关随机向量 $\boldsymbol{Z}$ 的概率密度函数为

$$f_{\boldsymbol{Z}}(\boldsymbol{z}) = f_{\boldsymbol{X}}(\boldsymbol{A}^{-1}(\boldsymbol{z} - \boldsymbol{C}))/|\det(\boldsymbol{A})|, \quad \boldsymbol{z} \in \mathbf{R}^n,$$

式中, $|\det(\boldsymbol{A})|$ 表示矩阵 $\boldsymbol{A}$ 的行列式的绝对值. 仿射变换算法如下:

① 独立随机向量 $\boldsymbol{X}$ 的概率密度函数 $f(\boldsymbol{x})$ 抽样产生 $\boldsymbol{X}$.

② 将协方差矩阵 $\boldsymbol{B}$ 进行乔里斯基矩阵分解得到矩阵 $\boldsymbol{A}$.

③ 相关随机向量 $\boldsymbol{Z}$ 的样本值 $\boldsymbol{Z} = \boldsymbol{C} + \boldsymbol{A}\boldsymbol{X}$.

2. 乔里斯基矩阵分解

乔里斯基矩阵分解方法是一种因式分解方法, 通过将协方差矩阵 $\boldsymbol{B}$ 进行乔里斯基矩阵分解, 得到矩阵 $\boldsymbol{A}$. 如果协方差矩阵 $\boldsymbol{B}$ 为 n 阶对称正定矩阵, 则存在一个实的非奇异的下三角矩阵 $\boldsymbol{A}$, 使得满足 $\boldsymbol{B} = \boldsymbol{A}\boldsymbol{A}^{\mathrm{T}}$, 因此矩阵 $\boldsymbol{B}$ 的乔里斯基分解得到下三角矩阵 $\boldsymbol{A}$. 因矩阵 $\boldsymbol{A}$ 的行列式为 $\det(\boldsymbol{A}) = |\boldsymbol{A}| = \boldsymbol{B}^{1/2}$, $(\boldsymbol{A}^{-1})^{\mathrm{T}} \boldsymbol{A}^{-1} = (\boldsymbol{A}^{\mathrm{T}})^{-1} \boldsymbol{A}^{-1} = (\boldsymbol{A}\boldsymbol{A}^{\mathrm{T}})^{-1} = \boldsymbol{B}^{-1}$, 所以 $\boldsymbol{B} = \boldsymbol{A}\boldsymbol{A}^{\mathrm{T}}$. 协方差矩阵 $\boldsymbol{B}$ 的元素为 b, 下三角矩阵 $\boldsymbol{A}$ 的元素为 a, a 的通式由下面递推公式给出:

$$a_{ij} = \left(b_{ij} - \sum_{k=1}^{j-1} a_{ik}a_{jk}\right) \Big/ \sqrt{b_{jj} - \sum_{k=1}^{j-1} a_{jk}^2},$$

式中, $\sum_{k=1}^{0} a_{ik}a_{jk} = 0, 1 \leqslant j \leqslant i \leqslant n$.

3. 相关随机向量正态分布抽样

s 维独立标准正态随机向量 $\boldsymbol{X}$ 的期望 $\mu_X = 0$, 协方差矩阵为 $\boldsymbol{B}_X = 1$, 其概率密度函数为

$$f_{\boldsymbol{X}}(\boldsymbol{x}) = (1/\sqrt{(2\pi)^s}) \exp(-\boldsymbol{x}^{\mathrm{T}}\boldsymbol{x}/2), \quad -\infty < \boldsymbol{x} < \infty.$$

因为 $\boldsymbol{A}^{-1}(\boldsymbol{z} - \boldsymbol{C}) \sim N(\boldsymbol{0}, \boldsymbol{I})$, 所以相关正态随机向量 $\boldsymbol{Z}$ 的概率密度函数为

$$f_{\boldsymbol{Z}}(\boldsymbol{z}) = (1/\sqrt{(2\pi)^s}|\det(\boldsymbol{A})|) \exp(-(\boldsymbol{A}^{-1}(\boldsymbol{z} - \boldsymbol{C}))^{\mathrm{T}}\boldsymbol{A}^{-1}(\boldsymbol{z} - \boldsymbol{C})/2).$$

注意到 $(A^{-1})^{\mathrm{T}}A^{-1}=(A^{\mathrm{T}})^{-1}A^{-1}=(AA^{\mathrm{T}})^{-1}=B^{-1}$, $AA^{\mathrm{T}}=B$, $|\det(A)|=(\det(B))^{1/2}$, 相关正态随机向量 Z 的概率密度函数可写为

$$f_Z(z) = (1/\sqrt{(2\pi)^s \det(B)}) \exp(-(z-C)^{\mathrm{T}}B^{-1}(z-C)/2), \quad -\infty < z < \infty,$$

式中, C 为期望向量; B 为协方差矩阵; $\det(B)$ 为 B 的行列式; $(z-C)^{\mathrm{T}}$ 为矩阵转置; B^{-1} 为逆矩阵. 协方差矩阵 B 为

$$B = \begin{bmatrix} b_{11} & b_{12} & \cdots & b_{1n} \\ b_{21} & b_{22} & \cdots & b_{2n} \\ \vdots & \vdots & & \vdots \\ b_{n1} & b_{n2} & \cdots & b_{nn} \end{bmatrix} = \begin{bmatrix} \sigma_1^2 & r_{12}\sigma_1\sigma_2 & \cdots & r_{1n}\sigma_1\sigma_n \\ r_{12}\sigma_1\sigma_2 & \sigma_2^2 & \cdots & r_{2n}\sigma_2\sigma_n \\ \vdots & \vdots & & \vdots \\ r_{1n}\sigma_1\sigma_n & r_{2n}\sigma_2\sigma_n & \cdots & \sigma_n^2 \end{bmatrix}.$$

逆矩阵 $B^{-1} = (-1)^{i+j}\sigma_{ij}$ 的余子式 $/|\sigma_{ij}|$, σ 为均方差. 相关正态随机向量分布抽样的仿射变换算法如下:

① 独立标准正态分布 $N(\mathbf{0}, I)$ 抽样产生 $X=(X_1, X_2, \cdots, X_s)$.

② 将协方差矩阵 B 进行乔里斯基矩阵分解, 得到下三角矩阵 A.

③ 相关正态随机向量的样本值 $Z = C+AX$.

例如, 10 维相关正态随机向量分布抽样. 其联合概率密度函数 $f(z)$ 为

$$f(z) = (2\pi)^{-10/2}|B|^{-1/2}\exp(-(z-C)^{\mathrm{T}}B^{-1}(z-C)/2),$$

式中, 期望向量 $C = [1\ 2\ 3\ 4\ 5\ 6\ 7\ 8\ 9\ 10]^{\mathrm{T}}$, 协方差矩阵 B 取为 Pascal 矩阵, 其均方差为 $\sigma_i = [1, 1.4142, 2.449, 4.472, 8.367, 15.875, 30.397, 58.583, 113.446, 220.5]$. 使用 Matlab 语言的乔里斯基矩阵分解, 得到上三角矩阵 A, 转换成下三角矩阵 $A = A^{\mathrm{T}}$, 最后得到相关正态随机向量 Z 抽样的样本值为 $Z = C+AX$. 模拟次数 $n = 10^4$, 样本估计值 $\hat{Z} = [1.005, 2.001, 2.996, 3.999, 5.029, 6.125, 7.357, 8.856, 10.850, 13.739]$, 可以画出相关随机变量样本值的概率密度函数和频率分布. 相关正态随机向量分布抽样结果与独立随机向量正态分布抽样结果相差很大, 由于 10 个变量之间高度相关, 越是后面的变量影响越大, 第 10 个变量的样本概率密度函数展开得很宽.

3.5.4   相关随机向量抽样的困难

(1) 条件概率密度算法的困难. 把相关随机向量的联合概率分布转化成单个随机变量的边缘概率分布与多个随机变量的条件概率分布相乘, 条件概率密度算法理论上是可行的, 实际做起来是相当困难的. 在条件概率密度函数的通式中, 其分母是数个多维积分的乘积, 要给出条件概率密度函数, 必须计算多维积分的数值, 这

将是十分困难的, 所以给不出条件概率密度函数的归一化显式解析形式. 如果其中的所有积分是不可积的、无解析形式, 直接抽样方法无能为力.

(2) 取舍算法的困难. 对高维问题, 当取舍算法的抽样效率公式中的分母值很大时, 取舍法抽样效率是很低的, 取舍法的拒绝率很高, 趋于 100%, 抽样效率几乎为零, 而且 L 的计算也很困难. 例如, 椭球面均匀分布抽样, 当 $a = 4$, $b = 2$, $c = 1$ 时, 取舍算法的接受概率为 0.8913, 有较高的抽样效率, 但是当 $a = 400$, $b = 2$, $c = 1$ 时, 取舍算法的接受概率在 $(0.005, 0.0065)$, 接受概率很低, 取舍算法失效. 例如, 二维指数分布抽样, 二维随机变量 $\boldsymbol{X}$ 服从指数分布的概率密度函数为

$$f(\boldsymbol{x}) = f(x_1, x_2) = c \exp(-(x_1^2 x_2^2 + x_1^2 + x_2^2 - 8x_1 - 8x_2)/2), \quad -2 \leqslant x_1, x_2 \leqslant 7,$$

式中, $c \approx 1/20216.33$. 取舍算法的抽样效率为 4.9465×10^{-5}, 抽样效率很低, 取舍算法失效.

(3) 仿射变换算法的困难. 如果相关随机向量服从正态分布, 则仿射变换算法是精确的抽样方法, 如果相关随机向量服从非正态分布, 则仿射变换算法是近似的抽样方法, 因为均值和协方差等参数不能唯一地描述非正态分布. 相关随机向量的仿射变换算法要求其独立随机向量是可以用直接抽样方法抽样的, 协方差矩阵是对称正定矩阵, 否则不能进行乔里斯基矩阵分解. 如果上述条件不满足, 仿射变换算法是不可行的.

相关随机向量抽样算法很多时候碰到很大的困难, 使得相关随机向量的抽样问题变得很麻烦, 以致这些直接抽样方法失效, 可使用马尔可夫链蒙特卡罗方法.

3.6 随机过程抽样方法

3.6.1 随机过程抽样算法

1. 随机过程

随机过程 $\{X(t), t \in T\}$ 简记为 $X(t)$, 随机过程又称为随机函数, 是定义于基本概率空间 $(\Omega, \mathscr{F}, P)$ 上的一族随机变量, 这些随机变量是相关的, 不是独立的. 描述随机过程有两种方法, 一种是解析方法, 另一种是统计参数方法. 随机过程是一族无穷多个随机变量, 不能用无穷维概率分布来描述, 只能用有限维概率分布来描述, 因此这种描述只是一种近似. 随机过程有标量随机过程 $X(t)$ 和向量随机过程 $\boldsymbol{X}(t)$. 标量随机过程 $X(t)$ 的联合概率分布为

$$f(x(t)) = f(x_1, \cdots, x_n; t_1, \cdots, t_n) = cf^*(x(t)) = cf^*(x_1, \cdots, x_n; t_1, \cdots, t_n).$$

向量随机过程 $\boldsymbol{X}(t)$ 的联合概率分布也有类似的形式. 自变量为向量的随机过程称

为随机场, 有标量随机场 $X(t)$ 和向量随机场 $\boldsymbol{X}(t)$. 本节讲的是随机过程抽样是完全已知概率分布抽样, 联合概率分布有解析形式.

2. 正态过程抽样算法

在随机向量抽样方法一节中, 给出仿射变换算法, 可用于正态过程抽样. s 维相关正态随机过程 $\boldsymbol{X}(t)$ 的联合概率密度函数为

$$f(\boldsymbol{x}(t); \boldsymbol{\mu}, \boldsymbol{B}) = (1/\sqrt{(2\pi)^s \det(\boldsymbol{B})}) \exp(-(\boldsymbol{x}(t)-\boldsymbol{\mu})^{\mathrm{T}} \boldsymbol{B}^{-1}(\boldsymbol{x}(t)-\boldsymbol{\mu})/2), \quad -\infty < \boldsymbol{x} < \infty,$$

式中, $\boldsymbol{\mu}$ 为期望向量; $\boldsymbol{B}$ 为协方差矩阵函数; $\det(\boldsymbol{B})$ 为 $\boldsymbol{B}$ 的行列式; $(\boldsymbol{x}(t)-\boldsymbol{\mu})^{\mathrm{T}}$ 为矩阵转置; $\boldsymbol{B}^{-1}$ 为逆矩阵. 仿射变换算法如下:

① 独立标准正态分布 $N(\boldsymbol{0}, \boldsymbol{I})$ 抽样产生 $\boldsymbol{Y}(t) = (Y(t_1), \cdots, Y(t_m))$.

② 将 $\boldsymbol{B}$ 进行乔里斯基矩阵分解, 使得满足 $\boldsymbol{B} = \boldsymbol{A}\boldsymbol{A}^{\mathrm{T}}$, 得到 $\boldsymbol{A}$.

③ 正态过程的样本值 $\boldsymbol{X}(t) = \boldsymbol{\mu} + \boldsymbol{A}\boldsymbol{Y}(t)$.

3. 马尔可夫过程抽样算法

向量马尔可夫过程 $\boldsymbol{X}(t)$ 的联合概率密度函数为

$$f(\boldsymbol{x}(t_0), \boldsymbol{x}(t_1), \cdots, \boldsymbol{x}(t_m)) = f(\boldsymbol{x}(t_0))f(\boldsymbol{x}(t_1)|\boldsymbol{x}(t_0)) \cdots f(\boldsymbol{x}(t_m)|\boldsymbol{x}(t_{m-1})).$$

自变量离散的向量马尔可夫过程抽样算法如下:

① $t = 0$, 初始概率分布 $f(\boldsymbol{x}(0))$ 抽样产生 $\boldsymbol{X}(0)$.

② 条件概率分布 $f(\boldsymbol{x}(t+1)|\boldsymbol{x}(t))$ 抽样产生样本值 $\boldsymbol{X}(t+1)$.

③ $t = t+1$, 返回②.

4. 泊松过程抽样算法

泊松过程的概率密集函数为

$$f(x(t); t) = (\lambda t)^{x(t)} \mathrm{e}^{-\lambda t}/x(t)!, \quad x = 0, 1, 2, \cdots.$$

泊松概率分布参数为 λ, t 的间隔为 $[0, T]$. 一维齐次泊松过程抽样算法如下:

① $T_0 = 0$, $n = 1$.

② $T_n = T_{n-1} - \ln U/\lambda$.

③ 若 $T_n < T$, $n = n+1$, 返回②.

3.6.2　布朗运动抽样方法

布朗运动 $\{B(t), t \geqslant 0\}$ 简记为 $B(t)$. 布朗运动描述自然科学和金融经济领域的随机过程, 因此布朗运动抽样广泛应用在蒙特卡罗方法中. 随机微分方程描述各种布朗运动的随机过程, 通过求解随机微分方程得到各种布朗运动的随机过程与维

纳过程的关系. 布朗运动随机过程抽样方法是在维纳过程抽样方法的基础上, 根据各种布朗运动随机过程与维纳过程关系, 得到各种布朗运动的随机过程抽样的样本值.

1. 维纳过程抽样算法

(1) 维纳过程抽样. 维纳过程 $W(t) = t^{1/2} Z(t)$, 其中 $Z(t)$ 为标准正态过程. 维纳过程 $W(t)$ 的联合概率密度函数为

$$f(w(t); t) = (1/\sqrt{2\pi t}) \exp(-w^2(t)/2t), \quad -\infty < w(t) < \infty.$$

把连续时间离散化, 采样点取离散值, 维纳过程抽样算法如下:

① 采样点 $0 = t_0 < t_1 < t_2 < \cdots < t_m$.

② 标准正态分布 $N(\mathbf{0}, \mathbf{I})$ 抽样产生 $Z(t_1), Z(t_2), \cdots, Z(t_m)$.

③ 样本值 $W(t_k) = \sum_{j=1}^{k} \sqrt{t_k - t_{k-1}} Z(t_j), k = 1, 2, \cdots, m$.

(2) 广义维纳过程抽样. 广义维纳过程的随机微分方程为

$$\mathrm{d}B(t) = \mu \mathrm{d}t + \sigma \mathrm{d}W(t),$$

式中, μ 为漂移; σ 为波动率. 求解上面随机微分方程得到 $B(t) = \mu t + \sigma W(t)$. 广义维纳过程抽样算法如下:

① 产生采样点 $0 = t_0 < t_1 < t_2 < \cdots < t_m$.

② 产生维纳过程: $W(t_1), W(t_2), \cdots, W(t_m)$.

③ 广义维纳过程的抽样值 $B(t_j) = \mu t_j + \sigma W(t_j), j = 1, 2, \cdots, m$.

2. 伊藤过程抽样算法

伊藤过程 $X(t)$ 称为扩散过程, 随机微分方程为

$$\mathrm{d}X(t) = a(X(t), t)\mathrm{d}t + b(X(t), t)\mathrm{d}W(t),$$

式中, $W(t)$ 为维纳过程, $X(0)$ 是已知分布. 随机微分方程解的积分方程为

$$X(t) = X(0) + \int_0^t a(X(s), s)\mathrm{d}s + \int_0^t b(X(s), s)\mathrm{d}W(s),$$

式中, 后一个积分为伊藤积分. 积分方程用欧拉方法求解, 令时间步长为 h, 伊藤过程的抽样算法如下:

① $X(0)$ 的已知概率分布抽样产生 $Y(0), k = 0$.

② 标准正态分布 $N(0, 1)$ 抽样产生 $Z(k)$.

③ 样本值 $X_{kh} = Y(k+1) = Y(k) + a(Y(k), kh)h + b(Y(k), kh)\sqrt{h} Z(k)$.

④ $k = k+1$, 返回②.

3. 布朗桥抽样算法

标准布朗桥为 $\{B(t), 0 \leqslant t \leqslant 1\}$, 标准布朗桥的随机微分方程为

$$dX(t) = -X(t)dt/(1-t) + dW(t), \quad 0 \leqslant t \leqslant 1, \quad X(0) = 0.$$

当 $X(1) = 0$ 时, 随机微分方程的强解为

$$X(t) = \int_0^1 (1-t)dW_s/(1-s), \quad 0 \leqslant t \leqslant 1.$$

标准布朗桥过程抽样算法如下:

① 采样点 $0 = t_0 < t_1 < t_2 < \cdots < t_{m+1} = 1$.

② 产生维纳过程 $W(t_1), W(t_2), \cdots, W(t_m)$.

③ $X(t_0) = 0$, $X(t_1) = 0$, $k = 1, 2, \cdots, m$.

④ 标准布朗桥过程样本值 $X(t_k) = W(t_k) - t_k W(t_m)$.

4. 几何布朗运动抽样算法

几何布朗运动的随机微分方程为

$$dX(t) = \mu X(t)dt + \sigma X(t)dW(t).$$

随机微分方程是齐次线性随机微分方程, 其强解为

$$X(t) = X(0) \exp((\mu - \sigma^2/2)t + \sigma W(t)), \quad t \geqslant 0.$$

几何布朗运动过程抽样算法如下:

① 标准正态分布 $N(0,1)$ 抽样产生 $Z(t_1), Z(t_2), \cdots, Z(t_m)$.

② 样本值 $X(t_k) = X(0) \exp\left(\left(\mu - \sigma^2/2\right)t_k + \sigma \sum_{j=1}^k \sqrt{t_j - t_{j-1}} Z(t_j)\right), j = 1, 2, \cdots, m.$

5. 奥恩斯坦–乌伦贝克过程抽样算法

奥恩斯坦–乌伦贝克过程的随机微分方程为

$$dX(t) = \theta(\nu - X(t))dt + \sigma\, dW(t).$$

随机微分方程的强解为

$$X(t) = \mathrm{e}^{-\theta t} X(0) + \nu(1 - \mathrm{e}^{-\theta t}) + \sigma \mathrm{e}^{-\theta t} \int_0^t \exp(\theta_s)dW_s.$$

奥恩斯坦–乌伦贝克过程用于物理学模拟和金融经济模拟. 奥恩斯坦–乌伦贝克过程抽样算法如下:

① X_0 若是随机的, 则从其概率分布抽样产生 X_0, 令 $Y_0 = X_0$.

② 对 $k = 1, 2, \cdots, m$, $N(0, 1)$ 抽样产生 $Z(t_1), Z(t_2), \cdots, Z(t_m)$.

③ $Y(t_k) = \exp(-\theta(t_k - t_{k-1}))Y(t_{k-1}) + \sigma\sqrt{(1 - \exp(-2\theta(t_k - t_{k-1})))/2\theta}\,Z(t_k)$.

④ 样本值为 $X(t_k) = Y(t_k) + \nu(1 - \exp(-\theta\, t_k))$, $k = 1, 2, \cdots, m$.

6. 反射布朗运动抽样算法

布朗运动的随机过程为

$$B(t) = b_0 + \mu\, t + \sigma W(t),$$

式中, $b_0 \geqslant 0$; $\mu \leqslant 0$. 定义随机过程 $X(t) = B(t) + \max(0, -\inf\limits_{s \leqslant t} B(s))$ 为反射布朗运动. 令 $h \geqslant s$, 反射布朗运动抽样算法如下:

① $k = 0$, $X(0) = b_0$.

② 标准正态分布 $N(0,1)$ 抽样产生 Z, 令 $Y = Zh^{1/2}$.

③ 产生随机数 U, 计算 $M = (Y + (Y^2 - 2h\ln U)^{1/2})/2$.

④ 样本值 $X(t_{(k+1)h}) = \max(M - Y, X(t_{kh}) + \mu h - Y)$, $k = k+1$, 返回②.

3.7 未知概率分布抽样方法

3.7.1 系词抽样方法

1. 未知概率分布抽样

随机变量和随机过程的概率分布如果有解析式, 而且归一化常数是已知的, 则概率分布是完全已知的, 可用前面的直接抽样方法. 如果直接抽样方法失效, 或者归一化常数是未知的, 概率分布是不完全已知的, 可用马尔可夫链蒙特卡罗方法. 如果概率分布没有解析式, 则概率分布是未知的, 上述抽样方法不适用. 实际的随机向量和随机过程的概率分布并不是都能够写出其解析式, 金融经济分析、统计学、运筹学和系统工程, 特别是科学实验的蒙特卡罗模拟, 例如, 大气的温度、风速和风向随高度变化; 飞机的质量随时间变化; 飞机的空气阻力随马赫数变化; 飞机的燃油消耗量随航程变化; 随机电场和随机磁场; 这些实际的随机向量和随机过程的概率分布是很难写出其解析式的, 其概率分布是未知的, 于是出现未知概率分布抽样问题.

2. 系词抽样原理

Copula(系词) 概念是 Sklar(1959) 提出的, Sklar(1973) 阐述随机变量、联合概率分布和 Copula 之间的关系, Sklar 定理是联系边缘分布和联合概率分布的桥梁, Nelsen(1999) 发展成 Copula 理论.

相关随机向量的联合概率分布一般都很复杂, 给不出解析式, 联合概率分布是未知的, 因此无法使用已知概率分布的抽样方法. Copula 是一种函数, 称为系词函数, 是一维边缘分布与多维联合分布的联系函数. Copula 函数的基本性质是尺度不变性. Copula 理论认为任意一个多维联合概率分布都可以分解为多个一维边缘概率分布, 揭示了联合概率分布与各维边缘概率分布的关系. 利用边缘概率分布的信息, 只要知道边缘概率分布和 Copula 函数, 就可以生成联合概率分布, 由生成的联合概率分布抽样. Copula 为相关随机向量未知概率分布抽样提供另一种方法, 称为系词抽样方法.

3. 系词抽样方法描述

边缘分布取为 $(0,1)$ 均匀分布, s 维随机数向量 $\boldsymbol{U} = (U_1, U_2, \cdots, U_s)$ 的 Copula 函数为

$$C(u_1, u_2, \cdots, u_s) = P(U_1 \leqslant u_1, U_2 \leqslant u_2, \cdots, U_s \leqslant u_s).$$

定义 Copula 函数为

$$F(x_1, x_2, \cdots, x_s) = C(F_1(x_1), F_2(x_2), \cdots, F(x_s)).$$

上式左边是联合累积分布函数, 右边的 C 表示 Copula 函数, $C(\cdot)$ 内部的分布是各维边缘分布的累积分布函数. 对各维边缘分布的累积分布函数进行逆变换抽样, 得到 $X_1 = F_1^{-1}(U_1)$, $X_2 = F_2^{-1}(U_2)$, $\cdots$, $X_s = F_s^{-1}(U_s)$, s 维随机数向量 $\boldsymbol{X} = (X_1, X_2, \cdots, X_s)^{\mathrm{T}}$. 如果随机数向量 $\boldsymbol{U}$ 的联合累积分布函数为 $C(u_1, u_2, \cdots, u_s)$, 则 $\boldsymbol{X}$ 的联合累积分布函数为 $F_1(x_1)$, $F_2(x_2)$, $\cdots$, $F_s(x_s)$. 只要知道边缘分布和 Copula 函数, 联合概率分布就可以计算出来. Copula 的名称也随着 $C(\cdot)$ 函数形式的不同而改变. 常见的有高斯 Copula, 学生 Copula, 阿基米德 Copula 等.

Copula 生成联合概率分布, 首先是利用边缘分布的信息, 因为从现实中能直接观察到的信息主要是边缘分布信息; 然后选择合适的 Copula 函数类型, 用这些信息去拟合现实数据; 最后可以确定 Copula 函数中待定参数, 就能得到联合概率分布. 得到联合概率分布以后, 就可以进行随机抽样, 随机向量 Copula 的抽样算法如下:

① Copula 函数 $C(u_1, u_2, \cdots, u_s)$ 抽样产生 $\boldsymbol{U} = (U_1, U_2, \cdots, U_s)$.
② 随机向量样本值 $\boldsymbol{X} = (X_1, \cdots, X_s)^{\mathrm{T}} = (F_1^{-1}(U_1), \cdots, F_s^{-1}(U_s))^{\mathrm{T}}$.
例如, 学生 Copula 为

$$C(u_1, u_2, \cdots, u_s) = T_{\nu, \boldsymbol{\Sigma}}(T_\nu^{-1}(u_1), T_\nu^{-1}(u_2), \cdots, T_\nu^{-1}(u_s)),$$

式中, $T_{\nu, \boldsymbol{\Sigma}}$ 是相关随机向量学生分布 $t_\nu(\boldsymbol{0}, \boldsymbol{\Sigma})$ 的累积分布函数, ν 是自由度, $\boldsymbol{0}$ 表示均值向量为 0, $\boldsymbol{\Sigma}$ 是协方差矩阵或相关系数矩阵, 其下三角元素为 1; T_ν^{-1} 为单变量

学生分布 t_ν 的累积分布函数的逆变换. 高版本 Matlab 语言附带的统计工具箱中有几个常用的 Copula 命令, 使用很方便. 生成 s 维高斯 Copula 的抽样算法如下:

① 高斯 Copula 的参数是一个 $s \times s$ 相关系数矩阵, 乔里斯基矩阵分解得到 L.

② s 维独立标准正态分布抽样产生 X_0.

③ 计算 LX_0, 将结果的各个分量求其标准正态分布累积分布函数的值.

④ 用各个分量分别代换到各维的累积分布函数的反函数中, 得到各维的数值.

⑤ 最后将这些数值按照顺序组合成一个向量, 此向量为随机向量的样本值.

例如, 想要产生 10^4 个两维相关随机向量 $X=(X_1, X_2)^{\mathrm{T}}$, $X_1 \sim \mathrm{Gamma}(2, 1)$, $X_2 \sim N(0, 1)$. 利用学生 Copula, $\nu = 10$, 相关系数为 0.7, 矩阵 Σ 的非对角线元素为 0.7, 对角线元素为 1, 得到 Copula 抽样结果.

3.7.2　统计参数抽样方法

1. 统计参数抽样原理

随机过程的统计参数有期望函数、方差函数、协方差函数、相关系数函数和功率谱密度函数, 这些统计参数可以精确地或者近似地描述随机过程的概率分布. 统计参数抽样方法的原理不是从概率分布出发进行抽样, 而是从统计参数出发进行抽样. 随机过程的概率分布虽然没有精确的解析表示式, 但是随机过程抽样的样本值可以表示成某种数学形式, 数学形式的参数由统计参数得到, 于是未知概率分布的随机过程抽样, 由随机过程的统计参数得到某种数学形式的参数, 因此得到随机过程抽样的样本值.

对正态随机过程, 数学形式有递推公式、滑动求和公式和生成滤波公式. 对非正态随机过程, 数学形式有正则展开式、谱展开式、非正则展开式、待定系数形式和非线性变换形式. 除了递推公式是精确的方法以外, 其他数学形式抽样产生的样本值都是近似的, 是近似子样, 近似子样以某种近似程度服从未知概率分布, 这些算法是近似算法. Leonov, Leonov(2001) 和康崇禄 (2009) 对未知概率分布的统计参数抽样方法有详细介绍. 由于篇幅限制, 这里只介绍递推关系算法和正则展开算法.

2. 递推关系算法

递推关系算法用于正态随机过程. 递推关系算法是把正态随机过程样本值的数学形式取为递推关系公式, 递推关系公式为

$$X(t_k) = \sum_{j=0}^{l} a_j Y(t_{k-j}) + \sum_{j=1}^{m} b_j X(t_{k-j}), \quad k = m, m+1, \cdots,$$

式中, k 表示自变量的采样点数, $X(t_k)$ 和 $X(t_{k-j})$ 表示第 k 个和第 $k-j$ 个采样点标量正态过程的样本值; $Y(t_{k-j})$ 是从标准正态分布 $N(0, 1)$ 抽样产生的随机变量采样点的样本值. 递推关系算法首先由相关系数函数 $K(\tau)$ 确定递推关系公式的

参数: l, m, a_j, b_j; 然后使用随机变量直接抽样方法, 从标准正态分布 $N(0,1)$ 的概率密度函数抽样产生样本值 $Y(t_{k-j})$; 最后根据递推关系公式, 得到正态过程的样本值 $X(t_k)$. Shaligin 和 Palagin(1986) 给出几个相关系数函数所确定的递推关系公式的参数. 相关系数函数为

$$K(\tau) = \sigma^2 \exp(-\alpha|\tau|).$$

正态过程抽样的样本值为

$$X(t_k) = a_1 Y(t_k) + b_1 X(t_{k-1}).$$

令自变量 t 的间隔 $\Delta t = t_k - t_{k-1}$, 由相关系数函数 $K(\tau)$ 的系数 σ 和 α 确定递推关系公式的参数 a_1 和 b_1, 得到

$$a_1 = \sigma\sqrt{1 - \exp(-2\alpha\Delta t)}, \quad b_1 = \exp(-\alpha\Delta t).$$

3. 正则展开算法

正则展开算法用于非正态随机过程, 正则展开算法是非正态随机过程抽样样本值的数学形式取为正则展开式, 正则展开式为

$$X(t) = \mu(t) + \sum_{i=1}^m x_i g_i(t),$$

式中, $\mu(t)$ 为非正态随机过程的期望函数; $X(t)$ 为非正态随机过程样本值; x_i 为独立互不相关的随机变量, 其期望值为 0, 方差为 $D(x_i)$; $g_i(t)$ 为自变量 t 的非随机函数, 称为坐标函数, 是由随机过程的相关系数函数 $K(\tau)$ 确定的非随机函数. 所谓正则展开式是指一些随机变量的确定性函数, 正则展开算法是把随机过程表示为一些随机变量的确定性函数, 其主要目的是使得抽样具有等同性, 其期望函数和相关系数函数有确定值.

Пугачев(1960) 对正则展算法开做了详细研究, Григорьянц(1962) 推导出 x_i 的方差 $D(x_i) = D_i$ 和坐标函数 $g_i(t_j)$ 的递推公式分别为

$$D_i = K(t_i; t_i) - \sum_{k=1}^{i-1} g_k^2(t_i) D_k, \quad i = 1, 2, \cdots, m,$$

$$g_i(t_j) = \left(K(t_i; t_j) - \sum_{k=1}^{i-1} D_k g_k(t_i) g_k(t_j) \right) \Big/ D_i, \quad i, j = 1, 2, \cdots, m,$$

式中, 当 $i > j$ 时, $g_i(t_j) = 0$, 而 $g_i(t_i) = 1$.

求出随机过程的正则展开式以后, 就可以进行随机过程抽样. 随机过程抽样算法如下: 首先根据随机过程的相关系数函数, 利用递推公式, 计算得到独立互不相

关的随机变量 x_i 的方差 $D(x_i)$ 和坐标函数 $g_i(t_j)$, 最后, 从具有期望值为 0, 方差为 $D(x_i)$ 给定的概率分布抽样产生样本值 X_i, 由非正态随机过程的期望函数 $\mu(t_i)$、坐标函数 $g_i(t_j)$, 用下列表达式计算出非正态随机过程样本值:

$$X(t_1) = \mu(t_1) + X_1 g_1(t_1),$$
$$X(t_2) = \mu(t_2) + X_1 g_1(t_2) + X_2 g_2(t_2),$$
$$\vdots$$
$$X(t_m) = \mu(t_m) + \sum_{i=1}^{m} X_i g_i(t_m). \tag{3.1}$$

例如, 非正态随机过程的相关系数函数 $K(t_i, t_j)$ 如表 3.13 所示. 利用方差和坐标函数的递推公式, 计算得到方差 $D(x_i)$ 和坐标函数 $g_i(t_j)$ 如表 3.14 所示. 从具有期望值为 0, 方差为 $D(x_i)$ 给定的概率分布抽样产生样本值 X_i, $i = 1, 2, \cdots, 5$, 由式 (3.1) 得到非正态随机过程的样本值 $X(t_i)$, $i = 1, 2, \cdots, 5$.

表 3.13 随机过程的相关系数函数 $K(t_i; t_j)$

t_i, t_j	1	2	3	4	5
1	0.16	0.14	0.11	0.08	0.05
2	—	0.20	0.18	0.17	0.14
3	—	—	0.23	0.20	0.19
4	—	—	—	0.26	0.22
5	—	—	—	—	0.28

表 3.14 方差 $D(x_i)$ 和坐标函数 $g_i(t_j)$

i	$D(x_i)$	$g_i(t_1)$	$g_i(t_2)$	$g_i(t_3)$	$g_i(t_4)$	$g_i(t_5)$
1	0.16	1.00	0.87	0.69	0.50	0.31
2	0.08	0.00	1.00	1.05	1.25	1.21
3	0.07	0.00	0.00	1.00	0.57	0.77
4	0.07	0.00	0.00	0.00	1.0	0.55
5	0.09	0.00	0.00	0.00	0.00	1.00

参 考 文 献

康崇禄. 2009. 武器性能分析方法. 北京: 解放军出版社.

裴鹿成. 2000. 任意分布的自动抽样方法. 安徽大学学报 (自然科学版), Monte Carlo 方法及其应用, 3A: 1-6.

上官丹骅. 2004. 任意分布抽样程序的设计和实现. 计算机工程与应用, 7: 107-109.

杨自强, 魏公毅. 2006. 任意分布随机变量抽样的通用算法与程序. 数值计算与计算机应用, 3: 191-200

Ahrens J H, Dieter U. 1991. A convenient sampling method with bounded computation times for Poisson distributions//Nelson P R, et al, ed. The Frontiers of Statistical Computation, Simulation and Modeling. Syracuse: Sciences Press.

Brown F B, Martin W R, Calahan D A. 1981. A discrete sampling method for vectorized Monte Carlo Calculations. Trans. Am. Nuclear Soc., 38: 354-355.

Devroye L. 1986. Non Uniform Random Variate Generation. New York: Springer Verlag.

Edwards A L, Rathkopf J A, Smidt R K. 1991. Extending the alias Monte Carlo sampling method to general distributions. UCRL-JC-104791.

Everett C J, Cashwell E D. 1972. A Monte Carlo Sampler. LA-5061.

Everett C J, Cashwell E D. 1974. A Second Monte Carlo Sampler. LA-5723.

Everett C J, Cashwell E D. 1983. A Trird Monte Carlo Sampler. LA-9721-MS.

Fishman G S. 1996. Monte Carlo Concepts,Algorithms and Applications. New York: Springer Verlag.

Григорьянц В Г. 1962. Введение в курс радиолокационной аппаратуры. Изд-во Московского университета.

Hormann W, Leydold J, Derfling G. 2004. Automatic Nonuniform Random Variate Generation. Berlin: Springer Verlag.

Kahn H. 1954. Applications of Monte Carlo. AECU-3259.

Kinderman A J, Monahan J F. 1977. Computer generation of random variables using the ratio of uniform deviates. ACM Trans. Math. Software, 3: 257-260.

Kroese D P, Taimre T, Botev Z I. 2011. Handbook of Monte Carlo Methods. New York: John Wiley & Sons.

Kronmal R A, Peterson A V. 1979. On the alias method for generating random variables from a discrete distribution. Amer. Statist., 33(4): 214-218.

Kronmal R A, Peterson A V. 1985. Marsaglia's Table Method. volume 5 of Encyclopedia of Statistical Sciences. New York: John Wiley & Sons.

Leonov S A, Leonov A I. 2001. Handbook of computer simulation in radio engineering, communications and radar. Boston, London: Artech House.

Nelsen R B. 1999. An introduction to copulas. New York: Springer Verlag.

Neumann J. 1951. Various techniques used in connection with random digits,Monte Carlo Method. Applied Mathematics Series 12, National Bureau of Standards, Washington, D.C.

Peterson A V, Kronmal R A. 1982. On mixture methods for the computer generation of random variables. The American Statistician, 36: 184-191.

Пугачев В С. 1960. Теория случайных функций и ее применение к задачам автоматического управления. Физмтгиз.

Sarno R. 1990. Discrete sampling methods for vector Monte Carlo codes. PhD Thesis. The Faculty of Computer Science, University of New Brunswick, Frederiction, N. B., Canada.

Sarno R, Bhavsar V C, Hussein E M A. 1995. A comparison of vectorizable discrete sampling method in Monte Carlo applications. Faculty of Computer Science, University of New Brunswick, Frederiction, N.B.E3B5A3, Canada.

Shaligin A S, Palagin Y I. 1986. The applied methods of stochastic simulation. Russian Moscow: Mashinostroenie.

Sklar A. 1959. Fonctions de repartition a n dimensions et leurs marges. Publ. Inst. Univ. Paris, 8: 229-231.

Sklar A. 1973. Random variables, joint dstribution functions and copulas. Kybernetika, 9: 449-460.

Stadlober E. 1989. Sampling from Poisson, binomial and hypergeometric distributions: ratio of uniforms as a simple and fast alternative. Math. Statist. Sektion 303, Forschungs-gesellschaft Joanneum, Graz, Austria, 93.

Stadlober E. 1991. Binomial random variate generation: a method based on ratio of uniforms//Nelson P R, et al, ed. The Frontiers of Statistical Computation, Simulation, and Modeling, Volume 1. Syracuse: American Sciences Press.

Walker A J. 1974. New fast method for generating discrete random numbers with arbitrary frequency distributions. Electronic Letters, 10: 127-128.

Walker A J. 1977. An efficient method for generating discrete random variables with general distributions. ACM Trans. Math. Software, 3: 253-256.

第4章 马尔可夫链蒙特卡罗方法

4.1 马尔可夫链性质和抽样原理

4.1.1 直接抽样方法的困难

直接抽样是对完全已知概率分布抽样, 其归一化常数是知道的. 直接抽样方法在下面两种情况遇到了困难: 一是由于抽样效率太低, 直接抽样算法失效; 二是概率分布是不完全已知概率分布, 归一化常数是不知道的, 直接抽样方法不适用.

1. 直接抽样方法失效

第 3 章讨论了相关随机向量抽样的困难. 从相关随机向量 $\boldsymbol{X}$ 的联合概率分布 $f(x_1, x_2, \cdots, x_s)$ 抽样, 每个分量的定义域为 $b_i - a_i$, 直接抽样方法的取舍算法抽样效率为

$$\eta = 1/L \prod_{i=1}^{s} (b_i - a_i),$$

式中, $L = \max f(x_1, x_2, \cdots, x_s)$, 如果 L 值很大, 或者维数 s 很高, 分母值很大, 取舍算法的接受概率很低, 拒绝率很高, 因此抽样效率非常低, 取舍算法失效. 例如, 二维随机变量服从指数分布, 其概率密度函数为

$$f(x_1, x_2) = c \exp(-(x_1^2 x_2^2 + x_1^2 + x_2^2 - 8x_1 - 8x_2)/2), \quad -2 \leqslant x_1, x_2 \leqslant 7,$$

归一化常数 $c \approx 20216$, 取舍算法的抽样效率 $\eta = 1/c = 4.9465 \times 10^{-5}$, 取舍算法失效. 例如, 随机向量 $\boldsymbol{X}$ 一般形式 β 分布的概率密度函数为

$$f(\boldsymbol{x}) = (m+1)\mathrm{C}_m^n \boldsymbol{x}^n (1-\boldsymbol{x})^{m-n} = c \boldsymbol{x}^n (1-\boldsymbol{x})^{m-n}.$$

取舍算法抽样效率 $\eta = 1/c$, 归一化常数 c 值很大, 抽样效率 η 很低, 取舍算法失效.

2. 直接抽样方法不适用

物理学和化学模拟问题, 正则系综粒子状态 $\boldsymbol{X}$ 的概率分布为

$$f(\boldsymbol{x}) = \exp(-H(\boldsymbol{x})/kT) \bigg/ \int \exp(-H(\boldsymbol{x})/kT)\mathrm{d}\boldsymbol{x} = (1/Z)\exp(-H(\boldsymbol{x})/kT),$$

式中, Z 为配分函数, 是高维积分, 是很难进行数值计算的, 因此是未知的, 所以概率分布 $f(\boldsymbol{x})$ 是不完全已知概率分布.

在统计学和金融经济学中, 随机变量 X 的概率分布为 $f(x|\theta)$, 先验概率分布为 $f(\theta)$, 根据贝叶斯定理, 后验概率分布为 $f(\theta|x)$:

$$f(\theta|x) = f(x|\theta)f(\theta)\bigg/ \int f(x|\theta)f(\theta)\mathrm{d}\theta = cf(x|\theta)f(\theta),$$

式中, 归一化常数 c 的积分是高维积分, 是很难进行数值计算的, 因此归一化常数 c 是未知的, 所以后验概率分布是不完全已知概率分布. 对于不完全已知概率分布, 直接抽样方法不适用.

4.1.2 马尔可夫链性质

马尔可夫链理论是研究马尔可夫链蒙特卡罗方法的基本工具, 这里简单地介绍马尔可夫链性质, 以便理解和研究马尔可夫链蒙特卡罗方法.

1. 马尔可夫链定义

系统状态序列为 $x_0, x_1, \cdots, x_k, x_{k+1}, \cdots$, 如果对任何时刻 k, 系统状态的条件概率为

$$P(x_{k+1}|x_k, \cdots, x_1, x_0) = P(x_{k+1}|x_k),$$

则此状态序列称为马尔可夫链, 状态数目有限的马尔可夫链称为有限马尔可夫链. 马尔可夫链是具有马尔可夫性的马尔可夫随机过程, 马尔可夫性也称为无后效性. 无后效性表示将来时刻 $k+1$ 的状态, 只依赖于当前时刻 k 的状态, 与以前任何时刻的状态都无关. 系统状态序列 $x_0, x_1, \cdots, x_k, x_{k+1}$ 发生的概率可分解为

$$P(x_0, x_1, \cdots, x_k, x_{k+1}) = P(x_0)P(x_1|x_0) \cdots P(x_{k+1}|x_k),$$

式中, $P(x_0)$ 为初始状态的概率, 通常是从初始状态 x_0 出发, $P(x_0)=1$; 式中条件概率 $P(x_{k+1}|x_k)$ 称为一步转移概率, 简称为转移概率, 一步转移概率与时刻 k 有关. 若转移一步概率 $P(x_{k+1}|x_k)$ 与时刻 k 无关, 即 $P(x_{k+1}|x_k) = P(x_1|x_0)$, 则马尔可夫链是均匀的 (时齐的) 马尔可夫链, 这里只研究均匀的马尔可夫链.

2. 马尔可夫链性质描述

(1) 回返性. 如果从状态 i 出发返回状态 i 的总首达概率 $q_{ii} = 1$, 此时从状态 i 出发返回状态 i 的总转移概率 $p_{ii} = \infty$, 因此从状态 i 出发以概率 1 无穷次返回状态 i, 则状态 i 称为回返状态, 也称为经久的 (各态历经的). 如果平均返回时间 $\mu_i < \infty$, 则状态 i 称为正回返状态; 如果平均返回时间 $\mu_i = \infty$, 则状态 i 称为零回返状态. 所有状态 i 都是正回返状态, 称为正回返的马尔可夫链. 推论: 有限状态马尔可夫链的回返状态必为正回返状态; 若马尔可夫链有一个零回返状态, 则必定有无穷多个零回返状态. 如果从状态 i 出发返回状态 i 的总首达概率 $q_{ii} < 1$, 此时

从状态 i 出发返回状态 i 的总转移概率 $p_{ii} < \infty$, 因此从状态 i 出发以小于 1 概率有穷次返回状态 i, 则状态 i 称为非回返状态 (暂留状态).

(2) 不可约性. 如果所有的状态都存在 $m \geqslant 1$, 使得 m 步转移概率 $p_{ij}^{(m)} > 0$, 因此从每一个状态都可以到达所有其他状态, 所有状态之间是相通的, 则这样的状态是不可约状态, 这样的马尔可夫链称为不可约的马尔可夫链. 若马尔可夫链是有限状态的, 如果有限状态马尔可夫链是不可约的, 则有限状态马尔可夫链也是正回返的.

(3) 非周期性. m 步转移概率为 $p_{ii}^{(m)}$, 状态 i 的周期数为

$$d_i = \gcd\{m \geqslant 1 : p_{ii}^{(m)} > 0\},$$

式中, $\gcd\{\cdot\}$ 表示满足条件 $p_{ii}^{(m)} > 0$ 的 $m \geqslant 1$ 值集合的最大公约数. 若状态 i 的周期数 $d_i = 1$, 则称状态 i 是非周期状态. 至少有一个状态 i 是非周期态, 称为非周期的马尔可夫链. 若状态 i 的周期数 $d_i > 1$, 则称状态 i 是周期态.

(4) 遍历性和遍历性定理. 如果状态 i 是正回返状态、不可约状态和非周期状态, 则称状态 i 是遍历状态. 所有状态都是遍历状态, 称为遍历马尔可夫链.

遍历性定理: 对于有限状态的均匀马尔可夫链, 状态 $i, j=1, 2, \cdots, n$, 如果存在着不依赖于状态 i 的极限:

$$\lim_{m \to \infty} p_{ij}^{(m)} = p_j,$$

则称此均匀马尔可夫链是遍历的, p_j 称为各态历经概率. 各态历经概率 p_j 是方程组

$$p_j = \sum_{i=1}^{n} p_i p_{ij}, \quad j = 1, 2, \cdots, n$$

满足条件

$$p_j > 0, \quad \sum_{j=1}^{n} p_j = 1$$

的唯一解. 马尔可夫链的遍历性定理说明当转移步数 $m \to \infty$ 时, m 步转移概率的极限问题有无极限, 什么条件下有极限, 极限是什么. 其直观意义是不论从哪个初始状态出发, 当转移步数 m 充分大时, 马尔可夫链到达状态 j 的概率接近于 p_j. 也就是说马尔可夫链到达状态 j 的概率与初始状态无关, 因此遍历性就是初始状态独立性. 不可约和非周期是马尔可夫链收敛到平稳分布的定性条件, 但不是定量条件, 因为并没有指出以多大的速度定量收敛. 与定量收敛有关的一个性质是遍历性, 遍历性是马尔可夫链敛到平稳分布的定量条件.

(5) 不变性. 如果存在一个离散分布的概率密集函数 $\pi_j > 0$, 使得

$$\sum_{i=1}^{n} \pi_i p_{ij} = \pi_j,$$

简记为 $\pi P = \pi$, 则称马尔可夫链达到总体平衡. 一个正回返的和非周期的马尔可夫链, 当且仅当它是一个遍历链时, 经过足够多的状态转移步数, 这个马尔可夫链具有一个不变的概率分布 $\pi_j > 0$. 这时无论初始分布如何, 最终都趋向于平稳概率分布 π_j, 于是有

$$\lim_{m \to \infty} p_{ij}^{(m)} = \pi_j.$$

这个唯一的近似不变的概率分布就是平稳分布, 是极限分布. 这就表明, 最终状态不再发生变化, 系统达到平稳状态, 达到极限分布. 马尔可夫链具有平稳分布, 是马尔可夫链的一个重要性质, 在马尔可夫链蒙特卡罗方法中具有重要意义.

(6) 细致平衡和可逆性. 细致平衡是微观平衡, 比不变性具有更多的约束条件, 细致平衡为

$$\pi_i p_{ij} = \pi_j p_{ji}.$$

可以由细致平衡得到不变性:

$$\lim_{m \to \infty} p_{ij}^{(m)} = \pi_j.$$

因此细致平衡条件确保了不变性. 反之不成立, 分布不变性条件并不能保证细致平衡. 满足细致平衡条件的马尔可夫链是可逆的, 称为可逆链, 因此可逆性与细致平衡是等价的, 可逆性确保了不变性, 这一点在证明马尔可夫链收敛性是很重要的.

(7) 由转移矩阵 P 直接判断马尔可夫链性质的方法. 若转移矩阵的所有元素都大于零, 则转移矩阵是正回返的、不可约的和遍历的. 若转移矩阵的对角线元素 (p_{ii}) 只要有一个大于零, 则转移矩阵是非周期的, 这不是必要条件, 有时转移矩阵的对角线元素都为零, 也可能是非周期的. 转移矩阵的元素若出现零, 转移矩阵的马尔可夫链性质就很难直接判断, 需要根据转移矩阵, 通过计算多步转移概率和多步首达概率, 得到马尔可夫链性质. 不经过计算检验马尔可夫链性质, 可能由于 $\pi P = \pi$ 的解存在非唯一性, 出现不同初始状态开始的马尔可夫链可能不收敛, 或者收敛到不同的平稳分布.

3. 广义状态空间

根据随机过程理论, 随机过程是自变量的随机函数. 自变量离散状态离散的称为马尔可夫链, 自变量离散状态连续的称为马尔可夫序列. Meyn 和 Tweedie(1993) 把离散状态空间和连续状态空间统一为广义状态空间, 因而马尔可夫序列可归入马尔可夫链, 马尔可夫链是自变量离散的马尔可夫过程, 其状态空间是离散的或者是连续的, 广义状态空间马尔可夫链包括离散状态空间马尔可夫链和连续状态空间马尔可夫链. 例如, 统计物理中的粒子相空间是广义状态空间, 粒子相空间中的自旋是离散随机变量, 位置和动量是连续随机变量. 在离散状态空间下马尔可夫链的性质可以推广到连续状态空间, 于是可以推广到广义状态空间.

在广义状态空间下, 从状态 $\boldsymbol{x}$ 转移到状态 $\boldsymbol{y}$ 的转移概率用转移函数 $A(\boldsymbol{x}, \boldsymbol{y})$ 表示, 在离散情况下转移函数是一个转移矩阵. 转移函数满足非负性和归一性:

$$A(\boldsymbol{x}, \boldsymbol{y}) \geqslant 0, \quad \sum_y A(\boldsymbol{x}, \boldsymbol{y}) = 1, \quad \int A(\boldsymbol{x}, \boldsymbol{y}) \mathrm{d}\boldsymbol{y} = 1,$$

$$A_m(\boldsymbol{y}|\boldsymbol{x}) = \sum_{\boldsymbol{z}=1}^n A_n(\boldsymbol{z}|\boldsymbol{x}) A_{m-n}(\boldsymbol{y}|\boldsymbol{z}) = \int_{\boldsymbol{z}=1}^n A_n(\boldsymbol{z}|\boldsymbol{x}) A_{m-n}(\boldsymbol{y}|\boldsymbol{z}) \mathrm{d}\boldsymbol{z}.$$

在广义状态空间下, 从状态 $\boldsymbol{x}_{m-1}$ 转移到状态 $\boldsymbol{x}_m$, 改成从状态 $\boldsymbol{x}$ 转移到状态 $\boldsymbol{y}$. Ω 为连续状态空间定义域, 状态从 $\boldsymbol{x}$ 转移到 $\boldsymbol{y}$, 状态转移概率为

$$P(\boldsymbol{x}, \Omega) = [1 - \lambda(\boldsymbol{x})] \sum_y f(\boldsymbol{y}|\boldsymbol{x}) + \lambda(\boldsymbol{x}) \int_\Omega f(\boldsymbol{y}|\boldsymbol{x}) \mathrm{d}\boldsymbol{y},$$

式中, $f(\boldsymbol{y}|\boldsymbol{x})$ 为离散条件概率密集函数或连续条件概率密度函数. 当 $\lambda(\boldsymbol{x}) = 0$ 时, 对应为离散状态空间, 离散状态空间下的状态转移概率为

$$\boldsymbol{P}(\boldsymbol{x}) = \sum_y f(\boldsymbol{y}|\boldsymbol{x}).$$

当 $\lambda(\boldsymbol{x}) = 1$ 时, 对应为连续状态空间, 连续状态空间下的状态转移概率为

$$\boldsymbol{P}(\boldsymbol{x}, \Omega) = \int_\Omega f(\boldsymbol{y}|\boldsymbol{x}) \mathrm{d}\boldsymbol{y}.$$

用广义状态空间马尔可夫链对离散状态空间马尔可夫链和连续状态空间马尔可夫链进行统一描述, 也避免多重脚标带来的阅读不便, 显得行文简洁.

4.1.3　抽样方法原理

直接抽样方法是基于直接抽样原理, 从完全已知概率分布出发, 使用严格和精确的数学方法, 构造抽样算法, 是精确的抽样方法. 马尔可夫链蒙特卡罗 (MCMC) 方法是从已知概率分布抽样, 包括完全已知概率分布和不完全已知概率分布, 是基于间接抽样原理的随机抽样方法. 间接抽样原理是通过构建马尔可夫链获得随机变量的样本值. 首先选择一个建议概率分布, 从建议概率分布抽样产生一个候选样本值, 然后建立可操作的状态转移规则, 已知概率分布在状态转移规则下是不变的, 根据状态转移规则, 用接受概率判断状态是否转移, 重复这个过程, 将产生一条马尔可夫链. 如果所生成的马尔可夫链是不可约的、非周期的和遍历的, 经过足够多步的状态转移后, 马尔可夫链的平稳分布将渐近已知概率分布, 马尔可夫链的各个状态就是随机变量的样本值, 从而实现已知概率分布的随机抽样. 间接抽样原理采用了巧妙的方法, 接受概率只与已知概率分布的比值有关, 因而与已知概率分布的归一化常数无关, 所以巧妙地绕开直接抽样方法从不完全已知概率分布抽样的困难. 马尔可夫链蒙特卡罗方法也可以从重要抽样的角度来理解. 本书把马尔可夫链蒙特卡罗方法在最优化问题的应用放在第 5 章的最优化蒙特卡罗方法中叙述.

4.2　通用梅特罗波利斯算法

4.2.1　梅特罗波利斯算法

Metropolis, Rosenbluth, Rosenbluth, Teller, Teller(1953) 在 "MANIAC" 计算机上实现物质状态方程的蒙特卡罗方法模拟, 由于当时计算机的容量和速度都很小, 只能研究二维空间问题, 系统分子数 224 个, 系统势能 E 为

$$E = (1/2) \sum_{i=1}^{N} \sum_{j=1}^{N} V(d_{ij}), \quad i \neq j,$$

式中, N 为分子数; d_{ij} 是分子之间最小距离; V 是分子之间的势能函数. 统计物理热力学系统物理量 A 的平均值为

$$\bar{A} = \int A \exp(-E/kT) \mathrm{d}^{2N}p \mathrm{d}^{2N}q \Big/ \int\int \exp(-E/kT) \mathrm{d}^{2N}p \mathrm{d}^{2N}q,$$

式中, k 为玻尔兹曼常数, T 为系统绝对温度, $\mathrm{d}^{2N}p\mathrm{d}^{2N}q$ 为 $4N$ 维相空间的体元. 上述积分是 $4N$ 维积分, $N = 224$, 是 896 维积分. 普通数值求解方法是很困难的, 使用蒙特卡罗方法则比较容易实现. 相空间状态随机向量 $\boldsymbol{X}$ 的概率分布为

$$f(\boldsymbol{x}) = \exp(-E(\boldsymbol{x})/kT) \Big/ \int \exp(-E(\boldsymbol{x})/kT)\mathrm{d}\boldsymbol{x} = (1/Z)\exp(-E(\boldsymbol{x})/kT),$$

式中, Z 为配分函数, 配分函数是高维积分, 实际上是给不出来的, 所以概率分布是不完全已知概率分布, 以前的直接抽样方法不适用, 梅特罗波利斯等的论文提出一个巧妙的抽样方法, 后来称为梅特罗波利斯算法.

梅特罗波利斯算法首先从随机行走条件概率分布 $f(\boldsymbol{y}|\boldsymbol{X}) = 1/2a$ 抽样得到状态 $\boldsymbol{Y} = \boldsymbol{X} + a\xi$, $\boldsymbol{X}$ 为当前状态, a 为最大允许位移, ξ 为均匀分布 $U(-1,1)$ 的随机变量. 然后计算状态 $\boldsymbol{Y}$ 与状态 $\boldsymbol{X}$ 的能量差: $\Delta E = E(\boldsymbol{Y}) - E(\boldsymbol{X})$. 最后进行判断, 若 $\Delta E \leqslant 0$, 状态 $\boldsymbol{Y}$ 为样本值; 若随机数 $U \leqslant \exp(-\Delta E/kT)$, 则接受状态 $\boldsymbol{Y}$ 为样本值, 否则接受状态 $\boldsymbol{X}$ 为样本值. 当马尔可夫链步数 t 大于终结步数 m 时, 终止模拟. 当前状态为 $\boldsymbol{X}_t$, 梅特罗波利斯算法如下:

① $t=0$, 给定初始状态 $\boldsymbol{X}_0$.

② 随机行走条件概率分布抽样产生状态 $\boldsymbol{Y}_t = \boldsymbol{X}_t + a\xi$.

③ $\Delta E = E(\boldsymbol{Y}_t) - E(\boldsymbol{X}_t)$, 若 $\Delta E \leqslant 0$, 样本值 $\boldsymbol{X}_{t+1} = \boldsymbol{Y}_t$.

④ 若 $U \leqslant \exp(-\Delta E/kT)$, 样本值 $\boldsymbol{X}_{t+1} = \boldsymbol{Y}_t$, 否则, 样本值 $\boldsymbol{X}_{t+1} = \boldsymbol{X}_t$.

⑤ 若 $t > m$, 终止模拟, 否则, $t = t+1$, 返回②.

4.2.2　黑斯廷斯算法

梅特罗波利斯等提出的梅特罗波利斯算法, 虽然是在统计物理应用中给出的一种随机抽样方法, 但是它具有普遍的意义. 经过许多学者几十年的长期研究, 把梅特罗波利斯算法抽象成通用梅特罗波利斯算法, 通用梅特罗波利斯算法可以从一般原理出发推导出来. 由于数学抽象和推导方法不同, 在各种文献中给出的表述有所不同, 不管怎样表述, 通用梅特罗波利斯算法应该是一致的, 本书作者尽可能以简洁的形式给出较为详细的表述. 为了统一表述, 把完全已知概率分布和不完全已知概率分布统称为已知概率分布, 通用梅特罗波利斯算法对完全已知概率分布和不完全已知概率分布都是适用的. 梅特罗波利斯算法的应用受到建议概率分布的对称形式的限制, Hastings(1970) 把建议概率分布从对称形式推广到非对称形式, 从而把梅特罗波利斯算法推广到一般情况, 这种算法称为黑斯廷斯算法, 也就是通用梅特罗波利斯算法.

这里把单随机变量和多随机变量用 X 统一表示. 由于可用广义状态空间马尔可夫链对离散状态空间马尔可夫链和连续状态空间马尔可夫链进行统一描述, 因此离散随机变量和连续随机变量的概率分布可以统一用 $f(x)$ 表示, 非归一化分布用 $f^*(x)$ 表示, 归一化常数为 c, 因此有

$$f(x) = cf^*(x).$$

马尔可夫链蒙特卡罗方法是通过建立状态转移规则, 构建一条马尔可夫链, 使得马尔可夫链的平稳分布渐近已知概率分布, 实现从已知概率分布对随机变量 x 的抽样. 首先定义转移函数、建议转移函数、参量函数和接受概率, 然后规定状态转移规则, 最后构建通用梅特罗波利斯算法.

1. 黑斯廷斯算法描述

(1) 定义转移函数、建议转移函数、参量函数和接受概率. $A(x, y)$ 为转移函数, 表示从状态 x 转移到状态 y 的转移概率, $A(x, y)$ 在离散情况下是一个转移概率矩阵; 在连续情况下是一个转移概率函数. $q(y|x)$ 为建议转移函数, 又称为建议概率分布, 表示在条件 x 下随机变量 y 的条件概率分布, 是一种试验分布, 从建议概率分布抽样得到随机变量的候选样本值. 建议转移函数要求满足非负性: $q(y|x) \geqslant 0$, 且具有非对称形式: $q(y|x) \neq q(x|y)$. 参量函数 $C(x,y)$ 要求满足对称性: $C(x, y) = C(y, x)$, 参量函数 $C(x, y)$ 的一般表示式为

$$C(x, y) = B\left(\min\left(\frac{f(x)q(y|x)}{f(y)q(x|y)}, \frac{f(y)q(x|y)}{f(x)q(y|x)}\right)\right),$$

这里, 选取函数 $\{B(X), 0 \leqslant X \leqslant 1\}$ 使得 $0 \leqslant B(X) \leqslant 1 + X$, 并且对于 x 和 y 为自对称, 例如, 有

$$B(X) = 1 + 2(X/2)^a. \tag{4.1}$$

如果当前状态为 x, 以概率 $q(y|x)$ 来选择新状态 y, 这一选择以概率 $\alpha(x, y)$ 被接受, 则 $\alpha(x, y)$ 称为接受概率. 参量函数选取要求接受概率 $\alpha(x, y)$ 满足 $0 < \alpha(x, y) \leqslant 1$ 条件. 当式 (4.1) 的 $a > 1$ 时, 得到黑斯廷斯算法的参量函数 $C(x, y)$ 表示式为

$$C(x, y) = \min\left(1 + \frac{f(x)q(y|x)}{f(y)q(x|y)}, \ 1 + \frac{f(y)q(x|y)}{f(x)q(y|x)}\right).$$

黑斯廷斯算法的接受概率为

$$\alpha(x, y) = \frac{C(x, y)}{1 + S(x, y)} = \min\left(1, \frac{f(y)q(x|y)}{f(x)q(y|x)}\right),$$

其中 $S(x,y)$ 选取为

$$S(x, y) = f(x)q(y|x)/f(y)q(x|y).$$

(2) 建立状态转移规则. 建立状态转移规则是从建议概率分布 $q(y|X)$ 抽样产生候选样本值 Y, 是否接受候选样本值采用接受–拒绝的取舍准则: 以概率 $\alpha(X, Y)$ 接受候选样本值 Y, 以概率 $1-\alpha(X, Y)$ 接受样本值 X, 拒绝候选样本值 Y. 具体做法是, 产生一个随机数 U, 若 $U \leqslant \alpha(X, Y)$, 接受候选样本值 Y, 否则接受样本值 X. 定义抽样效率为

$$\eta = P(U \leqslant \alpha(x, y)).$$

抽样效率 η 可以在抽样时通过统计计算得到.

(3) 构建马尔可夫链算法. 构建马尔可夫链的关键是构造转移函数 $A(x, y)$, 转移函数 $A(x, y)$ 表示为建议转移函数 $q(y|x)$ 与接受概率 $\alpha(x, y)$ 之乘积, 在离散情况下满足:

$$A(x, y) = q(y|x)\alpha(x, y), \quad x \neq y,$$
$$A(x, x) = 1 - \sum_y A(x, y) = q(x|x) + \sum_y q(y|x)(1 - \alpha(x, y)).$$

在连续情况下满足:

$$A(x, y) = q(y|x)\alpha(x, y), \quad x \neq y,$$
$$A(x, x) = 1 - \int A(x, y)\mathrm{d}y = q(x|x) + \int q(y|x)(1 - \alpha(x, y))\mathrm{d}y.$$

构造转移函数 $A(x,y)$ 就是选择建议转移函数 $q(y|x)$ 和接受概率 $\alpha(x, y)$, 使得以已知概率分布 $f(x)$ 为平稳分布.

建立转移函数 $A(x,y)$, 在状态转移规则下, 构造黑斯廷斯算法. 给定随机变量的初始样本值 X_0. 当前样本值为 X, 首先从建议概率分布 $q(y|X)$ 抽样, 产生随机

变量的候选样本值 Y. 然后按下面准则进行转移判断, 以概率 $\alpha(X, Y)$ 接受候选样本值 Y, 以概率 $1-\alpha(X, Y)$ 拒绝候选样本值 Y, 接受当前样本值 X. 具体做法是, 若随机数 $U \leqslant \alpha(X, Y)$, 则样本值为 Y, 否则样本值为 X. 如此继续进行下去, 构成一个马尔可夫链, 得到每一步的随机变量样本值. 当马尔可夫链步数 t 大于终结步数 m 时, 终止模拟. 当前样本值为 X_t, 黑斯廷斯算法如下:

① $t=0$, 给定随机变量的初始样本值 X_0.

② 建议概率分布 $q(y \mid X_t)$ 抽样产生候选样本值 Y_t.

③ 若 $U \leqslant \alpha(X_t, Y_t)$, 样本值 $X_{t+1} = Y_t$, 否则, 样本值 $X_{t+1} = X_t$.

④ 若 $t > m$, 终止模拟, 否则, $t = t+1$, 返回②.

黑斯廷斯算法如图 4.1 所示. 这种框图形式的优点是转移关系一目了然. 本书所有算法之所以不采用这种框图形式, 是因为框图形式比文字形式占用太多的篇幅.

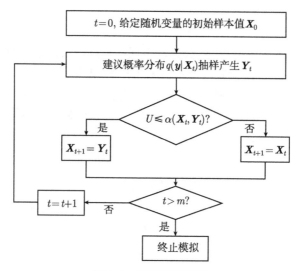

图 4.1　黑斯廷斯算法

核心抽样过程是②和③两个步骤, 表示由当前样本值 X_t 获得下一步样本值 X_{t+1} 的抽样过程, 本章后面的算法主要是给出这个核心抽样过程. 黑斯廷斯算法获得一条马尔可夫链: $X_0, X_1, X_2, \cdots, X_m$, 改变随机变量样本初值 X_0, 获得另一条马尔可夫链. 接受概率 $\alpha(X, Y)$ 表示只与已知概率分布的比值 $f(y)/f(x)$ 有关, 因而与未知常数 c 无关, 所以与已知概率分布是完全已知概率分布还是不完全已知概率分布无关, 这就非常巧妙地摆脱了从归一化常数未知的不完全已知概率分布抽样的困境. 关键是如何选取建议概率分布, 得到较高的抽样效率.

2. 梅特罗波利斯算法还原

建议转移函数只要求满足非负性: $q(y \mid x) \geqslant 0$, 且具有对称形式: $q(y|x) =$

$q(\boldsymbol{x}|\boldsymbol{y})$. 当式 (4.1) 的 $a=1$ 时, 得到参量函数 $C(\boldsymbol{x},\boldsymbol{y})$ 表示式为

$$C(\boldsymbol{x},\boldsymbol{y}) = \min(1 + f(\boldsymbol{x})/f(\boldsymbol{y}),\, 1 + f(\boldsymbol{y})/f(\boldsymbol{x})).$$

$S(\boldsymbol{x},\boldsymbol{y})$ 为

$$S(\boldsymbol{x},\boldsymbol{y}) = f(\boldsymbol{x})/f(\boldsymbol{y}).$$

接受概率为

$$\alpha(\boldsymbol{x},\boldsymbol{y}) = \min(1, f(\boldsymbol{y})/f(\boldsymbol{x})).$$

于是得到梅特罗波利斯算法. 梅特罗波利斯算法是黑斯廷斯算法的特殊情况, 黑斯廷斯算法是梅特罗波利斯算法的推广. 算法在形式上是相同的, 不同之处在于, 黑斯廷斯算法的建议概率分布为非对称形式, 接受概率不但与已知概率分布比值有关, 而且与建议概率分布比值有关. 梅特罗波利斯算法的建议概率分布为对称形式, 接受概率只与已知概率分布比值有关.

3. Barker 算法

黑斯廷斯算法只是把梅特罗波利斯算法的建议概率分布从对称形式推广到非对称形式, 并没有改进梅特罗波利斯算法. Barker(1965) 第一个提出的改进算法企图加快梅特罗波利斯算法的收敛速度. 参量函数 $C(\boldsymbol{x},\boldsymbol{y})$ 的一般表示式为

$$C(\boldsymbol{x},\boldsymbol{y}) = B\left(\min\left(\frac{f(\boldsymbol{x})q(\boldsymbol{y}|\boldsymbol{x})}{f(\boldsymbol{y})q(\boldsymbol{x}|\boldsymbol{y})}, \frac{f(\boldsymbol{y})q(\boldsymbol{x}|\boldsymbol{y})}{f(\boldsymbol{x})q(\boldsymbol{y}|\boldsymbol{x})}\right)\right).$$

这里, 选取函数 $\{B(X), 0 \leqslant X \leqslant 1\}$ 使得 $0 \leqslant B(X) \leqslant 1 + X$, 并且对于 i 和 j 为自对称. 例如, $B(X)$ 的形式为 $B(X) = 1 + 2(X/2)^a$. 当 $a \to \infty$ 时, $B(X)$ 的极限收敛到 $C(\boldsymbol{x},\boldsymbol{y})=1$, 这就是 Barker 算法的参量函数表示式, 是黑斯廷斯算法的特殊情况. 建议概率分布为对称分布, 参量函数 $C(\boldsymbol{x},\boldsymbol{y}) = 1$, 选取 $S(\boldsymbol{x},\boldsymbol{y})=f(\boldsymbol{x})/f(\boldsymbol{y})$, 接受概率为

$$\alpha(\boldsymbol{x},\boldsymbol{y}) = \frac{C(\boldsymbol{x},\boldsymbol{y})}{1 + S(\boldsymbol{x},\boldsymbol{y})} = \frac{C(\boldsymbol{x},\boldsymbol{y})}{1 + f(\boldsymbol{x})/f(\boldsymbol{y})} = \frac{f(\boldsymbol{y})}{f(\boldsymbol{y}) + f(\boldsymbol{x})}.$$

Barker 算法改变了接受概率, 与梅特罗波利斯算法的接受概率相比, 显然 Barker 算法的接受概率小一些, 因此 Barker 算法的收敛速度并不比梅特罗波利斯算法快, 在收敛速度上并无多大改进, Barker 算法比较适用于统计物理中伊辛模型研究.

4.2.3 算法收敛性证明

马尔可夫链蒙特卡罗方法的各种算法的收敛性是基于马尔可夫链的收敛性理论. 由于在有限状态空间下, 不可约性和非周期性可以从离散状态空间推广到连续状态空间, 因此可用来证明离散和连续状态空间马尔可夫链蒙特卡罗抽样方法的各种算法的收敛性.

1. 梅特罗波利斯算法收敛性证明

Fishman(1996) 提出, 要证明梅特罗波利斯算法所构建的马尔可夫链确实收敛于平稳分布, 需要证明梅特罗波利斯算法所构建的马尔可夫链具有下面三个性质:

(1) 如果建议转移函数 $q(\boldsymbol{y}|\boldsymbol{x})$ 是不可约的和非周期的, 则转移函数 $A(\boldsymbol{x},\boldsymbol{y})$ 也是不可约的和非周期的.

(2) 转移函数 $A(\boldsymbol{x},\boldsymbol{y})$ 是可逆的, 满足细致平衡条件.

(3) 转移函数 $A(\boldsymbol{x},\boldsymbol{y})$ 满足不变性, 遵从不变性定理.

证明如下:

(1) 根据马尔可夫链性质的不可约性和非周期性, 由 m 步建议转移函数 q^m 产生的任何 m 步跟踪路径, 由于 m 步转移函数 $A_m(\boldsymbol{x},\boldsymbol{y})$ 具有正概率, 所以如果建议转移函数 $q(\boldsymbol{y}|\boldsymbol{x})$ 是不可约的和非周期的, 则转移函数 $A(\boldsymbol{x},\boldsymbol{y})$ 也是不可约的和非周期的.

(2) 因为

$$
\begin{aligned}
f(\boldsymbol{x})A(\boldsymbol{x},\boldsymbol{y}) &= f(\boldsymbol{x})q(\boldsymbol{y}|\boldsymbol{x})\alpha(\boldsymbol{y},\boldsymbol{x}) = f(\boldsymbol{x})q(\boldsymbol{y}|\boldsymbol{x})\min(1, f(\boldsymbol{y})/f(\boldsymbol{x})) \\
&= \min(f(\boldsymbol{x})q(\boldsymbol{y}|\boldsymbol{x}), q(\boldsymbol{y}|\boldsymbol{x})f(\boldsymbol{y})) = f(\boldsymbol{y})q(\boldsymbol{x}|\boldsymbol{y})\min(f(\boldsymbol{x})/f(\boldsymbol{y}), 1) \\
&= f(\boldsymbol{y})q(\boldsymbol{x}|\boldsymbol{y})\alpha(\boldsymbol{x},\boldsymbol{y}) = f(\boldsymbol{y})A(\boldsymbol{y},\boldsymbol{x}).
\end{aligned}
$$

所以转移函数 $A(\boldsymbol{x},\boldsymbol{y})$ 满足细致平衡条件:

$$
f(\boldsymbol{x})A(\boldsymbol{x},\boldsymbol{y}) = f(\boldsymbol{y})A(\boldsymbol{y},\boldsymbol{x}).
$$

由于可逆性与细致平衡是等价的, 所以转移函数 $A(\boldsymbol{x},\boldsymbol{y})$ 是可逆的.

(3) 根据马尔可夫链性质的不变性, 细致平衡 (可逆) 确保了不变性, 也就确保了总体平衡. 因此, 证明马尔可夫链满足离散和连续情况下的分布不变性: $f(\boldsymbol{x})A(\boldsymbol{x},\boldsymbol{y}) = f(\boldsymbol{x})$, 在离散和连续情况下分别为

$$
\sum_{\boldsymbol{x}} f(\boldsymbol{x})A(\boldsymbol{x},\boldsymbol{y}) = f(\boldsymbol{y}), \quad \int f(\boldsymbol{x})A(\boldsymbol{x},\boldsymbol{y})\mathrm{d}\boldsymbol{x} = f(\boldsymbol{y}).
$$

一个不可约的和非周期的马尔可夫链, 当且仅当它是一个遍历链时, 这个马尔可夫链具有一个不变的概率分布 $f(\boldsymbol{y})$, $f(\boldsymbol{y}) > 0$, 这时无论初始分布如何, 最终都趋向于平稳概率分布 $f(\boldsymbol{y})$, 于是有

$$
\lim_{m \to \infty} A_m(\boldsymbol{x},\boldsymbol{y}) = f(\boldsymbol{y}).
$$

证毕.

马尔可夫链收敛的充要条件是细致平衡和遍历性, 满足细致平衡和遍历性条件的马尔可夫链是收敛的, 将收敛于平稳分布. 如果建议转移函数是不可约的和非周

期的, 则转移函数也是不可约的和非周期的, 所构建的马尔可夫链是不可约和非周期的. 根据马尔可夫链性质, 马尔可夫链是遍历的. 由于转移函数是可逆的, 马尔可夫链是可逆的, 满足细致平衡条件, 因此确保分布不变性. 所以满足马尔可夫链的收敛条件: 各态历经和细致平衡, 梅特罗波利斯算法是收敛的. 经过多步转移, 最终状态将渐近平稳状态, 达到平稳分布, 梅特罗波利斯算法所产生的样本是渐近样本, 样本所服从的概率分布是已知概率分布, 实现从已知概率分布抽样的目的.

2. 黑斯廷斯算法证明

对于黑斯廷斯算法, 证明如下: 因为

$$
\begin{aligned}
f(\boldsymbol{x})A(\boldsymbol{x},\boldsymbol{y}) &= f(\boldsymbol{x})q(\boldsymbol{y}|\boldsymbol{x})\alpha(\boldsymbol{x},\boldsymbol{y}) = f(\boldsymbol{x})q(\boldsymbol{y}|\boldsymbol{x})\min(1, f(\boldsymbol{y})q(\boldsymbol{x}|\boldsymbol{y})/f(\boldsymbol{x})q(\boldsymbol{y}|\boldsymbol{x})) \\
&= \min(f(\boldsymbol{x})q(\boldsymbol{y}|\boldsymbol{x}), f(\boldsymbol{y})q(\boldsymbol{x}|\boldsymbol{y})) \\
&= f(\boldsymbol{y})q(\boldsymbol{x}|\boldsymbol{y})\min(f(\boldsymbol{x})q(\boldsymbol{y}|\boldsymbol{x})/f(\boldsymbol{y})q(\boldsymbol{x}|\boldsymbol{y}), 1) \\
&= f(\boldsymbol{y})q(\boldsymbol{x}|\boldsymbol{y})\alpha(\boldsymbol{y},\boldsymbol{x}) = f(\boldsymbol{y})A(\boldsymbol{y},\boldsymbol{x}).
\end{aligned}
$$

所以满足细致平衡:

$$
f(\boldsymbol{x})A(\boldsymbol{x},\boldsymbol{y}) = f(\boldsymbol{y})A(\boldsymbol{y},\boldsymbol{x}).
$$

如果建议转移函数 $q(\boldsymbol{y}|\boldsymbol{x})$ 是不可约和非周期, 则转移函数 $A(\boldsymbol{x},\boldsymbol{y})$ 也是不可约和非周期.

3. Barker 算法证明

由于 Barker 算法满足下面细致平衡条件, 即可证明. 细致平衡条件为

$$
\begin{aligned}
f(\boldsymbol{x})A(\boldsymbol{x},\boldsymbol{y}) &= f(\boldsymbol{x})q(\boldsymbol{y}|\boldsymbol{x})\alpha(\boldsymbol{x},\boldsymbol{y}) = q(\boldsymbol{y}|\boldsymbol{x})f(\boldsymbol{x})f(\boldsymbol{y})/(f(\boldsymbol{x}) + f(\boldsymbol{y})) \\
&= f(\boldsymbol{y})q(\boldsymbol{x}|\boldsymbol{y})f(\boldsymbol{x})/(f(\boldsymbol{x}) + f(\boldsymbol{y})) \\
&= f(\boldsymbol{y})q(\boldsymbol{x}|\boldsymbol{y})\alpha(\boldsymbol{y},\boldsymbol{x}) = f(\boldsymbol{y})A(\boldsymbol{y},\boldsymbol{x}).
\end{aligned}
$$

4.2.4 算法诊断监视

马尔可夫链蒙特卡罗方法的各种算法收敛性证明只是证明样本值遵从已知概率分布, 但不能证明样本值是独立无关的, 也没有给出收敛速度是多少, 样本独立性不能由随机数的独立性来保证. 由于样本不是统计独立, 通常的方差估计公式也就不再成立了. 为了克服这个局限, 可以设计有效的算法, 以产生弱相关样本, 不过至今还没有看到成功的算法. 在实际工作中, 一般是跨过马尔可夫链的预热期, 选择样本, 使得样本值之间相关性很小. 比较实际的做法是对算法收敛性和样本相关性进行诊断和监视, 算法收敛性和样本相关性的诊断和监视不是数学证明, 而是根据抽样所产生的样本值和统计量, 计算样本值和统计量的自相关, 分析收敛速度, 研究算法收敛性.

1. 算法收敛性准则

Robert 和 Casella(2005) 提出算法收敛性的三个准则: 收敛到平稳分布、收敛到统计量均值和收敛到同分布.

(1) 收敛到平稳分布. Kroese, Taimre, Botev(2011) 提出收敛到平稳分布的检验方法有协方差方法、批平均方法和再产生方法, 常用的是协方差方法, 协方差方法就是计算自相关. 马尔可夫链迟延步数为 k, 马尔可夫链终结步数为 m, 步数 t 的样本值为 X_t, 样本值自相关系数为

$$R(k) = (1/(m-k-1)) \sum_{t=0}^{m-k} (X_t - \bar{X}_t)(X_{t+k} - \bar{X}_t),$$

式中, $\bar{X}_t$ 为样本均值, $\bar{X}_t = (1/m) \sum_{t=0}^{m} X_t.$

(2) 收敛到统计量均值. 样本值不统计独立, 统计量也不统计独立, 统计量取值为 $h(X_i)$, 统计量自相关系数为

$$R(k) = (1/(m-k-1)) \sum_{t=0}^{m-k} (h(X_t) - \bar{h}(X_t))(h(X_{t+k}) - \bar{h}(X_t)),$$

式中, 统计量均值为 $\bar{h} = (1/m) \sum_{t=0}^{m} h(X_t).$

(3) 收敛到同分布. 根据抽样的样本值数据, 可以生成样本同分布, 如概率密度函数或累积分布函数. 概率分布的同分布, 可用直方图、概率密度函数图和累积分布函数图表示出来.

2. 样本相关性和收敛速度

样本值自相关和统计量自相关随迟延步数的变化反映算法收敛性, 用可视化手段表示出来, 进行诊断监视. 根据收敛到平稳分布, 对两个概率分布, 两种抽样算法, 模拟计算样本值自相关. 图 4.2 表示正态分布的随机行走算法, 样本值自相关随马尔可夫链迟延步数的变化情况, 变化缓慢, 迟延 200 步样本值仍有较大的相关性. 图 4.3 表示椭球面上均匀分布的独立抽样算法, 样本值自相关随马尔可夫链迟延步数的变化情况, 变化很徒陡, 迟延 3 步之后相关性就很小了, 所以独立抽样算法优于随机行走算法. 马尔可夫链样本值自相关随迟延步数变化是与马尔可夫链收敛速度密切相关的, 于是样本值自相关随迟延步数变化反映了马尔可夫链的收敛速度, 变化越徒陡, 收敛速度越快.

3. 统计量自相关和收敛速度

根据第二个准则收敛到统计量均值, 统计量的相关性也可以通过计算统计量自相关系数进行定量描述, 统计量自相关系数为

$$R_j = \text{Corr}[h(\boldsymbol{X}_1), h(\boldsymbol{X}_{j+1})].$$

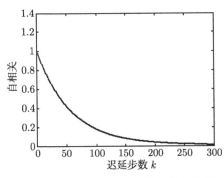

图 4.2 随机行走算法的样本值自相关

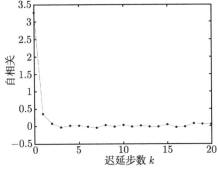

图 4.3 独立抽样算法的样本值自相关

如何评估马尔可夫链蒙特卡罗方法的统计量的统计误差, 是抽样效率问题. 马尔可夫链蒙特卡罗方法的抽样效率用统计量的方差来衡量. 马尔可夫链蒙特卡罗模拟随机变量抽样的样本值为 $\boldsymbol{X}_0, \boldsymbol{X}_1, \cdots, \boldsymbol{X}_m$, 统计量 $h(\boldsymbol{X})$ 的蒙特卡罗统计估计为

$$\hat{h} = (1/m) \sum\nolimits_{t=0}^{m} h(\boldsymbol{X}_t).$$

统计量的方差为

$$\mathrm{Var}[\hat{h}] = \left(1 + 2 \sum\nolimits_{j=1}^{m-1} (1 - j/m) R_j\right) \sigma^2/m \approx \left(1 + 2 \sum\nolimits_{j=1}^{\infty} R_j\right) \sigma^2/m,$$

式中, $\sigma^2 = \mathrm{Var}[h(\boldsymbol{x})]$; R_j 为自相关系数. 令 $h(\boldsymbol{X})$ 的综合自相关时间 τ_{int} 定义为

$$\tau_{\mathrm{int}} = \frac{1}{2} + \sum\nolimits_{j=1}^{\infty} R_j,$$

统计量的方差为

$$\mathrm{Var}[\hat{h}(\boldsymbol{X})] \approx 2\tau_{\mathrm{int}} \sigma^2/m.$$

通常自相关是以指数形式衰减, 自相关系数为

$$|R_j| = \exp(-j/\tau_{\mathrm{exp}}),$$

式中, τ_{exp} 为指数自相关时间,

$$\tau_{\mathrm{exp}} = \limsup_{j \to \infty} j/(-\log|R_j|).$$

自相关时间与马尔可夫链蒙特卡罗方法的收敛速度密切相关的, 于是自相关时间反映了马尔可夫链蒙特卡罗方法的收敛速度, 是评价马尔可夫链蒙特卡罗方法效率的统计量. 自相关时间越短, 估计量的方差越小, 收敛速度越快, 马尔可夫链蒙特卡罗方法效率越高.

4.2.5　抽样方法改进和发展

通用梅特罗波利斯算法可以解决任何已知概率分布的抽样问题, 但是也存在如下问题:

(1) 收敛速度慢, 接受概率低, 抽样效率不高.

(2) 不是精确的抽样方法, 样本是渐近子样, 渐近服从已知概率分布.

(3) 样本呈现相关性, 特别是预热期, 相关性更严重, 估计值将产生有较大的方差.

(4) 有些已知概率分布, 梅特罗波利斯算法可能失效.

马尔可夫链蒙特卡罗抽样方法的其他算法都是通用梅特罗波利斯算法的改进和发展, 针对上述问题, 提出如下几类方法.

(1) 改进建议概率分布. 无论是梅特罗波利斯算法, 还是黑斯廷斯算法, 对于如何选择建议概率分布都很笼统, 没有严格的理论. 梅特罗波利斯算法的建议概率分布是对称形式, 黑斯廷斯算法把建议概率分布推广到非对称形式. 只是给出简单的限制: $q(y|x) \geqslant 0$. 因此, 建议概率分布可任意选取, 任意性很大, 建议概率分布的选择并不是唯一的, 不同的建议概率分布, 收敛速度差别很大. 因此, 寻找一个理想的建议概率分布犹如一门艺术, 要找到一个好的建议概率分布相当困难.

最初采用随机行走算法, 建议概率分布为随机行走均匀分布, $q(y|x)=1/2a$, 是无偏建议概率分布. 由这类无偏建议概率分布太嘈杂, 梅特罗波利斯算法的效率低. 如果不考虑状态转移规则, 这种建议概率分布的状态转移将导致位置空间中的简单随机游动, 当建议概率分布相当稀疏 (太宽) 时, 随机行走步长因子 a 太大, 很多候选样本被拒绝, 马尔可夫链步长变大, 将导致接受概率低, 因而过程很慢. 当建议概率分布相当密集 (太窄) 时, 随机行走步长因子 a 太小, 马尔可夫链步长越小, 马尔可夫链移动速度就越慢, 候选样本大部分被接受, 随机行走很快结束, 随机游动需要很长时间才能抽样到整个状态空间, 难于达到平稳状态, 因而过程也很缓慢. 所以通用梅特罗波利斯算法收敛速度慢, 抽样效率低. 在持续 60 年的梅特罗波利斯算法热点研究中, 随着应用的扩大, 出现各种改进建议概率分布的算法, 使得抽样在不降低接受概率的情况下, 进行大步长移动.

(2) 条件概率分布抽样方法. 条件概率分布抽样方法使得抽样遵循已知概率分布的动态性, 其显著特点是每步迭代都用全条件概率分布来构建马尔可夫链, 这些全条件概率分布是通过将已知概率分布限制在一定子空间产生的. 共同点是马尔可夫链转移规则建立在全条件概率分布抽样的基础上, 目的是为了提高马尔可夫链蒙特卡罗方法的收敛速度. 条件概率分布抽样方法最大特点是接受概率为 1, 不用进行状态转移判断, 抽样效率高.

(3) 特殊抽样方法. 特殊抽样方法是针对一些特殊概率分布或者特殊问题而设

计的抽样方法. 例如, 杂交蒙特卡罗算法是由一种马尔可夫链蒙特卡罗算法与一种非马尔可夫链蒙特卡罗算法杂交.

(4) 改进算法共同框架. Rubinstein 和 Kroese(2007) 讨论了改进算法的共同框架问题, 提出广义马尔可夫链算法的共同框架, 根据共同框架, 可以产生许多改进算法, 如切片算法和可逆跳跃算法.

(5) 精确抽样算法. 此前所有马尔可夫链蒙特卡罗抽样方法都是近似算法, 不是精确算法. Propp 和 Wilson(1996) 提出完备抽样算法, 完备抽样算法是精确算法, 在有限时间内可以从许多条马尔可夫链的样本中获得精确的样本值, 完备抽样算法有 "耦合过去" 算法和 "向前耦合" 算法, 这是马尔可夫链蒙特卡罗抽样方法发展的一个突破. 完备抽样算法文献很多, 可参考 Robert 和 Casella(2005) 的叙述.

4.3 建议概率分布改进方法

4.3.1 随机行走算法

1. 建议概率分布选择

最初实现梅特罗波利斯算法, 建议概率分布采用随机行走分布, 其概率分布选择有如下两种形式.

(1) 简单随机行走分布. 建议概率分布 $q(|\boldsymbol{y} - \boldsymbol{X}|) = q(\boldsymbol{z}) = 1/2a$, a 为随机行走步长因子. 使用直接抽样方法的逆变换算法抽样得到 $\boldsymbol{Z} = a(2U-1)$, 候选样本值为 $\boldsymbol{Y} = \boldsymbol{X} + \boldsymbol{Z}$. 问题是如何选择随机行走步长因子 a, 如果 a 太大, 候选样本大部分被拒绝, 抽样效率低; 如果 a 太小, 候选样本大部分被接受, 随机行走很快结束, 难以达到平稳状态, 抽样效率也低. 选择 a 的经验是使得候选样本有 1/3~1/2 被接受, 接受概率为 0.33~0.5.

(2) 球面对称分布. 在没有太多信息的情况下, 建议概率分布一般取为球面对称分布. 典型的选择是球面正态分布, 建议概率分布 $q(\boldsymbol{y}|\boldsymbol{X}) = q(\boldsymbol{z}) = N(0, \sigma^2 \boldsymbol{I})$, 从球面正态分布抽样得到样本值 $\boldsymbol{Z} = \sigma \boldsymbol{Z}_0$, $\boldsymbol{Z}_0$ 为球面标准正态分布的样本值. 由样本值 $\boldsymbol{Z}$ 得到候选样本值 $\boldsymbol{Y} = \boldsymbol{X} + \boldsymbol{Z}$. Gelman, Robert, Gilks(1995) 提出, 选择 σ 应使得接受概率在 0.25~0.35. 对球面正态分布, 证明 σ 的最佳选择是 $\sigma=2.38$, 接受概率为 0.44, 选择稍大一点的 σ, 抽样效率影响不大, 选择稍小一点的 σ, 抽样效率影响很大. Roberts, Gelman, Gilks(1997) 给出如下建议: 对于高维模型可选择 σ 使得接受概率为 0.25, 而对于 1 维或 2 维模型可选择 σ 使得接受概率为 0.50. 建议概率分布也可以选择半径为 R 的球内均匀分布, R 由人为控制, $q(\boldsymbol{y}|\boldsymbol{x}) = q(\boldsymbol{z}) = 3z^2/R^3$, 从球内均匀分布得到样本值 $\boldsymbol{Z} = RU^{1/3}$.

2. 随机行走算法描述

建议概率分布为对称分布. 建议概率分布取简单随机行走分布或球面对称分布, $q(z)$ 抽样的样本值为 Z, 接受概率为 $\alpha(X,Y)=\min(1,f(Y)/f(X))$. 随机行走算法如下:

① 建议概率分布 $q(y|X_t)$ 抽样产生候选样本值 $Y_t = X_t + Z$.

② 若 $U \leqslant \alpha(X_t, Y_t)$, 样本值 $X_{t+1} = Y_t$, 否则, 样本值 $X_{t+1} = X_t$.

例如, 标准正态分布随机行走抽样. 标准正态分布的概率密度函数 $f(x)=(1/(2\pi)^{1/2})\exp(-x^2/2)$ 是完全已知概率分布, 直接抽样方法的变换算法抽样, 样本值为 $X = (-2\ln U_1)^{1/2}\cos(2\pi U_2)$, 需要计算 3 个初等函数, 取舍算法需要计算 2 个初等函数, 消耗很多计算时间, 抽样费用大. 梅特罗波利斯算法采用随机行走算法, 建议概率分布 $q(|y - x|) = q(z)=1/2a$. 从建议概率分布抽样得到候选样本值 $Y = X + a(2U-1)$. 接受概率为

$$\alpha(X,Y) = \min(1, f(Y)/f(X)) = \min(1, \exp(-Y^2/2)\exp(X^2/2)).$$

模拟计算, 样本初始值取 (0,1), 随机数 $a = 2.0$. 标准正态分布抽样结果如图 4.4 所示. 模拟 100 次, 样本值随样本数的变化如图 4.4(b) 所示. 模拟 300 次, 样本自相关如图 4.4(d) 所示, 样本自相关在 30 次以后降到零附近. 模拟 10000 次, 接受概率为 0.63, 随机行走算法的样本值频率分布如图 4.4(a) 所示, 样本值的概率密度函数如图 4.4(c) 所示, 几种算法几乎重合到一起. 样本平均真值为 0, 随机行走算法、变换算法和取舍算法的样本平均估计值分别为 0.0028, 0.0011 和 0.0020. 与随机行走算法比较, 变换算法和取舍算法的计算精度要高些, 但计算时间要长得多, 因此马尔可夫链蒙特卡罗抽样方法的抽样效率比直接抽样方法高.

4.3.2　独立抽样算法

独立抽样算法有单个独立抽样算法、多个独立抽样算法和 SIS 独立抽样算法, 独立抽样算法的特点是建议概率分布选择为独立建议概率分布, 独立建议概率分布不是条件概率分布, 只与 y 有关, 与 X 无关, 独立建议概率分布 $q(y|X) = q(y)$.

1. 单个独立抽样算法

建议概率分布的一个非常特殊的选择是 Hastings(1970) 提出的独立建议概率分布. 独立建议概率分布只有一个转移状态 y, 对应的算法称为单个独立抽样算法. 在当前状态 X 下, 从 $q(y)$ 抽样得到样本值 Y, 接受概率为

$$\alpha(\boldsymbol{x},\boldsymbol{y}) = \min\left(1, \frac{f(\boldsymbol{y})q(\boldsymbol{x}|\boldsymbol{y})}{f(\boldsymbol{x})q(\boldsymbol{y}|\boldsymbol{x})}\right) = \min\left(1, \frac{f(\boldsymbol{y})q(\boldsymbol{x})}{f(\boldsymbol{x})q(\boldsymbol{y})}\right) = \min\left(1, \frac{w(\boldsymbol{y})}{w(\boldsymbol{x})}\right),$$

式中, w 称为权重, $w(\boldsymbol{y}) = f(\boldsymbol{y})/q(\boldsymbol{y}), w(\boldsymbol{x}) = f(\boldsymbol{x})/q(\boldsymbol{x})$. 当前样本值为 $\boldsymbol{X}$, 独立抽样算法的状态转移判断准则为: 从独立建议概率分布 $q(\boldsymbol{y})$ 抽样产生候选样本值 $\boldsymbol{Y}$, 若 $U \leqslant \alpha(\boldsymbol{X}, \boldsymbol{Y})$, 则选取候选样本值 $\boldsymbol{Y}$, 否则选取当前样本值 $\boldsymbol{X}$. 独立抽样算法的抽样效率依赖于独立建议概率分布 $q(\boldsymbol{y})$ 与已知概率分布 $f(\boldsymbol{x})$ 的接近程度. 为了保证独立抽样算法的稳健性, 可选取独立建议概率分布为相对长尾分布.

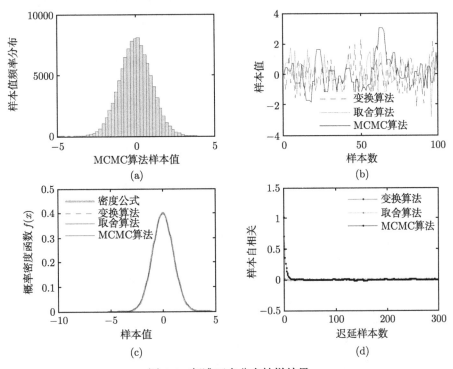

图 4.4 标准正态分布抽样结果

例如, 椭球面上均匀分布抽样. a, b, c 为椭球 3 个主轴长度, $S(a, b, c)$ 为椭球的面积, 在椭球面上均匀分布的概率密度函数为

$$f(v_1, v_2) = Cg(v_1, v_2),$$

式中, $C = 1/S(a, b, c)$, $g(v_1, v_2)$ 为

$$g(v_1, v_2) = |\sin v_2| \sqrt{b^2 c^2 \sin^2(v_2) \cos^2(v_1) + a^2 c^2 \sin^2(v_2) \sin^2(v_1) + a^2 b^2 \cos^2(v_2)}.$$

当 $a = 4, b = 2, c = 1$ 时, 直接抽样方法的取舍算法的接受概率为 0.8913, 有较高的抽样效率, 但是当 $a = 400, b = 2, c = 1$ 时, 取舍算法的接受概率在 $(0.005, 0.0065)$, 接受概率很低, 因此抽样效率很低. 使用马尔可夫链抽样方法, 采用单个独立抽样

算法, 独立建议概率分布 $q(\boldsymbol{y}) = q(v_1, v_2) = \sin(v_2)/4\pi$. 模拟次数 10^4 时, 接受概率为 0.8854, 抽样效率较高. 由自相关随迟延步数变化图可看出, 自相关很快趋于零附近, 自相关很小, 说明样本自相关不是很严重.

2. 多个独立抽样算法

马尔可夫链步长越小, 马尔可夫链移动速度就越慢, 但是如果马尔可夫链步长变大, 则将导致接受概率很低, 拒绝率很高. 这两种情况都使得梅特罗波利斯算法收敛速度慢, 算法效率低. 为了加速收敛, 提高抽样效率, Frenkel 和 Smit(1996) 提出多个独立抽样算法, 有多个转移状态, 使得抽样在不降低接受概率的情况下, 进行大步长跳跃转移, 加快收敛速度.

在当前状态 $\boldsymbol{X}$ 下, 有 m 个与当前状态 $\boldsymbol{X}$ 无关的转移状态 $\boldsymbol{y}_1, \boldsymbol{y}_2, \cdots, \boldsymbol{y}_m$, 建议概率分布 $q(\boldsymbol{y}|\boldsymbol{x}) = q(\boldsymbol{y}_1, \boldsymbol{y}_2, \cdots, \boldsymbol{y}_m)$. 权重为 $w(\boldsymbol{y}|\boldsymbol{x}) = f(\boldsymbol{x})q(\boldsymbol{y}|\boldsymbol{x})\lambda(\boldsymbol{y}|\boldsymbol{x})$, 其中 $\lambda(\boldsymbol{y}|\boldsymbol{x})$ 是一个由使用者决定的对称非负函数, $\lambda(\boldsymbol{y}|\boldsymbol{x}) = \lambda(\boldsymbol{x}|\boldsymbol{y})$, 只要求若 $q(\boldsymbol{y}|\boldsymbol{x}) \geqslant 0$, 则 $\lambda(\boldsymbol{y}|\boldsymbol{x}) \geqslant 0$.

从参照建议概率分布 $q(\boldsymbol{x}^*|\boldsymbol{Y})$ 抽样得到参照样本值 $\boldsymbol{X}_1^*, \boldsymbol{X}_2^*, \cdots, \boldsymbol{X}_{m-1}^*$, 令 $\boldsymbol{X}_m^* = \boldsymbol{X}$. 接受概率为

$$\alpha(\boldsymbol{X}, \boldsymbol{Y}) = \min\left(1, \frac{w(\boldsymbol{Y}_1|\boldsymbol{X}) + w(\boldsymbol{Y}_2|\boldsymbol{X}) + \cdots + w(\boldsymbol{Y}_m|\boldsymbol{X})}{w(\boldsymbol{X}_1^*|\boldsymbol{Y}) + w(\boldsymbol{X}_2^*|\boldsymbol{Y}) + \cdots + w(\boldsymbol{X}_m^*|\boldsymbol{Y})}\right).$$

以概率 $\alpha(\boldsymbol{X}, \boldsymbol{Y})$ 接受 $\boldsymbol{Y}$; 以概率 $1 - \alpha(\boldsymbol{X}, \boldsymbol{Y})$ 接受 $\boldsymbol{X}$. 多个独立抽样算法如下:

① 从 $q(\boldsymbol{y}_1, \boldsymbol{y}_2, \cdots, \boldsymbol{y}_m)$ 抽样产生候选样本值 $\boldsymbol{Y}_1, \boldsymbol{Y}_2, \cdots, \boldsymbol{Y}_m$.
② 计算权重 $w(\boldsymbol{Y}_j|\boldsymbol{X}_t)$, $j = 1, 2, \cdots, m$.
③ 以与 $w(\boldsymbol{Y}_j|\boldsymbol{X}_t)$ 成比例的概率从候选样本值 $\boldsymbol{Y}_1, \boldsymbol{Y}_2, \cdots, \boldsymbol{Y}_m$ 中选取 $\boldsymbol{Y}_t$.
④ 从 $q(\boldsymbol{x}^*|\boldsymbol{Y}_t)$ 抽样得到参照样本值 $\boldsymbol{X}_1^*, \boldsymbol{X}_2^*, \cdots, \boldsymbol{X}_{m-1}^*$, 令 $\boldsymbol{X}_m^* = \boldsymbol{X}_t$.
⑤ 若 $U \leqslant \alpha(\boldsymbol{X}_t, \boldsymbol{Y}_t)$, 样本值 $\boldsymbol{X}_{t+1} = \boldsymbol{Y}_t$, 否则, 样本值 $\boldsymbol{X}_{t+1} = \boldsymbol{X}_t$.

例如, 双峰概率密度函数抽样. 双峰概率密度函数为

$$f(\boldsymbol{x}; \lambda) = (1/c(\lambda))\exp(-(x_1^2 + x_2^2 + x_1^2 x_2^2 - 2\lambda x_1 x_2)/2)$$
$$\propto \exp(-(x_1^2 + x_2^2 + (x_1 x_2)^2 - 2\lambda x_1 x_2)/2), \quad -5 \leqslant x_1, x_2 \leqslant 5,$$

式中, $\lambda = 12$, $1/c(\lambda)$ 为归一化常数, 是未知的. 双峰概率密度函数是不完全已知概率分布, 不能使用直接抽样方法. 采用多个独立抽样算法, 模拟 1000 次, 取 $m = 100$ 个建议点. 抽样的两维样本值分布如图 4.5 所示, 样本值自相关如图 4.6 所示. x_1 估计值为 0.04819, x_2 估计值为 0.0319. 接受概率为 0.5385.

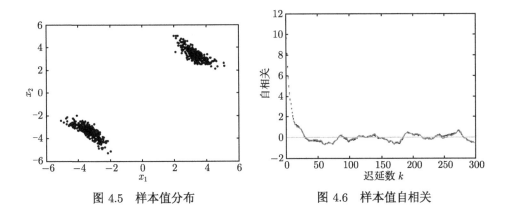

图 4.5 样本值分布　　　　　　　图 4.6 样本值自相关

3. SIS 独立抽样算法

序贯重要抽样 (SIS) 将在第 8 章序贯蒙特卡罗方法中有专门介绍. 序贯抽样是一个迭代过程, 在序贯抽样基础上加上重要抽样, 构成序贯重要抽样. Siepmann 和 Frenkel(1992) 提出结构偏差算法, 是基于序贯重要抽样 (SIS) 的独立抽样算法, 除了用序贯重要抽样方法从独立建议概率分布抽样得到 y, 并用递推公式计算权重 $w(y)$ 以外, 其他过程与独立抽样算法一样. 根据序贯重要抽样方法, 假设已知概率分布 $f(x)$ 的自变量可分解为 $x = (x_1, x_2, \cdots, x_m)$, 已知概率分布写为

$$f(x) = f(x_1|x_{1:0})f(x_2|x_{1:1}) \cdots f(x_m|x_{1:m-1}).$$

独立建议概率分布为

$$q(y) = q(y_1|x_{1:0})q(y_2|x_{1:1}) \cdots q(y_m|x_{1:m-1}).$$

序贯重要抽样权重的递推公式为

$$w(y) = \frac{f(x)}{q(y)} = \frac{f(x_1|x_{1:0})}{q(y_1|x_{1:0})} \frac{f(x_2|x_{1:1})}{q(y_2|x_{1:1})} \cdots \frac{f(x_m|x_{1:m-1})}{q(y_m|x_{1:m-1})}.$$

SIS 独立抽样算法的接受概率为

$$\alpha(X, Y) = \min(1, w(Y)/w(X)).$$

SIS 独立抽样算法的状态转移判断准则为: 从 $q(y)$ 抽样产生候选样本值 Y, 若 $U \leqslant \alpha(X, Y)$, 则选取候选样本值 Y, 否则选取当前样本值 X.

4.3.3 关联性多点建议算法

Liu, Liang, Wong(2000), Qin 和 Liu(2001) 提出关联性多点建议算法, 把多个独立抽样算法推广到更一般的情况. 建议概率分布采用关联性多点建议概率分布,

并假定建议概率分布是对称分布, 允许每次迭代可从多个相关的建议概率分布中选择一个好的建议概率分布, 使得抽样在不降低接受概率的情况下, 进行大步长跳跃转移. 在当前状态 $\boldsymbol{X}$ 下, 产生 m 个相关的建议概率分布: $q_1(\boldsymbol{y}_1|\boldsymbol{X}), q_j(\boldsymbol{y}_j|\boldsymbol{X}, \boldsymbol{y}_1, \boldsymbol{y}_2, \cdots, \boldsymbol{y}_{j-1})$, $j=2, 3, \cdots, m$. 简记 $\boldsymbol{y}_{[1:j]} = (\boldsymbol{y}_1, \boldsymbol{y}_2, \cdots, \boldsymbol{y}_j)$, $\boldsymbol{y}_{[l:1]} = (\boldsymbol{y}_l, \cdots, \boldsymbol{y}_2, \boldsymbol{y}_1)$. 因此建议概率分布为

$$q_j(\boldsymbol{y}_{[1:j]}|\boldsymbol{X}) = q_1(\boldsymbol{y}_1|\boldsymbol{X})q_2(\boldsymbol{y}_2|\boldsymbol{X}, \boldsymbol{y}_1)\cdots q_j(\boldsymbol{y}_j|\boldsymbol{X}, \boldsymbol{y}_{[1:j-1]}).$$

权重 $w_j(\boldsymbol{y}_{[1:j]}|\boldsymbol{X}) = f(\boldsymbol{X})q_j(\boldsymbol{y}_{[1:j]}|\boldsymbol{X})\lambda_j(\boldsymbol{y}_{[1:j]}|\boldsymbol{X})$, 其中 $\lambda_j(\boldsymbol{y}_{[1:j]}|\boldsymbol{X})$ 为序贯对称函数.

关联性多点建议算法与多个独立抽样算法相似, 有如下几个关键迭代步骤:

(1) 以与 $w(\boldsymbol{y}_{[l:1]}|\boldsymbol{X})$ 成比例的概率从 m 个相关的建议概率分布中选取一个好的建议概率分布 $q_j(\boldsymbol{y}_{[1:j]}|\boldsymbol{X})$, 从 $q_j(\boldsymbol{y}_{[1:j]}|\boldsymbol{X})$ 抽样得到候选样本值 $\boldsymbol{Y}_j$.

(2) 令 $\boldsymbol{x}_l^* = \boldsymbol{y}_{j-1}$, $l=1, 2, \cdots, j-1$, $\boldsymbol{x}_j^* = \boldsymbol{X}$.

(3) 从参照建议概率分布 $q_k(\boldsymbol{x}_k^*|\boldsymbol{y}, \boldsymbol{x}_{[1:k-1]}^*)$, $k = j + 1, \cdots, m$ 抽样得到参照样本值.

(4) 接受概率为

$$\alpha(\boldsymbol{x}, \boldsymbol{y}) = \min \left(1, \sum_{l=1}^m w(\boldsymbol{x}|\boldsymbol{y}_{[l:1]}) \Big/ \sum_{l=1}^m w(\boldsymbol{y}|\boldsymbol{x}_{[l:1]}^*)\right).$$

(5) 以概率 $\alpha(\boldsymbol{x}, \boldsymbol{y})$ 接受 $\boldsymbol{y}$; 以概率 $1 - \alpha(\boldsymbol{x}, \boldsymbol{y})$ 拒绝 $\boldsymbol{y}$, 接受 $\boldsymbol{x}$.

4.4　条件概率分布抽样方法

4.4.1　吉布斯算法

如果已知概率分布是全条件概率分布, 则马尔可夫链状态转移规则建立在全条件概率分布抽样基础上, 使用全条件抽样方法, 使得抽样遵循已知概率分布的动态性. 其显著特点是每步都用全条件概率分布来构建马尔可夫链, 这些全条件概率分布是通过将已知概率分布限制在一定子空间产生的. 这样的算法有吉布斯算法、完备化吉布斯算法、混合吉布斯算法和聚类算法. 由于接受概率为 1, 没有状态拒绝这一步, 所以收敛速度比较快, 抽样效率较高.

1. 吉布斯算法描述

Geman 和 Geman(1984) 在研究图像恢复问题时提出吉布斯算法, 吉布斯算法与关联性多点建议算法本质是相似的, 但是吉布斯算法所花费的计算时间较短. 把随机向量 $\boldsymbol{X}$ 分解成单随机变量: $\boldsymbol{X} = (X_1, X_2, \cdots, X_m)$, 随机向量 $\boldsymbol{X}$ 的概率分布为

$$f(\boldsymbol{x}) = f(x_1, x_2, \cdots, x_m).$$

单随机变量 X_j 的全条件概率分布为

$$f(x_j|\boldsymbol{x}_{-j}) = f(x_j|x_1, x_2, \cdots, x_{j-1}, x_{j+1}, \cdots, x_m), \quad j = 1, 2, \cdots, m,$$

式中, $\boldsymbol{x}_{-j}$ 表示 x_1, x_2, $\cdots$, x_{j-1}, x_{j+1}, $\cdots$, x_m. 吉布斯算法首先将已知概率分布分解为多个单变量全条件概率分布, 然后通过对多个单变量全条件概率分布抽样来实现对已知概率分布抽样, 称为多级吉布斯抽样, 若只有两个单变量, 则称为两级吉布斯抽样. 吉布斯算法有系统扫描吉布斯算法和随机扫描吉布斯算法.

系统扫描吉布斯算法是从状态序列 x_1, x_2, $\cdots$, x_m 系统地选取一个固定状态 x_j. 当前样本值为 $X_t = (X_{t,1}, X_{t,2}, \cdots, X_{t,m})$, 系统扫描吉布斯算法如下: 从第 j 个全条件概率分布:

$$f(x_j|\boldsymbol{x}_{-j}) = f(x_j|X_{t+1,1}, X_{t+1,2}, \cdots, X_{t+1,j-1}, X_{t,j+1}, X_{t,j+2}, \cdots, X_{t,m})$$

抽样产生样本值 $X_{t+1,j}$, $j=1, 2, \cdots, m$, 重复这个过程, 得到样本值:

$$X_{t+1} = (X_{t+1,1}, X_{t+1,2}, \cdots, X_{t+1,m}).$$

随机扫描吉布斯算法是在状态序列 x_1, x_2, $\cdots$, x_m 中, 由概率分布 $p(x_j)=1/m$, 等概率随机地选取一个状态 x_j. 当前样本值为 $X_t = (X_{t,1}, X_{t,2}, \cdots, X_{t,m})$, 随机扫描吉布斯算法如下: 在其他分量维持不变的条件下, 从全条件概率分布 $f(x_{t+1,-j}|X_{t,-j})$ 抽样, 得到到样本值:

$$X_{t+1,-j} = X_{t,-j}.$$

2. 全条件概率分布

应注意吉布斯算法与随机向量直接抽样算法的区别, 全条件概率分布与条件概率分布的区别. 随机向量直接抽样算法需要计算边缘概率分布和条件概率分布的高维积分, 其积分计算和抽样方法都是很困难的. 吉布斯算法只需要计算全条件概率分布的一维积分, 其计算和抽样则比较容易. 全条件概率分布的计算公式为

$$f(x_j|\boldsymbol{x}_{-j}) = f(x_1, \cdots, x_{j-1}, x_{j+1}, \cdots, x_m) \Big/ \int f(x_1, x_2, \cdots, x_m)\mathrm{d}x_j.$$

上式的分母是一维积分, 容易计算. 例如, 概率分布为

$$f(x_1, x_2, x_3) \propto \exp(-(x_1 + x_2 + x_3 + \theta_{12}x_1x_2 + \theta_{23}x_2x_3 + \theta_{31}x_3x_1)).$$

全条件概率分布如下:

$$f(x_1|x_2, x_3) = (1 + \theta_{12}x_2 + \theta_{31}x_3)\exp(-(1 + \theta_{12}x_2 + \theta_{31}x_3)x_1)$$

$$= \text{Exp}(\, 1 + \theta_{12}x_2 + \theta_{31}x_3),$$

$$f(x_2|x_1,x_3) = (1 + \theta_{12}x_1 + \theta_{23}x_3)\exp(-(1 + \theta_{12}x_1 + \theta_{23}x_3)x_2)$$

$$= \text{Exp}(\, 1 + \theta_{12}x_1 + \theta_{23}x_3),$$

$$f(x_3|x_1,x_2) = (1 + \theta_{31}x_1 + \theta_{23}x_2)\exp(-(1 + \theta_{31}x_1 + \theta_{23}x_2)x_3)$$

$$= \text{Exp}(1 + \theta_{31}x_1 + \theta_{23}x_2).$$

例如, 统计物理学的伊辛模型, 分子自旋 s 是随机变量, $s = \pm 1$, 其概率分布为

$$f(s) \propto \exp\left(-J\sum\nolimits_{j \leftrightarrow k} s_j s_k - B\sum\nolimits_j s_j\right),$$

式中, $j \leftrightarrow k$ 表示紧邻网格点, 求和只对紧邻网格点求和; J 为磁矩之间的作用强度; B 为磁矩与外磁场的作用强度. 全条件概率分布为

$$f(s_j|s_{k \neq j}) = \exp(-Js_j\sum\nolimits_{k:\,j \leftrightarrow k} s_k - Bs_j)\bigg/\bigg\{ \exp\left(-J\sum\nolimits_k s_{k:\,j \leftrightarrow k} - B\right)$$

$$+ \exp\left(J\sum\nolimits_j s_{k:\,j \leftrightarrow k} + B\right)\bigg\}$$

$$= \exp\Big(-(J\sum\nolimits_{k:\,j \leftrightarrow k} s_k)(s_j + 1) + B\Big)\bigg/\Big\{1 + \exp\Big(-2\Big(J\sum\nolimits_{k:\,j \leftrightarrow k} s_k\Big) + B\Big)\Big\}.$$

3. 接受概率

建议概率分布为非对称形式. 从状态 $\boldsymbol{x}$ 转移到状态 $\boldsymbol{y}$, 建议概率分布为

$$q(\boldsymbol{y}|\boldsymbol{x}) = \delta_{\boldsymbol{x}_{-j}}(\boldsymbol{y}_{-j})f(\boldsymbol{y}_j|\boldsymbol{x}_{-j}) = (1/n)f(\boldsymbol{y}_j|\boldsymbol{x}_{-j}) = (1/n)f(\boldsymbol{y})\bigg/\sum\nolimits_{\boldsymbol{y}_j} f(\boldsymbol{y}).$$

从状态 $\boldsymbol{y}$ 转移到状态 $\boldsymbol{x}$, 建议概率分布为

$$q(\boldsymbol{x}|\boldsymbol{y}) = \delta_{\boldsymbol{y}_{-j}}(\boldsymbol{x}_{-j})f(\boldsymbol{x}_j|\boldsymbol{y}_{-j}) = (1/n)f(\boldsymbol{x}_j|\boldsymbol{y}_{-j}) = (1/n)f(\boldsymbol{x})\bigg/\sum\nolimits_{\boldsymbol{x}_j} f(\boldsymbol{x}).$$

因为 $\sum\nolimits_{\boldsymbol{y}_j} f(\boldsymbol{y}) = \sum\nolimits_{\boldsymbol{x}_j} f(\boldsymbol{x})$, 所以 $q(\boldsymbol{x}|\boldsymbol{y})/q(\boldsymbol{y}|\boldsymbol{x}) = f(\boldsymbol{x})/f(\boldsymbol{y})$. 接受概率为

$$\alpha(\boldsymbol{x},\boldsymbol{y}) = \min\left(1, \frac{f(\boldsymbol{y})q(\boldsymbol{x}|\boldsymbol{y})}{f(\boldsymbol{x})q(\boldsymbol{y}|\boldsymbol{x})}\right) = \min\left(1, \frac{f(\boldsymbol{y})f(\boldsymbol{x})}{f(\boldsymbol{x})f(\boldsymbol{y})}\right) = \min(1,1) = 1.$$

由于接受概率为 1, 吉布斯算法最大特点是马尔可夫链转移规则不需要进行状态接受判断, 没有状态拒绝这一步, 所以收敛速度比较快, 抽样效率较高. 吉布斯算法是黑斯廷斯算法在特殊情况下的应用. 适用于处理不完备信息, 目标联合分布不明确, 而各个变量的全条件概率分布已知的情况. 吉布斯算法是使用条件抽样方法, 使得抽样遵循已知概率分布的动态性. 其显著特点是每步迭代都用全条件概率分布来构建马尔可夫链, 这些全条件概率分布是通过将已知概率分布限制在一定子空间而产生的.

4. 收敛性证明

吉布斯算法算收敛性证明如下:

$$\int f(\boldsymbol{x})P(\boldsymbol{x}|x_1,x_2,\cdots,x_{j-1},x_{j+1},\cdots,x_m)\mathrm{d}x_j$$

$$=\int f(\boldsymbol{x})f(x_j|\boldsymbol{x}_{-j})\mathrm{d}x_j = f(x_j|\boldsymbol{x}_{-j})\int f(\boldsymbol{x})\mathrm{d}x_j = f(x_j|\boldsymbol{x}_{-j})f(\boldsymbol{x}_{-j}) = f(x_j).$$

5. 两级吉布斯抽样算例

例如, $x = 0, 1, 2, \cdots, n, 0 \leqslant y \leqslant 1$, 概率分布为

$$f(x,y) \propto \mathrm{C}_n^x y^{x+\alpha-1}(1-y)^{n-x+\beta-1}.$$

概率分布分解成两个全条件概率分布: 二项分布和 β 分布分别为

$$f(x|y) = \mathrm{C}_n^x y^x (1-y)^{n-x},$$

$$f(y|x) = \frac{\Gamma(x+\alpha+n-x+\beta)}{\Gamma(x+\alpha)\Gamma(n-x+\beta)} y^{x+\alpha-1}(1-y)^{n-x+\beta-1}.$$

从二项分布和 β 分布的全条件概率分布交替进行两级吉布斯抽样得到样本值 X 和 Y.

例如, 二维指数分布抽样, 其概率分布为

$$f(x_1,x_2) = c\exp(-(x_1^2 x_2^2 + x_1^2 + x_2^2 - 8x_1 - 8x_2)/2), \quad -2 \leqslant x_1, x_2 \leqslant 7,$$

式中, 归一化常数 $c \approx 1/20216.33$. 若用直接抽样方法的取舍算法, 抽样效率为 4.9465×10^{-5}, 抽样效率很低, 取舍算法失效. 概率分布 $f(x_1,x_2)$ 分解成两个全条件概率分布:

$$f(x_2) = c_1(x_2), \quad f(x_1|x_2) = \exp(-(x_1 - 4/(1+x_2^2)^2)/2/(1+x_2^2)).$$

令 $a = 1/(1+x_2^2)$, 第 2 个全条概率件分布是正态分布 $N(4a, a)$. 吉布斯算法如下:

① 若 t 为偶数, 从 $N(1, 0)$ 抽样产生 Z, 样本值 $X_{t+1,2} = 4a + Z\sqrt{a}$, $X_{t+1,1} = X_{t,1}$.

② 若 t 为奇数, 从 $N(1, 0)$ 抽样产生 Z, 样本值 $X_{t+1,1} = 4a + Z\sqrt{a}$, $X_{t+1,2} = X_{t,2}$.

4.4.2 完备化吉布斯算法

给定概率分布 $f(x)$ 和 $g(x, z)$, 如果 $g(x, z)$ 满足

$$\int_Z g(x,z)\mathrm{d}z = f(x),$$

则称为概率分布 $f(x)$ 的完备化. 概率分布 $g(x, z)$ 选取为全条件概率分布, 在吉布斯算法中, 用 $g(x, z)$ 取代 $f(x)$ 就是完备化吉布斯算法. 令 $y=(x, z)$, $g(y) = g(y_1, y_2, \cdots, y_m)$. 全条件概率分布为

$$g(y_j|\boldsymbol{y}_{-j}) = f(y_j|y_1, y_2, \cdots, y_{j-1}, y_{j+1}, \cdots, y_m).$$

根据选取 y_j, 完备化吉布斯算法有系统扫描完备化吉布斯算法和随机扫描完备化吉布斯算法. 当前样本值为 $\boldsymbol{Y}_t = (Y_{t,1}, Y_{t,2}, \cdots, Y_{t,m})$, 系统扫描完备化吉布斯算法如下: 从第 j 个全条件概率分布 $g(y_j|\boldsymbol{Y}_{t,-j})$ 抽样产生 $Y_{t+1,j}$, $j = 1, 2, \cdots, m$, 重复这个过程, 得到样本值:

$$Y_{t+1} = (Y_{t+1,1}, Y_{t+1,2}, \cdots, Y_{t+1,m}).$$

类似随机扫描吉布斯算法, 得到随机扫描完备化吉布斯算法.

例如, 概率分布为

$$f(\theta|\theta_0) \propto \int_0^\infty g(\theta, \eta)\mathrm{d}\eta = \int_0^\infty \exp(-\theta^2/2) \exp(-(1 + (\theta - \theta_0)^2)\eta/2)\eta^{\nu-1}\mathrm{d}\eta.$$

此概率分布是一个积分, 抽样比较困难. 完备化概率分布 $g(\theta, \eta)$ 分解成两个全条件概率分布, 分别为

$$g(\eta|\theta)=((1+(\theta - \theta_0)^2)/2)^\nu \exp(-(1+(\theta-\theta_0)^2)\eta/2)\eta^{\nu-1}/\Gamma(\nu) \propto \Gamma(\nu, (1+(\theta-\theta_0)^2)/2).$$

$$g(\theta|\eta) = \sqrt{(1+\eta)/2\pi}\exp(-(\theta - \eta\theta_0/(1+\eta))^2(1+\eta)/2) \propto N(\eta\theta_0/(1+\eta), 1/(1+\eta)).$$

采用完备化吉布斯算法, 得到样本值θ, η.

4.4.3   混合吉布斯算法

Liu(1996) 提出混合吉布斯算法. 吉布斯算法和完备化吉布斯算法是将高维已知概率分布分解为多个一维已知概率分布, 吉布斯算法需要从各个全条件概率分布 $f(x_j|\boldsymbol{x}_{-j})$ 抽样, 然而在许多实际问题中, 从全条件概率分布抽样并不容易, 在此情况下, 可以用混合吉布斯算法. 建议概率分布写为

$$q(\boldsymbol{y}|\boldsymbol{x}) = f(y_1|\boldsymbol{x}_{-1}) \left(\prod_{j=2}^{m-1} f(y_j|y_1, y_2, \cdots, y_{j-1}, x_{j+1}, \cdots, x_m)\right) f(y_m|\boldsymbol{x}_{-m}).$$

在离散空间, 给定 $\boldsymbol{X}_t = \boldsymbol{x}$, 在 $Y_j \neq x_j$ 条件下, 从全条件概率分布 $f(y_j|\boldsymbol{x}_{-j})$ 抽样产生 Y_j, 就是以概率

$$f(y_j|\boldsymbol{x}_{-j})/(1 - f(x_j|\boldsymbol{x}_{-j})), \quad y_j \neq x_j$$

抽取异于 X_j 的 Y_j(即 $Y_j \neq X_j$). 令 $\boldsymbol{Y} = (x_1, x_2, \cdots, x_{j-1}, Y_j, x_{j+1}, \cdots, x_m)$. 接受概率为

$$\alpha(\boldsymbol{x}, \boldsymbol{Y}) = \min(1, (1 - f(x_j|\boldsymbol{x}_{-j}))/(1 - f(Y_j|\boldsymbol{x}_{-j}))).$$

吉布斯算法与梅特罗波利斯算法混合称为混合吉布斯算法, 也称为梅特罗波利斯化吉布斯算法, 混合吉布斯算法如下:

(1) $f(y_j|\boldsymbol{x}_{-j})$ 抽样产生异于 X_j 的 Y_j, 令 $\boldsymbol{Y}_t = (x_1, x_2, \cdots, x_{j-1}, Y_j, x_{j+1}, \cdots, x_m)$.

(2) 若 $U \leqslant \alpha(\boldsymbol{X}_t, \boldsymbol{Y}_t)$, 样本值 $\boldsymbol{X}_{t+1} = \boldsymbol{Y}_t$; 否则, 样本值 $\boldsymbol{X}_{t+1} = \boldsymbol{X}_t$.

4.4.4 聚类算法

Swendsen 和 Wang(1987) 提出聚类算法, Niedermayer(1988) 进一步推广, Wolff (1989) 对聚类算法进行了改进. 聚类算法也是马尔可夫链状态转移规则建立在全条件概率分布抽样基础上的算法. 梅特罗波利斯算法应用于统计物理学的伊辛模型研究相变现象时, 发现温度一旦接近或低于临界值, 单一位置更新就会使自旋迅速地慢下来, 这就是所谓 "临界慢化现象". 聚类算法及其改进和推广就是为了消除临界慢化现象, 加速收敛, 提高效率. 伊辛模型在不考虑外磁场时, 哈密顿量是能量函数, 哈密顿量为

$$H(\boldsymbol{x}) = -J \sum_{j \leftrightarrow k} x_j x_k,$$

式中, $\boldsymbol{x}$ 为自旋, $\boldsymbol{x} = \pm 1$, 表示向上自旋和向下自旋. J 为磁矩单元之间的作用强度, 当 J 为正时, 为铁磁体模型, 当 J 为负时, 为反铁磁体模型. $j \leftrightarrow k$ 表示紧邻网格点, 求和只对紧邻网格点求和. 自旋随机变量的概率密集函数为

$$f(\boldsymbol{x}) \propto \exp(-H(\boldsymbol{x})/kT).$$

把聚类算法视为一个数据增广概型. 建立一个增广模型, 为此引入 "键变量" $\boldsymbol{u} = (u_{l,l^*})$, 通过键变量来增广自旋空间以使键变量的分量 u_{l,l^*} 位于网格的边缘, 并且在 $[0, \exp(2\beta J)]$ 中取值, 自旋随机变量的概率密集函数变为

$$f(\boldsymbol{x}) \propto \exp\left(\beta J \sum_{l \leftrightarrow l^*} x_l x_{l^*}\right) \propto \prod_{l \leftrightarrow l^*} \exp(\beta J(1 + x_l x_{l^*})).$$

由于自旋 $\boldsymbol{x} = \pm 1$, 因此 $1 + x_l x_{l^*}$ 等于 0 或 2, 所以如果把键变量作为辅助变量, 使得

$$f(\boldsymbol{x}, \boldsymbol{u}) \propto \prod_{l \sim l^*} I(0 \leqslant u_{l,l^*} \leqslant \exp(\beta J(1 + x_l x_{l^*}))),$$

则 $\boldsymbol{x}$ 的边缘分布是所期望的分布. 在此联合分布下, 条件概率分布 $(\boldsymbol{u}|\boldsymbol{x})$ 是均匀分布的乘积, 该均匀分布的变化范围取决于两相邻自旋的变化范围. 条件概率分布 $q(\boldsymbol{x}|\boldsymbol{u})$ 也很容易这样求得: 如果 $u_{l,l^*} > 1$, 则一定有 $x_l = x_{l^*}$; 否则 x_{l^*} 无约束. 因此, 只有通过事件 $I(u_{l,l^*} > 1)$ 才能使 $\boldsymbol{u}$ 影响 $\boldsymbol{x}$. 根据 $\boldsymbol{u}$ 的构形, 按照网格位置是否有 "互键"(即是否 $u_{l,l^*} > 1$), 对网格位置进行聚类. 所以, 位置 l 属于共同聚类的所有 x_l 应当取恒等值. 在聚类条件下, 没有背离聚类齐性的每个构形都有等可

能性. 可以另建一个增广模型, 仅用一个辅助键变量 $\boldsymbol{b} = (b_{l,l^*})$ 来表示 $u_{l,l^*} > 1$ 是否成立, 也就是定义:

$$b_{l,l^*} = I(u_{l,l^*} > 1).$$

于是相应的增广模型为

$$\pi(\boldsymbol{x}, \boldsymbol{b}) \propto \prod\nolimits_{x_l = x_{l^*}} (1 + b_{l,l^*}(\exp(2\beta J) - 1)).$$

当且仅当 $x_l \neq x_{l^*}$ 时, $b_{l,l^*}=0$. 通过将所有那些键值为 1 的相邻位置连接起来, 得到自旋聚类. 给定键变量 $\boldsymbol{b}$ 的实现值, 一个聚类的自旋值将独立于其他聚类的自旋值. 因而聚类算法是一个数据增广概型, 这个数据增广概型是在从条件概率分布 $\pi(\boldsymbol{b}|\boldsymbol{x})$ 和条件概率分布 $\pi(\boldsymbol{x}|\boldsymbol{b})$ 之间进行迭代抽样. 聚类算法要点如下:

(1) 对一个给定的自旋构形, 通过给两个具有相同自旋 ($x_l = x_{l^*}$) 的网格 (l, l^*) 的每一边一个键值来构建键变量, 其中键值为 $1(b_{l,l^*}=1)$ 的概率为 $\exp(-2\beta J)$, 键值为 0 的概率为 $1 - \exp(-2\beta J)$.

(2) 在给定键变量 $\boldsymbol{b}$ 的条件下, 从条件概率分布 $p(\boldsymbol{x}|\boldsymbol{b})$ 抽样以更新自旋变量 $\boldsymbol{x}$. 对于所有适用自旋构形, $p(\boldsymbol{x}|\boldsymbol{b})$ 是均匀分布, 也就是说, 将键值为 1 的相邻位置连接起来就生成了聚类, 于是每个自旋聚类以概率 0.5 翻转.

4.5　特殊抽样方法

4.5.1　打了就跑算法

Smith(1984) 提出打了就跑算法. 随机向量 $\boldsymbol{X}$ 服从正态分布, 是不完全已知概率分布, 概率密度函数为

$$f(\boldsymbol{x}) \propto H(\boldsymbol{x}) \exp(-\boldsymbol{x}^{\mathrm{T}} \boldsymbol{x}/2),$$

式中, $H(\boldsymbol{x}) = \max(S(t_m) - K, 0) I(\min\limits_{1 \leqslant j \leqslant m} S(t_j) \leqslant \beta)$. 建议概率分布为 $q(\lambda|\boldsymbol{d}, \boldsymbol{X})$, 其中随机方向 $\boldsymbol{d}$ 服从 s 维单位超球体上均匀分布, 有

$$\boldsymbol{d} = \left(\frac{Z_1}{\|\boldsymbol{Z}\|}, \frac{Z_2}{\|\boldsymbol{Z}\|}, \cdots, \frac{Z_s}{\|\boldsymbol{Z}\|} \right)^{\mathrm{T}},$$

$$\|\boldsymbol{Z}\| = \sqrt{Z_1^2 + Z_2^2 + \cdots + Z_s^2}, \quad Z_1, Z_2, \cdots, Z_s \sim N(0,1).$$

接受概率为

$$\alpha(\boldsymbol{x}, \boldsymbol{y}) = \min \left(\frac{f(\boldsymbol{y}) q(|\lambda| \,|{-}\mathrm{sgn}(\lambda)\boldsymbol{d}, \boldsymbol{y})}{f(\boldsymbol{x}) q(|\lambda| \,|\mathrm{sgn}(\lambda)\boldsymbol{d}, \boldsymbol{x})}, 1 \right).$$

当前样本值为 $\boldsymbol{X}_t$, 打了就跑算法如下:

① s 维单位超球体上均匀分布抽样产生随机方向 $\boldsymbol{d}$.

② $q(\lambda|\boldsymbol{d}, \boldsymbol{X}_t)$ 抽样产生 λ, 计算 $\boldsymbol{Y}_t = \boldsymbol{X}_t + \lambda\boldsymbol{d}$.

③ 若 $U \leqslant \alpha(\boldsymbol{X}_t, \boldsymbol{Y}_t)$, $\boldsymbol{X}_{t+1} = \boldsymbol{Y}_t$; 否则, $\boldsymbol{X}_{t+1} = \boldsymbol{X}_t$.

例如, 截尾两变量正态分布抽样. 在贝叶斯数据分析的公共计算问题中, 要进行截尾向量正态分布抽样. 截尾向量正态分布的概率密度函数为

$$f(\boldsymbol{x}) \propto \exp(-(\boldsymbol{x} - \boldsymbol{\mu})^{\mathrm{T}} \boldsymbol{\Sigma}^{-1}(\boldsymbol{x} - \boldsymbol{\mu})/2)I_{\{\boldsymbol{x} \in \boldsymbol{X}\}}.$$

使用打了就跑算法从截尾向量正态分布抽样, 其建议概率分布为

$$q(\lambda|\boldsymbol{d}, \boldsymbol{x}) \propto \exp(-\boldsymbol{d}^{\mathrm{T}} \boldsymbol{\Sigma}^{-1}\boldsymbol{d}\lambda^2/2 - \boldsymbol{d}^{\mathrm{T}} \boldsymbol{\Sigma}^{-1}(\boldsymbol{x} - \boldsymbol{\mu})\lambda)I_{\{\boldsymbol{x}+\lambda\boldsymbol{d} \in \boldsymbol{X}\}}.$$

建议概率分布是截尾单变量 λ 的正态分布, 其均值为 $-\boldsymbol{d}^{\mathrm{T}} \boldsymbol{\Sigma}^{-1}(\boldsymbol{x} - \boldsymbol{\mu})/(\boldsymbol{d}^{\mathrm{T}} \boldsymbol{\Sigma}^{-1}\boldsymbol{d})$, 方差为 $(\boldsymbol{d}^{\mathrm{T}} \boldsymbol{\Sigma}^{-1}\boldsymbol{d})^{\mathrm{T}}$. 使用 "打了就跑" 算法从截尾两变量正态分布抽样结果如图 4.7 所示.

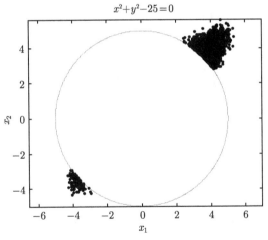

图 4.7　打了就跑算法从截尾两变量正态分布抽样结果

4.5.2　辅助变量算法

辅助变量算法是统计学的一般方法, 由于每一个概率密度函数 $f(x)$ 可看作边缘概率密度函数. 边缘概率密度函数为

$$f(x) = \int f(x, y)\mathrm{d}y,$$

其中, $f(x, y)$ 是随机变量 X 和 Y 的联合概率密度函数, y 称为辅助变量, 也称为本征变量. 向量 (X, Y) 是随机变量 X 的增广. Y 是未被观测的隐数据, 一般是由人工产生. 最早的辅助变量方法是求解似优化问题的期望最大化方法, 在期望最大化

算法中, 随机变量 X 是未被观测的隐变量 Y 的增广. 引入辅助变量的思想使得统计推断更加容易. 受到统计学辅助变量方法的启示, Higdon(1998) 提出辅助变量抽样方法, 应用于统计物理的 Pott 模型, Pott 模型的概率密集函数为

$$f(\boldsymbol{x}) = (1/Z) \exp(-E(\boldsymbol{x})/kT).$$

式中, Z 为配分函数, 能量函数为

$$E(\boldsymbol{x}) = -(J/4) \sum_{j \leftrightarrow k} \boldsymbol{x}_j \boldsymbol{x}_k.$$

式中, x 为自旋方向, 有 K 种自旋方向. 紧邻网格点可表示为

$$\psi_{jk} = \left\{ \begin{array}{ll} 1, & j \text{ 和 } k \text{ 是紧邻网格点}, \\ 0, & \text{否则}. \end{array} \right.$$

因此概率密集函数为

$$f(\boldsymbol{x}) \propto \prod_{j<k} \exp(J\psi_{jk} I_{\{x_j=x_k\}}).$$

定义辅助随机变量 $Y_{jk}, 1 \leqslant j < k \leqslant N$, 使得 $\boldsymbol{X}$ 和 $\boldsymbol{Y}$ 的联合概率密集函数为

$$f(\boldsymbol{x}, y) \propto \prod_{j<k} I\{0 < y_{jk} < \exp(J\psi_{jk} I_{\{x_j=x_k\}})\}.$$

辅助变量抽样算法是给定 $\boldsymbol{x}$, 从均匀分布 $U(0, \exp(J\psi_{jk} I_{\{X_j=X_k\}}))$ 抽样产生 Y_{jk}, 边缘概率密度函数等于目标概率密度函数:

$$f(x) = \int f(x, y) \mathrm{d}y = (1/Z) \exp(-E(\boldsymbol{x})/kT).$$

Swendsen 和 Wang(1987) 给出辅助变量抽样算法如下:

① 给定 X, 均匀分布 $U(0, \exp(J\psi_{jk} I_{\{X_j=X_k\}}))$ 抽样产生 Y_{jk}, 令 $B_{jk} = I_{\{Y_{jk} \geqslant 1\}}$, $j < k$.

② 给定 $\{B_{jk}\}$, 聚类所有位置产生 X, 独立选取每个聚类颜色, 由 K 均匀地得到可能的颜色.

注意到第②步只需要伯努利变量 $\{B_{jk}\}$, 因此第①步改为从伯努利分布

$$\text{Ber}(I_{\{X_j=X_k\}}(1 - \exp(-J\psi_{jk}))), \quad 1 \leqslant j < k \leqslant N,$$

抽样产生 $\{B_{jk}\}$.

例如, 晶格自旋方向抽样. $J = 0.8$, 20×20 个晶体网格, 抽样步数为 40, 用不同的灰度颜色表示不同的自旋方向, 模拟 Pott 模型晶格自旋方向抽样结果如图 4.8 所示, 图 (a) 为 4 个自旋方向, 图 (b) 为 8 个自旋方向.

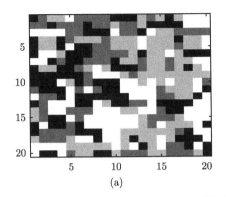 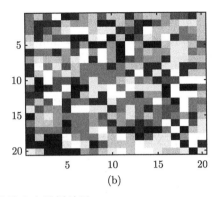

(a)   (b)

图 4.8 Pott 模型晶格自旋方向抽样结果

4.5.3 杂交蒙特卡罗算法

Duane, Kennedy, Pendleton, Roweth(1987) 首先提出杂交抽样算法. 杂交蒙特卡罗算法是由马尔可夫链蒙特卡罗算法与分子动力学算法杂交, 分子动力学算法是确定性模拟算法. 他们认识到除了遍历性定理以外, 在技术上蒙特卡罗模拟与分子动力学模拟也有紧密的联系. 在马尔可夫链蒙特卡罗方法中, 建议概率分布的选取一直是个难题. 由于用分子动力学方法产生的建议概率分布更接近已知概率分布的动力学机制, 因此用分子动力学方法产生的建议概率分布可能是一个好的建议概率分布, 降低了随机性, 改善马尔可夫链的状态转移性能. 杂交蒙特卡罗算法在量子场论计算中得到应用.

在分子动力学方法中, 牛顿方程用有限差分法进行数值求解, 跳蛙算法是其中一个算法, 跳蛙算法是 Hockney(1970) 提出的一个迭代算法, 令作用力为 F, 步长为 h, 速度 v 和位置 x 的迭代公式为

$$v_{n+1} = v_{n-1} + hF(x_n)/2,$$
$$x_{n+1} = x_n + hv_{n+1}.$$

位置向量为 $\boldsymbol{x}$, 动量向量为 $\boldsymbol{p}$, 势能函数为 $V(\boldsymbol{x})$, 动能函数为 $E(\boldsymbol{p})$, 哈密顿函数称为接受哈密顿函数, 其定义为

$$H(\boldsymbol{x}, \boldsymbol{p}) = V(\boldsymbol{x}) + E(\boldsymbol{p}).$$

建议概率分布为高斯分布:

$$q(\boldsymbol{p}) \propto \exp(-E(\boldsymbol{p})/kT).$$

在当前状态 $\boldsymbol{x}$ 下, 杂交抽样算法有如下几个步骤:

① 从建议概率分布 $q(\boldsymbol{p})$ 抽样产生新的动量向量 $\boldsymbol{p}$.

② 从状态 $(\boldsymbol{x}, \boldsymbol{p})$ 出发, 运行跳蛙算法 L 步, 在相空间获得一个新状态 $(\boldsymbol{x}^*, \boldsymbol{p}^*)$.

③ 接受概率 $\alpha(\boldsymbol{x}^*|\boldsymbol{x}) = \min(1, \exp((-H(\boldsymbol{x}^*, \boldsymbol{p}^*) + H(\boldsymbol{x}, \boldsymbol{p}))/kT)$, 以概率 $\alpha(\boldsymbol{x}^*|\boldsymbol{x})$ 接受 $\boldsymbol{x}^*$, 以概率 $1 - \alpha(\boldsymbol{x}^*|\boldsymbol{x})$ 拒绝 $\boldsymbol{x}^*$, 接受 $\boldsymbol{x}$.

4.6　改进方法共同框架

4.6.1　广义马尔可夫链算法

Rubinstein 和 Kroese(2007) 介绍改进算法的共同框架, 根据共同框架, 可以产生许多新的改进算法. 有一 $X \times Y$ 集, X 集为目标集, 目标集的概率密度函数为 $f(\boldsymbol{x})$, Y 集为辅助集. 在 $X \times Y$ 集上的马尔可夫链为$\{(X_t, Y_t), t=0, 1, 2, \cdots\}$, 马尔可夫链的每一个转移由两部分组成, 第一部分为 $(\boldsymbol{x}, \boldsymbol{y}'') \to (\boldsymbol{x}, \boldsymbol{y})$, 其转移矩阵为 $\boldsymbol{Q}$, 第二部分为 $(\boldsymbol{x}, \boldsymbol{y}) \to (\boldsymbol{x}', \boldsymbol{y}')$, 其转移矩阵为 $\boldsymbol{R}$. 马尔可夫链转移矩阵 $\boldsymbol{P}$ 为转移矩阵 $\boldsymbol{Q}$ 与转移矩阵 $\boldsymbol{R}$ 的乘积, 所以每一条马尔可夫链转移由 $\boldsymbol{Q}$ 步和 $\boldsymbol{R}$ 步组成, 如图 4.9 所示. 第一步为 $\boldsymbol{Q}$ 步, x 坐标不变, y 坐标改变, $\boldsymbol{Q}$ 的形式为

$$\boldsymbol{Q}[(\boldsymbol{x}, \boldsymbol{y}''), (\boldsymbol{x}, \boldsymbol{y})] = \boldsymbol{Q_x}(\boldsymbol{y}'', \boldsymbol{y}).$$

式中, $\boldsymbol{Q_x}$ 是 Y 集的转移矩阵, 假定 $\boldsymbol{Q_x}$ 存在平稳分布 q_x. 第二步为 $\boldsymbol{R}$ 步, 由平稳分布 q_x 和 $X \times Y$ 集上的邻域结构确定. 定义每点 $(\boldsymbol{x}, \boldsymbol{y})$ 有邻域集 $\Re(\boldsymbol{x}, \boldsymbol{y})$, 因此如果 $(\boldsymbol{x}', \boldsymbol{y}')$ 是 $(\boldsymbol{x}, \boldsymbol{y})$ 的邻近点, $(\boldsymbol{x}, \boldsymbol{y})$ 也是 $(\boldsymbol{x}', \boldsymbol{y}')$ 的邻近点. 图 4.9 中的阴影部分表示点 $(\boldsymbol{x}, \boldsymbol{y})$ 的邻域集 $\Re(\boldsymbol{x}, \boldsymbol{y})$.

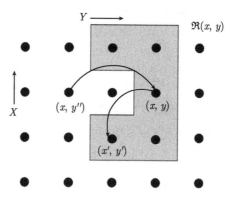

图 4.9　两步马尔可夫链转移

定义转移矩阵 $\boldsymbol{R}$ 为

$$\boldsymbol{R}[(\boldsymbol{x}, \boldsymbol{y}), (\boldsymbol{x}', \boldsymbol{y}')] = c(\boldsymbol{x}, \boldsymbol{y}) f(\boldsymbol{x}') q(\boldsymbol{y}'|\boldsymbol{x}'), \quad (\boldsymbol{x}', \boldsymbol{y}') \in \Re(\boldsymbol{x}, \boldsymbol{y}),$$

式中, $c(\boldsymbol{x}, \boldsymbol{y}) = \displaystyle\sum_{(\boldsymbol{x}', \boldsymbol{y}') \in \boldsymbol{R}(\boldsymbol{x}, \boldsymbol{y})} f(\boldsymbol{x}') q(\boldsymbol{y}'|\boldsymbol{x}')$, 当 $(\boldsymbol{x}, \boldsymbol{y})$ 和 $(\boldsymbol{x}', \boldsymbol{y}')$ 是相同邻域集时,

$c(\boldsymbol{x},\boldsymbol{y}) = c(\boldsymbol{x}', \boldsymbol{y}')$. 这样选取 $\boldsymbol{Q}$ 和 $\boldsymbol{R}$, 马尔可夫链有平稳分布:

$$\pi(\boldsymbol{x},\boldsymbol{y}) = f(\boldsymbol{x})q(\boldsymbol{y}|\boldsymbol{x}).$$

这个平稳分布也是极限分布, 可证明马尔可夫链是不可约的和非周期的. 由于 y 坐标不起作用, 所以 X_t 的极限分布是所要求的已知概率分布, 这将得到如下广义马尔可夫链抽样算法. 开始点为任意点 $(\boldsymbol{X}_0, \boldsymbol{Y}_0)$, 进行如下两步迭代:

① $\boldsymbol{Q}$ 步: 给定 $(\boldsymbol{X}_t, \boldsymbol{Y}_t)$, 由 $\boldsymbol{Q}(\boldsymbol{Y}_t, \boldsymbol{y}|\boldsymbol{x})$ 产生 $\boldsymbol{Y}$.

② $\boldsymbol{R}$ 步: 给定 $\boldsymbol{Y}$, 由 $\boldsymbol{R}[(\boldsymbol{X}_t, \boldsymbol{Y}), (\boldsymbol{x}, \boldsymbol{y})]$ 产生 $(\boldsymbol{X}_{t+1}, \boldsymbol{Y}_{t+1})$.

下面给出由广义马尔可夫链抽样算法的共同框架产生切片算法和可逆跳跃算法两个例子.

4.6.2 切片算法

Neal(1997, 2003) 提出切片算法, 随机变量 $\boldsymbol{X}$ 的概率密度函数为

$$f(\boldsymbol{x}) = c \prod_{k=1}^{m} f_k(\boldsymbol{x}),$$

式中, c 是已知的或者未知的归一化常数, $f_k(\boldsymbol{x})$ 是已知的非归一化函数. 根据改进算法共同框架, 由广义马尔可夫链抽样算法, 进行 $\boldsymbol{Q}$ 步和 $\boldsymbol{R}$ 步迭代.

$\boldsymbol{Q}$ 步: 平稳分布为 $q(\boldsymbol{y}|\boldsymbol{x}) = 1/\prod_{k=1}^{m} f_k(\boldsymbol{x})$, 给定 $\boldsymbol{X} = \boldsymbol{x}$, $\boldsymbol{Y} = (Y_1, Y_2, \cdots, Y_m)$, 从均匀分布 $U(0, f_k(\boldsymbol{x}))$ 抽样产生辅助随机变量 Y_k, $Y_k = U_k f_k(\boldsymbol{X})$.

$\boldsymbol{R}$ 步: 令 $\Re(\boldsymbol{x}, \boldsymbol{y}) = \{(\boldsymbol{x}', \boldsymbol{y}) : f_k(\boldsymbol{x}') \geqslant y_k, k = 1, 2, \cdots, m\}$, 注意到 $f_k(\boldsymbol{x}')q(\boldsymbol{y}|\boldsymbol{x}') = c$, 因此有

$$\boldsymbol{R}[(\boldsymbol{x},\boldsymbol{y}),(\boldsymbol{x}',\boldsymbol{y})] = 1/|\Re(\boldsymbol{x},\boldsymbol{y})|.$$

也就是说在 $\boldsymbol{R}$ 步, 给定 $\boldsymbol{x}$ 和 $\boldsymbol{y}$, 均匀地从交集 $\{\boldsymbol{x}' : f_k(\boldsymbol{x}') \geqslant y_k, k=1, 2, \cdots, m\}$ 抽样得到样本值 $\boldsymbol{X}'$. $\boldsymbol{R}$ 步抽样是根据 $\boldsymbol{Q}$ 步的抽样得到的 Y_k, 产生 m 个集族 $\{\boldsymbol{x}_k : f_k(\boldsymbol{x}) \geqslant Y_k, k=1, 2, \cdots, m\}$, m 个集族的交集为

$$\boldsymbol{x} = \bigcap_{k=1}^{m} \boldsymbol{x}_k = \boldsymbol{x}_1 \cap \boldsymbol{x}_2 \cap \cdots \cap \boldsymbol{x}_m.$$

交集是一个区域, $\boldsymbol{R}$ 步抽样是从交集区域均匀抽样, 令 a 表示交集 $\boldsymbol{x}$ 的最小元素, $a = \min(\boldsymbol{x})$; b 表示交集 $\boldsymbol{x}$ 的最大元素, $b = \max(\boldsymbol{x})$. 就是从均匀分布 $U(a,b)$ 抽样产生样本值 $\boldsymbol{X}$. 切片算法如下:

① $U(0, f_k(\boldsymbol{x}))$ 抽样产生 $Y_k = U_k f_k(\boldsymbol{X}_t)$, $k=1, 2, \cdots, m$.

② 均匀分布 $U(a,b)$ 抽样产生 $\boldsymbol{X}_{t+1}$.

切片算法可认为是吉布斯算法的特殊情况. Robert 和 Casella(2005) 从随机抽样的基本定理出发导出切片算法. 随机抽样的基本定理: 从概率分布 $f(x)$ 抽样, 等

价于从联合均匀分布 $U\{(x,v):0<v<f(x)\}$ 抽样, 联合随机变量 (X, V) 的 V 为均匀分布辅助变量. 根据随机抽样的基本定理, 可以得到切片算法. 例如, $f(x) = (1/2)\exp(-x^{1/2})$, 由切片算法, 得到 $V|x \sim U(0,(1/2)\exp(-x^{1/2}))$, $X|v \sim U(0, [\log(2v)]^2)$.

例如, 随机变量 X 的概率密度函数为

$$f(x) = cxe^{-x}/(1+x), \quad x \geqslant 0.$$

选取 $f_1(x) = x/(1+x)$, $f_2(x) = e^{-x}$. 从均匀分布 $U(0, f_k(x))$ 抽样产生 $Y_1 = U_1 f_1(X_t)$, $Y_2 = U_2 f_2(X_t)$. 产生 2 个集族 $\{\boldsymbol{x}_k : f_k(x) \geqslant Y_k, \ k = 1, 2\}$, 2 个集族的通集为

$$\boldsymbol{x} = \{\boldsymbol{x}_1 : x_1/(1+x_1) \geqslant Y_1\} \cap \{\boldsymbol{x}_2 : \exp(-x_2) \geqslant Y_2\}.$$

令 $a = \min(\boldsymbol{x}) = X_t/(1+X_t-U_1X_t)$, $b = \max(\boldsymbol{x}) = X_t - \ln U_2$, 由于 $X_t > 0, 0 \leqslant U_1$, $U_2 \leqslant 1$, 因此 $b > a$, 均匀分布为 $U(a,b)$. 切片算法如下:

① $Y_1 = U_1 f_1(X_t)$, $Y_2 = U_2 f_2(X_t)$, 求得 a, b.

② 均匀分布 $U(a, b)$ 抽样产生样本值 X_{t+1}.

4.6.3　可逆跳跃算法

Green(1995) 在贝叶斯模型选择应用中提出可逆跳跃算法. s 维随机变量 $\boldsymbol{X}$ 的联合概率密度函数为 $f(\boldsymbol{x},s)$, 可逆跳跃算法是按照允许的跳跃集合在不同的维数空间之间可逆跳跃, 跳跃也称为移动. 如果允许不同的维数最多只有 1, 则可能的跳跃有: $\boldsymbol{x}_1 \to \boldsymbol{x}_1'$, $\boldsymbol{x}_1 \to (\boldsymbol{x}_1', \boldsymbol{x}_2')$, $(\boldsymbol{x}_1, \boldsymbol{x}_2) \to \boldsymbol{x}_1'$. 在产生黑斯廷斯算法时, 移动建议概率分布 $q(m, \boldsymbol{y}|\boldsymbol{x}) = q(m|\boldsymbol{x})q(\boldsymbol{y}|\boldsymbol{x}, m)$, 可以看到可逆跳跃, $q(m|\boldsymbol{x}) = q(m|s)$.

根据改进算法共同框架, 由广义马尔可夫链抽样算法, 进行如下两步迭代:

$\boldsymbol{Q}$ 步: $\boldsymbol{Q}_x(\cdot, (\ \boldsymbol{y}, m)) = q(m|\boldsymbol{x})q(\boldsymbol{x}, \boldsymbol{y}|m)$.

$\boldsymbol{R}$ 步: 令 $\boldsymbol{R}(\boldsymbol{x}, (\boldsymbol{y}, m)) = \{(\boldsymbol{x}, (\boldsymbol{y}, m)), (\boldsymbol{y}, (\boldsymbol{x}, m'))\}$, 其中 m' 是可逆移动, 即从 $\boldsymbol{y}$ 移动到 $\boldsymbol{x}$.

$$\boldsymbol{R}[(\boldsymbol{x},(\boldsymbol{y}, m)), (\boldsymbol{y}, (\boldsymbol{x}, m'))] = t(\boldsymbol{x}, (\boldsymbol{y}, m))/(1 + 1/\rho),$$

其中, $\rho = f(\boldsymbol{y})q(m'|\boldsymbol{x})q(\boldsymbol{y}, \boldsymbol{x}|m')/f(\boldsymbol{x})q(m|\boldsymbol{x})q(\boldsymbol{x}, \boldsymbol{y}|m)$,

$$t(\boldsymbol{x}, (\boldsymbol{y}, m)) = \min(1 + \rho, 1 + 1/\rho).$$

当前样本值为 $\boldsymbol{X}_t$, $\boldsymbol{X}_t$ 的维数为 s, 得到可逆跳跃算法如下:

① $q(m|s)$ 抽样产生 m.

② $q(\boldsymbol{y}|\boldsymbol{X}_t, m)$ 抽样产生 $\boldsymbol{Y}_t$, $\boldsymbol{Y}_t$ 的维数为 m.

③ 若 $U \leqslant \alpha(\boldsymbol{X}_t, \boldsymbol{Y}_t)$, 样本值 $\boldsymbol{X}_{t+1} = \boldsymbol{Y}_t$, 否则, 样本值 $\boldsymbol{X}_{t+1} = \boldsymbol{X}_t$.

可逆跳跃算法的接受概率为

$$\alpha(\boldsymbol{x}, \boldsymbol{y}) = \min(f(\boldsymbol{y}, m)q(s|m)q(\boldsymbol{x}|\boldsymbol{y}, s)/f(\boldsymbol{x}, s)q(m|s)q(\boldsymbol{y}|\boldsymbol{x}, m), 1).$$

例如, 数据回归抽样. 贝叶斯统计推断模型选择, 数据回归需要从不同维数随机向量的已知概率分布抽样, 常常使用可逆跳跃算法. 这里只允许在向量之间跳跃, 向量维数相差最大是 1, 因此有 $\beta \to \beta_0'$, $\beta_0 \to (\beta_0', \beta_1')$, $(\beta_0, \beta_1) \to \beta_0'$, $\cdots$. 假定数据 $z_1, z_2, \cdots, z_N$ 是独立随机变量 $\{Z_j\}$ 取值的结果, 其形式为

$$Z_j = \sum_{k=0}^{s-1} \beta_k a_j^k + \varepsilon_j, \quad \varepsilon_j \sim N(0, 1), \quad j = 1, 2, \cdots, N.$$

式中, $a_1, a_2, \cdots, a_N$ 是已知变量, 参数 $s \in \{1, 2, 3\}$ 和 $\boldsymbol{\beta}^{(s)} = (\beta_0, \beta_1, \cdots, \beta_{s-1})$ 是未知量, 令 $\boldsymbol{z} = (z_1, z_2, \cdots, z_N)$, 给定 β 和 s, 先验分布为均匀分布, 后验分布的联合概率密度函数为

$$f(\boldsymbol{\beta}^{(s)}, s|\boldsymbol{z}) \propto \exp\left(-(1/2) \sum_{j=1}^{N} \left(z_j - \sum_{k=0}^{s-1} \beta_k a_j^k\right)^2\right).$$

注意到 $\boldsymbol{x} = (s, \beta)$ 的维数极大地依赖于 s, 使用标准黑斯廷斯算法和吉布斯算法抽样都不适合, 可使用可逆跳跃算法进行抽样. 当前样本值为 $\boldsymbol{X}_t$, $\boldsymbol{X}_t$ 的维数为 s, 可逆跳跃算法如下:

① 均匀分布 $U(1, 3)$ 抽样产生 m.

② 标准正态分布 $N(\boldsymbol{0}, \boldsymbol{I})$ 抽样产生 $\boldsymbol{Y}_t$, $\boldsymbol{Y}_t$ 的维数为 m.

③ 若 $U \leqslant \alpha(\boldsymbol{X}_t, \boldsymbol{Y}_t)$, 样本值 $\boldsymbol{X}_{t+1} = \boldsymbol{Y}_t$; 否则, 样本值 $\boldsymbol{X}_{t+1} = \boldsymbol{X}_t$.

接受概率为

$$\alpha(\boldsymbol{x}, \boldsymbol{y}) = \min(f(\boldsymbol{y}, m|\boldsymbol{z})q(\boldsymbol{x}|s)/f(\boldsymbol{x}, s|\boldsymbol{z})q(\boldsymbol{y}|m), 1).$$

计算取值为: $N = 101$, $a_j = (j-1)/20$, $j = 1, 2, \cdots, 101$, $(\beta_0, \beta_1, \beta_2) = (1, 0.3, 0.15)$. 模拟 10^5 次, 得到数据回归结果.

4.7 精确抽样方法

4.7.1 耦合过去算法

在此之前所有的马尔可夫链蒙特卡罗方法, 样本是渐近样本, 样本值近似地服从已知概率分布, 因此马尔可夫链蒙特卡罗方法不是精确的抽样方法, 而是近似的抽样方法. 马尔可夫链蒙特卡罗方法的各种算法可以证明是收敛的, 但是很难预先知道是何时收敛, 也无法预先确定预热期有多长, 需要进行收敛性诊断和监视. Propp 和 Wilson(1996) 提出完备抽样算法, 是一种精确的抽样算法, 在有限时间内可以从许多条马尔可夫链的样本中获得精确的样本值, 完备抽样算法有耦合过去算法和向前耦合算法, 完备抽样算法不是近似的抽样算法, 而是精确的抽样算法.

1. 耦合过去概念

正态分布的概率分布 $N(10, 0.5^2)$, 样本初始值在 -10 与 30 之间取不同值, 图 4.10 给出马尔可夫链蒙特卡罗方法的随机行走算法的抽样结果, 表明不管初始值如何, 马尔可夫链在 110 步之后, 收敛于 μ 值附近, 大致重叠在一起.

概率论已经知道如下事实: 如果从过去无限步开始的马尔可夫链, 则在时刻 0 马尔可夫链达到平稳分布, 此时的样本值是真实的样本值. Propp 和 Wilson 研究了马尔可夫链这种收敛重叠现象, 发现不需要从过去无限步开始, 只需要从过去有限步开始就能计算出真实的样本值. 在此之前马尔可夫链蒙特卡罗方法的各种算法中, 给定一个样本初始值, 产生一条马尔可夫链的 n 个样本值. 如果总共给定 n 个样本初始值, 则产生 n 条马尔可夫链, 产生 $n \times n$ 个样本值. 耦合过去思想表示在过去有限时刻 $-n$ 不同样本初始值 X_{-n} 开始的 n 条马尔可夫链, 以后向方式 $\{X_t, t = -n, \cdots, -2, -1\}$, 向着时刻 0 的样本值 X_0 发展, n 条马尔可夫链最终在时刻 0 之前的某时刻 $-\tau$ 的样本值 $X_{-\tau}$ 重叠在一起, 耦合到同一个样本值, 在时刻 $-\tau$ 以后马尔可夫链忘记其初始状态. 如果马尔可夫链 $\{X_t\}$ 是不可约的和非周期的, 能找到过去有限时刻 $-n$ 及其开始的所有马尔可夫链, 则其中一定有一条是精确值的平稳的马尔可夫链. 如果从某一时刻起两条马尔可夫链重叠在一起, 则认为从那个时刻向前两条马尔可夫链是恒等的, 因此 n 条马尔可夫链的统计性质具有恒等性. 所有马尔可夫链耦合到同一个样本精确值, 到达极限平稳分布, 将精确地服从时刻 0 的样本值 X_0 的概率密集函数 $f(x)$. 耦合过去的概念如图 4.11 所示.

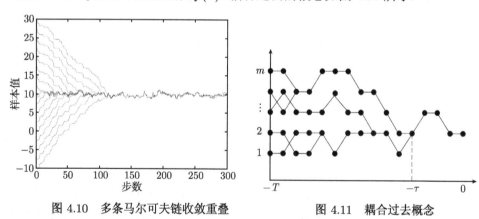

图 4.10　多条马尔可夫链收敛重叠　　　　　图 4.11　耦合过去概念

2. 耦合过去算法描述

讨论随机变量为离散情况下的耦合过去算法, 首先引入随机映射和随机映射合成. 令 U_t 是从固定分布抽样得到的独立同分布的样本值, 最简单的固定分布是 (0, 1) 均匀分布, 抽样得到随机数 U_t. 随机映射 ψ 表示马尔可夫链的后一样本值 X_{t-1}

和随机数 U_t 对前一样本值 X_t 的映射关系, 随机映射定义为

$$X_t = \Psi_t(X_{t-1}) = \Psi(X_{t-1}, U_t).$$

随机映射的特征是开始于所有可能状态的马尔可夫链可被同一个随机数 U_t 耦合. 随机映射合成定义为

$$\Phi_t(X) = \Psi_0 \circ \Psi_{-1} \circ \cdots \circ \Psi_{-t}(X),$$

式中, $\circ$ 表示随机映射合成. 如果随机映射合成 Φ_t 为常数, 则所有可能的马尔可夫链重叠在一起, 耦合到同一个样本精确值 X_0. 由于向后移动一步, 速度太慢, 可以做双倍步向后移动, 因此随机映射合成写为 $\Phi_{-1}, \Phi_{-2}, \Phi_{-4}, \Phi_{-8}, \Phi_{-16}, \cdots$. 耦合过去算法的核心抽样过程如下:

① 产生随机映射 $\Psi_{-1}, \Psi_{-2}, \Psi_{-4}, \cdots$.
② 对 $t = -1, -2, -4, \cdots$, 计算随机映射合成: $\Phi_t(X) = \Psi_0 \circ \Psi_{-1} \circ \cdots \circ \Psi_{-t}(X)$.
③ 逐一查看随机映射合成: $\Phi_{-1}, \Phi_{-2}, \Phi_{-4}, \cdots$, 确定使得 Φ_t 为常数的 t 值.
④ 对任意的 X_0, 取 $\Phi_t(X_0)$ 对应的 X_0 为样本值.

应用耦合过去算法的主要困难是不可能同时控制开始于一切可能状态的所有马尔可夫链, Propp 和 Wilson 提出一个方法是在所有可能状态中建立一个序 "$\diamond$", 使得该序在一步耦合的马尔可夫链转移之后维持不变, 对所有 $0 < U < 1$, 有

$$\boldsymbol{x} \diamond \boldsymbol{y} \to \Psi(\boldsymbol{x}, U) \diamond \Psi(\boldsymbol{y}, U).$$

假设在该序下存在一个最大状态和一个最小状态, 则仅需在计算机上监控两条马尔可夫链, 一条是开始于最大状态的链, 另一条是开始于最小状态的链, 当这两条链耦合时, 开始于所有其他状态的链一定耦合到同一状态.

4.7.2 向前耦合算法

耦合过去算法的主要争议焦点之一是花费很长时间还找不到一个合适的过去时刻时, 若是中断迭代, 产生的样本值将发生偏差, 因此耦合过去算法是不可中断的. 为了克服这个缺点, Fill(1998) 提出向前耦合算法, 向前耦合算法是可中断的. 引入反向核:

$$\tilde{K}(\omega, \omega') = f(\omega')K(\omega', \omega)/f(\omega).$$

对于固定的 ω 和 ω', 随机映射为

$$\Psi(\omega, u) = \omega'.$$

条件分布为 $g_\Psi(u|\omega, \omega')$, 向前耦合完备抽样算法的核心抽样过程如下:

① 选取时间 $t = 1, 2, \cdots$, 和状态 $x_t = z$.
② 由反向核 $\tilde{K}$ 产生 $X_{t-1}|x_t, X_{t-2}|x_{t-1}, \cdots, X_0|x_1$.

③ 从条件分布 $g_\Psi(u|x_0, x_1)$, $g_\Psi(u|x_1, x_2)$, $\cdots$, $g_\Psi(u|x_{t-1}, x_t)$ 抽样产生 U_1, $U_2, \cdots, U_t$.

④ 产生随机映射 $\Psi_1 = \Psi(u_1, \cdot)$, $\Psi_2 = \Psi(u_2, \cdot)$, $\cdots$, $\Psi_t = \Psi(u_t, \cdot)$.

⑤ 确定随机映射合成 $\Psi_1 \circ \Psi_2 \circ \cdots \circ \Psi_t$ 是否为常数.

⑥ 若是常数, 样本值为 X_0, 否则取新的 t 和 z, 重新进行.

原来耦合过去算法和向前耦合算法只适用于离散分布抽样, 不适用于连续分布抽样. 经过 Murdoch 和 Green(1998), Green 和 Murdoch(1999), Corcoran 和 Tweedie (2002), Hobert 和 Robert(2004) 等的推广, 现在已经可以应用到连续模拟系统, 并应用到完备抽样切片算法. 在耦合方法上, Breyer 和 Robert(2000), Corcoran 和 Tweedie (2002) 讨论自动耦合问题. 完备抽样算法实现起来还有很多困难和限制. 需要生成许多条马尔可夫链, 在发生重叠之前要进行大量的迭代, 因此计算时间可能很长. 除非样本空间具有随机单调性, 否则由于要求很大的内存, 很难产生样本空间所有可能状态的马尔可夫链. 完备抽样算法引起许多学者的广泛兴趣, 提出许多新的技巧处理各种不同的情况, 完备抽样方法还不够成熟, 仍在发展中, 将来有可能成为主流方法.

4.8　马尔可夫链蒙特卡罗模拟

4.8.1　马尔可夫链的预热期

由图 4.10 可以看出, 一条好的马尔可夫链最有用的特征是它很快地忘记过去, 就是马尔可夫链经过一段时间的状态转移, 状态的取值很快变得与初始状态无关, 状态很快从非平稳达到平稳, 马尔可夫链很快地收敛. 由于初始状态的选取对马尔可夫链的开始段状态有很强的影响, 而且样本是通过马尔可夫链来抽取的, 根据马尔可夫链的性质, 后一状态依赖于前一状态, 后一状态总是在前一状态附近变动, 因此通用梅特罗波利斯算法的样本是相关的, 不是统计独立的, 特别是预热期的样本. 马尔可夫链的开始段状态与初始状态联系比较密切, 都在初始状态附近, 远未达到平稳状态, 因此开始段抽样的状态近似性比较差, 马尔可夫链的开始段称为预热期, 预热期用预热步数表示. 为了忘记初始状态, 消除预热期的影响, 使得状态比较接近平稳状态, 降低随机抽样偏差, 实际计算时, 一般是把预热期的样本甩掉, 直接跨过预热期, 进入较为平稳段.

在马尔可夫链蒙特卡罗模拟方法中, 样本独立性问题是要特别注意的问题, 在用蒙特卡罗方法求解估计问题时, 由这些相关样本获得的估计比由独立样本获得的估计具有更大的方差, 这个方差通常是非常大的. 如果样本相关性歪曲物理模型的特性, 则得到完全错误的结果. 由于样本不是统计独立, 通常的方差估计公式也就不再成立了. 为了克服这个局限, 可以设计有效的算法, 以产生弱相关样本, 不过至今还没有看到成功的算法. 在实际工作中, 一般是甩掉马尔可夫链中预热期的样本, 选取预热期后面的样本, 使得样本值之间相关性很小.

4.8.2 马尔可夫链蒙特卡罗模拟方法

马尔可夫链蒙特卡罗模拟可以进行一条马尔可夫链模拟, 也可以进行多条马尔可夫链模拟.

1. 一条马尔可夫链模拟

令马尔科夫链步数为 $t = 0, 1, 2, \cdots, k, \cdots, T, k$ 为预热步数, T 为终结步数, 样本路径长度为 $m, m = T + 1 - k$. 马尔可夫链蒙特卡罗模拟的基本框架是使用马尔可夫链蒙特卡罗方法产生随机变量 $\boldsymbol{X}$ 的样本值, 一条马尔科夫链第 t 步的样本值为 $\boldsymbol{X}_t$, 统计量取值为 $h(\boldsymbol{X}_t)$, 统计量的渐近估计为

$$\hat{h} = \frac{1}{T + 1 - k} \sum_{t=k}^{T} h(\boldsymbol{X}_t).$$

模拟统计量估计值的方差为

$$\mathrm{Var}[\hat{h}] \approx (\sigma^2/T) \left(1 + 2 \sum_{j=1}^{\infty} R_j\right).$$

统计量自相关系数为

$$R_j = \mathrm{Corr}[h(\boldsymbol{X}_1), h(\boldsymbol{X}_{j+1})].$$

2. 多条马尔可夫链模拟

模拟 n 条马尔科夫链, 统计量的渐近估计为

$$\hat{h} = \frac{1}{n} \sum_{i=1}^{n} \hat{h}_i = \frac{1}{n} \sum_{i=1}^{n} \frac{1}{T + 1 - k} \sum_{t=k}^{T} h(\boldsymbol{X}_{i,t}).$$

Fishman(1996) 详细研究了马尔可夫链蒙特卡罗方法的样本路径设计和分析问题, 给出马尔可夫链蒙特卡罗方法的方差和样本路径长度, 讨论马尔可夫链预热步数 k、样本路径长度 m、马尔可夫链终结步数 T、马尔可夫链模拟条数 n 和初始概率分布 $f(x_0)$ 等参数的选取问题.

4.8.3 提高模拟效率

马尔可夫链蒙特卡罗方法既是一种随机抽样方法, 也是一种提高模拟效率的方法. 它不是通过降低方差的途径, 而是通过提高抽样效率的途径, 减少抽样模拟时间, 加快收敛速度, 从而达到提高模拟效率的目的. 马尔可夫链蒙特卡罗模拟是利用马尔可夫链蒙特卡罗抽样方法对估计值问题进行蒙特卡罗模拟的方法, 具体做法与直接抽样方法进行蒙特卡罗模拟没有本质的区别.

相关随机向量的概率分布 $f(x)$ 往往成孤岛分布, 在局部空间形成近乎 delta 函数分布, 密度函数变动很剧烈, 在大部分空间点的 $f(x)$ 值趋于零, 如果采用均匀分布抽样, 不管模拟多少次, 准确度几乎为零, 效率很低. 即使采用重要抽样方法降低方差, 大多数的样本权重也趋于零, 因此收敛速度很慢, 消耗大量的模拟时间, 方差也会变得很大. 对于高维相关随机向量, 由于舍选算法抽样效率公式中的分母数值很大, 舍选算法抽样效率几乎为零, 舍选算法失效. 应用于完全已知概率分布抽样, 不是通过降低方差的途径, 而是通过提高抽样效率的途径, 加快收敛速度, 减少抽样模拟时间, 从而达到提高模拟效率的目的. 例如, 两维随机变量服从指数分布, 其概率密度函数为

$$f(x_1, x_2) = c \exp(-(x_1^2 x_2^2 + x_1^2 + x_2^2 - 8x_1 - 8x_2)/2), \quad -2 \leqslant x_1, x_2 \leqslant 7.$$

式中, $c \approx 20216$. 若用直接抽样方法的取舍算法, 抽样效率为 4.9465×10^{-5}. 采用随机行走算法, 建议分布采用正态分布, 其条件概率密度函数 $q(y|x) = N(x, \sigma^2)$, 从建议分布抽样得到候选样本值: $Y = X + \sigma Z$, 其中 Z 是从标准正态分布 $N(0, 1)$ 抽样的样本值. 当 $\sigma = 1$ 时, 接受概率为 0.3027. 可见马尔可夫链蒙特卡罗方法与取舍算法相比, 抽样效率有较大的提高. 随机行走算法抽样结果, 样本值估计及其 95% 置信区间如表 4.1 所示.

表 4.1　样本值估计及其置信区间

模拟次数	X_1 估计值	X_1 估计值置信区间	X_2 估计值	X_2 估计值置信区间
10^4	1.93942	(1.68606, 2.19277)	1.82243	(1.56741, 2.07745)
10^5	1.88109	(1.81377, 1.94842)	1.83848	(1.77208, 1.90488)
10^6	1.86623	(1.84388, 1.88857)	1.85477	(1.84345, 1.87719)

参 考 文 献

刘军. 2009. 科学计算中的蒙特卡罗策略. 唐年胜, 等译. 北京: 高等教育出版社.

Barker A A. 1965. Monte Carlo calculations of the radial distribution functions for a proton electron plasma. Aust. J. Phys., 18: 119-133.

Breyer L, Roberts G. 2000. Catalytic perfect simulation. Technical report, Department of Statistcs, Univ. of Lancaster.

Corcoran J, Tweedie R. 2002. Perfect sampling from independent Metropolis-Hastings chains. J. Statist. Plann. Inference, 104(2): 297-314.

Duane S, Kennedy A D, Pendleton B J, et al. 1987. Hybrid Monte Carlo. Physics Letters B, 195(2): 216-222.

Fill J. 1998. An interruptible alogorithm for exact sampling via Markov chains. Ann. Applied Prob., 8: 131-162.

Fishman G S. 1996. Monte Carlo Concepts,Algorithms and Applications. New York: Springer Verlag.

Frenkel D, Smit B. 1996. Understanding Molecular Simulation: from Algorithms to Applications. San Diego: Academic Press.

Gelman A, Robert G O, Gilks W R. 1995. Efficient Metropolis jumping rules//Bernardo J, et al, ed. Bayesian Statistics, Vol.5. Oxford: Oxford University Press.

Geman S, Geman D. 1984. Stochastic relaxation, Gibbs distributions and the Bayesian restoration of images. IEEE Trans. Pattern Anal. and Machine Intel., PAMI-6: 721-740.

Green P. 1995. Reversible jump MCMC computation and Bayesian model determination. Biometrika, 82(4): 711-732.

Green P, Murdoch D. 1999. Exact sampling for Bayesian inference:towards general purpose algorithms// Berger J, et al, ed. Bayesian Statistics 6. Oxford: Oxford University Press.

Hastings W K. 1970. Monte Carlo sampling methods using Markov chains and their Applications. Biometrika, 57: 92-109.

Higdon D M. 1998. Auxiliary variable methods for Markov chain Monte Carlo with applications. Journal of the American Statistical Association, 93: 585-595.

Hobert J, Robert C. 2004. Moralizing perfect sampling. Ann. Applied Prob.(to appear).

Kroese D P, Taimre T, Botev Z I. 2011. Handbook of Monte Carlo methods. New York: John Wiley & Sons.

Liu J S. 1996. Peskun's theorem and a modified discrete-state Gibbs sampler. Biometrika 83(3): 681-682.

Liu J S, Liang F, Wong W H. 2000. The use of multiple-try method and local optimization in Metropolis sampling. Journal of the American Statistical Association, 95: 121-134.

Liu J S. 2001. Monte Carlo Strategies in Scientific Computing. Now York: Springer Verlag.

Metropolis N, Rosenbluth A W, Rosenbluth M N, et al. 1953. Equations of state calculations by fast computing machines. J. Chem. Phys., 21: 1087-1092.

Meyn S P, Tweedie R L. 1993. Markov chains and stochastic stability. New York: Springer Verlag.

Murdoch D, Green P. 1998. Exact sampling for a continuous state. Scandinavian J. Statist., 25(3): 483-502.

Neal R. 1997. Markov chain Monte Carlo methods based on slicing the density function. Technical report, Univ. of Toronto.

Neal R. 2003. Slice sampling (with discussion). Ann. Statist., 31: 705-767.

Niedermayer F. 1988. General cluster updating method for Monte Carlo simulations. Physical Review Letters, 61(18): 2026-2029.

Propp J G, Wilson D B. 1996. Exact sampling with coupled Markov chains and applications to statistical mechanics. Random Structures and Algorithms, 9: 223-252.

Qin Z, Liu J S. 2001. Multi-point Metropolis method with application to hybrid Monte Carlo. Journal of Computational Physics, 172: 827-840.

Robert C P, Casella G. 2005. Monte Carlo Statistical Methods. New York: Springer Verlag.

Roberts G O, Gelman A, Gilks W R. 1997. Weak convergence and optimal scaling of random walk Metropolis algorithms. Annals of Applied Probability, 7: 110-120.

Rubinstein R Y, Kroese D P. 2007. Simulation and the Monte Carlo Method. New York: John Wiley & Sons.

Siepmann J I, Frenkel D. 1992. Configurational bias Monte Carlo:a new sampling scheme for flexible chains. Molecular Physics, 75(1): 59-70.

Smith R L. 1984. Efficient Monte Carlo procedures for generating points uniformly distributed over bounded regions. Operations Research, 32(6): 1296-1308.

Swendsen R H, Wang J S. 1987. Nonuniversal critical dynamics in Monte Carlo simulations. Physical Review Letters, 58(2): 86-88.

Wolff U. 1989. Collective Monte Carlo updating for spin systems. Physical Review Letters, 62(4): 361-364.

第5章　基本蒙特卡罗方法

5.1　估计值蒙特卡罗方法

5.1.1　蒙特卡罗方法基本框架

对于随机变量, 解决估计值问题的蒙特卡罗方法的基本框架用概率论和测度论语言描述如下: 首先构建一个概率空间 $(\Omega, \mathscr{F}, P)$, Ω 是样本空间, 表示全体事件. $\mathscr{F}$ 是事件空间, 称为博雷尔空间, 是 Ω 的子集的集合. 基本事件 ω 属于样本空间 $\Omega, \omega \in \Omega, P$ 是发生基本事件 ω 的概率测度, 称为概率函数. 然后在该概率空间中, 确定随机变量 X, 它定义为样本空间 Ω 上的一个实值函数 R, 随机变量具有概率分布 $f(x)$. 确定统计量 $h(x)$, 统计量是随机变量 x 的函数, 其期望为 μ, 均方差为 σ. 从概率分布 $f(x)$ 抽样, 产生样本值 X_i, 统计量的取值为 $h(X_i)$. 最后进行统计估计, 统计量 $h(X_i)$ 的算术平均值是统计量的无偏估计 $\hat{h}$, 作为估计值问题的近似估计, 它依概率 p 收敛于统计量期望 μ. 统计量估计值的误差 ε 与均方差 σ 成正比, 与模拟次数 n 的平方根成反比. 可用一个结构式来表示蒙特卡罗方法的基本框架, 这个结构式为

$$
\left\{ (\Omega, \mathscr{F}, P); \ \omega \in \Omega; X(\omega): \Omega \to R; f(x); h(x); \mu; \sigma; X_i; h(X_i); \right.
$$
$$
\left. \hat{h} = \frac{1}{n} \sum_{i=1}^{n} h(X_i) \xrightarrow{p} \mu; \varepsilon \propto \sigma/\sqrt{n} \right\}.
$$

对于随机过程, 也有类似于随机变量的表述. 不同的是, 在该概率空间中, 是确定随机过程 $X(t)$, 其联合概率分布为 $f(x; t)$, 抽样的样本值为 $X_i(t)$, 统计量为 $h(x(t))$, 统计量的取值为 $h(X_i(t))$, 统计量的估计值为

$$
\hat{h}(t) = \frac{1}{n} \sum_{i=1}^{n} h(X_i(t)).
$$

在蒙特卡罗方法的基本框架中, 有两个特征量很重要, 一是随机变量或随机过程及其概率分布, 是随机抽样问题; 另一是统计量, 是统计估计问题. 统计量 $h(x)$ 是随机变量 x 的函数, 也是一个随机变量, 是与估计值密切相关的特征量, 对实际系统它是系统性能和功能的量度. 蒲丰投针模拟, 随机变量是投针落点的距离和极角, 统计量是投针与平行线相交概率. 射击打靶模拟, 随机变量是弹着点的位置, 统

计量是命中环数. 积分估计值问题可写为

$$I = \int \varphi(x)\mathrm{d}x = \int h(x)f(x)\mathrm{d}x,$$

其中, $f(x)$ 是概率分布, $h(x)$ 是统计量. 蒙特卡罗方法的基本框架归纳为 4 个步骤:

(1) 建立概率模型. 概率模型是用概率统计的方法对实际问题或系统作出的一种数学描述, 可以描述随机性问题和确定性问题. 建立概率模型就是构建一个概率空间, 确定概率空间元素 Ω, $\mathscr{F}$, P 以及它们之间的关系.

(2) 随机抽样产生样本值. 用随机抽样方法从随机变量或随机过程的概率分布抽样, 产生随机变量或随机过程的样本值.

(3) 确定和选取统计量. 确定统计量与随机变量或随机过程的函数关系, 由随机变量或随机过程的样本值得到统计量的取值.

(4) 统计估计. 由统计量的算术平均值得到统计量的估计值, 作为所要求解问题的近似估计值.

5.1.2   蒙特卡罗方法数学性质

蒙特卡罗方法的稳定性和收敛性与普通数值方法有很大的不同. 普通数值方法由于频繁的迭代, 误差可能积累得很大, 造成算法不稳定和发散. 蒙特卡罗方法虽然也有多次模拟, 但是没有普通数值方法那样的频繁迭代, 舍入误差一般可以忽略不计, 截断误差的作用也很有限, 不至于产生误差传播, 积累得很大, 导致不稳定和发散. 各种蒙特卡罗算法的稳定性和收敛性, 不用建立专门的误差分析理论, 那么蒙特卡罗方法的数学性质是什么, 为什么蒙特卡罗模拟结果大体上总是正确的, 除非错用了随机数和抽样方法.

概率论的大数法则和中心极限定理作为蒙特卡罗方法的数学基础, 表征蒙特卡罗方法的数学性质, 在理论上保证蒙特卡罗方法的正确性. 稳定性和收敛性是由概率论的大数法则来验证, 误差和收敛速度是由中心极限定理来分析. 大数法则回答蒙特卡罗方法的稳定性和收敛性问题, 中心极限定理回答蒙特卡罗方法的误差和收敛速度问题.

根据测度论, 如果随机数是独立的, 则由随机抽样方法所确定的函数是博雷尔可测的, 因此由随机抽样方法所确定的样本值 X_i 是独立同分布的. 由于样本值 X_i 是独立同分布的, 所以统计量 $h(X_i)$ 也是独立同分布的. 如果存在统计量的期望 $E[h(X_i)] = \mu$, 根据概率论的辛钦强大数法则, 统计量的均值就是统计量的估计值 $\hat{h}$, 因此

$$\hat{h} = \frac{1}{n}\sum_{i=1}^{n} h(X_i)$$

依概率收敛到期望 μ, 即对任意的 $\varepsilon > 0$, 有

$$\lim_{n \to \infty} \text{Pr} \left(\left| \frac{1}{n} \sum_{i=1}^{n} h(X_i) - \mu \right| < \varepsilon \right) = 1.$$

因此, 当 $n \to \infty$ 时, 统计量的估计值 $\hat{h}$ 以概率为 1 收敛到期望 μ. 统计量作为参数, 由于一个参数的估计值的期望等于该参数, 所以统计量的估计值是统计量的无偏估计值, 这样的统计量称为无偏统计量. 大数法则保证蒙特卡罗方法的估计值是无偏估计值, 收敛到真值, 保证蒙特卡罗方法的估计值收敛到问题的正确结果, 这就是说蒙特卡罗方法的稳定性和收敛性由大数法则来验证.

保证蒙特卡罗方法是稳定和收敛的前提条件是: 随机数是独立的, 样本值是独立同分布的, 统计量也是独立同分布的, 而且统计量存在数学期望. 随机数的独立性由随机数产生方法和统计检验来保证, 样本值的独立同分布由随机抽样方法来保证, 统计量独立同分布是样本值独立同分布的推论, 在一般情况下是可以满足这些保证的. 剩下的就是保证统计量存在数学期望, 统计量 $h(x)$ 的数学期望为

$$\mu = E[|h(X)|] = \int |h(x)| f(x) \mathrm{d}x < \infty.$$

蒙特卡罗方法稳定和收敛的充分必要条件是取决于所确定的无偏统计量是否绝对可积, 也就是说, 蒙特卡罗方法的稳定和收敛性取决于所确定的无偏统计量的绝对数学期望是否存在.

5.1.3 蒙特卡罗方法误差

蒙特卡罗方法的误差与普通数值方法的误差有所不同, 普通数值方法的误差是确定性误差, 而蒙特卡罗方法的误差是随机性误差. 蒙特卡罗方法的误差和收敛速度用概率论的中心极限定理来分析. 如果统计量 $h(X_i)$ 独立同分布, 且存在期望 $E[h(X_i)] = \mu$ 和方差 $\text{Var}[h(X_i)] = \sigma^2$, σ 为均方差 (标准差), 则根据概率论中的勒维–林德伯格中心极限定理, 随机变量

$$\left(\frac{1}{n} \sum_{i=1}^{n} h(X_i) - \mu \right) \bigg/ (\sigma/\sqrt{n})$$

渐近地服从标准正态分布 $N(0,1)$, 即

$$\lim_{n \to \infty} \text{Pr} \left(\left(\frac{1}{n} \sum_{i=1}^{n} h(X_i) - \mu \right) \bigg/ (\sigma/\sqrt{n}) \right) \leqslant X_\alpha = \left(1/\sqrt{2\pi} \right) \int_{-\infty}^{X_\alpha} \exp(-t^2/2) \mathrm{d}t,$$

式中, X_α 称为正态差. 令置信概率为 α, 置信概率又称为显著水平, 置信水平为 $1 - \alpha$, 置信水平也称为置信度. 考虑偏差的取值范围为

$$-X_\alpha \sigma/\sqrt{n} \leqslant \frac{1}{n} \sum_{i=1}^{n} h(X_i) - \mu \leqslant X_\alpha \sigma/\sqrt{n}.$$

积分限不是 $-\infty < t \leqslant X_\alpha$, 而是 $-X_\alpha < t \leqslant X_\alpha$, 由勒维–林德伯格中心极限定理得到

$$\lim_{n \to \infty} \Pr\left(\left|\frac{1}{n}\sum_{i=1}^{n} h(X_i) - \mu\right| \leqslant X_\alpha \sigma/\sqrt{n}\right)$$
$$= \left(1/\sqrt{2\pi}\right) \int_{-X_\alpha}^{X_\alpha} \exp(-t^2/2)\mathrm{d}t = \phi(X_\alpha) = 1 - \alpha,$$

式中, 拉普拉斯函数近似计算公式为

$$\phi(X_\alpha) \approx 1 - \left(1 + \sum_{i=1}^{6} a_i(X_\alpha/\sqrt{2})^i\right)^{-16},$$

式中, $a_1 = 0.0705230784$, $a_2 = 0.0422820123$, $a_3 = 0.0092705272$, $a_4 = 0.0001520143$, $a_5 = 0.0002765672$, $a_6 = 0.0000430638$.

置信概率和置信水平分别为

$$\alpha = 1 - \phi(X_\alpha), \quad 1 - \alpha = \phi(X_\alpha).$$

可以根据拉普拉斯函数近似计算公式或者查拉普拉斯函数表, 得到显著水平、置信水平与正态差的关系如表 5.1 所示.

表 5.1　显著水平、置信水平与正态差的关系

显著水平 α	置信水平 $1-\alpha$	正态差 X_α	显著水平 α	置信水平 $1-\alpha$	正态差 X_α
0.001	0.999	3.2906	0.1	0.90	1.64485
0.005	0.995	2.8072	0.31731	0.68269	1.0
0.01	0.99	2.5758	0.5	0.5	0.67449
0.05	0.95	1.9600	1.0	0.0	0.0

统计量估计值的绝对误差为

$$\varepsilon_a = |\hat{h} - \mu| = \left|\frac{1}{n}\sum_{i=1}^{n} h(X_i) - \mu\right| = X_\alpha\sqrt{Var}/\sqrt{n} = X_\alpha\sigma/\sqrt{n}.$$

统计量估计值的置信区间为 $(\hat{h} - \varepsilon_a, \hat{h} + \varepsilon_a)$. 统计量估计值的相对误差为

$$\varepsilon_r = \frac{\varepsilon_a}{\hat{h}} = \frac{X_\alpha\sqrt{Var}}{\hat{h}\sqrt{n}} = \frac{X_\alpha\sigma}{\hat{h}\sqrt{n}}.$$

百分比相对误差为 $\varepsilon_{r\%} = 100\varepsilon_r\%$. 由于绝对误差、相对误差和百分比相对误差都与正态差成正比, 如果在蒙特卡罗模拟时, 给出正态差 $X_\alpha = 1$ 的误差, 则可得到其他正态差时的误差, 相当于得到不同显著水平和置信水平时的误差.

给定置信水平 $1 - \alpha$, 正态差 X_α 就确定了, 因此蒙特卡罗方法的误差是在某一置信水平下的概率误差. 统计量估计值的误差与统计量的方差的平方根 (均方差

σ) 成正比, 与模拟次数的平方根成反比, 误差的阶为 $O(n^{-1/2})$. 蒙特卡罗方法误差与问题的维数无关, 蒙特卡罗方法对系统状态空间的复杂度不敏感, 这是蒙特卡罗方法的最大特点. 因为普通数值方法的误差除了与结点数 n 有关, 还与问题的维数 s 有关, 多维数值积分误差的阶为 $O(n^{-2/s})$, 误差随维数增加而迅速增大. 由于蒙特卡罗方法的误差与问题的维数无关, 蒙特卡罗方法最适宜高维问题模拟, 避免了 "维数灾难" 或者 "维数诅咒".

从中心极限定理出发, 推导得收敛速度最大为 $n^{-1/2}$. 如果无偏统计量满足

$$E[|h(X)|^r] = \int |h(x)|^r f(x) \mathrm{d}x < \infty,$$

其中 $1 \leqslant r \leqslant 2$, 则

$$\Pr\left(\lim_{n\to\infty} n^{(r-1)/r}(\hat{h} - \mu) = 0\right) = 1.$$

因此统计量的估计 $\hat{h}$ 依概率 1 收敛到期望 μ 的收敛速度为 $n^{(1-r)/r}$. 蒙特卡罗方法的收敛速度与维数无关, 蒙特卡罗方法的收敛速度取决于所确定的无偏统计量是几次绝对可积, 由于 $1 \leqslant r \leqslant 2$, 收敛速度不会超过 $n^{-1/2}$.

5.1.4 蒙特卡罗方法效率

蒙特卡罗方法解决实际问题的效率很难制定一个统一标准, 一般可以用费用来衡量. 所谓费用 C 就是统计量的方差 σ^2 与模拟时间 t 的乘积, 费用为

$$C = \sigma^2 t.$$

蒙特卡罗模拟时间包括四项, 第一项是数据输入和初始化时间, 第二项是每次模拟的随机抽样时间, 第三项是每次模拟的统计量计算时间, 第四项是结果输出时间. 主要模拟时间是第二项和第三项, 特别是第二项时间. 令每次模拟时间为 τ, 模拟时间为

$$t = t_1 + nt_2 + nt_3 + t_4 \approx nt_2 + nt_3 = n\tau.$$

为了全面衡量蒙特卡罗方法, 有必要定义一个指标来定量确定蒙特卡罗方法的效率. 由于绝对误差的平方和模拟时间的乘积与模拟次数无关:

$$\varepsilon_a^2 t = (X_\alpha^2 \sigma^2/n) n\tau = X_\alpha^2 \sigma^2 \tau,$$

所以蒙特卡罗方法效率可定义为

$$\eta = 1/\varepsilon_a^2 t = 1/X_\alpha^2 \sigma^2 \tau.$$

因此, 蒙特卡罗方法效率与统计量的方差和每次模拟时间成反比, 提高蒙特卡罗方法效率的主要途径是降低方差, 减少模拟时间.

蒙特卡罗方法效率也称为品质因数, 简称为 FOM. 蒙特卡罗方法效率与方差和每次模拟时间成反比. 同一统计量有两种蒙特卡罗方法, 它们的品质因数之比称为效益因子, 效益因子可以衡量哪种蒙特卡罗方法的效益更好, 效益因子为

$$F_B = \eta_1/\eta_2 = \sigma_1^2\tau_1/\sigma_2^2\tau_2.$$

方差和费用的预先确定是十分困难的, 许淑艳 (1984) 介绍了 Amster 和 Djomehrl (1976) 效率预测问题, 对于粒子输运问题, 得到效益因子的计算方法, 其计算工作量与粒子输运问题本身相当, 所以蒙特卡罗方法效率的预测是相当困难. 不过效率预测的研究可以给提高效率的理论分析指出方向, 在很多情况下主要是降低方差.

5.2　直接模拟方法

5.2.1　直接模拟方法描述

实现估计值蒙特卡罗方法基本框架的方法称为直接模拟方法, 没有采用任何技巧降低方差, 没有采取任何方法提高效率. 直接按照蒙特卡罗方法的原始概率模型, 根据蒙特卡罗方法的基本框架进行直接模拟. 每次模拟, 从随机变量 X 的概率分布 $f(x)$ 抽样产生样本值 X_i, 统计量取值为 $h(X_i)$, 模拟 n 次, 直接模拟方法统计量的估计值为

$$\hat{h} = \frac{1}{n}\sum_{i=1}^{n} h(X_i).$$

直接模拟算法如下:

① 模拟次数 $i = 1$.

② 概率分布 $f(x)$ 抽样产生样本值 X_i.

③ 计算统计量取值 $h(X_i)$.

④ 若 $i < n$, $i = i+1$, 返回②.

⑤ 输出统计量的估计值和误差.

统计量的期望为

$$\mu = E[h] = \int h(x)f(x)\mathrm{d}x.$$

由于统计量 $h(x)$ 是随机变量 X 的函数, 所以统计量也是随机变量, 因此统计量的方差为

$$\mathrm{Var}[h] = E[h^2] - \mu^2 = \int h^2(x)f(x)\mathrm{d}x - \mu^2.$$

统计量取值 $h(X_i)$ 也是随机变量, 直接模拟方法统计量估计值的方差为

$$\mathrm{Var}[h] = E[h^2] - (\hat{h})^2 = \frac{1}{n}\sum_{i=1}^{n} h^2(X_i) - \left(\frac{1}{n}\sum_{i=1}^{n} h(X_i)\right)^2.$$

直接模拟方法统计量估计值的均方差为

$$\sigma = \sqrt{\mathrm{Var}[h]} = \sqrt{\frac{1}{n}\sum_{i=1}^{n}h^2(X_i) - \left(\frac{1}{n}\sum_{i=1}^{n}h(X_i)\right)^2}.$$

在某置信水平下, 取定正态差 X_α, 直接模拟方法统计量估计值的绝对和相对误差分别为

$$\varepsilon_a = X_\alpha\sigma/\sqrt{n}, \quad \varepsilon_r = X_\alpha\sigma/\hat{h}\sqrt{n}.$$

直接模拟方法误差较大, 效率不高, 收敛速度较慢, 精度较低. 但是由于直接模拟方法比较直观, 一次模拟的计算量相对较小, 在一些应用领域至今仍然在使用, 如稀薄气体动力学模拟的直接模拟蒙特卡罗方法 (DSMC).

5.2.2 蒲丰投针直接模拟

1777 年法国数学家蒲丰为了验证大数定律, 用随机投针实验求得圆周率, 称为蒲丰投针实验. 历史上曾经有许多人做过蒲丰投针实验, 蒲丰投针实验示意图如图 5.1 所示.

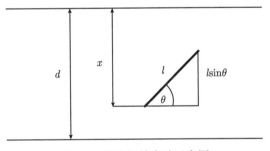

图 5.1 蒲丰投针实验示意图

两平行线之间的距离为 d, 投针的长度为 l, 投针落点与平行线的距离为 x, 投针落点的极角为 θ, x 和 θ 是随机变量, 其概率密度函数分别为 $f(x)=1/d$, $f(\theta)=1/\pi$. 用逆变换算法从概率密度函数抽样产生样本值分别为 $X_i = U_1 d$, $\Theta_i = U_2\pi$. 投针与平行线相交的条件为 $X_i \leqslant l\sin\Theta_i$, 投针相交概率为

$$P(X_i, \Theta_i) = \begin{cases} 1, & X_i \leqslant l\sin\Theta_i, \\ 0, & X_i > l\sin\Theta_i. \end{cases}$$

每次投针判别是否与平行线相交, 统计量为投针相交概率, 投针模拟 n 次, 投针相交概率的估计值为

$$\hat{P} = (1/n)\sum_{i=1}^{n}P(X_i, \Theta_i).$$

圆周率的估计值为

$$\hat{\pi} = 2l/\hat{P}d.$$

对两种蒲丰投针实验进行直接模拟, 求得圆周率的估计值如表 5.2 所示, 模拟一亿次, 准确到 4 位数. 收敛速度如图 5.2 所示, 图 (a) 表示收敛包络线为 1 个标准差的情况, 图 (b) 表示收敛包络为 2 个标准差的情况, 可见直接模拟方法的收敛速度比较慢. 公元 5 世纪我国数学家祖冲之推算圆周率已经准确到 8 位数, 可见直接模拟方法的精度较低, 但是不要以此就认为蒙特卡罗方法是很不精确的方法. 在第 6 章可以看到, 采用降低方差技巧模拟圆周率, 圆周率可以准确到 13 位数.

表 5.2　圆周率的直接模拟结果

模拟次数	$l=36, d=90$	$l=2.5, d=6.0$	准确位数
10^2	4.70588	4.76190	0 位
10^4	3.10800	3.11759	2 位
10^6	3.14270	3.14286	3 位
10^8	3.14171	3.14178	4 位

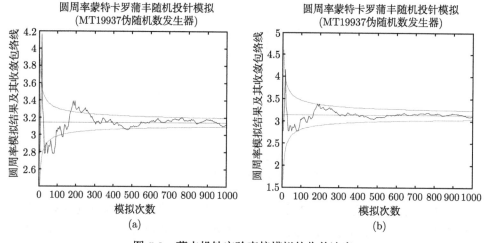

图 5.2　蒲丰投针实验直接模拟的收敛速度

5.2.3　射击打靶直接模拟

可以用直接模拟方法模拟运动员的射击运动, 给出运动员的射击成绩. 射靶为 6 圆环靶, 每个圆环与靶心距离和命中记分如表 5.3 所示.

运动员的射击水平用射击精度的标准差 σ 表示. 弹着点的位置 X 和 Y 是随机变量, 服从二维标准正态分布, 概率密度函数为

$$f(x,y) = (1/2\pi\sigma^2) \exp(-x^2/2\sigma^2 - y^2/2\sigma^2).$$

表 5.3 每个圆环与靶心距离和命中成绩记分

圆环序号 J	1	2	3	4	5	6	>6
圆环与靶心距离 R_J/cm	3	6	9	12	15	18	>18
命中成绩记分 $m(R_J)$/环	10	9	8	7	6	5	0

用变换算法从概率密度函数 $f(x,y)$ 抽样产生样本值 X_i 和 Y_i 分别为

$$X_i = \sigma\sqrt{-2\ln U_1}\cos(2\pi U_2), \quad Y_i = \sigma\sqrt{-2\ln U_1}\sin(2\pi U_2).$$

弹着点与靶心的距离 R_i 为

$$R_i = \sqrt{X_i^2 + Y_i^2}.$$

弹着点如果落入外圆环以外, 则脱靶, 如果落入外圆环以内, 则命中靶, 再判断落入哪个圆环. 命中环数为 $m(R_i)$. 统计量取为命中环数:

$$h(R_i) = m(R_i), \quad R_i \in R_J.$$

射击模拟 n 次, 得到命中环数估计值为

$$\hat{m} = (1/n)\sum_{i=1}^{n} m(R_i).$$

模拟三个人射击打靶, 射击精度的标准差 σ 分别为 1.5cm、3.0cm 和 4.5cm. 命中环数的估计值就是射击打靶成绩, 在计算机上进行直接模拟, 模拟 1 万次, 模拟结果如表 5.4 所示. 图 5.3 表示 100 次射击三人射靶上的弹着点分布情况.

表 5.4 射击打靶成绩直接模拟结果

模拟次数	甲成绩/环数	乙成绩/环数	丙成绩/环数
10	9.60	9.10	8.90
100	9.83	9.20	8.75
1000	9.85	9.17	8.60
10000	9.86	9.24	8.60

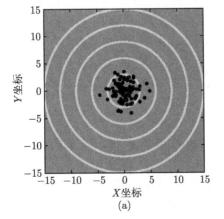

(a)

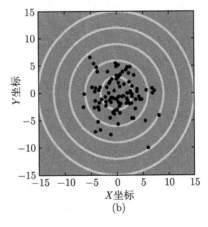

(b)

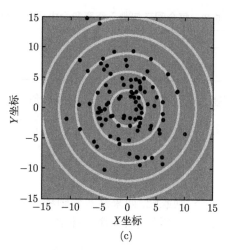

图 5.3　100 次射击三人射靶上的弹着点分布情况

5.3　降低方差提高模拟效率方法

5.3.1　降低方差技巧

直接模拟方法的方差大, 收敛速度慢, 计算精度低, 模拟效率不高. 从前面的蒙特卡罗方法效率讨论中, 可以看到, 蒙特卡罗方法的效率与方差和模拟时间成反比, 方差越小, 模拟时间越短, 效率越高. 因此, 改进蒙特卡罗方法, 提高蒙特卡罗方法的效率有两条途径, 一是降低方差, 二是减少模拟时间. 降低方差基本技巧将在第 6 章详细叙述. 降低方差基本技巧是通用性比较强、应用性比较广的降低方差技巧. 降低方差基本技巧有重要抽样、分层抽样、控制变量、对偶随机变量、公共随机数、条件期望和样本分裂等. 第 6 章还将叙述模拟稀有事件的降低方差技巧. 降低方差基本技巧并不包括各个应用领域出现的专门降低方差技巧, 随着应用领域不断扩大, 各个应用领域出现很多专门降低方差技巧, 这些专门降低方差技巧虽然适用性不是那么广泛, 但是对一些特殊问题却很有效. 对这些专门降低方差技巧进行研究交流, 有可能发挥这些专门降低方差技巧的作用, 解决更广泛的问题.

5.3.2　提高模拟效率方法

除了单纯降低方差技巧以外, 还出现各种高效蒙特卡罗方法, 如互熵方法、马尔可夫链蒙特卡罗模拟方法、拟蒙特卡罗方法、序贯蒙特卡罗方法和并行蒙特卡罗方法等. 这些高效蒙特卡罗方法的特点是提高抽样效率, 减少模拟时间, 降低误差, 加速收敛, 提高精度, 全面地提高模拟效率, 应用比较广泛.

(1) 拟蒙特卡罗方法. 拟蒙特卡罗方法不是使用随机数, 而是使用拟随机数, 拟随机数是非随机的, 通过改变统计特性降低偏差, 提高效率. 拟蒙特卡罗方法已经独立成第 7 章, 不再在此叙述.

(2) 序贯蒙特卡罗方法. 序贯蒙特卡罗方法是综合运用序贯抽样、重要抽样和样本分裂等技巧的蒙特卡罗方法, 达到降低方差提高模拟效率的目的. 序贯蒙特卡罗方法已经独立成第 8 章, 不再在此叙述.

(3) 马尔可夫链蒙特卡罗模拟方法. 马尔可夫链蒙特卡罗方法已经独立成第 4 章, 马尔可夫链蒙特卡罗模拟方法既可用于估计值问题, 也可用于最优化问题, 如本章模拟退火算法. 马尔可夫链蒙特卡罗模拟方法是利用马尔可夫链蒙特卡罗方法抽样进行蒙特卡罗模拟的方法. 马尔可夫链蒙特卡罗模拟方法既是一种随机抽样方法, 也是一种提高模拟效率的方法. 它不是通过降低方差的途径, 而是通过提高抽样效率的途径, 减少抽样模拟时间, 加快收敛速度, 从而达到提高模拟效率的目的.

(4) 并行蒙特卡罗方法. 并行蒙特卡罗方法的实现主要是两个问题, 一是并行随机数的产生, 二是并行抽样方法。这两个问题在本书的第 2 章和第 3 章的有关部分有所叙述. 目前并行蒙特卡罗方法在两类计算机上实现, 一类是并行网络微机群, 另一类是巨型并行计算机. 本书对并行蒙特卡罗方法不做专门叙述.

(5) 互熵方法. 互熵方法应用于估计值问题和最优化问题, 将在本书有关章节介绍. 第 6 章有应用于估计值问题, 在重要抽样技巧中, 使用互熵方法来选取重要概率分布, 使得重要概率分布接近最佳重要概率分布; 桥网问题有互熵方法重要抽样; 稀有事件模拟, 互熵方法用来提高稀有事件估计效率. 本章的互熵最优化算法是互熵方法用于最优化问题. 下面对互熵方法做个简单介绍.

5.3.3 互熵方法概述

Rubinstein(1997, 1999, 2002, 2004) 提出并发展互熵方法, 建立在互熵基础上的蒙特卡罗方法称为互熵方法, 互熵方法是相对新的蒙特卡罗方法, 是近年来蒙特卡罗方法的重要发展. 互熵方法为解决复杂的估计值问题和复杂的最优化问题提供一种通用的蒙特卡罗方法, 为设计样本和进行有效的模拟提供系统的方法.

香农的信息论定义信息的不确定性大小可用熵来度量, 熵是信息论中的基本量. 随机变量或随机向量统一用 X 表示, 其概率分布为 $f(x)$, 熵定义为

$$H(\boldsymbol{X}) = -E[\ln f(\boldsymbol{x})] = \begin{cases} -\sum_{\boldsymbol{x}} f(\boldsymbol{x}) \ln f(\boldsymbol{x}), & \text{离散情况,} \\ -\int f(\boldsymbol{x}) \ln f(\boldsymbol{x}) \mathrm{d}\boldsymbol{x}, & \text{连续情况.} \end{cases}$$

例如, 离散随机变量的伯努利分布, 概率密集函数为

$$f(x) = p^x (1-p)^{1-x}, \quad x = 0, 1, \quad 0 \leqslant p \leqslant 1.$$

服从伯努利分布的离散随机变量 X 的熵为

$$H(X) = -\sum f(x) \ln f(x) = -p \ln p - (1-p) \ln(1-p).$$

有两个概率分布 $f(\boldsymbol{x})$ 和 $g(\boldsymbol{x})$, $f(\boldsymbol{x})$ 和 $g(\boldsymbol{x})$ 之间的 Kullback-Leibler 互熵定义为

$$\begin{aligned} D(f, g) &= E[\ln(f(\boldsymbol{X})/g(\boldsymbol{X}))] = \int f(\boldsymbol{x}) \ln(f(\boldsymbol{x})/g(\boldsymbol{x})) \mathrm{d}\boldsymbol{x} \\ &= \int f(\boldsymbol{x}) \ln f(\boldsymbol{x}) \mathrm{d}\boldsymbol{x} - \int f(\boldsymbol{x}) \ln g(\boldsymbol{x}) \mathrm{d}\boldsymbol{x}. \end{aligned}$$

Kullback-Leibler 互熵简称互熵, 互熵是相对熵. 一般情况下, $D(f, g) \geqslant 0$, 仅当 $f(\boldsymbol{x}) = g(\boldsymbol{x})$ 时, 才有 $D(f, g) = 0$. 注意互熵在实际意义上并不表示 $f(\boldsymbol{x})$ 和 $g(\boldsymbol{x})$ 之间的距离, 因为 $D(f, g) \neq D(g, f)$. 除了 Kullback-Leibler 互熵以外, 还有其他许多互熵的定义.

5.4　最优化蒙特卡罗方法

5.4.1　最优化问题

　　蒙特卡罗方法既可用来解决估计值问题, 也可用来解决最优化问题, 最优化蒙特卡罗方法是解决最优化问题的蒙特卡罗方法. 从数学观点来看, 解决最优化问题比解决估计值问题更为困难, 因为估计值问题是求均值问题, 而最优化问题是求极值问题, 从函数的定义域求解精确的极点比计算均值更为困难.

　　最优化蒙特卡罗方法有随机搜索算法、随机近似算法、样本平均近似算法、调优最优化算法和互熵最优化算法. 随机搜索算法有简单随机搜索算法、随机梯度算法和模拟退火算法. 最优化问题有确定性最优化问题和随机性最优化问题. 蒙特卡罗方法既可求解随机性优化问题, 也可求解确定性优化问题. 蒙特卡罗优化方法可获得局部优化解和全局优化解. 最优化方法是运筹学的重要内容, 最优化蒙特卡罗方法不但用于运筹学, 而且也用于其他很多应用领域.

1. 最优化问题简述

　　(1) 确定性最优化问题. 决策变量为 θ, 决策变量的定义域为 Θ, 目标函数为 $h(\theta)$, 无约束最优化问题为

$$\max_{\theta \in \Theta} h(\theta).$$

约束函数为 $g(\theta)$, $g(\theta)$ 是等式约束或者不等式约束, 有约束最优化问题为

$$\max_{\theta \in \Theta} h(\theta),$$
满足 $g(\theta) = 0$ 或者 $g(\theta) \leqslant 0$.

在许多情况下, 有约束最优化问题可以转化为无约束最优化问题. 只要把目标函数变成负号, 最大化问题可变成最小化问题. 求解目标函数最优化的决策变量表示为

$$\theta^* = \arg\max_{\theta \in \Theta} h(\theta).$$

(2) 随机性最优化问题. 随机向量 $\boldsymbol{X}$ 的概率分布为 $f(\boldsymbol{x}; \boldsymbol{v})$, $\boldsymbol{v}$ 为分布参数向量. 统计量为 $h(\boldsymbol{x}; \boldsymbol{u})$, $\boldsymbol{u}$ 为结构参数向量. 统计量描述系统的性能, 系统性能的数学期望为

$$E_{\boldsymbol{v}}[h(\boldsymbol{X}; \boldsymbol{u})] = \int h(\boldsymbol{x}; \boldsymbol{u}) f(\boldsymbol{x}; \boldsymbol{v}) \mathrm{d}\boldsymbol{x}.$$

$h(\boldsymbol{X}; \boldsymbol{u})$ 是已知函数; $E_{\boldsymbol{v}}[h(\boldsymbol{X}; \boldsymbol{u})]$ 表示期望值, 是未知目标函数. 无约束最优化问题为

$$\max E_{\boldsymbol{v}}[h(\boldsymbol{X}; \boldsymbol{u})].$$

有约束最优化问题为

$$\max E_{\boldsymbol{v}}[h(\boldsymbol{X}; \boldsymbol{u})],$$
满足 $E_{\boldsymbol{v}}[h_j(\boldsymbol{X}; \boldsymbol{u})] = 0$ 或者 $E_{\boldsymbol{v}}[h_j(\boldsymbol{X}; \boldsymbol{u})] \leqslant 0, \quad j = 1, 2, \cdots, m.$

求解目标函数最优化的决策变量表示为

$$(\boldsymbol{X}^*, \boldsymbol{u}^*, \boldsymbol{v}^*) = \arg\max E_v[h(\boldsymbol{X}; \boldsymbol{u})].$$

2. 最优化方法

最优化问题有两类求解方法: 数值方法和模拟方法. 数值方法高度依赖于目标函数的解析性质, 如凸性、有界性和光滑性. 模拟方法则与目标函数的解析性质关系不大, 主要是依赖于目标函数的概率性质. 如果目标函数和约束函数太复杂, 决策变量的定义域不规则, 则可使用模拟方法, 也就是最优化蒙特卡罗方法.

对于确定性优化问题, 出现各种优化算法, 包括解析方法和数值方法. 一般的确定性优化问题, 已有许多方法可以解决, 只有那些复杂的确定性优化问题, 已有方法无法解决, 或者效率比较低, 才使用最优化蒙特卡罗方法. 实际问题由于系统的复杂性, 特别是复杂的目标函数和复杂的约束条件, 系统性能不大了解, 目标函数和约束条件给不出解析表示式, 一般确定性问题的数值优化方法就无能为力, 蒙特卡罗优化方法则容易解决.

对于随机性优化问题, 随机规划是求解随机最优化问题的数值方法, 随机规划是处理数据带有随机性的一类数学规划, 它与确定性数学规划最大的不同在于其系

数中引进了随机变量, 这使得随机规划比起确定性数学规划更适合于实际问题. 随机规划的求解方法分为两类. 一类方法是将随机规划转化成确定性规划, 用确定性规划的求解方法求解; 另一类是近似方法, 利用随机模拟方法, 通过有效算法, 得到随机规划问题的近似最优解和目标函数的近似最优值. 随机规划的随机模拟方法是一种最优化蒙特卡罗方法.

目标函数和约束函数构成数学规划问题, 有线性和非线性数学规划. 如果目标函数和约束函数都有解析形式, 则是标准数学规划问题, 可以使用求解标准数学规划问题的解析方法或者数值方法, 得到数学规划问题的解. 如果由于系统的复杂性, 目标函数和约束函数都没有解析形式, 求解标准数学规划问题的解析方法或者数值方法都无能为力, 只好采用最优化蒙特卡罗方法. Rubinstein 和 Kroese(2007), Robert 和 Casella(2005, 2010), Kroese, Taimre, Botev(2011) 对最优化蒙特卡罗方法有详细叙述.

5.4.2　随机搜索算法

1. 简单随机搜索方法

简单随机搜索方法是把决策变量 θ 作为随机变量, 当定义域 Θ 有界时, 简单随机搜索方法的每一步搜索是随机独立的, 首先在定义域 Θ 内从均匀分布 $U(\theta \in \Theta)$ 抽样, 产生随机变量样本 $\theta_1, \theta_2, \cdots, \theta_n$, 然后求出相应的目标函数值 $h(\theta_1)$, $h(\theta_2), \cdots, h(\theta_n)$, 最后进行搜索判断, 求得最优化问题的解 (h^*, θ^*) 为

$$h^* = \max(h(\theta_1), h(\theta_2), \cdots, h(\theta_n)),$$
$$\theta^* = \arg\max(h(\theta_1), h(\theta_2), \cdots, h(\theta_n)).$$

例如, 多峰值目标函数为

$$h(x) = (\cos(50x) + \sin(20x))^2, \quad 0 < x < 1.$$

此问题使用随机梯度算法无法求出最优解, 用简单随机搜索算法可得到最优解为

$$x_{\max} = 0.3791, \quad h_{\max} = 3.8325; \quad x_{\min} = 0.4712, \quad h_{\min} = 9.4828 \times 10^{-14}.$$

2. 随机梯度算法

对多个决策变量最优化问题, 简单随机搜索方法很难求解最优化问题. 根据最优化数值方法中的 Newton-Raphson 梯度方法, 决策变量 θ 的递推式为

$$\theta_{j+1} = \theta_j + \alpha_j \nabla h(\theta_j), \quad \alpha_j > 0,$$

式中, α_j 为递减序列, $\nabla h(\theta_j)$ 为梯度. 随机梯度方法的每一步搜索是随机相关的, 前后两步之间决策变量的关系是线性关系:

$$\boldsymbol{\theta}_{j+1} = \boldsymbol{\theta}_j + \boldsymbol{\varepsilon}_j,$$

式中, $\boldsymbol{\varepsilon}_j$ 为随机局部扰动量. 随机梯度方法的梯度用有限差分表示为

$$\nabla h(\boldsymbol{\theta}_j) = (h(\boldsymbol{\theta}_j + \beta_j \boldsymbol{\eta}_j) - h(\boldsymbol{\theta}_j - \beta_j \boldsymbol{\eta}_j))\boldsymbol{\eta}_j / 2\beta_j = \Delta h(\boldsymbol{\theta}_j, \beta_j \boldsymbol{\eta}_j)\boldsymbol{\eta}_j / 2\beta_j,$$

式中, $\Delta h(\boldsymbol{\theta}_j, \beta_j \boldsymbol{\eta}_j) = h(\boldsymbol{\theta}_j + \beta_j \boldsymbol{\eta}_j) - h(\boldsymbol{\theta}_j - \beta_j \boldsymbol{\eta}_j)$, β_j 为递减序列, $\boldsymbol{\eta}_j$ 为在单位超立方体上 $||\boldsymbol{\eta}|| = 1$ 均匀分布的随机向量, 其抽样方法是首先从标准正态分布 $N(0,1)$ 产生随机向量 $\boldsymbol{X}$, 随机向量 $\boldsymbol{\eta}$ 样本值为 $\boldsymbol{\eta} = \boldsymbol{X}/(\boldsymbol{X}^{\mathrm{T}}\boldsymbol{X})^{1/2}$. 前后两步之间决策变量的关系为

$$\boldsymbol{\theta}_{j+1} = \boldsymbol{\theta}_j + (\alpha_j/2\beta_j)\Delta h(\boldsymbol{\theta}_j, \beta_j \boldsymbol{\eta}_j)\boldsymbol{\eta}_j, \quad \alpha_j > 0.$$

给出决策变量的初始值 $\boldsymbol{\theta}_0$, 根据递推公式计算 $\boldsymbol{\theta}_j$ 和 $\boldsymbol{\theta}_{j+1}$, $\boldsymbol{\theta}_{j+1}$ 将收敛于最优化问题的解 $\boldsymbol{\theta}^*$, 计算 $h(\boldsymbol{\theta}^*)$ 得到目标函数最大值. 收敛性将高度依赖于两个递减序列 α_j 和 β_j. 递推循环可以用 $(\nabla h(\boldsymbol{\theta}_j)^{\mathrm{T}}\nabla h(\boldsymbol{\theta}_j))^{1/2}$ 小于一个最小值来终结.

例如, Robert 和 Casella(2005) 给出一个无约束最优化问题, 目标函数为

$$h(x, y) = (x\sin(20y) + y\sin(20x))^2\cosh(\sin(10x)x)$$
$$+ (x\cos(10y) - y\sin(10x))^2\cosh(\cos(20y)y).$$

目标函数 $h(x, y)$ 如图 5.4 所示, 图中 x, y 定义域为 $[-1,1]$, 中心是最低点, 其他许多地方存在次低点. 简单随机搜索方法无法得到最优解. 用随机梯度算法有三个搜索方案, 有关参数和最优化结果如表 5.5 所示.

图 5.4   目标函数 $h(x,y)$

表 5.5   随机梯度方法有关参数和最优化结果

搜索方案	α_j	β_j	θ_T	$h(\theta_T)$	$\min_t h(\theta_t)$	迭代次数
1	$1/10j$	$1/10j$	$(-0.166, 1.02)$	1.286	0.115	50
2	$1/100j$	$1/100j$	$(0.629, 0.786)$	0.00013	0.00013	93
3	$1/10\log(1+j)$	$1/j$	$(0.0004, 0.245)$	4.24×10^{-6}	2.163×10^{-7}	58

3. 模拟退火算法

用马尔可夫链蒙特卡罗方法来解决最优化问题, 出现三种算法: 模拟退火算法、模拟回火算法和并行回火算法. Kirkpatrick, Gelatt, Vecchi(1983) 成功地把马尔可夫链蒙特卡罗方法应用到组合最优化问题, 产生模拟退火算法, 这是一个全局最优化算法. 它构造一个虚拟的 "温度" 参数, 用来控制概率分布抽样, 达到最优化目的, 其思想是很巧妙的. 退火是一种物理过程, 金属物体在加热至一定的温度后, 它的所有分子在状态空间中自由运动, 随着温度的下降, 这些分子逐渐停留在不同的状态, 在温度最低时, 分子重新以一定的结构排列, 达到能量最低的状态. 组合优化问题同金属物体退火可以类比, 注意到梅特罗波利斯算法求解统计物理问题的物理特性, 是系统状态能量最小问题. 将一个求最小值问题转化为求能量最小问题, 求函数 $h(x)$ 的最小值等价于求能量 $\exp(-h(x)/kT)$ 最小, 可以通过对概率分布 $f(x) \propto \exp(-h(x)/kT)$ 抽样实现. 当 T 越小时, 上述概率分布在函数 $h(x)$ 的全局最小值附近的概率越大, 当 $T \to 0$ 时, 上述概率分布的样本几乎在函数 $h(x)$ 的全局最小值附近, 这就是模拟退火的基本思想.

受到物理退火冷却过程思想的启发, 意识到马尔可夫链蒙特卡罗方法可以用来模拟系统状态在各种不同温度之间转移以达到热平衡, 这里温度 T 是一个虚拟的辅助控制参数. 最优化是求解使目标函数 $S(x)$ 达到最小值的 x, 这等价于求解 $\exp(-S(x)/T)$ 在给定温度 T 时达到最大值的 x:

$$\min_{x} S(x) \Leftrightarrow \max_{x} \exp(-S(x)/T).$$

定义玻尔兹曼分布的概率密度函数为

$$f(x) = c \exp(-S(x)) \propto \exp(-S(x)),$$

式中, c 为未知的归一常数, $Z = 1/c$ 称为配分函数. 物理退火冷却过程相当于给出一个单调下降的温度序列: $T_0 > T_1 > \cdots T_j > \cdots$, 当 $j \to \infty$ 时, $\lim T_j = 0$. 退火点状态 $X_1, \cdots, X_j, \cdots$ 的概率密度函数为 $f_1(x), \cdots, f_j(x), \cdots$, 在退火温度点 T_j, 平稳分布的概率密度函数为

$$f_j(x) \propto (f(x))^{1/T_j} = \exp(-S(x)/T_j).$$

以平稳分布运行 m_j 步, 退火速度为 $L = m_1 + m_2 + \cdots + m_j$. 如果对所有 $T > 0$, 都满足

$$\int \exp(-S(x)/T_j)\mathrm{d}x < \infty,$$

则当 j 增加, $T_j \to 0$ 时, 从 $f_j(x)$ 抽样的样本值 X 一定在目标函数 $S(x)$ 最小值附近. 按照一定的退火方案逐渐降低控制温度, 重复调用马尔可夫链蒙特卡罗方法的

抽样算法, 直至结束, 这就构成了模拟退火算法, 算法能收敛到全局最优点或近似全局最优点. 如果退火速度比较慢, 如达到 $O(\log(L)^{-1})$, 模拟退火算法将以概率 1 收敛到目标函数的全局最小值点. 实际上, 人们无法忍受这样缓慢的退火过程, 往往采用线性速度或者指数速度降低温度, 因此就不能保证收敛到全局最优点. 模拟退火算法如下:

① 随机抽样选取初始状态 $\boldsymbol{X}_0$, 选定初始退火温度 T_0, $j = 1$.

② 按照退火方案选取退火温度 $T_j = \beta T_{j-1}$.

③ 采用马尔可夫链蒙特卡罗方法从概率分布 $f_j(\boldsymbol{x})$ 抽样产生新的状态 $\boldsymbol{X}_j$.

④ $j = j + 1$, 返回②继续执行直至遇到停止条件为止.

如果采用梅特罗波利斯算法, 建议概率分布 $q(\boldsymbol{y}_j|\boldsymbol{X}_j)$ 为对称形式, 接受概率为

$$\alpha(\boldsymbol{X}_j, \boldsymbol{Y}_j) = \min(f_j(\boldsymbol{Y}_j)/f(\boldsymbol{X}_j), 1) = \min(\exp(-(S(\boldsymbol{Y}_j) - S(\boldsymbol{X}_j))/T_j), 1).$$

退火方案为 $T_j = \beta T_{j-1}$, $0 < \beta < 1$. 模拟退火算法如下:

① 随机抽样选取初始状态 $\boldsymbol{X}_0$, 选定初始退火温度 T_0, $j = 1$.

② 按照退火方案选取退火温度 $T_j = \beta T_{j-1}$.

③ 对称建议概率分布 $q(\boldsymbol{y}_j|\boldsymbol{X}_j)$ 抽样产生候选状态 $\boldsymbol{Y}_j$.

④ 计算接受概率 $\alpha(\boldsymbol{X}_j, \boldsymbol{Y}_j)$.

⑤ 若 $U \leqslant \alpha(\boldsymbol{X}_j, \boldsymbol{Y}_j)$, $\boldsymbol{X}_{j+1} = \boldsymbol{Y}_j$; 否则 $\boldsymbol{X}_{j+1} = \boldsymbol{X}_j$.

⑥ $j = j + 1$, 返回②继续执行直至遇到停止条件为止.

已从理论上证明了模拟退火算法当退火时间足够长时可以概率 1 收敛到全局极小, 但是出于计算时间的考虑, 人们在实际计算中对模拟退火算法作出各种改进, 以便加快收敛速度. 如果马尔可夫蒙特卡罗方法的抽样算法采用其他算法, 如吉布斯算法, 则可有相应的模拟退火算法. 模拟退火算法应用价值很大, 如计算机工业中的集成电路和芯片设计以及其他科学领域. Marinari 和 Parisi(1992), Geyer 和 Thompson(1995) 提出模拟回火算法, 模拟回火算法的本质与模拟退火算法类似. Geyer(1991), Hukushima 和 Nemoto(1996) 提出并行回火算法, 并行回火算法是模拟回火算法的推广.

例如, 对于前面随机梯度算法的例子使用模拟退火算法, 建议概率分布 $q(\boldsymbol{y}_j|\boldsymbol{X}_j)$ 选取为均匀分布 $U(-0.1, 0.1)$, 决策变量的开始点为 $(0.5, 0.4)$, 有四种不同温度选择方案, 有关参数和最优化结果如表 5.6 所示.

表 5.6　模拟退火算法最优化结果

选择方案	T_j	θ_T	$h(\theta_T)$	$\min_t h(\theta_t)$	接受概率
1	$1/10j$	$(-1.94, -0.480)$	0.198	4.02×10^{-7}	0.9998
2	$1/\log(1+j)$	$(-1.99, -0.133)$	3.408	3.823×10^{-7}	0.96
3	$100/\log(1+j)$	$(-0.575, 0.430)$	0.0017	4.708×10^{-9}	0.6888
4	$1/10\log(1+j)$	$(0.121, -0.150)$	0.0359	2.382×10^{-7}	0.71

5.4.3　随机近似算法

Kushner 和 Yin(2003), Lai(2003) 提出随机近似算法. 对于随机性优化问题, 由于目标函数 $h(\boldsymbol{x})$ 是未知函数, 梯度 $\nabla h(\boldsymbol{x})$ 是未知的, 所以不能直接应用经典确定性问题的优化方法, 也不能直接使用随机梯度算法, 但是可用随机近似来代替梯度, 更一般做法是用次梯度代替梯度, 未知的梯度用近似方法求得. 随机向量 $\boldsymbol{X}$ 的概率分布为 $f(\boldsymbol{x}; \boldsymbol{v})$, $\boldsymbol{v}$ 为分布参数向量; 估计量为 $h(\boldsymbol{x}; \boldsymbol{u})$, $\boldsymbol{u}$ 为结构参数向量, 估计量描述系统的性能, 系统性能的数学期望为

$$E_{\boldsymbol{v}}[h(\boldsymbol{X}; \boldsymbol{u})] = \int h(\boldsymbol{x}; \boldsymbol{u})f(\boldsymbol{x}; \boldsymbol{v})\mathrm{d}\boldsymbol{x}.$$

为了建立随机近似算法, 首先需要建立梯度估计方法, 以便获得 $h(\boldsymbol{x})$ 的梯度估计 $\hat{\nabla}h(\boldsymbol{x}_t)$, 梯度估计方法有有限差分方法、无穷小扰动分析方法、似然比方法 (或称得分函数方法) 和弱导数方法, 这些方法可参考 Kroese, Taimre, Botev(2011).

对凸函数最小化问题, 次梯度为 $g(\boldsymbol{x})$, 经典确定性问题的优化方法是从可行解 $\boldsymbol{x}_1$ 开始, 使用投影次梯度方法产生迭代序列为

$$\boldsymbol{x}_{t+1} = \Pi_X(\boldsymbol{x}_t - \beta_t g(\boldsymbol{x}_t)),$$

其中, Π_X 为投影算子, β_t 为迭代步长. 使用投影次梯度方法产生迭代序列为

$$\boldsymbol{x}_{t+1} = \Pi_X(\boldsymbol{x}_t - \beta_t \hat{\nabla}h(\boldsymbol{x}_t)).$$

随机近似算法如下:

① 初始化 $\boldsymbol{x}_1 \in X$, 令 $t=1$.
② 在 $\boldsymbol{x}_t$ 处获得 $h(\boldsymbol{x})$ 的梯度估计 $\hat{\nabla}h(\boldsymbol{x}_t)$.
③ 确定步长 β_t.
④ 计算 $\boldsymbol{x}_{t+1} = \Pi_X(\boldsymbol{x}_t - \beta_t \hat{\nabla}h(\boldsymbol{x}_t))$.
⑤ 若遇到停止条件, 停止执行, 否则 $t = t + 1$, 返回②.

Kroese, Taimre, Botev(2011) 证明随机近似算法是收敛的. 随机近似算法的步长大小不好掌握, 步长小了收敛慢, 步长大了收敛产生锯齿形现象, 一般选取 $\beta_t = c/t$, c 为常数.

5.4.4　样本平均近似算法

样本平均近似算法又称为随机计数部分算法, 样本平均近似算法的思想是随机性优化问题:

$$\min E[h(\boldsymbol{X}; \boldsymbol{u})]$$

用确定性优化问题:

$$\min_{\boldsymbol{x}\in\mathbf{R}^n} \frac{1}{n}\sum_{i=1}^{n} h(\boldsymbol{X},\boldsymbol{u}_i)$$

来代替, 其中, n 个独立同分布样本为 $\boldsymbol{u}_1, \boldsymbol{u}_2, \cdots, \boldsymbol{u}_n$, 样本平均估计是已知的, 因此其梯度是已知的, 所以把随机性优化问题变为确定性优化问题. 确定性优化问题可用任何求解确定性优化问题的经典方法求解.

例如, 在应用互熵方法求解参数最优化问题时, 给定一族概率分布 $\{f(\cdot; \boldsymbol{v})\}$ 和目标概率分布 $g(z)$, 互熵最优化参数 $\boldsymbol{v}^*$ 由下面最优化问题求得:

$$\max D(\boldsymbol{v}) = \max E_g[\ln f(\boldsymbol{Z};\boldsymbol{v})] = \max E_p[g(\boldsymbol{Z})\ln f(\boldsymbol{Z};\boldsymbol{v})/p(\boldsymbol{Z})].$$

上述随机最优化问题是很难求解的, 可以使用样本平均近似算法, 求解下面确定性优化问题:

$$\max_{\boldsymbol{v}\in\boldsymbol{V}} \hat{D}(\boldsymbol{v}) = \min_{\boldsymbol{v}\in\boldsymbol{V}} \frac{1}{n}\sum_{i=1}^{n} g(\boldsymbol{Z}_i)\ln f(\boldsymbol{Z}_i;\boldsymbol{v})/p(\boldsymbol{Z}_i),$$

其中, 概率分布 $f(z; \boldsymbol{v})$ 为 Cauchy 概率密度函数:

$$f(z;\boldsymbol{v}) = 1/\pi\sigma(1 + (z-\mu)^2/\sigma^2), \quad \boldsymbol{v} = (\mu,\sigma).$$

5.4.5 调优最优化算法

1. 一般调优算法

Dumitrescu, Lazzerini, Jain, Dumitrescu(2000); Aäck, Fogel, Michalewicz(2000) 给出一般调优算法. 调优方法是指任何亚试探框架, 这个框架由自然调优过程产生. 总体 $\mathfrak{S}$ 是 n 维点个体 $\boldsymbol{x}$ 的集族, $\boldsymbol{x}\in\mathfrak{S}$. 最优化问题是

$$\min_{\boldsymbol{x}} S(\boldsymbol{x}).$$

一般调优算法如下:

① $t=0$, 初始化个体 $\boldsymbol{x}$ 的总体 $\mathfrak{S}_t$, 计算总体 $\mathfrak{S}_t$.
② 由旧总体 $\mathfrak{S}_t$ 选取新总体 $\mathfrak{S}_{t+1}$.
③ 交换总体 $\mathfrak{S}_{t+1}$.
④ 计算总体 $\mathfrak{S}_{t+1}$.
⑤ 若满足停止规则, 停止执行, 否则 $t=t+1$, 返回②.

2. 微分调优算法

Price, Storn, Lampinen(2005) 提出微分调优算法. 微分调优算法传统上应用于连续优化问题. 目标函数 $S(\boldsymbol{x})$ 最小化的微分调优算法如下:

① $t = 0$, 初始化个体 $\boldsymbol{x}$ 的总体 $\mathfrak{S}_t = \{\boldsymbol{x}_1^t, \cdots, \boldsymbol{x}_n^t\}$.

② 对总体的每一个体 $\boldsymbol{x}_k^t$ 进行运算.

③ 若满足停止规则, 停止执行, 否则 $t = t+1$, 返回②.

对总体的每一个体 $\boldsymbol{x}_k^t$ 进行如下运算:

(1) 构造向量 $\boldsymbol{y}_k^{t+1} = \boldsymbol{x}_{R_1}^t + \alpha(\boldsymbol{x}_{R_2}^t - \boldsymbol{x}_{R_3}^t)$, 其中 R_1, R_2, R_3 是从$\{1, 2, \cdots, k-1, k+1, n\}$上均匀分布抽样得到的三个整数, $R_1 \neq R_2 \neq R_3$.

(2) 应用 y_k^{t+1} 与 $\boldsymbol{x}_k^t$ 之间的二进制交迭, 得到试探向量 $\boldsymbol{y}$, 满足

$$\tilde{\boldsymbol{x}}_k^{t+1} = (\xi_1 y_{k,1}^{t+1} + (1 - \xi_1)x_{k,1}^t, \cdots, \xi_n y_{k,n}^{t+1} + (1 - \xi_n)x_{k,n}^t),$$

其中, $\xi_1, \cdots, \xi_n$ 服从伯努利分布 $\mathrm{Ber}(p)$.

(3) 若 $S(\tilde{\boldsymbol{x}}_k^{t+1}) \leqslant S(\boldsymbol{x}_k^t)$, $\boldsymbol{x}_k^{t+1} = \tilde{\boldsymbol{x}}_k^{t+1}$, 否则 $\boldsymbol{x}_k^{t+1} = \boldsymbol{x}_k^t$. 从 $\{1, 2, \cdots, n\}$ 上均匀分布抽样得到随机指标 I, $\tilde{x}_{k,I}^{t+1} = y_{k,I}^{t+1}$.

例如, 50 维 Rosenbrock 函数的最小化问题为

$$\lim_{\boldsymbol{x}} S(\boldsymbol{x}) = \lim_{\boldsymbol{x}} \sum_{i=1}^{49} (100(x_{i+1} - x_i^2)^2 + (x_i - 1)^2).$$

微分调优算法计算结果: 在 $\boldsymbol{x} = (1, 1, \cdots, 1)$, 最小值 $S(\boldsymbol{x})=0$.

3. 分布估计调优算法

Larranaga 和 Lozano(2002) 提出分布估计调优算法. 分布估计调优算法与一般调优算法和微分调优算法不同, 不是从前一个总体逐个直接构造后一个总体, 而是认为个体是存在总体之中, 直接操作总体中的个体, 使得总体建立起概率分布, 根据此思想, 分布估计调优算法如下:

① $t = 0$, 初始化个体 $\boldsymbol{x}$ 的总体 $\mathfrak{S}_t$, 计算总体 $\mathfrak{S}_t$.

② 由总体 $\mathfrak{S}_t$ 选取中间总体 $\mathscr{R}_t$.

③ 由中间总体 $\mathscr{R}_t$ 确定分布 F_{t+1}.

④ 按照分布 F_{t+1} 抽样得到新总体 $\mathfrak{S}_{t+1}$ 样本.

⑤ 估计新总体 $\mathfrak{S}_{t+1}$.

⑥ 满足停止规则, 停止执行, 否则 $t = t+1$, 返回②.

5.4.6 互熵最优化算法

1. 互熵最优化方法

Rubinstein(1999) 提出互熵最优化方法. 确定性最小化问题互熵方法的基本思想首先是在状态空间上定义参数族概率分布 $\{f(\cdot; v), v \in V\}$, 然后迭代地修改参数 v, 使得更为接近 $f(\cdot; v)$ 的解, 具体算法分为两步:

(1) 抽样: 从概率分布 $f(\cdot; v)$ 抽样, 产生样本值 $X_1, X_2, \cdots, X_n$, 在这些点计算目标函数 S 值.

(2) 修改: 根据这些 X_i 值选取新参数 $\hat{v}$, 使得 $S(X_i) \leqslant \hat{\gamma}$, 这些 $\{X_i\}$ 形成精华样本集 ε. 每次迭代, 选取 $\hat{\gamma}$, 新参数 $\hat{v}$ 为

$$\hat{v} = \arg\max_{v \in V} \sum_{X \in \varepsilon} \ln f(X; v).$$

修改公式表示给定 $S(X_i) \leqslant \hat{\gamma}$ 的条件概率密度函 $f(x; v)$ 和概率密度函 $f(x; \hat{v})$ 之间的互熵.

2. 互熵最优化算法描述

互熵最优化算法如下:

① 选取初始化参数向量 $\hat{v}_0$, 令 $N^e = [\rho N]$, 置计数 $t = t+1$.

② 概率分布 $f(\cdot; \hat{v}_{t-1})$ 抽样产生 $X_1, X_2, \cdots, X_N$, 对所有 i, 计算 $S(X_i)$, 从小到大排序: $S_{(1)} \leqslant S_{(2)} \leqslant \cdots \leqslant S_{(N)}$, 令 $\hat{\gamma}_t = S_{(N-N^e+1)}$.

③ 使用相同样本 $X_1, X_2, \cdots, X_N$, 确定样本的精华集合 $\varepsilon_t = \{X_k : S(X_k) \geqslant \hat{\gamma}_t\}$, 求解随机规划: $\max_{v} \sum_{X_k \in \varepsilon_t} \ln f(X_k; v)$.

④ 若判据成立, 停止执行, 否则 $t = t+1$, 返回②.

3. 最优化问题求解

互熵方法用来解决如下最优化问题:

(1) 组合问题, 是决策变量为离散的最优化问题, 如可满足性问题.

(2) 连续问题, 决策变量为连续的最优化问题称为连续问题.

(3) 约束问题, 目标函数在约束条件下的最优化问题称为约束问题.

(4) 随机问题, 噪声问题就是随机问题, 具有标准正态噪声.

例如, 求解目标函数

$$h(x) = 3(1-x_1)^2 \exp(-x_1^2 - (x_2+1)^2) - 10(x_1/5 - x_1^3 - x_2^5) \exp(-x_1^2 - x_2^2)$$
$$- (1/3) \exp(-(x_1+1)^2 - x_2^2)$$

的最大优化问题. 使用连续问题最优化互熵算法, 得到在 $x_1 = -0.009316$, $x_2 = 1.581366$ 处, 最大值为 8.106214. 最优化路径如图 5.5. 求解该目标函数的标准正态噪声随机问题:

$$\hat{h}(x) = h(x) + \varepsilon, \quad \varepsilon \sim N(0, 1)$$

使用随机问题最优化互熵算法, 得到在 $x_1 = 0.0576$, $x_2 = 1.577$ 处, 全局最大值为 8.070, 最优化路径如图 5.6 所示.

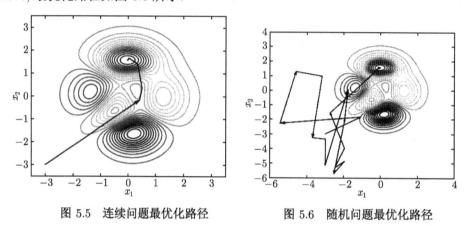

图 5.5 连续问题最优化路径   图 5.6 随机问题最优化路径

参 考 文 献

许淑艳. 1984. 关于蒙特卡罗方法效率的预测. 计算物理, 1(2): 245.

Aäck T, Fogel D B, Michalewicz Z. 2000. Evolutionary Computation 1:Basic Algorithm and Operators. Bristol: Institute of Physics Publishing.

Amster H J, Djomehrl M J. 1976. Prediction of statistical error Monte Carlo transport Calculations. Nucl. Sci. Eng., 60: 131.

Dumitrescu D, Lazzerini L, Jain L C, et al. 2000. Evolutionary Computation. Boca Raton: CRC Press.

Geyer C J. 1991. Markov chain Monte Carlo maximum likelihood//Keramigas E, ed. Computing Science And Statistics: The 23rd Symposium on the Interface. Fairfax: Interface Foundation: 156-163.

Geyer C J, Thompson E. 1995. Annealing Markov chain Monte Carlo with applications to ancestral Inference. Journal of the American Statistical Association, 90: 909-920.

Hukushima K, Nemoto K. 1996. Exchange Monte Carlo method and application to spin glass simulation. Journal of the Physical Society of Japan, 65(4): 1604-1608.

Kirkpatrick S, Gelatt C D, Vecchi M P. 1983. Optimization by simulated annealing. Science, 220: 671-680.

Kroese D P, Taimre T, Botev Z I. 2011. Handbook of Monte Carlo Methods. New York: John Wiley & Sons.

Kushner H J, Yin G G. 2003. Stochastic Approximation and Recursive Algorithms and Applications. New York: Springer Verlag.

Lai T L. 2003. Stochastic Approximation. The Annals of Statistics, 31(2): 391-406.

Larranaga P, Lozano J A. 2002. Estimation of Distribution Algorithms: A New Tool for Evolutionary Computation. Boston: Kluwer.

Marinari E, Parisi G. 1992. Simulated tempering:a new Monte Carlo scheme. Europhysics Letters, 19(6): 451-458.

Price K V, Storn R M, Lampinen J A. 2005. Differential Evolution:A Practical Approach to Global Optimization. Berlin: Springer Verlag.

Robert C P, Casella G. 2005. Monte Carlo Statistical Methods. New York: Springer Verlag.

Robert C P, Casella G. 2010. Introducing Monte Carlo Methods with R. New York: Springer Verlag.

Rubinstein R Y. 1997. Optimization of computer simulation models with rare events. European Journal of Operational Research, 99(1): 89-112.

Rubinstein R Y. 1999. The cross-entropy method for combinatorial and continuous optimization. Methodology and Computing in Applied Probability, 1(2): 127-190.

Rubinstein R Y. 2002. The cross-entropy method and rare events for maximal cut and bipartition Problem. ACM Transactions on Modelling and Computer Simulation, 12(1): 27-53.

Rubinstein R Y, Kroese D P. 2004. The Cross-Entropy Method: A Unified Approach to Combinatorial Optimization, Monte Carlo Simulation and Machine Learning. New York: Springer Verlag.

Rubinstein R Y, Kroese D P. 1981, 2007. Simulation and the Monte Carlo Method. New York: John Wiley & Sons.

第6章 降低方差基本方法

6.1 降低方差原理和技巧

6.1.1 降低方差原理

蒙特卡罗方法的方差来源于随机模拟过程的偶然性和突变性, 消除偶然性, 用平缓过程代替突变过程, 便可降低方差. 有一个原则, 凡是能用解析处理的就不用随机抽样. 估计值问题蒙特卡罗模拟, 决定统计量估计值方差大小的直接因素主要有随机变量和随机过程的概率分布、选取统计量和模拟统计特性, 不同的概率分布、统计量和统计特性, 将有不同的方差. 降低方差技巧的原理就是通过改变和选择概率分布、统计量和统计特性, 达到降低方差的目的. 从降低方差原理来分, 有下面 4 类降低方差技巧.

(1) 只改变概率分布. 重要抽样是把概率分布改变为重要概率分布, 分层抽样是把整层概率分布改为分层概率分布.

(2) 只改变统计量. 例如, 控制变量、对偶随机变量、公共随机数和样本分裂.

(3) 同时改变概率分布和统计量. 例如, 条件期望.

(4) 只改变统计特性. 半解析是将蒙特卡罗方法与解析方法相结合, 通过解析方法把部分随机特性变为确定特性, 系统抽样和拟蒙特卡罗方法是把随机数改变为非随机数.

当单独使用一种技巧降低方差的效果仍然不理想时, 可以考虑采用组合技巧, 把几种技巧组合起来, 达到降低方差的效果. 将出现许多组合, 如重要抽样和分层抽样组合, 条件期望和分层抽样组合, 条件期望、分层抽样和对偶随机变量组合. 有些技巧不能组合, 由于对偶随机变量可以看作控制变量的特殊情况, 所以对偶随机变量不能与控制变量组合.

6.1.2 降低方差技巧

降低方差基本技巧是指通用性比较强、应用性比较广的降低方差技巧. 蒙特卡罗基本技巧在蒙特卡罗方法发展的初期已经建立起来. Kahn(1950, 1951, 1954) 提出重要抽样、分层抽样、相关抽样、系统抽样、分裂和轮盘赌, Hammersley 和 Handscomb(1964) 提出条件蒙特卡罗, Hammersley, Morton(1956) 提出对偶随机变量, Kleijnen(1976) 提出公共随机数, Lavenberg(1981) 提出控制变量, Ross(2006) 介绍条件期望. 许多学者对这些基本技巧进行了深入的研究, 使基本技巧的描述更为完善. 在后来的蒙特卡罗方法发展中, 主要不是再建立基本技巧, 而是如何利用这些基本技巧对具体问题建立具体的技巧. 对于比较特殊的问题建立特殊的技巧, 这是更重要而且是更为困难的工作. 在各种专业应用领域, 出现许多专用的技巧. 本书选择 7 种应用比较广泛的基本技巧, 其降低方差的有效性和应对问题的复杂性比较如图 6.1 所示, 这里的有效性是指对直接模拟方法的改进效果, 复杂性是指解决问题的复杂性.

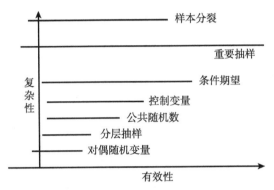

图 6.1   各种技巧有效性和应对复杂性比较

Kahn(1953); Kleijnen(1974, 1976); Sobol(1994); Fishman(1996); Law, Kelton (2000); Liu(2001); Glasserman(2003); Robert, Casella(2005); McLeish(2005); Ross (2006); Asmussen, Glym(2007); Kroese, Taimre, Botev(2011) 等著作对降低方差技巧有详细论述.

6.2   降低方差基本技巧

6.2.1   重要抽样

1. 重要抽样技巧

重要抽样技巧只是改变概率分布, 不改变统计量. 重要抽样技巧是很重要的一种降低方差技巧, 得到广泛应用. 重要抽样技巧的思想起源于数学上的变量代换方法. 随机变量为 X, 概率分布为 $f(x)$, 统计量为 $h(x)$. 重要抽样技巧把概率分布 $f(x)$ 改变为重要概率分布 $g(x)$, 权重为

$$w(x) = f(x)/g(x).$$

从重要概率分布 $g(x)$ 抽样产生加权子样的样本值 X_i, 统计量的取值为 $h(X_i)$, 权重为 $w(X_i) = f(X_i)/g(X_i)$, 模拟次数为 n, 统计量的无偏估计值为

$$\hat{h} = (1/n) \sum_{i=1}^{n} h(X_i) w(X_i).$$

统计量的期望为 μ, 重要抽样技巧统计量的方差为

$$\mathrm{Var}_g[h] = \int h^2(x) w^2(x) g(x) \mathrm{d}x - \mu^2.$$

直接模拟方法统计量的方差为 $\mathrm{Var}_f[h]$, 重要抽样技巧统计量的方差与直接模拟方法统计量的方差之差为

$$\mathrm{Var}_g[h] - \mathrm{Var}_f[h] = \int h^2(x)(w(x) - 1) f(x) \mathrm{d}x.$$

如果要求重要抽样技巧统计量的方差小于直接模拟方法统计量的方差, 必须处处满足 $w(x) < 1$, 即必须处处满足 $g(x) > f(x)$.

2. 最佳重要概率分布

最佳重要概率分布 $g^*(x)$ 的形式可根据拉格朗日乘子法, 由式

$$L\{g^*(x)\} = \int h^2(x) f^2(x) / g^*(x) \mathrm{d}x + \lambda \int g^*(x) \mathrm{d}x$$

的极小值来确定. 当统计量 $h(x) > 0$ 或者 $h(x) \leqslant 0$ 时, 最佳重要概率分布 $g^*(x)$ 的形式为

$$g^*(x) = |h(x)| f(x) / \mu = |h(x)| f(x) \Big/ \int |h(x)| f(x) \mathrm{d}x.$$

得到在最佳重要概率分布下统计量的方差为

$$\mathrm{Var}_g[h] = \int h^2(x) w^2(x) g^*(x) \mathrm{d}x - \mu^2 = \mu \int h(x) f(x) \mathrm{d}x - \mu^2 = \mu^2 - \mu^2 = 0.$$

在最佳重要概率分布下统计量的方差为零, 这是理论上的结果. 因为要得到零方差, 其条件是要选取最佳重要概率分布为 $g^*(x) = h(x) f(x) / \mu$, 其中期望 μ 是问题的解, 实际上是不可能预先知道的, 所以精确的最佳重要概率分布是给不出来的. 虽然不能达到理论上零方差的结果, 但是可以为降低方差提供重要的途径, 指出了方向. 这个方向就是选取适当的重要概率分布 $g(x)$, 使得统计量的方差接近最佳重要概率分布 $g^*(x)$ 的零方差, 即使得方差最小:

$$\min_g \mathrm{Var}_g[h].$$

3. 指数族

下面介绍指数族概念. 许多概率分布可以写成如下形式的指数族:

$$f(\boldsymbol{x}; \boldsymbol{\theta}) = c(\boldsymbol{\theta}) \exp(\boldsymbol{s}(\boldsymbol{\theta})^{\mathrm{T}} \boldsymbol{t}(\boldsymbol{x})) H(\boldsymbol{x}),$$

式中, $\boldsymbol{x} = (\boldsymbol{x}_1, \cdots, \boldsymbol{x}_n)^{\mathrm{T}}$; $\boldsymbol{\theta} = (\theta_1, \cdots, \theta_d)^{\mathrm{T}}$; $\boldsymbol{s}(\boldsymbol{\theta}) = (s_1(\boldsymbol{\theta}), \cdots, s_m(\boldsymbol{\theta}))^{\mathrm{T}}$; $\boldsymbol{t}(\boldsymbol{\theta}) = (t_1(\boldsymbol{\theta}), \cdots, t_m(\boldsymbol{\theta}))^{\mathrm{T}}$; $m \leqslant d$; 正规化函数 $c(\boldsymbol{\theta}) > 0$; $H(\boldsymbol{x}) > 0$. 指数族有单变量指数族和多变量指数族. 单变量指数族的概率分布有泊松分布、二项分布、几何分布、β 分布、Γ 分布、正态分布和韦伯分布等.

4. 重要概率分布选取方法

重要抽样技巧的主要问题是选取重要概率分布比较困难. 重要概率分布选取方法起初只是给出如下一些选取原则:

(1) 选取重要概率分布 $g(x)$ 与概率分布 $f(x)$ 成正比.

(2) 选取重要概率分布, 使得统计量 $h(x)$ 尽量变成与随机变量 X 无关的常数.

(3) 当 $h^2(x)f(x)$ 大时, 使得 $g(x) > f(x)$; 当 $h^2(x)f(x)$ 小时, 使得 $g(x) < f(x)$. 这样选取重要概率分布的变化尽量接近问题解的变化, 使得重要概率分布与问题的解成正比.

20 世纪 90 年代中期以后, 研究工作给出了各种具体选取方法. 例如, Fishman(1996) 的菲什曼方法; Rubinstein(1997) 的互熵方法; Ross(2006) 的矩生成函数方法; Kroese, Taimre, Botev(2011) 的最优化方法.

(1) 菲什曼方法. 如果统计量 $h(x)$ 是有界函数, 上下界为 $h_{\mathrm{L}} \leqslant h(x) \leqslant h_{\mathrm{U}}$. 从概率分布 $f(x)$ 抽样, 直接模拟方法统计量的方差为

$$\mathrm{Var}_f[h] \leqslant (h_{\mathrm{U}} - E[h])(E[h] - h_{\mathrm{L}}) \leqslant (h_{\mathrm{U}} - h_{\mathrm{L}})^2/4.$$

重要概率分布选取为

$$g(x) \geqslant (h(x) - h_{\mathrm{L}})f(x)/(h_{\mathrm{U}} - h_{\mathrm{L}}).$$

从重要概率分布 $g(x)$ 抽样, 重要抽样技巧统计量的方差为

$$\mathrm{Var}_g[h] = \int [h(x) - h_{\mathrm{L}}]^2 w(x) f(x) \mathrm{d}x - (E[h] - h_{\mathrm{L}})^2 \leqslant (h_{\mathrm{U}} - E[h])(E[h] - h_{\mathrm{L}}) \leqslant z^2/4.$$

式中, $z = \sup\limits_{x \in V} \{[h(x) - h_{\mathrm{L}}]w(x)\}$. 上述给出方差的界限, 如果 $z \leqslant h_{\mathrm{U}} - h_{\mathrm{L}}$, 有

$$\mathrm{Var}_g[h] < \mathrm{Var}_f[h].$$

因此这样选择的重要概率分布, 可以降低方差.

(2) 互熵方法. 互熵方法将获得重要概率分布 $g(\boldsymbol{x})$ 接近最佳重要概率分布 $g^*(\boldsymbol{x})$, 使得统计量的方差最小. $g(\boldsymbol{x})$ 与 $g^*(\boldsymbol{x})$ 之间的互熵为

$$D(g^*, g) = E[\ln(g^*(\boldsymbol{x})/g(\boldsymbol{x}))] = \int g^*(\boldsymbol{x}) \ln g^*(\boldsymbol{x}) \mathrm{d}\boldsymbol{x} - \int g^*(\boldsymbol{x}) \ln g(\boldsymbol{x}) \mathrm{d}\boldsymbol{x}.$$

选取 $g(\boldsymbol{x})$ 使得 $g(\boldsymbol{x})$ 与 $g^*(\boldsymbol{x})$ 之间的互熵最小, 互熵最小化问题为

$$\min_{g} D(g^*,\ g).$$

这样选取的重要概率分布 $g(\boldsymbol{x})$ 称为互熵优化概率分布.

概率分布 $f(\boldsymbol{x};\boldsymbol{\theta})$ 是指数族, $\boldsymbol{\theta}$ 称为标称参数向量. 重要概率分布 $g(\boldsymbol{x};\boldsymbol{\eta})$ 从相同的指数族 $\{f(\boldsymbol{x};\boldsymbol{\eta}),\ \boldsymbol{\eta}\in\boldsymbol{\theta}\}$ 中选取, $\boldsymbol{\eta}$ 称为参考参数向量. 在统计量 $h(\boldsymbol{x})$ 为正值函数情况下, 求解重要概率分布是使得互熵最小化问题变为参数最优化问题:

$$\min_{\boldsymbol{\eta}\in\boldsymbol{\Theta}} D(g^*,g(\boldsymbol{x};\boldsymbol{\eta})).$$

令 $D(\boldsymbol{\eta})=E_{\boldsymbol{\theta}}[h(\boldsymbol{X})\ln g(\boldsymbol{X};\boldsymbol{\eta})]$, 参数最优化问题的最优解与优化问题 $\max_{\boldsymbol{\eta}\in\boldsymbol{\Theta}} D(\boldsymbol{\eta})$ 的最优解是一致的. 优化参数 $\boldsymbol{\eta}^*$ 称为互熵参考参数, 其求解可以使用最优化蒙特卡罗方法, 如样本平均近似算法, 求解互熵随机规划, 互熵随机规划为

$$\max_{\boldsymbol{\eta}}\hat{D}(\boldsymbol{\eta})=\max_{\boldsymbol{\eta}}(1/n)\sum_{i=1}^{n} h(\boldsymbol{X}_i)\ln g(\boldsymbol{X}_i;\boldsymbol{\eta}).$$

得到优化参数 $\boldsymbol{\eta}^*$ 为

$$\boldsymbol{\eta}^*=\arg\max_{\boldsymbol{\eta}}\hat{D}(\boldsymbol{\eta})=\arg\max_{\boldsymbol{\eta}}(1/n)\sum_{i=1}^{n} h(\boldsymbol{X}_i)\ln g(\boldsymbol{X}_i;\boldsymbol{\eta}),$$

其中, 随机变量样本值 $\boldsymbol{X}_i$ 的独立同分布为 $g(\boldsymbol{x};\boldsymbol{\eta})$. 在典型应用中, 函数 $\hat{D}$ 是凸性可微的, 求解互熵随机规划相当于求解下面方程:

$$(1/n)\sum_{i=1}^{n} h(\boldsymbol{X}_i)\nabla\ln g(\boldsymbol{X}_i;\boldsymbol{\eta})=0.$$

式中, ∇ 表示对 $\boldsymbol{\eta}$ 的梯度, 随机规划求解常有解析解.

(3) 矩生成函数方法. 概率分布 $f(\boldsymbol{x})$ 的矩生成函数为

$$M(\theta)=\int \mathrm{e}^{\theta\boldsymbol{x}}f(\boldsymbol{x})\mathrm{d}\boldsymbol{x},\quad -\infty<\theta<\infty.$$

倾斜概率分布为

$$f_\theta=\mathrm{e}^{\theta\boldsymbol{x}}f(\boldsymbol{x})/M(\theta)=\exp(\theta\boldsymbol{x}-\ln M(\theta))f(\boldsymbol{x}).$$

重要概率分布 $g(\boldsymbol{x})$ 选取为倾斜概率分布 f_θ 时, 估计值将有较小方差. $\mathrm{e}^{\theta\boldsymbol{x}}$ 的期望为

$$E[\mathrm{e}^{\theta\boldsymbol{x}}]=\int_{-\infty}^{\infty}\mathrm{e}^{\theta\boldsymbol{x}}f(\boldsymbol{x})\mathrm{d}\boldsymbol{x}.$$

对 $\theta>0$, 如果期望 $E[\mathrm{e}^{\theta\boldsymbol{x}}]\leqslant c<\infty$, 则概率分布是轻尾概率分布, 如果期望 $E[\mathrm{e}^{\theta\boldsymbol{x}}]=\infty$, 则概率分布是重尾概率分布.

当 $\theta > 0$ 时, 服从重要概率分布的随机变量趋向于比服从概率分布的随机变量大, 当 $\theta < 0$ 时, 服从重要概率分布的随机变量趋向于比服从概率分布的随机变量小, 因此符合重要概率分布选取原则, 将有较小方差.

在某些情况下, 重要概率分布 $g(\boldsymbol{x})$ 与概率分布 $f(\boldsymbol{x})$ 有相同的形式, 只是参数不同而已. 例如, $f(\boldsymbol{x})$ 是一个参数为 λ 的负指数概率分布, 当 $\theta < \lambda$ 时, 重要概率分布 $g(\boldsymbol{x})$ 是参数为 $\lambda - \theta$ 的负指数概率分布. $f(\boldsymbol{x})$ 是参数为均值 μ 和方差 σ^2 的正态概率分布, $g(\boldsymbol{x})$ 是参数为均值 $\mu + \sigma^2\theta$ 和方差 σ^2 的正态概率分布. $f(x)$ 是参数为 p 的伯努利概率分布, $g(x)$ 是参数为 $p_\theta = pe^\theta/(pe^\theta + 1 - p)$ 的伯努利概率分布.

(4) 优化方法. 优化方法是方差最小方法. 概率分布是指数族 $f(\boldsymbol{x}; \theta)$, 重要概率分布 $g(\boldsymbol{x}; \boldsymbol{\eta})$ 从相同的指数族 $\{f(\boldsymbol{x}; \boldsymbol{\eta}), \boldsymbol{\eta} \in \boldsymbol{\theta}\}$ 中选取, 选取重要概率分布问题归结为参数最小问题:

$$\min_{\boldsymbol{\eta} \in \boldsymbol{\theta}} \operatorname{Var}_{\boldsymbol{\eta}}(h(\boldsymbol{X})w(\boldsymbol{X}; \boldsymbol{\theta}, \boldsymbol{\eta})),$$

式中, 权重 $w(\boldsymbol{X}; \boldsymbol{\theta}, \boldsymbol{\eta}) = f(\boldsymbol{X}; \boldsymbol{\theta})/g(\boldsymbol{X}; \boldsymbol{\eta})$, 由于在任意 $g(\boldsymbol{x}; \boldsymbol{\eta})$ 下, $h(\boldsymbol{X})w(\boldsymbol{X}; \boldsymbol{\theta}, \boldsymbol{\eta})$ 的期望是 $E[h(\boldsymbol{X})]$, 因此, 参数最小化问题与最小化问题:

$$\min_{\boldsymbol{\eta} \in \boldsymbol{\theta}} V(\boldsymbol{\eta})$$

是一致的, 其中, $V(\boldsymbol{\eta}) = E_{\boldsymbol{\eta}}[h^2(\boldsymbol{X})w^2(\boldsymbol{X}; \boldsymbol{\theta}, \boldsymbol{\eta})] = E_{\boldsymbol{\theta}}[h^2(\boldsymbol{X})w(\boldsymbol{X}; \boldsymbol{\theta}, \boldsymbol{\eta})]$. 用最优化蒙特卡罗方法求解方差最小化问题, 即相当于求解下面优化问题:

$$\min_{\boldsymbol{\eta} \in \boldsymbol{\theta}} \hat{V}(\boldsymbol{\eta}) = \min_{\boldsymbol{\eta} \in \boldsymbol{\theta}} (1/n) \sum_{i=1}^n h^2(\boldsymbol{X}_i)w(\boldsymbol{X}_i; \boldsymbol{\theta}, \boldsymbol{\eta}).$$

求解的最优参数为

$$\boldsymbol{\eta}^* = \arg\min_{\boldsymbol{\eta} \in \boldsymbol{\theta}} \hat{V}(\boldsymbol{\eta}).$$

所以得到方差最小的重要概率分布 $g(\boldsymbol{x}; \boldsymbol{\eta}^*)$. 优化方法的算法如下:

① 选择重要概率分布指数族 $\{g(\boldsymbol{x}; \boldsymbol{\eta})\}$.
② 概率分布 $f(\boldsymbol{x}; \boldsymbol{\theta})$ 抽样产生试验样本值 $X_1, \cdots, X_N$.
③ 求方差最小优化问题的解 $\boldsymbol{\eta}^*$.
④ 从重要概率分布 $g(\boldsymbol{x}; \boldsymbol{\eta}^*)$ 中抽样产生 $X_1, \cdots, X_n$.
⑤ $\boldsymbol{Y}_i = h(\boldsymbol{X}_i)f(\boldsymbol{X}_i; \boldsymbol{\theta})/g(\boldsymbol{X}_i; \boldsymbol{\eta}^*)$, $i = 1, 2, \cdots, n$.
⑥ 估计值为 $\ell = (1/n) \sum_{i=1}^n \boldsymbol{Y}_i$.

6.2.2 分层抽样

在数理统计学的统计抽样方法中, 也有分层抽样技巧. 当已知总体由差异明显的几部分组成时, 为了使样本更客观地反映总体的情况, 常将总体按不同的特点分成层次比较分明的几部分, 然后按各部分在总体中所占的比例进行抽样, 这种抽样称为分层抽样, 其中所分成的各部分叫 "层". 在数学上的黎曼积分, 通常的积分方法是把积分区域划分成小的积分区域. 蒙特卡罗方法的分层抽样技巧来源于上述思想. 分层抽样是通过改变概率分布, 把整层抽样变为分层抽样, 把整层概率分布改变为分层概率分布, 达到降低方差的目的.

1. 一维问题分层抽样技巧

分层抽样技巧只是改变概率分布, 不改变统计量. 对一维问题, 分层抽样技巧是把整层抽样改为分层抽样, 分别对每一分层的概率分布抽样. 把 x 区间长度 L 分成 m 个间隔, 即分成 m 层, 第 j 层所占的比例为第 j 层所占的概率 p_j, $j=1$, $2, \cdots, m$. 总样本数 (模拟次数) 为 n, 第 j 层的样本数为 n_j. 整层随机变量 X 的定义域为 $[X_{\min}, X_{\max}]$, 其概率分布为 $f(x)$. 第 j 层随机变量 X_j 的定义域为 $[X_{j,\min}$, $X_{j,\max}]=[L(j-1)/m, Lj/m]$, 其概率分布为 $f(x_j)$, 从第 j 层的概率分布 $f(x_j)$ 抽样产生样本值为 X_j, 第 j 层的统计量 $h_j(x)$ 取值为 $h(X_j)$. 第 j 层所占的概率及其满足的关系为

$$p_j = \int_{Z_j} f(x)\mathrm{d}x, \quad \sum_{j=1}^{m} p_j = 1.$$

第 j 层随机变量的概率分布为

$$f(x_j) = p_j^{-1} f(x).$$

第 j 层统计量的期望和分层抽样技巧统计量的期望分别为

$$\mu_j = E[h_j] = \int_{X_{j,\min}}^{X_{j,\max}} h(x_j) f(x_j) \mathrm{d}x_j,$$

$$\mu = E[h] = \sum_{j=1}^{m} p_j E[h(X_j)].$$

第 j 层统计量的估计值和分层抽样技巧统计量的估计值分别为

$$\hat{h}_j = (1/n_j) \sum_{i=1}^{n_j} h(X_j^{(i)}),$$

$$\hat{h} = \sum_{j=1}^{m} p_j \hat{h}(X_j) = \sum_{j=1}^{m} p_j (1/n_j) \sum_{i=1}^{n_j} h(X_j^{(i)}). \tag{6.1}$$

第 j 层统计量估计值的方差和分层抽样技巧统计量估计值的方差分别为

$$\mathrm{Var}[\hat{h}_j] = (1/p_j) \int_{X_{j,\min}}^{X_{j,\max}} (h(x_j) - E[h_j])^2 f(x_j)\mathrm{d}x_j, \tag{6.2}$$

$$\mathrm{Var}[\hat{h}] = \sum_{j=1}^{m} p_j^2 \mathrm{Var}[\hat{h}_j]/n_j. \tag{6.3}$$

总样本数为

$$n = \sum_{j=1}^{m} n_j.$$

问题是在总样本数固定下, 为降低方差, 如何选取第 j 层样本数 n_j 使得分层抽样统计量的方差小于整层抽样统计量的方差, 有两种方法, 一是比例分层抽样技巧, 二是最优分层抽样技巧.

(1) 比例分层抽样技巧. 按比例分配样本数, 第 j 层样本数 $n_j = np_j$, $j = 1$, $2, \cdots, m$, 称为比例分层抽样. 由式 (6.1), 得到比例分层抽样技巧统计量的估计值为

$$\hat{h} = (1/n) \sum_{j=1}^{m} \sum_{i=1}^{n_j} h(X_j^{(i)}).$$

由式 (6.2) 和式 (6.3), 并根据整层抽样直接模拟方法统计量估计值的方差为

$$\text{Var}[\hat{h}(X)] = \int h^2(x) f(x) \mathrm{d}x - (E[h(X)])^2.$$

可以证明比例分层抽样技巧统计量估计的方差小于整层抽样统计量估计的方差:

$$\begin{aligned}
\text{Var}[\hat{h}] &= \sum_{j=1}^{m} p_j^2 \text{Var}[\hat{h}(X_j)]/n_j = \sum_{j=1}^{m} p_j n_j/n \text{Var}[\hat{h}(X_j)]/n_j \\
&= (1/n) \sum_{j=1}^{m} p_j \text{Var}[\hat{h}(X_j)] \\
&= (1/n) \sum_{j=1}^{m} \int_{X_{j,\min}}^{X_{j,\max}} (h(x_j) - E[h(X_j)])^2 f(x_j) \mathrm{d}x_j \\
&= \text{Var}[\hat{h}(X)] - (1/n) \sum_{j=1}^{m} p_j (E[h(X_j)] - E[h(X)])^2 \leqslant \text{Var}[\hat{h}(X)].
\end{aligned}$$

(2) 最优分层抽样技巧. 分层抽样技巧统计量的方差为

$$\text{Var}[h(n_1, n_2, \cdots, n_m)] = \sum_{j=1}^{m} p_j^2 \text{Var}[h_j]/n_j.$$

$\text{Var}[h_j] = \sigma_j^2$ 是第 j 层统计量的方差, 利用拉格朗日乘子法, 求解分层抽样技巧统计量的方差 $\sum_{j=1}^{m} p_j^2 \sigma_j^2/n_j$ 极小的最优值 n_j 为

$$n_j = np_j \sigma_j \bigg/ \sum_{j=1}^{m} p_j \sigma_j, \quad j = 1, 2, \cdots, m.$$

这就是说, 最优分层抽样技巧第 j 层的样本数 n_j, 应与该层所占的概率和统计量的均方差的乘积成正比, 每层所占的概率和统计量的均方差越大, 每层的样本数应该越多. 最优分层抽样技巧统计量的方差为

$$\text{Var}[h(n_1, n_2, \cdots, n_m)] = (1/n) \left(\sum_{j=1}^{m} p_j \sigma_j \right)^2.$$

2. 高维问题分层抽样技巧

对一维问题比例分层抽样技巧和最优分层抽样技巧都是可行的, 但是对高维问题, 由于层数太多, 计算量太大, 直接应用分层抽样很困难. 假设有 s 维超立方体, 其每个坐标分成 K 份, 因此层数 $m = K^s$. 对于高维估计值问题, 分层抽样技巧的主要缺点是层数将随着份数成指数增长, 当层数很大时, 计算量非常大, 以致分层抽样不可行. 对于小的维数和小的份数, $s < 10$, $K < 5$, 可用系统抽样技巧. 对于更高维问题, 可使用拉丁超立方体抽样技巧. 例如, 维数 $s = 2$, 份数 $K = 5$, 层数 $m = K^s = 5^2 = 25$, 样本数 $n = 150$. 系统抽样技巧, 每层的样本数和每份的样本数都是固定不变的, 分别为 $n/m = 6$ 和 $n/K = 30$, 如图 6.2 所示. 拉丁超立方体抽样技巧, 每层的样本数是随机变化的, 每份的样本数则是固定不变的, 为 $n/K = 30$, 如图 6.3 所示.

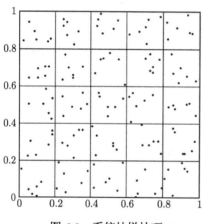 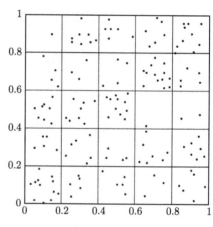

图 6.2　系统抽样技巧　　　　　　　　图 6.3　拉丁超立方体抽样技巧

(1) 系统抽样技巧. 系统抽样技巧是带有权重 W 的比例分层抽样技巧. 统计量为 $h(U)$, U 服从均匀分布 $U(0,1)^s$. 假定超立方体 $(0,1)^s$ 的第 k 个分量分成 K_k 个等间隔, $k = 1, 2, \cdots, s$, 因此, 超立方体 $(0,1)^s$ 分成 $m = \prod_{k=1}^{s} K_k$ 个超矩形:

$$\prod_{k=1}^{s} (i_k/K_k, (i_k+1)/K_k), \quad (i_1, i_2, \cdots, i_s) \in W,$$

式中, 权重 $W = \{(i_1, i_2, \cdots, i_s) : i_k \in \{0, 1, \cdots, K_k - 1\}, k \in \{1, 2, \cdots, s\}\}$.

模拟 n 次, 系统抽样技巧的算法如下:

① 对每个 $\boldsymbol{i} = (i_1, i_2, \cdots, i_s) \in W$, 从 $U(0,1)^s$ 抽样产生 $U_1, U_2, \cdots, U_n$.

② 计算 $Y_{ij} = h((i_1 + U_{j1})/K_1, \cdots, (i_s + U_{js})/K_s)$, $j = 1, 2, \cdots, n$.

③ 计算 $Y_{*j} = (1/m) \sum_{i \in W} Y_{ij}$.

④ 估计值 $\ell = (1/n) \sum_{j=1}^{n} Y_{*j}$.

(2) 拉丁超立方体抽样技巧. 在 s 维超立方体上进行拉丁超立方体抽样技巧的思想是使得只有边缘分布是分层的. 模拟 n 次, 统计量为 $h(X)$, 拉丁超立方体抽样技巧的算法如下:

① 从均匀分布 $U(0, 1)^s$ 抽样产生 $U_1, U_2, \cdots, U_K$.

② 从独立均匀排列 $\Pi_1, \Pi_2, \cdots, \Pi_K$ 抽样产生 K.

③ 计算 $V_k = (\Pi_k + 1 - U_k)/K$, $k = 1, 2, \cdots, K$, $Y_i = (1/K)\sum_{k=1}^{K} h(V_k)$.

④ 估计值 $\ell = (1/n)\sum_{i=1}^{n} Y_i$.

6.2.3 控制变量

1. 控制变量技巧

控制变量技巧不改变概率分布, 只是改变统计量. 原来统计量为 $h(x)$, 其期望 $E[h]$ 和方差 $\mathrm{Var}[h]$, 有一个设定统计量 $h_1(x)$, 起控制变量作用, 其期望 $E[h_1]$ 和方差 $\mathrm{Var}[h_1]$ 都是已知的. 统计量改变为 $h^*(x)$, 其期望为 $E[h^*]$, 其方差为 $\mathrm{Var}[h^*]$. 统计量 $h^*(x)$ 由原来统计量 $h(x)$ 与控制变量 $h_1(x)$ 的线性组合构成:

$$h^*(x) = h(x) + \alpha(E[h_1] - h_1(x)).$$

式中, α 为任意常数. 从概率分布 $f(x)$ 抽样产生样本值 X, 控制变量技巧统计量的取值为 $h^*(X)$, 模拟 n 次, 控制变量技巧统计量的估计为

$$\hat{h}^* = (1/n)\sum_{i=1}^{n} h^*(X_i).$$

设定统计量 $h_1(x)$ 称为原来统计量 $h(x)$ 的控制变量, 所以这种降低方差技巧称为控制变量技巧. 为什么设定统计量 $h_1(x)$ 能起到控制作用呢, 这是因为当原来统计量 $h(x)$ 与设定统计量 $h_1(x)$ 正相关时, 最优 α^* 值是正的, 原来统计量 $h(x)$ 与设定统计 $h_1(x)$ 成正比. 也就是说设定统计量 $h_1(x)$ 越大, 原来统计量 $h(x)$ 就越大, 设定统计量 $h_1(x)$ 对原来统计量 $h(x)$ 起控制作用. 因此, 当设定统计量 $h_1(x)$ 大于其期望时, 原来统计量 $h(x)$ 有可能也大于其期望, 可以通过最优 α^* 值取负来进行修正, 使得原来统计量 $h(x)$ 减小. 当原来统计量 $h(X)$ 与设定统计量 $h_1(X)$ 负相关时, α^* 值是负的, 原来统计量 $h(X)$ 与设定统计量 $h_1(X)$ 成反比, 也有类似的控制作用.

2. 统计量方差

控制变量技巧统计量的方差为

$$\mathrm{Var}[h^*] = \mathrm{Var}[h] + \alpha^2 \mathrm{Var}[h_1] - 2\alpha\,\mathrm{Cov}[h(X), h_1(X)],$$

式中, $\mathrm{Cov}[h(X), h_1(X)]$ 为协方差. 根据优化理论, 如果能找到上式最小时的 α 值, 则控制变量统计量有最小方差, 最优值 α^* 为

$$\alpha^* = \mathrm{Cov}[h(X), h_1(X)]/\mathrm{Var}[h_1] = \mathrm{Corr}[h(X), h_1(X)]\sqrt{\mathrm{Var}[h]/\mathrm{Var}[h_1]},$$

式中, Corr[·] 为相关系数, 协方差与相关系数的关系为

$$\mathrm{Cov}[h(X), h_1(X)] = \mathrm{Corr}[h(X), h_1(X)]\sqrt{\mathrm{Var}[h]\mathrm{Var}[h_1]}.$$

在最优值 α^* 下, 控制变量技巧的统计量为

$$h^*(x) = h(x) + \alpha^*(E[h_1] - h_1(x)).$$

在最优值 α^* 下, 控制变量技巧统计量的方差为

$$\mathrm{Var}[h^*] = \mathrm{Var}[h] - (\mathrm{Cov}[h(X), h_1(X)])^2/\mathrm{Var}[h_1]$$
$$= (1 - (\mathrm{Corr}[h(X), h_1(X)])^2)\mathrm{Var}[h].$$

控制变量技巧统计量的方差与直接模拟方法统计量的方差之比为

$$\frac{\mathrm{Var}[h^*]}{\mathrm{Var}[h]} = 1 - \frac{(\mathrm{Cov}[h(X), h_1(X)])^2}{\mathrm{Var}[h]\mathrm{Var}[h_1]} = 1 - (\mathrm{Corr}[h(X), h_1(X)])^2.$$

如果相关系数分别为 ±0.7071, ±0.8944 和 ±0.9487, 则方差之比值分别为 0.5, 0.2 和 0.1. 方差减少的大小为 $\mathrm{Corr}^2[h(X), h_1(X)]$, 相关系数越大, 方差减少越多. 当两个相关统计量的相关系数 $\mathrm{Corr}[h(X), h_1(X)]$ 等于 ±1 时, 统计量的方差将为零, 这是理论上的结果. 由于原来统计量 $h(x)$ 的方差 $\mathrm{Var}[h]$ 事先并不知道, 相关系数 $\mathrm{Corr}[h(X), h_1(X)]$ 实际上是求不出来的, 所以零方差只有理论上的意义. 尽管这样, 零方差结论仍然具有指导意义, 给控制变量技巧降低方差指出方向. 这个方向就是使得两个相关统计量的相关系数 $\mathrm{Corr}[h(X), h_1(X)]$ 尽可能接近于 1.

3. 最优值 α^* 和统计量方差模拟计算

最优值 α^* 和统计量 $h^*(x)$ 的方差可以通过模拟计算进行估计. 进行 n 次模拟, 得到原来统计量和设定统计量的取值分别为 $h(X_i)$ 和 $h_1(X_i)$, $i = 1, 2, \cdots, n$. μ 和 μ_1 分别为 $h(X_i)$ 和 $h_1(X_i)$ 的期望. 原来统计量 $h(x)$ 方差的估计为

$$\hat{\mathrm{V}}\mathrm{ar}[h] = (1/n)\sum_{i=1}^{n}(h(X_i) - \mu)^2.$$

设定统计量 $h_1(x)$ 方差的估计为

$$\hat{\mathrm{V}}\mathrm{ar}[h_1] = (1/n)\sum_{i=1}^{n}(h_1(X_i) - \mu_1)^2.$$

得到协方差的估计为

$$\hat{\mathrm{C}}\mathrm{ov}[h(X), h_1(X)] = (1/n)\sum_{i=1}^{n}(h(X_i) - \mu)(h_1(X_i) - \mu_1).$$

最优值 α^* 的估计为

$$\hat{\alpha}^* = \text{Cov}[h(X), h_1(X)]/\text{Var}[h_1] = \text{Corr}[h(X), h_1(X)]\sqrt{\text{Var}[h]/\text{Var}[h_1]}.$$

样本协方差矩阵为

$$\boldsymbol{C} = \begin{pmatrix} C_{11} & C_{12} \\ C_{21} & C_{22} \end{pmatrix}$$

$$= \begin{pmatrix} \dfrac{1}{n-1}\sum_{i=1}^{n}(h(X_i)-\mu)^2 & \dfrac{1}{n-1}\sum_{i=1}^{n}(h(X_i)-\mu)(h_1(X_i)-\mu_1) \\ \dfrac{1}{n-1}\sum_{i=1}^{n}(h(X_i)-\mu)(h_1(X_i)-\mu_1) & \dfrac{1}{n-1}\sum_{i=1}^{n}(h_1(X_i)-\mu_1)^2 \end{pmatrix}.$$

最优值 α^* 的估计为

$$\hat{\alpha}^* = C_{12}/C_{22}.$$

控制变量技巧统计量 $h^*(x)$ 方差的估计为

$$\hat{\text{Var}}[h^*] = (1/n)\{\hat{\text{Var}}[h] - (\hat{\text{Cov}}[h(X), h_1(X)])^2/\hat{\text{Var}}[h_1]\}.$$

6.2.4 对偶随机变量

1. 对偶随机变量技巧

对偶随机变量技巧不改变概率分布, 只是改变统计量. 对偶随机变量技巧的统计量 $h^*(x)$ 由两个负相关统计量 $h_1(x)$ 和 $h_2(x)$ 的平均值构成:

$$h^*(x) = (1/2)(h_1(x) + h_2(x)).$$

从概率分布 $f(x)$ 抽样产生样本值 X, 统计量 $h^*(x)$ 的取值为 $h^*(X)$, 对偶随机变量技巧统计量的估计值为

$$\hat{h} = (1/n)\sum_{i=1}^{n} h^*(X_i) = (1/2n)\sum_{i=1}^{n}(h_1(X_i) + h_2(X_i)).$$

把变异彼此相反, 互为补偿的一对变量 $h_1(x)$ 和 $h_2(x)$ 称为对偶随机变量, 统计量 $h_2(x)$ 是统计量 $h_1(x)$ 的对偶随机变量, 因此称为对偶随机变量技巧. 负相关越大, 方差减小越大. 关键问题是找到两个紧密负相关的统计量, 构成对偶随机变量关系.

2. 寻找负相关的统计量

最大最小协方差定理表明, 当统计量函数为单调非降时, 使用对偶随机数有最小的协方差, 这为寻找负相关的统计量提供依据. 如果 X 是服从 $U(0,1)$ 均匀分布随机数, 统计量 $h_1(x)$ 和 $h_2(x)$ 是随机数 U 的函数:

$$h_1(X) = h_1(U), \quad h_2(X) = h_2(1-U).$$

由于随机数 U 与随机数 $1-U$ 是同分布, 而且是负相关的, U 与 $1-U$ 称为对偶随机变量, 两个统计量 $h_1(x)$ 和 $h_2(x)$ 是负相关的, 构成对偶随机变量关系. 对偶随机变量技巧的统计量为

$$h^*(X) = (1/2)(h_1(U) + h_2(1-U)).$$

模拟 n 次, 对偶随机变量技巧统计量的估计为

$$\hat{h}^* = (1/2n) \sum\nolimits_{i=1}^{n} (h_1(U_i) + h_2(1-U_i)).$$

如果 X 是服从标准正态分布的随机变量, 由于 X 与 $-X$ 是同分布, 而且是负相关的, X 与 $-X$ 称为对偶随机变量, 构成对偶随机变量关系. 统计量 $h_1(x)$ 和 $h_2(x)$ 是随机变量 X 的函数:

$$h_1(x) = h_1(X), \quad h_2(x) = h_2(-X).$$

统计量 $h_1(x)$ 和 $h_2(x)$ 也是负相关的, 构成对偶随机变量关系. 对偶随机变量技巧统计量的估计为

$$\hat{h}^* = (1/2n) \sum\nolimits_{i=1}^{n} (h_1(X_i) + h_2(-X_i)).$$

如果 X 是服从均值为 μ 方差为 σ^2 的正态分布的随机变量, 由于 X 与 $2\mu - X$ 是同分布, 而且是负相关的, X 与 $2\mu - X$ 称为对偶随机变量, 构成对偶随机变量关系. 统计量 $h_1(x)$ 和 $h_2(x)$ 是随机变量 X 的函数:

$$h_1(x) = h_1(X), \quad h_2(x) = h_2(2\mu - X).$$

统计量 $h_1(x)$ 和 $h_2(x)$ 也是负相关的, 构成对偶随机变量关系. 对偶随机变量技巧统计量的估计为

$$\hat{h}^* = (1/2n) \sum\nolimits_{i=1}^{n} (h_1(X_i) + h_2(2\mu - X_i)).$$

3. 统计量方差

对偶随机变量技巧统计量的方差为

$$\text{Var}[h^*] = (1/2)(\text{Var}[h_1] + \text{Var}[h_2] + 2\text{Cov}[h_1(X), h_2(X)])$$

其中协方差为

$$\text{Cov}[h_1(X), h_2(X)] = \text{Corr}[h_1(X), h_2(X)]\sqrt{\text{Var}[h_1]\text{Var}[h_2]},$$

其中, $\text{Corr}[h_1(X), h_2(X)]$ 为两个相关统计量的相关系数. 如果 $\text{Var}[h_1] = \text{Var}[h_2]$, 则有

$$\text{Var}[h^*] = \text{Var}[h_1] + \text{Cov}[h_1(X), h_2(X)]$$

直接模拟方法的方差为

$$\text{Var}[h_1].$$

如果两个相关的统计量 $h_1(X)$ 和 $h_2(X)$ 是负相关的, 协方差 $\text{Cov}[h_1(X), h_2(X)]$ 为负值, 因此对偶随机变量技巧的方差小于直接模拟的方差:

$$\text{Var}[h^*] < \text{Var}[h_1],$$

所以对偶随机变量技巧可以降低方差.

6.2.5 公共随机数

1. 公共随机数技巧

公共随机数技巧不改变概率分布, 只是改变统计量. 公共随机数技巧利用两个统计量之间的差别, 公共随机数的统计量改为

$$h(X) = h_1(X) - h_2(X).$$

公共随机数技巧统计量的估计值为

$$E[h] = E[h_1] - E[h_2].$$

公共随机数技巧是两个统计量使用公共的随机数, 也就是两个统计量的随机变量 X 使用相同的样本值 $X_i, i = 1, 2, \cdots, n$, 模拟 n 次, 两个统计量 $h_1(x)$ 和 $h_2(x)$ 之差的估计值为

$$(1/n) \sum_{i=1}^{n} (h_1(X_i) - h_2(X_i)).$$

2. 统计量方差

直接模拟方法统计量的方差为

$$\text{Var}[h_1] + \text{Var}[h_2].$$

公共随机数技巧统计量的方差为

$$\text{Var}[h_1 - h_2] = \text{Var}[h_1] + \text{Var}[h_2] - 2\text{Cov}[h_1(X), h_2(X)].$$

如果 $h_1(X)$ 和 $h_2(Y)$ 之间是正相关的, 协方差为正值, 则有

$$\text{Var}[h_1(X) - h_2(X)] < \text{Var}[h_1] + \text{Var}[h_2].$$

因此两统计量之差的方差小于两统计量方差之和, 公共随机数技巧方差小于直接模拟方法的方差. 最大最小协方差定理表明, 当统计量函数为单调函数时, 使用公共随机数技巧有最大的协方差, 这将为寻找正相关的统计量提供依据. 公共随机数技巧由于两个统计量使用公共的随机数, 两个统计量 $h_1(X)$ 和 $h_2(X)$ 之间紧密正相关, 公共随机数技巧的统计量 $h(X)$ 估计值的方差小于直接模拟方法的方差.

6.2.6   条件期望

1. 条件方差原理

有两个相关的随机变量 X 和 Z, 随机变量 X 的条件概率分布为 $f(x|z)$. 随机变量 X 的条件期望和条件方差是在给定条件 $Z = z$ 下随机变量 X 的期望和方差. 根据概率论的条件期望理论, 可以推导出随机变量 X 的条件方差公式为

$$\mathrm{Var}[X] = \mathrm{Var}[E[X|Z]] + E[\mathrm{Var}[X|Z]].$$

条件方差公式的左边表示随机变量 X 的方差, 右边第一项表示随机变量 X 条件期望的方差, 右边第二项表示随机变量 X 条件方差的期望. 由于方差总是非负的, 上式右端两项都是非负的, 可得到

$$\mathrm{Var}[E[X|Z]] \leqslant \mathrm{Var}[X].$$

所以随机变量 X 条件期望的方差小于随机变量 X 的方差.

2. 条件期望技巧

条件期望技巧是基于条件方差原理, 同时改变概率分布和统计量. 有两个相关的随机变量 X 和 Z, 随机变量 X 的概率分布为 $f(x)$, 随机变量 Z 的概率分布为 $g(z)$. 目的是要计算随机变量 X 的期望 $E[X]$. 如果条件期望 $E[X|Z = z]$ 能解析计算, 根据条件期望的塔式性质: 若 $E[X]$ 存在, 则有 $E[E[X|Z]] = E[X]$. 因此随机变量 X 的期望值 $E[X] = E[E[X|Z]]$, 所以 $E[X|Z]$ 是 X 的无偏估计. 与直接模拟方法比较, 条件期望技巧不是从概率分布 $f(x)$ 抽样, 而是从概率分布 $g(z)$ 抽样. 统计量不是随机变量 X, 而是随机变量 X 的条件期望 $E[X|Z]$. 模拟 n 次, 条件期望技巧的算法如下:

① 概率分布 $g(z)$ 抽样产生样本值 $Z_1, Z_2, \cdots, Z_n$.
② 解析计算 $E[X|Z_i]$, $i=1, 2, \cdots, n$.
③ 随机变量 X 的估计值 $\hat{X} = (1/n) \sum_{i=1}^{n} E[X|Z_i]$.

根据条件方差原理有 $\mathrm{Var}[E[X|Z]] \leqslant \mathrm{Var}[X]$, 随机变量条件期望的方差小于等于随机变量的方差, 所以条件期望技巧能降低方差.

统计量 $h(x)$ 是随机变量 X 的函数, 统计量 $h(x)$ 也是随机变量. 根据条件方差原理的随机变量 X 的条件方差公式, 得到统计量 $h(x)$ 的条件方差公式为

$$\mathrm{Var}[h] = \mathrm{Var}[E[h|Z]] + E[\mathrm{Var}[h|Z]].$$

因此, 统计量的方差等于统计量条件期望的方差与统计量条件方差的期望之和. 由于方差总是非负的, 统计量的条件方差公式的右边两项都是非负的. 于是统计量条件期望的方差小于统计量的方差. 统计量条件期望的方差是条件期望技巧统计量

方差, 统计量的方差是直接模拟方法统计量方差, 因此条件期望技巧统计量方差小于直接模拟方法统计量方差:

$$\mathrm{Var}[E\,[h|Z]] < Var[h],$$

这就是条件期望技巧能降低方差的缘故.

随机变量 Z 的概率分布为 $g(z)$, 从 $g(z)$ 抽样产生 Z, 如果直接模拟方法统计量的条件期望 $E[h|Z=z]$ 可以解析计算, 则条件期望技巧的统计量为 $E[h|Z=z]$, 其估计值为

$$\hat{h} = (1/n)\sum\nolimits_{i=1}^{n} E[h|Z_i=z_i].$$

6.2.7 样本分裂

1. 样本分裂技巧

样本分裂技巧是一类以样本分裂为特征的降低方差技巧, 包括早期研究粒子输运问题的分裂和轮盘赌技巧, 后来在研究稀有事件模拟时发展的分裂方法, 在序贯蒙特卡罗方法及其应用中发展起来的粒子分裂方法. 这些技巧的共同特征是对样本进行分裂, 可以用来解决特别复杂的问题, 降低方差、提高效率. 分裂方法在本章稀有事件模拟方法和第 10 章粒子输运问题有叙述. 粒子分裂方法在第 8 章有叙述. 下面叙述分裂和轮盘赌技巧.

2. 分裂和轮盘赌技巧

分裂和轮盘赌技巧的原理是改变统计量, 而不改变概率分布. 把区域 A 分为重要区域 S 和不重要区域 R. 当粒子从左到右向重要方向运动时, 每通过一层, 粒子分裂一次, 变成 ν 个粒子, 每个粒子的能量和方向保持不变, 权重变为 $1/\nu$, 然后逐个继续跟踪这些粒子. 第 k 个分裂粒子的贡献为 I_k, 记录 ν 个粒子的贡献. 当粒子从右到左向不重要方向运动时, 每通过一层进行轮盘赌, 把 ν 个能量和方向相同的粒子压缩成一个粒子, 权重变为 ν, 以概率 $q = 1/\nu$ 继续跟踪这个粒子, 记录一个粒子贡献为 I_1, 以概率 $1-q$ 结束游动历史. 这样做权重相应调整, 因而结果是无偏的. 第 i 次模拟第 j 次碰撞, 分裂和轮盘赌技巧的贡献表示成两部分之和:

$$I_{ij} = (1/\nu)\sum\nolimits_{k=2}^{\nu} I_k\eta(A \in S) + (I_1/q)\eta(A \in R, U \leqslant q).$$

模拟 n 次, 每次模拟粒子碰撞 m 次, 粒子贡献估计为

$$\hat{I} = (1/n)\sum\nolimits_{i=1}^{n}\sum\nolimits_{j=0}^{m} I_{ij}.$$

重要性可以设置成任何非负实数, 但相邻两层的重要性不能相差太多 (除重要性为 0 外, 一般不大于 4 倍), 否则粒子数过分分裂也会降低计算效率. 建议在穿透方向

上层厚度设置为粒子数减小一半的距离, 层重要性设为相差 2 倍, 总体上使穿透方向上粒子数基本不变. 粒子在真空层中不分裂也不做轮盘赌, 粒子进入零重要性层后就消失.

　　几何分裂和轮盘赌技巧也可以这样做: 把区域分成 N 层, 当粒子从左到右运动时, 每通过一层粒子分裂一次, 变成 ν 个粒子, 每个粒子的能量、方向和权重相同 (实际上权重增大 ν 倍). 当粒子从右到左运动时, 每通过一层, ν 个能量、方向和权重相同的粒子压缩成一个粒子 (实际上权重缩小 ν 倍). 这样做的结果是有偏的, 可以证明第 j 次碰撞, 这样做得到的穿透概率 P_j^* 与原来穿透概率 P_j 之间的关系为

$$P_j^* = \nu^N P_j.$$

通常选取 $\nu = 2$. 选取 a_l, 是使得相邻两断面的通量降低一半, 或者是使得 $\Sigma_t(E_0)$ $(a_l - a_{l-1}) = 1$, E_0 为初始能量. 因此有分裂和轮盘赌技巧与没有分裂和轮盘赌技巧的穿透概率的无偏估计的关系为

$$\sum_{j=0}^m P_j^* = \nu^N \sum_{j=0}^m P_j.$$

有分裂和轮盘赌技巧的穿透概率除以 ν^N, 得到原问题的解, 不必在随机游动中每一步都纠偏. Kahn(1956) 证明方差与费用的乘积, 分裂和轮盘赌技巧小于直接模拟方法. 有时一些能区比其他能区更重要, 可采用能量分裂和轮盘赌技巧. 可以在重要能区使粒子数分裂, 伴随相应的权重调整. 粒子可以在能量降低或升高时分裂, 可以设置几级能量分裂界限. 能量分裂可能导致方差减小或增大.

6.3　降低方差技巧事例

6.3.1　桥网最短路径模拟

　　桥网如图 6.4 所示.

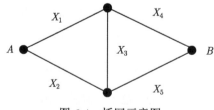

图 6.4　桥网示意图

　　桥网的 5 段长度为 X_1, X_2, X_3, X_4, X_5, 各段长度随机变化, 各段长度 $X_k = a_k U_k$, $k=1, \cdots, 5$, $a_k=(1, 2, 3, 1, 2)$. 4 条路径长度随机变化, 各条路径长度 $L_j = H(X_k) = H(a_k U_k)$, $j=1, \cdots, 4$. 其中, $L_1 = X_1 + X_4$, $L_2 = X_1 + X_3 + X_5$, $L_3 =$

$X_2 + X_3 + X_4$, $L_4 = X_2 + X_5$. 桥网 A 与 B 两点之间最短路径估计值是求解 AB 两点之间最短路径长度:

$$h(\boldsymbol{L}) = \min(L_1, L_2, L_3, L_4).$$

桥网最短路径模拟使用的降低方差技巧有一般重要抽样、优化方法重要抽样、互熵方法重要抽样、系统抽样的分层抽样、拉丁超立方体抽样的分层抽样、控制变量、对偶随机变量、条件期望和拟蒙特卡罗方法.

(1) 直接模拟方法. 随机变量 $\boldsymbol{X}$ 服从 5 维超立方体均匀分布 $U(0,1)^5$, 概率密度函数 $f(\boldsymbol{x}) = 1$, 抽样的样本值为 $\boldsymbol{X} = (X_1, \cdots, X_5)$, $X_k = U_k$. 统计量为 AB 两点之间最短路径长度, 统计量取值为

$$h(\boldsymbol{X}) = \min(X_1 + X_4, X_1 + X_3 + X_5, X_2 + X_3 + X_4, X_2 + X_5).$$

模拟 n 次, 得到直接模拟方法统计量的估计值.

(2) 一般重要抽样. 重要概率密度函数选取为

$$g(\boldsymbol{x}) = \prod_{k=1}^{5} g(x_k) = \prod_{k=1}^{5} \nu_k x_k^{\nu_k - 1},$$

式中, $\nu_k = (1.3, 1.1, 1, 1.3, 1.1)$. 用逆变换算法从重要概率密度函数 $g(\boldsymbol{x})$ 抽样, 样本值为 $\boldsymbol{X} = (X_1, \cdots, X_5)$, $X_k = U^{1/\nu_k}$. 统计量取值与直接模拟方法相同. 权重为

$$w(\boldsymbol{X}) = f(\boldsymbol{X})/g(\boldsymbol{X}) = 1 \Big/ \prod_{k=1}^{5} \nu_k x_k^{\nu_k - 1}.$$

模拟 n 次, 得到一般重要抽样统计量的估计值.

(3) 优化方法重要抽样. 重要概率密度函数选取为

$$g(\boldsymbol{x}) = \prod_{k=1}^{5} g(x_k) = \prod_{k=1}^{5} \nu_k^* x_k^{\nu_k^* - 1},$$

式中, 参数 $\nu_i^* = (\nu_1^*, \nu_2^*, \nu_3^*, \nu_4^*, \nu_5^*)$, 用普通优化方法求得 $\nu_i^* = (1.262, 1.083, 1.016, 1.238, 1.067)$. 用逆变换算法从重要概率密度函数 $g(\boldsymbol{x})$ 抽样, 样本值 $\boldsymbol{X} = (X_1, \cdots, X_5)$, $X_k = U^{1/\nu_k}$. 统计量取值、权重和统计量的估计值的计算公式与一般重要抽样类似.

(4) 互熵方法重要抽样. 重要概率密度函数选取与一般重要抽样相同. 令随机数为 U, 求互熵解随机规划得到

$$\hat{\eta}_k^* = \sum_{j=1}^{n_1} h(U_j) U_{jk} \Big/ \sum_{j=1}^{n_1} h(U_j), \quad k = 1, 2, \cdots, 5.$$

$\hat{\eta}^* = (0.560, 0.529, 0.500, 0.571, 0.518)$, 由 $\hat{\nu}_k = \hat{\eta}_k^*/(1 - \hat{\eta}_k^*)$ 得到 $\hat{\nu} = (1.272, 1.122, 1.000, 1.329, 1.075)$. 用逆变换算法从重要概率密度函数 $g(\boldsymbol{x})$ 抽样, 得到样本值 $\boldsymbol{X} =$

$(X_1, \cdots, X_5)$, $X_k = U^{1/\hat{\nu}_k}$, 统计量取值、权重和统计量的估计值的计算公式与一般重要抽样类似.

(5) 分层抽样. 桥网最短路径估值问题是高维问题. 5 段长度, 维数 $s = 5$; 4 条路径长度, 份数 $K = 4$; 因此层数 $m = 4^5 = 1024$. 由于层数太多, 一般分层抽样技巧计算量很大, 需要使用系统抽样技巧和拉丁超立方体抽样技巧. 根据系统抽样算法和拉丁超立方体抽样算法, 得到桥网最短路径估值.

(6) 控制变量. 原来的统计量为直接模拟方法的统计量. 设定统计量为

$$h_1(\boldsymbol{X}) = \min(X_1 + X_4, X_2 + X_5).$$

设定统计量 $h_1(\boldsymbol{X})$ 的期望 $E[h_1(\boldsymbol{X})]$ 为 $15/16 = 0.9375$, 原来统计量 $h(\boldsymbol{X})$ 和设定统计量 $h_1(\boldsymbol{X})$ 的相关系数 $\mathrm{Corr}[h(\boldsymbol{X}), h_1(\boldsymbol{X})] = 0.98$, 最优值 α^* 通过模拟计算进行估计. 统计量改变为

$$h^*(\boldsymbol{X}) = h(\boldsymbol{X}) + \alpha^*(E[h_1(\boldsymbol{X})] - h_1(\boldsymbol{X})).$$

概率密度函数 $f(\boldsymbol{x}) = 1$, 抽样的样本值为 $\boldsymbol{X} = (X_1, \cdots, X_5)$, $X_k = U_k$. 统计量取值为 $h^*(\boldsymbol{X})$, 统计量的估计值为

$$\hat{h} = (1/n) \sum_{i=1}^{n} h^*(\boldsymbol{X}_i).$$

(7) 对偶随机变量. 概率密度函数 $f(\boldsymbol{x}) = 1$, 抽样的样本值为 $\boldsymbol{X} = (X_1, \cdots, X_5)$, $X_k = U_k$. 统计量取值改变为

$$h^*(\boldsymbol{X}) = (1/2)(h(\boldsymbol{X}) + h(1 - \boldsymbol{X})).$$

统计量的估计值为

$$\hat{h} = (1/n) \sum_{i=1}^{n} (1/2)(h(\boldsymbol{X}_i) + h(1 - \boldsymbol{X}_i)).$$

(8) 条件期望. 随机变量 $\boldsymbol{Z} = (Z_1, Z_2)$, $Z_1 = \min(X_4, X_3 + X_5)$, $Z_2 = \min(X_5, X_3 + X_4)$, 由概率密度函数 $f(\boldsymbol{x}) = 1$, 抽样的样本值为 $\boldsymbol{X} = (X_1, \cdots, X_5)$, $X_k = U_k$, 可以得到随机变量 $\boldsymbol{Z}$ 的样本值. 令 $Y_1 = X_1 + Z_1$, $Y_2 = X_2 + Z_2$, 因此统计量 $Y = h(X)$ 可以写为

$$Y = \min(Y_1, Y_2).$$

(Y_1, Y_2) 在 $[z_1, z_1 + 1] \times [z_2, z_2 + 2]$ 上均匀分布. 条件期望技巧统计量的估计值为

$$\hat{h} = (1/n) \sum_{i=1}^{n} E(Y | \boldsymbol{Z}_i = \boldsymbol{z}_i),$$

其中, 给定 $\boldsymbol{Z}$ 下统计量 $h(X)$ 的条件期望可以由下面公式解析计算.

$$E(Y|\boldsymbol{Z}_i = \boldsymbol{z}_i)$$

$$= \begin{cases} 1/2 + z_1, & z \in A_0, \\ \dfrac{5}{12} + \dfrac{3z_1}{4} - \dfrac{z_1^2}{4} - \dfrac{z_1^3}{12} + \dfrac{z_2}{4} + \dfrac{z_1 z_2}{2} + \dfrac{z_1^2 z_2}{4} - \dfrac{z_2^2}{4} - \dfrac{z_1 z_2^2}{4} + \dfrac{z_2^3}{12}, & z \in A_1, \\ (5 - 3z_1^2 + 3z_2 - 3z_2^2 + z_1(9 + 6z_2))/12, & z \in A_2, \end{cases}$$

式中, $A_0 = \{\boldsymbol{z} : 0 \leqslant z_1 \leqslant 1, z_1 + 1 \leqslant z_2 \leqslant 2\}, A_1 = \{\boldsymbol{z} : 0 \leqslant z_1 \leqslant 1, z_1 \leqslant z_2 \leqslant z_1 + 1\}, A_2 = \{\boldsymbol{z} : 0 \leqslant z_1 \leqslant 1, 0 \leqslant z_2 \leqslant z_1\}$.

(9) 拟蒙特卡罗方法. 拟蒙特卡罗方法可以减少误差, 但是不能直接计算估计值的误差, 随机化拟蒙特卡罗方法, 可以计算估计值的误差. 5 维 Faure 拟随机数为 Z, 伪随机数为 U, 随机化拟蒙特卡罗方法的随机数为

$$X \equiv (Z + U) \bmod 1.$$

统计量与直接模拟方法相同, 统计量取值为 $h(X)$, 统计量的估计值为

$$\hat{h} = (1/n) \sum_{i=1}^{n} h(X_i).$$

(10) 桥网最短路径估计值的精确解为 $1339/1440 = 0.929861$. 模拟一万次, 假定正态差 $X_\alpha = 1$, 蒙特卡罗模拟结果如表 6.1 所示. 分层抽样 1 是系统抽样的分层抽样, 分层抽样 2 是拉丁超立方体抽样的分层抽样.

表 6.1 桥网最短路径估计值蒙特卡罗模拟结果

降低方差技巧	估计值	相对误差/%	降低方差技巧	估计值	相对误差/%
直接模拟方法	0.9346	0.4271	分层抽样 2	0.9308	0.1576
一般重要抽样	0.9315	0.2496	控制变量	0.9302	0.0544
优化方法重要抽样	0.9324	0.2424	对偶随机变量	0.9278	0.2133
互熵方法重要抽样	0.9328	0.2780	条件期望	0.9342	0.2861
分层抽样 1	0.9322	0.1016	拟蒙特卡罗方法	0.9294	0.0875

6.3.2 圆周率随机投点模拟

有一个正方形内切圆, 圆与正方形的面积之比值等于 $\pi/4$, 如图 6.5 所示.

用直接模拟方法估计圆周率是很不精确的, 最多精确到 4 位数字. 使用条件期望、分层抽样和对偶随机变量组合技巧, 可以明显降低方差, 提高精度.

1. 直接模拟方法

直接模拟方法是往正方形内随机投点, 投点数为 n, 统计落入圆内的点数为 m, 圆周率估计值 $\pi = 4m/n$. 以圆心为坐标原点, 投点在单位正方形内的位置 X 和 Y 是两个相互独立的随机变量, 服从 $U(-1, 1)$ 上均匀分布, 概率密度函数为 $f(x,$

$y) = f(x)f(y) = 1/4$, 从概率密度函数 $f(x) = 1/2$ 和 $f(y) = 1/2$ 抽样产生样本值分别为 $X = 2U_1 - 1$, $Y = 2U_2 - 1$. 统计量取为投点命中概率. 根据随机投点位置判断是否落入单位圆内, 得到投点命中概率, 当 $X^2 + Y^2 \leqslant 1$ 时, $p(X, Y) = 1$; 当 $X^2 + Y^2 > 1$ 时, $p(X, Y) = 0$. 投点命中概率的估计值为

$$\hat{p} = (1/n) \sum_{i=1}^{n} p(X_i, Y_i).$$

直接模拟方法圆周率的估计值为 $\hat{\pi} = 4\hat{p}$.

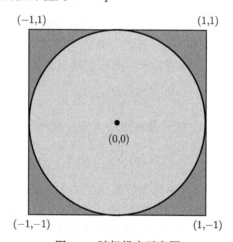

图 6.5   随机投点示意图

2. 降低方差技巧

单个技巧降低方差效果有限, 可使用组合技巧, 两个技巧组合要注意它们之间随机变量和统计量的承接关系. 把条件期望、分层抽样和对偶变随机量 3 个技巧组合起来, 可以有效地降低方差、提高精度.

(1) 条件期望. 条件期望是同时改变概率分布和统计量. 考虑到随机变量 X 和 Y 的独立性, 随机变量 X 和 Y 服从 $U(-1, 1)$ 上均匀分布, 抽样样本值 $X = 2U_1 - 1$, $Y = 2U_2 - 1$. 统计量为投点命中概率 $p(X, Y)$, 统计量的条件期望为

$$\begin{aligned}
E\left[p(X, Y) | X = z\right] &= P(X^2 + Y^2 \leqslant 1 | X = z) = P(z^2 + Y^2 \leqslant 1 | X = z) \\
&= P(Y^2 \leqslant 1 - z^2) = P(-(1 - z)^{1/2} \leqslant Y \leqslant (1 - z)^{1/2}) \\
&= \int_{-(1-z)^{1/2}}^{(1-z)^{1/2}} (1/2) \mathrm{d}y = (1 - z)^{1/2}.
\end{aligned}$$

所以统计量条件期望为

$$E[p(X, Y) | X] = (1 - X^2)^{1/2}.$$

因为

$$E[(1-X^2)^{1/2}] = \int_{-1}^{1} (1-x^2)^{1/2}(1/2)\mathrm{d}x = \int_{0}^{1} (1-x^2)^{1/2}\mathrm{d}x = E[(1-U^2)^{1/2}],$$

式中, U 为 $U(0,1)$ 概率分布随机数. 统计量的估计值为

$$\hat{h} = (1/n)\sum_{i=1}^{n} E[p(X,Y)|X] = \sqrt{1-U^2}.$$

条件期望技巧圆周率的估计值为

$$\hat{\pi} = 4\hat{h} = 4\sqrt{1-U^2}.$$

在条件期望基础上加上分层抽样得到条件期望和分层抽样组合技巧, 注意条件期望最后使用随机变量 $X = U$, 是 $U(0,1)$ 概率分布的随机数, 所以整层的随机变量 $X = U$ 在 $(0,1)$ 上均匀分布, 随机变量 X 的概率密度函数 $f(x)=1$.

(2) 加上分层抽样. 总样本数为 n, 整层分成 n 层, 每层长度为 $1/n$, 第 i 层随机变量 X_i 在 $[(i-1)/n, i/n]$ 上均匀分布, 第 i 层随机变量 X_i 的概率密度函数为 $f(x_i) = n$, 使用逆变换算法抽样:

$$\int_{(i-1)/n}^{X_i} f(x_i)\mathrm{d}x_i = \int_{(i-1)/n}^{X_i} n\mathrm{d}x_i = n\left(X_i - (i-1)/n\right) = U_i,$$

得到第 i 层随机变量 X_i 的样本值为

$$X_i = (U_i + i - 1)/n.$$

第 i 层随机变量 X_i 的统计量为

$$h(X_i) = h((U_i + i - 1)/n).$$

分层抽样技巧圆周率的估计值为

$$\hat{\pi} = 4\hat{h} = (4/n)\sum_{i=1}^{n} h(X_i) = (4/n)\sum_{i=1}^{n} h((U_i + i - 1)/n).$$

条件期望和分层抽样组合技巧, 圆周率的估计值为

$$\hat{\pi} = 4\hat{h} = (4/n)\sum_{i=1}^{n} \sqrt{1 - [(U_i + i - 1)/n]^2}.$$

在条件期望基础上加上分层抽样再加上对偶随机量得到条件期望、分层抽样和对偶随机量组合技巧. 注意到函数 $(1-x^2)^{1/2}$ 是区间 $(0,1)$ 上的单调递减函数.

(3) 加上对偶随机变量. 因为函数 $(1-x^2)^{1/2}$ 是区间 $(0,1)$ 上的单调递减函数, 所以 $(1-U^2)^{1/2}$ 与 $[1-(1-U)^2)]^{1/2}$ 是负相关的, 构成对偶随机变量:

$$h^*(X) = (1/2)(h_1(U) + h_2(1 - U)).$$

对偶随机变量技巧圆周率的估计值为

$$\hat{\pi} = 4\hat{h}^* = (1/2n) \sum\nolimits_{i=1}^{n} (h_1(U_i) + h_2(1 - U_i)).$$

条件期望、分层抽样和对偶随机量组合技巧, 圆周率的估计值为

$$\hat{\pi} = (2/n) \sum\nolimits_{i=1}^{n} (\sqrt{1 - [(U_i + i - 1)/n]^2} + \sqrt{1 - [(i - U_i)/n]^2}).$$

3. 模拟结果

使用 C 语言编程, 模拟结果如表 6.2 所示. 在主频 2.4GHz 奔腾 4 微机上模拟 10 亿次, 需用时间 16 分钟. 模拟 10 亿次, 直接模拟方法只能准确到 4 位数字; 由条件期望和分层抽样组合成第一组合技巧, 可准确到 11 位数字; 由条件期望、分层抽样和对偶随机变量组合成的第二组合技巧, 可准确到 13 位数字. 与直接模拟方法和蒲丰投针实验模拟相比, 模拟精度提高很多, 可见蒙特卡罗方法并不是粗糙的计算方法, 当然比不上其他方法, 现在圆周率推算值已经准确到亿位数字了.

表 6.2   圆周率随机投点估值的模拟结果

模拟次数	直接模拟	准确位数	第一组合技巧	准确位数	第二组合技巧	准确位数
10^3	3.1760	2 位	3.14165806659	4 位	3.1415977796794	6 位
10^4	3.1404	3 位	3.14159400668	6 位	3.1415929277487	7 位
10^5	3.1414	4 位	3.14159255125	7 位	3.1415926496353	8 位
10^6	3.1416	4 位	3.14159263659	8 位	3.1415926533379	10 位
10^7	3.1416	4 位	3.14159265223	9 位	3.1415926535930	11 位
10^8	3.1416	4 位	3.14159265344	10 位	3.1415926535905	11 位
10^9	3.1416	4 位	3.14159265357	11 位	3.1415926535896	13 位

注: π=3.14159265358979323846$\cdots$.

6.4   稀有事件模拟方法

6.4.1   稀有事件概率估计

蒙特卡罗方法的误差与问题的维数无关, 所以对系统的复杂性不敏感, 但是对所研究对象的稀有性却很敏感. 误差与所研究对象的稀有程度有关, 稀有程度越严重, 误差越大, 这就是蒙特卡罗方法的两重性. 稀有事件称为小概率事件, 稀有事件的概率常小于 10^{-4}, 在这样小的概率下, 直接模拟方法估计值的方差很大, 估计效率很低. 系统工程中的可靠性问题就是典型的稀有事件估计问题. 粒子在厚介质中输运, 深穿透概率很小, 是稀有事件, 深穿透概率估计值比真实值偏低很多, 已成为粒子输运蒙特卡罗方法最主要的难题.

重要函数 $S(X)$ 是随机变量 X 的函数, 稀有事件 $A = \{S(X) \geqslant \gamma\}$, γ 称为稀有参数, 也称为阈参数. 稀有事件 A 发生概率为

$$P(A) = P(S(X) \geqslant \gamma).$$

稀有事件的概率估计为

$$\hat{P} = (1 \ / \ n) \sum_{i=1}^{n} P(S(X_i) \geqslant \gamma).$$

Rubino 和 Tuffin(2009); Kroese, Taimre, Botev(2011) 介绍稀有事件模拟方法有矩生成函数方法、条件估计方法、互熵方法和分裂方法, 有效地估计稀有事件的概率.

6.4.2 矩生成函数方法

在重要抽样技巧一节中已经叙述过矩生成函数方法. 重要抽样技巧可以降低方差, 关键是如何选取重要概率分布问题. 矩生成函数方法是重要概率分布一种选取方法. 对于稀有事件概率成指数衰减的问题, 这类问题效率性质是知道的. 矩生成函数方法只适用于右向轻尾概率分布问题, 用来处理停止时间概率估计问题、溢出概率估计问题和组合泊松求和估计问题.

1. 矩生成函数方法描述

$\boldsymbol{X} = (X_1, X_2, \cdots, X_n)^{\mathrm{T}}$ 是具有独立右向轻尾概率同分布的随机向量, 其每个分量的概率分布为 $f(x)$, 累积分布函数为 $F(x)$, 期望为 $E[X] = \mu$, 重要函数为

$$S_n = S(\boldsymbol{X}) = \sum_{i=1}^{n} X_i.$$

重要概率分布 $f_\theta(x)$ 为指数族概率分布 $\{f_\theta, \theta \in \Theta\}$, 即

$$f_\theta(x) = \mathrm{e}^{\theta \boldsymbol{x}} f(x)/M(\theta) = \exp(\theta \boldsymbol{x} - \ln M(\theta)) f(x),$$

式中, 矩生成函数 $M(\theta)$ 为

$$M(\theta) = \int \mathrm{e}^{\theta \boldsymbol{x}} f(x) \mathrm{d}x, \quad \theta \in \Theta.$$

重要抽样的权重为

$$w(\boldsymbol{X}; \theta) = \frac{f(X_1) \cdots f(X_n)}{f_\theta(X_1) \cdots f_\theta(X_n)} = \exp(-S_n \theta + n\varsigma(\theta)).$$

式中, $\varsigma(\theta) = \ln M(\theta)$ 是 X 的累积量函数. 条件期望为

$$\mu_\theta = E_\theta[X] = E[X]\mathrm{e}^{\theta \boldsymbol{X}}/M(\theta) = M'(\theta)/M(\theta) = \varsigma'(\theta).$$

2. 停止时间概率估计问题的矩生成函数算法

Siegmund(1976) 给出停止时间概率估计问题的矩生成函数算法如下:

① 计算 $M(\theta) = 1$ 方程的根值 θ_*, $\theta_* > 0$.

② 重要概率分布 $f_{\theta_*}(x)$ 抽样产生 $X_1, X_2, \cdots, X_n$.

③ $S_0 = 0$, 计算 $S_{n+1} = S_n + X_{n+1}$, $n=0, 1, 2, \cdots$, 直到 $S_n \geqslant \gamma$ 为止.

④ 计算 $Z = w(X; \theta_*) = \exp(-S_n \theta_*)$.

⑤ 重复②~④获得 $Z_1, Z_2, \cdots, Z_n$.

⑥ 计算稀有事件概率估计值为 $(1/n) \sum_{i=1}^{n} Z_i$.

3. 随机行走稀有事件概率估计

随机行走的随机变量 X 服从正态分布 $N(\mu, 1)$, $\mu < 0$, 是右向轻尾概率分布, 其概率分布为

$$f(x) = (1/\sqrt{2\pi}) \exp(-(x - \mu)^2/2).$$

当稀有参数 γ 很大时, 随机行走事件 $A = \{S(X) \geqslant \gamma\}$ 是稀有事件, 发生概率很小, 直接模拟的误差很大. 采用重要抽样技巧, 矩生成函数为

$$M(\theta) = \exp(\mu\theta + \theta^2/2).$$

矩生成函数 $M(\theta) = 1$ 的非平凡解为 $\theta_* = -2\mu$, 重要概率分布为

$$f_{\theta_*}(x) = \mathrm{e}^{-2\mu x} f(x) = (1/\sqrt{2\pi}) \exp(-(x + \mu)^2/2).$$

重要概率分布是正态分布 $N(-\mu, 1)$. 权重为 $w(X; \theta) = \exp(2\mu X)$.

当 $\mu = -1$, $\gamma = 3$ 时, 模拟 1 万次, 使用直接模拟方法, 随机行走稀有事件概率估计值为 4.00×10^{-4}, 相对误差很大, 达到 50%; 如果使用矩生成函数算法, 随机行走稀有事件概率估计值为 7.88×10^{-4}, 相对误差降低为 0.87%. 当 $\gamma=10, 20, 30$ 时, 直接模拟方法由于随机行走稀有事件概率太小, 抽取不到样本, 无法得到稀有事件概率估计值, 如果使用矩生成函数算法, 可以得到随机行走稀有事件概率估计值分别为 6.68×10^{-10}, 1.35×10^{-18}, 2.79×10^{-27}, 相对误差分别为 0.86%, 0.87%, 0.88%.

6.4.3　条件估计方法

矩生成函数方法不能用来解决右向重尾概率分布问题, 因为对于右向重尾概率分布, 矩生成函数在正实数轴上无定义. 对重尾概率分布, 条件估计方法用来处理组合总和产生的概率估计问题.

1. 条件估计方法描述

如果随机变量 $X_1, X_2, \cdots, X_n$ 有独立同分布 $f(x)$, 对所有的 n, 下式成立:

$$\lim_{x \to \infty} P(X_1 + X_2 + \cdots + X_n > x)/P(X_1 > x) = n,$$

则在间隔 $(0,\infty)$ 上的分布称为子指数分布. 统计量估计问题为

$$h(\gamma) = P(S_n \geqslant \gamma) = P(X_1 + \cdots + X_n \geqslant \gamma),$$

其中, $\{X_i\}$ 具有独立同分布, 其概率分布为子指数分布.

累积分布函数为 $F(x)$. 如果 γ 值很大, 是右向重尾概率分布问题, 则统计量 $h(\gamma)$ 很小, 是稀有事件. 处理这类问题是使用条件估计方法, 利用下面的子指数性质:

$$\lim_{\gamma \to \infty} P(S_n \geqslant \gamma)/nP(X_1 \geqslant \gamma) = 1.$$

子指数性质的实质是表示在大多数时间内发生稀有事件, 是因为单变量超过了阈值. 与此相反, 在右向轻尾概率分布情况下, 稀有事件主要发生在大多数变量取值很大的时候. 统计量估计值问题为

$$h(\gamma) = nP(S_n \geqslant \gamma, X_n = \max_j X_j) = nE\left[\bar{F}\left(\left(\gamma - \sum_{j=1}^{n-1} X_j\right) \vee \max_{j \neq n} X_j\right)\right],$$

式中, $\bar{F}(x) = 1 - F(x), a \vee b = \max(a, b)$. 基于同一思想, Asmussen 和 Kroese(2006) 提出对 $P(S(X) \geqslant \gamma)$ 的条件估计方法的算法如下:

① 子指数分布的概率分布抽样产生 $X_1, X_2, \cdots, X_n$.

② 计算 $Y = n\bar{F}\left(\left(\gamma - \sum_{j=1}^{n-1} X_j\right) \vee \max_{j \neq n} X_j\right)$.

③ 稀有事件的概率无偏估计为 $\hat{h}(\gamma) = (1/n)\sum_{k=1}^{n} Y_k$.

2. 组合总和估计问题

令 $S_R = X_1 + X_2 + \cdots + X_R$, 组合总和估计问题为

$$h(\gamma) = P(S_R \geqslant \gamma) = P(X_1 + \cdots + X_R \geqslant \gamma),$$

其中, R 是整数值的随机变量, 其期望为 $E[R^2] < \infty$, 其概率分布为 $f_R(x)$. Asmussen 和 Kroese(2006) 给出条件估计方法和控制变量技巧的组合方法, 得到对 $P(S_R \geqslant \gamma)$ 的控制变量算法如下:

① 概率分布 $f_R(x)$ 抽样产生 $X_1, X_2, \cdots, X_R$.

② 计算 $Y = R\bar{F}\left(\left(\gamma - \sum_{j=1}^{R-1} X_j\right) \vee \max_{j \neq R} X_j\right) - (R - E[R])\bar{F}(\gamma)$.

③ 计算稀有事件概率估计 $\hat{h}(\gamma) = (1/n)\sum_{k=1}^{n} Y_k$.

3. Pollaczek-Khinchin 应用

Pollaczek-Khinchin 应用是在 M/G/1 排队等待时间问题中, 稳态等待时间为 Y, 到达率为 λ, 服务时间为 B, B 服从重尾概率分布 G, 整数值随机变量 R 服从几

何分布 $\mathrm{Geom}_0(1 - \lambda E[B])$, 概率分布 $f(x) = P(B \geqslant x)/E[B]$. 稳态等待时间是稀有事件, 求解稀有事件概率. 模拟时, 根据组合总和估计问题的控制变量算法, 选取 γ 满足 $(\lambda/(1-\lambda))P(X \geqslant \gamma) = 10^{-11}$, $\lambda = 3/4$. $E[B] = 1$, $P(B \geqslant x) = \alpha(1+x)^{-(\alpha+1)}$, 稳态服务时间 X 服从概率分布 $\mathrm{Pareto}(\alpha, 1)$, $\alpha = 1/2$. 模拟 1000 次, 稀有事件概率估计为 1.0×10^{-11}, 标准差为 3.18×10^{-25}, 相对误差为 1.0×10^{-15}.

6.4.4   互熵方法

1. 互熵方法描述

统计量 $h(x)$ 一般是正值函数, 概率分布是带有参考参数 u 的概率分布 $f(x; u)$, 选取的重要概率分布 $g(x)$ 是同族概率分布, 是带有参考参数 v 的概率分布 $f(x; v)$, 因此 $g(x) = f(x; v)$. 互熵最小化问题归结为求解最优参考参数 v^* 问题, 由互熵最小化得到最优参考参数 v^* 为

$$v^* = \arg\max_v \int h(x)f(x; u)\ln f(x; v)\mathrm{d}x.$$

根据统计量的无偏估计, 优化问题可转化为样本平均近似方法的随机规划问题:

$$\max_v (1/n) \sum_{i=1}^n h(X_i)f(X_i; u)\ln f(X_i; v)/f(X_i; w),$$

其中, $f(x; w)$ 是带有任意参数 w 的概率分布, 其样本值为 $X_1, X_2, \cdots, X_n$. 上述随机规划问题通常有解析解, 特别是概率分布为指数族分布时, 有随机规划问题解的解析式.

在稀有事件的直接模拟方法中, 统计量取示性函数形式, $h(x) = I_{\{S(X) \geqslant \gamma\}}$, 统计量的期望为

$$h = P(S(X) \geqslant \gamma) = E[I_{\{S(X) \geqslant \gamma\}}].$$

统计量的估计为

$$\hat{h} = (1/n) \sum_{i=1}^n I_{\{S(X_i) \geqslant \gamma\}} f(X_i; u)/f(X_i; v).$$

随机规划为

$$\max_v (1/n) \sum_{X_i \in \varepsilon} f(X_i; u)\ln f(X_i; v)/f(X_i; w),$$

其中, ε 是在满足条件 $S(X) \geqslant \gamma$ 下样本 X_i 的集合.

2. 互熵方法的算法

互熵方法的算法如下:

① 由 MCMC 方法产生分布 $g^*(\boldsymbol{x}) \propto f(\boldsymbol{x})I_{\{S(\boldsymbol{X})\geqslant\gamma\}}$ 的随机变量 $X_1, X_2, \cdots, X_n$.

② 求解最大似然最优化问题: $\hat{\boldsymbol{v}}^* = \arg\max_{\boldsymbol{v}} \sum_{i=1}^n \ln f(\boldsymbol{X}_i; \boldsymbol{v})$, 得到 $\hat{\boldsymbol{v}}^*$.

③ 给定 $\hat{\boldsymbol{v}}^*$, 计算稀有事件概率估计:

$$\hat{h}(\gamma) = (1/n)\sum_{i=1}^{n_1} f(\boldsymbol{X};\boldsymbol{u})/f(\boldsymbol{X}_i;\hat{\boldsymbol{v}}^*) \times I_{\{S(\boldsymbol{X}_i)\geqslant\gamma\}}, \quad X_1, \cdots, X_{n_1} \sim f(\cdot;\hat{\boldsymbol{v}}^*).$$

3. 桥网最短路径估值问题

感兴趣的是最短路径超过给定阈值 γ 的概率, 是小概率事件. 统计量为 $h = P(S(X) \geqslant \gamma)$. 互熵方法的算法的①是使用马尔可夫链蒙特卡罗方法的吉布斯算法. 求解最大似然最优化问题, 得到 $\hat{\boldsymbol{v}}^* = (295.4, 2.66, 1.26, 300.8, 2.51)$. 阈值 $\gamma = 1.99$, 最短路径超过给定阈值 γ 的概率估计值为 2.38×10^{-5}, 相对误差为 0.6%.

6.4.5 分裂方法

1. 分裂方法原理

Glasserman(1996), Garvels 和 Kroese(1998), Garvels(2000), Asmussen 和 Glynn (2007) 等的研究成果形成分裂方法, 分裂方法通常用于随机过程的到达概率问题. 直接模拟方法模拟稀有事件发生概率估计值问题的困难是由于稀有事件发生概率太小, 得到稀有事件发生的样本太少, 起伏涨落很大, 方差大. 分裂方法的思想是使得稀有事件有更多的发生概率, 为此, 把状态空间分成若干个子区间, 稀有事件表示成若干个事件之交. 根据概率论的条件概率乘积计算规则, 若干个事件之交表示成若干个条件概率的乘积, 因此稀有事件的发生概率是若干个条件概率的乘积, 而每个事件的条件概率通过直接模拟方法可以比较容易精确地估计, 因此稀有事件概率能够精比较精确地估计出来.

把几何空间分成 K 层, $0 = \gamma_0 < \gamma_1 < \cdots < \gamma_K = \gamma$. 由于 $E\gamma_0 \supseteq E\gamma_1 \supseteq \cdots \supseteq E\gamma_k$, 稀有事件发生概率是 $K+1$ 个事件发生概率的乘积, 稀有事件发生概率为

$$P(E) = P(E_{\gamma_0} E_{\gamma_1} E_{\gamma_2} \cdots E_{\gamma_K})$$
$$= P(E_{\gamma_0})P(E_{\gamma_1}|E_{\gamma_0})P(E_{\gamma_2}|E_{\gamma_1}E_{\gamma_0})\cdots P(E_{\gamma_K}|E_{\gamma_{K-1}}\cdots E_{\gamma_1}E_{\gamma_0}).$$

注意到 $P(E_{\gamma_0}) = 1$, 因此稀有事件发生概率为

$$P(E) = \frac{m_1}{s_1 m_0}\frac{m_2}{s_2 m_1}\frac{m_3}{s_3 m_2}\cdots\frac{m_K}{s_K m_{K-1}},$$

表示稀有事件发生概率是 K 个条件概率的乘积. 式中, m_0 表示进入第 1 层的样本数, 可令 $m_0 = 1$; s_j 表示第 j 层的分裂因数; $M_j = s_j m_{j-1}$ 表示进入第 j 层的分裂

样本数. 离开第 j 层的指示量为 $I_{j,k}$, 离开第 j 层的样本数为

$$m_j = \sum_{k=1}^{s_j m_{j-1}} I_{j,k}.$$

用直接模拟方法在第 j 层内独立地对分裂样本进行随机过程的直接模拟, 得到随机过程样本值 $\{X\}$, 直到满足重要函数 $\{S(X)\}$ 为止, 求出离开第 j 层的样本数 m_j. 每次模拟稀有事件发生概率为

$$P_i = \prod_{j=1}^{K} P_j = \prod_{j=1}^{K} m_j \Big/ M_j = \prod_{j=1}^{K} m_j/s_j m_{j-1}.$$

模拟 n 次, 稀有事件发生概率的无偏估计值为

$$\hat{P} = (1/n) \sum_{i=1}^{n} P_i = (1/n) \sum_{i=1}^{n} \prod_{j=1}^{K} P_j$$
$$= (1/n) \sum_{i=1}^{n} \prod_{j=1}^{K} m_j/M_j = (1/n) \sum_{i=1}^{n} \prod_{j=1}^{K} m_j/s_j m_{j-1}.$$

可以是每层的分裂样本数 M_j 固定不变, $M = M_1 = \cdots = M_j$; 也可以是每层的分裂因数 s_j 固定不变, $s = s_1 = \cdots = s_j$. 因此有

$$\hat{P} = (1/n) \sum_{i=1}^{n} \prod_{j=1}^{K} m_j/M = (1/n) \sum_{i=1}^{n} \prod_{j=1}^{K} m_j/s m_{j-1}.$$

2. 分裂方法要解决的问题

实际模拟时分裂方法有些问题需要解决. 第一个问题是如何分层, 分层是一个难题. 分裂方法最难掌握的是几何空间如何分层, 分多少层合适, 是均分还是非均分, 非均分怎么个分法, 这涉及重要函数问题. Garvels, Kroese, van Ommeren (2002); Dean 和 Dupuis(2008); Rubino 和 Tuffin(2009) 等的研究成果解决了重要函数的选取问题. 随机过程为 $\{X(t)\}$, 重要函数 $S(X)$ 定义为状态空间的函数. 重要函数选取是很重要的, 它涉及几何空间如何分割为子区间, 使得分裂方法有高效率. 几何空间分层的原则是使得每层条件概率不是太小, 并且容易由直接模拟方法得到每层条件概率. Garvels 和 Kroese(1998) 给出选取层数为 $K \approx -\ln(P)/2$, 使得 $P_1 = P_2 = \cdots = P_K = \mathrm{e}^{-2}$, 因此每次模拟的方差为 $\mathrm{e}^2 P^2 (\ln P)^2/4$. 第二个问题是分裂样本数 M 和分裂因数 s 如何选取, 这涉及模拟计算量问题. 分裂方法模拟计算量 T 是一个随机变量, 其期望值为

$$E[T] = \sum_{j=1}^{K} s_j E[m_{j-1}] = m_0 \sum_{j=1}^{K} s_j P(\gamma_{j-1}) \prod_{k=1}^{j-1} s_k$$
$$= m_0 \sum_{j=1}^{K} s_j \prod_{k=1}^{j-1} P_k s_k = m_0 \sum_{j=1}^{K} (1/P_j) \prod_{k=1}^{j} P_k s_k.$$

当对所有 k, $P_k s_k = a > 1$ 时, 模拟计算量将呈现爆炸性增长. 当对所有 k, $P_k s_k = a < 1$ 时, $E[m_K] = m_0 a^K$ 将呈现指数衰减, P 估计值可能变为零. 因此临界值条件

是对所有 k, $P_k s_k = a = 1$. 粒子数和分裂因数的选取既要防止模拟计算量爆炸性增长, 也要防止出现估计值为零. 比较简单的做法是取离开每层的样本数 m 不为零时的最小分裂样本数 M 或最小分裂因数 s.

3. 分裂方法的算法

每层的分裂样本数 M 固定不变的分裂方法的算法如下:

① 模拟次数 $i = 1$.

② 层数 $j = 1$.

③ 给出进入第 j 层的分裂样本数 M, 在第 j 层内独立地对分裂样本进行随机过程的直接模拟, 得到随机过程样本值 $\{\boldsymbol{X}\}$, 直到满足重要函数 $\{S(\boldsymbol{X})\}$ 为止, 求出离开第 j 层的样本数 m_j.

④ 若 $j > K$, 结束一次模拟, 第 i 次模拟稀有事件发生概率 $P_i = \prod_{j=1}^{K} m_j/M$, 否则, $j = j+1$, 返回③.

⑤ 若 $i > n$, 结束模拟, 输出稀有事件发生概率估计值 $\hat{P} = (1/n)\sum_{i=1}^{n} P_i$, 否则, $i = i+1$, 返回②.

4. 微粒布朗运动模拟

微粒在四分之一的液体圆区域内布朗运动, 这些微粒可能跑出圆边界以外, 如果液体圆边界很厚, 微粒跑出圆边界是稀有事件, 概率很小. 为了求出微粒跑出圆边界的概率, 使用分裂方法. 将四分之一的圆半径 R 从内到外分成 K 层: $0 = \gamma_0 < \gamma_1 < \cdots < \gamma_K = R$. 微粒的布朗运动随机过程用奥恩斯坦–乌伦贝克过程随机微分方程描述, 随机微分方程为

$$\mathrm{d}z(t) = -z(t)\mathrm{d}t + \sigma\mathrm{d}W(t).$$

式中, σ^2 为扩散系数; $W(t)$ 为维纳过程. 用 $z_t = (x_t, y_t)$ 表示时刻 t 微粒的位置, 微粒跑出圆边界的条件为

$$\{(x, y) : x > 0, y > 0, x^2 + y^2 = R^2\}.$$

重要函数选取为

$$S(x, y) = \begin{cases} \sqrt{x^2 + y^2}, & x > 0, y > 0, \\ 0, & x \leqslant 0 \text{ 或 } y \leqslant 0. \end{cases}$$

在每层内独立地进行直接模拟是根据第 3 章给出的奥恩斯坦–乌伦贝克随机过程抽样算法, 得到微粒随机运动的位置 (x, y), 在每层内跟踪模拟, 得到离开每层液体圆界面的微粒数 m. 微粒初始位置为 $(x_0 = 1, y_0 = 1)$.

　　半径为 4 单位长度, 在 1~4, 间隔 0.2, 分成 15 层, 分裂样本数 $M = 100$, 模拟 100 次, 模拟时间 3 小时, 得到微粒跑出外圆边界的概率估计值为 2.07×10^{-6}, 相对误差为 5%. 半径为 5 单位长度, 在 1~5, 间隔 0.2, 分成 20 层, 分裂样本数 $M = 100$, 模拟 111 次, 模拟时间 9 小时, 得到微粒跑出外圆边界的概率估计值为 3.56×10^{-10}, 相对误差为 7%. 微粒布朗运动一些路径的历史轨迹如图 6.6 所示.

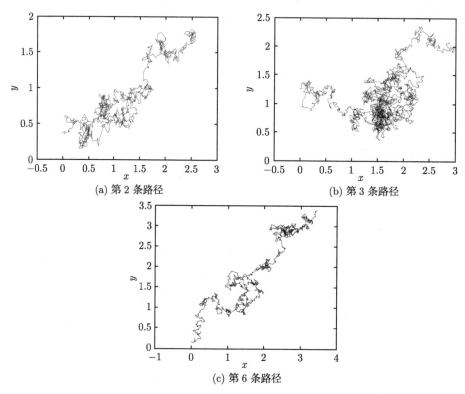

(a) 第 2 条路径　　　　　　　　　　(b) 第 3 条路径

(c) 第 6 条路径

图 6.6　微粒布朗运动路径的历史轨迹

参 考 文 献

裴鹿成, 张孝泽. 1980. 蒙特卡罗方法及其在粒子输运问题中的应用. 北京: 科学出版社.

裴鹿成. 1989. 计算机随机模拟. 长沙: 湖南科学技术出版社.

徐钟济. 1985. 蒙特卡罗方法. 上海: 上海科学技术出版社.

Asmussen S, Kroese D P. 2006. Improved algorithm for rare event simulation with heavy tails. Advances in Applied Probability, 38(2): 545-558.

Asmussen S, Glynn P W. 2007. Stochastic Simulation: Algorithms and Analysis. New York:

Springer Verlag.

Dean T, Dupuis P. 2008. Splitting for rare event simulation:A large deviations approach to design and analysis. Stochastic Processes and Their Applications, 119(2): 562-587.

Fishman G S. 1996. Monte Carlo —— Concepts, Algorithms and Applications. New York: Springer Verlag.

Garvels M J J, Kroese D P. 1998. A comparison of RESTART implementations//Proccedings of the 1998 Winter Simulation Conference, 601-609, Washington DC.

Garvels M J J. 2000. The splitting method in rare event simulation. PhD thesis, University of Twente.

Garvels M J J, Kroese D P, van Ommeren J C W. 2002. On the importance function in splitting simulation. European Transactions on Telecommunications, 13(4): 363-371.

Glasserman P, Heidelberger P, Shahabuddin P, et al. 1996. A look at multilevel splitting. Lecture Notes in Statistics, volume 127: 99-108. New York: Springer Verlag.

Glasserman P. 2003. Monte Carlo Methods in Financial Engineering. New York: Springer Verlag.

Hammersley J M, Morton K W. 1956. A new Monte Carlo technique: antithetic variates. Proc. Comb. Phil. Soc., 52: 449-475.

Hammersley J M, Handscomb D C. 1964. Monte Carlo Methods. London: Methuen.

Kahn H. 1950. Modification of Monte Carlo method, Seminar on Scientific Computations. C. C. Hurded., November 16-18, IBM.

Kahn H, Harris T E. 1951. Estimation of particle transmission by random sampling. NBS Appl. Math. Series, 12: 27.

Kahn H, Marshall A W. 1953. Methods of reducing sample size in Monte Carlo computation. Journal of the Operations Research Society of America, 1(5): 263-278.

Kahn H. 1954. Applications of Monte Carlo. AECU-3259.

Kahn H. 1956. Use of different Monte Carlo sampling techniques//Myer H A, ed. Symposium on Monte Carlo Methods. New York: John Wiley & Sons.

Kleijnen J P C. 1974. Statistical Techniques in Simulation, Part I. New York: Marcel Dekker.

Kleijnen J P C. 1976. Analysis of simulation with common random number. A note on Heikes et al. Simuletter, 11(2): 7-13, 1979.

Kroese D P, Taimre T, Botev Z I. 2011. Handbook of Monte Carlo methods. New York: John Wiley & Sons.

Lavenberg S S, Welch P D. 1981. A perspective on the use of control variates to increase the efficiency of Monte Carlo simulation. Man. Sci., 27: 322-335.

Law A M, Kelton W D. 2000. Simulation Modeling and Analysis. 3th ed. New York: McGraw-Hill.

Liu. 2001. Monte Carlo Strategies in Scientific Computing. New York: Springer Vertlag .

McLeish D L. 2005. Monte Carlo Simulation and Finance. New York: John Wiley & Sons.

Robert C P, Casella G. 2005. Monte Carlo Statistical Methods. New York: Springer Verlag.

Ross S M. 2006. Simulation. New York: Llsevier(Singapore)Pte Ltd.

Rubino G, Tuffin B. 2009. Rare Event Simulation Using Monte Carlo Methods. Chichester: John Wiley & Sons.

Rubinstein R Y. 1997. Optimization of computer simulation models with rare events. European Journal of Operational Research, 99(1): 89-112.

Siegmund D. 1976. Importance sampling in the Monte carlo study of sequential tests. The Anneds of Statistics, 4(4): 673-684.

Sobol I M. 1994. A Primer for the Monte Carlo Method. Boca Raton: CRC Press.

第7章 拟蒙特卡罗方法

7.1 拟随机数产生方法

7.1.1 拟蒙特卡罗方法概述

1. 拟随机数和拟蒙特卡罗方法

从 20 世纪 60 年代开始, 数论领域的数学家研究用数论方法产生高度均匀分布的序列, 用来计算多重积分. 把数论方法产生高度均匀化序列称为拟随机数序列, 用拟随机数代替随机数进行蒙特卡罗模拟, 称为拟蒙特卡罗方法. 随机数的均匀性是随机均匀性, 具有随机统计特性, 而拟随机数的均匀性是等分布均匀性, 拟随机数不是随机的, 而是确定性的, 不具有随机统计特性. 图 7.1 表示随机数的随机均匀性, 图 7.2 表示拟随机数的等分布均匀性, 拟随机数的均匀程度比随机数好得多.

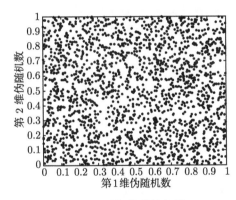

图 7.1 随机数的均匀性

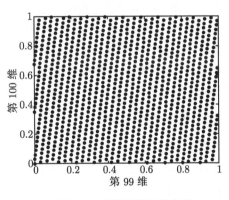

图 7.2 拟随机数的均匀性

数论方法已经证实, 积分结果的好坏与随机数独立性关系不大, 在很大程度上主要取决于随机数的均匀性. 理论分析表明, 随机数分布越均匀, 波动性越小, 偏差越小, 计算准确度越高, 收敛速度越快. 直接模拟蒙特卡罗方法误差的阶为 $O(n^{-1/2})$, 误差较大, 收敛速度较慢. 为了降低方差, 可以采用系统抽样技巧, 通过改变统计特性, 用等分点非随机数代替随机数, 系统抽样技巧降低了方差. 拟随机数是一种非随机数, 通过改善统计特性, 误差较小, 加速收敛速度, 拟蒙特卡罗方法误差的阶最好情况可达 $O(n^{-1})$.

如果不顾随机性, 产生等分布均匀的拟随机数序列, 则可以提高蒙特卡罗的收敛速度, 减小误差. 使用数论方法产生在 $(0,1)$ 上等分布均匀的数就是拟随机数, 拟随机数序列是低偏差序列. 除了用拟随机数代替随机数以外, 拟蒙特卡罗方法与蒙特卡罗方法是相同的, 拟蒙特卡罗方法关键问题是产生低偏差的拟随机数序列.

2. 拟随机数产生方法描述

产生多维伪随机数序列的间接方法是首先由伪随机数发生器产生一维随机数序列, 然后根据概率论定理, 用间接方法由一维伪随机数序列产生多维伪随机数序列. 拟随数机不是随机的, 而是确定的, 没有概率统计特性, 因此不能像产生多维伪随机数序列那样, 根据概率论定理, 用间接方法由一维拟随机序列数产生多维拟随机数序列, 必须使用直接方法产生多维拟随机数序列. 直接方法就是数论方法, 数论方法是基于数论中的一致分布理论, 利用数论中关于整数、素数、同余式、本原多项式和代数数的知识, 产生多维拟随机数序列. 数论方法为产生多维拟随机数序列提供两类方法. 一类是数字网格方法, 产生科普特序列、格雷编码序列、霍尔顿序列、福尔序列、索波尔序列和尼德雷特序列. 另一类是格点规则方法, 产生柯罗波夫序列和斐波那契序列.

拟随机数序列的名称一般是以最早提出者来命名的, 一个完善的拟随机数序列是经过后面不少学者进行实现、应用和改进. 在各种文献中, 各个拟随机数序列产生方法的叙述不同, 采用的数学符号也不同, 本书作者试图把所有产生方法统一在一个框架下叙述. 本章所有拟随机数序列结果是本书作者在计算机上使用 Matlab 编程计算产生的. 有关拟随机数序列计算机上实现编程方法可参考 Fox(1986); Bratley 和 Fox(1988); Bratley, Fox, Niederreiter(1992,1994).

7.1.2   数字网格方法

数字网格方法产生各个拟随机数序列的步骤如下.

(1) 确定所有维数的底数. 多维拟随机数序列的维数 $j = 1, 2, \cdots, s$, 第 j 维的底数为 b_j, 底数也称为基数. 第 j 维的底数 $b_j = b_1, b_2, \cdots, b_s$, 用数论方法确定.

(2) 产生数字展开式. 自然数 $i = 0, 1, 2, \cdots, n$, 数字展开式是把一个自然数 i 展开成以 b_j 为底的正幂次的表达式, 数字展开式是自然数 i 的 b_j 进制数, 自然数 i 的数字展开式为

$$i = a_0 + a_1 b_j + a_2 b_j^2 + \cdots + a_m b_j^m = \sum_{k=0}^{m} a_k b_j^k = (a_m \cdots a_2 a_1 a_0)_{b_j},$$

式中, a_k 为数字展开式的系数, $a_k \in \{0, 1, 2, \cdots, b_j{-}1\}$; m 为数字展开式的项数, 因为 $i = b_j^m$, 所以 $m = [\log_{b_j} i] = [\log_{10} i / \log_{10} b_j]$, 这里 $[x]$ 表示取 x 的整数.

(3) 产生倒根函数. 倒根函数是以 b_j 为底的负幂次的表达式, 是第 i 个拟随机

数的 b_j 进制小数. 倒根函数为

$$\phi(i)_{b_j} = d_1 b_j^{-1} + d_2 b_j^{-2} + \cdots + d_{m+1} b_j^{-m-1} = \sum\nolimits_{k=1}^{m+1} d_k b_j^{-k} = (0.d_1 d_2 \cdots d_{m+1})_{b_j},$$

式中, d_k 为倒根函数的系数. 倒根函数的系数与数字展开式的系数之间的函数关系为

$$[d_1 \ d_2 \ \cdots]^{\mathrm{T}} = f(\boldsymbol{c}_j [a_1 \ a_2 \ \cdots]^{\mathrm{T}}),$$

式中, $\boldsymbol{c}_j$ 为第 j 维的生成矩阵, $\boldsymbol{c}_j = \boldsymbol{c}_1, \boldsymbol{c}_2, \cdots, \boldsymbol{c}_s$; $f(\boldsymbol{c}_j [a_1 \ a_2 \ \cdots]^{\mathrm{T}})$ 表示函数关系形式.

(4) 产生拟随机数序列. 把倒根函数的 b_j 进制小数变换成 10 进制小数, 得到 $[0, 1]$ 的数, 就是拟随机数. 第 j 维第 i 个拟随机数为

$$(0.d_1 d_2 \cdots)_{b_j} \to (0.z_1 z_2 \cdots)_{10} = z_{i,j}.$$

对所有 s 维数计算, 得到第 i 个拟随机数 s 维序列为

$$\boldsymbol{z}_i = (z_{i,1}, z_{i,2}, \cdots, z_{i,s}).$$

对所有 n 个自然数计算, 得到 s 维 n 个拟随机数序列为

$$\boldsymbol{z} = (\boldsymbol{z}_1, \boldsymbol{z}_2, \cdots, \boldsymbol{z}_n).$$

如果第 j 维的生成矩阵 $\boldsymbol{c}_j$ 是 $m \times m$ 矩阵, 第 j 维的生成矩阵的矩阵元为 c_{jkl}, $k, l = 1, 2, \cdots, m$, 则所产生的拟随机数称为数字网格拟随机数, 数字网格拟随机数序列的长度是固定的, 拟随机数个数固定为 $n = b_j^m$ 个. 如果第 j 维的生成矩阵 $\boldsymbol{c}_j$ 是 $\infty \times \infty$ 矩阵, 第 j 维的生成矩阵的矩阵元为 $c_{jkl}, k, l=1, 2, \cdots, \infty$, 则所产生的拟随机数称为数字序列拟随机数, 数字序列拟随机数序列的长度是不确定的, 拟随机数个数是可变的. 各个拟随机数序列产生步骤是相同的, 不同之处是在第 1 和第 3 步, 各个多维拟随机数序列的各维底数取法不同, 生成矩阵的选择或构造方法不同. 各个多维拟随机数序列的第一维都是采用科普特序列或者格雷编码序列.

7.1.3 格点规则方法

1. 格点规则定义

Hickernell(1998) 提出比较全面的格点规则标准定义. s 维积分格点为 $\boldsymbol{L}$, s 维偏移向量为 $\boldsymbol{\Delta}$, 偏移格点集为 $\boldsymbol{L} + \boldsymbol{\Delta} = \{\boldsymbol{z} + \boldsymbol{\Delta} : \boldsymbol{z} \in \boldsymbol{L}\}$, 偏移积分格点 $\boldsymbol{L} + \boldsymbol{\Delta}$ 的结点集是落在单位立方体内的格点集, 结点集的格点表示为

$$\boldsymbol{P} = \{\{i\boldsymbol{h}/n + \boldsymbol{\Delta}\} : i = 1, \cdots, n\}.$$

式中, $\boldsymbol{h}$ 为 s 维生成向量, 是整数向量, $\boldsymbol{h} = (h_1, h_2, \cdots, h_s)$; n 为格点数; $\{i\boldsymbol{h}/n + \boldsymbol{\Delta}\}$ 表示取其小数部分, 即 $\{x\} \equiv x(\mathrm{mod}1)$. 因为 $n = b^m$, b 为底数, 所以 $m = [\log_b n]$, s 维生成向量 $\boldsymbol{h}$ 与 n 有关.

2. 格点规则方法描述

Korobov(1957) 提出格点规则方法, 格点规则方法是基于素数、同余式和代数数的数论方法. 对于 s 维单位超立方体 $[0, 1]^s$ 空间, 格点为

$$\boldsymbol{P} = \{\boldsymbol{z}\} = \{\boldsymbol{z}_1, \boldsymbol{z}_2, \cdots, \boldsymbol{z}_n\}$$

$$= \{z_{1,1}, z_{1,2}, \cdots, z_{1,s}, z_{2,1}, z_{2,2}, \cdots, z_{2,s}, \cdots, z_{n,1}, z_{n,2}, \cdots, z_{n,s}\}.$$

根据低偏差原理, 按照格点规则产生积分格点 $\boldsymbol{P} = \{\boldsymbol{z}_1, \boldsymbol{z}_2, \cdots, \boldsymbol{z}_n\}$, 得到拟随机数序列. 给出第 j 维的生成向量元素 h_j, $j=1, 2, \cdots, s$, 第 j 维第 i 个拟随机数为

$$z_{i,j} \equiv (ih_j/n + \boldsymbol{\Delta})(\mathrm{mod}1).$$

对所有 s 维数计算, 得到 s 维第 i 个拟随机数的序列 $\boldsymbol{z}_i$. 对所有 n 个自然数计算, 得到 s 维 n 个拟随机数的序列 $\boldsymbol{z}$. 格点规则方法的关键问题是如何选择和产生生成向量 $\boldsymbol{h}$ 和偏移向量 $\boldsymbol{\Delta}$. 最早的格点规则是柯罗波夫规则, 产生柯罗波夫序列, 后来发展斐波那契规则, 产生斐波那契序列.

3. 扩展格点规则方法

格点规则方法的生成向量 $\boldsymbol{h}$ 与 n 有关, 所以格点集和拟随机数序列都与模拟次数 n 有关, 拟随机数序列是有限格点序列, 进行拟蒙特卡罗模拟时, 想要进行多方案复算, 很不方便. Hickernell, Hong, L'Ecuyer, Lemieux (2000) 提出扩展格点规则, 使生成向量 $\boldsymbol{h}$ 与 n 无关. 根据格点规则方法, 首先生成与 n 无关的拟随机序列 $\phi_b(i)$, 然后得到格点集为

$$\boldsymbol{P} = \{\{\phi_b(i)\boldsymbol{h} + \boldsymbol{\Delta}\} : i = 0, 1, 2, \cdots\}.$$

扩展格点规则方法产生的拟随机数序列是无限格点序列.

7.2　拟随机数序列产生

7.2.1　一维拟随机数序列

1. 科普特序列

Corput(1935) 提出科普特序列, 是一维拟随机数序列.

(1) 维数的底数. 一维底数为 b_1 可取任一素数.

(2) 生成矩阵. 生成矩阵的函数关系形式 $f(\boldsymbol{c}_j[a_0\ a_1\ \cdots]^{\mathrm{T}}) \equiv \boldsymbol{c}_1[a_0\ a_1\ \cdots\ a_m]^{\mathrm{T}}$ $(\mathrm{mod}b_1)$, 其中生成矩阵 $\boldsymbol{c}_1$ 为单位矩阵, 倒根函数的系数为

$$[d_1\ d_2\ \cdots\ d_m]^{\mathrm{T}} \equiv [a_0\ a_1\ \cdots\ a_m]^{\mathrm{T}}(\mathrm{mod}b_1).$$

根据拟随机数序列产生步骤, 可产生科普特序列.

2. 格雷编码序列

Antonov 和 Saleev(1979) 在改进索波尔序列时提出格雷编码方法, 可用来产生一维格雷编码序列.

(1) 维数的底数. 一维底数 b_1 可取任一素数.

(2) 数字展开式. 自然数 i 的数字展开式为

$$i = i \oplus [i/b_1] = (\cdots i_2 i_1)_{b_1} \oplus (\cdots i_3 i_2)_{b_1} = (\cdots g_2 g_1)_{b_1}.$$

(3) 生成矩阵. 生成矩阵的函数关系形式 $f(\boldsymbol{c}_j [a_1 \ a_2 \ \cdots]^{\mathrm{T}}) \equiv \boldsymbol{c}_1 [g_1 \ g_2 \ \cdots]^{\mathrm{T}}$ $(\mathrm{mod} b_1)$, 其中生成矩阵 $\boldsymbol{c}_1$ 为单位矩阵, 倒根函数的系数为

$$[d_1 \ d_2 \ \cdots]^{\mathrm{T}} \equiv [g_1 \ g_2 \ \cdots]^{\mathrm{T}} (\mathrm{mod} b_1).$$

根据拟随机数序列产生步骤, 可产生格雷编码序列.

3. 一维拟随机数序列

当底数 $b_1 = 2$ 时, 根据拟随机数序列产生步骤, 产生一维拟随机数序列. 图 7.3 给出两个一维拟随机数序列的均匀性, 图 (a) 是底数为 2 的科普特拟序列, 图 (b) 是底数为 2 的格雷编码序列. 图 (c) 是一维伪随机数序列.

7.2.2 霍尔顿序列

Halton(1960), Halton 和 Smith(1964) 提出并发展霍尔顿序列. 第 1 维霍尔顿序列就是底数为 2 的科普特序列. 对一维科普特序列使用排列方法产生多维霍尔顿序列.

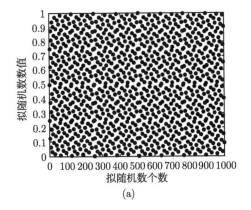

(a)

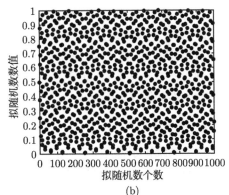

(b)

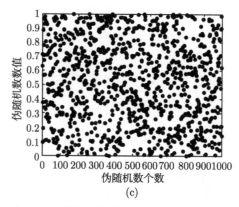

图 7.3　一维拟随机数序列和一维伪随机数序列

1. 产生霍尔顿序列

(1) 维数的底数. 根据数论中判别素数的爱拉托斯散筛法可以得到自然数素数表. 第 j 维的底数是自然数素数表中第 j 个素数. 维数 $j = 1, 2, 3, 4, 5, 6, 7, 8, 9, 10, \cdots$, 底数 $b_j = 2, 3, 5, 7, 11, 13, 17, 19, 23, 29, \cdots$. 霍尔顿序列的每维有不同的底数, 由于数字展开式的系数 $a_k \in \{1, 1, 2, \cdots, b_j - 1\}$, 维数越高, 底数 b_j 越大, 系数 a_k 个数越多, 计算循环越长, 计算时间越长.

(2) 生成矩阵. 生成矩阵的函数关系形式 $f(\boldsymbol{c}_j [a_1 \; a_2 \; \cdots]^{\mathrm{T}}) \equiv \boldsymbol{c}_j [a_1 \; a_2 \; \cdots \; a_m]^{\mathrm{T}}$ $(\mathrm{mod} b_j)$, 其中生成矩阵 $\boldsymbol{c}_j$ 为单位矩阵, 倒根函数的系数为

$$[d_1 \; d_2 \; \cdots \; d_m]^{\mathrm{T}} \equiv [a_1 \; a_2 \; \cdots \; a_m]^{\mathrm{T}} (\mathrm{mod} b_j).$$

根据拟随机数序列产生步骤, 产生霍尔顿拟随机数序列.

2. 霍尔顿序列均匀性

在 10 维以内, 霍尔顿序列的均匀性还比较好, 10 维以上, 均匀性逐渐变坏, 形成空隙结构, 出现丛聚现象, 维数越高, 空隙越大, 丛聚现象越明显, 退化越严重. 20 维以后明显退化, 到了 50 维以后, 相关性非常严重, 几乎是自相关了. 改进的霍尔顿序列虽然有一些改善, 但无法根本改变这种退化现象. 100 维霍尔顿序列的二维分布均匀性如图 7.4 所示.

7.2.3　福尔序列

由于高维霍尔顿序列产生严重退化现象, 均匀性变坏, 其中一个原因是高维使用的底数是数值大的素数, 循环很长, 所以出现空隙结构. 为改善高维拟随机数的均匀性, Faure(1982), Faure 和 Tezuka(2002) 提出并发展福尔序列. 对一维科普特序列使用矢量元素排列理论, 进行矢量重新排列, 产生多维福尔序列.

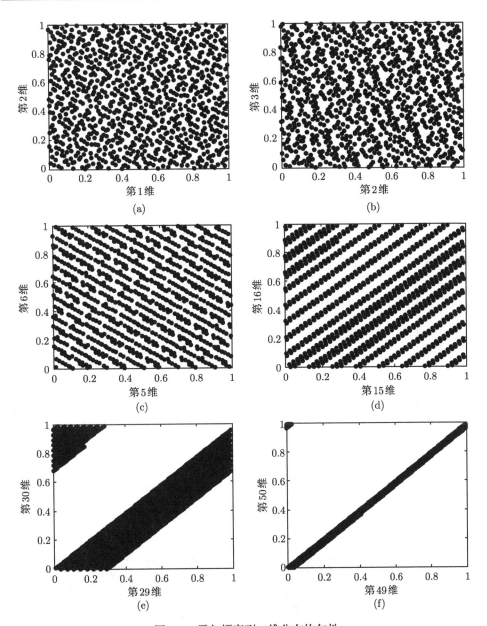

图 7.4 霍尔顿序列二维分布均匀性

1. 产生福尔序列

(1) 维数的底数. 福尔序列每维也使用不同的底数, 但底数数值与霍尔顿序列不同, 霍尔顿序列第 j 维的底数 b_j 是自然数素数表中第 j 个素数, 而福尔序列第 j

维的底数 b_j 是大于或等于 j 的最小素数. 由于底数值相对减小, 计算循环长度缩短, 但是由于构造生成矩阵需要计算时间, 整个计算时间增加了.

(2) 生成矩阵. 生成矩阵的函数关系形式 $f(\boldsymbol{c}_j[a_1\ a_2\ \cdots]^{\mathrm{T}}) \equiv \boldsymbol{c}_j[a_1\ a_2\ \cdots\ a_m]^{\mathrm{T}}(\mathrm{mod} b_j)$, 倒根函数的系数为

$$[d_1\ d_2\ \cdots\ d_m]^{\mathrm{T}} \equiv \boldsymbol{c}_j[a_1\ a_2\ \cdots\ a_m]^{\mathrm{T}}(\mathrm{mod} b_j).$$

选取第 j 维的生成矩阵 $\boldsymbol{c}_j$ 为 $m \times m$ 上三角矩阵, 矩阵元为 c_{jkl}, $k, l = 1, 2, \cdots, m$, 第 k 行第 l 列矩阵元 c_{jkl} 为

$$c_{jkl} = \begin{cases} 0, & 1 \leqslant l < k, \\ \mathrm{C}_{l-1}^{k-1}(j-1)^{l-k}, & k \leqslant l \leqslant m, \end{cases}$$

式中, 二项式系数 $\mathrm{C}_{l-1}^{k-1} = (l-1)!/(k-1)!(l-k)!$. $[d_1\ d_2\ \cdots\ d_m]^{\mathrm{T}} = \boldsymbol{c}_j[a_1\ a_2\ \cdots\ a_m]^{\mathrm{T}}$ 写为

$$\begin{bmatrix} d_1 \\ d_2 \\ d_3 \\ d_4 \\ \vdots \\ d_m \end{bmatrix} = \begin{bmatrix} \mathrm{C}_0^0(j-1)^0 & \mathrm{C}_1^0(j-1)^1 & \mathrm{C}_2^0(j-1)^2 & \mathrm{C}_3^0(j-1)^3 & \cdots & \mathrm{C}_{m-1}^0(j-1)^{m-1} \\ 0 & \mathrm{C}_1^1(j-1)^0 & \mathrm{C}_2^1(j-1)^1 & \mathrm{C}_3^1(j-1)^2 & \cdots & \mathrm{C}_{m-1}^1(j-1)^{m-2} \\ 0 & 0 & \mathrm{C}_2^2(j-1)^0 & \mathrm{C}_3^2(j-1)^1 & \cdots & \mathrm{C}_{m-1}^2(j-1)^{m-3} \\ 0 & 0 & 0 & \mathrm{C}_3^3(j-1)^0 & \cdots & \mathrm{C}_{m-1}^3(j-1)^{m-4} \\ \vdots & \vdots & \vdots & \vdots & & \vdots \\ 0 & 0 & 0 & 0 & \cdots & \mathrm{C}_{m-1}^{m-1}(j-1)^0 \end{bmatrix} \begin{bmatrix} a_1 \\ a_2 \\ a_3 \\ a_4 \\ \vdots \\ a_m \end{bmatrix}.$$

根据拟随机数序列产生步骤, 产生福尔序列.

2. 福尔序列均匀性

福尔序列 30 维以前均匀性较好, 均匀性有所改善, 不过维数较高时, 依然形成空隙结构, 出现丛聚现象, 产生退化问题, 只是退化程度较轻些. 100 维福尔序列的二维分布均匀性如图 7.5 所示.

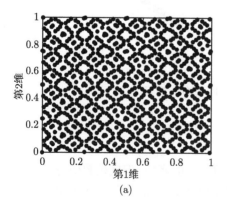
(a)

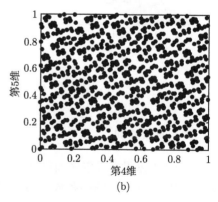
(b)

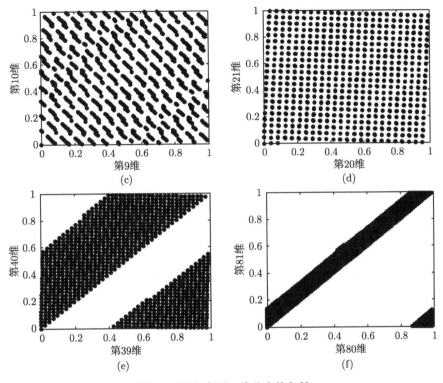

图 7.5 福尔序列二维分布均匀性

7.2.4 索波尔序列

Sobol(1967, 1976, 1988) 提出并发展索波尔序列, 高维索波尔序列是对一维格雷编码序列进行随机排列, 随机排列的方法是使用 2 进制运算对本原多项式进行结构连接排列, 以便改善高维拟随机数序列的均匀性. 后来很多学者对索波尔序列做了许多研究工作, 提高了运算速度, 改善了超高维索波尔序列均匀性.

1. 产生索波尔序列

(1) 维数的底数. 所有维数的底数 $b = 2$, 计算循环最短, 计算时间少.

(2) 数字展开式. 自然数 i 的数字展开式为

$$i = a_0 + a_1 b + a_2 b^2 + \cdots a_w b^w = \sum_{k=0}^{w} a_k b^w = (a_w \cdots a_2 a_1 a_0)_b,$$

式中, 数字展开式的系数 $a_k \in \{0, 1\}$; w 为计算机字长, 微机 $w=30$. 由于倒根函数使用异或运算符, 异或运算是按位运算操作, 在计算机上一个自然数的 2 进制数的位数等于计算机字长数, 所以 w 为计算机字长.

(3) 倒根函数. 第 j 维倒根函数为

$$\phi^{(j)}(i)_b = a_0 v_0^{(j)} \oplus a_1 v_1^{(j)} \oplus a_2 v_2^{(j)} \oplus \cdots \oplus a_w v_w^{(j)} = (0.d_1 d_2 \cdots d_w)_b,$$

式中, $v_k^{(j)}$ 为第 j 维方向数; $\oplus$ 为异或运算符. 为提高计算速度, 采用递推倒根函数, 生成矩阵的函数关系形式 $f(\boldsymbol{c}_j [a_1 \ a_2 \ \cdots]^{\mathrm{T}}) = \phi \oplus \boldsymbol{c}_j$, 递推倒根函数为

$$\phi^{(j)}(i)_b = \phi \oplus \boldsymbol{c}_j = \phi(i-1)_b \oplus v_c^{(j)},$$

式中, v 的下脚标 c 是自然数 i 的 2 进制数最右端为 0 的标志位数, $v_c^{(j)}$ 为第 j 维标志位数对应的方向数. 根据拟随机数序列产生步骤, 产生索波尔序列.

2. 生成矩阵产生

生成矩阵的产生方法首先选择本原多项式, 然后产生奇整数, 最后产生方向数, 方向数构成生成矩阵.

(1) 选择本原多项式. 本原多项式是二元数域 (GF_2) 上本原多项式, 每一维都有一个本原多项式, 第 j 维的本原多项式为

$$p^{(j)}(x) = x^q + e_1 x^{q-1} + \cdots + e_{q-1} x + 1,$$

式中, e 为系数, $e \in \{0,1\}$. 把 2 进制整数 $(e_1 e_2 \cdots e_{q-1})_2$ 或者 $(1 e_1 e_2 \cdots e_{q-1} 1)_2$ 变换为 10 进制整数就是本原多项式值, 因此本原多项式值有两种算法.

(2) 产生奇整数. 根据所选取的本原多项式的系数值, 用递推关系式生成奇整数 m, 第 j 维奇整数 m 有如下递推关系式:

$$m_k^{(j)} = 2e_1 m_{k-1}^{(j)} \oplus 2^2 e_2 m_{k-2}^{(j)} \oplus \cdots \oplus 2^{q-1} e_{q-1} m_{k-q+1}^{(j)} \oplus 2^q m_{k-q}^{(j)} \oplus m_{k-q}^{(j)},$$

式中, 奇整数是 2 进制整数; $k = 1, 2, \cdots, w, w$ 为计算机字长. 奇整数满足下面条件:

$$0 < m_k^{(j)} < b^k.$$

利用上述递推关系式进行计算时, 需要给定奇整数的初值, 奇整数初值的数目等于所选取的本原多项式的幂次 q. 不同维数, 奇整数初值不同, 因而方向数也就不同, 所以选取奇整数初值是很重要的. 奇整数初值与维数 s、本原多项式幂次 q、本原多项式 P 值有对应关系, 很多学者做了研究工作. Bratley 和 Fox(1988) 给出低维的本原多项式 P 值和奇整数初值. Joe 和 Kuo(2003, 2008) 使用搜索算法, 根据不同的搜索准则, 2003 年的研究工作产生 1111 维的本原多项式 P 值和奇整数初值, 2008 年的研究工作产生 21201 维的本原多项式 P 值和奇整数初值. 后者比前者的拟随机数二维投影均匀性能更好, 他们的研究开拓了超高维计算工作. 50 维的多项式数值 P 及其奇整数 m_k 的初始值如表 7.1 所示.

表 7.1 50 维的多项式 P 值及其奇整数 m_k 初始值

维数	幂次	P 值	奇整数 m_k 初始值	维数	幂次	P 值	奇整数 m_k 初始值
1	0	0		26	7	21	1 1 5 11 19 41 61
2	1	0	1	27	7	28	1 3 5 3 3 13 69
3	2	1	1 1	28	7	31	1 1 7 13 1 19 1
4	3	1	1 1 1	29	7	32	1 3 7 5 13 19 59
5	3	2	1 3 1	30	7	37	1 1 3 9 25 29 41
6	4	1	1 3 7 1	31	7	41	1 3 5 13 23 1 55
7	4	4	1 1 3 7	32	7	42	1 3 7 3 13 59 17
8	5	2	1 3 1 7 23	33	7	50	1 3 1 3 5 53 69
9	5	13	1 3 1 1 13	34	7	55	1 1 5 5 23 33 13
10	5	7	1 1 7 11 19	35	7	56	1 1 7 7 1 61 123
11	5	11	1 1 5 1 1	36	7	59	1 1 7 9 13 61 49
12	5	13	1 1 1 3 11	37	7	62	1 3 3 5 3 55 33
13	5	14	1 3 5 5 31	38	8	14	1 3 1 15 31 13 49 245
14	6	1	1 3 3 9 7 49	39	8	21	1 3 5 15 31 59 63 97
15	6	13	1 1 1 15 21 21	40	8	22	1 3 1 11 11 11 77 249
16	6	16	1 3 1 13 27 49	41	8	38	1 3 1 11 27 43 71 9
17	6	19	1 1 1 15 7 5	42	8	47	1 1 7 15 21 11 81 45
18	6	22	1 3 1 15 13 25	43	8	49	1 3 7 3 25 31 65 79
19	6	25	1 1 5 5 19 61	44	8	50	1 3 1 1 19 11 3 205
20	7	1	1 3 7 11 23 15 103	45	8	52	1 1 5 9 19 21 29 157
21	7	4	1 3 7 13 13 15 69	46	8	56	1 3 7 11 1 33 89 185
22	7	7	1 1 3 13 7 35 63	47	8	67	1 3 3 3 15 9 79 71
23	7	8	1 3 5 9 1 25 53	48	8	70	1 3 7 11 15 39 119 27
24	7	14	1 3 1 13 9 35 107	49	8	84	1 1 3 1 11 31 97 225
25	7	19	1 3 1 5 27 61 31	50	8	97	1 1 1 3 23 43 57 177

(3) 生成方向数. 由第 j 维的奇整数 $m_k^{(j)}$, 得到第 j 维方向数为

$$v_k^{(j)} = m_k^{(j)}/2^k, \quad k = 0, 1, 2, \cdots, w,$$

式中, 奇整数是 2 进制整数, 方向数为 2 进制小数. 第 j 维方向数的递推式为

$$v_k^{(j)} = e_1 v_{k-1}^{(j)} \oplus e_2 v_{k-2}^{(j)} \oplus \cdots \oplus e_{q-1} v_{k-q+1}^{(j)} \oplus v_{k-q}^{(j)} \oplus v_{k-q}^{(j)}/2^q.$$

3. 递推倒根函数

I. M. Sobol 提出索波尔序列时, 建议第 j 维倒根函数为

$$\phi^{(j)}(i)_b = a_0 v_0^{(j)} \oplus a_1 v_1^{(j)} \oplus \cdots \oplus a_w v_w^{(j)} = (0.d_1 d_2 \cdots d_w)_2.$$

上式算法不是递推算法, 计算速度比较慢, 效率比较低. 通过格雷编码方法可以得到快速的递推算法.

(1) 格雷编码方法. 为了较快地产生索波尔序列, Antonov 和 Saleev(1979) 建议使用更快更有效的递推算法, 就是使用不同的执行方法, 称为格雷编码方法. 自然数 i 的数字展开式称为格雷编码 $G(i)$, 自然数 i 的 2 进制格雷编码为

$$G(i) = i \oplus [i/2] = (\cdots i_3 i_2 i_1)_2 \oplus (\cdots i_4 i_3 i_2)_2 = (\cdots g_3 g_2 g_1)_2.$$

格雷编码可以简化非负整数的重新排序.

(2) 递推式倒根函数. 引入格雷编码方法后, 倒根函数为

$$\phi^{(j)}(i) = g_1 v_1^{(j)} \oplus g_2 v_2^{(j)} \oplus \cdots \oplus g_w v_w^{(j)}.$$

式中, g_k 是自然数 i 的 2 进制数格雷编码右端的第 k 个数字. 2 进制自然数与 2 进制自然数的格雷编码有显然的差别, 相邻两个 2 进制自然数总有数位不同, 而相邻两个格雷编码 ($G(i-1)$ 和 $G(i)$) 只有一位不同, 于是可把 $i-1$ 的 2 进制数格雷编码 $G(i-1)$ 右端的第 1 个 0 作为标志位. 考虑到相邻格雷编码上述特性后, 得到递推式倒根函数为

$$\phi^{(j)}(i) = \phi(i-1) \oplus v_c^{(j)}.$$

式中, $\phi^{(j)}(i)$, $v_c^{(j)}$ 为 2 进制小数, 方向数 $v_c^{(j)}$ 的下脚标 c 表示 $i-1$ 的 2 进制格雷编码 $G(i-1)$ 最右端为 0 的标志位数, c 简称为标志位数. 当 $i=0$ 时, 索波尔序列拟随机数的初始值 $\phi^{(j)}(0) = 0$.

4. 索波尔序列均匀性

索波尔序列最大特点是高维的均匀性较好. 虽然不再出现高维自相关性的严重退化问题, 但在高维情况下仍然出现不同程度的丛聚现象. 利用 Joe 和 Kuo(2008) 给出的 20000 维的本原多项式和奇整数初值数据, 1000 维索波尔序列的二维分布均匀性如图 7.6 所示. 如果想做成千成万维的超高维分析工作, 目前所有拟随机数序列中, 只有索波尔序列比较适合, 因为 20000 维仍然具有较好的均匀性.

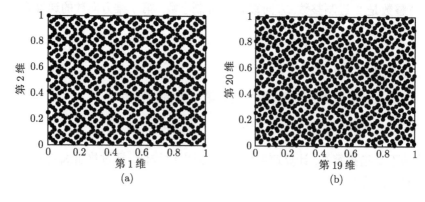

(a)　　　　　　　　　　　　　　(b)

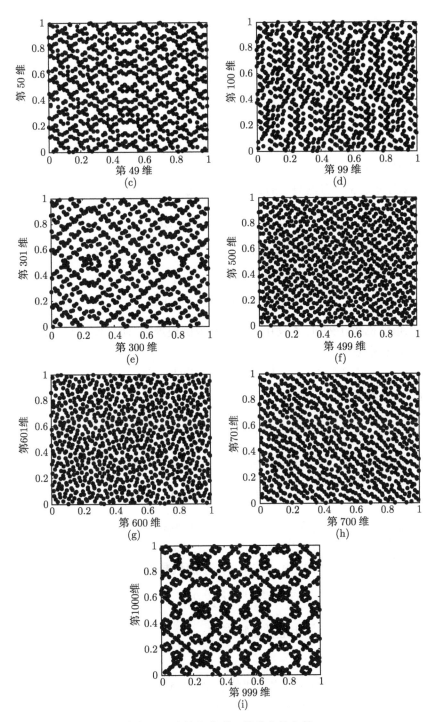

图 7.6   索波尔序列二维分布均匀性

7.2.5　尼德雷特序列

Niederreiter(1987, 1988, 1992); Niederreiter 和 Xing(1995); Bratley, Fox, Niederreiter(1992, 1994) 对拟随机数序列进行全面深入的研究, 并提出尼德雷特拟随机数序列, 目的是改善高维拟随机数的均匀性.

1. 产生尼德雷特序列

(1) 维数的底数. 各维的底数相同, 底数可以是 $b \geqslant 2$ 的任意数, 可以是素数, 也可以不是素数.

(2) 数字展开式. 自然数 i 的数字展开式为

$$i = (a_R a_{R-1} \cdots a_2 a_1)_b,$$

式中, R 是自然数 i 的 b 进制数的最大位数, 对于微机, $R \leqslant 32$.

(3) 倒根函数. b 进制小数倒根函数为

$$\phi(i) = (0.d_1 d_2 \cdots d_R)_b.$$

实际产生拟随机数序列时, 不使用 b 进制小数倒根函数, 而是使用 b 进制整数, b 进制整数 Q_i 定义为

$$Q_i = (d_1 d_2 \cdots d_R)_b.$$

第 j 维第 i 个整数为

$$Q_i^{(j)} = a_1 \boldsymbol{c}_1 \oplus a_2 \boldsymbol{c}_2 \oplus + \cdots \oplus a_R \boldsymbol{c}_R.$$

生成矩阵的函数关系形式 $f(\boldsymbol{c}_j [a_1\ a_2\ \cdots]^{\mathrm{T}}) = Q \oplus \boldsymbol{c}_l$. 为提高计算速度写成递推形式, 第 j 维第 i 个整数为

$$Q_i^{(j)} = Q_{i-1}^{(j)} \oplus \boldsymbol{c}_l^{(j)},$$

式中, 递推整数 Q_i 的初始值为 $Q_0 = 0$; 第 j 维递推生成向量 $\boldsymbol{c}_l^{(j)} = \boldsymbol{c}_{1l}^{(j)} \boldsymbol{c}_{2l}^{(j)} \cdots \boldsymbol{c}_{Rl}^{(j)}$, $l \leqslant R$, 其中第 j 维矩阵为 $\boldsymbol{c}_{kl}^{(j)}, k = 1, 2, \cdots, R$, $\boldsymbol{c}_{kl}$ 是 $R \times R$ 矩阵.

(4) 产生拟随机数序列. 第 j 维第 i 个拟随机数为

$$z_i^{(j)} = Q_i^{(j)} / b^R.$$

根据拟随机数产生步骤, 产生尼德雷特序列.

2. 本原多项式

根据不可约多项式和本原多项式的定义, 再由本原多项式的判断准则和方法, 可以确定多项式是否本原多项式. 对于一个 q 幂次多项式, 一般有若干个本原多项式, 从这些本原多项式选择某维的本原多项式, 使得拟随机数高度均匀分布. 对二

元数域 (GF$_2$) 上的本原多项式, 工作较为简单些, 对多元数域 (GF$_b$) 上的本原多项式, 就很复杂. 二元数域 (GF$_2$) 上的第 j 维的本原多项式为 $p_j(x)$, 是幂为 q 的多项式, 令第 j 维幂次为 q 的本原多项式为

$$p_j(x) = c_q x^q + c_{q-1} x^{q-1} + \cdots + c_1 x + c_0, \quad c_i \in \{0, 1\}.$$

例如, 20 维本原多项式如表 7.2 所示.

表 7.2　本原多项式 $p_j(x)$

维数 j	幂次 q	系数 c	$p_j(x)$	维数 j	幂次 q	系数 c	$p_j(x)$
1	1	0,1	1	11	5	1,1,1,1,0,1	$x^5+x^4+x^3+x^2+1$
2	1	1,1	$x+1$	12	5	1,1,1,0,1,1	$x^5+x^4+x^3+x+1$
3	2	1,1,1	x^2+x+1	13	5	1,1,0,1,1,1	$x^5+x^4+x^2+x+1$
4	3	1,1,0,1	x^3+x^2+1	14	5	1,0,1,1,1,1	$x^5+x^3+x^2+x+1$
5	3	1,0,1,1	x^3+x+1	15	6	1,1,0,0,0,0,1	x^6+x^5+1
6	4	1,1,0,0,1	x^4+x^3+1	16	6	1,0,0,1,0,0,1	x^6+x^3+1
7	4	1,0,0,1,1	x^4+x+1	17	6	1,1,1,0,1,0,1	$x^6+x^5+x^4+x^2+1$
8	4	1,1,1,1,1	$x^4+x^3+x^2+x+1$	18	6	1,1,0,1,1,0,1	$x^6+x^5+x^3+x^2+1$
9	5	1,0,1,0,0,1	x^5+x^3+1	19	6	1,0,0,0,0,1,1	x^6+x+1
10	5	1,0,0,1,0,1	x^5+x^2+1	20	6	1,1,1,0,0,1,1	$x^6+x^5+x^4+x+1$

3. 递推生成矩阵产生方法

选择每维的多元数域 (GF$_b$) 上本原多项式 $p(x)$ 为

$$p(x) = h_e x^e + h_{e-1} x^{e-1} + \cdots + h_1 x + h_0,$$

式中, 本原多项式系数 $h \in \{0, 1, 2, \cdots, b-1\}$, 本原多项式 $p(x)$ 的幂次 $e \geqslant 1$. 本原多项式 $p(x)$ 的 $q+1$ 幂次构成一个多项式 $g(x)$, 其中 q 为整数值, 根据洛朗级数展开理论, 多项式 $g(x)$ 为

$$g(x) = p(x)^{q+1} = x^m - g_{m-1} x^{m-1} - g_{m-2} x^{m-2} - \cdots - g_0,$$

式中, $g_{m-1}, g_{m-2}, \cdots, g_0$ 等为多项式 $g(x)$ 的系数, 多项式 $g(x)$ 的幂次 $m = e(q+1)$. 多项式 $g(x)$ 是多个本原多项式 $p(x)$ 相乘 $(q+1)$ 次的结果, 如果把本原多项式 $p(x)$ 的系数作为一个向量, 则多项式 $g(x)$ 的系数是多个本原多项式系数向量相乘 $(q+1)$ 次结果.

对二元数域 (GF$_2$), 根据所选择的本原多项式 $p(x)$ 的系数, 求出多项式 $g(x)$ 的系数 $g_{m-1}, g_{m-2}, \cdots, g_0$, 就可以计算方向数 v_n. 当 $m \leqslant n \leqslant R + e - 2$ 时, 方向数为

$$v_n = g_{m-1} v_{n-1} \oplus g_{m-2} v_{n-2} \oplus \cdots \oplus g_0 v_{n-m} = \oplus_{i=1}^{m} g_{m-i} v_{n-i}.$$

当 $0 \leqslant n \leqslant R + e - 2$ 时, 方向数 $v_n = 0$, $v_{m-1} = 1$. 每维的矩阵 c_{kl} 产生方法首先是选择每维的本原多项式 $p(x)$, 然后计算多项式 $g(x)$ 和方向数 v_n, 最后得到生成矩阵 c_{kl}. 生成矩阵 c_{kl} 的算法如下:

①　选择每维的本原多项式 $p(x)$, 置 $k \leftarrow 0$, $q \leftarrow -1$, $u \leftarrow e$.

②　$k = k+1$, 若 $u = e$, 转向③, 否则转向④.

③　$q = q+1$, 置 $u \leftarrow 0$, 计算多项式 $g(x) = p(x)^{q+1}$ 的系数 $g_{m-1}, g_{m-2}, \cdots,$ g_0. 计算方向数 v_n 和 v_{m-1}, 当 $m \leqslant n \leqslant R + e - 2$ 时, $v_n = \oplus_{i=1}^{m} g_{m-i} v_{n-i}$, 当 $0 \leqslant n \leqslant R + e - 2$ 时, $v_n = 0$, $v_{m-1} = 1$.

④　对于 $1 \leqslant l \leqslant R$, 得到生成矩阵 $c_{kl} \leftarrow v_{l+u}$, $u = u+1$, 若 $k < R$, 转向②, 否则停止计算.

4. 生成矩阵

产生尼德雷特序列的主要工作是产生每维的生成矩阵 c_{kl}. 底数为素数的尼德雷特序列实现起来比较容易一些, 如二元数域 (GF_2), 底数 $b = 2$, 本原多项式系数 $h \in \{0, 1\}$, 20 维本原多项式如表 7.2 所示, 根据生成矩阵 c_{kl} 的算法, 得到 20 维的 31×31 生成矩阵 c_{kl}. 所产生拟随机数序列速度最快、均匀性好, 但是大于 20 维, 均匀性较差, 出现丛聚现象. 要产生更高维的均匀序列, 需要采用大的底数. 对多元数域 (GF_b) 上的本原多项式, 计算比较复杂. Pirsic 和 Maharaj (2010) 给出 16 维、64 维和 511 维的生成矩阵数据. 1～16 维序列, 底数 $b = 2$, 本原多项式系数 $h \in \{0, 1\}$, 生成矩阵是 30×30 矩阵. 64 维和 511 维的底数 $b = 16, 64$, 不是素数, 尼德雷特序列实现起来比较困难一些. 17～63 维序列, 底数 $b = 16$, 本原多项式系数 $h \in \{0, 1, 2, \cdots, 15\}$, 生成矩阵是 30×30 矩阵. 64～511 维序列, 底数 $b = 64$, 本原多项式系数 $h \in \{0, 1, 2, \cdots, 63\}$, 生成矩阵是 32×32 矩阵. 每维生成矩阵就有将近 1000 个数据, 所以高维尼德雷特序列, 需要大量的生成矩阵数据.

5. 高维尼德雷特序列

根据生成矩阵可以计算得到尼德雷特序列. 第 j 维第 i 个递推整数为

$$Q_i^{(j)} = Q_{i-1}^{(j)} \oplus c_l,$$

式中, 递推整数 Q_i 的初始值为 $Q_0 = 0$. 第 j 维第 i 个拟随机数为

$$z_i^{(j)} = Q_i^{(j)} / b^R.$$

对所有 s 维数计算, 得到 s 维第 i 个拟随机数的序列 z_i. 对所有 n 个自然数计算, 得到 s 维 n 个拟随机数的序列 z.

6. 尼德雷特序列均匀性

根据 20 维的生成矩阵 C, 产生 20 维尼德雷特序列, 其二维分布均匀性如图 7.7 所示, 其二维分布均匀性比前面几个序列都好, 但是 19 维和 20 维则出现丛聚现象, 因此底数为 2 的素数, 不能产生 20 维以上的尼德雷特序列. 根据 Pirsic 和 Maharaj 给出的生成矩阵 C 数据产生 511 维尼德雷特序列. 511 维尼德雷特序列的二维分布均匀性仍然存在不同程度的丛聚现象, 如图 7.8 所示, 其二维分布均匀性并没有超过索波尔序列, 关键是能够产生比较好的高维生成矩阵 C 数据.

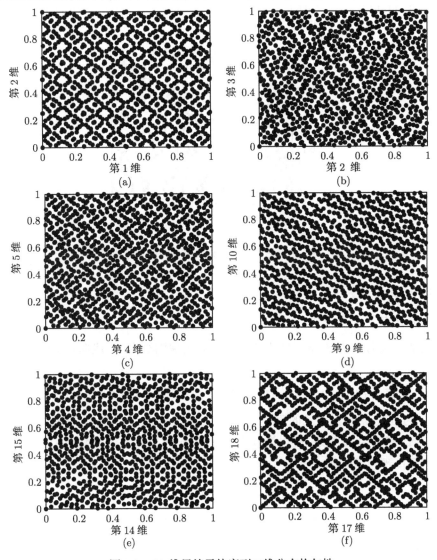

图 7.7 20 维尼德雷特序列二维分布均匀性

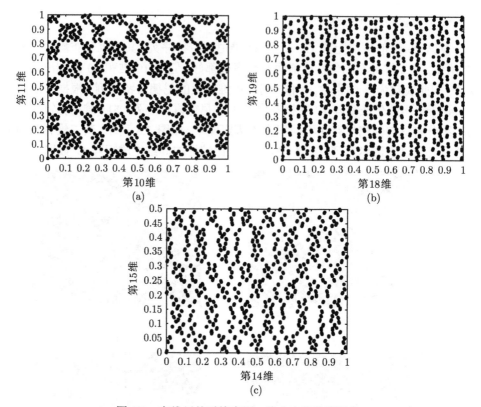

图 7.8　高维尼德雷特序列二维分布的丛聚现象

7.2.6　柯罗波夫序列

1. 产生柯罗波夫序列

构造生成向量 $\boldsymbol{h}$ 最常用的方法由柯罗波夫规则给出, 生成向量的柯罗波夫公式为

$$\boldsymbol{h} \equiv (1, a, a^2, \cdots, a^{s-1})(\bmod n), \quad 1 \leqslant a \leqslant n-1, \quad \gcd(a, n) = 1,$$

式中, s 为维数; a 是同余式的乘子; $\gcd(a, n)$ 表示 a 和 n 的最大公因数, 当 $\gcd(a, n) = 1$ 时, 称 a 与 n 互素, 所以选取乘子 a 时, a 应与 n 互为素数. 生成向量 $\boldsymbol{h}$ 的元素用线性乘同余式表示为

$$h_j \equiv ah_{j-1}(\bmod n), \quad j = 1, 2, \cdots, s,$$

式中, h 的初值 h_0 可以任意选取. 如果不考虑偏移向量 $\boldsymbol{\Delta}$, 第 j 维第 i 个柯罗波夫拟随机数为

$$z_{ij} \equiv (ih_j/n)(\bmod 1).$$

可产生柯罗波夫序列. 产生柯罗波夫序列的关键是乘子 a 或者生成向量 h 的选取和优化问题.

2. 乘子 a 优化算法

Коробов(1963) 提出两个乘子优化算法, 对每一个 n 值, 给出每维的优化乘子. 由于计算量大, 难于得到高维的优化乘子, 只能给出 10 维优化乘子. Hickernell, Hong, L'Ecuyer, Lemieux(2000) 提出一个乘子优化算法, 可以根据维数 s 和个数 n 的变化范围, 选取优化的乘子 a. 最多能得到 30 多维的乘子 a, 由于计算量大, 想得到更高维的乘子 a 比较困难. 如果不考虑偏移向量 Δ, 除了优化乘子 $a = 53$ 产生的拟随机数序列的二维均匀性较好以外, 其他优化乘子 a 产生的拟随机数序列的二维均匀性出现退化现象.

3. 生成向量优化算法

Cools, Kuo, Nuyens(2006) 提出生成向量优化算法, 是根据最坏情况下生成向量 h 的误差量 $\varepsilon(h)$ 最小: $\min \varepsilon(h)$, 得到优化生成向量 h. 优化生成向量 h 的误差量为

$$\varepsilon(h) = \max_{m_1 \leqslant m \leqslant m_2} e_{b^m, s}(h) / e_{b^m, s}(h^{(m)}),$$

式中, $e_{b^m, s}(h)$ 为误差; $e_{b^m, s}(h^{(m)})$ 为最坏情况下的误差. 利用生成向量优化算法, 可以得到成千维的优化生成向量 h. 取 $b = 2, 1 \leqslant s \leqslant 360, 2^{10} \leqslant n \leqslant 2^{20}$, 得到 360 维优化生成向量 $h = (h_1, h_2, \cdots, h_s)$, 表 7.3 给出其中 50 维数据.

表 7.3　格点规则产生的 50 维生成向量

s	h_s	s	h_s	s	h_s	s	h_s	s	h_s
1	1	11	48157	21	244841	31	505287	41	164379
2	182667	12	489023	22	205461	32	355195	42	139609
3	302247	13	438503	23	336811	33	52937	43	371213
4	433461	14	396693	24	359375	34	344561	44	152351
5	160317	15	200585	25	86263	35	286935	45	138607
6	94461	16	169833	26	370621	36	312429	46	441127
7	481331	17	308325	27	422443	37	513879	47	157037
8	252345	18	247437	28	284811	38	171905	48	510073
9	358305	19	281713	29	231547	39	50603	49	281681
10	221771	20	424209	30	360239	40	441451	50	380297

4. 柯罗波夫序列的均匀性

360 维柯罗波夫序列的二维分布均匀性如图 7.9 所示, 其二维分布均匀性比数字网格方法的各个拟随机数序列都好一些, 不过个别高维仍然出现丛聚现象.

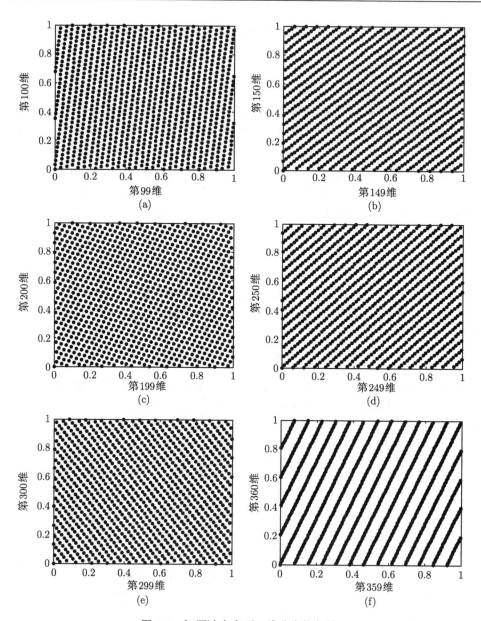

图 7.9　柯罗波夫序列二维分布均匀性

7.2.7　斐波那契序列

构造生成向量 h 的方法由斐波那契规则给出. 对字长 32 位微机, $M=2^{32}$, 指数 k 的斐波那契数为

$$g(k) = X_k \equiv (X_{k-1} + X_{k-2})(\mathrm{mod}\,M), \quad X_0 = X_1 = 1.$$

选定指数 k 的斐波那契数 X_k, 生成第 j 维生成向量 $\boldsymbol{h} = (h_1, h_2, \cdots, h_s)$ 的元素为

$$h_1 = 1, \quad h_j = g(k-j+1), \quad j = 2, 3, \cdots, s.$$

如果不考虑偏移向量 $\boldsymbol{\Delta}$, 第 j 维第 i 个斐波那契拟随机数为

$$z_{ij} \equiv (ih_j/n)(\mathrm{mod}\,1),$$

将产生斐波那契序列. 问题是如何选取指数 k, 使得产生的斐波那契拟随机数序列具有等分布均匀性. 可以调试指数 k, 使得二维分布均匀性好. 例如, 10 维以内, 指数 $k = 23 \sim 36$; 20 维以内, 指数 $k = 32 \sim 37$; 60 维以内, 指数 $k = 71 \sim 73$. 60 维以内的二维分布均匀性如图 7.10 所示. 不同的维数, 选取不同的指数, 如果选取不好, 可能出现丛聚现象. 如何调试指数 k, 使得高维分布均匀性能比较好, 不出现丛聚现象, 要做理论工作, 不能只靠调试经验.

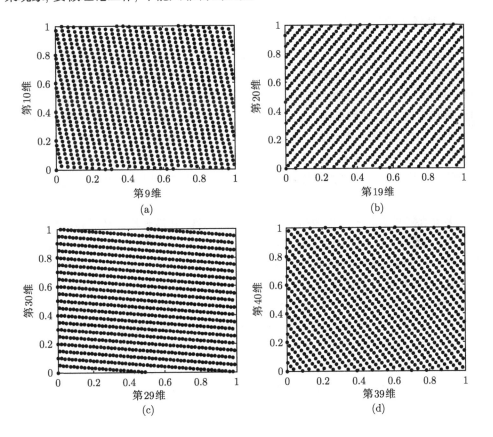

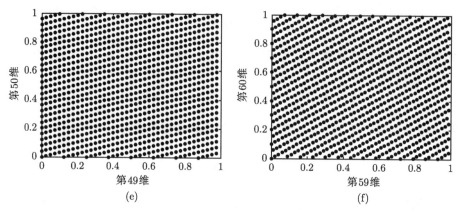

图 7.10   斐波那契序列二维分布均匀性

7.3   拟随机数均匀性

7.3.1   拟随机数丛聚现象

多维拟随机数点在超立方体多维平面上的投射分布, 反映拟随机数的等分布均匀性. 由于 4 维以上空间分布不好用图形表示, 3 维分布不好观察, 二维分布容易观察, 可用二维平面上的投射分布反映拟随机数的等分布均匀性, 所以这里维度均匀性是指多维拟随机数点在二维平面投射分布的等分布均匀性. 随机数的均匀性是随机均匀性, 拟随机数的均匀性不是随机均匀性, 而是等分布均匀性. 各种随机数发生器产生的多维随机数, 其二维平面上的投射分布仍然保持随机均匀性, 而各种拟随机数序列产生的多维拟随机数, 其二维平面上的投射分布并不一定保持等分布均匀性.

多维真随机数和多维伪随机数呈现随机均匀性, 其最大特点是很高维数仍然保持其随机均匀性, 不会形成空隙结构, 出现丛聚现象, 产生退化问题. 多维拟随机数则不然, 不管使用哪一种拟随机数序列, 都将形成样本点空隙结构, 出现样本点丛聚现象, 高维拟随机数序列将产生退化. 使用退化的拟随机数序列进行蒙特卡罗模拟, 计算结果将产生很大的误差. 例如, 在金融经济学的期权定价问题, 如果有 10 个资产, 365 个时间样本点, 期权定价问题将是 3650 维问题. 这样高的维数, 需要有很低偏差的拟随机数序列, 才不产生样本点丛聚现象, 避免计算结果产生很大的误差. 相反, 使用多维真随机数和伪随机数, 蒙特卡罗方法的样本点独立于维数之外, 与维数无关, 不会产生丛聚和退化, 在此情况下, 蒙特卡罗方法反而比拟蒙特卡罗方法更有效.

图 7.11 表示一些拟随机数序列的二维分布出现严重的丛聚现象. 丛聚现象表现在等分布均匀性逐渐变坏, 形成空隙结构, 出现丛聚现象. 对于霍尔顿和福尔序列, 维数越高, 空隙越大, 丛聚现象越严重. 这种现象之所以产生, 是因为维数越高, 底数越大, 循环长度越长, 拟随机数点要均匀地填满单位超立方体空间越困难, 因此形成空隙结构, 出现丛聚现象. 索波尔、尼德雷特、柯罗波夫和斐波那契等序列也在一些高维出现丛聚现象. 目前解决丛聚问题的办法是采取加扰方法, 打散丛聚堆积, 但等分布均匀性效果不是很好.

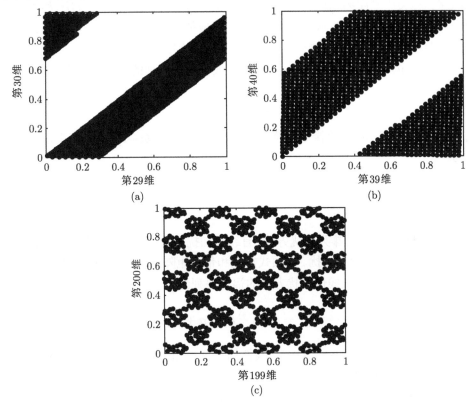

图 7.11   拟随机数序列高维出现严重的丛聚现象

7.3.2   改善均匀性方法

拟随机数均匀性改进方法, 有两种方法, 一是抛弃拟随机数序列开始点; 二是加扰方法.

1. 抛弃拟随机数序列开始点

随着维数的增加, 出现拟随机数序列的开始段各维拟随机数相同的现象, 使得均匀性不好. 为了解决拟随机数序列的开始段问题, 建议抛弃序列前面的若干个拟随机数. 对于霍尔顿序列, 抛弃的拟随机数个数可以任选. 对于福尔序列, 建议抛弃的拟随机数个数为 b^4-1, b 为维数的底数. 对于索波尔序列, 建议抛弃的拟随机数个数 2^m 应满足 $2^m \geqslant N$, N 为所取序列长度. 对于尼德雷特序列, 建议抛弃的拟随机数个数为 $2^{12} = 4096$.

2. 霍尔顿序列加扰方法

前面所叙述的各个序列称为标准序列. 使用加扰方法对标准序列进行排列, 产生的序列称为广义序列. 加扰方法有确定性加扰方法和随机性加扰方法. 根据霍尔顿序列、福尔序列和索波尔序列的特点, 有相应的加扰方法. 加扰方法有三类, 一是随机偏移方法, 二是数字排列方法, 三是序列内次序排列方法.

霍尔顿序列的加扰采用重排运算符, 广义霍尔顿序列的倒根函数为

$$\phi_{b_k}(n) = \sum_{i=0}^{m} \sigma_{b_k}(a_i) b_k^{-i-1},$$

式中, $\sigma_{b_k}(a_i)$ 是对 a_i 的重排运算符, $\sigma_{b_k}(a_i) \in \{0, 1, \cdots, b_k-1\}$. s 维广义霍尔顿序列为

$$\phi = (\phi_{b_1}, \phi_{b_2}, \cdots, \phi_{b_s}).$$

3. 福尔序列加扰方法

福尔序列采用数字排列加扰方法, 有线性加扰和非线性加扰. 线性加扰有一般线性加扰、随机线性数字加扰、二项式加扰和带形矩阵加扰. 非线性加扰有逆加扰.

(1) 线性加扰方法. 线性加扰方法的福尔序列为

$$\boldsymbol{x}_n^{(j)} = \phi_b(\boldsymbol{A}^{(j)} \boldsymbol{P}^{j-1} \boldsymbol{a} + \boldsymbol{g}_j),$$

式中, $\boldsymbol{g}_j = [g_1, g_2, g_3, \cdots]^{\mathrm{T}}$, 对一般线性加扰 $\boldsymbol{g}_j = 0$. 四种线性加扰的随机非奇异下三角矩阵 $\boldsymbol{A}^{(j)}$ 分别为

$$\begin{bmatrix} h_{11} & 0 & 0 & 0 \\ h_{21} & h_{22} & 0 & 0 \\ h_{31} & h_{32} & h_{33} & 0 \\ \vdots & \vdots & \vdots & \ddots \end{bmatrix}, \quad \begin{bmatrix} h_{11} & 0 & 0 & 0 \\ h_{21} & h_{22} & 0 & 0 \\ h_{31} & h_{32} & h_{33} & 0 \\ \vdots & \vdots & \vdots & \ddots \end{bmatrix},$$

$$\begin{bmatrix} h_1 & 0 & 0 & 0 \\ h_2 & h_1 & 0 & 0 \\ h_3 & h_2 & h_1 & 0 \\ \vdots & \vdots & \vdots & \ddots \end{bmatrix}, \quad \begin{bmatrix} h_1 & 0 & 0 & 0 \\ h_1 & h_2 & 0 & 0 \\ h_1 & h_2 & h_3 & 0 \\ \vdots & \vdots & \vdots & \ddots \end{bmatrix}.$$

(2) 逆加扰. 逆加扰的福尔序列为

$$\boldsymbol{x}_n^{(j)} = \phi_b(\varphi^{-1}(\boldsymbol{A}^{(j)}\psi(\boldsymbol{P}^{j-1}\boldsymbol{a}) + \boldsymbol{g}_j)),$$

式中, φ 和 ψ 是从数字向量的非零数字到它们的逆乘模数 b 的变换, 这里使用产生伪随机数的逆乘同余方法的思想, 产生伪随机数的逆乘同余方法为

$$Z_i \equiv aZ_{i-1}^{-1}(\mathrm{mod}b).$$

4. 索波尔序列加扰方法

令未加扰序列为

$$x_n = (x_n^{(1)}, x_n^{(2)}, \cdots, x_n^{(s)}).$$

加扰后序列为

$$z_n = (z_n^{(1)}, z_n^{(2)}, \cdots, z_n^{(s)}).$$

拟随机数的位数为 k, $k = 30$. 产生伪随机数同余公式为 $y_{n+1} \equiv ay_n(\mathrm{mod}M)$, 加扰拟随机数的 a 为优化的乘子, a 是素数, 是模数 M 的原根. 求 a 的方法有递推法和随机方法. 索波尔序列加扰方法的算法如下:

① $y_n = [x_n 2^k]$.

② $y_n^* \equiv ay_n(\mathrm{mod}\ m)$, $m \geqslant 2^k - 1$.

③ $z_n = y_n^*/2^k + (x_n - y_n/2^k)$.

7.4 拟蒙特卡罗方法有关问题

7.4.1 拟蒙特卡罗方法的偏差

1. 一致分布理论

数论方法产生高度均匀分布序列是基于一致分布理论, 一致分布描述了序列均匀性分布的性质. 令 G_s 表示 s 维空间单位立方体:

$$0 \leqslant x_1 \leqslant 1, \cdots, 0 \leqslant x_s \leqslant 1.$$

G_s 中有一个点列

$$P_i = (x_1^{(i)}, \cdots, x_s^{(i)}), \quad i = 1, 2, \cdots.$$

对任意 $(\alpha_1, \cdots, \alpha_s,) \in G_s$, 令 $N_n(\alpha_1, \cdots, \alpha_s,)$ 表示点列 $P_1, \cdots, P_n$ 中适合诸不等式

$$x_1^{(i)} < \alpha_1, \cdots, x_s^{(i)} < \alpha_s$$

的个数. 如果常有

$$\lim_{n \to \infty} N_n(\alpha_1, \cdots, \alpha_s)/n = \alpha_1 \cdots \alpha_s,$$

则称点列 $P_i(i=1, 2, \cdots)$ 在 G_s 上一致分布. 如果还满足

$$|N_n(\alpha_1, \cdots, \alpha_s)/n - (\alpha_1 \cdots \alpha_s)| < D_n,$$

则点列在 G_s 上一致分布, 且具有偏差 D_n.

Weyl 定理指出, 一点列 $P_i(i = 1, 2, \cdots)$ 在 G_s 上是一致分布的充要条件是对任意 G_s 上可以黎曼求积的函数 $f(x_1, \cdots, x_s)$ 常有

$$\lim_{n \to \infty} (f(x_1^{(1)}, \cdots, x_s^{(1)}) + \cdots + f(x_1^{(n)}, \cdots, x_s^{(n)}))/n = \int_0^1 \cdots \int_0^1 f(x_1, \cdots, x_s) \mathrm{d}x_1 \cdots \mathrm{d}x_s.$$

2. 低偏差理论

使用拟随机数进行蒙特卡罗模拟, 统计量的估计值为

$$\hat{h}[X] = (1/n) \sum_{i=1}^{n} h(X_i).$$

统计量估计值的准确性及收敛速度主要取决于偏差. 根据 Koksma-Hlawka 定理, 拟蒙特卡罗方法的统计量估计值的绝对误差为

$$\varepsilon = \left| (1/n) \sum_{i=1}^{n} h(x_i) - \mu \right| \leqslant V(h)D_n^*,$$

式中, $V(h)$ 是统计量 h 在空间 I^d 中 Hardy-Krause 意义下的有界变差函数; D_n^* 为星偏差. 偏差是用来度量确定的点列在函数域上均匀分布的程度, 点列分布得越均匀, 偏差就越小, 准确性就越高, 收敛速度越快. 令维数为 s, n 为积分结点数或模拟次数, 星偏差定义为

$$D_n^*(x_1, x_2, \cdots, x_n) = D_n(B; P) = \sup_{B \in I^s} |A(B; P)/n - \lambda_s(B)|,$$

其中, P 是空间 I^s 中的包含点集 $x_1, x_2, \cdots, x_n$; B 为属于空间 I^s 的子集; λ_s 是 s 维勒贝格测度; $A(B; P)$ 是计算满足 $x_i \in B(1 \leqslant i \leqslant n)$ 的点个数的函数, 其值为

$$A(B; P) = \sum_{i=1}^{n} \chi_B(x_i),$$

其中, χ_B 是 B 的特征函数. 在最坏情况下, 满足下面条件的拟随机数序列称为低偏差序列:

$$D_n^* \leqslant c_s \ln^s n/n,$$

式中, c_s 是与 n 无关的常数.

3. 拟随机数序列的偏差

拟随机数序列的星偏差为

$$D^* \leqslant c_s (\ln n)^s / n + O((\ln n)^{s-1}/n).$$

(1) 霍尔顿序列. 系数 c_s 为

$$c_s = \prod_{j=1}^{s} (p_j - 1)/2 \ln p_j,$$

式中, $p_1, p_2, \cdots, p_s$ 为素数, 系数 c_s 满足关系: $\lim\limits_{s \to \infty} \ln c_s / s \ln s = 1.$

(2) 福尔序列. 系数 c_s 为

$$c_s = (1/s!)((b-1)/2\ln b)^s.$$

(3) 索波尔序列. 系数 c_s 为

$$c_s = 2^{\tau_s}/s!(\ln 2)^s,$$

式中, τ_s 满足关系: $k\dfrac{s\ln s}{\ln \ln s} \leqslant \tau_s \leqslant \dfrac{s\ln s}{\ln 2} + \dfrac{s\ln\ln s}{\ln 2} + O(s\ln\ln s).$

(4) 尼德雷特序列. 系数 c_s 为

$$c_s = \frac{1}{s!}\frac{b-1}{2[b/2]}\left(\frac{[b/2]}{\ln b}\right)^s,$$

式中, 系数 c_s 满足关系: $\lim\limits_{s \to \infty} \dfrac{\ln c_s}{s\ln\ln s} \leqslant -1.$

4. 拟蒙特卡罗方法收敛速度

普通数值方法误差的阶为 $O(n^{-2/s})$, 维数越大, 误差越大. 蒙特卡罗方法误差的阶为 $O(n^{-1/2})$, 误差与维数无关. 拟蒙特卡罗方法误差的阶为最好情况为 $O(n^{-1})$, 最坏情况为 $O((\ln^s n)n^{-1})$. 拟蒙特卡罗误差的阶如表 7.4 所示.

表 7.4 蒙特卡罗和拟蒙特卡罗直接模拟误差的阶

维数	模拟次数	蒙特卡罗方法	拟蒙特卡罗方法 (最好)	拟蒙特卡罗方法 (最坏)
1	1000	0.03162	0.00100	0.00691
1	100000	0.00316	0.00001	0.00012
2	10000	0.01000	0.00010	0.00848
5	10000	0.01000	0.00010	6.628
10	10000	0.01000	0.00010	439295.5
50	100000	0.00316	0.00001	1.14626×10^{48}

7.4.2　拟蒙特卡罗收敛加速方法

Joseph 和 Severino(2001) 提出一种收敛加速方法. 对霍尔顿序列和福尔序列, 通过使用最小二乘光滑方法, 加快收敛速度, 从而减少模拟次数. 令 u 为拟随机数, 拟蒙特卡罗方法统计量 $h(u)$ 的估计值为

$$a = \int_{I^s} h(u)\mathrm{d}u \approx \frac{1}{n}\sum_{i=1}^{n} h(u_i) = w_n.$$

w_n 是统计量估计值 a 的第 i 次模拟的近似值, 根据低偏差序列理论, w_n 的展开式为

$$w_n = a + b_{0,n}\log n/n + b_{1,n}(\log n)^2/n + \cdots + b_{s,n}(\log n)^{s+1}/n, \quad n \geqslant 2,$$

式中, $b_{i,n}$, $i = 1, 2, \cdots, s$, 对所有 n, $b_{i,n}$ 是有界的. 令

$$w_n = a + (b + \varepsilon_n)\log n/n + \gamma_n(\log n)^\alpha/n,$$

式中, 对 $2 \leqslant \alpha \leqslant s$, 有 $|\varepsilon_n| < \varepsilon$, $|\gamma_n| < \gamma$, 假定 γ 值很小, 因此有

$$w_n \approx a + (b + \varepsilon_n)\log n/n, \quad n \geqslant 2.$$

把上式两边乘上 $n/\log n$, 变成标准最小二乘形式, 结果有

$$nw_n/\log n = an/\log n + b + \varepsilon_n.$$

令 $x_n = n/\log n$, $y_n = nw_n/\log n = w_n x_n$, 得到

$$y_n = ax_n + b + \varepsilon_n.$$

把上式右边加减 $a\bar{x}$, 上面方程变为

$$y_n = a(x_n - \bar{x}) + (a\bar{x} + b) + \varepsilon_n,$$

式中, $\bar{x} = \sum_{n=2}^{N} x_n/(N-1)$. 把上式两边乘上 $(x_n - \bar{x})$, 对 n 求和, 解出 a. 注意到 $a\bar{x} + b$ 是常数, 假定 ε_n 是小值, 则有

$$\begin{aligned}
\sum_{n=2}^{N}(x_n - \bar{x}) &= \sum_{n=2}^{N} x_n - \sum_{n=2}^{N}\bar{x} = \sum_{n=2}^{N} x_n - \bar{x}\sum_{n=2}^{N} 1 \\
&= \sum_{n=2}^{N} x_n - (N-1)\bar{x} \\
&= \sum_{n=2}^{N} x_n - (N-1)\left(\frac{1}{N-1}\sum_{n=2}^{N} x_n\right) = 0.
\end{aligned}$$

因此有

$$\sum_{n=2}^{N} (a\bar{x} - b)(x_n - \bar{x}) = 0.$$

所以得到

$$a \approx \sum_{n=2}^{N} y_n(x_n - \bar{x}) \Big/ \sum_{n=2}^{N} (x_n - \bar{x})^2.$$

上面这个近似式是加速方法的基础, 在模拟过程中, 求出 x_n, y_n, $\bar{x}$, 得到统计量 $h(u)$ 的估计值 a. 由于使用最小二乘光滑方法, 加快收敛速度. 收敛加速方法应用事例见第 14 章金融经济的 360 维附属抵押契约问题.

7.4.3 随机化拟蒙特卡罗方法

由于拟随机数是确定性的, 不是随机的, 不具有随机统计特性, 因此在利用拟随机数进行拟蒙特卡罗模拟时, 不可能像利用随机数进行蒙特卡罗方法那样, 在模拟计算时求得方差和误差. 为了能在利用拟随机数进行拟蒙特卡罗模拟时, 求得方差和误差, 必须把拟随机数随机化, 把随机性引入拟随机数序列, 变成随机化拟随机数序列, 称为随机化拟蒙特卡罗方法. 拟随机数序列的 n 个点集为 $P\{x_1, x_2, \cdots, x_n\}$, 用随机数产生器产生 n 个在 $[0, 1]^s$ 上均匀分布的独立同分布向量, 随机数序列的 n 个点集为 $\{U_1, U_2, \cdots, U_n\}$, 随机化拟随机数序列的 n 个点集为

$$\{P + U_i\}, \quad i = 1, 2, \cdots, n.$$

它表示 P 移动 $U_i(\mod 1)$, 即取 $X_i = P + U_i$ 的小数部分. 统计量估计值为

$$\hat{h} = (1/n) \sum_{i=1}^{n} h(X_i).$$

统计量的期望为 μ, 统计量估计值的方差为

$$\sigma^2 = (1/n(n-1)) \sum_{i=1}^{n} (h(X_i) - \mu)^2.$$

例如, 福尔序列, 当 s 和 n 确定时, 福尔序列是一确定的, 为使其随机化, 使用 Cranley-Fatterson 变换, 产生正态分布随机变量的样本值 ε_{ij}, 令

$$z_{ij}^3 = z_{ij}^2 + \varepsilon_{ij}, \quad i = 1, 2, \cdots, n, \quad j = 1, 2, \cdots, 2s, \quad z_{ij}^2 \in Z^2,$$

然后取 z_{ij}^3 的小数部分得到 z_{ij}, z_{ij} 和 z_{ij}^3 的正负符号一致. 这样就得到了随机化福尔序列 $Z = \{z_{ij}\}$.

参 考 文 献

Antonov I A, Saleer V M. 1979. An economic method of computing LP-sequences, Zh. vychisl. Mat. mat. Fiz., 19: 243-245.

Bratley P, Fox B. 1988. Algorithm 659: implementing Sobol's quasirandom sequence gene-rator. ACM Transactions on Mathematical Software, 14(1): 88-100.

Bratley P, Fox B, Niederreiter H. 1992. Implementation and Tests of Low Discrepancy Sequences. ACM Transactions on Modeling and Computer Simulation, 2(3): 195-213.

Bratley P, Fox B, Niederreiter H. 1994. Algorithm 738: programs to generate Niederreiter's low-discrepancy sequences. ACM Transactions on Mathematical Software, 20(4): 494-495.

Corput J G. 1935. Nederl Akad. Wetensch. Proc. Ser. B 38: 813-1058.

Cools K, Kuo F Y, Nuyens D. 2006. Constructing embedded lattice rules for multi-variate integration. Math. comp., 75: 903-920.

Faure H. 1982. Discrépance des suites associées à un système de numération en dimensions. Acta Arithmetica, 61: 337-351.

Faure H, Tezuka S. 2002. Another random scrambling of digital(t, s)-sequences//Fang K T, et al, ed. Monte Carlo and Quasi-Monte Carlo Methods 2000. Berlin: Springer Verlag.

Fox B L. 1986. Algorithm 647: implementation and relative efficiency of quasirandom se-quence generators. ACM Transactions on Mathematical Software, 12(4): 362-376.

Halton J H. 1960. On the efficiency of certain quasi-random sequences of points in evaluating multi-dimensional integrals. Numerische Mathematik, 2: 84-90.

Halton J H, Smith G B. 1964. Radical inverse quasi-random point sequence. Algorithm 247, Commun. ACM, 7: 701.

Hickernell F J. 1998. Lattice rules: How well do they measure up?//Hellekalek P, Larcher G, ed. Random and Quasi-Random Point Sets. Lecture Notes in Statistics. New York: Springer Verlag.

Hickernell F J, Hong H S, L'Ecuyer P, Lemieux C. 2000. Extensible lattice sequences for quasi-Monte Carlo quadrature. SIAM Journal on Scientific Computing, 22(3): 1117-1138.

Hickernell F J. 2002. Obtaining $o(n-2+)$ convergence for lattice quadrature rules. In Monte Carlo and Quasi-Monte Carlo Methods. //Fang K T, et al, ed. Berlin: Springer Verlag.

Joe S, Kuo F Y. 2003. Remark on algorithm 659: implementing Sobol's quasirandom se-quence generator. ACM Trans. Math. Softw., 29: 49-57.

Joe S, Kuo F Y. 2008. Constructing Sobol sequences with better two-dimensional Proje-cttions. SIAM Journal Scientific Computing, 30: 2635-2654.

Joseph S, Severino B A. 2001. Acceleration of quasi-Monte Carlo approximations.

Korobov N M. 1957. The approximate computation of multiple integrals using number theoretic methods. Doklady Akademii Nauk. SSSR, 115: 1062-1065.

Коробов Н М. 1963. Теортикочисловые методы в приближенном анализе. физмагиз, Москва.

Niederreiter H. 1987. Point sets and sequences with small discrepancy. Monatshefte für Mathematik, 104: 273-337.

Niederreiter H. 1988. Low-discrepancy and low-dispersion sequences. J. Number Theor., 30: 51.

Niederreiter H. 1992. Random number generation and quasi-Monte Carlo methods, Volume 63 of SIAM CBMS-NSF Regional Conference Series in Applied Mathematics. Philadelphia: SIAM.

Niederreiter H, Xing C. 1997. The algebraic-geometry approach to low discrepancy sequences//Hellekalek P, et al, ed. Monte Carlo and Quasi Monte Carlo Methods 1996. Volume 127 of Lecture Notes in Statistics. New York: Springer Verlag.

Pirsic G, Maharaj H. 2010. The generating matrices for the Niederreiter-Xing sequence. http: //www. dismat.oeaw.ac.at/pirs/niedxing.html.

Sobol' I M. 1967. The distribution of points in a cube and the approximate evaluation of integrals. U S S R Journal of Computational Mathematics and Mathematical Physics 7: 86-112.

Sobol' I M. 1976. Uniformly distributed sequences with additional uniformity property. Journal of Computational Mathematics and Mathematical Physics 16: 1332-1337.

Sobol' I M. 1988. On the distribution of points in a cube and the approximate evaluation of integrals. USSR Computers and Mathematical Physics, 7: 51-70.

第8章 序贯蒙特卡罗方法

8.1 序贯蒙特卡罗方法原理

8.1.1 序贯抽样方法

1. 统计学序贯抽样

第二次世界大战时期, 由于军需验收工作的需要, Wald(1947) 提出了一种新的抽样检验方法, 称为序贯抽样检验方法, 成为统计学发展史上的一个重要里程碑. 序贯抽样检验方案不是事先规定抽样的样本容量, 而是先抽少量样本, 根据其抽样结果, 再决定是否继续抽样, 抽多少, 这样下去, 直至抽样停止为止. 根据抽样过程出现的情况来决定何时停止抽样, 这种抽样方法得到的样本是序贯地一个个逐次得到的, 称为序贯样本, 这种抽样称为序贯抽样. 序贯抽样检验方法的样本容量不是固定不变的, 要做多次抽样, 每次抽样有不同的样本容量, 要进行多次判断, 来决定是接收还是拒收. 序贯抽样检验方法与传统抽样检验方法相比, 需要较小的样本容量, 效率更高、更为经济、更能减少检验次数.

2. 蒙特卡罗序贯抽样

Hammersley 和 Morton(1954) 在研究长链聚合物分子时, 使用自回避随机游动模型模拟长链聚合物, 吸收统计学的序贯抽样思想, 提出所谓 "穷人的蒙特卡罗方法", 避免了不必要的浪费. 按照 Hammersley 和 Handscomb(1964) 的说法, 蒙特卡罗方法从抽样方案来分可分为两大类, 一类是固定抽样, 抽样方案是固定不变的; 另一类是序贯抽样, 抽样方案是变化的. 序贯蒙特卡罗方法是吸收统计学的序贯抽样思想, 把固定抽样变为序贯抽样.

序贯蒙特卡罗方法的抽样方案不是始终不变的, 而是不断地根据过去的抽样结果, 设计下一次的抽样方案. 令第 k 次抽样出现的事件为 ω_k, 随机变量抽样的样本值为 X_k. 通常模拟随机变量的样本值只与当前出现的事件有关, 与以前的样本值无关, 因此有 $X_k(\omega_k)$. 序贯抽样方法, 随机变量的样本值不仅与当前出现的事件有关, 而且还与以前的样本值有关, 因此随机变量抽样的样本值为 $X_k(\omega_k, X_{k-1}, \cdots, X_2, X_1)$, $k = 1, 2, \cdots, m$. 每次模拟随机变量 X 的方差有可能越来越小, 得到如下结果:

$$\mathrm{Var}[X_1] \geqslant \mathrm{Var}[X_2] \geqslant \cdots \geqslant \mathrm{Var}[X_m].$$

当 $m \to \infty$ 时, 有可能出现 $\mathrm{Var}[\boldsymbol{X}_m] \to 0$, 所以可期望随机变量 $\boldsymbol{X}_m$ 有较小的方差, 因而统计量 $h(\boldsymbol{X}_m)$ 也有较小的方差, 问题是如何实现这种变化的抽样方案.

3. 序贯随机过程模拟

随机过程 $\boldsymbol{X}(t)$ 可分解成 $\{\boldsymbol{X}_1(t_1), \boldsymbol{X}_2(t_2), \cdots, \boldsymbol{X}_m(t_m)\}$, 简写为 $\boldsymbol{X} = \{\boldsymbol{X}_1, \boldsymbol{X}_2, \cdots, \boldsymbol{X}_m\}$, 其中每一个 $\boldsymbol{X}_k$ 可以是多维的. 根据概率论的联合事件可以表示成 m 个事件之交, 并遵从条件概率乘积计算规则, 随机过程的概率分布可写为

$$f(\boldsymbol{x}) = f(\boldsymbol{x}_1)f(\boldsymbol{x}_2|\boldsymbol{x}_{1:1})f(\boldsymbol{x}_3|\boldsymbol{x}_{1:2})\cdots f(\boldsymbol{x}_m|\boldsymbol{x}_{1:m-1}) = f(\boldsymbol{x}_1)\prod_{k=2}^{m} f(\boldsymbol{x}_k|\boldsymbol{x}_{1:k-1}),$$

式中, $\boldsymbol{x}_{1:k-1} = \boldsymbol{x}_1, \boldsymbol{x}_2, \cdots, \boldsymbol{x}_{k-1}$. 由于 $f(\boldsymbol{x}_1) = f(\boldsymbol{x}_1|\boldsymbol{x}_{1:0})$, 因此有

$$f(\boldsymbol{x}) = f(\boldsymbol{x}_1|\boldsymbol{x}_{1:0})f(\boldsymbol{x}_2|\boldsymbol{x}_{1:1})f(\boldsymbol{x}_3|\boldsymbol{x}_{1:2})\cdots f(\boldsymbol{x}_m|\boldsymbol{x}_{1:m-1}) = \prod_{k=1}^{m} f(\boldsymbol{x}_k|\boldsymbol{x}_{1:k-1}).$$

这种能分解成条件概率分布乘积的随机过程 $\boldsymbol{X}(t)$ 称为序贯随机过程.

这里要注意把一个序贯随机过程分解成多个分量与一个向量分解成多个标量区分开来, 如果混淆, 可能引起书写混乱. 例如, 把条件概率分布写成 $f(x_k|\boldsymbol{x}_{1:k-1})$, 对向量分解是允许的. 对序贯随机过程分解, 把标量和向量混在一起显然是不可以的, 只能写成 $f(x_k|\boldsymbol{x}_{1:k-1})$ 或者 $f(\boldsymbol{x}_k|\boldsymbol{x}_{1:k-1})$.

把序贯随机过程概率分布写成多个条件概率分布乘积的形式, 表明序贯抽样的基本框架是序贯地构造条件概率分布 $f(\boldsymbol{x}_k|\boldsymbol{x}_{1:k-1})$, 序贯地从条件概率分布 $f(\boldsymbol{x}_k|\boldsymbol{x}_{1:k-1})$ 抽样. 序贯抽样首先是在已知 $\boldsymbol{X}_0$ 条件下从条件概率分布 $f(\boldsymbol{x}_1|\boldsymbol{X}_0)$ 抽样得到 $\boldsymbol{X}_1$, 接着在已知 $\boldsymbol{X}_{0:1}$ 条件下从条件概率分布 $f(\boldsymbol{x}_2|\boldsymbol{X}_{0:1})$ 抽样得到 $\boldsymbol{X}_2$, 如此下去, 直到在已知 $\boldsymbol{X}_{1:m-1}$ 条件下从条件概率分布 $f(\boldsymbol{x}_m|\boldsymbol{X}_{1:m-1})$ 抽样得到 $\boldsymbol{X}_m$ 为止. 因此序贯抽样过程是一个迭代过程, 每次迭代, 构造不同的概率分布, 从不同的概率分布抽样. 迭代 m 次, 每次迭代模拟 n 次, n 可以相同, 也可以不同. 每次模拟, 从条件概率分布 $f(\boldsymbol{x}_k^i|\boldsymbol{X}_{1:k-1}^i)$ 抽样产生样本值 $\boldsymbol{X}_k^i$, 统计量取值为 $h(\boldsymbol{X}_k^i)$, $k = 1, 2, \cdots, m$; $i = 1, 2, \cdots, n$. 每次迭代统计量的估计值为

$$\hat{h}_k = (1/n)\sum_{i=1}^{n} h(\boldsymbol{X}_k^i).$$

由于迭代过程没有随机统计意义, 迭代过程结束, 统计量估计的误差不能用蒙特卡罗随机统计误差来表示, 应用均方根误差表示. 统计量真实值为 h_k, 统计量估计值的均方根误差为

$$\mathrm{RMSE} = \left((1/m)\sum_{k=1}^{m} (\hat{h}_k - h_k)^2\right)^{1/2}.$$

4. 序贯抽样算法

序贯抽样算法如下:

① 迭代次数 $k = 0$, 每次迭代的模拟次数为 n.

② 模拟次数 $i = 1$, 初始概率分布 $f(x_0^i)$ 抽样产生初始样本值 X_0^i.

③ 条件概率分布 $f(x_k^i | X_{1:k-1}^i)$ 抽样产生样本值 X_k^i, 统计量 $h(X_k^i)$.

④ 若 $i < n$, $i = i + 1$, 返回③.

⑤ 输出每次迭代的统计量估计值 $\hat{h}_k = (1/n) \sum_{i=1}^{n} h(X_k^i)$.

⑥ 若 $k < m$, $k = k + 1$, 返回②, 否则, 输出均方根误差, 模拟结束.

序贯蒙特卡罗方法是一个迭代过程, 又称为迭代蒙特卡罗方法. 序贯蒙特卡罗方法与直接模拟方法不同之处在于, 直接模拟方法是随机变量的概率分布始终固定不变, 不存在迭代过程; 而序贯蒙特卡罗方法, 随机变量的概率分布是变化的, 每次迭代有不同概率分布. 每次迭代都要进行 n 次蒙特卡罗模拟, 所以很花费时间, 计算量很大, 但是随着迭代次数增加, 有可能得到的估计值方差较小, 从而减小误差, 提高估计精度和计算效率.

8.1.2　序贯重要抽样方法

Hammersley 和 Morton(1954) 提出逆约束抽样技巧, Rosenbluth 和 Rosenbluth (1955) 提出有偏抽样技巧. 这些技巧是在序贯抽样的基础上, 加上重要抽样技巧, 构成序贯重要抽样方法, 从而进一步降低序贯蒙特卡罗方法的方差, 提高精度和效率. 序贯抽样方法的概率分布为

$$f(\boldsymbol{x}) = \prod_{k=1}^{m} f(\boldsymbol{x}_k | \boldsymbol{x}_{1:k-1}).$$

重要抽样不是从概率分布 $f(\boldsymbol{x})$ 抽样, 而是从重要概率分布 $g(\boldsymbol{x})$ 抽样, 因此需要引入纠偏因子, 称为样本权重. 重要概率分布为

$$g(\boldsymbol{x}) = \prod_{k=1}^{m} g(\boldsymbol{x}_k | \boldsymbol{x}_{1:k-1}).$$

第 k 次迭代样本权重具有递推形式, 递推公式为

$$w(\boldsymbol{x}_k) = \frac{f(\boldsymbol{x}_k)}{g(\boldsymbol{x}_k)} = \frac{\prod_{k=1}^{k} f(\boldsymbol{x}_k | \boldsymbol{x}_{1:k-1})}{\prod_{k=1}^{k} g(\boldsymbol{x}_k | \boldsymbol{x}_{1:k-1})} = \frac{\prod_{k=1}^{k-1} f(\boldsymbol{x}_k | \boldsymbol{x}_{1:k-1})}{\prod_{k=1}^{k-1} g(\boldsymbol{x}_k | \boldsymbol{x}_{1:k-1})} \frac{f(\boldsymbol{x}_k | \boldsymbol{x}_{1:k-1})}{g(\boldsymbol{x}_k | \boldsymbol{x}_{1:k-1})}$$
$$= w(\boldsymbol{x}_{k-1}) f(\boldsymbol{x}_k | \boldsymbol{x}_{1:k-1}) / g(\boldsymbol{x}_k | \boldsymbol{x}_{1:k-1}).$$

初始样本权重为

$$w(\boldsymbol{x}_0) = f(\boldsymbol{x}_0)/g(\boldsymbol{x}_0).$$

每次迭代从重要概率分布 $g(\boldsymbol{x}_k | \boldsymbol{X}_{1:k-1})$ 抽样产生样本值 $\boldsymbol{X}_k^i$, 统计量取值为 $h(\boldsymbol{X}_k^i)$, 重要抽样的纠偏因子为样本权重 $w(\boldsymbol{X}_k^i)$, 统计量的估计值为

$$\hat{h}_k = (1/n) \sum_{i=1}^{n} h(\boldsymbol{X}_k^i) w(\boldsymbol{X}_k^i).$$

序贯重要抽样算法如下：

 ① 迭代次数 $k = 0$, 每次迭代的模拟次数为 n.

 ② 模拟次数 $i = 1$, 初始概率分布 $g(\boldsymbol{x}_0^i)$ 抽样产生 $\boldsymbol{X}_0^i$, 计算 $w(\boldsymbol{X}_0^i)$.

 ③ 重要条件概率分布 $g(\boldsymbol{x}_k^i | \boldsymbol{X}_{1:k-1}^i)$ 抽样产生样本值 $\boldsymbol{X}_k^i$.

 ④ 计算权重 $w(\boldsymbol{X}_k^i)$ 和统计量 $h(\boldsymbol{X}_k^i)$.

 ⑤ 若 $i < n$, $i = i + 1$, 返回③.

 ⑥ 输出每次迭代的统计量估计值 $\hat{h}_k = (1/n) \sum_{i=1}^n h(\boldsymbol{X}_k^i) w(\boldsymbol{X}_k^i)$.

 ⑦ 若 $k < m$, $k = k + 1$, 返回②, 否则, 输出均方根误差, 模拟结束.

序贯重要抽样方法需要进行迭代计算, 计算时间消耗很大, 更为严重的是由于使用重要抽样技巧而出现样本退化现象.

8.1.3 样本退化问题

 直接模拟方法没有迭代过程, 在直接模拟方法基础上加上重要抽样, 因为样本权重不是递推形式, 不会产生样本退化. 序贯重要抽样, 样本权重递推公式为

$$w(\boldsymbol{x}_k) = w(\boldsymbol{x}_{k-1}) f(\boldsymbol{x}_k | \boldsymbol{x}_{1:k-1}) / g(\boldsymbol{x}_k | \boldsymbol{x}_{1:k-1}).$$

直观地看, 每次迭代的概率分布与之前的所有 $\boldsymbol{x}_{1:k-1}$ 都有关, 因此每次迭代都要重新计算所有 $\boldsymbol{x}_{1:k-1}$ 值, 也就是每次迭代都要重新计算权重值, 所以随着迭代次数的增加, 权重值计算量不断地增加, 权重值的方差也不断地增大. 图 8.1 示出样本权重退化概念.

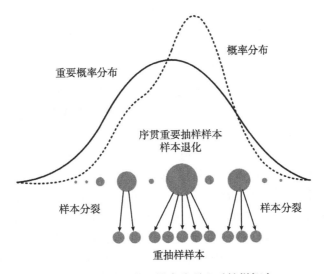

图 8.1   样本退化、样本分裂和重抽样概念

Doucet, Gordon, Krishnamurthy(2001) 从理论上证明了样本退化的必然性. 理论和实践已经证明样本权重的方差随着时间而增大. 经过几次迭代后, 极少数样本的权重越来越大, 大多数样本的权重越来越小. 样本权重将越来越集中到少数几个样本上, 除了少数几个样本外其余样本权重几乎趋于零, 因此绝大多数样本权重很快变为零, 缺失样本多样性. 在极端情况下, 经过若干次迭代后, 除了某个样本权重以外, 其余的样本权重都趋于零, 样本权重过程在正态化后为一个鞍. 因此除了个别样本外, 其他样本的权重已经微小到可以忽略, 这就是样本权重退化现象. 样本权重退化意味着大量计算时间都耗费在计算那些几乎对估计结果毫无贡献的样本权重值的更新上, 这将使得序贯重要抽样的统计性能迅速恶化. 由于序贯重要抽样方法出现样本退化现象, 序贯蒙特卡罗方法虽然在一些科学领域有所应用, 但是从 20 世纪 50 年代到 90 年代初, 序贯蒙特卡罗方法在相当长一段时间内没有多大进展, 研究工作比较沉闷, 应用也难以扩展.

8.2   序贯重要重抽样方法

8.2.1   样本分裂和重抽样

1. 样本分裂

Gordon, Salmond, Smith(1993) 处理雷达跟踪的非线性非高斯滤波问题, Liu 和 Chen(1995) 研究无线电通信信号传输, 处理盲卷积问题. 他们在使用序贯重要抽样方法时, 进行样本分裂, 引入重抽样, 发展成为序贯重要重抽样方法, 克服了样本权重退化问题. 因此, 序贯蒙特卡罗方法发展出现了转机, 序贯蒙特卡罗方法重新兴起, 出现了序贯蒙特卡罗方法研究热潮, 研究工作相当活跃. Doucet, Freitas, Gordon(2001) 比较完整地介绍了序贯蒙特卡罗方法. 此后的十多年时间, 序贯蒙特卡罗方法得到迅速发展, 应用不断扩大.

图 8.1 也示出样本分裂和重抽样概念. 重抽样是淘汰权重小的样本, 繁殖权重大的样本, 将权重大的样本进行分裂, 一个权重大的样本分裂成几个权重相同的小样本, 从而抑制退化现象. 图 8.1 中圆点的大小表示样本权重的大小. 每次迭代都计算一次退化度, 如果退化度大于阈值, 则进行重抽样, 除去权重小的样本, 繁殖权重大的样本, 将权重大的样本进行分裂, 使得权重大的样本分裂成几个权重小的相同样本. 每次迭代都进行重抽样既没有必要, 也没有效率. 为提高效率, 可以采取两种方法, 一是控制有效样本数; 二是制定重抽样时间表. 样本权重的退化度可以用有效样本数 N_{eff} 来度量, 有效样本数越少退化度越大. 如果有效样本数 N_{eff} 小于阈值 N_{th}, 进行重抽样; 否则不进行重抽样. 制定重抽样时间表是用重抽样时间表来控制何时进行重抽样, 重抽样时间表可以是确定性的, 也可以是动态的.

2. 重抽样算法

Gordon, Salmond, Smith(1993) 首先提出随机重抽样算法. 序贯迭代过程, 从重要概率分布 $g(\boldsymbol{x}_k^i|\boldsymbol{X}_{1:k-1}^i)$ 抽样, 产生样本值 $\boldsymbol{X}_k^i$, 样本权重为

$$w(\boldsymbol{X}_k^i) = w(\boldsymbol{X}_{k-1}^i)f(\boldsymbol{X}_k^i|\boldsymbol{X}_{1:k-1}^i)/g(\boldsymbol{X}_k^i|\boldsymbol{X}_{1:k-1}^i).$$

归一化权重为

$$\tilde{w}(\boldsymbol{X}_k^i) = w(\boldsymbol{X}_k^i)\bigg/\sum\nolimits_{i=1}^{n} w(\boldsymbol{X}_k^i).$$

随机重抽样的概率分布是与样本归一化权重 $\tilde{w}(\boldsymbol{X}_k^i)$ 成正比例的概率分布, 随机重抽样的概率分布为

$$f(i) = \tilde{w}(\boldsymbol{X}_k^i).$$

利用直接抽样方法的列表查找算法抽样, 得到 i 的样本值为

$$I = \min\{i : F_{i-1} < U \leqslant F_i\},$$

式中, 累积分布函数为

$$F_i = \sum\nolimits_{i=1}^{n} \tilde{w}(\boldsymbol{X}_k^i).$$

每次迭代模拟次数为 n, 重抽样随机变量 $\boldsymbol{X}$ 的样本值和样本权重分别为

$$\tilde{\boldsymbol{X}}_k^i = \boldsymbol{X}_k^I, \quad w(\tilde{\boldsymbol{X}}_k^i) = 1/n.$$

重抽样技巧的实质是对样本进行分裂, 因此重抽样又称为样本分裂方法, 其主要特征是样本分裂, 样本分裂方法可以解决一些特别复杂的问题, 有效地降低方差, 提高效率. "样本分裂" 比 "重抽样" 更为贴切, 也更容易理解.

8.2.2　序贯重要重抽样方法描述

1. 序贯重要重抽样过程

图 8.2 表示序贯重要重抽样过程. 第 $k-1$ 次迭代有权重相同的 10 个样本, 重要抽样之后, 产生严重的样本退化, 有 3 个样本有较大的权重. 进行样本分裂, 重抽样, 第 6, 9, 3 个样本分别分裂成 5, 3, 2 个小样本. 复制第 6, 9, 3 个权重大的样本, 舍弃第 1, 2, 4, 5, 7, 8, 10 个权重小的样本. 重抽样之后, 所有样本有同样大小的权重, 也就是说, 所有样本的权重相等. 第 k 次迭代进行类似的样本分裂, 重抽样过程, 样本退化轻微一些, 如此迭代下去, 将改善样本退化现象. 归一化权重为 $\tilde{w}(\boldsymbol{X}_k^i)$, 有效样本数 N_{eff} 为

$$N_{\text{eff}} = 1\bigg/\sum\nolimits_{i=1}^{n} (\tilde{w}(\boldsymbol{X}_k^i))^2.$$

如果 $N_{\text{eff}} \leqslant N_{\text{th}}$, 执行重抽样算法, 得到 $\tilde{\boldsymbol{X}}_k^i$ 和 $w(\tilde{\boldsymbol{X}}_k^i)$, 因此样本值为 $\boldsymbol{X}_k^i = \tilde{\boldsymbol{X}}_k^i$, 权重 $w(\boldsymbol{X}_k^i) = w(\tilde{\boldsymbol{X}}_k^i)$. 如果 $N_{\text{eff}} > N_{\text{th}}$, 不执行重抽样, 样本值和权重保持不变, $\boldsymbol{X}_k^i = \boldsymbol{X}_k^i, w(\boldsymbol{X}_k^i) = w(\boldsymbol{X}_k^i)$. 计算统计量的取值 $h(\boldsymbol{X}_k^i)$, 统计量的估计值为

$$\hat{h}_k = (1/n) \sum\nolimits_{i=1}^{n} h(\boldsymbol{X}_k^i) w(\boldsymbol{X}_k^i).$$

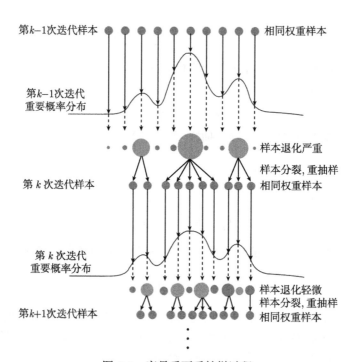

图 8.2　序贯重要重抽样过程

2. 序贯重要重抽样算法

根据序贯重要重抽样过程, 得到序贯重要重抽样算法如下:

① 迭代次数 $k = 0$, 每次迭代的模拟次数为 n.

② 模拟次数 $i = 1$, 初始概率分布 $g(\boldsymbol{x}_0^i)$ 抽样产生 $\boldsymbol{X}_0^i$, 计算 $w(\boldsymbol{X}_0^i)$.

③ 重要条件概率分布 $g(\boldsymbol{x}_k^i | \boldsymbol{X}_{1:k-1}^i)$ 抽样产生 $\boldsymbol{X}_k^i$, 计算 $w(\boldsymbol{X}_k^i)$.

④ 计算归一化权重 $\tilde{w}(\boldsymbol{X}_k^i)$ 和有效样本数 N_{eff}.

⑤ 若 $N_{\text{eff}} \leqslant N_{\text{th}}$, 重抽样概率分布抽样, $\boldsymbol{X}_k^i = \tilde{\boldsymbol{X}}_k^i$, $w(\boldsymbol{X}_k^i) = w(\tilde{\boldsymbol{X}}_k^i)$.

⑥ 若 $N_{\text{eff}} > N_{\text{th}}$, $\boldsymbol{X}_k^i = \boldsymbol{X}_k^i, w(\boldsymbol{X}_k^i) = w(\boldsymbol{X}_k^i)$, 统计量取值 $h(\boldsymbol{X}_k^i)$.

⑦ 若 $i < n$, $i = i + 1$, 返回③.

⑧ 输出每次迭代统计量估计值 $\hat{h}_k = (1/n) \sum\nolimits_{i=1}^{n} h(\boldsymbol{X}_k^i) w(\boldsymbol{X}_k^i)$.

⑨ 若 $k < m$, $k = k + 1$, 返回②, 否则, 输出均方根误差, 模拟结束.

8.2.3 样本贫化问题

样本重抽样后, 具有较大权重的样本被多次复制, 重抽样的样本中包含了许多重复样本, 因此样本丧失了多样性, 在极端情况下, 经过若干次迭代重抽样, 所有样本都趋向于同一个样本, 收敛到一个点附近, 坍塌到一个点上, 使得样本不再独立, 失去随机统计意义, 算法收敛条件不再成立, 导致粒子的多样性丧失, 估计发散, 出现样本枯竭现象, 这就是样本贫化问题. 这是因为在重抽样过程中, 样本是从离散分布抽样取得的, 而不是从连续分布抽样取得的. 重抽样缓解了样本权重退化现象, 但是也带来新的问题, 就是样本贫化问题. 这对于系统可观测性较差或动态时变系统, 当系统状态发生突变的时候, 则将带来较大误差, 甚至出现不收敛情况, 对较长时间内维持不变系统的影响尤为突出.

如果序贯变量存在马尔可夫结构, 频繁的重抽样将不会产生严重的样本贫化问题. 例如, 粒子滤波问题, 下一状态只与当前状态有关, 与以前状态无关, 统计上是独立的, 因此粒子滤波问题每次迭代都采用重抽样, 样本枯竭现象也不太严重. 但是在许多应用领域, 如长链聚合物的自回避随机行走模型、贝叶斯缺失数据问题、人口遗传学的人口统计树模型和平坦衰落信道的信号探测模型等, 序贯变量并不存在马尔可夫过程结构, 因此可以预见, 样本贫化问题相当严重. 解决样本贫化问题有如下的方法.

(1) 解决样本贫化问题最简单最直接的方法是在样本集中点再增加足够多的样本, 但这通常会导致运算量急剧膨胀.

(2) 样本贫化问题使得具有随机均匀分布的样本个数太少而不充分, 无限增大样本个数又不现实, Gordon, Salmond, Smith (1993) 提出对每个样本点增加高斯扰动, 加上一定幅度的随机分布, 或者每次抽取 kN 个样本, 从中重抽样 N 个样本. 这些方法可以增加样本的多样性, 但存在着计算量过大甚至产生发散的问题.

(3) Carpenter(1999) 提出分层重抽样算法, 分层是将 $(0, 1]$ 随机数分成 n_k 层, 对每一层分别进行抽样. 由于把样本限定在不同的区间内, 保证了样本的多样性, 将改善由于重抽样所引起的样本贫化问题. 邹国辉, 敬忠良, 胡洪涛 (2006) 也是为了改善样本贫化问题而提出优化组合重抽样算法.

(4) 为解决样本贫化问题, Robert 和 Casella(1999) 提出使用马尔可夫链蒙特卡罗方法解决样本贫化问题. 在每次迭代时, 使用马尔可夫链蒙特卡罗方法抽样, 使样本能够移动到不同地方, 从而避免样本贫化, 而且马尔可夫链蒙特卡罗方法能将样本推向更接近状态目标概率分布的地方, 使样本分布更合理.

8.3　序贯蒙特卡罗方法发展

8.3.1　重要概率分布选取

样本权重退化原因, 是由于在序贯过程中采用了重要抽样, 需要选取重要概率分布, 如果重要概率分布选得不好, 重要概率分布不是最佳重要概率分布, 就不能保证估计方差最小. 在迭代过程中, 不但样本权重方差大, 而且样本权重退化速度很快. 消除样本权重退化现象主要有两个办法, 一是进行样本分裂, 采用重抽样, 但是由此又引起样本贫化问题. 二是选择最佳重要概率分布, 这可能是从根源上消除样本权重退化现象的方法. 迄今, 各种不同的众多算法都只不过是序贯重要抽样方法的不同变换形式而已.

选取最佳重要概率分布的准则是使方差最小, 对粒子滤波问题, Liu 和 Chen (1998), Doucet, Gordon, Krishnamurthy(2001) 都证明最佳重要概率分布为

$$g^*(\boldsymbol{x}_k|\boldsymbol{x}_{k-1}, \boldsymbol{y}_k) = f(\boldsymbol{x}_k|\boldsymbol{x}_{k-1}, \boldsymbol{y}_k).$$

为简化计算, 便于应用, 最佳重要概率分布取为

$$g^*(\boldsymbol{x}_k|\boldsymbol{x}_{k-1}, \boldsymbol{y}_k) = f(\boldsymbol{x}_k|\boldsymbol{x}_{k-1}).$$

$f(\boldsymbol{x}_k|\boldsymbol{x}_{k-1})$ 是状态转移概率分布, 把状态转移概率分布作为最佳重要概率分布, 使得样本抽样实现非常方便. 但是这种选取方法由于与 $\boldsymbol{y}_k$ 无关, 因此丢失了 t_k 时刻的观测值, 没有用到观测信息, 使得所产生的样本经常集中在转移概率分布的尾部, 从而导致样本选择的盲目性, 降低状态估计精度. 在很大程度上依赖于模型, 如果模型不准确, 或者观测噪声突然增大, 则这种概率分布不能表示真实概率分布. 为了使最佳重要概率分布更接近真实分布, 粒子滤波问题的广义粒子滤波是用广义卡尔曼滤波来产生最佳重要概率分布.

选取最佳重要概率分布, 使得方差最小, 早期主要是根据一些规则, 凭经验来选取. 20 世纪 90 年代中期以后, 产生最佳重要概率分布有通用选取方法. 第 6 章在重要抽样技巧中有详细论述, 通用选取方法有菲什曼方法、互熵方法、矩生成函数方法和最优化方法. 如何使用这些通用选取方法, 针对具体概率分布 $f(\boldsymbol{x}_k|\boldsymbol{X}_{1:k-1})$, 获得序贯蒙特卡罗方法的最佳重要概率分布 $g^*(\boldsymbol{x}_k|\boldsymbol{X}_{1:k-1})$, 是序贯蒙特卡罗方法应用研究重要课题. 如果还是靠经验选取, 盲目性很大.

8.3.2　改进重抽样算法

许多学者在各自应用领域里, 提出各种重抽样算法. 由于重抽样克服了样本退化, 但是可能带来样本贫化, 因此重抽样要考虑样本的退化和由此产生的贫化问题.

除了随机重抽样算法, 还有残差重抽样算法、系统重抽样算法、分层重抽样算法和优化组合重抽样算法等. 重抽样是从重抽样的概率分布抽样, 得到随机变量 $\boldsymbol{X}$ 的样本值和样本权重.

1. 残差重抽样算法

Liu 和 Chen(1998) 提出残差重抽样算法. 残差重抽样算法的方差小, 计算时间短, 比随机重抽样算法好. 样本 i 分裂成 m_i 个样本数为

$$m_i = [n\tilde{w}(\boldsymbol{X}_k^i)],$$

式中 $[x]$ 表示取整数. 剩余样本数为

$$m_r = n - m_1 - m_2 - \cdots - m_n.$$

设残差为

$$s_i = n\tilde{w}(\tilde{\boldsymbol{X}}_k^i) - m_i.$$

残差重抽样的概率分布是与残差成正比例的概率分布, 残差重抽样的概率分布为 $f(i) = s_i$. 类似于随机重抽样的算法, 抽样得到 m_r 个独立同分布的样本, 其样本值和样本权重为

$$\tilde{\boldsymbol{X}}_k^i = \boldsymbol{X}_k^I, \quad w(\tilde{\boldsymbol{X}}_k^i) = 1/n.$$

2. 分层重抽样算法

Carpenter(1999) 提出分层重抽样算法. 由于把样本限定在不同的区间内, 保证了样本的多样性, 将改善由于重抽样所引起的样本贫化问题. 分层是 $(0, 1]$ 随机数分成 n 层, 对每一层分别进行抽样. 分层重抽样算法如下:
① 将 $(0, 1]$ 分成 n 个连续互不重合的区间: $(0, 1] = (0, 1/n), \cdots, ((n-1)/n, 1)$.
② 每个子区间独立同均匀分布 $U((i-1)/n, i/n)$ 抽样得到第 i 个样本值 $\boldsymbol{X}_k^i$.
③ 由所得到的 $\boldsymbol{X}_k^i$, 再使用随机重抽样算法进行重抽样得到 $\tilde{\boldsymbol{X}}_k^i$ 和 $w(\tilde{\boldsymbol{X}}_k^i)$.

3. 系统重抽样算法

Doucet, Godsill, Andrieu(2000) 提出系统重抽样算法, 系统重抽样算法的特点是使用系统抽样方法, 系统重抽样算法如下:
① 将 $(0, 1]$ 分成 n 个连续互不重合的区间: $(0, 1] = (0, 1/n), \cdots, ((n-1)/n, 1)$.
② 由系统抽样方法得到第 i 个样本值为 $\boldsymbol{X}_k^i = (i-1)/n + U$, 其中 U 为随机数.
③ 由所得到的 $\boldsymbol{X}_k^i$, 再使用随机重抽样算法进行重抽样得到 $\tilde{\boldsymbol{X}}_k^i$ 和 $w(\tilde{\boldsymbol{X}}_k^i)$.

4. 优化组合重抽样算法

邹国辉, 敬忠良, 胡洪涛 (2006) 提出优化组合重抽样算法, 是针对样本贫化问题的. 其主要思想是充分利用权重小的样本, 在需要分裂某样本时, 通过对被分裂样本和被舍弃的样本进行适当的线性组合, 产生出一个新的样本. 线性组合方式为

$$\boldsymbol{X} = \boldsymbol{X}_s + KL(\boldsymbol{X}_a - \boldsymbol{X}_s).$$

式中, $\boldsymbol{X}$ 为新产生的样本值, $\boldsymbol{X}_s$ 为被分裂的样本值, $\boldsymbol{X}_a$ 为被舍弃的样本值, K 为迭代步长系数, L 为迭代步长. 算法的优点是不存在重复的样本, 增加了样本的多样性, 使得被舍弃的小权重样本仍然以一定的概率存在对状态的估计中. 选择合适的 K 值, 可以提高算法的精度.

8.3.3　应用问题

序贯蒙特卡罗方法在生物化学、统计学、金融经济、自动控制和计算机视觉等领域都有广泛的应用.

(1) 生物化学. 在结构生物学和生物信息学的应用将在第 12 章介绍.

(2) 统计学. 统计学问题包括贝叶斯问题、缺失数据问题、盲卷积问题和种群遗传学的统计树模型.

(3) 金融经济. 期权定价问题可使用序贯蒙特卡罗方法.

(4) 自动控制和计算机视觉问题. 自动控制涉及很广泛的工程学问题. 计算机系统设计、计算机分析. 计算机视觉、计算机图形学, 包括计算机图像处理, 如头脸识别、图像分割和图像边际检测.

序贯蒙特卡罗方法是迭代蒙特卡罗方法, 在科学和工程的不同领域, 使用不同的名称. 应用在状态估计问题称为粒子滤波. 应用在多维积分、组合计数和组合优化等一类问题, 称为粒子分裂. 应用在统计领域, 称为总体蒙特卡罗算法. 应用在运筹学领域, 称为系统树模型. 应用在物理学领域, 称为平均场或者费恩曼–卡茨粒子模型. Liu(2001) 有中译本, 介绍序贯蒙特卡罗方法在生物化学和统计学中的许多具体应用. 下面介绍粒子滤波方法和粒子分裂方法.

8.4　粒子滤波方法

8.4.1　状态估计问题

1. 动态空间模型

动态空间模型包括过程模型和观测模型, 分别由状态方程和观测方程描述, 状态方程和观测方程为

$$x(t) = a(x(t-1), u(t)),$$
$$y(t) = b(x(t), v(t)),$$

当过程噪声和观测噪声可分离时, 状态方程和观测方程为

$$x_k = a(x_{k-1}, u_k) = a(x_{k-1}) + u_k,$$
$$y_k = b(x_k, v_k) = b(x_k) + v_k,$$

式中, 所有下标 k 表示时刻; $a(x_{k-1}, u_k)$ 和 $a(x_{k-1})$ 为过程函数; $b(x_k, v_k)$ 和 $b(x_k)$ 为观测函数; x_k 和 x_{k-1} 为状态; y_k 为观测; u_k 为过程噪声; v_k 为观测噪声. 过程噪声的统计参数为 Q_k, 观测噪声的统计参数为 R_k, 对单变量模型 Q_k 和 R_k 表示方差, 对多变量模型 Q_k 和 R_k 表示协方差. 可用统计参数 Q_k 和 R_k 唯一地描述高斯噪声, 但不能唯一地描述非高斯噪声.

2. 隐马尔可夫随机过程

序贯随机过程的下一状态不仅与当前状态有关, 而且还与以前所有状态都有关. 序贯随机过程的概率分布为

$$f(x) = f(x_1|x_{1:0})f(x_2|x_{1:1})f(x_3|x_{1:2})\cdots f(x_k|x_{1:k-1})\cdots f(x_m|x_{1:m-1}).$$

动态空间模型的马尔科夫随机过程如图 8.3 所示, 是一个隐马尔可夫随机过程, 其概率分布为

$$f(x) = f(x_1|x_0)f(x_2|x_1)\cdots f(x_k|x_{k-1})\cdots f(x_m|x_{m-1}).$$

隐马尔可夫随机过程本身具有马尔可夫性, 即无后效性, 过程的下一状态只与当前状态有关, 与以前状态无关. x_{k+1} 只与 x_k 有关, 与 $x_{0:k-1}$ 无关. y_k 只与 x_k 有关. 状态 x 接收过程噪声 u, 观测 y 接收观测噪声 v. 动态空间模型的隐马尔可夫过程是序贯随机过程的特殊情况, 在研究粒子滤波方法时需要注意这个特点.

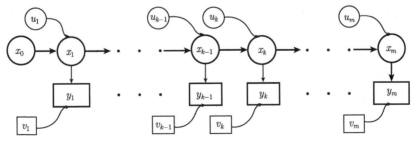

图 8.3 动态空间模型的隐马尔可夫随机过程

3. 状态估计问题

对于完全确定的系统, 只要初始状态确定, 系统任何未来时刻的状态 X 都是能够精确预测的. 但是由于客观存在状态的噪声 u, 系统状态具有随机统计特性, 系统任何未来时刻的状态 X 都是不能精确地知道的. 由于噪声 u 的随机性, 状态 X 不能直接由状态方程求出, 一定要通过测量装置对状态进行观测, 而观测 Y 又与状态 X 有关, 而且存在观测的噪声 v. 因此, 既要根据状态方程又要根据观测信息来估计系统的状态. 根据动态空间模型, 由过程噪声 u、观测值 y 和观测噪声 v, 求解状态 x 的估计值, 就是状态估计问题. 求解状态估计问题可使用贝叶斯估计方法, 称为贝叶斯递推滤波.

8.4.2　贝叶斯递推滤波

1. 贝叶斯估计

状态变量 X 的先验概率分布为 $f(x)$, 观测变量 Y 的概率分布为 $f(y|x)$, 由贝叶斯定理得到状态变量 X 的后验概率分布 $f(x|y)$ 为

$$f(x|y) = f(y|x)f(x) \Big/ \int f(y|x)f(x)\mathrm{d}x.$$

状态变量的估计值为

$$\hat{x} = \int x f(x|y)\mathrm{d}x.$$

如果后验概率分布 $f(x|y)$ 的分母积分和状态变量估计值的积分都能求解, 则可得到状态变量的估计值, 称为贝叶斯估计.

2. 贝叶斯递推滤波描述

各个时刻用 $t_0 \sim t_k = 0:k$ 表示. $0:k$ 时刻的状态值用 $x_{0:k}$ 表示, $x_{0:k} = x_0$, $x_1, \cdots, x_k$. $1:k$ 时刻的观测值用 $y_{1:k}$ 表示, $y_{1:k} = y_1, y_2, \cdots, y_k$. 贝叶斯递推滤波是给定所有观测值 $y_{1:k}$, 构造状态 $x_{0:k}$ 的后验概率分布. 贝叶斯递推滤波分为预测阶段和更新阶段.

预测阶段, 在只给出过去观测值 $y_{1:k-1}$ 的条件下, 已知 $0:k-1$ 时刻状态 $x_{0:k-1}$ 的条件概率分布为 $f(x_{0:k-1}|y_{1:k-1})$, $0:k$ 时刻状态 $x_{0:k}$ 的概率分布 $f(x_{0:k}|x_{0:k-1})$ 由动态空间模型的状态方程给出, $0:k$ 时刻状态 $x_{0:k}$ 的先验概率分布 $f(x_{0:k}|y_{1:k-1})$ 由查普曼–柯尔莫哥罗夫预测方程得到, 预测方程为

$$f(x_{0:k}|y_{1:k-1}) = \int f(x_{0:k}|x_{0:k-1})f(x_{0:k-1}|y_{1:k-1})\mathrm{d}x_{0:k-1}.$$

更新阶段, 给出当前观测值 y_k, $1:k$ 时刻观测 $y_{1:k}$ 的概率分布为 $f(y_{1:k}|x_{0:k})$, $0:k$ 时刻状态 $x_{0:k}$ 的先验概率分布为 $f(x_{0:k})$, $0:k$ 时刻状态 $x_{0:k}$ 的后验概率分布为

$f(\boldsymbol{x}_{0:k}|\boldsymbol{y}_{1:k})$. 根据贝叶斯定理, 后验概率分布为

$$f(\boldsymbol{x}_{0:k}|\boldsymbol{y}_{1:k}) = f(\boldsymbol{y}_{1:k}|\boldsymbol{x}_{0:k})f(\boldsymbol{x}_{0:k})/f(\boldsymbol{y}_{1:k}), \tag{8.1}$$

式中, $f(\boldsymbol{y}_{1:k}) = \int f(\boldsymbol{y}_{1:k}|\boldsymbol{x}_{0:k})f(\boldsymbol{x}_{0:k})\mathrm{d}\boldsymbol{x}_{0:k}$.

8.4.3 标准粒子滤波

1. 后验概率分布变换

为了得到蒙特卡罗状态估计, 需要对式 (8.1) 的后验概率分布作变换. 由于 $f(\boldsymbol{y}_{1:k}) = f(\boldsymbol{y}_{1:k-1}, \boldsymbol{y}_k)$, 并使用条件概率分布变换规则: $f(a, b|c) = f(a|b, c)f(b|c)$ 和 $f(a, b) = f(a|b)f(b)$, 后验概率分布变换为

$$f(\boldsymbol{x}_{0:k}|\boldsymbol{y}_{1:k}) = \frac{f(\boldsymbol{y}_{1:k-1}, \boldsymbol{y}_k|\boldsymbol{x}_{0:k})f(\boldsymbol{x}_{0:k})}{f(\boldsymbol{y}_{1:k-1}, \boldsymbol{y}_k)} = \frac{f(\boldsymbol{y}_k|\boldsymbol{y}_{1:k-1}, \boldsymbol{x}_{0:k})f(\boldsymbol{y}_{1:k-1}|\boldsymbol{x}_{0:k})f(\boldsymbol{x}_{0:k})}{f(\boldsymbol{y}_k|\boldsymbol{y}_{1:k-1})f(\boldsymbol{y}_{1:k-1})}.$$

再次使用贝叶斯定理:

$$f(\boldsymbol{y}_{1:k-1}|\boldsymbol{x}_{0:k}) = f(\boldsymbol{x}_{0:k}|\boldsymbol{y}_{1:k-1})f(\boldsymbol{y}_{1:k-1})/f(\boldsymbol{x}_{0:k}),$$

后验概率分布变换为

$$f(\boldsymbol{x}_{0:k}|\boldsymbol{y}_{1:k}) = \frac{f(\boldsymbol{y}_k|\boldsymbol{y}_{1:k-1}, \boldsymbol{x}_{0:k})f(\boldsymbol{x}_{0:k}|\boldsymbol{y}_{1:k-1})f(\boldsymbol{y}_{1:k-1})f(\boldsymbol{x}_{0:k})}{f(\boldsymbol{y}_k|\boldsymbol{y}_{1:k-1})f(\boldsymbol{y}_{1:k-1})f(\boldsymbol{x}_{0:k})}.$$

由于 $\boldsymbol{y}$ 的独立性, $\boldsymbol{y}_k$ 与 $\boldsymbol{y}_{1:k-1}$ 无关, 因此有 $f(\boldsymbol{y}_k|\boldsymbol{y}_{1:k-1}, \boldsymbol{x}_{0:k}) = f(\boldsymbol{y}_k|\boldsymbol{x}_{0:k})$, 后验概率分布变换为

$$f(\boldsymbol{x}_{0:k}|\boldsymbol{y}_{1:k}) = f(\boldsymbol{y}_k|\boldsymbol{x}_{0:k})f(\boldsymbol{x}_{0:k}|\boldsymbol{y}_{1:k-1})/f(\boldsymbol{y}_k|\boldsymbol{y}_{1:k-1}), \tag{8.2}$$

式中, $f(\boldsymbol{y}_k|\boldsymbol{y}_{1:k-1}) = \int f(\boldsymbol{y}_k|\boldsymbol{x}_{0:k})f(\boldsymbol{x}_{0:k}|\boldsymbol{y}_{1:k-1})\mathrm{d}\boldsymbol{x}_{0:k}$.

2. 蒙特卡罗状态估计

序贯重要抽样方法, 由于采用重要抽样技巧, 需要对结果纠偏, 权重 $w(\boldsymbol{X}_k^i)$ 是纠偏因子, 统计量估计值为

$$\hat{h}_k = (1/n) \sum_{i=1}^{n} h(\boldsymbol{X}_k^i)w(\boldsymbol{X}_k^i).$$

概率分布为 $f(\boldsymbol{x}_{0:k}|\boldsymbol{y}_{1:k})$, 重要概率分布为 $g(\boldsymbol{x}_{0:k}|\boldsymbol{y}_{1:k})$, 使用式 (8.2), 得到统计量 $h(\boldsymbol{x}_{0:k})$ 的数学期望为

$$E[h(\boldsymbol{x}_{0:k})] = \int h(\boldsymbol{x}_{0:k})f(\boldsymbol{x}_{0:k}|\boldsymbol{y}_{1:k})\mathrm{d}\boldsymbol{x}_{0:k}$$

$$= \int h(\boldsymbol{x}_{0:k})(f(\boldsymbol{x}_{0:k}|\boldsymbol{y}_{1:k})/g(\boldsymbol{x}_{0:k}|\boldsymbol{y}_{1:k}))g(\boldsymbol{x}_{0:k}|\boldsymbol{y}_{1:k})\mathrm{d}\boldsymbol{x}_{0:k}$$

$$= \int h(\boldsymbol{x}_{0:k})\frac{f(\boldsymbol{y}_k|\boldsymbol{x}_{0:k})f(\boldsymbol{x}_{0:k}|\boldsymbol{y}_{1:k-1})}{f(\boldsymbol{y}_k|\boldsymbol{y}_{1:k-1})g(\boldsymbol{x}_{0:k}|\boldsymbol{y}_{1:k})}g(\boldsymbol{x}_{0:k}|\boldsymbol{y}_{1:k})\mathrm{d}\boldsymbol{x}_{0:k}$$

$$= \int h(\boldsymbol{x}_{0:k})(w(\boldsymbol{x}_{0:k})/f(\boldsymbol{y}_k|\boldsymbol{y}_{1:k-1}))g(\boldsymbol{x}_{0:k}|\boldsymbol{y}_{1:k})\mathrm{d}\boldsymbol{x}_{0:k}.$$

真实权重应为

$$f(\boldsymbol{y}_k|\boldsymbol{x}_{0:k})f(\boldsymbol{x}_{0:k}|\boldsymbol{y}_{1:k-1})/f(\boldsymbol{y}_k|\boldsymbol{y}_{1:k-1})/g(\boldsymbol{x}_{0:k}|\boldsymbol{y}_{1:k}).$$

由于 $f(\boldsymbol{y}_k|\boldsymbol{y}_{1:k-1})$ 是多维积分, 实际上是未知的, 为了得到可计算的权重, 引入伪权重, 伪权重为

$$w(\boldsymbol{x}_{0:k}) = f(\boldsymbol{y}_k|\boldsymbol{x}_{0:k})f(\boldsymbol{x}_{0:k}|\boldsymbol{y}_{1:k-1})/g(\boldsymbol{x}_{0:k}|\boldsymbol{y}_{1:k}). \tag{8.3}$$

由于忽略了 $f(\boldsymbol{y}_k|\boldsymbol{y}_{1:k-1})$, 伪权重不是真正意义上的权重, 已经失去纠偏的意义, 不能用它对模拟结果进行纠偏. 于是得到统计量 $h(\boldsymbol{x}_{0:k})$ 的数学期望为

$$E[h(\boldsymbol{x}_{0:k})] = \int h(\boldsymbol{x}_{0:k})(w(\boldsymbol{x}_{0:k})/f(\boldsymbol{y}_k|\boldsymbol{y}_{1:k-1}))g(\boldsymbol{x}_{0:k}|\boldsymbol{y}_{1:k})\mathrm{d}\boldsymbol{x}_{0:k}$$

$$= \frac{\displaystyle\int h(\boldsymbol{x}_{0:k})w(\boldsymbol{x}_{0:k})g(\boldsymbol{x}_{0:k}|\boldsymbol{y}_{1:k})\mathrm{d}\boldsymbol{x}_{0:k}}{\displaystyle\int f(\boldsymbol{y}_k|\boldsymbol{x}_{0:k})f(\boldsymbol{x}_{0:k}|\boldsymbol{y}_{1:k-1})\mathrm{d}\boldsymbol{x}_{0:k}}$$

$$= \frac{\displaystyle\int h(\boldsymbol{x}_{0:k})w(\boldsymbol{x}_{0:k})g(\boldsymbol{x}_{0:k}|\boldsymbol{y}_{1:k})\mathrm{d}\boldsymbol{x}_{0:k}}{\displaystyle\int w(\boldsymbol{x}_{0:k})g(\boldsymbol{x}_{0:k}|\boldsymbol{y}_{1:k})\mathrm{d}\boldsymbol{x}_{0:k}}$$

$$= \frac{(1/n)\sum_{i=1}^{n} h(\boldsymbol{X}_{0:k}^i)w(\boldsymbol{X}_{0:k}^i)}{(1/n)\sum_{i=1}^{n} w(\boldsymbol{X}_{0:k}^i)} = \sum_{i=1}^{n} h(\boldsymbol{X}_{0:k}^i)\tilde{w}(\boldsymbol{X}_{0:k}^i).$$

式中, 归一化伪权重为

$$\tilde{w}(\boldsymbol{X}_{0:k}^i) = w(\boldsymbol{X}_{0:k}^i)\Big/\sum_{i=1}^{n} w(\boldsymbol{X}_{0:k}^i),$$

蒙特卡罗状态估计可写为

$$\hat{\boldsymbol{X}}_{0:k} = \sum_{i=1}^{n} \boldsymbol{X}_k^i \tilde{w}(\boldsymbol{X}_{0:k}^i).$$

这是由于采用伪权重, 蒙特卡罗状态估计的形式, 与以前的形式不同, 前面少了因子 $1/n$, 而且采用归一化伪权重.

3. 递推伪权重

为了得到递推伪权重, 需要对式 (8.2) 的后验概率分布作变换. 由于 $f(\boldsymbol{x}_{0:k}|\boldsymbol{y}_{1:k-1}) = f(\boldsymbol{x}_{0:k-1}, \boldsymbol{x}_k|\boldsymbol{y}_{1:k-1})$, 并使用条件概率分布变换规则 $f(a, b|c) = f(a|b, c) \cdot f(b|c)$, 后验概率分布变换为

$$f(\boldsymbol{x}_{0:k}|\boldsymbol{y}_{1:k}) = f(\boldsymbol{y}_k|\boldsymbol{x}_{0:k})f(\boldsymbol{x}_k|\boldsymbol{x}_{0:k-1}, \boldsymbol{y}_{1:k-1})f(\boldsymbol{x}_{0:k-1}|\boldsymbol{y}_{1:k-1})/f(\boldsymbol{y}_k|\boldsymbol{y}_{1:k-1}).$$

由于 $\boldsymbol{y}_k$ 只与 $\boldsymbol{x}_k$ 有关, $\boldsymbol{x}_k$ 只与 $\boldsymbol{x}_{k-1}$ 有关, 因此有

$$f(\boldsymbol{y}_k|\boldsymbol{x}_{0:k})f(\boldsymbol{x}_k|\boldsymbol{x}_{0:k-1}, \boldsymbol{y}_{1:k-1}) = f(\boldsymbol{y}_k|\boldsymbol{x}_k)f(\boldsymbol{x}_k|\boldsymbol{x}_{k-1}).$$

于是得到后验概率分布为

$$f(\boldsymbol{x}_{0:k}|\boldsymbol{y}_{1:k}) = f(\boldsymbol{y}_k|\boldsymbol{x}_k)f(\boldsymbol{x}_k|\boldsymbol{x}_{k-1})f(\boldsymbol{x}_{0:k-1}|\boldsymbol{y}_{1:k-1})/f(\boldsymbol{y}_k|\boldsymbol{y}_{1:k-1}). \tag{8.4}$$

各个时刻状态 $\boldsymbol{X}_{0:k}$ 的重要概率分布可写为

$$g(\boldsymbol{x}_{0:k}|\boldsymbol{y}_{1:k}) = g(\boldsymbol{x}_k|\boldsymbol{x}_{0:k-1}, \boldsymbol{y}_{1:k})g(\boldsymbol{x}_{0:k-1}|\boldsymbol{y}_{1:k-1}).$$

由于 $\boldsymbol{x}_k$ 只与 $\boldsymbol{x}_{k-1}$ 有关, 可写为

$$g(\boldsymbol{x}_{0:k}|\boldsymbol{y}_{1:k}) = g(\boldsymbol{x}_k|\boldsymbol{x}_{k-1}, \boldsymbol{y}_{1:k})g(\boldsymbol{x}_{0:k-1}|\boldsymbol{y}_{1:k-1}).$$

根据伪权重定义, 并注意到式 (8.4), 得到各个时刻递推伪权重为

$$
\begin{aligned}
w(\boldsymbol{x}_{0:k}) &= \frac{f(\boldsymbol{x}_{0:k}|\boldsymbol{y}_{1:k})f(\boldsymbol{y}_k|\boldsymbol{y}_{1:k-1})}{g(\boldsymbol{x}_{0:k}|\boldsymbol{y}_{1:k})} = \frac{f(\boldsymbol{y}_k|\boldsymbol{x}_k)f(\boldsymbol{x}_k|\boldsymbol{x}_{k-1})f(\boldsymbol{x}_{0:k-1}|\boldsymbol{y}_{1:k-1})}{g(\boldsymbol{x}_{0:k-1}|\boldsymbol{y}_{1:k-1})g(\boldsymbol{x}_k|\boldsymbol{x}_{k-1}, \boldsymbol{y}_{1:k})} \\
&= \frac{f(\boldsymbol{x}_{0:k-1}|\boldsymbol{y}_{1:k-1})}{g(\boldsymbol{x}_{0:k-1}|\boldsymbol{y}_{1:k-1})} \frac{f(\boldsymbol{y}_k|\boldsymbol{x}_k)f(\boldsymbol{x}_k|\boldsymbol{x}_{k-1})}{g(\boldsymbol{x}_k|\boldsymbol{x}_{k-1}, \boldsymbol{y}_{1:k})} \\
&= w(\boldsymbol{x}_{0:k-1})\frac{f(\boldsymbol{y}_k|\boldsymbol{x}_k)f(\boldsymbol{x}_k|\boldsymbol{x}_{k-1})}{g(\boldsymbol{x}_k|\boldsymbol{x}_{k-1}, \boldsymbol{y}_{1:k})}.
\end{aligned} \tag{8.5}
$$

初始时刻伪权重 $w(\boldsymbol{x}_0) = f(\boldsymbol{x}_0)/g(\boldsymbol{x}_0)$.

4. 标准粒子滤波过程

使用重要抽样技巧的关键问题是如何选取最佳重要概率分布 $g(\boldsymbol{x}_{0:k}|\boldsymbol{y}_{1:k})$, 由式 (8.5) 看出, 选取重要概率分布 $g(\boldsymbol{x}_{0:k}|\boldsymbol{y}_{1:k})$ 变为选取概率分布 $g(\boldsymbol{x}_k|\boldsymbol{x}_{k-1}, \boldsymbol{y}_{1:k})$. Isard 和 Blake(1998) 指出, 选取概率分布 $g(\boldsymbol{x}_k|\boldsymbol{x}_{k-1}, \boldsymbol{y}_{1:k}) = f(\boldsymbol{x}_k|\boldsymbol{x}_{k-1}, \boldsymbol{y}_{1:k})$ 可满足重要抽样的权重方差最小原则, 但这样选取的概率分布往往难以实现抽样, 可选取容易实现抽样的形式, 但是这种选择已经不再是最佳重要概率分布. 通常可选取与观测值无关的先验概率分作为重要概率分布, 先验概率分布为

$$g(\boldsymbol{x}_k|\boldsymbol{x}_{k-1}, \boldsymbol{y}_{1:k}) = f(\boldsymbol{x}_k|\boldsymbol{x}_{k-1}).$$

由式 (8.5) 得到第 k 时刻伪权重为

$$w(\boldsymbol{x}_k) = w(\boldsymbol{x}_{k-1}) f(\boldsymbol{y}_k | \boldsymbol{x}_k).$$

由观测方程, 得到观测函数 $b(\boldsymbol{x}_k)$, 伪权重可写为

$$w(\boldsymbol{x}_k) = w(\boldsymbol{x}_{k-1}) f(\boldsymbol{y}_k - b(\boldsymbol{x}_k)).$$

令 $\boldsymbol{x}_k$, $\boldsymbol{X}_k^i$, $\boldsymbol{u}_k$, $\boldsymbol{U}_k^i$ 分别表示状态变量, 状态样本值, 过程噪声变量, 过程噪声样本值. 令 $\boldsymbol{y}_k$, $\boldsymbol{Y}_k^i$, $\boldsymbol{v}_k$, $\boldsymbol{V}_k^i$ 分别表示观测变量, 观测样本值, 观测噪声变量, 观测噪声样本值. 标准粒子滤波模拟过程包括初始化、序贯重要抽样、重抽样和状态值估计.

(1) 初始化. 从初始概率分布 $f(\boldsymbol{x}_0)$ 抽样产生初始时刻状态样本值 $\boldsymbol{X}_0$. 给出初始伪权重 $w(\boldsymbol{X}_0)$.

(2) 序贯重要抽样. 序贯过程是迭代过程, 在粒子滤波中是时间的迭代过程. 从过程噪声概率分布 $f(\boldsymbol{u}_k)$ 抽样产生过程噪声样本值 $\boldsymbol{U}_k^i$. 从观测噪声概率分布 $f(\boldsymbol{v}_k)$ 抽样产生观测噪声样本值 $\boldsymbol{V}_k^i$. 从先验概率分布 $f(\boldsymbol{x}_k | \boldsymbol{x}_{k-1})$ 抽样产生状态样本值 $\boldsymbol{X}_k^i$. 伪权重为

$$w(\boldsymbol{X}_k^i) = w(\boldsymbol{X}_{k-1}^i) f(\boldsymbol{Y}_k^i | \boldsymbol{X}_k^i) = w(\boldsymbol{X}_{k-1}^i) f(\boldsymbol{Y}_k^i - b(\boldsymbol{X}_k^i)).$$

(3) 重抽样. 重抽样算法有随机重抽样算法、残差重抽样算法、系统重抽样算法、分层重抽样算法和优化组合重抽样算法等. 归一化伪权重为

$$\tilde{w}(\boldsymbol{X}_k^i) = w(\boldsymbol{X}_k^i) \Big/ \sum\nolimits_{i=1}^{n} w(\boldsymbol{X}_k^i).$$

有效样本数为

$$N_{\text{eff}} = 1 \Big/ \sum\nolimits_{i=1}^{n} (\tilde{w}(\boldsymbol{X}_k^i))^2.$$

如果有效样本数小于阈值, 则进行重抽样. 例如, 随机重抽样的概率分布为

$$f(i) = \tilde{w}(\boldsymbol{X}_k^i).$$

利用直接抽样方法的列表查找算法抽样, 得到 i 的样本值为

$$I = \min\{i : F_{i-1} < U \leqslant F_i\},$$

式中, 累积分布函数为

$$F_i = \sum\nolimits_{i=1}^{n} \tilde{w}(\boldsymbol{X}_k^i).$$

每个时刻模拟次数为 n, 重抽样随机变量 X 的样本值和伪权重为

$$\tilde{X}_k^i = X_k^I, \quad w(\tilde{X}_k^i) = 1/n.$$

(4) 状态值的估计值和误差. 每个时刻的状态估计值为

$$\hat{X}_k = \sum_{i=1}^n X_k^i \tilde{w}(X_k^i).$$

有 m 个时刻数, 粒子滤波状态值估计的误差用均方根误差表示, 均方根误差为

$$\text{RMSE} = \left((1/m) \sum_{k=1}^m (\hat{X}_k - X_k)^2 \right)^{1/2}.$$

5. 标准粒子滤波算法

根据序贯重要重抽样算法得到标准粒子滤波算法如下:

① 时刻数 $k = 0$, 每个时刻的模拟次数 n.
② 模拟次数 $i = 1$, 初始概率分布 $g(\boldsymbol{x}_0)$ 抽样产生 X_0^i, 计算 $w(X_0^i)$.
③ 过程和观测的噪声概率分布 $f(\boldsymbol{u}_k^i)$ 和 $f(\boldsymbol{v}_k^i)$ 抽样产生 U_k^i 和 V_k^i.
④ 计算状态真实值 $X_k^i = a(X_{k-1}^i, U_k^i)$ 和观测值 $Y_k^i = b(X_k^i, V_k^i)$.
⑤ 先验概率分布 $f(\boldsymbol{x}_k^i | \boldsymbol{x}_{k-1}^i)$ 抽样产生状态 X_k^i, 计算 $b(X_k^i)$.
⑥ 计算伪权重 $w(X_k^i)$, 归一化伪权重 $\tilde{w}(X_k^i)$ 和有效样本数 N_{eff}.
⑦ 若 $N_{\text{eff}} \leqslant N_{\text{th}}$, 重抽样的概率分布抽样产生 $X_k^i = \tilde{X}_k^i, w(X_k^i) = w(\tilde{X}_k^i)$. 若 $N_{\text{eff}} > N_{\text{th}}$, $X_k^i = X_k^i, w(X_k^i) = w(X_k^i)$.
⑧ 若 $i < n$, $i = i + 1$, 返回③.
⑨ 输出每个时刻的状态估计值 $\hat{X}_k = \sum_{i=1}^n X_k^i \tilde{w}(X_k^i)$.
⑩ 若 $k < m$, $k = k + 1$, 返回②, 否则, 输出均方根误差, 模拟结束.

8.4.4 广义粒子滤波

1. 广义粒子滤波概述

对于非线性高斯系统, 为了改进卡尔曼滤波的精度, Jazwinski(1970), Gelb(1974) 提出扩展卡尔曼滤波和迭代扩展卡尔曼滤波, Julier 和 Uhlmann(1997) 提出无迹卡尔曼滤波, 这些滤波称为广义卡尔曼滤波. 广义粒子滤波包括扩展粒子滤波、迭代扩展粒子滤波和无迹粒子滤波, 把广义卡尔曼滤波引入粒子滤波, 是在广义卡尔曼滤波基础上发展起来的粒子滤波.

标准粒子滤波是把先验概率分布作为重要概率分布, 使得样本抽样实现非常方便, 但是这种选取方法由于重要概率分布与 $\boldsymbol{y}_{1:k}$ 无关, 因此没有用到观测信息, 使得所产生的粒子经常集中在先验概率分布的尾部, 从而导致粒子选择的盲目性, 降低状态估计精度. 在很大程度上依赖于模型, 如果模型不准确, 或者观测噪声突然

增大, 则这种先验概率分布不能表示真实概率分布. 广义粒子滤波是用广义卡尔曼滤波的结果来产生重要概率分布, 这样使重要概率分布能够更加符合真实状态的概率分布.

关于扩展卡尔曼滤波、迭代扩展粒子滤波和无迹粒子滤波, 已有成熟的理论和算法, 在此不做详细讨论, 只是引用其直接结果. 广义粒子滤波的重要概率分布为

$$g(\boldsymbol{x}_k|\boldsymbol{x}_{k-1},\boldsymbol{y}_k) = N(\boldsymbol{X}_{k-1},\boldsymbol{P}_k),$$

其中, $N(\boldsymbol{X}_{k-1},\boldsymbol{P}_k)$ 表示均值为 $\boldsymbol{X}_{k-1}$, 协方差为 $\boldsymbol{P}_k$ 的正态分布. 均值 $\boldsymbol{X}_{k-1}$ 就是广义卡尔曼滤波状态更新时求得的状态估计值, 协方差 $\boldsymbol{P}_k$ 就是广义卡尔曼滤波的协方差.

2. 扩展粒子滤波

卡尔曼滤波精度不高. 为了改善滤波精度, 提出扩展卡尔曼滤波, 其基本思想是采用参数化的解析形式对非线性进行线性化近似, 使用泰勒展开式的一阶线性项逼近非线性. 扩展卡尔曼滤波算法的 5 个公式为

$$\boldsymbol{X}(k|k-1) = a(\boldsymbol{x}_{k-1},\boldsymbol{u}_k),$$
$$\boldsymbol{P}(k|k-1) = \boldsymbol{F}(k|k-1)\boldsymbol{P}(k-1|k-1)\boldsymbol{F}(k|k-1)^{\mathrm{T}} + \boldsymbol{U}(k)\boldsymbol{Q}(k)\boldsymbol{U}(k)^{\mathrm{T}},$$
$$\boldsymbol{G}(k) = \boldsymbol{P}(k|k-1)\boldsymbol{H}(k)^{\mathrm{T}}/[(\boldsymbol{H}(k)\boldsymbol{P}(k|k-1)\boldsymbol{H}(k)^{\mathrm{T}} + \boldsymbol{V}(k)\boldsymbol{R}(k)\boldsymbol{V}(k)^{\mathrm{T}})],$$
$$\boldsymbol{X}(k|k) = \boldsymbol{X}(k|k-1) + \boldsymbol{G}(k)[b(\boldsymbol{x}_k,\boldsymbol{v}_k) - b(\boldsymbol{x}_k)],$$
$$\boldsymbol{P}(k|k) = [\boldsymbol{I} - \boldsymbol{G}(k)\boldsymbol{H}(k)]\boldsymbol{P}(k|k-1),$$

其中, 最后两个公式表示状态更新时求得的状态估计值和协方差. 扩展粒子滤波要选取的重要概率分布为正态分布, 正态分布的均值就是扩展卡尔曼滤波的状态估计值 $\boldsymbol{X}(k|k)$, 正态分布的协方差就是扩展卡尔曼滤波的协方差 $\boldsymbol{P}(k|k)$.

3. 迭代扩展粒子滤波

为了继续改善滤波精度, 提出迭代扩展卡尔曼滤波, 可以达到泰勒展开二阶项近似的精度. 更新状态的估计值为

$$
\begin{aligned}
&X^{(i+1)}(k+1|k+1) \\
&= X^{(i)}(k+1|k+1) + P^{(i)}(k+1|k+1)H^{(i)}(k+1)^{\mathrm{T}}R(k+1)^{-1} \\
&\quad \cdot \{y(k+1) - b[k+1,X^{(i)}(k+1|k+1)]\} - P^{(i)}(k+1|k+1)P(k+1|k)^{-1} \\
&\quad \cdot [X^{(i)}(k+1|k+1) - X(k+1|k)].
\end{aligned}
$$

更新状态的协方差为

$$P^{(i)}(k+1|k+1) = P(k+1|k) - P(k+1|k)H^{(i)}(k+1)^{\mathrm{T}}$$

$$\cdot [H^{(i)}(k+1)P(k+1|k)H^{(i)}(k+1)^{\mathrm{T}}$$
$$+ R(k+1)]^{-1}H^{(i)}(k+1)P(k+1|k),$$

式中, $[\cdot]^{-1}$ 表示逆矩阵, $H^{(i)} = b_x[k+1, X^{(i)}(k+1|k+1)]$.

迭代扩展粒子滤波要选取的重要概率分布为正态分布, 正态分布的均值就是迭代扩展卡尔曼滤波的状态估计值, 正态分布的协方差就是迭代扩展卡尔曼滤波的协方差.

4. 无迹粒子滤波

扩展卡尔曼滤波和扩展迭代卡尔曼滤波的精度不是很高, 误差较大, 是次优不是最优, 而且可能出现发散, 要计算雅可比矩阵, 计算量加大. 为了提高精度, 可以增加泰勒展开式的阶次, 但计算量急剧增大. 无迹卡尔曼滤波不同于扩展卡尔曼滤波和迭代扩展粒子滤波, 不需要线性化, 而是基于样本无迹变换原理, 通过引入确定样本的方法, 只使用少数几个称为 sigma 点的样本, 用较少样本点来表示状态的分布, 这些样本点能够准确地捕获高斯随机变量的估计值和协方差, 当这些点通过任意非线性函数时, 函数输出值能够拟合真实函数值, 所得估计值和协方差能够精确到泰勒展开式的 3 阶项以上, 只需要计算几次几个伪状态点的预测状态值. 因而非线性高斯系统的无迹卡尔曼滤波精度较高, 性能有所改善. 关于无迹变换过程的数学描述以及状态变量估计值和协方差的计算, 可参考朱志宇 (2010), 胡士强和敬忠良 (2010).

8.4.5 粒子滤波模拟事例

Kitagawa(1987) 给出一个非线性高斯动态空间模型, Merwe, Douce, Freitas (2000) 给出一个非线性非高斯动态空间模型. 粒子滤波模拟使用标准粒子滤波算法, 重抽样采用随机重抽样算法.

1. 动态空间模型

(1) 非线性高斯动态空间模型的状态方程和观测方程分别为

$$x_k = a(x_{k-1}) + u_k = 0.5x_{k-1} + 25x_{k-1}/(1 + x_{k-1}^2) + 8\cos(1.2(k-1)) + u_k,$$
$$y_k = b(x_k) + v_k = x_k^2/20 + v_k.$$

过程噪声 u_k 是高斯噪声, 服从正态分布 $N(0, Q_k)$, Q_k 为过程噪声方差. 观测噪声 v_k 是高斯噪声, 服从正态分布 $N(0, R_k)$, R_k 为观测噪声方差.

(2) 非线性非高斯动态空间模型的状态方程和观测方程分别为

$$x_k = a(x_{k-1}) + u_k = 1 + \sin(0.04k\pi) + 0.5x_{k-1} + u_k.$$

$$y_k = \begin{cases} b(x_k) + v_k = 0.2x_k^2 + v_k, & k \leqslant 30, \\ b(x_k) + v_k = 0.5x_k - 2 + v_k, & k > 30. \end{cases}$$

过程噪声 u_k 是非高斯噪声, 服从伽马概率分布 $\mathrm{Gamma}(\alpha, \beta)$, 其均值为 α/β, 方差为 $Q_k = \alpha/\beta^2$, 伽马概率分布的概率密度函数为

$$f(u_k) = (\beta^\alpha/\Gamma(\alpha))u_k^{\alpha-1} \exp(-\beta u_k).$$

观测噪声 v_k 是高斯噪声, 服从正态分布 $N(0, R_k)$, R_k 为观测噪声方差.

2. 粒子滤波模拟方法

(1) 非线性高斯粒子滤波模拟方法. 初始状态 x_0 服从正态分布 $N(\mu_0, Q_0)$, 从正态分布的概率密度函数抽样得到初始状态样本值 X_0. 初始观测值 Y_0 由观测方程得到. 过程噪声 u_k 和观测噪声 v_k 从正态分布的概率密度函数抽样得到样本值 U_k 和 V_k. 先验概率分布 $f(x_k|x_{k-1})$ 为正态分布 $N(a(x_{k-1}), Q_k)$, 其中 $a(x_{k-1})$ 为过程函数, 从正态分布的概率密度函数抽样得到始状态样本值 X_k. 伪权重为

$$w(X_k) = f(Y_k - b(X_k)) = (1/\sqrt{2\pi R_k}) \exp(-(Y_k - b(X_k))^2/2R_k).$$

(2) 非线性非高斯粒子滤波模拟方法. 初始状态值 X_0 服从正态分布 $N(\mu_0, Q_0)$, 其中 $Q_0 = \alpha/\beta^2$, 从正态分布的概率密度函数抽样得到初始状态样本值 X_0. 初始观测值 Y_0 由观测方程得到. 过程噪声 u_k 从伽马概率分布 $\mathrm{Gamma}(\alpha, \beta)$ 的概率密度函数抽样得到样本值 U_k, 观测噪声 v_k 从正态分布的概率密度函数抽样得到样本值 V_k. 先验概率分布 $f(x_k|x_{k-1})$ 为伽马分布 $\mathrm{Gamma}(a(x_k) + \alpha/\beta, \alpha/\beta^2)$, 其中 $a(x_k)$ 为过程函数, 伽马分布的概率密度函数为

$$f(x_k|x_{k-1}) = (\beta^\alpha/\Gamma(\alpha))(x_k - a(x_{k-1}))^{\alpha-1} \exp(-\beta (x_k - a(x_{k-1}))).$$

首先从标准伽马分布 $\mathrm{Gamma}(\alpha/\beta, \alpha/\beta^2)$ 的概率密度函数

$$f(x_{k0}) = (\beta^\alpha/\Gamma(\alpha))(x_{k0})^{\alpha-1} \exp(-\beta x_{k0})$$

抽样产生 X_{k0}, 先验概率分布抽样的样本值 $X_k = a(x_k) + X_{k0}$. 伪权重为

$$w(X_k) = f(Y_k - b(X_k)) = (1/\sqrt{2\pi R_k}) \exp(-(Y_k - b(X_k))^2/2R_k).$$

3. 粒子滤波模拟结果

(1) 非线性高斯粒子滤波模拟. 时刻个数 $m = 100$, 模拟次数 $n = 100$. 初始状态 $X_0 = 0$, $Q_0 = 1$. $Q_k = 10$, $R_k = 1$. 状态估计值均方根误差, 粒子滤波为 5.17, 扩展卡尔曼滤波为 18.92. 粒子滤波模拟结果如图 8.4 所示.

(2) 非线性非高斯粒子滤波模拟. 时刻个数 $m = 60$, 模拟次数 $n = 100$. 初始状态 $X_0 = 0$, $\alpha = 10$, $\beta = 2$, $R_k = 1$. 状态估计值均方根误差, 粒子滤波为 0.90, 扩展卡尔曼滤波为 4.19. 粒子滤波模拟结果如图 8.5 所示.

为了比较, 采用扩展卡尔曼滤波和迭代扩展卡尔曼滤波. 模拟结果表明, 粒子滤波状态估计值与真实值符合得较好, 误差较小; 卡尔曼滤波状态估计值与真实值符合得很不好, 误差较大, 粒子滤波精度有很大改进.

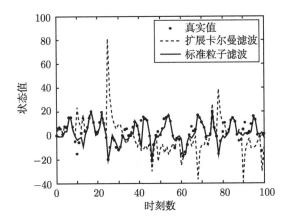

图 8.4 非线性高斯粒子滤波模拟结果

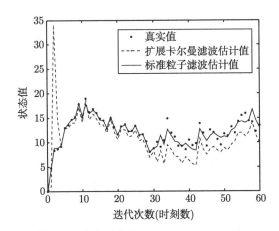

图 8.5 非线性非高斯粒子滤波模拟结果

8.4.6 粒子滤波发展和应用

1. 粒子滤波发展

由于持续的粒子滤波研究热潮, 产生许多粒子滤波算法. 朱志宇 (2010), 胡士

强和敬忠良 (2010) 介绍了基于最佳重要概率分布选择的改进粒子滤波算法, 有 7 种; 基于重抽样的改进粒子滤波算法, 有 10 多种. 此外还有基于智能优化的粒子滤波算法, 基于神经网络的粒子滤波算法, 自适应的粒子滤波算法, 免重抽样的粒子滤波算法, Rao-Blackwellised 粒子滤波算法, 分布式粒子滤波算法.

迄今, 各种不同的粒子滤波算法都只不过是序贯重要抽样的不同变换形式而已. 如同序贯蒙特卡罗方法, 粒子滤波算法基本上沿着两条途径发展, 一是选取最佳的重要概率分布, 二是改进重抽样算法, 以便提高滤波精度和计算效率. 粒子滤波算法的改进目标主要是减少算法的计算时间, 提高滤波精度. 选取最佳重要概率分布的方法还处于盲目状态, 主要是靠经验, 如何使用重要抽样技巧中的通用选取方法选取粒子滤波的最佳重要概率分布, 是一个重要的研究课题.

2. 粒子滤波应用

由于粒子滤波在非线性非高斯系统表现出来的优越性, 决定了它的应用范围非常广泛. 另外, 粒子滤波的多模态处理能力, 也是它应用广泛原因之一. 粒子滤波在目标定位跟踪、视频运动目标检测跟踪、系统辨识、故障诊断、信号处理、图像处理、计算机视觉、自动控制等领域有着广泛的应用.

8.5　粒子分裂方法

8.5.1　粒子分裂方法原理

经典粒子分裂方法是第 6 章叙述的样本分裂方法, 这里的粒子分裂方法是序贯蒙特卡罗方法应用于一类问题, 解决这类问题的方法称为粒子分裂方法. 最近几年, Botev(2007, 2008, 2009); Botev 和 Kroese(2009); Cerou, Moral, Furon, Guyader(2009) 等发展的粒子分裂方法, 有广义分裂算法和自适应分裂算法, 其最大特点是从序贯抽样出发, 可以加重要抽样, 也可以不加重要抽样, 由于没有重抽样, 抽样方法采用马尔可夫链蒙特卡罗方法, 提高了效率. 没有重抽样不等于没有粒子分裂. 由于粒子分裂方法使用分裂因子, 分裂因子表示每次迭代每次模拟, 一个粒子分裂成 S_{ki} 个粒子, 所以称为粒子分裂方法. 粒子分裂方法可以应用于估计问题, 也可以应用于优化问题, 应用于如下一类问题:

(1) 多维积分计算, 贝叶斯边际似然估计, 后验概率分布模拟.

(2) 组合计数问题, 如可满足性计数问题.

(3) 组合优化问题, 如二元渐缩问题、旅行商问题和二次指派问题.

(4) 复杂的多维概率分布模拟, 用来估计网络的可靠性, 当网络的链路故障独立地发生时, 粒子分裂方法的好处是很容易处理网络可靠性问题, 网络可靠性模拟在第 13 章叙述, 这里不做介绍.

这些应用问题可以归结为统计量估计是示性函数的估计问题. $S(\boldsymbol{x})$ 称为重要函数, 是随机变量 $\boldsymbol{X}$ 的函数. γ 称为阈参数. 示性函数 $\boldsymbol{I}_{\{S(x)\geqslant\gamma\}}$ 表示若满足条件 $S(\boldsymbol{x})\geqslant\gamma$, 示性函数 $\boldsymbol{I}$ 为 1, 否则为 0. 随机变量 $\boldsymbol{X}$ 的概密度函数为 $f(\boldsymbol{x})$, 统计量取值 $h(\boldsymbol{X})$, 统计量的期望为

$$E[h] = \int h(\boldsymbol{x})f(\boldsymbol{x})\mathrm{d}\boldsymbol{x}.$$

在离散随机变量 $\boldsymbol{X}$ 情况下, 如果统计量取为示性函数形式: $h(\boldsymbol{x}) = \boldsymbol{I}_{\{S(x)\geqslant\gamma\}}$, 则统计量的期望定义为

$$h(\gamma) = E[\boldsymbol{I}_{\{S(x)\geqslant\gamma\}}] = \int \boldsymbol{I}_{\{S(x)\geqslant\gamma\}}f(\boldsymbol{x})\mathrm{d}\boldsymbol{x} = P(S(\boldsymbol{X})\geqslant\gamma).$$

上式表示统计量的期望是 $S(\boldsymbol{X})\geqslant\gamma$ 的概率, 粒子分裂方法就是要求出满足 $S(\boldsymbol{X})\geqslant\gamma$ 条件的概率, 作为统计量的期望, 从而得到统计量的估计值.

在二维状态空间, 粒子分裂概念如图 8.6 所示. 图中阈参数为 $\gamma_1, \gamma_2, \gamma_3$. 在 γ_1, X_1 和 X_2 进行分裂. 在 $\gamma_2, X_{1,2}, X_{1,6}$ 和 $X_{1,7}$ 进行分裂.

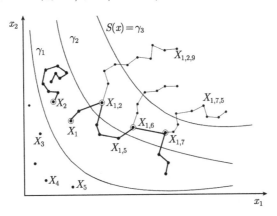

图 8.6 粒子分裂概念图示

8.5.2 广义分裂算法

1. 广义分裂方法

(1) 选取重要函数. 迭代次数为 m, 广义分裂算法首先是选取重要函数 $S(\boldsymbol{x})$. 令时刻数 $k=1, 2, \cdots, m$, 把间隔 $(-\infty, \gamma]$ 划分为

$$-\infty = \gamma_0 \leqslant \gamma_1 \leqslant \cdots \leqslant \gamma_{k-1} \leqslant \gamma_m = \gamma.$$

注意在经典粒子分裂方法中, 第一级不是 $\gamma_0 = -\infty$. 选取阈参数序列 $\{\gamma_k\}$ 满足的条件概率为

$$P(S(\boldsymbol{X}) \geqslant \gamma_k | S(\boldsymbol{X}) \geqslant \gamma_{k-1}) = c_k, \quad k = 1, 2, \cdots, m.$$

$\{c_k\}$ 的估计为 $\{\rho_k\}$, ρ_k 称为估计参数. 这个估计参数 ρ_k 通常不容易确定, 在广义分裂算法中是事先直接给出.

(2) 初始化. 模拟次数为 n, $n_0 = \rho_1[n/\rho_1]$, $[\cdot]$ 表示取整数. 初始迭代随机变量 $\boldsymbol{\chi}_0 = \{\boldsymbol{X}_1, \boldsymbol{X}_2, \cdots, \boldsymbol{X}_{n_0/\rho_1}\}$, 第 1 次迭代随机变量为 $\boldsymbol{\chi}_1$, $\boldsymbol{\chi}_1$ 是在 $\boldsymbol{\chi}_0$ 中满足条件 $S(\boldsymbol{X}) \geqslant \gamma_1$ 的 $\boldsymbol{X}$ 的最大子集, n_1 是 $\boldsymbol{\chi}_1$ 中 $\boldsymbol{X}$ 的个数.

(3) 分裂因子. 对 $\boldsymbol{\chi}_k = \{\boldsymbol{X}_1, \boldsymbol{X}_2, \cdots, \boldsymbol{X}_{n_k}\}$ 每一个 $\boldsymbol{X}_i$, 样本独立性表示为

$$\boldsymbol{Y}_{i,j} \sim \kappa_k(\boldsymbol{y}|\boldsymbol{Y}_{i,j-1}), \quad \boldsymbol{Y}_{i,0} = \boldsymbol{X}_i, \quad i = 1, 2, \cdots, n_k, j = 1, 2, \cdots, S_{ki}.$$

式中, $\kappa_k(\boldsymbol{y}|\boldsymbol{Y}_{i,j-1})$ 是马尔可夫转移概率分布; S_{ki} 为分裂因子, 表示在第 k 次迭代第 i 次模拟, 一个粒子分裂成 S_{ki} 个粒子. $S_{ki} - [1/\rho_{k+1}]$ 服从伯努利分布 $\mathrm{Ber}(1/\rho_{k+1} - [1/\rho_{k+1}])$. 伯努利分布抽样的样本值为 0 或 1, 因为 $\rho_{k+1} < 1$, 所以分裂因子 $S_{ki} > [1/\rho_{k+1}]$, 如 $\rho_{k+1} = 1/10, S_{ki} > 10$.

(4) 马尔可夫链蒙特卡罗 (MCMC) 方法抽样. 随机变量 $\boldsymbol{y}$ 的平稳概率分布为

$$f_k(\boldsymbol{y}) = f(\boldsymbol{y})\boldsymbol{I}_{\{S(\boldsymbol{y}) \geqslant \gamma_k\}}/h(\gamma_k) \propto f(\boldsymbol{y})\boldsymbol{I}_{\{S(\boldsymbol{y}) \geqslant \gamma_k\}}.$$

重新令

$$\boldsymbol{\chi}_k = \{\boldsymbol{Y}_{1,1}, \boldsymbol{Y}_{1,2}, \cdots, \boldsymbol{Y}_{1,S_{k1}}, \cdots, \boldsymbol{Y}_{n_k,1}, \boldsymbol{Y}_{n_k,2}, \cdots, \boldsymbol{Y}_{n_k,S_{kn_k}}\}.$$

$\boldsymbol{\chi}_k$ 包含 $|\boldsymbol{\chi}_k| = \sum_{i=1}^{n_k} S_{ki}$ 个元素, 并且 $E[|\boldsymbol{\chi}_k| \,|\, n_k] = n_k/\rho_{k+1}$.

平稳概率分布中的 $h(\gamma_k)$ 实际上是未知的, 平稳概率分布是不完全概率分布, 因此第 k 次迭代, 必须使用马尔可夫链蒙特卡罗方法从平稳概率分布 $f_k(\boldsymbol{y})$ 抽样, 在一般情况下, 若知道其全条件概率分布为

$$f_k(y_l | Y_1, \cdots, Y_{l-1}, X_{l+1}, \cdots, X_s), \quad l = 1, 2, \cdots, s.$$

可以采用吉布斯算法从上述全条件概率分布抽样. 在特殊情况下, 知道其转移概率分布为

$$\kappa_k(\boldsymbol{y}|\boldsymbol{x}) = \prod_{l=1}^{s} f_k(y_l | y_1, \cdots, y_{l-1}, x_{l+1}, \cdots, x_s),$$

可以采用 "打了就跑" 算法从上述转移概率分布抽样.

(5) 更新. 更新是由 $\boldsymbol{\chi}_k$ 更新计算 $\boldsymbol{\chi}_{k+1}$, 并确定 n_{k+1}, 其中 $\boldsymbol{\chi}_{k+1} = \{\boldsymbol{X}_1, \boldsymbol{X}_2, \cdots, \boldsymbol{X}_{n_{k+1}}\}$ 是在 $\boldsymbol{\chi}_k = \{\boldsymbol{X}_1, \boldsymbol{X}_2, \cdots, \boldsymbol{X}_{n_k}\}$ 中满足条件 $S(\boldsymbol{X}) \geqslant \gamma_{k+1}$ 的 $\boldsymbol{X}$ 的最大子集, n_{k+1} 是 $\boldsymbol{\chi}_{k+1}$ 中 $\boldsymbol{X}$ 的个数.

(6) 统计量估计和方差. 统计量估计值为

$$\hat{h} = (n_m/n_0) \prod_{k=1}^{m} \rho_k.$$

统计量估计值的方差为

$$\mathrm{Var}[\hat{h}] = \left(\prod_{k=1}^{m} \rho_k^2/n_0(n_0-\rho_1)\right) \sum_{i=1}^{n_0/\rho_1} (O_i - n_m\rho_1/n_0)^2,$$

式中, O_i 表示 $\boldsymbol{\chi}_m$ 的点数.

2. 广义分裂算法描述

根据广义分裂方法, 得到广义分裂算法如下:

① $k=1$, $f_0(\boldsymbol{x})$ 抽样产生 $\boldsymbol{\chi}_0$, 求出 $\boldsymbol{\chi}_1$, 若 $n_1=0$, 转到④.

② 利用 MCMC 方法抽样产生样本值 $\boldsymbol{\chi}_k$.

③ 由 $\boldsymbol{\chi}_k$ 更新计算 $\boldsymbol{\chi}_{k+1}$, $k=k+1$.

④ 若 $k<m$, 返回②, 否则, 若 $n_k=0$, 令 $n_{k+1}=n_{k+2}=\cdots=n_m$.

⑤ 输出统计量估计值和方差.

8.5.3　自适应分裂算法

1. 自适应分裂方法

迭代次数为 m, 模拟次数为 n. 在初始化时由算法计算阈参数 γ_k 和估计参数 ρ_k. 自适应分裂算法是给定阈参数 γ 和估计参数 $\rho \in (0,1)$, 估计 $h=P(S(\boldsymbol{X}) \geqslant \gamma)$.

(1) 初始化. 计算阈参数 γ_k 和估计参数 ρ_k 的算法, 首先对所有 $\boldsymbol{X}_i \in \boldsymbol{\chi}_{k-1}$, 令 $S_i = S(\boldsymbol{X}_i)$, $i=1,2,\cdots,n$, 计算出 $\tilde{\gamma}_k$ 值:

$$\tilde{\gamma}_k = \underset{\gamma \in \{S_1,\cdots,S_n\}}{\arg\min} \left\{ (1/n)\sum_{i=1}^{n} \boldsymbol{I}_{\{S_i \geqslant \gamma\}} \leqslant \rho \right\}.$$

上式表示 $\tilde{\gamma}_k$ 是满足 $(1/n)\sum_{i=1}^{n} \boldsymbol{I}_{\{S(\boldsymbol{X}_i) \geqslant \tilde{\gamma}_k\}} \leqslant \rho$ 条件时 $S(\boldsymbol{X}_1),S(\boldsymbol{X}_2),\cdots,S(\boldsymbol{X}_n)$ 中的最小值; 然后得到阈参数为

$$\gamma_k = \min\{\gamma, \tilde{\gamma}_k\}.$$

令 $\boldsymbol{\chi}_k$ 是满足条件 $S(\boldsymbol{X}) \geqslant \gamma_k$ 时在 $\boldsymbol{\chi}_{k-1}$ 中的所有元素的子集, $n_k=|\boldsymbol{\chi}_k|$, 因此得到估计参数为

$$\rho_k = n_k/n.$$

它是概率值 $c_k = P(S(\boldsymbol{X}) \geqslant \gamma_k | S(\boldsymbol{X}) \geqslant \gamma_{k-1})$ 的近似值.

(2) 分裂因子. S_{ki} 分裂因子表示在第 k 次迭代第 i 次模拟, 一个粒子分裂成 S_{ki} 个粒子, 分裂因子计算方法与广义分裂方法不同. 分裂因子为

$$S_{ki} = [n/n_k] + B_i, \quad i=1,2,\cdots,n_k.$$

式中, 随机变量 $B_1, B_2, \cdots, B_{n_k}$ 服从伯努利分布 Ber(1/2), 满足条件:

$$\sum_{i=1}^{n_k} B_i \equiv n(\operatorname{mod} n_k).$$

更为精确的是 $B_1, B_2, \cdots, B_{n_k}$ 为 2 进制向量, 其联合概率分布为

$$f(B_1 = b_1, \cdots, B_{n_k} = b_{n_k}) = ((n_k - r)!r!/n_k!)\boldsymbol{I}_{\{b_1 + \cdots + b_{n_k} = r\}}, \quad b_i \in \{0, 1\},$$

式中, $r \equiv n(\operatorname{mod} n_k)$. 产生分裂因子以后, 重新令

$$\boldsymbol{\chi}_k = \{\boldsymbol{Y}_{1,1}, \boldsymbol{Y}_{1,2}, \cdots, \boldsymbol{Y}_{1,S_{k1}}, \cdots, \boldsymbol{Y}_{n_k,1}, \boldsymbol{Y}_{n_k,2}, \cdots, \boldsymbol{Y}_{n_k,S_{kn_k}}\}.$$

(3) 马尔可夫链蒙特卡罗 (MCMC) 方法抽样. 马尔可夫链蒙特卡罗方法抽样与广义分裂方法相同.

(4) 统计量估计. 统计量的估计值为

$$\hat{h} = \prod_{k=1}^{m} \rho_k = (1/n^m) \prod_{k=1}^{m} n_k.$$

2. 自适应分裂算法描述

根据自适应分裂方法, 得到自适应分裂算法如下:

① $k = 1$, $f_0(\boldsymbol{x})$ 抽样产生 $\boldsymbol{\chi}_0$, 计算 γ_k 和 ρ_k, 求出 $\boldsymbol{\chi}_1$, 若 $n_1 = 0$, 转到④.

② 利用 MCMC 方法抽样产生样本值 $\boldsymbol{\chi}_k$.

③ 由 $\boldsymbol{\chi}_k$ 更新计算 $\boldsymbol{\chi}_{k+1}$, $k = k + 1$.

④ 若 $\gamma_k = \gamma$, 则 $k = m$, 转到⑤, 否则, 返回②.

⑤ 输出统计量的估计值.

8.5.4　多维积分模拟

1. 多维积分算法

随机向量 $\boldsymbol{X}$ 的概率分布为 $f(\boldsymbol{x})$, 统计量为 $h(\boldsymbol{x})$, 多维积分为

$$h = E[h] = \int h(\boldsymbol{x})f(\boldsymbol{x})\mathrm{d}\boldsymbol{x}.$$

使用广义分裂算法或自适应分裂算法求解多维积分估计.

设增广向量为 $\boldsymbol{z} = (\boldsymbol{x}, u)^{\mathrm{T}} \in \mathbf{R}^n \times (0, 1)$, 增广向量是用变量 $u \in (0, 1)$ 对 $\boldsymbol{x}$ 增广, $g(\boldsymbol{x})$ 是容易抽样的建议概率分布, 并使得

$$f(\boldsymbol{x})h(\boldsymbol{x}) \leqslant \exp(a\gamma + b)g(\boldsymbol{x}).$$

于是重要函数 $S(\boldsymbol{z})$ 取为

$$S(\boldsymbol{z}) = (1/a)\ln(f(\boldsymbol{x})h(\boldsymbol{x})/ug(\boldsymbol{x})) - b/a,$$

式中, 对于 $\gamma \geqslant (\ln h - b)/a,\, a > 0, b \in \mathbf{R}$. 概率分布 $f(z)$ 为

$$f(z) = g(x)\mathbf{I}_{\{0<u<1\}}, \quad z \in \mathbf{R}^{n+1}.$$

估计量的期望为

$$h(\gamma) = E[\mathbf{I}_{\{S(z)\geqslant\gamma\}}] = \int \mathbf{I}_{\{S(z)\geqslant\gamma\}}f(z)\mathrm{d}z.$$

概率分布 $f(x)h(x)/h$ 是 $f_m(z) = (1/h(\gamma_m))f(z)\mathbf{I}_{\{S(z)\geqslant\gamma_m\}}$ 的边际概率分布, h 与 $h(\gamma)$ 的关系为

$$h = \exp(a\gamma + b)h(\gamma).$$

多维积分算法如下:

① 对估计量的期望 $h(\gamma)$ 积分使用粒子分裂算法得到估计值 $\hat{h}(\gamma)$.

② 多维积分估计值 $\hat{h} = \exp(a\gamma + b)\hat{h}(\gamma)$.

2. 双岛函数积分估计

二维双岛函数积分为

$$h = \int_{-5}^{5}\int_{-5}^{5} h(x_1, x_2)f(x_1, x_2)\mathrm{d}x_1\mathrm{d}x_2,$$

其中, $h(x_1, x_2) = 2\pi\exp(-(x_1^2 + x_2^2 + x_1^2 x_2^2 - 2\lambda x_1 x_2)/2)$,

$$f(x_1, x_2) = (1/2\pi)\exp(-(x_1^2 + x_2^2)/2).$$

当 $\lambda = 12$, 归一化常数为 $c(\lambda) = c(12)$, 函数 $h(x_1,x_2)/c(12)$ 如图 8.7 所示.

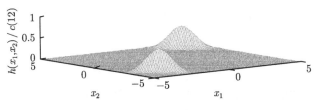

图 8.7 函数 $h(x_1,x_2)/c(12)$

由于双岛函数 $h(x_1, x_2)$ 在定义域内分布很窄小, 一般蒙特卡罗积分方法误差大, 效率很低. 为了减小误差, 提高计算效率, 使用多维积分算法. 取建议概率分布 $g(x) = f(x)$, 参数: $a = 1/2$, $b = \lambda^2/2 + \ln(2\pi)$, 得到

$$h(\gamma) = E[\mathbf{I}_{\{S(z)\geqslant\gamma\}}] = \int f(z)\mathbf{I}_{\{S(z)\geqslant\gamma\}}\mathrm{d}z$$

$$= P(S(\boldsymbol{z}) \geqslant \gamma) = P(-(X_1 X_2 - \lambda)^2 - 2\ln U \geqslant \gamma),$$

其中, 增广向量 $\boldsymbol{z} = (\boldsymbol{x}, u)^{\mathrm{T}}$, 使得满足

$$f(\boldsymbol{z}) = (1/2\pi) \exp(-(x_1^2 + x_2^2)/2) \boldsymbol{I}_{\{0 < u < 1\}}.$$

为了能应用广义分裂算法, 需要知道具有稳定概率分布为

$$f_k(\boldsymbol{z}) = \frac{f(\boldsymbol{z}) \boldsymbol{I}_{\{S(\boldsymbol{z}) \geqslant \gamma\}}}{h(\gamma_k)} = \frac{f(\boldsymbol{z}) \boldsymbol{I}\{-(x_1 x_2 - \lambda)^2 - 2\ln u \geqslant \gamma_k\}}{h(\gamma_k)}$$

的从状态 $\boldsymbol{Z}$ 转移到状态 $\boldsymbol{Z}^*$ 的转移概率分布 $\kappa_k(\boldsymbol{Z}^*|\boldsymbol{Z})$, 采用马尔可夫链蒙特卡罗方法的系统扫描吉布斯算法抽样产生 $\boldsymbol{Z}^*$.

计算时取 $\lambda = 12$, 采用广义分裂算法与自适应分裂算法相组合的方法, 给定阈参数 γ_k 和估计参数 $\rho = 0.1$, 计算出估计参数 ρ_k. $k = 1, 2, 3, 4, 5$; $\gamma_k = -117.91, -77.03, -44.78, -20.18, -4.40, 0$; $\rho_k = 0.1, 0.1, 0.1, 0.1, 0.1, 0.2853$. 这个积分只是二维积分, 用辛普森数值积分方法求得积分值近似为 3.539×10^{26}, 蒙特卡罗方法的相对误差是以此为标准. 模拟 12 万次, 用直接模拟蒙特卡罗方法模拟此多维积分, 积分估计值为 1.60×10^{26}, 相对误差 55%, 相对误差大. 多维积分算法的第一步得到 $\hat{h}(\gamma) = 2.92 \times 10^{-6}$, 相对误差 5%, 多维积分算法的第二步得到积分估计 $\hat{h} = 2\pi \exp(\lambda^2/2)\hat{h}(\gamma) = 3.41 \times 10^{26}$, 相对误差 3.6%. 粒子分裂方法明显减小了误差.

3. 边际似然函数贝叶斯估计

逻辑模型的叶贝斯推断, 逻辑模型参数 $\boldsymbol{\beta} = (\beta_1, \beta_2, \cdots, \beta_n)$, 先验概率分布为

$$f(\boldsymbol{\beta}) \propto \exp(-(1/2\sigma^2)\|\boldsymbol{\beta} - \boldsymbol{\beta}_0\|^2), \quad \boldsymbol{\beta} \in \mathbf{R}^k,$$

式中, $\boldsymbol{\beta}_0$ 和 σ 是给定的数, 似然函数为

$$f(\boldsymbol{y}|\boldsymbol{\beta}) = \prod_{i=1}^n p_i^{y_i}(1 - p_i)^{1-y_i}, \quad p_i^{-1} = 1 + \exp(-\boldsymbol{x}_i^{\mathrm{T}}\boldsymbol{\beta}).$$

边际似然函数为

$$f(\boldsymbol{y}) = \int f(\boldsymbol{\beta}) f(\boldsymbol{y}|\boldsymbol{\beta}) \mathrm{d}\boldsymbol{\beta}.$$

边际似然函数贝叶斯估计就是边际似然函数估计. 边际似然函数是一个多维积分, 数值方法比较困难, 使用蒙特卡罗模拟方法则比较容易. 这里使用多维积分算法, 计算逻辑模型的边际似然函数估计. 随机变量抽样利用马尔可夫链蒙特卡罗方法的吉布斯算法或 "打了就跑" 算法.

令 $\boldsymbol{x} = \boldsymbol{\beta}$, $f(\boldsymbol{x}) = f(\boldsymbol{\beta})$, $h(\boldsymbol{x}) = f(\boldsymbol{y}|\boldsymbol{\beta})$, 因此有 $h = f(\boldsymbol{y})$. 令 $g(\boldsymbol{x}) = f(\boldsymbol{\beta})$, 选取当 $a = 1, b = 0$ 时的 γ 值, 使得似然函数对数最大值的保守估计满足:

$$\gamma \geqslant \max_{\boldsymbol{\beta}} \ln f(\boldsymbol{y}|\boldsymbol{\beta}).$$

$\boldsymbol{x} = \boldsymbol{\beta}$, 增广向量 $\boldsymbol{z} = (\boldsymbol{x}, u)^{\mathrm{T}}$, 重要函数 $S(\boldsymbol{z})$ 取为

$$S(\boldsymbol{\beta}, u) = -\sum_{l=1}^{s} y_l \ln(1 + \exp(-\boldsymbol{z}_l^{\mathrm{T}}\boldsymbol{\beta})) + (1 - y_l)(\boldsymbol{z}_l^{\mathrm{T}}\boldsymbol{\beta} + \ln(1 + \exp(-\boldsymbol{z}_l^{\mathrm{T}}\boldsymbol{\beta}))) - \ln u.$$

边际似然函数估计为

$$\hat{f}(\boldsymbol{y}) = \mathrm{e}^{\gamma}\hat{h}(\gamma).$$

逻辑模型的参数取 $\sigma = 10$, $\boldsymbol{\beta}_0 = 0$, 在多维积分算法中采用自适应分裂算法, 使用 Newton-Raphson 估计方法求似然函数对数最大值的保守估计得到阈参数 γ, 从而给定阈参数 γ, 给定估计参数 $\rho = 0.1$, 模拟 1000 次, 逻辑模型的贝叶斯边际似然函数估计为 -2829.90, 95% 的置信区间为 $(-2829.24, -2828.55)$.

8.5.5 组合计数问题模拟

在组合计数问题中, 有可满足性计数问题. 可满足性计数问题有许多表示方式, 这里, 令 $\boldsymbol{A} = (A_{ij})$, 表示 $m \times n$ 项矩阵, 矩阵的所有元素是集合 $\{-1, 0, 1\}$. $\boldsymbol{b} = (b_1, b_2, \cdots, b_m)^{\mathrm{T}}$, $b_i = 1 - \sum_{j=1}^{n} \boldsymbol{I}_{\{A_{ij}=-1\}}$. 标准可满足性问题是求解满足 $\boldsymbol{Ax} \geqslant \boldsymbol{b}$ 的 $\boldsymbol{x}$, 可满足性计数问题是求解满足 $\boldsymbol{Ax} \geqslant \boldsymbol{b}$ 的 $\boldsymbol{x}$ 的计数, 可满足性计数问题比可满足性问题更为复杂. 可满足性计数问题可归结为下面集合大小的估计问题:

$$X^* = \left\{ \boldsymbol{x} \in \{0,1\}^n : \sum_{i=1}^{m} \boldsymbol{I}\left\{\sum_{j=1}^{n} A_{ij}x_j \geqslant b_i\right\} \geqslant m \right\}.$$

为了估计 $|X^*|$, 考虑下面的概率估计问题:

$$h = P(S(\boldsymbol{X}) \geqslant m), \quad \{X_j\} \overset{\text{iid}}{\sim} \mathrm{Ber}(1/2), \quad S(\boldsymbol{x}) = \sum_{i=1}^{m} \boldsymbol{I}\left\{\sum_{j=1}^{n} A_{ij}x_j \geqslant b_i\right\}.$$

利用广义分裂算法求解可满足性计数问题. 平稳概率分布为

$$f_k(x) = \frac{1}{2^n h(\gamma_k)} \boldsymbol{I}\left\{\sum_{i=1}^{m} \boldsymbol{I}\left\{\sum A_{i,j}x_j \geqslant b_i\right\} \geqslant \gamma_k\right\}, \quad \boldsymbol{x} \in \{0,1\}^n.$$

使用马尔可夫链蒙特卡罗方法中的吉布斯算法, 其中的全条件概率分布为

$$f_k(y_j | Y_1, \cdots, Y_{j-1}, x_{j+1}, \cdots, x_n) = \begin{cases} p_j, & y_j = 1, \\ 1 - p_j, & y_j = 0. \end{cases}$$

式中, $p_j = \boldsymbol{I}\{s_k^+ \geqslant \gamma_k\}/(\boldsymbol{I}\{s_k^+ \geqslant \gamma_k\} + \boldsymbol{I}\{s_k^- \geqslant \gamma_k\})$, 其中,

$$s_k^+ = S(Y_1, \cdots, Y_{j-1}, 1, x_{j+1}, \cdots, x_n), \quad s_k^- = S(Y_1, \cdots, Y_{j-1}, 0, x_{j+1}, \cdots, x_n).$$

Hoos 和 Stutzle(2000) 用广义分裂算法模拟一个可满足性计数问题, 给出阈参数 γ_k 和估计参数 ρ_k. 进行 1 万次模拟, 计算结果为 $|X^*| = 2258.28$, 相对误差 0.03%.

8.5.6 组合优化问题模拟

组合优化问题有二元渐缩问题、旅行商问题和二次指派问题. 组合优化问题用自适应分裂算法求解最优策略. 最大化问题的自适应分裂算法与估计问题的自适应分裂算法基本相同.

1. 二元渐缩问题

著名的组合优化问题是二元渐缩问题, 目标函数为

$$\max_{x} \sum_{j=1}^{n} p_j x_j, \quad x = (x_1, x_2, \cdots, x_n) \in \{0,1\}^n,$$

约束条件为

$$\sum_{j=1}^{n} w_{ij} x_j \leqslant c_i, \quad i = 1, 2, \cdots, m,$$

式中, $\{p_j\}$, $\{w_{ij}\}$ 为正值权重, $\{c_i\}$ 为正的费用参数. 上述组合优化问题等价为下面函数优化问题:

$$\max_{\boldsymbol{x} \in \{0,1\}^n} S(\boldsymbol{x}) = \max_{\boldsymbol{x} \in \{0,1\}^n} \left(\tilde{S}(\boldsymbol{x}) + \sum_{j=1}^{n} p_j x_j \right)$$

$$\stackrel{\text{def}}{=\!=\!=} \max_{\boldsymbol{x} \in \{0,1\}} \left(\alpha \sum_{i=1}^{m} I_{\left\{ \sum_{j=1}^{n} w_{ij} x_j > c_i \right\}} + \sum_{j=1}^{n} p_j x_j \right),$$

式中, $\alpha = -\sum_{j=1}^{n} p_j$, 如果 $\boldsymbol{x}$ 满足所有约束条件, α 是常数, 则有

$$\tilde{S}(\boldsymbol{x}) = 0, \quad S(\boldsymbol{x}) = \sum_{j=1}^{n} p_j x_j \geqslant 0.$$

如果 $\boldsymbol{x}$ 不满足所有约束条件, 则有

$$\tilde{S}(\boldsymbol{x}) \leqslant \sum_{j=1}^{n} p_j x_j, \quad S(\boldsymbol{x}) \leqslant 0.$$

$\tilde{S}(\boldsymbol{x})$ 是罚函数. 对此优化问题, 可以归结为小概率事件的概率估计问题:

$$h(\gamma) = P(S(\boldsymbol{X}) \geqslant \gamma), \quad \lambda \in \left(0, \sum_{l=1}^{s} p_l \right], \quad \boldsymbol{X} \sim f(\boldsymbol{x}),$$

式中, $f(\boldsymbol{x}) = 1/2^s$, $\boldsymbol{x} \in \{0,1\}^n$, $\boldsymbol{X}$ 是成功概率为 $1/2$ 的独立伯努利随机向量. 算法中的转移密度 $\kappa_k(\boldsymbol{y}|\boldsymbol{x})$ 由吉布斯算法来定义.

对于 Senju 和 Toyoda(1968) 提出的二元渐缩问题, 数据为 $\{p_j, w_{ij}, c_i\}$, 有 60 个变量, 30 个约束条件. 使用阈参数列表数据, 估计参数 $\rho = 0.01$, 模拟 1 万次, 最后得到问题的最大值为 6704.

2. 旅行商问题

旅行商问题是在 n 个点的旅行推销员问题, 求费用函数最小, 费用函数为

$$\min_{\boldsymbol{x}} S(\boldsymbol{x}) = \min_{x} \left(\sum_{i=1}^{n-1} C(x_i, x_{i+1}) + C(x_n, x_1) \right),$$

式中, $\boldsymbol{x} = (x_1, x_2, \cdots, x_n)$ 是 $(1, 2, \cdots, n)$ 的排列, x_i 为旅行推销员要访问的点, $C(i, j)$ 为第 i 点到第 j 点的费用. 可使用自适应分裂算法求解旅行推销员的优化路程问题.

3. 二次指派问题

二次指派问题是求费用函数最小问题:

$$\min_{\boldsymbol{x}} S(\boldsymbol{x}) = \min_{x} \sum_{i=1}^{n} \sum_{j=1}^{n} \boldsymbol{F}_{ij} \boldsymbol{D}(x_i, x_f),$$

式中, $\boldsymbol{x}=(x_1, x_2, \cdots, x_n)$ 是 $(1, 2, \cdots, n)$ 的排列, $\boldsymbol{F}$ 和 $\boldsymbol{D}$ 是 $n \times n$ 对称矩阵. 可以使用自适应分裂算法求解二次指派问题.

参 考 文 献

胡士强, 敬忠良. 2010. 粒子滤波原理及其应用. 北京: 科学出版社.

刘军. 2009. 科学计算中的蒙特卡罗策略. 唐年胜, 周勇, 徐亮, 译. 北京: 高等教育出版社.

邹国辉, 敬忠良, 胡洪涛. 2006. 基于优化组合重采样的粒子滤波算法. 上海交通大学学报, 40 (7): 1135-1140.

朱志宇. 2010. 粒子滤波算法及其应用. 北京: 科学出版社.

Botev Z I. 2007. The examples of a practical exact Markov chain sampling. Technical report, School of Mathematics and Physics, The University of Queensland, http://espace. library.uq.edu.au/view/UQ:130865.

Botev Z I. 2008. An algorithm for rare-event probability estimation using the product rule of probability theory. Technical report, School of Mathematics and Physics, The University of Queensland, http://espace.library.uq.edu.au/view/UQ:151299.

Botev Z I. 2009. Splitting methods for efficient combinatorial counting and rare-event probability estimation. Technical report, School of Mathematics and Physics, The University of Queensland, http://espace.library.uq.edu.au/view/UQ:151299.

Botev Z I, Kroese D P. 2009. The generalized cross-entropy method, with applications to probability density estimation. Methodology and Computational in Applied probability, DOI:10.1007/s11009-009-9133-7.

Carpenter J, Clifford P, Fernhead P. 1999. Improved particle filter for nonlinear problems. IEE Proc. Radar, Sonar Navig., 146: 2-4.

Cerou F, Moral P, Furon T, Guyader A. 2009. Rare-event simulation for a static distribution. Technical report, INRIA-00350762.

Doucet A, Godsill S, Andrieu C. 2000. On sequential Monte Carlo sampling methods for Bayesian Filtering. Statistics and Computing, 10(1): 197-208.

Doucet A, de Freitas J F G, Gordon N J. 2001. An introduction to sequential Monte Carlo methods. Sequential Monte Carlo Methods in Practice. New York: Springer Verlag.

Doucet A,Gordon N J, Krishnamurthy V. 2001. Particle filters for state estimation of Jump Markov linear systems. IEEE Trans on Signal Processing, 49(5): 613-624.

Gelb A. 1974. Applied Optimal Estimation. Cambridge: Massachusetts Institute of Technology Press.

Gordon N J, Salmond D J, Smith A F M. 1993. Novel approach to nonlinear/non-Gaussian Bayesian state estimation. IEE Proceedings on Radar and Signal Processing, 140(2): 107–113.

Hammersley J M, Morton K W. 1954. Poor man's Monte Carlo. J. Royal Statistical Society. (B), 16(1): 23-38.

Hammersley, J. M, Handscomb D C. 1964. Monte Carlo methods. New York: John Wiley & Sons.

Isard M, Blake A. 1998. Condensation-conditional density propagation for visual tacking. Journal of Computer Vison, 29(1): 5-28.

Jazwinski A H. 1970. Stochastic processes and fltering theory// Mathematics in Science and Engineering. New York: Academic Press.

Julier S J, Uhlmann J K. 1997. A new method for the nonlinear transformationof means and covariance in filters and estimators. IEEE Trans on Automatic Control, 45(3): 477-482.

Kitagawa G. 1987. Non-Gaussian state-space modeling of nonstationary time series.Journal of the American Statistical Association, 82: 1032-1063.

Liu J S,Chen R. 1995. Blind deconvolution via sequential imputations. Journal of the American Statistical Association, 90(430): 567-576.

Liu J S,Chen R. 1998. Sequential Monte Carlo methods for dynamic systems. Journal of the American Statistical Association, 93(443): 1032-1044.

Liu J S. 2001. Monte Carlo Strategies in Scientific Computing. New York: Springer Verlag.

Merwe R, Douce A, Freitas N. 2000. The unscented particle filter. Advances in Neural Information Processing Systems, 1-45.

Robert C P, Casella G. 1999. Monte Carlo Statistical method. New York: Spring Verlag.

Rosenbluth M N, Rosenbluth A W. 1955. Monte Carlo calculation of the verage extension of molecular chains. Journal of Chemical Physics, 23(2): 356-359.

Wald A. 1947. Sequential Analysis. New York: John Wiley & Sons.

第9章　确定性问题模拟

9.1　线性代数方程模拟

9.1.1　构造概率模型

科学技术问题有确定性问题和随机性问题, 确定性问题诸如代数方程、偏微分方程、积分方程和积分. 这些问题本身是确定性的, 由于蒙特卡罗方法的本质是模拟随机现象, 所以无法用蒙特卡罗方法直接模拟确定性问题, 但是如果有办法把确定性问题变成随机性问题, 则可用蒙特卡罗方法模拟. 蒙特卡罗方法求解确定性问题是根据确定性问题的数学特征, 首先构造一个人为的虚拟的概率模型, 把确定性问题变成随机性问题. 然后根据蒙特卡罗方法的基本框架, 确定随机过程的概率分布和统计量, 从随机过程的概率分布抽样, 产生随机过程的样本值, 得到统计量取值. 最后进行统计量估计, 得到确定性问题的估计值. 关于各种确定性问题的蒙特卡罗方法在 Hammersley 和 Handscomb(1964), 徐钟济 (1985), 裴鹿成 (1989) 的书中都有介绍. 确定性问题的模拟方法很早就建立起来, 但是除了积分模拟方法和一些特殊领域以外, 其他确定性问题模拟方法由于应用不多, 研究进展不大.

构造积分的概率模型比较容易, 构造其他确定性问题的概率模型比较困难一些. 主要困难是如何根据确定性问题的特点, 构造出适用的概率模型. 代数方程组、偏微分方程和积分方程的概率模型主要是采用随机游动模型.

随机游动模型假定系统状态 P 是随机过程, 可以是离散的, 也可以是连续的. 系统从一个特定状态 P_1 开始, 以转移概率转移到状态 P_2, 如此继续下去, 直到状态 P_m 终止. 状态序列 $(P_1, P_2, \cdots, P_m)$ 称为随机游动路径.

9.1.2　随机游动概率模型

许多问题最后可以归结为求解线性代数方程组. 与数值方法比较, 蒙特卡罗方法在计算精度上在低阶情况下并无优势, 其优点是一次求解可以只得到一个未知量, 节省一些时间. 但在高阶情况下, 比如几百阶和几千阶代数方程组, 蒙特卡罗方法比数值方法有较高的效率. Forsythe 和 Leibler(1950) 根据 von Neumann 和 Ulam 的建议用袋中取球的随机游动概率模型求解线性代数方程组, Curtiss(1956) 比较了计算效率, Wasow(1962) 提出修正的马尔可夫链模型, Sobol(1973) 做了深入研究. Halton (1962, 1994) 提出序贯蒙特卡罗方法, Dimov, Alexandrov, Karaivanova

(2001) 提出分解蒙特卡罗方法, 下面介绍的是随机游动概率模型.

1. 线性代数方程组

线性代数方程组为

$$Ax = c,$$

式中, A 为已知 m 阶非奇异矩阵, $A = [a_{ij}]$; x 为未知 m 维列向量, $x = [x_j]^{\mathrm{T}}$; c 为已知 m 维列向量, $c = [c_i]^{\mathrm{T}}$. 求解线性代数方程组就是求解出未知量 x, 通过一定的变换之后, 得到线性代数方程组的雅可比迭代形式为

$$x = Bx + d,$$

其中, $B = [b_{ij}]$, 满足的收敛条件为

$$\max_{1 \leqslant i \leqslant m} \sum_{j=1}^{m} |b_{ij}| < 1.$$

根据迭代法收敛的充分条件, $x = Bx + d$ 是收敛的. B 的范数为

$$||B|| = \max_{1 \leqslant i \leqslant m} \sum_{j=1}^{m} |b_{ij}| < 1.$$

d 的范数为

$$||d|| = \max_{1 \leqslant i \leqslant m} \sum_{j=1}^{m} |d_i| < 1.$$

具体的迭代公式可以表示成诺依曼级数:

$$x = \sum_{k=0}^{\infty} B^k d = d + Bd + \cdots + B^k d + \cdots.$$

如果矩阵 B 的所有特征值的绝对值均小于 1, 则诺依曼级数绝对收敛到线性代数方程组的解. 线性代数方程组第 i 个未知量 x_i 的诺依曼级数解为

$$
\begin{aligned}
x_i &= \sum_{k=0}^{\infty} \sum_{i_1=1}^{m} \cdots \sum_{i_k=1}^{m} b_{ii_1} b_{i_1 i_2} \cdots b_{i_{k-1} i_k} d_{i_k} \\
&= d_i + \sum_{i_1=1}^{m} b_{ii_1} d_{i_1} + \sum_{i_1=1}^{m} \sum_{i_2=1}^{m} b_{ii_1} b_{i_1 i_2} d_{i_2} + \cdots \\
&\quad + \sum_{i_1=1}^{m} \sum_{i_2=1}^{m} \cdots \sum_{i_k=1}^{m} b_{ii_1} b_{i_1 i_2} \cdots b_{i_{k-1} i_k} d_{i_k} + \cdots.
\end{aligned}
$$

2. 随机游动概率模型描述

根据未知量 x_i 的诺依曼级数解, 可以构造随机游动概率模型. 为了构造随机游动路径, 选择转移权重 w_{ij} 和转移概率 p_{ij}, 满足下面条件:

$$b_{ij} = w_{ij} p_{ij},$$

其中 w_{ij} 和 p_{ij} 满足下面条件:

$$w_{ij} = \begin{cases} 0, & b_{ij} = 0, \\ b_{ij}/p_{ij}, & b_{ij} \neq 0, \end{cases} \quad p_{ij} \begin{cases} \geqslant 0, & b_{ij} = 0, \\ > 0, & b_{ij} \neq 0, \end{cases} \quad \sum_{j=1}^{m+1} p_{ij} = 1. \tag{9.1}$$

得到线性代数方程组的解为

$$x_i = d_i + \sum_{i_1=1}^{m} w_{ii_1} p_{ii_1} d_{i_1} + \cdots$$
$$+ \sum_{i_1=1}^{m} \sum_{i_2=1}^{m} \cdots \sum_{i_k=1}^{m} w_{ii_1} w_{i_1 i_2} \cdots w_{i_{k-1} i_k} p_{ii_1} p_{i_1 i_2} \cdots p_{i_{k-1} i_k} d_{i_k} + \cdots.$$

构造如下的随机游动路径:

$$i = i \rightarrow i_1 \rightarrow i_2 \rightarrow \cdots \rightarrow i_m \rightarrow i_{m+1},$$

其中每个状态可为 m 个状态中的任意一个状态, i 是路径开始点, i_{m+1} 是路径终止点. 首先以转移概率 p_{ii_1} 从初始状态 i 转移到状态 i_1; 然后以转移概率 $p_{i_1 i_2}$ 从状态 i_1 转移到状态 i_2; 如此继续下去, 直到状态 i_{m+1} 终止. 状态转移概率满足式 (9.1). 由 p_{ij} 可以确定转移概率矩阵 $\boldsymbol{P}$, 由矩阵 $\boldsymbol{B}$ 和转移概率矩阵 $\boldsymbol{P}$ 确定转移权重矩阵 $\boldsymbol{W}$. 随机游动过程的概率分布为

$$f(i) = p_{ii_1} p_{i_1 i_2} \cdots p_{i_{k-1} i_k} p_{i_k m+1}.$$

统计量为

$$h(i) = w_{ii_1} w_{i_1 i_2} \cdots w_{i_{k-1} i_k} d_{i_k} / p_{i_k m+1} = w_{ii_1} w_{i_1 i_2} \cdots w_{i_{k-1} i_k} w_{i_k}.$$

统计量的数学期望等于线性代数方程组的解证明如下:

$$E[h(i)] = \sum_{k=0}^{\infty} \sum_{i_1=1}^{m} \cdots \sum_{i_k=1}^{m} (w_{ii_1} w_{i_1 i_2} \cdots w_{i_{k-1} i_k} d_{i_k} / p_{i_k m+1})$$
$$(p_{ii_1} p_{i_1 i_2} \cdots p_{i_{k-1} i_k} p_{i_k m+1})$$
$$= \sum_{k=0}^{\infty} \sum_{i_1=1}^{m} \cdots \sum_{i_k=1}^{m} b_{ii_1} b_{i_1 i_2} \cdots b_{i_{k-1} i_k} d_{i_k} = x_i.$$

9.1.3　线性代数方程模拟方法

1. 直接模拟方法

根据随机游动概率模型, 对随机游动路径进行模拟. 从第 i 个状态开始, 经过 $k = 1, 2, \cdots, m$ 步状态转移, 对状态 i_k, 从概率密集函数 $f_{i_k}(i) = \{p_{i_k i}, 1 \leqslant i \leqslant m+1\}$ 抽样产生状态样本值 i_{k+1}, 在状态 i_{m+1} 终止, 称为一次随机游动. 第 l 次模拟统计量取值:

$$h_l(i) = w_{ii_1} w_{i_1 i_2} \cdots w_{i_{k-1} i_k} d_{i_k} / p_{i_k m+1}$$

作为 x_i 的无偏统计量. 一次模拟, 随机游动的直接模拟算法如下:

① 随机游动步数 $k = 0$, 初始状态 i.

② 对 i_k, 概率密集函数 $f_{i_k}(i) = \{p_{i_k i}, 1 \leqslant i \leqslant m+1\}$ 抽样确定 i_{k+1}.

③ 若 $i_{k+1} \neq m+1$, 则 $k = k+1$, 返回②; 否则, 终止随机游动.

④ 计算统计量 $h(i) = w_{ii_1} w_{i_1 i_2} \cdots w_{i_{k-1} i_k} d_{i_k} / p_{i_k m+1}$.

给定一个初始值 x_0, 经过 n 次模拟, 统计量的算术平均可作为线性代数方程组解的估计, 线性代数方程组解的估计值为

$$\hat{x}_i = (1/n) \sum_{l=1}^{n} h_l(i).$$

2. 拟蒙特卡罗方法

直接模拟蒙特卡罗方法的收敛速度和误差的阶为 $O(n^{-1/2})$. Mascagni 和 Kara-ivanova(2000) 提出使用拟蒙特卡罗方法求解线性代数方程组. 赖斯龚和卢秀玉 (2010) 使用 MT19937 伪随机数和 Sobol 拟随机数求解高阶线性代数方程组, 表明拟蒙特卡罗方法的收敛速度和方法误差的阶为 $O((\log n)^T/n)$, T 为随机游动的路径长度, 突破蒙特卡罗方法 $O(n^{-1/2})$ 的限制. 测试数据是随机生成 512 阶、1024 阶和 2048 阶线性代数方程组, 系数矩阵的稀疏程度用系数矩阵中的非零元素所占比例表示, 分别为 10%、5% 和 2%, 表 9.1 给出求解 2048 阶线性代数方程组的计算时间和计算精度. 在随机游动的路径长度不是很长的情况下, 在收敛速度和计算精度上, 拟蒙特卡罗方法都优于蒙特卡罗方法. 如果随机游动的路径长度很长, 应选择蒙特卡罗方法.

表 9.1　求解 2048 阶线性代数方程组的计算时间和计算精度

路径长度 T	模拟次数 n	计算时间/ms		计算精度	
		MC	QMC	MC	QMC
10	50000	16.06	7.97	0.010121	0.000306
15	20000	11.29	5.85	0.010529	0.000274
20	10000	7.31	3.15	0.009584	0.000668
25	5000	3.64	1.81	0.015372	0.002293

9.2　椭圆型偏微分方程模拟

9.2.1　随机游动概率模型

实际的偏微分方程问题很少有解析的精确解. 数值方法可以用差分法或者变分法求解, 高维问题比较困难. 由于蒙特卡罗方法与维数无关, 高维问题并不带来本质上的困难, 因此当只需要区域某些点的解时, 对二维和三维复杂几何问题, 蒙

特卡罗模拟是较好的选择, 算法和编程都比普通数值方法简单和容易. 偏微分方程有椭圆型偏微分方程、抛物型偏微分方程和双曲型偏微分方程. 根据不同的边界条件和初值条件, 有各类边值问题和初值问题, 现以二维几何空间为例说明问题. Curtiss(1949), Wasow(1951) 就提出用蒙特卡罗方法求解偏微分方程问题, Muller(1956), Bugliarello 和 Juckson(1964) 进行深入研究. 徐钟济 (1985), 吉庆丰 (2004) 给出求解椭圆型偏微分方程的蒙特卡罗方法具体算法.

1. 椭圆型偏微分方程

设 u 为未知函数, D 为空间区域, Γ 为空间区域的边界, P 为空间区域内的点, $P = (x, y)$, Q 为空间区域边界上的点. 偏微分方程和边值条件构成偏微分方程边值问题. 一般二维椭圆型偏微分方程为

$$a(P)\frac{\partial^2 u}{\partial x^2} + b(P)\frac{\partial^2 u}{\partial y^2} - c(P)\frac{\partial u}{\partial x} - d(P)\frac{\partial u}{\partial y} - r(P)u = -s(P), \quad P \in D, \qquad (9.2)$$

式中, $a(P) > 0, b(P) > 0, r(P) > 0$. 第一类边界条件为

$$u(Q) = f(Q), \quad Q \in \Gamma. \qquad (9.3)$$

2. 随机游动概率模型描述

网格可以是规则网格, 也可以是不规则网格. 二维问题的规则网格点及其随机游动如图 9.1 所示. 对于给定步长, 作规则网格把二维空间区域 D 覆盖. 网格点有内部网格点和边界网格点, 内部网格点的区域 D' 为一个新区域, 边界网格点连成的边界 Γ' 是新区域 D' 的边界, 只研究内部网格点, P 为空间区域内 D' 的点, Q 为空间区域 D' 边界上 Γ' 的点. 从一个网格点向相邻的四个网格点随机游动如图 9.1(b) 中所示.

运用有限差分方法, 将二维椭圆型偏微分方程离散化, 得到离散化后的形式, 它反映区域内任一结点 P 与其相邻的 4 个结点 $P_{11}, P_{12}, P_{13}, P_{14}$ 之间未知函数 u 的关系. 一般二维椭圆型偏微分方程 (9.2) 离散化后的形式为

$$u(P) = [1 + p_e(P)]^{-1}\left[\sum_{l=1}^{4} p_{1l}(P)u(P_{1l}) + p_s(P)s(P)\right], \quad P \in D', \qquad (9.4)$$

式中各系数随所用差分格式的不同而变化, 这里是采用一阶迎风差分格式.

$P_{1j}(j = 1, 2, 3, 4)$ 是与点 P 相邻的四个结点, $p_{1l}(l = 1, 2, 3, 4)$ 为 P 点向相邻的 4 个结点的转移概率, 转移概率为

$$p_{11}(P) = (\alpha_x + \beta_{x1})/p_0, \quad p_{12}(P) = (\alpha_x - \beta_{x2})/p_0,$$
$$p_{13}(P) = (\alpha_y + \beta_{y1})/p_0, \quad p_{14}(P) = (\alpha_y - \beta_{y2})/p_0,$$

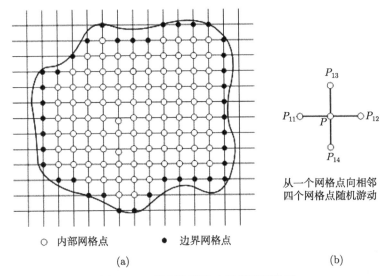

○ 内部网格点 ● 边界网格点

(a) (b)

图 9.1 二维规则网格点及其随机游动

式中,

$$p_0 = 2\alpha_x + 2\alpha_y + \beta_{x1} - \beta_{x2} + \beta_{y1} - \beta_{y2}; \quad \alpha_x = a(P); \quad \alpha_y = b(P)\delta_x^2/\delta_y^2;$$

$$\beta_{x1} = \delta_x c(P) \max(0, c(P)/|c(P)|); \quad \beta_{x2} = \delta_x c(P) \max(0, -c(P)/|c(P)|);$$

$$\beta_{y1} = \delta_x^2/\delta_y d(P) \max(0, d(P)/|d(P)|); \quad \beta_{y2} = \delta_x^2/\delta_y d(P) \max(0, -d(P)/|d(P)|);$$

$$p_e(P) = \delta_x^2 r(P)/p_0; \quad p_s(P) = \delta_x^2/p_0,$$

式中, δ_x 和 δ_y 为空间步长. 转移概率满足下面关系:

$$0 \leqslant p_{1l}(P) \leqslant 1, \quad l = 1, 2, 3, 4, \quad \sum_{l=1}^{4} p_{1l}(P) = 1.$$

边界条件式 (9.3) 离散化后的形式为

$$u(Q) = f(Q), \quad Q \in \Gamma'. \tag{9.5}$$

对第一类边值问题, 构造一个随机游动路径, 随机游动点 P 是一个随机变量, 随机游动点从结点 $P_0 \in D'$ 出发, 按照转移概率 $p_{1l}(l = 1, 2, 3, 4)$ 向与点 P_0 相邻的四个结点随机游动一步. 若第一步到达的位置为 P_{1l}, 再按照转移概率 $p_{2l}(l = 1, 2, 3, 4)$ 向与点 P_{1l} 相邻的四个结点随机游动一步, 如此重复下去, 直到随机游动点到达边界结点 Q 处为止, 随机游动结束. 每一条随机游动路径, 开始于出发点 P_0, 终止于边界点 $Q \in \Gamma'$, 随机游动路径为

$$P = P_0 \to P_1 \to P_2 \to \cdots \to P_{m-1} \to Q \in \Gamma'.$$

随机游动是特殊的马尔可夫过程, 随机游动点为 P, 对任何时刻 k 都有

$$\Pr(P_k|P_0, P_1, \cdots, P_{k-1}) = \Pr(P_k|P_{k-1}) = F(P_k - P_{k-1}),$$

式中, $F(P_k - P_{k-1})$ 为累积分布函数. 随机游动抽样是无限制随机游动抽样, 由无限制随机游动抽样算法产生随机游动点的样本值 P. 对一般二维椭圆型偏微分方程边值问题, 统计量取值为

$$h(P) = \sum_{k=0}^{m-1} \left(\prod_{j=1}^{k} [1 + p_e(P_j)]^{-1} \right) p_s s(P_k) + \left(\prod_{j=0}^{k} [1 + p_e(P_j)]^{-1} \right) f(Q). \tag{9.6}$$

如果随机游动的出发点是边界点, 则停留在出发点处, 此时统计量取值为

$$h(P) = f(Q).$$

可以证明统计量 $h(P)$ 的期望值就是满足方程 (9.4) 和边界条件式 (9.5) 的解, $E[h(P)] = u(P)$.

9.2.2 椭圆型偏微分方程模拟方法

1. 直接模拟方法

对随机游动进行模拟, 从 P_0 点开始经过 $k = 1, 2, \cdots, m$ 步, 在边界 Γ' 上终止的随机游动称为一次随机游动. 设网格空间步长为 δ_x 和 δ_y, 从某一网格结点向邻近四个结点的游动方向距离为 $L(K) = \{(\delta_x, 0), (0, \delta_x), (-\delta_y, 0), (0, -\delta_y)\}$, 随机游动点样本值为 $P(x, y)$, 无限制随机游动抽样算法如下:

① 产生随机数 U, $K = [4U] + 1$.

② 计算 $P_k(x, y) = P_{k-1}(x, y) + L(K)$.

一次随机游动得到统计量取值 $h(P)$, 见式 (9.6). 经过 n 次随机游动, 每次统计量取值为 $h_i(P)$, 统计量的算术平均可作为偏微分方程解 $u(P)$ 的近似值, 偏微分方程解的估计为

$$\hat{u} = (1/n) \sum_{i=1}^{n} h_i(P).$$

2. 特殊形式的椭圆型偏微分方程求解

有几种特殊形式的椭圆型偏微分方程, 如拉普拉斯方程和泊松方程. 拉普拉斯方程为

$$\Delta u(P) = \frac{\partial^2 u}{\partial x^2} + \frac{\partial^2 u}{\partial y^2} = 0, \quad P \in D. \tag{9.7}$$

泊松方程为

$$\Delta u(P) = \frac{\partial^2 u}{\partial x^2} + \frac{\partial^2 u}{\partial y^2} = -s(P), \quad P \in D. \tag{9.8}$$

三类边界条件分别为

$$u(P) = f(Q), \quad Q \in \Gamma; \quad \partial u / \partial n = f(Q), \quad Q \in \Gamma;$$

$$\partial u / \partial n = a u(Q) + f(Q), \quad Q \in \Gamma,$$

式中, $\partial u / \partial n$ 为内法线方向导数; $a > 0$, 是一个实数.

二维拉普拉斯方程 (9.7) 离散化后的形式为

$$u(P) = \sum_{l=1}^{4} p_{1l}(P) u(P_{1l}), \quad P \in D',$$

式中, $p_{11}(P) = p_{12}(P) = 1/[2(1+\alpha)], p_{13}(P) = p_{14}(P) = \alpha/[2(1+\alpha)], \alpha = h_x^2/h_y^2$. 对二维拉普拉斯方程第一边值问题, 统计量取值为 $h(P) = f(Q)$.

二维泊松方程 (9.8) 散化后的形式为

$$u(P) = \sum_{l=1}^{4} p_{1l}(P) u(P_{1l}) + p_s(P) s(P), \quad P \in D',$$

式中, $p_s = h_x^2/[2(1+\alpha)], p_{11}(P) = p_{12}(P) = 1/[2(1+\alpha)], p_{13}(P) = p_{14}(P) = \alpha/[2(1+\alpha)]$. 对二维泊松方程第一边值问题, 统计量取值为

$$h(P) = p_s(P_0) s(P_0) + p_s(P_1) s(P_1) + \cdots + p_s(P_{k-1}) s(P_{k-1}) + f(Q).$$

对第二和第三边值问题, 可以构造不同的随机游动链. 上述情况是对规则的游动网格, 也可以是对不规则的游动网格情况, 作不规则的网格把二维空间区域 D 覆盖. 椭圆型偏微分方程边值问题的蒙特卡罗求解方法对抛物型偏微分方程和双曲型偏微分方程也是适用的.

例如, 泊松方程的边值问题求解. 下面用蒙特卡罗方法求解二维泊松方程的边值问题. 二维泊松方程第一类边值问题为

$$\Delta u(P) = -s(P), \quad P \in D,$$
$$u(P) = f(Q), \quad Q \in \Gamma.$$

二维泊松方程为

$$\frac{\partial^2 u}{\partial x^2} + \frac{\partial^2 u}{\partial y^2} = 4, \quad 0 \leqslant x \leqslant 10, \ 0 \leqslant y \leqslant 10.$$

第一类边界条件为

$$u(x,y) = \begin{cases} x^2, & 0 \leqslant x \leqslant 10, \ y = 0, \\ 100 + y^2, & x = 10, \ 0 \leqslant y \leqslant 10, \\ x^2 + 100, & 0 \leqslant x \leqslant 10, \ y = 10, \\ y^2, & x = 0, \ 0 \leqslant y \leqslant 10. \end{cases}$$

求满足泊松方程和第一类边界条件的 $u(x, y)$ 函数在 $(x, y) = (7, 8)$ 处的值. 由于 $s(P) = s(x, y) = -4$ 是常数, 因此对第 i 次蒙特卡罗模拟随机游动路径, 统计量

$$h_i(P) = p_s(P_0)s(P_0) + p_s(P_1)s(P_1) + \cdots + p_s(P_{k-1})s(P_{k-1}) + f(Q_i)$$

可简化为 $h_i(P) = -M_i + f(Q_i)$. 式中, M_i 是随机游动路径从游动开始到游动停止到达边界结点 Q_i 所经过的游动步数.

设网格间距为 $h_x = h_y$, 从某一网格结点向邻近四个结点的游动方向距离为 $L(m) = (\delta_x, 0), (0, \delta_x), (-\delta_y, 0), (0, -\delta_y)$. 由随机游动抽样算法, 得到随机游动点坐标 $P = (x, y)$. 偏微分方程解的估计为

$$\hat{u} = (1/n) \sum_{i=1}^{n} (-M_i + f(Q_i)).$$

蒙特卡罗方法求解二维泊松方程第一类边值问题, 模拟一百万次, 在普通微机上需要 30 分钟计算时间. 这个问题的精确解为 $u(x, y) = u(7, 8) = 7^2 + 8^2 = 113$. 表 9.2 给出二维泊松方程的边值问题蒙特卡罗求解结果, 误差是置信水平为 0.99 的误差.

表 9.2   二维泊松方程的边值问题蒙特卡罗求解结果

模拟次数	求解值	绝对误差	相对误差/%
10^3	113.586	5.271	4.640
10^4	113.108	1.689	1.493
10^5	113.065	0.534	0.473
10^6	113.059	0.169	0.149

9.3   抛物型偏微分方程模拟

9.3.1   随机游动概率模型

1. 抛物型偏微分方程

P 为时间空间区域内的点, $P = (x, y, t)$, 一般二维抛物型偏微分方程为

$$\frac{\partial u}{\partial t} - a(P)\frac{\partial^2 u}{\partial x^2} - b(P)\frac{\partial^2 u}{\partial y^2} + c(P)\frac{\partial u}{\partial x} + d(P)\frac{\partial u}{\partial y} + r(P)u = s(P), \quad P \in D. \quad (9.9)$$

式中, $a(P) > 0, b(P) > 0, r(P) > 0$. 初始条件和边界条件为

$$\Phi(Q) = f(Q), \quad Q \in \Gamma. \quad (9.10)$$

有几种特殊形式的抛物型偏微分方程, 如扩散方程. 扩散方程为

$$\frac{\partial u}{\partial t} - a(P)\frac{\partial^2 u}{\partial x^2} - b(P)\frac{\partial^2 u}{\partial y^2} = 0, \quad P \in D.$$

2. 随机游动概率模型描述

运用有限差分方法, 将二维抛物型偏微分方程离散化, 得到离散化后的形式, 它反映区域内任一结点 P 与其相邻的 5 个结点 $P_{11}, P_{12}, P_{13}, P_{14}, P_{15}$ 之间未知函数 u 的关系. 一般二维抛物型偏微分方程 (9.9) 离散化后的形式为

$$u(P) = [1 + p_e(P)]^{-1} \left[\sum_{l=1}^{5} p_{1j}(P) u(P_{1l}) + p_s(P) s(P) \right], \quad P \in D', \quad (9.11)$$

式中各系数随所用差分格式的不同而变化, 这里采用的是一阶迎风差分格式. P_{1l} ($l = 1, 2, 3, 4, 5$) 是与点 P 相邻的 5 个结点, $p_{1l}(l = 1, 2, 3, 4, 5)$ 为 P 点向相邻的 5 个结点的转移概率, 转移概率为

$$p_{11}(P) = (\alpha_x + \beta_{x1})/p_0, \quad p_{12}(P) = (\alpha_x - \beta_{x2})/p_0,$$
$$p_{13}(P) = (\alpha_y + \beta_{y1})/p_0, \quad p_{14}(P) = (\alpha_y - \beta_{y2})/p_0,$$
$$p_{15}(P) = 1/p_0,$$

式中,

$$p_0 = 2\alpha_x + 2\alpha_y + \beta_{x1} - \beta_{x2} + \beta_{y1} - \beta_{y2}; \quad \alpha_x = a(P)\delta_t/\delta_x^2; \quad \alpha_y = b(P)\delta_t/\delta_y^2;$$
$$\beta_{x1} = \delta_t c(P) \max(0, c(P)/|c(P)|); \quad \beta_{x2} = \delta_t c(P) \max(0, -c(P)/|c(P)|);$$
$$\beta_{y1} = \delta_t d(P) \max(0, d(P)/|d(P)|); \quad \beta_{y2} = \delta_t d(P) \max(0, -d(P)/|d(P)|);$$
$$p_e(P) = \delta_t r(P)/p_0; \quad p_s(P) = \delta_t/p_0,$$

式中, δ_t 为时间步长; δ_x 和 δ_y 为空间步长. 转移概率满足下面关系:

$$0 \leqslant p_{1l}(P) \leqslant 1, \quad l = 1, 2, \cdots, 5, \quad \sum_{l=1}^{5} p_{1l}(P) = 1.$$

初始条件和边界条件式 (9.10) 离散化后的形式为

$$u(Q) = f(Q), \quad Q \in \Gamma'. \quad (9.12)$$

构造一个随机游动链: 随机游动点从结点 $P_0 \in D'$ 出发, 按照转移概率 $p_{1l}(l = 1, 2, 3, 4, 5)$ 向与点 P_0 相邻的 5 个结点随机游动一步. 若第一步到达的位置为 P_{1l}, 再按照转移概率 $p_{2l}(l = 1, 2, 3, 4, 5)$ 向与点 P_{1l} 相邻的 5 个结点随机游动一步, 如此重复下去, 直到随机游动点到达边界结点 Q 处为止, 随机游动链结束. 每一条随机游动路径, 开始于出发点 P_0, 终止于边界点 $Q \in \Gamma'$, 随机游动路径为

$$P = P_0 \to P_1 \to P_2 \to \cdots \to P_{m-1} \to Q \in \Gamma'.$$

对一般二维抛物型偏微分方程边值问题, 统计量取值为

$$h(P) = \sum_{k=0}^{m-1} \left(\prod_{j=0}^{k} [1 + p_e(P_j)]^{-1} \right) p_s s(P_k) + \left(\prod_{j=0}^{k} [1 + p_e(P_j)]^{-1} \right) f(Q). \quad (9.13)$$

如果随机游动的出发点是边界点, 则停留在出发点处, 此时统计量取值为

$$h(P) = f(Q).$$

可以证明统计量 $h(P)$ 的期望值就是满足方程式 (9.11) 以及初始和边界条件式 (9.12) 的解, $E[h(P)] = u(P)$.

9.3.2 抛物型偏微分方程模拟方法

1. 直接模拟方法

对随机游动链进行模拟, 从 P_0 点开始经过 $k = 1, 2, \cdots, m$ 步, 在边界 $\varGamma'$ 上终止的游动称为一次随机游动. 设时间步长为 δ_t, 空间步长为 δ_x 和 δ_y, 从某一网格结点向邻近 5 个结点的游动方向距离为 $L(K) = \{\delta_t, (\delta_x, 0), (0, \delta_x), (-\delta_y, 0), (0, -\delta_y)\}$, 随机游动点样本值为 $P(x, y)$, 无限制随机游动抽样算法如下:

①产生随机数 U, $K = [5U] + 1$.

②计算 $P_k(x, y) = P_{k-1}(x, y) + L(K)$.

一次随机游动得到统计量取值 $h(P)$, 见式 (9.13). 经过 n 次随机游动, 每次统计量取值为 $h_i(P)$, 统计量的算术平均可作为偏微分方程解 $u(P)$ 的近似值, 抛物型偏微分方程解的估计为

$$\hat{u} = (1/n) \sum_{i=1}^{n} h_i(P).$$

2. 其他模拟方法

偏微分方程的蒙特卡罗方法最初都是在差分近似下求解, 在差分近似下是固定随机游动蒙特卡罗方法, 因步长固定, 方向有限, 加之处理一般边界条件有困难, 限制了应用. 后来有学者对热传导问题提出两种新的方法, Haji-Sheikh 和 Sparrow (1966, 1967) 提出浮动随机游动蒙特卡罗方法, 其优点是能一步到达边界, 但由于圆或球与边界相切, 因此能抽样到边界上切点的概率很小. Troubetzkoy 和 Banks (1974, 1975), Troubetzkoy(1977) 提出格林函数蒙特卡罗方法, 推广了浮动随机游动蒙特卡罗方法的应用, 浮动的图形不限于圆或球, 可以是其他形状, 如长方形和六面体等, 以利于增加与边界接触的机会. 这些方法在裴鹿成等 (1989) 的书中都有详细的介绍.

9.4 积分方程模拟

9.4.1 随机游动概率模型

积分方程是泛函分析的分支, 是研究数学的其他学科和各种物理问题的数学工具, 很多数学物理方程可以化为积分方程. 如果未知函数只依赖于一个变量, 则是

一维积分方程, 也称为单重积分方程. 一维积分方程的普通数值方法是将积分方程问题转化成相应的线性代数方程问题. Cutkosky(1951) 提出求解一维积分方程的蒙特卡罗方法, Curtiss(1953, 1956), Albert(1956) 进行深入的研究. 这里只讨论一维积分方程的蒙特卡罗方法.

1. 一维积分方程

第二类弗雷德霍姆 (Fredholm) 积分方程为

$$\phi(x) = g(x) + \int K(x,y)\phi(y)\mathrm{d}y,$$

其中, 核 $K(x,y)$ 和自由项 $g(x)$ 是已知函数; $\phi(x)$ 是未知函数, 如果 $\phi(x)$ 是一次的, 则称为线性积分方程, 如果 $g(x) = 0$, 则称为齐次积分方程. 求解积分方程就是求积分方程 $\phi(x)$ 的值. 若令 $\phi_0(x) = g(x)$, $\phi_{j+1}(x) = \int K(x,y)\phi_j(y)\mathrm{d}y, j = 0, 1, 2, \cdots$, 则积分方程的解为诺依曼级数解:

$$\phi(x) = \sum_{j=0}^{\infty} \phi_j(x).$$

诺依曼级数解是收敛的, 积分方程的蒙特卡罗方法是以积分方程的诺依曼级数解为基础.

2. 随机游动概率模型描述

积分方程的解可写为

$$\phi(x) = \sum_{j=0}^{\infty} [\phi_j(x)/p_j(x)]p_j(x) = \sum_{j=0}^{\infty} h_j(x)p_j(x).$$

对所有的 x 和 y, 选择转移权重 $w(x,y)$ 和转移概率 $p(x,y)$, 满足下面条件:

$$w(x,y)p(x,y) = K(x,y).$$

终止概率为

$$p(x) = 1 - \int p(x,y)\mathrm{d}y \geqslant 0.$$

定义 x 为随机过程, 随机游动路径为

$$x = x_0, x_1, x_2, \cdots, x_m, x_{m+1},$$

其中, x_0 是路径开始点, x_{m+1} 是路径终止点. 统计量为

$$h(x_k) = w(x_0, x_1) \cdots w(x_{k-1}, x_k)g(x_k)/p(x_k).$$

随机过程的概率分布为

$$f(x) = p(x_k)[1 - p(x_0)] \cdots [1 - p(x_{k-1})] \frac{p(x_0, x_1)}{1 - p(x_0)} \cdots \frac{p(x_{k-1}, x_k)}{1 - p(x_{k-1})}$$

$$= p(x_0, x_1) \cdots p(x_{k-1}, x_k) p(x_k).$$

统计量的数学期望为

$$E[h(x)] = \sum_{k=0}^{\infty} \int \mathrm{d}x_1 \cdots \int \mathrm{d}x_k h(x) f(x)$$

$$= \sum_{k=0}^{\infty} \int \mathrm{d}x_1 \cdots \int \mathrm{d}x_k w(x_0, x_1) \cdots w(x_{k-1}, x_k) g(x_k) / p(x_k)$$

$$\times p(x_0, x_1) \cdots p(x_{k-1}, x_k) p(x_k)$$

$$= \sum_{k=0}^{\infty} \int \mathrm{d}x_1 \cdots \int \mathrm{d}x_k K(x_0, x_1) \cdots K(x_{m-1}, x_m) g(x_m)$$

$$= \sum_{k=0}^{\infty} \phi_k(x) = \phi(x).$$

9.4.2   积分方程模拟方法

根据随机游动概率模型, 一次随机游动的算法如下:

① 随机游动步数 $k = 0$, $x_0 = x$.

② 对确定的 x_k, 若 $U \leqslant p(x_k)$ 则终止随机游动, 转向④, 否则转向③.

③ 对确定的 x_k, $p(x_k, x)/[1 - p(x_k)]$ 抽样确定 x_{k+1}, $k = k+1$, 返回②.

④ 计算统计量 $h(x) = w(x_0, x_1) \cdots w(x_{m-1}, x_m) g(x_m) / p(x_m)$.

可以证明统计量是无偏统计量. 对随机游动路径进行蒙特卡罗模拟, 从 x_0 点开始经过 $k = 1, 2, \cdots, m$ 步在 x_{m+1} 终止的游动称为一次随机游动, 一次随机游动得到统计量取值 $h(x)$. 经过 n 次随机游动, 每次统计量取值为 $h_i(x)$, 统计量的算术平均可作为积分方程解 $\phi(x)$ 的近似值, 积分方程解 $\phi(x)$ 的估计为

$$\hat{\phi} = (1/n) \sum_{i=1}^{n} h_i(x).$$

如果未知函数依赖于多个变量, 则是多维积分方程, 也称为多重积分方程. 对于多维积分方程, 普通数值方法虽然也是适用的, 但是实际计算将遇到很大的困难, 其本质是高维积分的困难, 蒙特卡罗方法对多维积分方程将是有效的方法. 在第 10 章叙述粒子线性输运问题是偏微分积分方程, 转化成多重积分方程为

$$\phi(\boldsymbol{r}, \boldsymbol{\Omega}, E, t) = \iint K(\boldsymbol{\Omega}' \to \boldsymbol{\Omega}, E' \to E | \boldsymbol{r}) \phi(\boldsymbol{r}, \boldsymbol{\Omega}', E', t) \mathrm{d}\boldsymbol{\Omega}' \mathrm{d}E' + S(\boldsymbol{r}, \boldsymbol{\Omega}, E, t).$$

它是 6 维相空间的积分方程, 普通数值方法将遇到很大的困难, 蒙特卡罗方法比较容易处理.

9.5 积分模拟

9.5.1 直接模拟方法

很多科学技术问题可以最终归结为求解积分问题, 定积分计算方法是计算数学问题. 定积分计算的数值方法有梯形方法、辛普森方法和高斯方法等, 它们的 s 维数值积分误差的阶分别为 $O(n^{-2/s})$, $O(n^{-4/s})$ 和 $O(n^{-(2k-1)/s})$. 随着维数的增加误差显著地增加, 这就是积分的维数灾难或者维数诅咒. 蒙特卡罗方法的积分误差与维数无关, 误差的阶为 $O(n^{-1/2})$, 拟蒙特卡罗方法的积分误差的阶最好情况为 $O(n^{-1})$.

1. 积分概率模型

被积函数 $\varphi(\boldsymbol{x})$ 在 s 维立体空间 V_s 上定义, 多维积分为

$$I = \int_{V_s} \varphi(\boldsymbol{x})\mathrm{d}\boldsymbol{x}.$$

构造积分概率模型比较容易, 把多维积分写成

$$I = \int_{V_s} h(\boldsymbol{x})f(\boldsymbol{x})\mathrm{d}\boldsymbol{x}.$$

被积函数 $\varphi(\boldsymbol{x}) = h(\boldsymbol{x})f(\boldsymbol{x})$, 如果把积分变量 $\boldsymbol{x}$ 作为随机变量, 随机变量的概率分布为 $f(\boldsymbol{x})$, 统计量为 $h(\boldsymbol{x})$. 把被积函数写成统计量 $h(\boldsymbol{x})$ 与概率分布 $f(\boldsymbol{x})$ 的乘积形式, 就可以把确定性的积分问题变成随机性问题, 可以用蒙特卡罗方法模拟.

2. 平均值方法

平均值方法如下: 从概率密度函数 $f(\boldsymbol{x})$ 抽样产生随机变量样本值 $\boldsymbol{X}_i$, 计算统计量取值 $h(\boldsymbol{X}_i)$, 模拟 n 次, 得到积分估计值为

$$\hat{I} = (1/n)\sum_{i=1}^{n} h(\boldsymbol{X}_i).$$

平均值方法最主要的工作是确定概率密度函数 $f(\boldsymbol{x})$ 和统计量 $h(\boldsymbol{x})$. 令 V_s 表示积分空间区域的体积, 最简单的方法是使得概率密度函 $f(\boldsymbol{x}) = 1/V_s$, 概率分布是均匀分布, 因此统计量为

$$h(\boldsymbol{x}) = V_s\varphi(\boldsymbol{x}).$$

从 V_s 上均匀分布进行抽样, 产生随机变量样本值 $\boldsymbol{X}_i$, 因此有

$$\hat{I} = V_s(1/n)\sum_{i=1}^{n} \varphi(\boldsymbol{X}_i).$$

例如, 多维积分, 各维积分的上下限均为 b, a, 概率密度函数 $f(x) = 1/(b-a)$, 随机抽样产生样本值 $\boldsymbol{X}_i$, $\boldsymbol{X}_i = (b-a)U + a$, 因此多维积分估计值为

$$\hat{I} = (b-a)(1/n)\sum_{i=1}^{n}\varphi(\boldsymbol{X}_i).$$

3. 随机投点方法

随机投点方法计算积分有两种方法, 一是给定概率分布方法, 二是使用随机数方法.

(1) 给定概率分布方法. 随机投点方法如下: 从给定概率密度函数 $f(\boldsymbol{x})$ 抽样产生随机变量样本值 $\boldsymbol{X}_i$, 判断随机投点 $(\boldsymbol{X}_i)$ 是否落在积分空间 V_s 内, 统计随机投点命中数, 得到积分估计. 随机投点模拟 n 次, 如果随机投点落在积分空间内, 统计随机投点命中数 m, 积分估计为

$$\hat{I} = m/n.$$

随机投点方法最主要的工作是选取概率密度函数 $f(\boldsymbol{x})$. 最简单的方法是使随机变量 $\boldsymbol{x}$ 服从均匀分布, 选取概率密度函数为 $f(\boldsymbol{x}) = 1/V_s$, 从 V_s 上均匀分布进行抽样, 产生随机变量 $\boldsymbol{X}_i$. 判断随机投点是否落在积分空间内的方法是产生一随机数 U, 看判别式是否成立. 如果判别式成立, 则随机投点落在积分空间内, 否则随机投点落在积分空间外. 判别式为

$$U \leqslant h(\boldsymbol{X}_i)/A,$$

式中, A 为统计量 $h(\boldsymbol{x})$ 的上确界. 给定概率分布方法只适用于某些特殊类型积分. 这种随机投点方法必须做两个工作, 一是把被积函数写成为统计量 $h(\boldsymbol{x})$ 与概率密度函数 $f(\boldsymbol{x})$ 的乘积形式, 二是从概率密度函数 $f(\boldsymbol{x})$ 抽样. 如果概率密度函数 $f(\boldsymbol{x})$ 的解析形式给不出来, 或者从概率密度函数 $f(\boldsymbol{x})$ 进行抽样比较困难, 这种随机投点方法就很难进行, 而使用随机数方法有可能解决较广泛的积分问题.

(2) 使用随机数方法. 通过变量代换进行归一化过程, 把积分上下限变换到 $(1, 0)$, 令 $\varphi_{\mathrm{L}} \leqslant \varphi(\boldsymbol{x}) \leqslant \varphi_{\mathrm{U}}$, 积分变成

$$I = \int_{V_s}\varphi(\boldsymbol{x})\mathrm{d}\boldsymbol{x} = \int_0^1 (1/(\varphi_{\mathrm{U}} - \varphi_{\mathrm{L}}))(\varphi(\boldsymbol{x}) - \varphi_{\mathrm{L}})\mathrm{d}\boldsymbol{x} = \int_0^1 \varphi^*(\boldsymbol{x})\mathrm{d}\boldsymbol{x},$$

式中, $0 \leqslant \varphi^*(\boldsymbol{x}) \leqslant 1$. 于是积分空间变成 s 维单位立方体 V_{s0}. 使用随机数方法的随机投点方法如下: 产生 $s+1$ 维随机数向量 $\boldsymbol{U} = (U_1, U_2, \cdots, U_s, U_{s+1})$, 判断随机数向量 $\boldsymbol{U}$ 是否落在单位立方体 V_{s0} 内, 即 $U_{s+1} \leqslant \varphi^*(U_1, U_2, \cdots, U_s)$, 随机投点模拟 n 次, 如果随机投点落在单位立方体内, 统计随机投点命中数为 m. 积分估计为

$$\hat{I} = m/n.$$

随机投点方法的蒙特卡罗积分估计的绝对误差为

$$\varepsilon_a = (X_\alpha/\sqrt{n})\sqrt{\hat{I}(1-\hat{I})} = (X_\alpha/\sqrt{n})\sqrt{m(n-m)/n^2}.$$

4. 积分直接模拟例子

(1) 1 维积分. 1 维积分为

$$I = \int_0^1 (\cos(50x) + \sin(20x))^2 \mathrm{d}x.$$

被积函数为多峰函数, 积分精确值为 1, 使用平均值方法, 3 种伪随机数直接模拟积分估计值和收敛速度如图 9.2 所示.

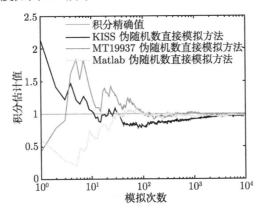

图 9.2 1 维积分模拟结果和收敛速度

(2) 25 维积分. 25 维积分为

$$\int_0^1 \int_0^1 \cdots \int_0^1 \frac{4x_1 x_3^2 \mathrm{e}^{2x_1 x_3}}{(1 + x_2 + x_4)^2} \mathrm{e}^{x_5 + x_6 + \cdots + x_{20}} x_{21} x_{22} \cdots x_{25} \mathrm{d}x_1 \mathrm{d}x_2 \cdots \mathrm{d}x_{25}.$$

积分精确值为 103.8, 使用平均值方法, 3 种伪随机数直接模拟积分估计值和收敛速度如图 9.3 所示.

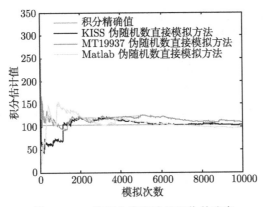

图 9.3 25 维积分模拟结果和收敛速度

9.5.2　降低方差技巧

1. 降低方差技巧概述

直接模拟方法积分估计值的方差比较大, 特别是高维积分更为严重. 第 6 章所叙述的降低方差基本技巧都可以在积分模拟中使用. 除了基本技巧, 在各种专业应用领域, 对各种特殊的积分, 开发出积分模拟降低方差的专门技巧. 例如, 高能物理领域, 就有适应性技巧和多道技巧.

(1) 适应性技巧. 使用基本技巧需要预先了解实际问题概率分布和统计量的变化特性, 但实际问题是无法事先获得被积函数的特性, 针对这种情况可使用适应性技巧. 适应性技巧的思想是首先通过试探了解概率分布和统计量的变化特性, 然后有针对性地采用某一基本技巧. 例如, G. P. Lepage 的高维积分 VEGAS 程序广泛应用于高能物理, 就是应用适应性技巧, 其中采用了分层抽样和重要抽样的联合技巧. 又如多段抽样技巧, 先做一些抽样, 得到关于最优概率分布的一些知识, 然后再用这个最优概率分布进行抽样, 得到较好的估计值, 一般使用两段抽样技巧.

(2) 多道技巧. 实际问题概率分布和统计量比较复杂, 被积函数在积分区间有多个尖峰, 呈多峰状结构, 变化剧烈波动, 直接模拟方法的误差很大, 仅靠基本技巧降低方差提高效率, 效果可能仍然是有限的. 如果把每个尖峰结构变换成近似的概率分布, 其概率密度函数的形式已经知道, 则可使用多道技巧. 多道技巧的思想是源于抽样叠加原则和重要抽样技巧. 抽样叠加原则是指如果一个概率密度函数 $f(x)$ 能变成概率密度函数 $f_i(x)$ 和的形式, 即 $f(x) = \sum_{i=1}^{m} f_i(x)$, 则概率密度函数 $f_i(x)$ 抽样值就是概率密度函数 $f(x)$ 抽样值, 选择哪一个概率密度函数 $f_i(x)$ 进行抽样的原则是根据 $\int f_i(x)\mathrm{d}x$ 的积分值作为权重随机地选择.

2. 降低方差技巧例子

这里积分模拟降低方差举一个最简单的例子, 一是为了对比真值, 二是可以看到零方差的事例. 一维积分为

$$I = \int_0^1 \mathrm{e}^x \mathrm{d}x = \int_0^1 h(x)f(x)\mathrm{d}x.$$

(1) 直接模拟. 概率密度函数 $f(x)=1$, 统计量 $h(x) = \mathrm{e}^x$, 积分估计值为

$$\hat{I} = (1/n)\sum_{i=1}^{n} \mathrm{e}^U.$$

(2) 控制变量. 概率密度函数不变, 统计量 $h(x) = \mathrm{e}^x + 1.69032(x - 0.5)$, 积分估计值为

$$\hat{I} = (1/n)\sum_{i=1}^{n} \left(\mathrm{e}^{U_i} + 1.69032(U_i - 0.5)\right).$$

(3) 对偶随机变量. 概率密度函数不变, 统计量 $h(x) = (\mathrm{e}^x + \mathrm{e}^{1-x})/2$, 积分估计值为

$$\hat{I} = (1/n) \sum_{i=1}^{n} (\mathrm{e}^{U_i} + \mathrm{e}^{(1-U_i)})/2.$$

(4) 重要抽样. 由于积分结果已知为 $\mathrm{e} - 1$, 重要密度函数选取为

$$g(x) = \frac{|h(x)f(x)|}{\int |h(x)f(x)|\mathrm{d}x} = \frac{\mathrm{e}^x}{\int_0^1 \mathrm{e}^x \mathrm{d}x} = \frac{\mathrm{e}^x}{\mathrm{e} - 1}.$$

权重为 $w = (\mathrm{e}-1)\mathrm{e}^{-x}$, 从重要密度函数 $g(x)$ 抽样得到样本值 $X = \ln((\mathrm{e}-1)U+1)$, 积分估计值为

$$\hat{I} = (1/n) \sum_{i=1}^{n} h(X_i)w(X_i) = (1/n) \sum_{i=1}^{n} \mathrm{e}^x(\mathrm{e}-1)\mathrm{e}^{-x} = \mathrm{e} - 1.$$

积分估计值为 1.718281828, 因此重要抽样技巧不进行实际模拟就得到积分估计值. 重要抽样积分估计值的方差为零, 即

$$\mathrm{Var}[h(X)] = \int_0^1 (\mathrm{e}-1)\mathrm{e}^x \mathrm{d}x - \left(\int_0^1 \mathrm{e}^x \mathrm{d}x \right)^2 = (\mathrm{e}-1)^2 - (\mathrm{e}-1)^2 = 0.$$

(5) 模拟结果. 令正态差 $X_\alpha = 1$, 计算积分估计值的相对误差. 表 9.3 给出各种技巧的积分估计值及相对误差. 此积分有解析解, 积分的精确值为 1.718281828. 重要抽样积分估计值为 1.718281828, 误差为 0.

表 9.3　降低方差技巧的积分估计值及相对误差

模拟次数	直接模拟		控制变量		对偶随机变量	
	估计值	误差/%	估计值	误差/%	估计值	误差/%
10^2	1.873130	2.6718	1.721720	0.3917	1.721330	0.3797
10^4	1.724526	0.2862	1.718526	0.0367	1.718526	0.0365
10^6	1.724328	0.0286	1.718361	0.0037	1.718346	0.0036
10^8	1.724310	0.0029	1.718361	0.0004	1.718346	0.0004

9.5.3　拟蒙特卡罗方法

高维积分模拟方法的重要进展是拟蒙特卡罗方法. 第 7 章对拟蒙特卡罗方法做了详细叙述. 拟蒙特卡罗方法是使用拟随机数代替随机数, 进行蒙特卡罗模拟的方法, 用来积分模拟是很有效的, 收敛速度加快、降低误差、提高精度, 特别是高维积分, 效果显著.

1. 低维积分模拟

4 维积分为

$$I = \int_{[0,1)^4} \prod_{i=1}^{4} (\pi/2) \sin(\pi\, x_i) \mathrm{d}x_i = 1.$$

Bruno(2007) 给出伪随机数和四种拟随机数序列的积分模拟误差如表 9.4 所示, 误差是相对于真值的误差.

表 9.4　4 维积分模拟的误差比较

模拟次数	伪随机数	霍尔顿序列	福尔序列	索波尔序列	尼德雷特序列
10	2.09×10^{-1}	1.27×10^{-1}	-2.20×10^{-1}	-3.51×10^{-2}	7.13×10^{-2}
10^3	-1.18×10^{-2}	-4.71×10^{-4}	1.44×10^{-3}	9.08×10^{-3}	4.01×10^{-4}
10^5	-3.66×10^{-3}	4.11×10^{-5}	7.51×10^{-5}	7.55×10^{-6}	2.00×10^{-5}

2. 高维积分模拟

(1) 25 维积分模拟. 25 维积分为

$$\int_0^1 \int_0^1 \cdots \int_0^1 (4x_1 x_3^2 \mathrm{e}^{2x_1 x_3}/(1+x_2+x_4)^2)$$
$$\times \exp(x_5 + x_6 + \cdots + x_{20}) x_{21} x_{22} \cdots x_{25} \mathrm{d}x_1 \mathrm{d}x_2 \cdots \mathrm{d}x_{25}.$$

积分精确值为 103.8, 拟蒙特卡罗和蒙特卡罗积分模拟结果和收敛速度如图 9.4 所示.

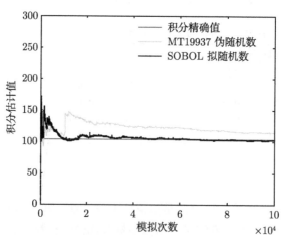

图 9.4　25 维积分模拟结果和收敛速度

(2) 100 维积分模拟. 100 维积分为

$$\int_0^1 \int_0^1 \cdots \int_0^1 \prod_{i=1}^{100} (|4x_i - 2| + i^2)/(1 + i^2)\mathrm{d}x_1\mathrm{d}x_2 \cdots \mathrm{d}x_{100}.$$

积分精确值为 1, 拟蒙特卡罗和蒙特卡罗积分模拟结果和收敛速度如图 9.5 所示.

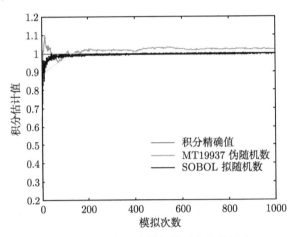

图 9.5   100 维积分模拟结果和收敛速度

参 考 文 献

吉庆丰. 2004. 蒙特卡罗方法及其在水力学中的应用. 南京: 东南大学出版社.

赖斯龚, 卢秀玉. 2010. 蒙特卡罗方法与拟蒙特卡罗方法解线性方程组. 华东大学学报 (自然科学版), 36(2): 224-228.

裴鹿成, 等. 1989. 计算机随机模拟. 长沙: 湖南科学技术出版社.

徐钟济. 1985. 蒙特卡罗方法. 上海: 上海科学技术出版社.

Albert G E. 1956. A general theory of stochastic estimates of the Neumann series for the solution of certain Fredholm integral equations and related series//Meyer H A, ed. Symposium on Monte Carlo methods, New York: Wiley.

Bruno G. 2007. Quasi Monte Carlo Methods for Stochastic Simulation of econometric models: a comparative approach. Bank of Italy, Reasearch Department.

Bugliarello G, Juckson E D. 1964. Random walk study of convective diffusion. J. of the Eng. Mech., ASCE, 8.

Curtiss J H. 1949. Sampling methods applied to differential and difference equations. Proc. Seminar on Scientific Computation, New York: IBM Corporation.

Curtiss J H. 1953. Monte Carlo methods for the iteration of linear operators. J. Math. and Phys., 32: 209.

Curtiss J H. 1956. A theoretical comparison of the efficiencies of two classical methods and a Monte Carlo methods for of computing one component of the solution of set of linear algebraic equations// Meyer H A, ed. Symposium on Monte Carlo methods. New York: Wiley.

Cutkosky R E. 1951. A Monte Carlo method for solving a class of integral equations. J. Res. Nat. Bur. Stand., 47: 113-115.

Dimov I, Alexandrov V, Karaivanova A. 2001. Resolvent Monte Carlo methods for linear algebra problems. Mathematics and Computers in Simulations, 55: 25-36.

Forsythe G E, Leibler R A. 1950. Matrix inversion by a Monte Carlo method. Math. Tabs. Aids. Comput., 4: 127-129.

Haji-Sheikh A, Sparrow E M. 1966. The floaaing random walk and its application to Monte Carlo solutions of heat equations. SIAM J. Appl. Math., 14: 370.

Haji-Sheikh A, Sparrow E M. 1967. The solution of heat conduction problems by probability methods. J. ASME, 89: 121.

Halton J H. 1962. Sequential Montr Carlo. Proc. Camb. Phil. Soc., 58: 57-78.

Halton J H. 1994. Sequential Montr Carlo techniques for the solution of linear systems. SIAM Journal of Scientific Computing, 9:213-257.

Hammersley J M, Handscomb D C. 1964. Monte Carlo methods. London: Methuen.

Mascagni M, Karaivanova A. 2000. Are quasirandom numbers good for anything besides integration.//Proc of Advances Reactor Physics and Mathematics and Computation into the Next Millennium, 557.

Muller M E. 1956. Some Continuous Monte Carlo Methods for the Dirchlet Problem. Ann. Math. Stat., 27.

Sobol I M. 1973. Monte Carlo numerical methods. Moscowa: Nayka.

Troubetzkoy E S, Banks N E. 1974. Solution of the heat diffusion equation by Monte Carlo. Trans. Am. Nucl. Soc., 19: 163.

Troubetzkoy E S, Banks N E. 1975. Solution of the heat diffusion equation by Monte Carlo. Trans. Am. Nucl. Soc., 22: 284.

Troubetzkoy E S. 1977. Treatment of known-temperature boundary conditions in forward Monte Carlo heat conduction. Trans. Am. Nucl. Soc., 27: 375.

Wasow W. 1951. On the mean duration of random walks. J. Research NBS, 4.

Wasow W. 1962. A note on inversion of matrices by random walks. Math. Tab. Aids. Comp., 6: 78-81.

第10章 粒子输运模拟

10.1 粒子输运玻尔兹曼方程

10.1.1 粒子输运基本假设

这里的粒子是指很广泛的一类粒子, 包括带电粒子和中性粒子. 带电粒子如质子和电子等. 中性粒子如中子、光子和自由分子等. 此外还有各种高能粒子, 如宇宙射线粒子和介子等. 光子泛指电磁辐射, 有热辐射光子, 如紫外线、可见光、红外线和激光; 原子辐射的 X 射线光子; 核辐射的伽马射线光子. 求解粒子输运, 在数学上可以归结为求解玻尔兹曼方程. 粒子输运问题的基本假设为:

(1) 粒子之间无相互作用, 因此粒子之间不发生碰撞, 只考虑粒子与介质的元素发生碰撞, 所以玻尔兹曼方程是线性的, 这是粒子输运最基本假设.

(2) 粒子不受外力作用, 外力作用加速度为零, 可忽略外力作用项.

(3) 粒子不产生极化, 大多数情况下可以忽略粒子极化效应对粒子输运的影响.

(4) 介质含有足够多的粒子, 可以忽略由于统计涨落而引起对期望值的偏离, 但粒子数目不能多到改变介质的性质.

10.1.2 线性玻尔兹曼方程

根据粒子输运的基本假设, 粒子输运方程是线性玻尔兹曼方程, 是一个偏微分积分方程. 在非定常情况下, 粒子数玻尔兹曼方程为

$$
\begin{aligned}
&\frac{\partial N(\boldsymbol{r}, \boldsymbol{\Omega}, E, t)}{\partial t} + v\boldsymbol{\Omega} \cdot \frac{\partial N(\boldsymbol{r}, \boldsymbol{\Omega}, E, t)}{\partial \boldsymbol{r}} \\
&= -\Sigma_t(\boldsymbol{r}, E)\, vN(\boldsymbol{r}, \boldsymbol{\Omega}, E, t) \\
&\quad + \iint \Sigma_t(\boldsymbol{r}, E')K(\boldsymbol{\Omega}' \to \boldsymbol{\Omega}, E' \to E|\boldsymbol{r})v'N(\boldsymbol{r}, \boldsymbol{\Omega}', E', t)\mathrm{d}\boldsymbol{\Omega}'\mathrm{d}E' \\
&\quad + S(\boldsymbol{r}, \boldsymbol{\Omega}, E, t).
\end{aligned}
\tag{10.1}
$$

式中, $N(\boldsymbol{r}, \boldsymbol{\Omega}, E, t)$, $N(\boldsymbol{r}, \boldsymbol{\Omega}', E', t)$ 为时刻 t 单位相空间的粒子数; $S(\boldsymbol{r}, \boldsymbol{\Omega}, E, t)$ 为时刻 t 由粒子源发出的单位相空间内的粒子数; $\Sigma_t(\boldsymbol{r}, E)$, $\Sigma_t(\boldsymbol{r}, E')$ 为粒子宏观碰撞总截面, 表示单位长度的碰撞概率; v', v 为粒子碰撞前后速度; $K(\boldsymbol{\Omega}' \to \boldsymbol{\Omega}, E' \to E|\boldsymbol{r})$ 称为碰撞核, 表示在 $\boldsymbol{r}$ 处发生碰撞, 粒子碰撞前后运动方向为 $\boldsymbol{\Omega}'$, $\boldsymbol{\Omega}$, 能量为 E', E, 出现的粒子或然数.

玻尔兹曼方程是偏微分积分方程, 求解偏微分积分方程的数值方法有有限差分方法和有限元素方法, 常用 Sn 方法. 数值方法所需的计算时间随维数增加将成几何速度增长. 且不说复杂边界条件处理的困难, 计算机内存问题就成为一道难于跨越巨大鸿沟. 对于三维几何非定常问题, 位置和速度构成 6 维相空间, 加上能量和时间, 是 8 维问题. 如果每维有 100 个网格, 则要求布置 10^{16} 个网格点. 目前微机内存可以做到 10G, 巨型计算机内存可以做到 1000G. 即使是巨型计算机也只能容纳 10^{12} 个网格点. 在计算机上求解偏微分积分方程, 庞大的网格点受到计算机内存的限制, 加之计算时间的消耗, 数值方法遇到巨大的困难.

10.2　粒子输运蒙特卡罗方法

10.2.1　玻尔兹曼方程变换

为了使粒子输运蒙特卡罗方法建立在比较严格的理论基础上, 可从玻尔兹曼方程出发, 推导出粒子输运蒙特卡罗方法. Spanier(1959), Spanier 和 Gelbard(1969), 裴鹿成和张孝泽 (1980), 裴鹿成等 (1989) 都在其著作中论述从玻尔兹曼方程导出粒子输运蒙特卡罗方法问题. 推导过程的基本思想是, 首先把玻尔兹曼方程的偏微分积分方程变换成发射密度积分方程, 得到发射密度积分方程的诺依曼级数形式解; 然后引入线性泛函, 把求解积分方程的实际解归结为求解线性泛函, 而求解线性泛函又归结为使用逐项求积方法求解高维积分; 最后根据蒙特卡罗方法求解高维积分的原理, 导出粒子输运蒙特卡罗方法.

1. 玻尔兹曼方程变换成积分方程

根据粒子通量与粒子数的关系式: $\phi(\boldsymbol{r}, \boldsymbol{\Omega}, E, t) = vN(\boldsymbol{r}, \boldsymbol{\Omega}, E, t)$, 粒子数玻尔兹曼方程 (10.1) 变成粒子通量玻尔兹曼方程:

$$\frac{1}{v}\frac{\partial\phi(\boldsymbol{r}, \boldsymbol{\Omega}, E, t)}{\partial t} + \boldsymbol{\Omega} \cdot \frac{\partial\phi(\boldsymbol{r}, \boldsymbol{\Omega}, E, t)}{\partial \boldsymbol{r}} = -\Sigma_t(\boldsymbol{r}, E)\,\phi(\boldsymbol{r}, \boldsymbol{\Omega}, E, t)$$

$$+ \iint \Sigma_t(\boldsymbol{r}, E')K(\boldsymbol{\Omega}' \to \boldsymbol{\Omega}, E' \to E|\boldsymbol{r})\phi(\boldsymbol{r}, \boldsymbol{\Omega}', E', t)\mathrm{d}\boldsymbol{\Omega}'\mathrm{d}E' + S(\boldsymbol{r}, \boldsymbol{\Omega}, E, t).$$

在时刻 t 的 $\boldsymbol{r}$ 处, 粒子与介质元素发生碰撞, 碰撞前粒子状态 $\boldsymbol{P}' = (\boldsymbol{r}, \boldsymbol{\Omega}', E', t)$, 碰撞后粒子状态 $\boldsymbol{P} = (\boldsymbol{r}, \boldsymbol{\Omega}, E, t)$, 粒子通量玻尔兹曼方程写为

$$\frac{1}{v}\frac{\partial\phi(\boldsymbol{P})}{\partial t} + \boldsymbol{\Omega} \cdot \frac{\partial\phi(\boldsymbol{P})}{\partial \boldsymbol{r}}$$

$$= -\Sigma_t(\boldsymbol{r}, E)\,\phi(\boldsymbol{P}) + \iint \Sigma_t(\boldsymbol{r}, E')K(\boldsymbol{\Omega}' \to \boldsymbol{\Omega}, E' \to E|\boldsymbol{r})\phi(\boldsymbol{P}')\mathrm{d}\boldsymbol{\Omega}'\mathrm{d}E' + S(\boldsymbol{P}).$$

$$(10.2)$$

令发射密度为

$$\chi(\boldsymbol{P}) = \iint \Sigma_t(\boldsymbol{r}, E') K(\boldsymbol{\Omega}' \to \boldsymbol{\Omega}, E' \to E | \boldsymbol{r}) \phi(\boldsymbol{P}') \mathrm{d}\boldsymbol{\Omega}' \mathrm{d}E' + S(\boldsymbol{P}). \tag{10.3}$$

式 (10.2) 写为

$$\frac{1}{v} \frac{\partial \phi(\boldsymbol{P})}{\partial t} + \boldsymbol{\Omega} \cdot \frac{\partial \phi(\boldsymbol{P})}{\partial \boldsymbol{r}} + \Sigma_t(\boldsymbol{r}, E) \, \phi(\boldsymbol{P}) = \chi(\boldsymbol{P}).$$

上面方程的解为

$$\phi(\boldsymbol{P}) = \iint \chi(\boldsymbol{r}', \boldsymbol{\Omega}, E, t') \phi^*(\boldsymbol{P} | \boldsymbol{r}', t') \mathrm{d}\boldsymbol{r}' \mathrm{d}t', \tag{10.4}$$

式中,

$$\phi^*(\boldsymbol{P} | \boldsymbol{r}', t') = (1/\Sigma_t(\boldsymbol{r}, E)) T(\boldsymbol{r}' \to \boldsymbol{r}, t' \to t | \boldsymbol{\Omega}, E), \tag{10.5}$$

其中 $T(\boldsymbol{r}' \to \boldsymbol{r} | \boldsymbol{\Omega}, E)$ 为迁移核. 把式 (10.5) 代入式 (10.4), 得到式 (10.3) 中的 $\phi(\boldsymbol{P}')$ 为

$$\phi(\boldsymbol{P}') = \iint \chi(\boldsymbol{P}')(1/\Sigma_t(\boldsymbol{r}, E')) \, T(\boldsymbol{r}' \to \boldsymbol{r}, t' \to t | \boldsymbol{\Omega}', E') \mathrm{d}\boldsymbol{r}' \mathrm{d}t'. \tag{10.6}$$

把式 (10.6) 代入式 (10.3), 得到发射密度积分方程为

$$\chi(\boldsymbol{P}) = \iiiint \chi(\boldsymbol{P}') T(\boldsymbol{r}' \to \boldsymbol{r}, t' \to t | \boldsymbol{\Omega}', E')$$
$$\cdot K(\boldsymbol{\Omega}' \to \boldsymbol{\Omega}, E' \to E | \boldsymbol{r}) \, \mathrm{d}\boldsymbol{r}' \mathrm{d}\boldsymbol{\Omega}' \mathrm{d}E' \mathrm{d}t' + S(\boldsymbol{P}).$$

上式中的核函数等于迁移核与碰撞核的乘积, 核函数为

$$K(\boldsymbol{P}' \to \boldsymbol{P}) = T(\boldsymbol{r}' \to \boldsymbol{r}, t' \to t | \boldsymbol{\Omega}', E') C(\boldsymbol{\Omega}' \to \boldsymbol{\Omega}, E' \to E | \boldsymbol{r}).$$

最后得到发射密度积分方程为

$$\chi(\boldsymbol{P}) = \int \chi(\boldsymbol{P}') K(\boldsymbol{P}' \to \boldsymbol{P}) \mathrm{d}\boldsymbol{P}' + S(\boldsymbol{P}),$$

式中, $\chi(\boldsymbol{P})$ 为状态 $\boldsymbol{P}$ 的粒子数; $\chi(\boldsymbol{P}')$ 为状态 $\boldsymbol{P}'$ 的粒子数; $S(\boldsymbol{P})$ 为粒子源发射状态 $\boldsymbol{P}$ 的粒子数; $K(\boldsymbol{P}' \to \boldsymbol{P})$ 为核函数, 表示状态 $\boldsymbol{P}'$ 发射的粒子碰撞产生状态 $\boldsymbol{P}$ 的粒子或然数.

2. 积分方程的形式解

发射密度积分方程的形式解为诺依曼级数解, 发射密度积分方程的形式解为

$$\chi(\boldsymbol{P}) = \sum_{j=0}^{m} \chi_j(\boldsymbol{P}), \tag{10.7}$$

式中, $\chi_j(\boldsymbol{P}) = \iint \cdots \int S(\boldsymbol{P}_0) K(\boldsymbol{P}_0 \to \boldsymbol{P}_1) K(\boldsymbol{P}_1 \to \boldsymbol{P}_2) \cdots K(\boldsymbol{P}_{j-1} \to \boldsymbol{P}) \mathrm{d}\boldsymbol{P}_0 \mathrm{d}\boldsymbol{P}_1 \cdots \mathrm{d}\boldsymbol{P}_{j-1}$.

发射密度积分方程形式解的物理意义是状态 $\boldsymbol{P}$ 的发射密度等于经过 0, 1, 2, $\cdots$, j, $\cdots$, m 次碰撞后状态 $\boldsymbol{P}$ 形成的发射密度总和. 发射密度积分方程的级数解只是积分方程的形式解, 并不是实际解, 下面给出积分方程的实际解.

3. 积分方程的实际解

要给出积分方程的实际解, 需要求解积分方程解的如下线性泛函:

$$\begin{cases} \chi(\boldsymbol{P}) = \displaystyle\int \chi(\boldsymbol{P}') K(\boldsymbol{P}' \to \boldsymbol{P}) \mathrm{d}\boldsymbol{P}' + S(\boldsymbol{P}), \\ I = \displaystyle\int \chi(\boldsymbol{P}) h(\boldsymbol{P}) \mathrm{d}\boldsymbol{P}, \end{cases} \tag{10.8}$$

式中, I 是碰撞贡献; $h(\boldsymbol{P})$ 为状态 $\boldsymbol{P}$ 的函数, 称为记录函数, 就是蒙特卡罗方法的统计量. 将发射密度积分方程的诺依曼级数解式 (10.7) 代入线性泛函式 (10.8), 得到碰撞贡献为

$$I = \int \sum_{j=0}^m \chi_j(\boldsymbol{P}) h(\boldsymbol{P}) \mathrm{d}\boldsymbol{P}.$$

如果除了一个 $\boldsymbol{P}$ 的零测度集合以外, 记录函数 $h(\boldsymbol{P})$ 是有界的, 则求和号与积分号可以交换. 令第 j 次碰撞贡献为

$$I_j = \int \chi_j(\boldsymbol{P}) h(\boldsymbol{P}) \mathrm{d}\boldsymbol{P}.$$

碰撞贡献是零次和 m 次碰撞贡献之和, 碰撞贡献为

$$I = \sum_{j=0}^m I_j = \sum_{j=0}^m \int \chi_j(\boldsymbol{P}) h(\boldsymbol{P}) \mathrm{d}\boldsymbol{P}.$$

根据的 $\chi_j(\boldsymbol{P})$ 的定义, 第 j 次粒子碰撞贡献 I_j 可看作是第 j 次碰撞对结果的贡献. 如果总共发生 m 次碰撞, 则有 $m+1$ 个状态, 所以碰撞贡献 I 是一个 $6(m+1)$ 维积分.

10.2.2　直接模拟方法导出

粒子输运问题可以归结为线性泛函, 求解线性泛函又归结为逐项求积方法. 逐项求积方法是借助蒙特卡罗方法求积分原理, 计算零次碰撞贡献 I_0 和第 j 次碰撞贡献 I_j.

1. 零次碰撞蒙特卡罗方法求积

零次碰撞贡献 I_0 为

$$I_0 = \int S(\boldsymbol{P}_0) h(\boldsymbol{P}_0) \mathrm{d}\boldsymbol{P}_0.$$

零次碰撞贡献 I_0 是源粒子的直接贡献. 由于函数项 $S(\boldsymbol{P}_0)$ 虽然满足非负性, 但不满足归一性, 所以 $S(\boldsymbol{P}_0)$ 不是概率密度函数. 令 $S(\boldsymbol{P}_0) = w_0 f(\boldsymbol{P}_0)$, $f(\boldsymbol{P}_0)$ 为源粒子概率密度函数, 源粒子归一化权重为

$$w_0 = \int S(\boldsymbol{P}_0)\mathrm{d}\boldsymbol{P}_0.$$

所以零次碰撞贡献为

$$I_0 = \int w_0 f(\boldsymbol{P}_0)h(\boldsymbol{P}_0)\mathrm{d}\boldsymbol{P}_0.$$

2. 第 j 次碰撞蒙特卡罗方法求积

第 j 次碰撞贡献为

$$I_j = \iint \cdots \int S(\boldsymbol{P}_0)K(\boldsymbol{P}_0 \to \boldsymbol{P}_1)\cdots K(\boldsymbol{P}_{j-1} \to \boldsymbol{P}_j)h(\boldsymbol{P}_j)\mathrm{d}\boldsymbol{P}_0\mathrm{d}\boldsymbol{P}_1\cdots\mathrm{d}\boldsymbol{P}_j.$$

第 j 次碰撞贡献的函数项虽然满足非负性:

$$S(\boldsymbol{P}_0)K(\boldsymbol{P}_0 \to \boldsymbol{P}_1)\cdots K(\boldsymbol{P}_{j-1} \to \boldsymbol{P}_j) \geqslant 0,$$

但不满足归一性:

$$\iint \cdots \int S(\boldsymbol{P}_0)K(\boldsymbol{P}_0 \to \boldsymbol{P}_1)\cdots K(\boldsymbol{P}_{j-1} \to \boldsymbol{P}_j)\mathrm{d}\boldsymbol{P}_0\mathrm{d}\boldsymbol{P}_1\cdots\mathrm{d}\boldsymbol{P}_j \neq 1,$$

所以函数项 $S(\boldsymbol{P}_0)K(\boldsymbol{P}_0 \to \boldsymbol{P}_1)\cdots K(\boldsymbol{P}_{j-1} \to \boldsymbol{P}_j)$ 不是概率密度函数, 这是由于系统几何空间是有限空间, 有一部分粒子从系统逃脱, 粒子在系统中碰撞可能被吸收, 实际上对任何 $\boldsymbol{P}$, 常有

$$0 < \int K(\boldsymbol{P} \to \boldsymbol{P}')\mathrm{d}\boldsymbol{P}' < 1.$$

要计算第 j 次碰撞贡献, 需要构造联合概率密度函数 $f(\boldsymbol{P}_0, \boldsymbol{P}_1, \cdots, \boldsymbol{P}_j)$, 联合概率密度函数有各种不同的构造方法, 对应不同的物理过程. 联合概率密度函数最基本的构造方法是直接模拟方法, 对应粒子可从系统逃脱, 产生散射或吸收的真实物理过程. 为方便起见, 假定粒子与介质元素碰撞只有散射和吸收两种反应, $\Sigma_s(\boldsymbol{r}, E)$ 为宏观散射截面, $\Sigma_t(\boldsymbol{r}, E)$ 为宏观总截面. 实际问题碰撞核比较复杂, 为了便于统一处理, 引进如下散射截面:

$$\Sigma_s(\boldsymbol{r}_j, E_{j-1}) = \Sigma_t(\boldsymbol{r}_j, E_{j-1})\iint C(\boldsymbol{\Omega}_{j-1} \to \boldsymbol{\Omega}_j, E_{j-1} \to E_j|\boldsymbol{r}_j)\mathrm{d}\boldsymbol{\Omega}_j\mathrm{d}E_j.$$

碰撞核为

$$C(\boldsymbol{\Omega}_{j-1} \to \boldsymbol{\Omega}_j, E_{j-1} \to E_j|\boldsymbol{r}_j) = \frac{\Sigma_s(\boldsymbol{r}_j, E_{j-1})}{\Sigma_t(\boldsymbol{r}_j, E_{j-1})}f_s(\boldsymbol{\Omega}_{j-1} \to \boldsymbol{\Omega}_j, E_{j-1} \to E_j|\boldsymbol{r}_j).$$

核函数为

$$
\begin{aligned}
&K(\boldsymbol{P}_{j-1} \to \boldsymbol{P}_j) \\
&= T(\boldsymbol{r}_{j-1} \to \boldsymbol{r}_j, t_{j-1} \to t_j | \boldsymbol{\Omega}_{j-1}, E_{j-1}) C(\boldsymbol{\Omega}_{j-1} \to \boldsymbol{\Omega}_j, E_{j-1} \to E_j | \boldsymbol{r}_j) \\
&= \frac{\Sigma_s(\boldsymbol{r}_j, E_{j-1})}{\Sigma_t(\boldsymbol{r}_j, E_{j-1})} f_t(\boldsymbol{r}_{j-1} \to \boldsymbol{r}_j, t_{j-1} \to t_j | \boldsymbol{\Omega}_{j-1}, E_{j-1}) \\
&\quad \cdot f_s(\boldsymbol{\Omega}_{j-1} \to \boldsymbol{\Omega}_j, E_{j-1} \to E_j | \boldsymbol{r}_j).
\end{aligned}
$$

迁移概率密度函数 $f_t(\cdot)$ 等于迁移核 $T(\cdot)$, 迁移概率密度函数为

$$
f_t(\boldsymbol{r}_{j-1} \to \boldsymbol{r}_j, t_{j-1} \to t_j | \boldsymbol{\Omega}_{j-1}, E_{j-1}) = T(\boldsymbol{r}_{j-1} \to \boldsymbol{r}_j, t_{j-1} \to t_j | \boldsymbol{\Omega}_{j-1}, E_{j-1}).
$$

碰撞概率密度函数为

$$
f_s(\boldsymbol{\Omega}_{j-1} \to \boldsymbol{\Omega}_j, E_{j-1} \to E_j | \boldsymbol{r}_j) = \frac{\Sigma_t(\boldsymbol{r}_j, E_{j-1})}{\Sigma_s(\boldsymbol{r}_j, E_{j-1})} C(\boldsymbol{\Omega}_{j-1} \to \boldsymbol{\Omega}_j, E_{j-1} \to E_j | \boldsymbol{r}_j).
$$

把迁移概率密度函数和碰撞概率密度函数简记为 f_t 和 f_s, 碰撞贡献的函数项为

$$
\begin{aligned}
&S(\boldsymbol{P}_0) K(\boldsymbol{P}_0 \to \boldsymbol{P}_1) \cdots K(\boldsymbol{P}_{j-1} \to \boldsymbol{P}_j) = S(\boldsymbol{P}_0) \prod\nolimits_{k=1}^{j} K(\boldsymbol{P}_{k-1} \to \boldsymbol{P}_k) \\
&= S(\boldsymbol{P}_0) \prod\nolimits_{k=1}^{j} \Sigma_s(\boldsymbol{r}_k, E_{k-1}) f_t(k) f_s(k) / \Sigma_t(\boldsymbol{r}_k, E_{k-1}).
\end{aligned}
$$

第 j 次碰撞贡献为

$$
\begin{aligned}
I_j &= \iint \cdots \int S(\boldsymbol{P}_0) K(\boldsymbol{P}_0 \to \boldsymbol{P}_1) \cdots K(\boldsymbol{P}_{j-1} \to \boldsymbol{P}_j) h(\boldsymbol{P}_j) \mathrm{d}\boldsymbol{P}_0 \mathrm{d}\boldsymbol{P}_1 \cdots \mathrm{d}\boldsymbol{P}_j \\
&= \iint \cdots \int S(\boldsymbol{P}_0) \mathrm{d}\boldsymbol{P}_0 \prod\nolimits_{k=1}^{j} \Sigma_s(\boldsymbol{r}_k, E_{k-1}) f_t(k) f_s(k) \\
&\quad / \Sigma_t(\boldsymbol{r}_k, E_{k-1}) h(\boldsymbol{P}_j) \mathrm{d}\boldsymbol{P}_1 \cdots \mathrm{d}\boldsymbol{P}_j \\
&= \int \cdots \int w_0 \prod\nolimits_{k=1}^{j} \Sigma_s(\boldsymbol{r}_k, E_{k-1}) f_t(k) f_s(k) / \Sigma_t(\boldsymbol{r}_k, E_{k-1}) h(\boldsymbol{P}_j) \mathrm{d}\boldsymbol{P}_1 \cdots \mathrm{d}\boldsymbol{P}_j \\
&= \int \cdots \int \prod\nolimits_{k=1}^{j} f_t(k) f_s(k) w_j h(\boldsymbol{P}_j) \mathrm{d}\boldsymbol{P}_1 \cdots \mathrm{d}\boldsymbol{P}_j,
\end{aligned}
$$

式中, 第 j 次碰撞归一化权重为 $w_j = w_{j-1} \Sigma_s(\boldsymbol{r}_j, E_{j-1}) / \Sigma_t(\boldsymbol{r}_j, E_{j-1})$.

3. 直接模拟方法

零次碰撞贡献 I_0 和第 j 次碰撞贡献都是一个积分. 零次碰撞贡献 I_0 为

$$
I_0 = \int w_0 f(\boldsymbol{P}_0) h(\boldsymbol{P}_0) \mathrm{d}\boldsymbol{P}_0.
$$

从概率密度函数 $f(\boldsymbol{P}_0)$ 抽样, 得到源粒子状态 $\boldsymbol{P}_0 = (\boldsymbol{r}_0, \boldsymbol{\Omega}_0, E_0, t_0)$, 零次碰撞贡献为

$$
I_0 = w_0 h(\boldsymbol{P}_0).
$$

第 j 次碰撞贡献为

$$I_j = \int \cdots \int \prod_{k=1}^{j} f_t(\boldsymbol{r}_{k-1} \to \boldsymbol{r}_k, t_{k-1} \to t_k | \boldsymbol{\Omega}_{k-1}, E_{k-1})$$
$$\cdot f_s(\boldsymbol{\Omega}_{k-1} \to \boldsymbol{\Omega}_k, E_{k-1} \to E_k | \boldsymbol{r}_k) w_j h(\boldsymbol{P}_j) \mathrm{d}\boldsymbol{P}_1 \cdots \mathrm{d}\boldsymbol{P}_j.$$

迁移概率密度函数 $f_t(\boldsymbol{r}_{j-1} \to \boldsymbol{r}_j, t_{j-1} \to t_j | \boldsymbol{\Omega}_{j-1}, E_{j-1})$ 抽样, 得到第 j 次碰撞粒子状态 $\boldsymbol{r}_j$ 和 t_j, 碰撞概率密度函数 $f_s(\boldsymbol{\Omega}_{j-1} \to \boldsymbol{\Omega}_j, E_{j-1} \to E_j | \boldsymbol{r}_j)$ 抽样, 得到第 j 次碰撞粒子状态 $\boldsymbol{\Omega}_j$ 和 E_j, 从而得到第 j 次碰撞粒子状态 $\boldsymbol{P}_j = (\boldsymbol{r}_j, \boldsymbol{\Omega}_j, E_j, t_j)$, 第 j 次碰撞贡献为

$$I_j(\boldsymbol{P}_j) = w_j h(\boldsymbol{P}_j).$$

总共发生 m 次碰撞, 碰撞贡献等于零次碰撞贡献加上 m 次碰撞贡献, 碰撞贡献为

$$I_i = I_0 + \sum_{j=1}^{m} I_j(\boldsymbol{P}_j) = \sum_{j=0}^{m} w_j h(\boldsymbol{P}_j).$$

进行 n 次模拟, 碰撞贡献的估计值为

$$\hat{I} = (1/n) \sum_{i=1}^{n} I_i.$$

得到粒子输运直接模拟方法如下:

① 模拟次数 $i = 0$, 粒子源概率密度函数 $f_0(\boldsymbol{r}_0, \boldsymbol{\Omega}_0, E_0, t_0)$ 抽样, 产生源粒子状态参数 $\boldsymbol{r}_0, \boldsymbol{\Omega}_0, E_0, t_0$, 计算源粒子权重 w_0.

② 碰撞次数 $j = 0$.

③ 迁移概率密度函数 $f_t(\boldsymbol{r}_{j-1} \to \boldsymbol{r}_j, t_{j-1} \to t_j | \boldsymbol{\Omega}_{j-1}, E_{j-1})$ 抽样, 产生粒子第 j 次碰撞的位置 $\boldsymbol{r}_j$ 和时间 t_j.

④ 碰撞概率密度函数 $f_s(\boldsymbol{\Omega}_{j-1} \to \boldsymbol{\Omega}_j, E_{j-1} \to E_j | \boldsymbol{r}_j)$ 抽样, 产生粒子第 j 次碰撞的方向 $\boldsymbol{\Omega}_j$ 和能量 E_j.

⑤ 计算碰撞权重 w_j, 统计量 $h(\boldsymbol{r}_j, \boldsymbol{\Omega}_j, E_j, t_j)$.

⑥ 若 $j < m$, $j = j + 1$, 返回③.

⑦ 若 $i < n$, $i = i + 1$, 返回②.

⑧ 输出碰撞贡献的估计值.

直接模拟方法是直接模拟粒子的真实物理过程. 粒子的真实碰撞性质, 没有直接进行随机判别, 而是通过计算权重 $w_{j+1} = w_j \Sigma_s(\boldsymbol{r}_{j+1}, E_j) / \Sigma_t(\boldsymbol{r}_{j+1}, E_j)$, 来判别是散射还是吸收, 如果 $\Sigma_s(\boldsymbol{r}_{j+1}, E_j) = 0$, 权重为零, 则是吸收, 无碰撞贡献, 否则是散射.

其实, 粒子输运是马尔可夫过程, 根据第 5 章给出蒙特卡罗方法基本框架, 再由第 3 章的马尔可夫过程抽样算法, 也可导出粒子输运的蒙特卡罗方法.

4. 统计量选取问题

记录函数就是统计量, 记录函数是粒子状态参数的函数. 粒子输运蒙特卡罗模拟, 选取记录函数 $h(\boldsymbol{P})$ 是一个重要的问题. 粒子输运有各种各样的估计问题, 有不同的估计值. 屏蔽问题要求计算穿透概率, 于是记录函数取为粒子穿过界面的概率, 每次碰撞记录函数为

$$h = P(Z, \cos\alpha, E) = \eta(Z > a)\eta(\cos\alpha \geqslant 0).$$

许多输运问题要求出粒子的通量, 记录函数取为通量, 于是定义各种通量: 点通量、面通量和体通量等. 各种物理问题有不同记录函数, 有不同的统计量.

10.2.3 粒子通量模拟方法

1. 粒子通量定义

粒子通量 $\phi(\boldsymbol{r}, \boldsymbol{\Omega}, E)$ 定义为 $\phi(\boldsymbol{r}, \boldsymbol{\Omega}, E)\mathrm{d}V\mathrm{d}\boldsymbol{\Omega}\mathrm{d}E$ 在 $\boldsymbol{r}$ 点的体积元 $\mathrm{d}V$ 内, 方向 $\boldsymbol{\Omega}$ 和能量 E 属于 $\mathrm{d}\boldsymbol{\Omega}\mathrm{d}E$ 的粒子平均径迹长度. 通量有点通量、面通量和体通量. 给定点 $\boldsymbol{r}_0$ 的点通量、给定曲面 A_0 的面通量和给定体积 V_0 的体通量分别为

$$\phi(\boldsymbol{r}_0) = \iint \phi(\boldsymbol{r}_0, \boldsymbol{\Omega}, E)\mathrm{d}\boldsymbol{\Omega}\mathrm{d}E,$$

$$\phi(A_0) = \int_{A_0} \iint \phi(\boldsymbol{r}, \boldsymbol{\Omega}, E)\mathrm{d}\boldsymbol{\Omega}\mathrm{d}E\mathrm{d}A,$$

$$\phi(V_0) = \int_{V_0} \iint \phi(\boldsymbol{r}, \boldsymbol{\Omega}, E)\mathrm{d}\boldsymbol{\Omega}\mathrm{d}E\mathrm{d}V.$$

2. 各次碰撞的通量计算

将点通量、面通量和体通量分别表示成各次碰撞对通量贡献的总和:

$$\phi(\boldsymbol{r}_0) = \sum_{j=0}^{m} \phi_j(\boldsymbol{r}_0),$$

$$\phi(A_0) = \sum_{j=0}^{m} \phi_j(A_0),$$

$$\phi(V_0) = \sum_{j=0}^{m} \phi_j(V_0).$$

令权重为 w; 碰撞总截面为 Σ_t, 法线方向为 $\boldsymbol{n}$, 第 j 次碰撞对点通量、面通量和体通量的贡献分别为

$$\phi_j(\boldsymbol{r}_0) = (w_j/|\boldsymbol{r}_0 - \boldsymbol{r}_j|^2)\exp\left(-\int_0^{|\boldsymbol{r}_0 - \boldsymbol{r}_j|} \Sigma_t(\boldsymbol{r}_j + l\boldsymbol{\Omega}_j, E_j)\mathrm{d}l\right)\delta(\boldsymbol{\Omega}_j - (\boldsymbol{r}_0 - \boldsymbol{r}_j)/|\boldsymbol{r}_0 - \boldsymbol{r}_j|),$$

$$\phi_j(A_0) = (w_j/|\boldsymbol{n} \cdot \boldsymbol{\Omega}_j|) \exp\left(-\int_0^s \Sigma_t(\boldsymbol{r}_j + l\boldsymbol{\Omega}_j, E_j)\mathrm{d}l\right), \tag{10.9}$$

$$\phi_j(V_0) = w_j \int_{s_1}^{s_2} \exp\left(-\int_0^s \Sigma_t(\boldsymbol{r}_j + l\boldsymbol{\Omega}_j, E_j)\mathrm{d}l\right)\mathrm{d}s. \tag{10.10}$$

3. 通量模拟方法

下面的模拟方法只是给出第 j 次碰撞的通量贡献, 并没有给出模拟过程, 模拟过程与直接模拟方法的模拟过程是相似的.

(1) 点通量模拟方法. 点通量模拟最为困难, 因为直接模拟时, 大量粒子只有很少的粒子通过该点所包含的小区域, 于是贡献很小, 涨落很大, 误差很大. 点通量模拟通常使用指向概率方法, 人为地认为那些没有通过该点的粒子也有贡献, 这个贡献就是每次碰撞后不再发生碰撞而直接通过该点的概率. 每次碰撞后粒子对该点的贡献是两个概率的乘积, 一个是粒子散射方向正好指向该点的散射概率, 另一个是从碰撞点不再发生碰撞而直接通过该点的概率. 粒子碰撞核为 $C(\boldsymbol{\Omega}_{j-1} \to \boldsymbol{\Omega}_j, E_{j-1} \to E_j|\boldsymbol{r}_j)$, 第 j 次碰撞对通量贡献为

$$\phi_j^*(\boldsymbol{r}_0) = w_{j-1} \int (1/|\boldsymbol{r}_0 - \boldsymbol{r}_j|^2) C(\boldsymbol{\Omega}_{j-1} \to \boldsymbol{\Omega}_j, E_{j-1} \to E_j|\boldsymbol{r}_j)$$
$$\cdot \exp\left(-\int_0^{|\boldsymbol{r}_0 - \boldsymbol{r}_j|} \Sigma_t(\boldsymbol{r}_j + l\boldsymbol{\Omega}_j, E_j)\mathrm{d}l\right)\mathrm{d}E_j.$$

(2) 面通量模拟方法. 面通量模拟方法有解析估计方法、加权方法、点通量代替方法和体通量代替方法. 解析估计方法是根据式 (10.9) 进行解析计算. 加权方法是经过第 j 次碰撞的粒子在发生第 $j+1$ 次碰撞时所走径迹长度 s 抽样确定后, 第 j 次碰撞对通量贡献为

$$\phi_j^*(A_0) = \begin{cases} w_j/|\boldsymbol{n} \cdot \boldsymbol{\Omega}_j|, & s \geqslant s_1, \\ 0, & s < s_1. \end{cases}$$

点通量代替方法和体通量代替方法是面通量可以由点通量和体通量的计算方法求得.

(3) 体通量模拟方法. 体通量模拟方法有解析估计方法、径迹长度方法、碰撞密度方法和点通量代替方法. 解析估计方法是根据式 (10.10) 进行解析计算. 径迹长度方法是经过第 j 次碰撞的粒子在发生第 $j+1$ 次碰撞时所走径迹长度 s 抽样确定后, 第 j 次碰撞对通量贡献为

$$\phi_j^*(V_0) = \begin{cases} w_j(s - s_1), & s_1 \leqslant s \leqslant s_2, \\ w_j(s_2 - s_1), & s > s_2, \\ 0, & s < s_1. \end{cases}$$

碰撞密度方法的第 j 次碰撞对通量贡献为

$$\phi_j^*(V_0) = \begin{cases} w_j/\Sigma_t(\boldsymbol{r}_{j+1}, E_j), & s_1 \leqslant s \leqslant s_2, \\ 0, & \text{其他.} \end{cases}$$

点通量代替方法是体通量可以由点通量的计算方法求得.

10.2.4   粒子状态概率分布

1. 源粒子分布

源粒子概率密度函数为 $f_0(\boldsymbol{r}_0, \boldsymbol{\Omega}_0, E_0, t_0)$, 一般情况下其各个随机变量是独立无关的, 因此源粒子概率密度函数可写为

$$f_0(\boldsymbol{r}_0, \boldsymbol{\Omega}_0, E_0, t_0) = f_0(\boldsymbol{r}_0)f_0(\boldsymbol{\Omega}_0)f_0(E_0)f_0(t_0).$$

2. 迁移概率分布

所有粒子的迁移核和迁移概率分布都有一个统一的形式, 迁移核为

$$\begin{aligned}
&T(\boldsymbol{r}_{j-1} \rightarrow \boldsymbol{r}_j, t_{j-1} \rightarrow t_j | \boldsymbol{\Omega}_{j-1}, E_{j-1}) \\
&= T(\boldsymbol{r}_{j-1} \rightarrow \boldsymbol{r}_j | \boldsymbol{\Omega}_{j-1}, E_{j-1})\delta(t_{j-1} - t_j + |\boldsymbol{r}_{j-1} - \boldsymbol{r}_j|/v_{j-1}) \\
&= \Sigma_t(\boldsymbol{r}_{j-1}, E_{j-1}) \exp\left(-\int_0^{|\boldsymbol{r}_j - \boldsymbol{r}_{j-1}|} \Sigma_t(\boldsymbol{r}_{j-1} + l\boldsymbol{\Omega}_{j-1}, E_{j-1})\mathrm{d}l\right) \\
&\quad \cdot (1/|\boldsymbol{r}_j - \boldsymbol{r}_{j-1}|^2)\delta(\boldsymbol{\Omega}_{j-1} - (\boldsymbol{r}_j - \boldsymbol{r}_{j-1})/|\boldsymbol{r}_j - \boldsymbol{r}_{j-1}|) \\
&\quad \cdot \delta(t_j - t_{j-1} - |\boldsymbol{r}_j - \boldsymbol{r}_{j-1}|/v_{j-1}).
\end{aligned}$$

式中, l 为粒子碰撞平均自由程; v_{j-1} 为碰撞前粒子速度. 迁移核描述粒子在固定方向和固定能量下, 粒子位置和时间的转换规律. 表示由位置 $\boldsymbol{r}_{j-1}$ 和时刻 t_{j-1} 发出的粒子, 沿方向 $\boldsymbol{\Omega}_{j-1}$ 以能量 E_{j-1}, 经碰撞迁移到位置 $\boldsymbol{r}$ 和时刻 t 的概率. 迁移概率密度函数为

$$\begin{aligned}
&f_t(\boldsymbol{r}_{j-1} \rightarrow \boldsymbol{r}_j, t_{j-1} \rightarrow t_j | \boldsymbol{\Omega}_{j-1}, E_{j-1}) \\
&= \Sigma_t(\boldsymbol{r}_{j-1}, E_{j-1}) \exp\left(-\int_0^{|\boldsymbol{r}_j - \boldsymbol{r}_{j-1}|} \Sigma_t(\boldsymbol{r}_{j-1} + l\boldsymbol{\Omega}_{j-1}, E_{j-1})\mathrm{d}l\right) \\
&\quad \cdot (1/|\boldsymbol{r}_j - \boldsymbol{r}_{j-1}|^2)\delta(\boldsymbol{\Omega}_{j-1} - (\boldsymbol{r}_j - \boldsymbol{r}_{j-1})/|\boldsymbol{r}_j - \boldsymbol{r}_{j-1}|) \\
&\quad \cdot \delta(t_j - t_{j-1} - |\boldsymbol{r}_j - \boldsymbol{r}_{j-1}|/v_{j-1}).
\end{aligned}$$

迁移概率密度函数可分解为

$$f_t(\boldsymbol{r}_{j-1} \rightarrow \boldsymbol{r}_j, t_{j-1} \rightarrow t_j | \boldsymbol{\Omega}_{j-1}, E_{j-1})$$

$$= f_{tr}(\boldsymbol{r}_{j-1} \to \boldsymbol{r}_j | \boldsymbol{\Omega}_{j-1}, E_{j-1}) f_{t\Omega}(\boldsymbol{r}_{j-1} \to \boldsymbol{r}_j | \boldsymbol{\Omega}_{j-1}, E_{j-1}) f_{tt}(t_{j-1} \to t_j | \boldsymbol{\Omega}_{j-1}, E_{j-1}).$$

其中, 位置迁移概率密度函数为

$$f_{tr}(\boldsymbol{r}_{j-1} \to \boldsymbol{r}_j | \boldsymbol{\Omega}_{j-1}, E_{j-1})$$
$$= \Sigma_t(\boldsymbol{r}_{j-1}, E_{j-1}) \exp\left(-\int_0^{|\boldsymbol{r}-\boldsymbol{r}'|} \Sigma_t(\boldsymbol{r}_{j-1} + l\boldsymbol{\Omega}_{j-1}, E_{j-1})\mathrm{d}l\right).$$

位置迁移的方向单位矢量 $(\boldsymbol{r}_j-\boldsymbol{r}_{j-1})/|\boldsymbol{r}_j-\boldsymbol{r}_{j-1}|$ 概率密度函数为

$$f_{t\Omega}(\boldsymbol{r}_{j-1} \to \boldsymbol{r}_j | \boldsymbol{\Omega}_{j-1}, E_{j-1}) = (1/|\boldsymbol{r}_j - \boldsymbol{r}_{j-1}|^2)\delta(\boldsymbol{\Omega}_{j-1} - (\boldsymbol{r}_j - \boldsymbol{r}_{j-1})/|\boldsymbol{r}_j - \boldsymbol{r}_{j-1}|).$$

时间迁移概率密度函数为

$$f_{tt}(t_{j-1} \to t_j | \boldsymbol{\Omega}_{j-1}, E_{j-1}) = \delta(t_j - t_{j-1} - |\boldsymbol{r}_j - \boldsymbol{r}_{j-1}|/v_{j-1}).$$

位置迁移的方向单位矢量 $(\boldsymbol{r}_j-\boldsymbol{r}_{j-1})/|\boldsymbol{r}_j-\boldsymbol{r}_{j-1}|$ 和时间的概率密度函数比较简单, 位置迁移概率密度函数比较复杂些, 对单一介质的凸域情况和非凸域情况, 多层介质情况, 非均匀介质情况, 有不同的抽样方法.

3. 碰撞概率密度函数

不同的粒子, 有不同形式的碰撞概率密度函数, 下面给出中子和伽马光子的碰撞概率密度函数. 碰撞概率密度函数为

$$f_s(\boldsymbol{\Omega}_{j-1} \to \boldsymbol{\Omega}_j, E_{j-1} \to E_j | \boldsymbol{r}_j)$$
$$= (\Sigma_t(\boldsymbol{r}_j, E_{j-1})/\Sigma_s(\boldsymbol{r}_j, E_{j-1}))C(\boldsymbol{\Omega}_{j-1} \to \boldsymbol{\Omega}_j, E_{j-1} \to E_j | \boldsymbol{r}_j).$$

(1) 中子碰撞概率分布. 中子碰撞核为

$$C(\boldsymbol{\Omega}_{j-1} \to \boldsymbol{\Omega}_j, E_{j-1} \to E_j | \boldsymbol{r}_j)$$
$$= \sum_{A,i} \alpha_{A,i}(E_{j-1}) \frac{N_A(\boldsymbol{r}_j)\sigma_{A,i}(E_{j-1})}{\Sigma_t(\boldsymbol{r}_j, E_{j-1})} f_{A,i}(\boldsymbol{\Omega}_{j-1} \to \boldsymbol{\Omega}_j, E_{j-1} \to E_j).$$

式中, $N_A(\boldsymbol{r})$ 为第 A 种原子核的核密度; $\alpha_{A,i}(E_{j-1})$ 和 $\sigma_{A,i}(E_{j-1})$ 分别为能量 E_{j-1} 的中子与第 A 种原子核发生第 i 种碰撞后产生的次级中子数和微观截面; $f_{A,i}(\boldsymbol{\Omega}_{j-1} \to \boldsymbol{\Omega}_j, E_{j-1} \to E_j)$ 为方向 $\boldsymbol{\Omega}_{j-1}$ 能量 E_{j-1} 的中子与第 A 种原子核发生第 i 种碰撞后, $\boldsymbol{\Omega}_j$ 方向和能量 E_j 的概率密度函数.

中子碰撞有弹性碰撞和非弹性碰撞, 中子与裂变元素碰撞还可能产生裂变反应, 非弹性碰撞有离散能级非弹性碰撞和连续能级非弹性碰撞. 弹性碰撞的概率密度函数为

$$f_{A,\mathrm{el}}(\boldsymbol{\Omega}_{j-1} \to \boldsymbol{\Omega}_j, E_{j-1} \to E_j) = \int \frac{\sigma_{A,\mathrm{el}}(u_c|E_{j-1})}{\sigma_{A,\mathrm{el}}(E_{j-1})} \mathrm{d}u_c\, \delta\left(E_j - \frac{A^2 + 2Au_c + 1}{(A+1)^2}E_{j-1}\right)$$

$$\cdot \delta\left(\boldsymbol{\Omega}_j \cdot \boldsymbol{\Omega}_{j-1} - \frac{Au_c + 1}{(A^2 + 2Au_c + 1)^{1/2}}\right).$$

式中, u_c 为质心系中子散射角余弦; $\sigma_{A,\mathrm{el}}(u_c|E_{j-1})$ 为能量 E_{j-1} 的中子与第 A 种原子核发生弹性碰撞的微分截面. 碰撞后的方向 $\boldsymbol{\Omega}_j$ 和能量 E_j 是独立无关的, 概率密度函数具有复合分布形式, 可采用复合分布抽样方法.

离散能级非弹性碰撞的概率密度函数为

$$f_{A,\mathrm{in}}(\boldsymbol{\Omega}_{j-1} \to \boldsymbol{\Omega}_j, E_{j-1} \to E_j)$$

$$= \sum_i \int \sigma_{A,\mathrm{in}}(u_c|E_{j-1}, \varepsilon_j)/\sigma_{A,\mathrm{in}}(E_{j-1})\mathrm{d}u_c$$

$$\cdot \delta\left(E_j - \frac{A^2(1 - \varepsilon_j/E_{j-1}) + 2A(1 - \varepsilon_j/E_{j-1})^{1/2}u_c + 1}{(A+1)^2}E_{j-1}\right)$$

$$\cdot \delta\left(\boldsymbol{\Omega}_j \cdot \boldsymbol{\Omega}_{j-1} - \frac{A(1 - \varepsilon_j/E_{j-1})^{1/2}u_c + 1}{(A^2(1 - \varepsilon_j/E_{j-1}) + 2A(1 - \varepsilon_j/E_{j-1})^{1/2}u_c + 1)^{1/2}}\right).$$

式中, ε_j 由激发能 γ_j 决定, $\varepsilon_j = (A+1)\gamma_j/A$; $\sigma_{A,\mathrm{in}}(u_c|E_{j-1}, \varepsilon_j)$ 为能量 E_{j-1} 的中子与第 A 种原子核发生非弹性碰撞, 靶核能级为 γ_j 的微分截面. 碰撞后的方向 $\boldsymbol{\Omega}_j$ 和能量 E_j 是独立无关的, 概率密度函数具有复合分布形式, 可采用复合分布抽样方法.

连续能级非弹性碰撞概率密度函数为

$$f_{A,\mathrm{in}}(\boldsymbol{\Omega}_{j-1} \to \boldsymbol{\Omega}_j, E_{j-1} \to E_j) = f_{A,\mathrm{in}}(E_{j-1} \to E_j)f(\boldsymbol{\Omega}_{j-1} \to \boldsymbol{\Omega}_j)$$

$$= \frac{E_j \exp(-E_j/Q_A(E_{j-1}))}{Q_A^2(E_{j-1})[1 - (1 + E_{j-1}/Q_A(E_{j-1}))\exp(-E_{j-1}/Q_A(E_{j-1}))]} \times \frac{1}{4\pi},$$

式中, $Q_A(E_{j-1})$ 表示与原子核 A 和能量 E_{j-1} 有关的温度; $f(\boldsymbol{\Omega}_{j-1} \to \boldsymbol{\Omega}_j) = 1/4\pi$. 碰撞后的方向 $\boldsymbol{\Omega}_j$ 和能量 E_j 是独立无关的, 可独立地进行抽样.

裂变反应产生 ν 个裂变中子, $\alpha_{A,f}(E_{j-1}) = \nu_{A,f}(E_{j-1})$. 裂变反应的裂变中子方向和能量分布的概率密度函数为

$$f_{A,f}(\boldsymbol{\Omega}_{j-1} \to \boldsymbol{\Omega}_j, E_{j-1} \to E_j) = f_{A,f}(E_{j-1} \to E_j)f(\boldsymbol{\Omega}_{j-1} \to \boldsymbol{\Omega}_j)$$

$$= C\exp(-E/B)\sinh(\sqrt{DE}) \times (1/4\pi),$$

式中, B, C, D 为与原子核 A 有关的量; $f(\boldsymbol{\Omega}_{j-1} \to \boldsymbol{\Omega}_j) = 1/4\pi$.

(2) 伽马光子碰撞概率分布. 伽马光子的碰撞核为

$$C(\boldsymbol{\Omega}_{j-1} \to \boldsymbol{\Omega}_j, E_{j-1} \to E_j|\boldsymbol{r}_j)$$

$$= \frac{\Sigma_K(E_{j-1} \to E_j|\boldsymbol{r}_j)}{\Sigma_s(\boldsymbol{r}_j, E_{j-1})}\frac{1}{2\pi}\delta(1 + 1/E_{j-1} - 1/E_j - \boldsymbol{\Omega}_j \cdot \boldsymbol{\Omega}_{j-1}),$$

式中, 康普顿散射微分散射截面的克莱茵–仁科 (Klein-Nishina) 公式为

$$
\begin{aligned}
&\Sigma_K(E_{j-1} \to E_j | \boldsymbol{r}_j) \\
&= \frac{\pi N(\boldsymbol{r}_j) Z(\boldsymbol{r}_j) r_0^2}{E_{j-1}^2 / E_j^2} \left[\frac{E_j}{E_{j-1}} + \frac{E_{j-1}}{E_j} - 2 \left(\frac{1}{E_j} - \frac{1}{E_{j-1}} \right) + \left(\frac{1}{E_j} - \frac{1}{E_{j-1}} \right)^2 \right],
\end{aligned}
$$

式中, $N(\boldsymbol{r}_j)$ 为 $\boldsymbol{r}_j$ 处单位体积内的原子数; $Z(\boldsymbol{r}_j)$ 为 $\boldsymbol{r}_j$ 处元素的原子序数; r_0 为电子经典半径. 康普顿散射截面为

$$
\begin{aligned}
\Sigma_s(\boldsymbol{r}_j, E_j) &= \int \Sigma_K(E_{j-1} \to E_j | \boldsymbol{r}_j) \, \mathrm{d}E_j \\
&= \frac{\pi N(\boldsymbol{r}_j) Z(\boldsymbol{r}_j) r_0^2}{E_{j-1}} \left[\left(1 - \frac{2(E_{j-1}+1)}{E_{j-1}^2} \right) \ln(1 + 2E_{j-1}) \right. \\
&\quad \left. + \frac{1}{2} + \frac{4}{E_{j-1}} - \frac{1}{2(1 + 2E_{j-1})^2} \right].
\end{aligned}
$$

式中, 所有能量 E 以 0.511MeV 为单位. 伽马光子的碰撞概率密度函数为

$$
\begin{aligned}
&f(\boldsymbol{\Omega}_{j-1} \to \boldsymbol{\Omega}_j, E_{j-1} \to E_j | \boldsymbol{r}_j) \\
&= \delta(1 + 1/E_{j-1} - 1/E_j - \boldsymbol{\Omega}_j \cdot \boldsymbol{\Omega}_{j-1}) \frac{1}{2\pi} \frac{\Sigma_K(E_{j-1} \to E_j | \boldsymbol{r}_j)}{\Sigma_s(\boldsymbol{r}_j, E_{j-1})}.
\end{aligned}
$$

10.2.5 粒子穿透平板概率

举一个简单的例子来说明直接模拟方法. 有一束粒子平行入射到由单一元素组成的一维均匀介质平板上, 平板厚度为 a, 求解粒子通过平板的穿透概率.

粒子状态 $\boldsymbol{P} = (Z, \cos\alpha, E)$, 粒子源的概率密度函数为

$$
f_0(Z_0, \cos\alpha_0, E_0) = \delta(Z_0) S(\cos\alpha_0) S(E_0) \Big/ \!\!\iiint \delta(Z_0) S(\cos\alpha_0) S(E_0) \mathrm{d}Z \mathrm{d}(\cos\alpha_0) \mathrm{d}E_0.
$$

源粒子权重为

$$
w_0 = \iiint \delta(Z_0) S(\cos\alpha_0) S(E_0) \mathrm{d}Z \mathrm{d}(\cos\alpha_0) \mathrm{d}E_0.
$$

迁移概率密度函数为

$$
\begin{aligned}
&f_t(Z_j \to Z_{j+1} | \cos\alpha_j, E_j) \\
&= \Sigma_t(Z_{j+1}, E_j) / |\cos\alpha_j| \exp[-\Sigma_t(Z_{j+1}, E_j)(Z_{j+1} - Z_j)/\cos\alpha_j] \\
&\quad \cdot \eta[(Z_{j+1} - Z_j)/\cos\alpha_j].
\end{aligned}
$$

散射概率密度函数为

$$f_s(\cos\alpha_j \to \cos\alpha_{j+1}, E_j \to E_{j+1}|Z_{j+1})$$
$$= \frac{\Sigma_t(Z_{j+1}, E_j)}{\Sigma_s(Z_{j+1}, E_j)} C(\cos\alpha_j \to \cos\alpha_{j+1}, E_j \to E_{j+1}|Z_{j+1}).$$

权重为 $w_{j+1} = w_j \Sigma_s(Z_{j+1}, E_j)/\Sigma_t(Z_{j+1}, E_j)$. 记录函数为

$$h(Z_j, \cos\alpha_j, E_j) = \begin{cases} \exp[-\Sigma_t(Z_j, E_j)a/\cos\alpha_j]\eta(\cos\alpha_j \geqslant 0), & Z_j > a, \\ 0, & \text{其他}. \end{cases}$$

每次模拟, 跟踪粒子的多次碰撞过程, 从概率密度函数抽样, 得到每次模拟第 j 次碰撞的粒子状态 $\boldsymbol{P}_j = (Z_j, \cos\alpha_j, E_j)$, 计算第 i 次模拟第 j 次碰撞的碰撞权重 w_{ij} 和记录函数 $h_i(\boldsymbol{P}_j)$, 第 i 次模拟粒子穿透概率估计为

$$\hat{p}_i = \sum_{j=0}^m w_{ij} h_i(\boldsymbol{P}_j).$$

总共进行 n 次模拟, 粒子穿透概率估计为

$$\hat{p} = (1/n) \sum_{i=1}^n \sum_{j=0}^m w_{ij} h_i(\boldsymbol{P}_j).$$

直接模拟方法如下:

① 模拟次数 $i = 0$, 粒子源概率密度函数 $f_0(Z_0, \cos\alpha_0, E_0)$ 抽样, 产生源粒子状态参数 $Z_0, \cos\alpha_0, E_0$, 计算源粒子权重 w_0.

② 碰撞次数 $j = 1$.

③ 迁移概率密度函数 $f_t(Z_{j-1} \to Z_j| \cos\alpha_{j-1}, E_{j-1})$ 抽样, 产生粒子第 j 次碰撞的位置 Z_j.

④ 碰撞概率密度函数 $f_s(\cos\alpha_{j-1} \to \cos\alpha_j, E_{j-1} \to E_j| Z_j)$ 抽样, 产生粒子第 j 次碰撞的方向 $\cos\alpha_j$ 和能量 E_j.

⑤ 计算碰撞权重 w_{ij}, 统计量 $h(Z_j, \cos\alpha_j, E_j)$.

⑥ 若 $j < m$, $j = j+1$, 返回③.

⑦ 若 $i < n$, $i = i+1$, 返回②.

⑧ 输出穿透概率的估计值.

10.3　降低方差提高效率方法

10.3.1　降低方差技巧

第 6 章已经详细地叙述降低方差的基本原理和基本技巧, 这些基本原理和技巧都可以应用到粒子输运问题, 这里不再重复叙述, 只是做个简要的描述.

1. 同时改变概率分布和统计量

简单加权技巧. 直接模拟方法是直接模拟实际的物理过程, 如果介质很厚或者是强吸收介质, 绝大多数粒子在介质内被吸收, 穿透概率为零, 可是直接模拟方法还是必须对这些粒子进行模拟, 做了很多无用功. 为了克服这个缺点, 使用简单加权技巧. 直接模拟方法是每次碰撞, 粒子不是被散射, 就是被吸收, 只跟踪记录散射粒子, 不跟踪记录吸收粒子. 简单加权技巧改变这个物理过程, 总是以概率 Σ_s/Σ_t 被散射, 总是要跟踪和记录粒子. 同时改变概率分布和记录函数, 显然这是伪物理过程, 改变了粒子碰撞类型的概率分布.

每次散射都进行记录, 权重的递推公式为

$$w_{j+1} = w_j \Sigma_s(E_j)/\Sigma_t(E_j).$$

2. 只改变概率分布

1) 重要抽样技巧. 加大自由程、强迫碰撞和指数变换都属于重要抽样技巧.

(1) 加大自由程技巧. 如果介质很厚, 粒子自由程很小, 粒子很难穿过, 为了解决深穿透困难, 可采用加大自由程技巧. 由于增大了粒子自由程, 使得粒子迁移得更远, 对远处有较大的贡献. 人为地改变介质性质, 减小碰撞截面, $\Sigma_t^*(E) = \Sigma_t(E)/a, a > 1$, 改变粒子迁移概率密度函数, 重要概率密度函数为

$$g(l) = \Sigma_t^*(E) \exp(-\Sigma_t^*(E)l).$$

可以只是在第 1 次碰撞采用加大自由程技巧, 也可以在每次碰撞都采用加大自由程技巧. 权重为

$$w = \prod_{j=0}^{m} a \exp(-(a-1)\Sigma_t(E_j)l).$$

(2) 强迫碰撞技巧. 如果介质很薄, 粒子自由程很大, 粒子很容易穿过, 可能不经过碰撞就穿过介质, 于是在介质内记录粒子的碰撞贡献机会很少, 统计涨落很大. 为了克服这个困难, 可以采用强迫碰撞技巧. 为了强迫首次碰撞, 强迫粒子在介质内进行第一次碰撞, 改变粒子迁移概率密度函数, 源粒子能量为 E_0, 重要概率密度函数为

$$g(l) = \Sigma_t(E_0) \exp(-\Sigma_t(E_0)l)/(1 - \exp(-\Sigma_t(E_0)l)).$$

令介质的厚度为 D, 权重为 $w = 1 - \exp(-(E_0)D)$. 强迫碰撞也可以是强迫多次碰撞, 但是由于需要求出每个碰撞点到边界的距离, 如果介质几何形状复杂, 则计算量增大. 如果是强迫每次碰撞, 则粒子不会逃脱系统, 为了终止碰撞可用权重来截断.

(3) 指数变换技巧. 从粒子散射定律知道, 粒子向前散射概率比向后散射概率大, 也就是小角度散射概率比大角度散射概率大. 为了在远处有较大的碰撞贡献, 可以人为地在向前方向减少碰撞截面, 加大粒子自由程, 在向后方向增大碰撞截面, 减少粒子自由程. 粒子碰撞截面人为地改变为

$$\Sigma_t^*(E) = \Sigma_t(E) - C\cos\theta$$

式中, $C = \min\limits_{E_{\min} \leqslant E \leqslant E_{\max}} \Sigma_t(E)$, 其中 E_{min} 和 E_{max} 分别为能量的下限和上限. 平板厚度为 a, 可以证明这个伪过程的穿透概率 P^* 与原过程的穿透概率 P 有如下关系: $P^* = e^{Ca}P$.

2) 分层抽样技巧. 分层抽样技巧主要是应用在球体粒子源分布抽样和平板屏蔽碰撞分布抽样上, 把原来的整层抽样改为分层抽样.

3) 条件蒙特卡罗技巧. 条件蒙特卡罗技巧是将复杂空间上的抽样变为比较简单空间上的抽样, 将条件分布抽样变为非条件分布抽样.

3. 只改变统计量

(1) 统计估计技巧. 直接模拟方法模拟一个粒子多次碰撞, 只有粒子通过界面的那次碰撞才对结果有贡献, 其他碰撞对结果毫无贡献, 因此没有充分利用粒子的多次碰撞历史, 统计涨落可能较大, 产生大的误差. 统计估计技巧改变记录函数, 人为地认为每次碰撞历史对界面都有贡献, 这个贡献就是每次碰撞后不再发生碰撞而直接穿过界面的概率, 其实质是对每次碰撞后粒子的能量和方向进行解析处理, 将蒙特卡罗方法与解析方法相结合, 通过解析方法把部分随机特性变为确定特性, 每次碰撞后粒子的能量和方向不再是随机的抽样. 第 j 次碰撞到界面的距离为 ρ_j, 记录函数为碰撞后不再发生碰撞而直接穿过介质界面的概率, 记录函数改为

$$h = \exp[-\Sigma_t(E_j)\rho_j].$$

(2) 飞行估计技巧. 统计估计技巧可以看作是调整最后碰撞点的位置, 使其到达穿透界面上, 对每次碰撞后的状态, 求其后未经碰撞最后穿透的贡献, 有人称为最后飞行估计. 飞行估计技巧有首次飞行估计技巧和历次飞行估计技巧. 一般说来, 随着碰撞次数增加, 粒子能量逐渐减小, 而碰撞截面随着能量减小增大, 因此, 在统计估计技巧中, 首次碰撞点的位置, 对结果的影响比较大. 与统计估计技巧的最后飞行估计不同, 首次飞行估计技巧是调整首次碰撞点的位置, 使其到达穿透界面上. 历次飞行估计技巧是调整历次碰撞点的位置, 使其到达穿透界面上.

(3) 对偶随机变量技巧. 粒子碰撞自由程的概率密度函数是一个单调函数, 从概率密度函数抽样得到粒子碰撞一个自由程为

$$l_1 = -\ln U/\Sigma_t(E),$$

另一个自由程为

$$l_2 = -\ln(1-U)/\Sigma_t(E).$$

由于随机数 U 与随机数 $1-U$ 是同分布的, 是负相关的, U 与 $1-U$ 称为对偶随机变量, 粒子碰撞的两个自由程 l_1 与 l_2 也是负相关的, 两个穿透概率 $p(l_1)$ 与 $p(l_2)$ 也是负相关的, 也都是对偶随机变量. 每次模拟对偶变量技巧穿透概率为

$$p_i = [p(l_1) + p(l_2)]/2,$$

对偶变量技巧穿透概率估计为

$$\hat{p} = (1/n)\sum_{i=1}^{n} p_i/2.$$

4. 只改变统计特性

半解析技巧是将蒙特卡罗方法与解析方法相结合, 通过改变统计特性, 解析方法把部分随机特性变为确定特性, 粒子输运问题的半解析技巧有指向概率技巧和位置解析技巧.

指向概率技巧. 有些输运问题是求空间某一特定点的贡献, 如果使用直接模拟方法, 由于粒子碰撞是随机的, 粒子能正好通过这一特定点的机会是很少的, 于是贡献很小, 涨落很大, 产生很大误差. 人为地认为那些没有通过这一特定点的粒子也有贡献, 这个贡献就是每次碰撞后不再发生碰撞而直接通过这一特定点的概率, 其实质是对每次碰撞后粒子的方向进行解析处理, 将蒙特卡罗方法与解析方法相结合, 通过解析方法把部分随机特性变为确定特性. 每次碰撞后粒子对这一特定点的贡献是两个概率的乘积, 一个是粒子散射方向正好指向这一特定点的散射概率, 另一个是从碰撞点不再发生碰撞而直接通过这一特定点的概率.

位置解析技巧. 粒子碰撞过程, 对粒子位置、方向和能量的随机抽样会产生统计误差, 特别是位置变量引起的统计误差最显著. 只对方向和能量进行随机抽样, 而对位置进行解析处理或者数值处理.

5. 综合技巧

碰撞密度技巧. 碰撞密度技巧是综合使用统计估计技巧和重要抽样技巧, 是在统计估计技巧基础上, 对位置进行重要抽样. 统计估计技巧改变统计量, 重要抽样技巧改变概率分布. 统计量改为

$$h = \exp[-\Sigma_t(E_j)\rho_j].$$

重要概率密度函数为

$$g(l) = \Sigma_s(E)\exp[-\Sigma_s(E)l].$$

每次碰撞的权重为

$$w = (\Sigma_t(E)/\Sigma_s(E)) \exp[-(\Sigma_t(E) - \Sigma_s(E))l].$$

10.3.2　深穿透问题解决方法

1. 深穿透问题的数值方法

数值方法, 如矩方法和离散 Sn(离散纵坐标) 方法, 是计算大系统深穿透问题的有效方法, 计算精度比较高. 辐照量积累因子的精确实验测量不容易, 通常是使用计算方法. American Nuclear Society(1991) 发布美国国家标准: "工程材料的伽马射线衰减系数和辐照量积累因子"(ANSI/ANS-6.4.3-1991), 对于伽马射线能量 0.015~15MeV, 从铍到铀的元素, 以及水、空气和混凝土介质, 给出40个平均自由程以内的辐照量积累因子, 就是使用矩方法和离散纵坐标方法计算的. 计算伽马射线辐照量首先计算伽马射线的通量和能谱, 然后由转换因子转换成伽马射线辐照量.

2. 蒙特卡罗方法求解深穿透问题的困难

粒子深穿透是小概率事件, 称为稀有事件. 蒙特卡罗方法对问题的复杂性和高维性不敏感, 但是对稀有性却很敏感, 这是蒙特卡罗方法的两重性. 也就是说蒙特卡罗方法的误差与问题的复杂性和高维性关系不大, 但是与稀有性关系很密切, 系统越大, 穿透概率越小, 误差越大. 因此蒙特卡罗方法适应复杂系统和高维系统, 但不适应大系统. 于是出现介质越厚, 穿透概率的估计值越偏低的现象, 这就是深穿透的困难, 成为粒子输运蒙特卡罗模拟最难解决的问题. Kahn(1950) 首先发现了深穿透困难, 认为是由于位置抽样出现的涨落引起的, 并给出一些解决方法. 后来很多学者研究了各种方法, 裴鹿成等 (1989) 介绍了其中一些方法. 在介质较厚时, 在某种程度上缓解深穿透困难, 但是并没有彻底解决问题, 特别是介质很厚时, 穿透概率的估计值偏低问题依然存在.

3. 解决深穿透问题的方法

很多学者提出各种方法, 比较有效的方法有小区域方法、驿站自适应方法和样本分裂方法. 样本分裂方法有粒子分裂技巧和分裂方法

(1) 小区域技巧. 裴鹿成 (1985) 提出小区域技巧. 深穿透问题的困难是大区域带来的问题, 由于介质厚, 粒子难于通过, 误差大. 小区域由于介质薄, 粒子容易通过, 误差小. 小区域方法是把大区域问题转化成小区域问题, 把深穿透问题变成非深穿透问题, 小区域方法比较容易解决深穿透的困难. 将屏蔽层分成若干层, 粒子模拟分别在每一层进行, 每层之间的相互影响被看成是外源影响, 于是随机游动分别在每个小区域内进行的同时加以考虑. 计算能量 6MeV 的伽马射线通过铁介质的穿透概率, 只计算到 25 个自由程, 不出现波动式下掉现象. 本书作者对小区域方

法做了计算, 可以计算到 50 个自由程, 但是随着厚度增加, 出现平滑式降低现象, 穿透概率比实际值降低很多, 见图 10.2 和图 10.3.

(2) 驿站自适应方法. 驿站技巧是将屏蔽层分成若干层, 当粒子到达每一层时, 将其运动状态记录下来, 作为一个新的粒子源. 模拟了所有粒子后, 再从该新的粒子源出发进行模拟, 对于给定的模拟粒子数, 每个模拟粒子带有一定的权重. 驿站技巧的优点是避免模拟的粒子数随着屏蔽厚度的增加而减少, 从而引起很大的误差. Kong, Ambrose, Spanier (2008) 提出自适应方法, 王瑞宏, 姬志成, 裴鹿成 (2012) 介绍了基于驿站的自适应方法, 并给出 4MeV 平行束伽马射线, 通过铅板的模拟结果, 由于只计算到 10 个自由程, 只能说在一定程度上克服模拟结果偏低现象, 更大自由程的模拟效果有待深入研究.

4. 粒子分裂技巧

蒙特卡罗方法计算大系统深穿透的辐照量积累因子比较困难. 日本高能物理国家实验室的 Hirayama (1995) 使用美国斯坦福直线加速器中心的 EGS4 蒙特卡罗程序, 改变原来的粒子分裂技巧算法, 使用新的粒子分裂算法, 解决深穿透的困难. 计算能量为 0.1MeV、1MeV 和 10MeV 各向同性点源伽马射线通过水、铁和铅介质的辐照量积累因子, 计算到 40 个自由程, 计算结果与使用矩方法和离散纵坐标方法的数值方法基本一致. 张雷等 (2012) 使用 Hirayama 的算法模拟伽马射线通过轻混凝土的积累因子, 也计算到 40 个自由程. EGS4 程序的原来粒子分裂技巧是分裂和轮盘赌技巧, 主要是为了降低方差, 不是专门用来解决深穿透问题的, 不能用来计算深穿透问题的原因是:

(1) 应用一次粒子分裂技巧, 必须每间隔 5 个自由程, 直到 40 个自由程.

(2) EGS4 程序是电子–伽马联合输运簇射程序, 每次粒子相互作用要增加粒子数, 堆栈 (stack) 数 (NP) 用来处理联合输运簇射现象. 低能粒子具有大的堆栈数. 如果使用原来的粒子分裂技巧, 需要很大的堆栈数.

(3) 要求每一个当前深度总是有相同的粒子数, 因此到达分裂点的粒子数依赖于介质性质、介质厚度和伽马射线的能量, 所以分裂数不容易确定.

为了在粒子到达感兴趣的位置时, 补偿粒子数的增加, 原来粒子分裂技巧, 一个粒子分裂成多个具有小的权重粒子. 新的粒子分裂算法将获得深穿透处稀有事件更多的信息, 从而更有效降低方差. 新的粒子分裂算法如下:

① 当粒子到达分裂位置时, 把所有有关粒子的信息 (位置、方向余弦、能量、权重、粒子类型) 写入磁盘文件, 并停止这个粒子历史跟踪.

② 粒子历史数为 NCASES, 到达分裂位置的粒子数为 NPART, 当所有粒子历史跟踪完毕时, 计算分裂数 NSPLIT = NCASES/NPART + 1.

③ 令分裂之前权重为 $W(NP)$, 使用写入到磁盘文件的粒子信息, 粒子权重为

$W(\mathrm{NP})/\mathrm{NSPLIT}$, 计算分裂数 NSPLIT 的倍数.

④ 当粒子到达下一个分裂位置时, 进行与前面相同的处理.

⑤ 如果完成了最深处分裂点数据计算, 则停止计算, 进行结果分析.

新的粒子分裂算法只是在原来算法的基础上进行改进, 虽然给出了计算流程图, 但是作者没有在原理上进行分析, 因此算法叙述不好理解. Hirayama 给出能量 0.1MeV、1MeV 和 10MeV 各向同性点源伽马射线通过铁板和铅板的辐照量积累因子模拟结果如图 10.1 所示, 与矩方法和离散纵坐标方法的计算结果一致.

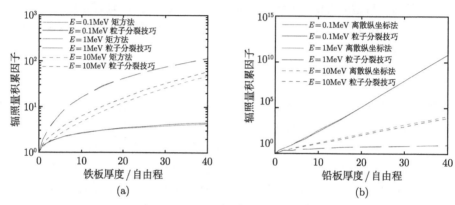

图 10.1　各向同性点源通过铁板和铅板的辐照量积累因子

5. 分裂方法

粒子输运是马尔可夫过程, 第 6 章的稀有事件模拟的分裂方法, 可以解决粒子深穿透的困难. 铅对伽马射线是强吸收介质, 伽马射线通过厚板铅的穿透概率很小, 是稀有事件. 直接模拟方法穿透概率估计值误差大, 计算时间长, 而且比真值偏低很多. 分裂方法是据概率论, 稀有事件表示成若干个事件之交, 稀有事件的发生概率是若干个条件概率的乘积. 将屏蔽层分成 K 层, 每层的分裂粒子数为 M. 分别在每一层内独立地对每个分裂粒子进行直接模拟, 穿过第 j 层的粒子数为 m_j, 第 j 层的穿透概率为 $P_j = m_j/M$. 一次模拟粒子穿透概率是各层穿透概率的乘积, 第 i 次模拟粒子穿透概率为

$$P_i = \prod_{j=1}^{K} P_j = \prod_{j=1}^{K} m_j/M.$$

模拟 n 次, 粒子穿透概率估计值为

$$\hat{P} = (1/n)\sum_{i=1}^{n} P_i = (1/n)\sum_{i=1}^{n} \prod_{j=1}^{K} m_j/M.$$

本书作者以 4Mev 各向同性单面源伽马射线通过平板铅为例, 使用各种方法模拟深穿透概率. 伽马射线在铅介质的截面数据取自 1975 年的 ENDL 评价核数据库. 铅板厚度每 1mfp 分为一层, 每层的分裂粒子数 $M = 10^3$. 每层内独立地对每个分裂粒子进行直接模拟. 各种方法模拟结果如图 10.2 和图 10.3 所示. 可见随着铅板厚度增加, 直到 100 个平均自由程, 分裂方法, 不再发生穿透概率偏低现象, 分裂方法有

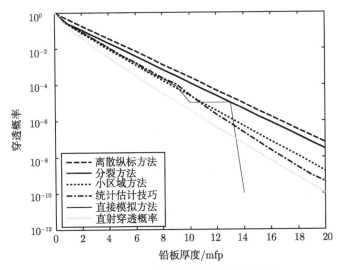

图 10.2 20mfp 范围内各种方法模拟结果

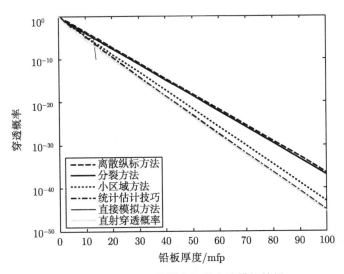

图 10.3 100mfp 范围内各种方法模拟结果

效地解决了深穿透的困难. 这种分裂方法又称为多级分裂方法. 多级分裂方法模拟伽玛射线深穿透屏蔽问题, 比较困难的问题是如何选取每级分裂样本的初始位置. 本书作者提出一种处理方法, 直接产生分裂样本的初始位置. 在每一级厚度 D 内对粒子初始位置采用限制抽样, 强迫粒子在每级厚度范围内碰撞, 分裂样本的初始位置限制在本级厚度内. 对于平几何, 粒子碰撞位置 x 的概率密度函数为

$$f(x) = ((\Sigma_t / \cos\theta)/(1 - e^{-\Sigma_t D / \cos\theta})) \exp(-\Sigma_t x / \cos\theta).$$

使用逆变换方法抽样, 粒子碰撞位置抽样值为

$$x = -(\cos\theta / \Sigma_t) \ln(1 - U(1 - e^{-\Sigma_t D / \cos\theta})),$$

第 j 级分裂粒子的初始位置为

$$X_j = X_{j-1} + x = X_{j-1} - (\cos\theta / \Sigma_t) \ln(1 - U(1 - e^{-\Sigma_t D / \cos\theta})).$$

其中, $\cos\theta$ 是穿出界面的方向角余弦, 与粒子源能量以及介质几何情况、厚度和散射特性等因素有关, 4MeV 伽马射线穿过厚度 1mfp 各向异性散射的铅介质, 直接模拟蒙特卡罗方法模拟 10^7 次, 得到方向角余弦为 0.719455.

离散纵标方法根据 ENDL 评价核数据库的点截面数据, 由典型铅平板屏蔽慢化能谱得到的多群权重函数, 制作 8 群常数, 包括 8 群总截面和 8 群转移截面. 离散纵标方法的角通量算法使用菱形格式, 源迭代方法是计算散射源项, 根据相邻两次迭代的标通量相对误差小于规定值, 判定是否满足误差要求, 决定源迭代过程是否结束.

10.3.3 拟蒙特卡罗方法

在 Lecot(1989), Morokoff 和 Caflisch(1993), Moskowitz(1997), James(2009) 的论文中, 讨论了拟蒙特卡罗方法在粒子输运问题的应用. 拟随机数采用霍尔顿序列, 研究了两个例子, 一个是中子通过纯吸收球的输运, 另一个是中子通过无限大平板的输运. 蒙特卡罗方法误差 ε 与模拟次数 n 的关系为 $\varepsilon \propto n^{-a} = n^{-0.5}$, a 称为误差指数. 蒙特卡罗方法使用碰撞估计和径迹长度两种记录方法. 中子通过纯吸收球输运, 直接模拟蒙特卡罗方法误差指数分别为 $a = 0.49$, $a = 0.52$; 拟蒙特卡罗方法误差指数分别为 $a = 0.67$, $a = 0.97$. 中子通过无限大平板输运, 直接模拟蒙特卡罗方法误差指数分别为 $a = 0.49$, $a = 0.51$; 拟蒙特卡罗方法误差指数分别为 $a = 0.57$, $a = 0.59$. 显然拟蒙特卡罗方法收敛速度快, 减少了误差, 对球形几何效果更好些. 同时表明拟蒙特卡罗方法并没有增加模拟时间. 澳大利亚联邦科学与工业研究组织 (CSIRO) 的 T. James 于 2010 年在互联网上公布中子在各种形状物体中输运, 拟蒙特卡罗方法误差指数的计算结果如表 10.1 所示.

表 10.1 拟蒙特卡罗方法误差指数的计算结果

物体序号	1	2	3	4a	4b	4c	5	6a	6b
物体形状	无限吸收体	有限球体	有限四方体	无限散射体	无限散射体	无限散射体	从平板背散射	穿过厚板	穿过厚板
误差指数 a	0.93	0.95	0.70	0.90	0.69	0.52	0.50	0.50	0.52

10.3.4 倒易模拟和伴随模拟

1. 倒易蒙特卡罗模拟

在粒子输运问题中, 有这样的一种情况, 在空间中有一个非点源的粒子源, 求空间中任意一点的粒子通量, 这就是所谓点通量计算问题. 通常的蒙特卡罗模拟是粒子从非点源出发, 终止于记录点, 称为前向蒙特卡罗模拟. 对于这种粒子输运问题, 模拟大量的粒子, 只有很少的粒子对记录的一点有贡献, 绝大多数的粒子是无用的, 误差涨落很大, 计算效率是很低的, 因此前向蒙特卡罗模拟遇到很大的困难. 有一种称为后向蒙特卡罗模拟, 包括倒易蒙特卡罗模拟和伴随蒙特卡罗模拟, 粒子模拟是从记录点出发, 终止于非点状粒子源, 把点通量计算问题变为非点通量计算问题.

Maynard(1961) 提出倒易蒙特卡罗模拟. 光学上有光学倒易原理, 光学倒易条件为

$$\phi(\boldsymbol{P}_0 \to \boldsymbol{P}_0^+) = \phi(-\boldsymbol{P}_0^+ \to -\boldsymbol{P}_0),$$

即

$$\phi(\boldsymbol{r}_0, \boldsymbol{\Omega}_0, E_0, t_0 \to \boldsymbol{r}_0^+, \boldsymbol{\Omega}_0^+, E_0^+, t_0^+) = \phi(\boldsymbol{r}_0^+, -\boldsymbol{\Omega}_0^+, E_0^+, t_0^+ \to \boldsymbol{r}_0, -\boldsymbol{\Omega}_0, E_0, t_0). \quad (10.11)$$

如果粒子与介质碰撞其能量不发生变化, 则认为粒子输运与能量无关, 如热辐射的紫外线光子、可见光光子、红外线光子和激光光子, 碰撞波长不发生变化, 粒子输运与波长无关; 中子、伽马光子和带电粒子在常截面近似下, 可认为粒子输运与能量无关. 凡是与能量无关的粒子输运问题, 一般都满足光学倒易条件.

如果粒子输运与能量有关, 一般总是不满足光学倒易条件. 由于倒易一般是指位置上的倒易, 没有必要对能量也进行倒易, 因此只需满足下面光学倒易条件:

$$\phi(\boldsymbol{r}_0, \boldsymbol{\Omega}_0, E_0, t_0 \to \boldsymbol{r}_0^+, \boldsymbol{\Omega}_0^+, E_0^+, t_0^+) = \phi(\boldsymbol{r}_0^+, -\boldsymbol{\Omega}_0^+, E_0, t_0^+ \to \boldsymbol{r}_0, -\boldsymbol{\Omega}_0, E_0, t_0). \quad (10.12)$$

与能量有关的无限均匀介质粒子输运问题不满足条件 (10.11), 却满足条件 (10.12). 光学倒易条件非常强, 许多实际问题不满足光学倒易条件, 倒易蒙特卡罗模拟的应用受到限制.

满足光学倒易条件的粒子输运问题都可以使用倒易蒙特卡罗模拟, 倒易蒙特卡罗模拟是根据光学倒易原理, 粒子的始发点和终止点是可以倒易的, 粒子从统计量的记录点开始, 倒易后方向为原来方向的反方向, 终止点为粒子源. 对于任意的

粒子源, $S(\boldsymbol{P}_0) = S(\boldsymbol{r}_0)S(\boldsymbol{\Omega}_0)S(E_0)S(t_0)$, 对于任意的粒子通量的统计量, $h(\boldsymbol{P}_0) = h(\boldsymbol{r}_0)\,h(\boldsymbol{\Omega}_0)h(E_0)h(t_0)$, 有如下等式成立:

$$\int S(\boldsymbol{P}_0)\mathrm{d}\boldsymbol{P}_0 \int \phi(\boldsymbol{P}_0 \to \boldsymbol{P}_0^+)h(\boldsymbol{P}_0^+)\mathrm{d}\boldsymbol{P}_0^+$$

$$= \int h(\boldsymbol{r}_0^+)\mathrm{d}\boldsymbol{r}_0^+ \int h(-\boldsymbol{\Omega}_0^+)\mathrm{d}\boldsymbol{\Omega}_0^+ \int S(E_0)\mathrm{d}E_0 \int h(t_0^+)\mathrm{d}t_0^+$$

$$\cdot \iiint \phi(\boldsymbol{r}_0^+, \boldsymbol{\Omega}_0^+, E_0, t_0^+ \to \boldsymbol{r}_0, \boldsymbol{\Omega}_0, E_0, t_0)S(\boldsymbol{r}_0)S(-\boldsymbol{\Omega}_0)h(E_0)S(t_0)\mathrm{d}\boldsymbol{r}_0\mathrm{d}\boldsymbol{\Omega}_0\mathrm{d}E_0\mathrm{d}t_0.$$

上面等式表明, 粒子发射源 $S(\boldsymbol{P}_0)$ 对通量统计量 $h(\boldsymbol{P}_0^+)$ 的贡献, 等于 $h(\boldsymbol{r}_0^+)h(-\boldsymbol{\Omega}_0^+)$ $S(E_0)h(t_0^+)$ 作为粒子发射源对 $S(\boldsymbol{r}_0)S(-\boldsymbol{\Omega}_0)h(E_0)S(t_0)$ 作为通量统计量的贡献, 所谓倒易蒙特卡罗模拟是指经过上述倒易后所建立的蒙特卡罗方法. 得到倒易蒙特卡罗模拟算法如下:

① 统计量 $h(\boldsymbol{r}_0, \boldsymbol{\Omega}_0, E_0, t_0)$ 的概率密度函数 $f(\boldsymbol{r}_0, \boldsymbol{\Omega}_0, E_0, t_0)$ 抽样, 得到源粒子状态参数 $\boldsymbol{r}_0, \boldsymbol{\Omega}_0, E_0, t_0$, 计算源粒子权重 w_0.

② 倒易迁移概率密度函数 $f_t(\boldsymbol{r}_{j-1} \to \boldsymbol{r}_j, t_{j-1} \to t_j | \boldsymbol{\Omega}_{j-1}, E_{j-1})$ 抽样, 得到粒子第 j 次碰撞的位置 $\boldsymbol{r}_j$ 和时间 t_j.

③ 倒易碰撞概率密度函数 $f_s(\boldsymbol{\Omega}_{j-1} \to \boldsymbol{\Omega}_j, E_{j-1} \to E_j | \boldsymbol{r}_j)$ 抽样, 得到粒子第 j 次碰撞的方向 $\boldsymbol{\Omega}_j$ 和能量 E_j.

④ 计算第 j 次碰撞权重 w_j, 计算第 j 次碰撞的统计量 $S(\boldsymbol{r}_j, \boldsymbol{\Omega}_j, E_j, t_j)$.

⑤ 重复①~④的碰撞过程, 直到粒子碰撞过程结束为止.

⑥ 重复①~⑤的模拟过程, 直到粒子模拟过程结束为止.

⑦ 最后进行统计估计, 得到粒子输运问题蒙特卡罗模拟结果. 倒易第 i 次模拟碰撞贡献为

$$I_i^+ = \sum_{j=0}^m w_{ij}S_i(\boldsymbol{P}_j).$$

倒易碰撞贡献估计为

$$\hat{I}^+ = (1/n)\sum_{i=1}^n I_i^+ = (1/n)\sum_{i=1}^n \sum_{j=0}^m w_{ij}S_i(\boldsymbol{P}_j).$$

倒易归一化权重 w_0 和 w_j 为

$$w_0 = \int h(\boldsymbol{P}_0)\mathrm{d}\boldsymbol{P}_0, \quad w_j = w_{j-1}\Sigma_s(\boldsymbol{r}_j, E_{j-1})/\Sigma_t(\boldsymbol{r}_j, E_{j-1}).$$

2. 伴随蒙特卡罗模拟

对于中子和伽马光子这一类粒子输运, 如果不是无限均匀介质, 很少有满足光学倒易条件, 因此很难实现后向模拟. 虽然不符合光学倒易原理, 但是符合伴随原

理, 则可用伴随蒙特卡罗模拟解决后向模拟问题. 伴随蒙特卡罗模拟是建立在伴随方程上的蒙特卡罗模拟, 伴随原理不需要任何附加的倒易条件, 只是需要建立粒子伴随散射截面和伴随散射概率密度函数. 如果采用加权技巧降低方差, 前向蒙特卡罗模拟的权重总是小于 1, 而伴随蒙特卡罗模拟, 由于要计算粒子伴随散射截面, 权重可能大于 1, 致使方差较大, 需要采取一些相应的方法. 伴随蒙特卡罗模拟用于屏蔽计算以及反应堆的临界计算和微扰计算.

后向模拟过程的源粒子是从前向模拟过程的统计量抽样, 而后向模拟过程的统计量则是前向模拟过程的粒子源. 后向跟踪散射后能量不是减少, 而是增加. 令 $h(\boldsymbol{P}_0) = w_0 f(\boldsymbol{P}_0)$, $f(\boldsymbol{P}_0)$ 为源粒子概率密度函数, 统计量为 $S(\boldsymbol{P}_0)$, 伴随零次碰撞贡献为

$$I_0^+ = \int h(\boldsymbol{P}_0) S(\boldsymbol{P}_0) \mathrm{d}\boldsymbol{P}_0 = \int w_0 f(\boldsymbol{P}_0) S(\boldsymbol{P}_0) \mathrm{d}\boldsymbol{P}_0.$$

伴随归一化权重 w_0 为

$$w_0 = \int h(\boldsymbol{P}_0) \mathrm{d}\boldsymbol{P}_0.$$

伴随第 $j(j > 0)$ 次碰撞贡献为

$$I_j^+ = \iint \cdots \int h(\boldsymbol{P}_0) \prod_{j=1}^{j} (\varSigma_s^+(\boldsymbol{r}_j, E_{j-1}) / \varSigma_t(\boldsymbol{r}_j, E_j)) f_t^+ f_s^+ S(\boldsymbol{P}_j) \mathrm{d}\boldsymbol{P}_0 \mathrm{d}\boldsymbol{P}_1 \cdots \mathrm{d}\boldsymbol{P}_j$$

$$= \iint \cdots \int w_j \prod_{j=1}^{j} f_t^+ f_s^+ S(\boldsymbol{P}_j) \mathrm{d}\boldsymbol{P}_1 \cdots \mathrm{d}\boldsymbol{P}_j.$$

伴随归一化权重 w_j 为

$$w_j = w_{j-1} \varSigma_s^+(\boldsymbol{r}_j, E_{j-1}) / \varSigma_t(\boldsymbol{r}_j, E_j).$$

伴随第 i 次模拟碰撞贡献为

$$I_i^+ = \sum_{j=0}^{m} w_{ij} S_i(\boldsymbol{P}_j).$$

伴随碰撞贡献估计为

$$\hat{I}^+ = (1/n) \sum_{i=1}^{n} I_i^+ = (1/n) \sum_{i=1}^{n} \sum_{j=0}^{m} w_{ij} S_i(\boldsymbol{P}_j).$$

伴随蒙特卡罗模拟的主要工作是计算伴随散射截面和伴随概率密度函数, 可参考裴鹿成和张孝泽 (1980), 裴鹿成 (1989). 粒子输运直接模拟方法的伴随蒙特卡罗模拟算法如下:

① 统计量的概率密度函数 $f(\boldsymbol{r}_0, \boldsymbol{\Omega}_0, E_0, t_0)$ 抽样, 得到源粒子状态参数 $\boldsymbol{r}_0$, $\boldsymbol{\Omega}_0$, E_0, t_0, 计算源粒子权重 w_0.

② 伴随迁移概率密度函数 $f_t^+(\boldsymbol{r}_{j-1} \rightarrow \boldsymbol{r}_j, \, t_{j-1} \rightarrow t_j | \boldsymbol{\Omega}_j, \, E_j)$ 抽样, 得到粒子第 j 次碰撞的位置 $\boldsymbol{r}_j$ 和时间 t_j.

③ 伴随碰撞概率密度函数 $f_s^+(\boldsymbol{\Omega}_{j-1} \rightarrow \boldsymbol{\Omega}_j, \, E_{j-1} \rightarrow E_j | \boldsymbol{r}_{j-1})$ 抽样, 得到粒子第 j 次碰撞的方向 $\boldsymbol{\Omega}_j$ 和能量 E_j.

④ 计算第 j 次碰撞权重 w_j, 第 j 次碰撞的统计量 $S(\boldsymbol{r}_j, \boldsymbol{\Omega}_j, E_j, t_j)$.

⑤ 重复①~④的碰撞过程, 直到粒子碰撞过程结束为止.

⑥ 重复①~⑤的模拟过程, 直到粒子模拟过程结束为止.

⑦ 最后进行统计估计, 得到粒子输运问题蒙特卡罗模拟结果.

10.3.5　通用计算机程序

1. 通用计算机程序特点

粒子输运通用蒙特卡罗程序的能力表现为解题能力、几何能力和截面能力. 建立通用蒙特卡罗程序可以避免大量的重复性工作, 并且可以在通用程序的基础上, 开展对于蒙特卡罗技巧的研究以及对于计算结果的改进和修正的研究, 而这些研究成果反过来又可以进一步完善通用蒙特卡罗程序. 通用蒙特卡罗程序通常具有以下特点:

(1) 具有灵活的几何处理能力.

(2) 参数通用化, 使用方便.

(3) 元素和介质材料数据齐全.

(4) 能量范围广、功能强、输出量灵活.

(5) 含有简单可靠又普遍适用的降低方差技巧.

(6) 具有较强的绘图功能.

降低方差技巧使用最普遍的是分裂和轮盘赌技巧, 分裂有几何空间分裂和能量空间分裂. 重要抽样技巧使用也较多, 包括源重要抽样、能量重要抽样、粒子重要抽样和步长重要抽样. 此外还有指数变换、强迫碰撞、统计估计和相关抽样等.

粒子输运蒙特卡罗方法的通用计算程序有 EGS4、FLUKA、GEANT、MORSE、ETRAN、SANDYL、ITS、MCNP 和 KENO 等. 这些程序大多经过了多年的发展, 凝聚了许多人的智慧, 花费了几百人年的工作量. 除欧洲核子研究中心 (CERN) 发行的 GEANT 主要用于高能物理探测器响应和粒子径迹的模拟外, 其他程序都深入到低能领域, 并被广泛应用. 就电子和光子输运的模拟而言, 这些程序可被分为两个系列: 系列一包括 EGS4、FLUKA、GRANT; 系列二包括 ETRAN、MORSE、SANDYL、ITS、MCNP、KENO. 这两个系列的区别在于: 对于电子输运过程的模拟根据不同的理论采用了不同的算法. EGS4 和 ETRAN 分别为两个系列的基础, 其他程序都采用了它们的核心算法.

2. 通用蒙特卡罗程序简介

(1) MORSE 程序. MORSE(Miltigroup Oak Ridge Stochastic Experiment Code) 程序是美国橡树岭国家实验室 20 世纪 60 年代开始研制的 (可参考 Straker 等 (1970) 的技术报告), 是较早开发的三维几何通用蒙特卡罗程序, 可以解决中子、光子、中子-光子的联合输运问题. 采用组合几何结构, 使用群截面数据, 程序中包括了几种降低方差技巧, 如分裂和轮盘赌、指数变换、统计估计和能量偏倚抽样等. 程序提供用户程序, 用户可根据需要编写源分布以及记录程序.

(2)EGS 程序. EGS(Electron Gamma Shower) 程序由美国斯坦福直线加速器中心提供, 于 1979 年第一次公开发表, 提供使用, EGS4 是 1986 年发表的 EGS 程序的最新版本, 可参考 Nelson 等 (1985) 的技术报告. EGS 是一个光子-电子联合输运的通用程序包, 模拟任意几何介质, 能量从几个 KeV 到几个 TeV, 可用来研究高能电子的簇射问题. 降低方差技巧有分裂和轮盘赌和指数变换.

(3) MCNP 程序. MCNP(General Monte Carlo N-Particle Transport Code) 是美国 Los Alamos 国家实验室开发的大型多功能通用蒙特卡罗程序, 参考 Briesmeister(2000), 2010 年已经开发到第 5 版本. 可以计算中子、光子和电子的联合输运问题以及临界问题, 中子能量范围从 10eV 至 20MeV, 光子和电子的能量范围从 1KeV 至 1000MeV. 程序采用独特的曲面组合几何结构, 使用点截面数据, 程序通用性较强. 降低方差技巧有分裂和轮盘赌、重要抽样、指数变换和强迫碰撞.

(4) MVP/GMVP 程序. MVP/GMVP 程序是日本原子能研究所开发的中子和光子输运通用的向量蒙特卡罗方法程序, 1994 年第 1 版本, 2004 年第 2 版本. 截面数据使用连续能量截面数据和分群截面数据, 可在并行计算机上运行. 降低方差技巧有轮盘赌和分裂以及路径伸缩 (指数变换). MVP/GMVP 程序可参考 Mori 和 Nakagawa (1994); Nagaya, Okumura, Mori, Nakagawa(2005).

10.4 各种粒子输运蒙特卡罗模拟

10.4.1 多种粒子联合输运模拟

在很多情况下, 特别是粒子探测问题, 将出现多种粒子联合输运问题. 单粒子输运问题的是求解单个积分方程, 而粒子联合输运问题则是求解偶合积分方程组, 偶合输运过程非常复杂, 一般数值方法难以解决, 而蒙特卡罗方法则比较容易实现.

高能中子和宇宙射线大气输运问题, 光中子源问题, 粒子探测问题, 都遇到多种粒子联合输运问题, 这是由于中子、伽马光子、质子和电子与物质作用, 将产生相应的次级粒子. 例如, 中子与物质作用, 中子俘获反应产生伽马光子, 中子非弹性散射产生次级伽马光子, 中子与氢核弹性碰撞产生反冲质子; 伽马光子与物质作用,伽马光子的轻核反应产生中子, 光电效应、康普顿散射、电子对和三产生都产生电子和正电子; 电子与物质作用, 产生轫致辐射光子, 正电子静止和飞行湮没产生双光子.

假定两种粒子之间没有相互作用, 不发生碰撞. 粒子联合输运是指两种或两种以上粒子联合输运. 例如, 伽马光子与中子联合输运, 伽马光子与电子联合输运, 中子、伽马光子与电子联合输运. 有两类联合输运, 一类是一种粒子能产生另一种粒子, 如伽马光子产生中子, 或者中子产生伽马光子. 另一类是一种粒子能产生另一种粒子, 反过来, 另一种粒子也可能产生这种粒子, 如伽马光子可能产生电子, 电子也可能产生伽马光子. 粒子联合输运是多分支过程, 蒙特卡罗方法处理这种多分支过程没有什么特别的困难, 一般采用字典编辑多分支方法. 许淑艳 (2006) 给出字典编辑多分支方法的示意图如图 10.4 所示.

模拟一个粒子历史, 根据问题的特点, 首先确定模拟哪种粒子, 存储哪种粒子, 进行模拟粒子的模拟和存储粒子的存储, 直到模拟粒子历史结束; 然后按照 "后进先出" 的原则取出存储粒子, 重复上述过程, 直到存储的粒子模拟完了, 因此一个粒子模拟历史结束. 例如, 伽马光子与电子联合输运问题, 确定电子为模拟粒子, 伽马光子为存储粒子. 开始一个伽马光子模拟历史, 伽马光子由源出发, 与介质原子发生碰撞, 如果发生康普顿散射, 则把伽马光子存储起来, 去模拟电子. 如果发生其他反应, 则直接模拟电子. 在电子模拟过程中, 如果产生伽马光子, 则伽马光子存储起来, 继续模拟电子. 电子历史终结后, 按照 "后进先出" 的原则取出存储的伽马光子. 重复上述过程, 直到存储的伽马光子模拟完了, 因此一个伽马光子模拟历史结束. EGS4 程序是电子–伽马联合输运簇射程序, 每次粒子相互作用要增加粒子数, 堆栈用来处理联合输运簇射现象.

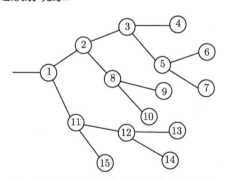

图 10.4　字典编辑多分支方法的示意图

10.4.2　电子输运模拟

电子和质子是带电粒子, 由于带电粒子碰撞主要是长程库仑力作用, 自由程很短, 与介质的原子发生频繁碰撞, 碰撞次数高达几万次到几十万次. 如果还是像中子和光子那样, 进行自由碰撞模拟, 对每次碰撞进行跟踪, 由于碰撞次数太大, 计算量将是巨大的, 实际上是不可行的. 这里主要讨论电子输运问题, 电子输运蒙特卡罗方法是根据电子多次散射统计理论, 采用压缩电子游动历史方法.

利用统计理论处理电子多次散射, 得到电子通过一段路程后的偏转情况. 不是每次碰撞求出碰撞自由程和偏转, 而是通过一段路程受到多次碰撞, 电子运动方向用多次散射统计理论处理. Berger(1963) 提出压缩游动历史方法, 其基本思想是把电子的随机游动过程划分为若干段路程, 每段路程包括大量的真实碰撞, 也就是说把若干次真实碰撞合并为一段路程来处理. 每段路程电子能量和偏转角的概率分布由多次散射理论给出.

电子随机游动步长可以根据能量步长划分, 在每个电子游动步长内, 电子的能量损失为碰撞能量损失和韧致辐射能量损失之和, 其中碰撞能量损失通过对 Landau 公式的随机抽样得到, 韧致辐射能量损失以及韧致辐射光子的产生通过利用 Bethe-Heitler 的随机抽样处理, 在每个电子游动步数结束时电子的偏转角的抽样利用 Gouddsmit-Saunderson 多次散射公式, 电子–电子的散射利用 Moller 截面公式进行抽样.

1. 确定迁移路程

确定迁移路程的方法有两种方法, 一种是随机方法, 另一种是连续慢化近似方法.

(1) 随机方法. 随机方法是从路程段的概率密度函数抽样, 确定电子路程段, 电子路程段 S 的概率密度函数为

$$f(S) = \mu_c(S) \exp\left(-\int_0^S \mu_c(s)\mathrm{d}s\right) = \exp\left(-\int_{E_n}^{E_{n-1}} \mu_c(E)\left|\mathrm{d}E/\mathrm{d}S\right|\mathrm{d}E\right),$$

式中, 单位路程长度的概率为

$$\mu_c(E) = N_0 Z \frac{2\pi e^4}{mv^2 E}\left[\frac{1}{\varepsilon} - \frac{1}{1-\varepsilon} + \left(\frac{\tau}{\tau+1}\right)^2(1/2-\varepsilon) - \frac{2\tau+1}{(\tau+1)^2}\ln\left(\frac{1-\varepsilon}{\varepsilon}\right)\right],$$

式中, N_0 为阿伏伽德罗常数; Z 为原子序数; e 为电子电荷; m 为电子质量; v 为电子速度; E 为电子动能; ε 是以 E 为单位的传输能量份额; τ 是以电子静止能量为单位的动能.

(2) 连续慢化近似方法. 连续慢化近似方法有两种处理方式, 一是先确定电子能量, 后确定电子路程, 二是在先确定电子路程, 后确定电子能量. 在第一种方式下有

$$S_n - S_{n-1} = \int_{E_n}^{E_{n-1}} \left|\mathrm{d}E/\mathrm{d}S\right|\mathrm{d}E,$$

其中, dE/dS 为能量损失. 在先确定电子能量下, 由上式计算得到电子路程. 在第二种方式下有

$$E_n - E_{n-1} = \int_{S_{n-1}}^{S_n} |dE/dS|\, ds.$$

空间有三种情况, 一是均匀空间, 二是对数空间, 三是混合对数空间. 在均匀空间下, 把整个电子路程分成足够多的相等路程段 ΔS, $S_n = S_{n-1} + \Delta S$, 在游动历史中, ΔS 是变化的, 使得从第 $n-1$ 步到第 n 步角偏转增加, 为了限制角偏转取小的数值, ΔS 值随游动历史增加而减小. 在对数空间下, S_n 由下面方程确定:

$$k = E_{n-1}/E_n = 1 - (1/E_n) \int_{S_{n-1}}^{S_n} |dE/dS|\, ds.$$

每一步电子能量减少一个常数因子 k, 如 $k = 2^{-1/m}$. 通常 $m = 8, k = 0.917$, 每一步电子能量减少 8.3%. 采用对数空间的好处是使得每一步平均偏转角很小. 混合对数空间下, 当电子处于介质内部时, 采用对数空间. 对数空间使用一个固定因子 k, 当下一步到达边界时, 则减少因子 k, 取为 $k' = k^{1/j}$, 一步变成 j 步. 例如, $k=0.917$, $j=5$, $k'=0.98282$. 使得以小路程段强迫电子通过界面, 减少电子通过界面时能量和方向的误差.

2. 确定电子能量

根据能量损失确定电子能量, 能量损失 Q 是随机变量, 从概率密度函数 $f(Q)$ 抽样得到能量损失 Q, 电子能量 $E = E_0 - Q$. 能量损失是碰撞能量损失和轫致辐射能量损失的总和, $Q = Q_C + Q_B$.

(1) 碰撞能量损失概率密度函数. 根据能量分散理论, 碰撞能量损失概率密度函数为

$$f(Q_C) = f(\lambda) = \sum_{\nu=1}^{4} (C_\nu r_\nu / \sqrt{r_\nu^2 + b^2}) \exp(-(\lambda - \lambda_\nu)^2/(r_\nu^2 + b^2)).$$

式中, $\lambda = (Q_C - \bar{Q}_C)/a\Delta t + \ln(E_0/a\Delta t) - 1.116$; $b^2 = 2 \times 10^{-5} \bar{Q}_C Z^{4/3}/(a\Delta t)^2$. $\bar{Q}_C$ 为物质厚度 Δt 内的平均碰撞能量损失; E_0 为电子穿过物质厚度 Δt 前的能量; $a = 0.154 Z\rho/A\beta^2$, ρ 为物质密度; A 为原子量; β 为相对论因子, $\beta = v/c$, c 为光速. $C_\nu, r_\nu, \lambda_\nu$ 为参数.

(2) 轫致辐射能量损失概率密度函数. 根据能量分散理论, 轫致辐射能量损失概率密度函为

$$f(Q_B) = \ln(E_0/E)^{t/\ln 2 - 1} \Big/ E_0 \Gamma(t/\ln 2),$$

式中, $\Gamma(\cdot)$ 为 Γ 函数; $t = \Delta t/x_0$; 辐射长度 $x_0 = (4N_0/(137A)Z(Z+1)r_0^2 \cdot \ln(183\, Z^{-1/3}))^{-1}$.

(3) 碰撞和韧致辐射总能量损失. 令 $\xi = x/a\Delta t$, 碰撞和韧致辐射总能量损失的概率密度函数为

$$f(Q) = \int_0^\infty f_C(Q-x)f_B(x)\mathrm{d}x = (1/(\alpha\Delta t)!)(a\Delta t/E_0)^{\alpha\Delta t}F_{\alpha\Delta t,b^2}(\lambda)\mathrm{d}\lambda,$$

式中,

$$F_{\alpha\Delta t,b^2}(\lambda)$$
$$= (\alpha\Delta t)!(1/2)^{\alpha\Delta t/2}\sum_{\nu=1}^4 \frac{C_\nu r_\nu \exp[-(\lambda-\lambda_\nu)^2/2(r_\nu^2+b^2)]}{\sqrt{(r_\nu^2+b^2)^{1-\alpha\Delta t}}}D_{-\alpha\Delta t}\left(-\frac{\sqrt{2}(\lambda-\lambda_\nu)}{\sqrt{r_\nu^2+b^2}}\right),$$

其中, $D_{-x}(-y) = \dfrac{\exp(-y^2/4)}{\Gamma(x)}\displaystyle\int \exp(\xi y - \xi^2/2)\xi^{x-1}\mathrm{d}\xi.$

3. 确定偏转角

若不考虑极化, 电子偏转方位角在 $(0,2\pi)$ 均匀分布, 电子偏转极角的概率分布由 Molière 多次散射理论和 Gouddsmit-Saunderson 多次散射理论给出. Molière 多次散射理只适用于小于 40 度偏转极角, 而且不能区分正负电子. Bethe 对 Molière 多次散射理进行改进, 也适用于大角度多次散射, Nigam 的改进能区分正负电子. Gouddsmit-Saunderson 多次散射理论比较精确, 适用于所有角度, 而且能区分正负电子, 下面给出 Gouddsmit-Saunderson 多次散射理论. 电子偏转极角 ψ 的概率密度函数为

$$f_{GS}(\psi) = \sum_{l=0}^\infty (l+1/2)\exp\left[-\int_0^S G_l(s)\mathrm{d}s\right]P_l(\cos\psi),$$

式中, $G_l(s) = 2\pi N_0 \displaystyle\int_0^\pi \sigma(\psi',s)[1-P_l(\cos\psi')]\sin\psi'\mathrm{d}\psi'$; S 为电子迁移路程; $P_l(\cos\psi)$ 为勒让德多项式. 其中单次散射截面为

$$\sigma(\psi',s) = \sigma_R(1+(\pi Z\beta/137\sqrt{2})\cos\gamma(1-\cos\psi'+2\eta)^{1/2}+h(\psi')),$$

式中,

$$\sigma_R = Z^2 e^4/p^2 v^2(1-\cos\psi'+2\eta)^2;$$
$$\cos\gamma = \mathrm{Re}\left[\frac{\Gamma(1/2-\mathrm{i}Z/137\beta)\Gamma(1+\mathrm{i}Z/137\beta)}{\Gamma(1/2+\mathrm{i}Z/137\beta)\Gamma(1-\mathrm{i}Z/137\beta)}\right];$$
$$\eta = \chi_a^2/4 = 6.8\times10^{-5}Z^{2/3}[1.13+3.76(Z/137\beta)^2]/4;$$
$$h(\psi') = \sigma_M/\sigma_R - 1 - (\pi Z\beta/137\sqrt{2})\cos\gamma(1-\cos\psi'+2\eta)^{1/2};$$
$$\sigma_M/\sigma_R = 1+(\pi Z\beta/137\sqrt{2})\cos\gamma(1-\cos\psi')^{1/2}.$$

式中, N_0 为阿伏伽德罗常数; σ_R 为卢瑟福截面; σ_M 为 Mott 截面; η 为屏蔽因子; p 为电子动量; v 为电子速度; Z 为原子序数; e 为电子电荷; β 为相对论因子.

10.4.3　热辐射输运模拟

有两类问题需要精确计算热辐射输运, 一类是大气和海洋的热辐射传输, 解决大气光学和流体光学问题, 另一类是实验室光学影像问题. 由于越来越多需要光学观测解释, 天气预报需要精确估计热辐射平衡, 这些问题越来越重要. 这类问题要考虑光的多次散射, 建立详细的介质辐射模型. 为了解释光学观测的某些问题, 需要考虑球形大气、传输函数和光的极化现象. 另有一类重要问题涉及窄束光传播理论. 在此情况下, 需要确定辐射场的细致特征, 如在局部准直探测器的光束强度时间分布, 或者当物体插入介质时观测强度发生扰动.

在几何光学近似下, 上述问题可以用带有相应边界条件的光传输积分微分方程来描述. 使用经典的计算方法, 例如有限差分法和球谐法, 当需要确定辐射场的时空特性, 如果要考虑实际的相函数、非均匀介质和光极化现象, 光传输微分积分方程是很难求解的.

为计算非均匀介质散射辐射场使用传输函数, 不可能使用光传输积分微分方程求解; 问题是必须逐次计算多次散射光强度, 在此情况下, 可以采用蒙特卡罗方法求解.

光的传播可以认为是在具有散射和吸收的介质中光子碰撞的马尔可夫过程. 蒙特卡罗方法由马尔可夫过程的计算模拟构成, 计算描述函数的统计估计. 构造过程物理模型的随机轨迹称为直接模拟. 这里, 数学问题是寻找计算抽样的优化方法. 光子路径的直接模拟与中子和伽马光子轨迹模拟相同. 一般地, 对于传输理论的复杂问题, 直接模拟方法求解精度不高, 需要根据各种实际问题的特点, 采用各种减低方差的蒙特卡罗技巧, 其效率依赖于问题的特点. Marchuk 等 (1980) 在其书中论述大气光学的蒙特卡罗方法, 并介绍散射光的极化问题处理方法. 极化也称为偏振, 在一般粒子输运问题中, 认为粒子不发生极化, 忽略粒子极化效应对粒子输运的影响, 但是在某些情况下, 特别是在研究光输运问题时, 光偏振效应不能忽略. 光辐射输运非定常线性输运玻尔兹曼方程为

$$\frac{\partial I(\boldsymbol{r}, \boldsymbol{\Omega}, t)}{\partial t} + \boldsymbol{\Omega} \cdot \frac{I(\boldsymbol{r}, \boldsymbol{\Omega}, t)}{\partial \boldsymbol{r}}$$
$$= -\sigma(\boldsymbol{r}, \lambda) I(\boldsymbol{r}, \boldsymbol{\Omega}, t) + \int \sigma(\boldsymbol{r}, \lambda) K(\boldsymbol{\Omega}' \to \boldsymbol{\Omega} | \boldsymbol{r}) I(\boldsymbol{r}, \boldsymbol{\Omega}', t) \mathrm{d}\boldsymbol{\Omega}' + S(\boldsymbol{r}, \boldsymbol{\Omega}, t).$$

每次碰撞, 不仅在角度上而且在极化上光辐射强度都重新分布, 此外, 极化依赖于介质的局部特性. 一般地, 散射光是光束不相干统计混合, 这些光束的强度有很不同的极化特性. 当考虑极化时, 介质参数 (如吸收系数和散射系数) 与入射光束的极化特性有关. 所以散射结果依赖于极化程度. 因此, 公式仅包含辐射强度, 不适于描述一般形式的辐射场. 其他参数不仅需要辐射强度而且需要极化状态来描述. 描述极化状态有许多方法, 最普通最方便的是 Stokes 提出的方法. 引入四个参数: I,

Q, U, V, 每个参数有强度的量纲, 它们确定极化程度, 表示极化平面和辐射的椭圆程度; 它们是在四维空间中 Stokes 矢量 $\boldsymbol{I} = (I, Q, U, V) = (I_1, I_2, I_3, I_4)$ 的分量. 考虑光极化现象, 光的传输方程为

$$\frac{\partial I_i(\boldsymbol{r}, \boldsymbol{\Omega}, t)}{\partial t} + \boldsymbol{\Omega} \cdot \frac{\partial I_i(\boldsymbol{r}, \boldsymbol{\Omega}, t)}{\partial \boldsymbol{r}}$$

$$= \sum_{j=1}^{4} (-\kappa_{ij} I_j(\boldsymbol{r}, \boldsymbol{\Omega}, t) + (\sigma_s(\boldsymbol{r}, \lambda)/4\pi)$$

$$\cdot \int f_{ij}(\boldsymbol{r}, \boldsymbol{\Omega}' \to \boldsymbol{\Omega}, t) I_j(\boldsymbol{r}, \boldsymbol{\Omega}', t) \mathrm{d}\boldsymbol{\Omega}') + S_i(\boldsymbol{r}, \boldsymbol{\Omega}, t),$$

式中, κ_{ij} 为消光系数矩阵, 对各向同性介质, $\kappa_{ij} = \sigma\delta_{ij}$, δ_{ij} 是 Kronecker 符号; $F = \{f_{ij}\}$ 为散射系数矩阵, 依赖于散射介质特性. 对各向同性介质, 考虑光极化现象, 光的传输方程为

$$\frac{\partial I_1}{\partial t} + \frac{\partial I_1}{\partial \boldsymbol{r}} = -\sigma I_1 + \frac{\sigma_s}{4\pi} \int (f_{11} I_1 + f_{12} I_2) \mathrm{d}\boldsymbol{\Omega}' + S_1,$$

$$\frac{\partial I_2}{\partial t} + \frac{\partial I_2}{\partial \boldsymbol{r}} = -\sigma I_2 + \frac{\sigma_s}{4\pi} \int (f_{21} I_1 + f_{22} I_2) \mathrm{d}\boldsymbol{\Omega}' + S_2,$$

$$\frac{\partial I_3}{\partial t} + \frac{\partial I_3}{\partial \boldsymbol{r}} = -\sigma I_3 + \frac{\sigma_s}{4\pi} \int (f_{33} I_3 + f_{34} I_4) \mathrm{d}\boldsymbol{\Omega}' + S_3,$$

$$\frac{\partial I_4}{\partial t} + \frac{\partial I_4}{\partial \boldsymbol{r}} = -\sigma I_4 + \frac{\sigma_s}{4\pi} \int (f_{43} I_3 + f_{44} I_4) \mathrm{d}\boldsymbol{\Omega}' + S_4.$$

热辐射包括紫外辐射、可见光、红外辐射和激光. 根据紫外辐射、可见光、红外辐和激光射通过大气的光学性质, 给出有关随机变量的概率分布及其抽样方法. 高温辐射源, 如太阳辐射、核爆炸火球和导弹尾部喷焰, 可以看作黑体辐射, 根据黑体辐射的普朗克定律, 得到光谱波长的概率密度函数为

$$f(\lambda) = (15/\pi^4\lambda^5)(hc/kT)^4/[\exp(hc/kT\lambda) - 1],$$

式中, λ 为热辐射光子波长; h 为普朗克常数; k 为玻尔兹曼常数; c 为光速; T 为温度. 令 $x = hc/kT\lambda$, 热辐射光子波长的概率密度函数为

$$f(x) = (15/\pi^4)x^3/(\mathrm{e}^x - 1).$$

其抽样方法如下:

$$n = \min\left\{ n \,; 90U/\pi^4 \leqslant \sum_{i=1}^{n} 1/i^4 \right\}, \quad X = -\ln(U_1 U_2 U_3 U_4)/n.$$

热辐射光子碰撞概率分布. 热辐射光子, 碰撞后波长不变, 只是方向改变. 若是分子瑞利散射, 散射极角和方位角分布的概率密度函数为

$$f(\theta, \psi) = f(\theta)f(\psi) = (3/8)(1 + \cos^2\theta)\sin\theta \times (1/2\pi).$$

若是气溶胶散射, 散射极角分布的概率密度函数是由 Mie 理论计算获得的归一化数值表, 用近似方法抽样, 散射方位角分布的概率密度函数为 $\psi = 1/2\pi$.

康崇禄 (1980) 介绍了热辐射输运问题的蒙特卡罗方法, 并应用于核爆炸光辐射输运问题. 输运空间是三维非均匀大气, 边界条件是大地表面和空中的云层. 把核爆炸形成的高温火球作为光辐射源, 高温火球随时间不断地上升和膨胀, 是一个各向同性向外辐射的双峰球面辐射源. 辐射源发射出紫外辐射、可见光和红外辐射. 这些热辐射光子与大气分子和气溶胶粒子发生碰撞作用, 被大气的水蒸气、二氧化碳、臭氧、氧气和气溶胶吸收, 被分子瑞利散射和气溶胶粒子散射, 被地面或云层反射, 不断地衰减, 是非定常线性输运问题. 用蒙特卡罗方法去模拟热辐射光子运动, 对万吨级原子弹和百吨级氢弹的核爆炸, 模拟计算得到地面和空中各水平距离上的光冲量、光谱、照度和散射亮度等物理量, 与核试验的实测结果相符合.

10.4.4　自由分子输运模拟

自由分子流区域, 纽森数 $Kn \geqslant 10$, 分子平均自由程远大于物体特征尺度, 可以忽略分子之间的碰撞, 分子只与界面发生碰撞. 输运方程是线性的, 可以使用线性输运蒙特卡罗方法. 自由分子输运问题在很多领域里遇到, 如真空技术、空间飞行器在稀薄空气中飞行.

稀薄气体自由分子流, 分子速度为 v, 速度分布函数为 $f(r, v, t)$, 非定常玻尔兹曼方程是线性的. 稀薄气体分子与界面发生碰撞起主要作用, 气体分子与边界壁面碰撞, 产生镜面反射、漫反射、麦克斯韦反射和 CLL 反射, 因此气体分子与边界壁面碰撞有对应的模型. 边界壁面反射抽样是根据边界壁面碰撞模型, 由其概率密度函数抽样, 确定反射后的分子速度, 详细情况参考第 11 章.

参 考 文 献

康崇禄. 1980. 解热辐射输运问题的蒙特卡罗方法. 第一届全国蒙特卡罗方法学术交流会论文.

裴鹿成, 1985. 解深穿透问题的小区域蒙特卡罗方法. 计算物理, 2(3): 303-311.

裴鹿成, 张孝泽. 1980. 蒙特卡罗方法及其在粒子输运问题中的应用. 北京: 科学出版社.

裴鹿成, 等. 1989. 计算机随机模拟. 长沙: 湖南科学技术出版社.

王瑞宏, 姬志成, 裴鹿成. 2012. 深穿透粒子输运问题的自适应抽样方法. 强激光与粒子束, 24(12): 2941-2945.

许淑艳. 2006. 蒙特卡罗方法在实验核物理中的应用. 北京: 原子能出版社.

张雷, Yukios, 等. 2012. 某轻混凝土 r 屏蔽积累因子的计算. 原子能科学技术, 46(5): 627-632.

American Nuclear Society. 1991. ANSI/ANS-6.4.3-1991 Gamma-ray attenuation coefficients and build-up factors for engineering materials.

Berger M J. 1963. Monte Carlo calculation of the penetration and diffusion of fast charged particles. Methods in Computational Physics, 1: 135.

Briesmeister J F. 2000. MCNP-A general Monte Carlo N-particl transport code-version 4C. LA-13709-M.

Hirayama H. 1995. Calculation of gamma-ray exposure buildup factors to 40 mfp using the EGS4 Monte Carlo code with a particle splitting. Journal of Nuclear Science and Technology, 32: 1201-1207.

James T. 2009. Investigation Quasirandom sequences for simulating neutral particle transport.

Kahn H. 1950. Random sampling (Monte Carlo) techniques in neutron attenution problems. Nucleonics, 6(5): 27-37; 6(6): 60-65.

Kong R, Ambrose M, Spanier J. 2008. Adaptive Monte Carlo algorithms for general transport problems. Monte carlo and Quasi Monte Carlo Methods 2008: 467-484.

Lecot C. 1989. Low discrepancy sequences for solving the Boltzmann equation. Journal of Comp. and Applied Math., 25: 237-249.

Marchuk G I, Mikhailov G A, Nazaraliev M A, Darbinjan R A, Kargin B A, Elcpov B S. 1980. The Monte Carlo methods in atmospheric optics. Berlin, Heidclbcrg, New York: Springer Verlag.

Maynard C M. 1961. An application of the reciprocity theorem to the acceleration of Monte Carlo calculations. Nucl. Sci. Eng., 10: 97.

Mori T, Nakagawa M. 1994. MVP/GMVP: General purpose Monte Carlo codes for neutron and photon transport calculations based on continuous energy and multigranin methods. JAERI Data/Code 94-007.

Morokoff W J, Caflisch R E. 1993. A Quasi-Monte Carlo approach to particle simulation of the heat equation. SIAM J. Numer. Anal., 30: 1558-1574.

Moskowitz B S. 1997. Neutron transport calculations using quasi Monte Carlo methods. WAPD-T-3158.

Nagaya Y, Okumura K, Mori T, Nakagawa M. 2005. MVP/GMVP II:General purpose Monte Carlo codes for neutron and photon transport calculations based on continuous energy and multigranin methods. JAERI-1348.

Nelson W R, et al. 1985. The EGS4 code system. SLAC-265, UC-32(E/I/A).

Spanier J, Gelbard E M. 1969. Monte Carlo principles and neutron transport problems. New York: Addison-Wesley Publishing Company.

Spanier J. 1959. Monte Carlo methods and their application to neutron transport problems. WAPD-195.

Straker E A, et al. 1970. Morse Code:A multigroup neutron and gamma-ray Monte Carlo transport code. USA AEC Report ORNL-4585.

第11章 稀薄气体动力学模拟

11.1 非线性输运问题

11.1.1 稀薄气体动力学

稀薄气体动力学是解决稀薄气体流动的受力和传热问题. 稀薄气体分子平均自由程与物体特征尺度相当, 当气体密度很低时, 流体力学中的连续介质假设不再适用, 气体分子离散结构开始显现, 连续介质模型不能反映实际情况, 纳维–斯托克斯方程不再成立, 连续介质计算流体力学方法失效. 根据纽森数 Kn 的大小, 稀薄气体流动分为滑流区域、过渡流区域和自由分子流区域.

滑流区域, $0.01 \leqslant Kn \leqslant 0.1$. 非连续效应可以近似为对连续介质理论的微小修正, 纳维–斯托克斯方程仍然有效, 只是在连续介质计算流体力学方法基础上对边界条件做修改.

过渡流区域, $0.1 \leqslant Kn \leqslant 10$. 过渡流区域是稀薄气体动力学研究的核心, 也是最困难的课题, 其困难不但在于非线性玻尔兹曼方程的复杂性, 而且实际问题还包含化学反应和辐射的非平衡过程. 要用数值方法直接求解实际的高维非线性玻尔兹曼方程, 遇到很大的困难, 通常使用直接模拟蒙特卡罗方法.

自由分子流区域, $Kn \geqslant 10$. 可以忽略分子之间的碰撞, 可以使用线性输运蒙特卡罗方法, 已经在第 10 章叙述.

11.1.2 非线性玻尔兹曼方程

过渡流区域稀薄气体动力学问题可用玻尔兹曼方程描述. 建立玻尔兹曼方程有 3 个基本假设:

(1) 不会有两个以上的分子同时碰撞.

(2) 除非发生碰撞, 否则一个分子的速度分布不受其他分子的影响, 分子处于混沌状态.

(3) 不考虑外力产生加速度的作用.

对单一气体, 速度分布函数为 $f(\boldsymbol{r}, \boldsymbol{c}, t)$, 玻尔兹曼方程为

$$\frac{\partial f(\boldsymbol{r},\boldsymbol{c},t)}{\partial t} + \boldsymbol{c} \cdot \frac{\partial f(\boldsymbol{r},\boldsymbol{c},t)}{\partial \boldsymbol{r}} = \left[\frac{\partial f(\boldsymbol{r},\boldsymbol{c},t)}{\partial t}\right]_{\text{coll}},$$

式中, t 为时间; $\boldsymbol{r}$ 为位置空间; $\boldsymbol{c}$ 为速度空间; 方程右边为碰撞项. 玻尔兹曼方程

的碰撞项用于描述由于分子碰撞而影响速度分布函数的改变率. 若考虑两个分子碰撞, 第 1 个分子具有碰撞前后的速度为 c_1, c_1^*, 第 2 个分子具有碰撞前后的速度为 c_2, c_2^*. 两个分子碰撞相对速度为 $c_r = c_2 - c_1$. 碰撞项是一个高维积分, 玻尔兹曼方程可写为

$$
\frac{\partial f(\boldsymbol{r}, \boldsymbol{c}, t)}{\partial t} + \boldsymbol{c} \cdot \frac{\partial f(\boldsymbol{r}, \boldsymbol{c}, t)}{\partial \boldsymbol{r}}
$$

$$
= \int_{-\infty}^{\infty} \int_{0}^{4\pi} (f(\boldsymbol{r}, \boldsymbol{c}_1^*, t) f(\boldsymbol{r}, \boldsymbol{c}_2^*, t) - f(\boldsymbol{r}, \boldsymbol{c}_1, t) f(\boldsymbol{r}, \boldsymbol{c}_2, t)) c_r \sigma \mathrm{d}\boldsymbol{c}_2 \mathrm{d}\boldsymbol{\Omega},
$$

式中, σ 为碰撞截面; $\boldsymbol{\Omega}$ 为立体角; $f(\boldsymbol{r}, \boldsymbol{c}_1, t)$ 和 $f(\boldsymbol{r}, \boldsymbol{c}_1^*, t)$ 为碰撞前后速度 c_1 的分布函数; $f(\boldsymbol{r}, \boldsymbol{c}_2, t)$ 和 $f(\boldsymbol{r}, \boldsymbol{c}_2^*, t)$ 为碰撞前后速度 c_2 的分布函数. 由于碰撞后两个分子的速度 c_1^* 和 c_2^* 与碰撞前两个分子的速度 c_1 和 c_2 之间的关系不是线性关系, 而是非线性关系, 所以碰撞项是非线性的. 因此玻尔兹曼方程是非线性的偏微分积分方程, 非线性碰撞项的存在给玻尔兹曼方程求解带来巨大的困难, 非线性是强非线性的, 不能经过线性化处理, 变为线性问题.

求解玻尔兹曼方程的数值方法是有限差分方法和有限元素方法. 且不说复杂边界条件处理的困难, 计算机内存问题就成为一道难于跨越巨大鸿沟. 为了处理速度空间无限问题, 要合理选择有限的速度上限, 由于小部分高速分子对宏观流动有很大的影响, 所以这对超高速流动带来更大的困难. 玻尔兹曼方程的碰撞项是高维积分, 碰撞项的高维数值积分的数值计算是一个难以克服的巨大困难. 可见数值方法直接求解玻尔兹曼方程是十分困难的.

玻尔兹曼方程中, 碰撞 $(c_1^*, c_2^* \rightarrow c_1, c_2)$ 是正向碰撞 $(c_1, c_2 \rightarrow c_1^*, c_2^*)$ 的逆碰撞, 数值求解玻尔兹曼方程, 依赖于逆碰撞的存在, 因而不能考虑三体碰撞问题, 无法处理复合化学反应这样包括三体碰撞的复杂过程. 对于伴随有化学反应和辐射的非平衡过程, 还没有供实际应用的玻尔兹曼方程框架下的数学描述.

分子动力学模拟方法在解决稠密气体动力学问题是成功的, 但是不适合稀薄气体动力学问题. 玻尔兹曼方程直接求解, 遇到极大的挑战, 许多研究者设想出各种近似方法求解过渡流区域稀薄气体动力学问题, 这些方法是尽量简化物理模型, 使得问题变得可以解析处理, 因而希望得到解析解或数值解, 但是往往计算结果与实际相距甚远, 现在看来这些近似方法都带有迂回战术色彩.

11.2 分子碰撞抽样方法

11.2.1 初始状态抽样

分子的初始状态是指初始时刻分子的位置和速度, 由分子的初始状态概率分布抽样得到分子的初始位置和初始速度. 对于一维网格空间, 每个网格的尺寸为 Δr,

中心坐标为 r_c. 每个网格有若干个模拟分子, 这些模拟分子在每个网格内随机均匀分布, 其概率密度函数为 $f(r) = 1/2$, 抽样得到模拟分子的初始位置. 在直角坐标系, 平衡气体分子热运动初始速度的法向分量为 u_0, 两个切向分量为 v_0 和 w_0, 其概率密度函数 $f(u_0)$, $f(v_0)$ 和 $f(w_0)$ 分别从正态分布, 抽样得到样本值.

11.2.2　弹性碰撞抽样

模拟分子之间的弹性碰撞就是根据分子弹性碰撞模型, 由分子对弹性碰撞概率分布抽样确定哪些分子对发生了弹性碰撞, 计算出弹性碰撞数; 并由碰撞后的分子出射角概率分布抽样确定碰撞后分子出射角和碰撞后分子速度.

1. 碰撞数抽样方法

直接模拟蒙特卡罗方法的重要思想是将分子移动与分子碰撞解耦, 实现正确的碰撞抽样, 恰当地选择碰撞对, 并实现一定数目的碰撞, 是使时间步长内分子移动与分子碰撞匹配, 使得模拟流动过程与真实气体流动过程一致的关键.

在时间步长 Δt 内, 一个网格内有一定数量的模拟分子, 其中每两个模拟分子构成模拟分子对, 随机地发生碰撞, 碰撞分子对数目称为碰撞数. 碰撞数抽样是确定哪些模拟分子对发生碰撞, 并且计算出碰撞数. 如果能确切知道模拟分子对发生碰撞的绝对概率, 则根据随机事件抽样方法, 可以使用逆变换抽样方法进行抽样, 确定哪些模拟分子对发生碰撞. 但是实验和理论都无法给出模拟分子对发生碰撞的绝对概率, 只能给出模拟分子对发生碰撞的相对概率, 模拟分子对发生碰撞的相对概率与模拟分子对相对速度 c_r 和模拟分子总碰撞截面 σ_T 成正比, 第 i 个模拟分子对发生碰撞的相对概率 P_{ri} 为

$$P_{ri} = (c_r \sigma_T)_i / (c_r \sigma_T)_{\max}, \quad i \geqslant 1.$$

式中, $(c_r \sigma_T)_{\max}$ 是网格中所有模拟分子对中 $c_r \sigma_T$ 的最大值. 模拟分子对发生碰撞是随机事件, 可以使用离散随机变量的抽样方法进行抽样, 根据模拟分子对发生碰撞的相对概率, 使用取舍算法抽样确定哪些模拟分子对发生碰撞, 并计算碰撞数, 称为碰撞数抽样, 碰撞数抽样有下列几种算法.

(1) 时间计数器算法. Bird(1976) 提出时间计数器方法. 两个分子发生碰撞, 分子碰撞的相对速度为 c_r, 每个模拟分子对产生碰撞的概率为

$$P = c_r \sigma_T / (c_r \sigma_T)_{\max} = S(c_r) / S_{\max}.$$

令 $S_{\max}$ 为网格中 $S(c_r)$ 的最大值, $S(c_r)/S_{\max}$ 构成碰撞判据. 网格时间为

$$\Delta t_c = [nN S(c_r)/2]^{-1},$$

式中, n 和 N 为分子数密度和网格模拟分子数. 时间步长 Δt 内在网格内发生的碰撞数为

$$N_{\mathrm{TC}} = nN\overline{S(c_{\mathrm{r}})}\Delta t/2.$$

首先是利用取舍算法抽样, 确定哪些模拟分子对发生碰撞, 然后计算碰撞数. 时间计数器算法如下:

① 从网格所有可能的模拟分子中随机选取一个模拟分子对.

② 若 $U \leqslant S(c_{\mathrm{r}})/S_{\max}$, 选中此模拟分子对, 转向③; 否则返回①.

③ 计算碰撞数, 前进一个网格时间 Δt_{c}.

④ 重复①~③, 直至网格时间 Δt_{c} 超过时间步长 Δt 为止.

时间计数器算法由于效率高, 并在较大的网格分子数下保证正确的碰撞频率, 曾经被广泛使用. 但是, 当网格分子数 N 不够大时, 在偶然选中的具有很小概率的网格中碰撞, 会使网格前进过长的时间, 超过几个 Δt, 使碰撞频率畸变, 导致误差. Koura(1986) 提出零碰撞算法, Ivanov(1988) 提出主频率算法, 可以克服时间计数器方法的缺陷, 且时间耗费增加不大.

(2) 非时间计数器算法. Bird(1989) 提出非时间计数器算法, 非时间计数器算法在许多模拟中被广泛采用. 非时间计数器算法认为分子间的碰撞是不需要时间的, 可用直接方法进行分析, 考察网格中所有可能的碰撞对数目为

$$N_{\mathrm{D}} = N(N-1)/2.$$

一个模拟分子代表的真实分子数为 F_{N}, 在时间步长 Δt 内组成碰撞对的两个分子发生碰撞概率等于碰撞截面以相对速度扫过的体积与网格体积 V_{c} 之比:

$$P_{\mathrm{D}} = F_N S \Delta t/V_{\mathrm{c}}.$$

因为这个碰撞概率很小, 直接抽样方法的抽样效率很低. 为了提高抽样效率, 增大碰撞概率, 使用一种变型的直接抽样方法, 称为非时间计数器算法. 非时间计数器算法仅考虑 N_{D} 个碰撞对中的很小部分, 这个很小部分是将 N_{D} 乘以一个小的因子, 这个小的因子为

$$F_N S_{\max} \Delta t/V_{\mathrm{c}}.$$

同时将碰撞概率 P_{D} 按相同的比例加以放大, 使两个分子发生碰撞概率改变为

$$P_{\mathrm{NTC}} = S/S_{\max}.$$

因此, 碰撞判据与时间计数器算法有相同的形式, 可以采用类似的抽样方法. 时间步长 Δt 内网格中发生的碰撞数为

$$N_{\mathrm{NTC}} = 0.5N\bar{N}F_N S_{\max}\Delta t/V_{\mathrm{c}} = 0.5N\bar{N}F_N(c_{\mathrm{r}}\sigma_{\mathrm{T}})_{\max}\Delta t/V_{\mathrm{c}}, \tag{11.1}$$

式中, $\bar{N}$ 是 N 的时间平均或系综平均, 是为了保持 N_{NTC} 与 N 的线性关系而引入的平均量.

(3) 改进的非时间计数器算法. Bird(2007) 对非时间计数器算法进行改进. 由于非时间计数器算法为了保持 N_{NTC} 与 N 的线性关系而引入时间平均或系综平均 $\bar{N}$, 带来三个问题. 第一个问题是 $\bar{N}F_N/V_c$ 等于分子数密度 n, 由于微观碰撞处理依赖于宏观流动的性质, 因而使用分子数密度 n 在物理上是不方便的. 第二个问题是由于在每个网格内的瞬时分子数 N 呈统计散布, 如果网格内的分子数很少, 常出现一个网格只有一个分子, 而分子碰撞要求有两个分子, 所以当 $N=1$ 时, 分子碰撞就不好处理. 第三个问题是计算 $\bar{N}$ 需要计算分子数密度 n 的平均值, 耗费时间. Bird 推导表明, 可以用 $N(N-1)$ 代替式 (11.1) 中的 $N\bar{N}$, 由于与 $\bar{N}$ 无关, 非时间计数器方法存在的三个问题就可以解决. 时间步长 Δt 内网格中发生的碰撞数为

$$N_{\mathrm{NTC}} = 0.5N(N-1)F_N(c_{\mathrm{r}}\sigma_{\mathrm{T}})_{\max}\Delta t/V_{\mathrm{c}}.$$

2. 碰撞后出射角和速度抽样

(1) 变径硬球模型. 碰撞后的分子出射角概率分布是均匀分布, 天顶角 θ 的余弦在 -1 与 1 之间均匀分布, 方位角 ϕ 在 0 与 2π 之间均匀分布, 概率密度函数分别为

$$f(\cos\theta) = 1/2, \quad f(\phi) = 1/2\pi.$$

由逆变换算法抽样产生样本值 θ 和 ϕ, 由于能量守恒, 碰撞前后的分子相对速度 c_{r} 保持不变. 由样本值 θ 和 ϕ, 计算碰撞后的分子相对速度的三个分量为

$$u_{\mathrm{r}}^* = c_{\mathrm{r}}\sin\theta\cos\phi, \quad v_{\mathrm{r}}^* = c_{\mathrm{r}}\sin\theta\sin\phi, \quad w_{\mathrm{r}}^* = c_{\mathrm{r}}\cos\theta.$$

(2) 变径软球模型. Koura 和 Matsumoto (1991, 1992) 提出变径软球模型. 瞄准距离为 b, 分子直径为 d, 分子碰撞相对速度的偏转角为 χ, 变径软球模型的散射律为

$$b = d\cos^{\alpha}(\chi/2).$$

由于随机变量 $X = (b/d)^2$ 在 $(0,1)$ 均匀分布, 随机变量 X 的概率密度函数为 $f(x) = 1$, 抽样得到 $X = U$, 于是得到分子碰撞相对速度的偏转角为

$$\cos\chi = 2U^{1/\alpha} - 1,$$

式中, 幂次 $\alpha > 1$. 碰撞后的分子相对速度的三个分量分别为

$$u_{\mathrm{r}}^* = u_{\mathrm{r}}\cos\chi + \sin\chi\cos\varepsilon(v_{\mathrm{r}}^2 + w_{\mathrm{r}}^2)^{1/2},$$

$$v_{\mathrm{r}}^* = v_{\mathrm{r}} \cos \chi + \sin \chi (c_{\mathrm{r}} w_{\mathrm{r}} \sin \varepsilon - u_{\mathrm{r}} v_{\mathrm{r}} \cos \varepsilon)/(v_{\mathrm{r}}^2 + w_{\mathrm{r}}^2)^{1/2},$$

$$w_{\mathrm{r}}^* = w_{\mathrm{r}} \cos \chi + \sin \chi (c_{\mathrm{r}} v_{\mathrm{r}} \sin \varepsilon - u_{\mathrm{r}} w_{\mathrm{r}} \cos \varepsilon)/(v_{\mathrm{r}}^2 + w_{\mathrm{r}}^2)^{1/2},$$

式中, c_{r} 为分子碰撞前的相对速度; ε 为碰撞平面与参考平面的夹角.

11.2.3 非弹性碰撞抽样

对于非弹性碰撞, Larsen 和 Borgnakke(1974), Borgnakke 和 Larsen(1975) 引入一个唯象模型, 其中心思想是假设碰撞中的动能和内能遵守能量守恒, 碰撞后的内能按照动能和内能组合的平衡分布取值, 而能量松弛过程的速率靠调节弹性碰撞和非弹性碰撞的比率加以确定, 使其满足实验所示的结果. 这种方法概念简单, 实现也方便, 花费时间不多. 有两个不同的 Larsen-Borgnakke 模型, 一个是内能连续分布模型, 另一个是内能离散分布模型. 非弹性碰撞抽样是根据非弹性碰撞模型, 从其概率密度函数抽样, 产生非弹性碰后平动能和内能, 确定碰撞后分子的相对速度.

1. 内能连续分布模型和抽样

假设内能是连续分布情况. 非弹性碰撞前后总能量不变, 由于平动能和内能之间的能量交换, 碰撞前后平动能和内能不同. 对不同组分混合气体分子非弹性碰撞, 碰撞中的总能量 E_{c} 是碰撞后平动能 $\varepsilon_{\mathrm{t}}^*$ 和碰撞后内能 $\varepsilon_{\mathrm{i}}^*$ 之和. 碰撞后平动能的概率密度函数为

$$f(\varepsilon_{\mathrm{t}}^*/E_{\mathrm{c}}) \propto (\varepsilon_{\mathrm{t}}^*/E_{\mathrm{c}})^{3/2-\omega_{12}}(1 - \varepsilon_{\mathrm{t}}^*/E_{\mathrm{c}})^{\bar{\zeta}-1},$$

式中, ω_{12} 为不同组分 1, 2 的混合气体黏性系数的温度指数; 平均内自由度为 $\bar{\zeta} = (\zeta_1 + \zeta_2)/2$, ζ_1 和 ζ_2 为混合气体不同两组分分子的内自由度. 碰撞后内能的概率密度函数为

$$f(\varepsilon_{\mathrm{i1}}^*/\varepsilon_{\mathrm{i}}^*) \propto (\varepsilon_{\mathrm{i1}}^*/\varepsilon_{\mathrm{i}}^*)^{\zeta_1/2-1}(1 - \varepsilon_{\mathrm{i1}}^*/\varepsilon_{\mathrm{i}}^*)^{\zeta_2/2-1},$$

$$f(\varepsilon_{\mathrm{i2}}^*/\varepsilon_{\mathrm{i}}^*) \propto (\varepsilon_{\mathrm{i2}}^*/\varepsilon_{\mathrm{i}}^*)^{\zeta_1/2-1}(1 - \varepsilon_{\mathrm{i2}}^*/\varepsilon_{\mathrm{i}}^*)^{\zeta_2/2-1},$$

式中, $\varepsilon_{\mathrm{i}}^* = \varepsilon_{\mathrm{i1}}^* + \varepsilon_{\mathrm{i2}}^*$. 使用取舍算法从概率密度函数 $f(\varepsilon_{\mathrm{t}}^*/E_{\mathrm{c}})$, $f(\varepsilon_{\mathrm{i1}}^*/\varepsilon_{\mathrm{i}}^*)$ 和 $f(\varepsilon_{\mathrm{i2}}^*/\varepsilon_{\mathrm{i}}^*)$ 抽样, 得到碰撞后平动能 $\varepsilon_{\mathrm{t}}^*$、内能 $\varepsilon_{\mathrm{i1}}^*$ 和 $\varepsilon_{\mathrm{i2}}^*$. 折合质量为 m_{r}, 碰撞后分子的相对速度为

$$c_{\mathrm{r}}^* = \sqrt{2\varepsilon_{\mathrm{t}}^*/m_{\mathrm{r}}}.$$

使用取舍法从碰撞后平动能的概率密度函数抽样, 当碰撞对中一个分子为单原子, 另一个仅考虑振动时, 有 $\zeta_1 = 0$, $\zeta_2 < 2$, $\bar{\zeta} < 1$, 在 $\varepsilon_{\mathrm{t}}^* = E_{\mathrm{c}}$ 处出现单点奇异性. 从碰撞后内能的密度函数抽样, 当 ζ_1 和 ζ_2 中的一个或两个小于 2 时, 在 $\varepsilon_{\mathrm{i1}}^* = 0$ 和 $\varepsilon_{\mathrm{i1}}^* = \varepsilon_{\mathrm{i}}^*$ 处, 或者在 $\varepsilon_{\mathrm{i2}}^* = 0$ 和 $\varepsilon_{\mathrm{i2}}^* = \varepsilon_{\mathrm{i}}^*$ 处, 出现双点奇异性. 出现奇异性时, 密度函数趋于无穷大, 无法进行抽样, 可以采用奇异概率分布抽样方法进行抽样.

2. 内能离散分布模型和抽样

假设内能是离散分布情况, 从量子力学观点来看, 离散分布呈量子能级分布. Haas, McDonald, Dagum(1993); Bergemann 和 Boyd(1995) 把 Larsen-Borgnakke 模型推广到离散分布情况. 根据量子力学谐振子模型, 碰撞后能级振动能的概率密度函数为

$$f(\varepsilon_v^*/E_c) \propto (1 - \varepsilon_v^*/E_c)^{3/2-\omega_{12}} \delta(\varepsilon_v^* - n^* k Q_v),$$

式中, ε_v^* 为碰撞后能级振动能; E_c 为碰撞中的总能量; ω_{12} 为不同组分 1, 2 的混合气体黏性系数的温度指数; n^* 为碰撞后能级; k 为玻尔兹曼常数; $Q_v = h\nu/k$, 式中, ν 为频率; h 为普朗克常数. 将碰撞后能级振动能的概率密度函数写成间断值形式:

$$f(n^*) \propto (1 - n^* k Q_v/E_c)^{3/2-\omega_{12}}.$$

用取舍算法从碰撞后能级振动能的概率密度函数 $f(n^*)$ 抽样确定碰撞后的能级 n^* 是否选中. 采用取舍算法时, 认为 n^* 是在 0 到 $n_{\max}^*$ 之间均匀分布的整数, $n_{\max}^* = [E_c/k Q_v]$, $[\cdot]$ 表示取整数.

11.2.4 界面壁面反射抽样

气体分子与边界壁面碰撞, 产生镜面反射、漫反射、麦克斯韦反射和 CLL 反射, 因此气体分子与边界壁面碰撞有对应的模型. 边界壁面反射抽样是根据边界壁面碰撞模型, 由其概率密度函数抽样, 确定反射后的分子速度.

(1) 镜面反射模型. 仅是法向速度分量改变符号, 其余方向的速度分量不变.

(2) 漫反射模型. 在直角坐标系 (u, v, w), 漫反射后的分子沿表面的法向速度分量 u, 切向速度分量 v 和 w, 皆服从麦克斯韦分布. 在极坐标系 (V, θ), 速度矢量为 V, 极角为 θ. 漫反射后分子速度的概率密度函数为

$$f(u, v, w) = f(u)f(v)f(w) = f(u)f(V)f(\theta),$$

式中, $f(u) = (\beta/\sqrt{\pi})\exp(-\beta^2 u^2)$, $f(V) = 2\beta^2 V \exp(-\beta^2 V^2)$, $f(\theta) = 1/2\pi$. 用逆变换算法分别从概率密度函数 $f(u)$, $f(V)$ 和 $f(\theta)$ 抽样, 得到 u, V 和 θ 的样本值, 再计算切向速度分量: $v = V\cos\theta$, $w = V\sin\theta$.

(3) 麦克斯韦反射模型. 假定有 η 部分是漫反射, 有 $1-\eta$ 部分是镜面反射. 漫反射部分采用漫反射模型的抽样方法, 镜面反射部分仅是法向速度分量改变符号, 其余方向的速度分量不变.

(4) CLL 反射模型. CLL 反射模型是由 Cercignani 和 Lampis(1971), Lord(1991) 三人发展起来的, 比较符合实验结果. 假定分子的法向速度分量 u 和切向速度分量

v 和 w 是相互独立的. 在直角坐标系 (u, v, w), CLL 反射后分子速度的概率密度函数为

$$f(u, v, w) = f(u)f(v)f(w).$$

在极坐标系 (r, θ), 概率密度函数 $f(r)$ 和 $f(\theta)$ 分别为

$$f(r) = (2r/\alpha)\exp(-r^2/\alpha), \quad f(\theta) = 1/2\pi,$$

其中, α 为热适应系数; $r = \sqrt{(v - \bar{v})^2 + w^2}$, 平均切向速度 $\bar{v} = (1 - \sigma_t)u_i$, σ_t 为切向速度分量适应系数, u_i 为分子入射法向速度分量. 从概率密度函数 $f(r)$ 和 $f(\theta)$ 抽样, 得到样本值 r, θ, 再由 $v = \bar{v} + r\cos\theta, w = r\sin\theta$, 计算切向速度分量 v 和 w.

法向速度分量 u 抽样, 不是直接从概率密度函数 $f(u)$ 抽样, 而是把法向速度分量 u 抽样值认为是切向速度分量 v 和 w 的合成值. 根据三角几何关系, 得到法向速度分量 u 为

$$u = (\bar{u}^2 + 2r\bar{u}\cos\theta + r^2)^{1/2},$$

式中, 平均法向速度为 $\bar{u} = \sqrt{1 - \alpha_n}u_i$, α_n 为法向热适应系数.

11.2.5 奇异概率分布抽样

如果概率密度函数无界, 意味着随机变量出现奇异点, 无界概率分布称为奇异概率分布, 一般抽样算法不能应用, 沈青 (2003) 采用逆变换算法与取舍算法的联合抽样算法, 本书作者只是在描述上做些整理归纳.

(1) 单点奇异概率分布抽样算法. 单点奇异概率分布的概率密度函数 $f(x)$ 可分解成两个函数乘积:

$$f(x) = f_1(x)g_2(x), \quad 0 \leqslant x \leqslant 1,$$

其中, 一个是有界的概率密度函数 $f_1(x)$, $f_1(x)$ 的上界为 C; 一个是无界的函数 $g_2(x)$, 有一个奇异点. 对函数 $g_2(x)$ 归一, 得到其概率密度函数 $f_2(x)$ 为

$$f_2(x) = g_2(x) \bigg/ \int_0^1 g_2(x)\mathrm{d}x.$$

其累积分布函数 $F_2(x)$ 有逆函数存在. 联合抽样算法如下: 首先采用逆变换算法对概率密度函数 $f_2(x)$ 抽样, 然后联合起来, 采用取舍算法对概率密度函数 $f_1(x)$ 抽样. 联合算法如下:

① 概率密度函数 $f_2(x)$ 抽样, 产生随机变量 $X = F^{-1}(U_1)$.

② 若 $U_2 < f_1(X)/C$, 则样本值为 X, 否则返回①.

例如, 单点奇异分布的概率密度函数 $f(x)$ 为

$$f(x) = x^{1-a}(1-x)^{b-1}, \quad 0 \leqslant x \leqslant 1, \quad a < 1, \quad b < 1.$$

概率密度函数 $f_1(x) = x^{1-a}$, $f_1(x)$ 的上界 $C = 1$. 函数 $g_2(x) = (1-x)^{b-1}$, 在 $x = 1$ 处有一个奇异点, 其概率密度函数 $f_2(x) = b(1-x)^{b-1}$, 其累积分布函数 $F_2(x) = 1 - (1-x)^b$, 单点奇异分布抽样联合算法如下:

① 从 $f_2(x)$ 抽样, 产生随机变量 $X = 1 - (1-U_1)^{1/b}$.

② 若 $U_2 < X^{1-a}$, 则样本值为 X, 否则返回①.

(2) 双点奇异分布抽样算法. 双点奇异分布的密度函数 $f(x)$ 可分解成两个函数乘积:

$$f(x) = g_1(x)g_2(x), \quad 0 \leqslant x \leqslant 1,$$

$g_1(x)$ 和 $g_2(x)$ 分别在区间 $[0, x_D]$ 和 $[x_D, 1]$ 各有一个奇异点, 对函数 $g_1(x)$ 和 $g_2(x)$ 归一, 得到其概率密度函数 $f_1(x)$ 和 $f_2(x)$, $f_1(x)$ 的上界为 C_1, $f_2(x)$ 的上界为 C_2, 其累积分布函数 $F_1(x)$ 和 $F_2(x)$ 有逆函数存在. 首先对具体双点奇异分布, 求出 x_D 和 $x < x_D$ 的概率 p. $x < x_D$ 的概率为

$$p = P(x < x_D) = \int_0^{x_D} g_1(x)g_2(x)\mathrm{d}x \left/ \int_0^1 g_1(x)g_2(x)\mathrm{d}x \right..$$

双点奇异分布抽样的联合算法如下: 若 $U < p$, 在区间 $[0, x_D]$, 按 $f_1(x)$ 有单奇异点, 采用单点奇异分布抽样算法抽样. 若 $U > p$, 在区间 $[x_D, 1]$, 按 $f_2(x)$ 有单奇异点, 采用单点奇异分布抽样算法抽样. 双点奇异分布抽样联合算法如下:

① 若 $U_1 < p$, 则转②, 否则转④.

② 从 $f_1(x)$ 抽样, 产生随机变量 X_1.

③ 若 $U_2 < f_2(X_1)/C_2$, 样本值 $X = X_1$, 否则, 返回②.

④ 从 $f_2(x)$ 抽样, 产生随机变量 X_2.

⑤ 若 $U_3 < f_1(X_2)/C_1$, 样本值 $X = X_2$, 否则, 返回④.

11.3　直接模拟蒙特卡罗方法

11.3.1　直接模拟方法原理

澳大利亚悉尼大学教授 G. A. Bird 从 20 世纪 70 年代起, 发表了一系列论文: Bird(1970, 1976, 1989, 1990, 1994, 1998, 2006, 2011), 建立起有效的直接模拟蒙特卡罗方法. 康崇禄 (1980) 介绍了直接模拟蒙特卡罗方法, 沈青 (2003) 发展了直接模拟蒙特卡罗方法.

直接模拟蒙特卡罗方法对于处于过渡流区域的稀薄气体流动传热问题是一种极为有效的研究手段, 在高速和低速流动的实际问题的模拟结果已经得到实验的验证, 是解决过渡流区域的公认有效的方法.

研究稀薄气体分子的流动和传热特性, 主要是考虑气体分子之间的作用和边界壁面的作用. 直接模拟蒙特卡罗方法与玻尔兹曼方程一样, 基于相同的物理假设. 直接模拟蒙特卡罗方法是基于以下三个假设: 一是二体碰撞; 二是分子维度远小于分子平均间距, 分子间作用力仅在碰撞瞬时起作用, 碰撞前后的分子做匀速直线运动; 三是在气体分子的碰撞计算中, 必须通过随机抽样随机变量才能够最后确定碰撞后分子的运动状态, 诸如散射角等随机变量, 这等价于假定了分子处于混沌状态.

直接模拟蒙特卡罗方法不是直接去求解玻尔兹曼方程, 而是根据分子随机运动的物理模型, 用蒙特卡罗方法直接模拟分子随机运动. G. A. Bird 注意到分子动力学方法的主要缺点在于采用了确定性方法判断分子之间的碰撞, 以相对距离来决定分子碰撞与否, 模拟分子数就是真实气体分子数, 耗费了巨大的计算机时间, 这种确定性方法既不是蒙特卡罗方法所需要的, 也不是气体分子运动的物理事实, 带来计算上极大的困难. G. A. Bird 采取两个处理机制, 第一个是用概率来决定分子碰撞与否, 第二个是用单个模拟分子代表大量真实气体的分子.

为了保证模拟流动与真实流动的相似, 早期的直接模拟是在模拟中保持分子数密度与分子碰撞截面的乘积为常数, 这导致模拟分子的尺度比真实分子大得多. 现在的做法是确定每个模拟分子所代表的真实分子数, 在计算碰撞数和求解宏观量时估计到每个模拟分子代表着大量的真实分子, 因此少量的模拟分子数流动也代表真实气体流动. 根据相似律, 不是模拟每一个真实分子, 而是模拟由一定数量真实分子构成的模拟分子. 模拟分子是真实分子集团, 真实分子之间不是独立的, 但是由大量真实分子组成的分子集团在统计上可以认为是独立的, 因此模拟分子可以认为是独立的, 可以对模拟分子进行独立跟踪.

以比较少的模拟分子运动代表大量的真实分子运动, 问题是如何实现这样的模拟. 直接模拟蒙特卡罗方法的重要思想是将分子移动与分子碰撞解耦, 实现正确的碰撞抽样, 恰当地选择碰撞对, 并实现一定数目的碰撞, 是使时间步长内分子移动与分子碰撞匹配, 使得模拟流动过程与真实气体流动过程一致的关键. 分子移动和碰撞过程可由两个步骤说明: 步骤一是分子与分子彼此发生碰撞, 改变速度. 步骤二是分子依速度和时间步长位移至下一个位置. 步骤一互相碰撞的分子需位于同一个网格或子网格内, 而步骤二的分子则穿越于网格之间.

直接模拟蒙特卡罗方法的基本要点可以简述成: 用有限个模拟分子代替真实气体分子, 通过跟踪模拟分子的运动轨迹, 记录各个模拟分子的状态参数, 并在计算机中存储模拟分子的位置坐标、速度分量以及内能, 其值随着模拟分子的运动, 与边界的作用以及模拟分子之间的碰撞而改变, 最后将这些模拟分子做统计平均,从而达到统计宏观量的目的. 通过统计网格内模拟分子的运动状态实现对真实气体流动问题的模拟. 模拟时间参数和真实流动时间参数相同, 所有问题的模拟都是在时间进程中实现. 定常流动是长时间模拟后稳定状态的统计平均结果. 直接模拟蒙特卡罗方法有如下优点:

(1) 模拟对象可为单一的气体, 也可是混合气体, 或是带有极性的电浆.

(2) 如果给予适当的碰撞机制, 可以模拟复杂化学反应和辐射的非平衡过程.

(3) 模拟分子的数量可高达成千成万个, 取决于计算机的内存容量和处理速度. 突破分子动力学方法的模拟分子数必须与真实气体分子数目相同的限制.

11.3.2　分子运动解耦方法

在粒子线性输运蒙特卡罗方法中, 粒子之间不发生碰撞, 不用模拟粒子之间碰撞. 由于粒子是独立粒子, 粒子与介质碰撞采用自由碰撞机制, 两次碰撞之间是粒子移动的自由程. 分子的运动不外乎三种情况: 分子移动、分子之间碰撞和分子与界面碰撞. 在非线性输运蒙特卡罗方法中, 分子之间发生频繁的碰撞, 不是独立分子, 而是相关分子, 如何比较真实地模拟气体分子随机运动将是一个关键问题. 气体分子随机运动包括分子移动和分子碰撞, 实际情况是分子移动和分子碰撞是随机地进行的, 什么时候发生分子移动, 什么时候发生分子碰撞, 是随机的也是相互关联耦合的, 分子移动与分子碰撞搅在一起, 因此在模拟时很难处理分子的随机运动, 很难真实地再现这一复杂的物理现象, 必须采取有效的方法, 将分子移动与分子碰撞解耦, 把分子移动与分子碰撞分开处理.

直接模拟蒙特卡罗方法的关键是在一个小的时间步长内将分子移动与分子碰撞解耦. 认为稀薄气体分子在相邻两次碰撞间做匀速直线移动, 保证在这一时间步长内所有的分子是自由的, 不会发生碰撞. 如果时间步长远小于分子平均碰撞时间, 则分子移动一个时间步长的距离并不会碰撞到另一个分子, 因此可将分子移动与分子碰撞分开处理, 在移动过程中不会发生分子碰撞, 实现分子移动与分子碰撞解耦. 首先在时间步长内将所有分子依其速度移动一段距离, 然后再计算时间步长内分子之间的碰撞, 实现分子在网格间移动, 在网格内碰撞, 这就是分子运动解耦方法. 分子运动解耦的条件是时间步长 Δt 远小于分子平均碰撞时间 t_c. 分子平均碰撞时间为

$$t_c = \lambda / v_{g0},$$

式中, λ 为分子平均自由程; v_{g0} 为气体分子最可几初始速度. 分子平均自由程为

$$\lambda = kT / \sqrt{\pi} d^2 n,$$

式中, k 为玻尔兹曼常数; T 为气体温度; d 为分子直径; n 为分子数密度. 气体分子

最可几初始速度为

$$v_{g0} = \sqrt{2kT_0/m},$$

式中, T_0 为气体初始温度; m 为分子质量.

将分子的移动视为匀速直线运动, 在其移动过程中没有与其他分子发生碰撞. 该分子在给定的时间步长内运动到了一个新的位置, 如果在此过程中不与界面碰撞, 则将该位置的坐标固定记录下来. 将所有分子的移动计算完之后, 再在各个网格内抽样得到碰撞对, 进行碰撞计算, 在碰撞的过程中不考虑分子的移动. 如果分子在移动的过程中与界面碰撞, 则应先计算与界面的碰撞, 然后根据碰撞后的结果接着计算该分子的移动和与其他分子的碰撞. 对于分子之间的碰撞, 如果采用的是非时间计数器算法, 即认为分子间的碰撞是不需要时间的.

11.3.3　化学反应模拟

当飞行速度大于 5 个马赫数时, 气体的物理属性发生明显的变化, 氧分子与氮分子、氮原子之间发生化学反应, 原子本身的离解生成电子等离解反应. 如果能给出适当的碰撞机制, 直接模拟蒙特卡罗方法可以模拟化学反应, 已经出现几个化学反应模型, 一个是 Bird(1979) 提出唯象模型, 另一个是 Bird(2010) 提出量子-动能模型, 还有其他学者提出不同的化学反应模型.

1. 唯象模型

令 A, B, C, D 为不同的分子组分, 双分子化学反应的化学式为

$$A + B \Leftrightarrow C + D.$$

双分子化学反应的速率方程为

$$-\frac{\mathrm{d}n_A}{\mathrm{d}t} = k_{\mathrm{f}}(T)n_A n_B - k_{\mathrm{r}}(T)n_C n_D,$$

式中, $k_{\mathrm{f}}(T)$ 和 $k_{\mathrm{r}}(T)$ 分别表示正向和逆向的反应速率常数, 是温度 T 的函数. 反应速率常数的形式为

$$k(T) = aT^b \exp(-E_{\mathrm{a}}/kT),$$

式中, k 为玻尔兹曼常数; 常数 a 和 b 以及活化能 E_{a} 由实验确定.

唯象模型想法是通过引入合适的化学反应截面, 使得到的反应速率常数与实验给出的形式一致. 令分子碰撞总碰撞截面为 σ_{T}, 碰撞总能量为 E_{c}, 活化能为 E_{a}, A 和 B 两种组分的分子气体的黏性系数的温度指数为 ω_{AB}, 平均内自由度为 ζ. A 和 B 两种组分的分子碰撞时, 以一定的概率发生化学反应, 化学反应截面为

$$\sigma_{\mathrm{R}} = \begin{cases} 0, & E_{\mathrm{c}} < E_{\mathrm{a}}, \\ \sigma_{\mathrm{T}} C_1 (E_{\mathrm{c}} - E_{\mathrm{a}})^{C_2} (1 - E_{\mathrm{a}}/E_{\mathrm{c}})^{\bar{\zeta}+3/2-\omega_{AB}}, & E_{\mathrm{c}} \geqslant E_{\mathrm{a}}, \end{cases}$$

式中的 C_1 和 C_2 为

$$C_1 = \frac{\varepsilon\sqrt{\pi}a}{2\sigma_{\rm ref}}\frac{\Gamma(\bar{\varsigma}+5/2-\omega_{AB})}{\Gamma(\bar{\varsigma}+b+3/2)}\left(\frac{m_r}{2kT_{\rm ref}}\right)^{1/2}\frac{T_{\rm ref}^{1-\omega_{AB}}}{k^{b-1+\omega_{AB}}}, \quad C_2 = b-1-\omega_{AB}.$$

式中, $\Gamma(\cdot)$ 为 Γ 函数; $\sigma_{\rm ref}$ 为参考碰撞截面; $T_{\rm ref}$ 为参考温度; $m_{\rm r}$ 为分子折合质量.

化学反应截面 $\sigma_{\rm R}$ 与总碰撞截面 $\sigma_{\rm T}$ 之比值表示弹性碰撞导致化学反应的概率, 化学反应概率又称为位阻因子, 化学反应概率为

$$P = \frac{\sigma_{\rm R}}{\sigma_{\rm T}} = \frac{\varepsilon\, a\sqrt{\pi}T_{\rm ref}^b}{2\sigma_{\rm ref}(kT_{\rm ref})^{b-1+\omega_{AB}}}\frac{\Gamma(\bar{\varsigma}+5/2-\omega_{AB})}{\Gamma(\bar{\varsigma}+b+3/2)}\left(\frac{m_{\rm r}}{2kT_{\rm ref}}\right)^{1/2}\frac{(E_{\rm c}-E_{\rm a})^{b+\bar{\varsigma}+1/2}}{E_{\rm c}^{\bar{\varsigma}+3/2-\omega_{AB}}}.$$

有了化学反应概率, 就可以进行抽样, 模拟化学反应.

2. 量子–动能模型

唯象模型是半经验模型, 其缺点是依赖于实验数据. 量子–动能模型是理论模型, 基于碰撞分子的振动状态, 引入振动量子模型. 离解反应和复合反应采用物理模型, 而吸热交换链式反应和放热交换链式反应采用现象学模型. 量子–动能模型的好处是不需要任何实验数据, 化学反应概率有解析表达式. 化学反应的化学式为 $AB \Leftrightarrow A + B$. 正向反应是离解反应, 逆向反应是复合反应, A, B 表示离解分子组分, AB 表示复合分子组分.

(1) 离解反应. AB 分子组分与 X 分子组分碰撞, X 是 AB, A, B 之一. 令 AB 与 X 碰撞率参数为 $R_{\rm coll}^{AB,X}$, AB 与 X 碰撞份额参数为 $\Lambda(i_{\rm max})^{AB,X}$. 具有振动模式 j 的 VHS 平衡气体, 离解的反应速率常数为

$$k_{\rm f}(T) = R_{\rm coll}^{AB,X}\sum_{1}^{j}\Lambda(i_{\rm max})^{AB,X},$$

式中, $i_{\rm max} = [E_{\rm C}/k\Theta_{\rm v}] > \Theta_{\rm d}/\Theta_{\rm v}$, 其中, $E_{\rm C}$ 为准碰撞振动能; $\Theta_{\rm v}$ 为振动特征温度; $\Theta_{\rm d}$ 为离解特征温度. 碰撞率参数为

$$R_{\rm coll}^{AB,X} = (2\pi^{1/2}/\varepsilon)(r_{\rm ref}^{AB} + r_{\rm ref}^{X})^2(T/T_{\rm ref})^{1-\omega^{AB,X}}(2kT_{\rm ref}/m_{\rm r}^{AB,X})^{1/2},$$

式中, ω 为温度指数; ε 为对称因子, 相同组分, $\varepsilon = 1$; 不同组分, $\varepsilon = 2$. 碰撞份额参数为

$$\begin{aligned}\Lambda(i_{\rm max})^{AB,X} = &\sum_{i=0}^{i_{\rm max}-1}\{Q[(5/2-\omega^{AB,X}),((i_{\rm max}-i)\Theta_{\rm v}^{AB}/T)]\\ &\times \exp(-i\Theta_{\rm v}^{AB}/T)\}/z_{\rm v}^s(T)^{AB},\end{aligned}$$

式中, $Q(a,x) = \Gamma(a,x)/\Gamma(a)$; 振动分拆函数为 $z_{\rm v}^s(T) = 1/[1-\exp(-\Theta_{\rm v}/T)]$.

(2) 复合反应. 组分分子 A 与组分分子 B 碰撞发生复合反应的复合概率为

$$P_{\mathrm{rec}} = nV_{\mathrm{coll}}S,$$

式中, n 为气体分子数密度; V_{coll} 为平均碰撞体积; S 为位阻因子, 表示化学反应概率. 复合的反应速率常数为

$$k_{\mathrm{r}}(T) = R_{\mathrm{coll}}^{AB,X}V_{\mathrm{coll}}S.$$

A 和 B 两种组分的分子在离解度为 α 的气体中发生碰撞时, 平均碰撞体积为

$$V_{\mathrm{coll}} = [4\pi/(3(1+\alpha))]$$
$$\times \{(1-\alpha)(r^A + r^B + r^{AB})^3 + \alpha[(2r^A + r^B)^3 + (2r^B + r^A)^3]\},$$

式中, r^M 为碰撞分子 M 的 VHS 分子半径. 离解度 α 有下面关系式:

$$\alpha^2/(1-\alpha) = (2/n)[\pi(m^A m^B/m^{AB})kT/h^2]^{3/2}$$
$$\times (\varepsilon'\Theta_{\mathrm{r}}^{AB}/T)[1 - \exp(-\Theta_{\mathrm{d}}^{AB}/T)]\exp(-\Theta_{\mathrm{d}}^{AB}/T). \quad (11.2)$$

令普朗克常数为 h, 转动特征温度为 Θ_{r}, 对平衡 VHS 气体, AB 与 X 碰撞, 双原子分子气体的位阻因子为

$$S = \frac{\varepsilon}{(1+\alpha)R_{\mathrm{coll}}^{A,B}}\left[\frac{1-\alpha}{2}R_{\mathrm{coll}}^{AB,AB}\Lambda(i_{\max})^{AB,AB} + \alpha(R_{\mathrm{coll}}^{AB,A}\Lambda(i_{\max})^{AB,A}\right.$$
$$\left. + R_{\mathrm{coll}}^{AB,B}\Lambda(i_{\max})^{AB,B})\right]$$
$$\times \frac{h^3}{(2\pi\,kT)^{3/2}}\left(\frac{m^{AB}}{m^A m^B}\right)^{3/2}\left(\frac{T}{\varepsilon'\,\Theta_{\mathrm{r}}}\right)^{AB}\exp(\Theta_{\mathrm{d}}/T)/V_{\mathrm{coll}}, \quad (11.3)$$

式中, ε' 为 AB 转动取向数, 转动分拆函数为 $z_{\mathrm{r}}(T) = T/(\varepsilon'\,\Theta_{\mathrm{r}})$. 式 (11.2) 与式 (11.3) 联解, 得到位阻因子随温度变化情况. 得到位阻因子, 就有了化学反应概率, 可以进行抽样, 模拟化学反应.

11.3.4 降低误差方法

Baker 和 Hadjiconstantinor(2008) 讨论直接模拟蒙特卡罗方法降低误差问题. 对微尺度低速稀薄气体流动问题, 应用直接模拟蒙特卡罗方法, 遇到最难克服的问题是给出的结果产生巨大的统计散布, 误差很大. 例如, Pong(1994) 的实验, 有用信息为 0.2m/s 量级, 而在 300K 温度下背景噪声为 10^3m/s 量级, 要想从这样大的背景噪声中分辨出有用信息, 需要的样本数非常大, 达到 10^8 个. 为了克服这个困难, Fan 和 Shen(2001) 提出了信息保存方法.

信息保存方法建议每一个模拟分子携带两种速度, 一种是通常直接模拟蒙特卡罗方法中的分子速度 c, 用来计算分子运动, 另一种是信息速度 u, 用来记录真实分子的集团速度. 信息速度对分子运动不产生任何影响, 只用于求和得到宏观速度, 其原始信息取自于气体的来流和物体的表面, 而当分子从表面反射, 相互碰撞, 受到力的作用以及从边界进入时, 信息速度获得新值. 初始信息速度为 0, 根据下面情况进行信息速度的更新.

(1) 当分子从漫反射表面反射时, 信息速度与壁面速度相同.

(2) 当两个模拟分子互相碰撞时, 碰撞后的信息速度满足动量守恒. 根据动量守恒, 平均分给两个模拟分子, 碰撞后的信息速度为

$$\boldsymbol{u}_1^* = \boldsymbol{u}_2^* = (m_1\boldsymbol{u}_1 + m_2\boldsymbol{u}_2)/(m_1 + m_2),$$

式中, m_1 和 m_2 为两个模拟分子质量, u 为碰撞前的信息速度.

(3) 当有外力作用时, 将有加速度, 把产生的加速度增量加到网格中每一个分子上去.

(4) 如果模拟分子从边界流入, 则其携带的信息速度应满足边界条件.

(5) 在等温假设下, 要引入模拟分子的信息速度, 网格的信息速度 u 和信息密度 ρ 应遵循质量守恒方程和动量守恒方程. 质量守恒方程和动量守恒方程分别为

$$\iiint \frac{\partial \rho}{\partial t}\mathrm{d}V = -\iint \rho\boldsymbol{u}\cdot\boldsymbol{l}\mathrm{d}S,$$

$$\iiint \rho\frac{\partial \boldsymbol{u}}{\partial t}\mathrm{d}V = -\iint p\boldsymbol{l}\mathrm{d}S,$$

式中, 积分是对网格的体积 V 和表面 S 进行, l 是表面的单位外法线矢量, p 为压强, $p = nkT$, n 为气体分子数密度. 网格体积增量 ΔV, 分子质量 m, 根据动量守恒方程得到经过一个时间步长 Δt, 网格的信息速度增量为

$$\Delta u = -(\Delta t/mn\Delta V)\iint p\boldsymbol{l}\mathrm{d}S.$$

此信息速度增量加到网格中模拟分子的信息速度上去, 进行信息速度更新.

实现信息保存方法是在通常直接模拟蒙特卡罗方法基础上加入信息保存方法模块. 由于采用信息保存方法引起分子碰撞截面改变, 以硬球模型为例, 信息保存方法的碰撞直径为

$$d = (5mc_\mathrm{m}/16\mu\sqrt{2\pi})^{1/2},$$

式中, m 为分子质量; c_m 为最可几速度; μ 为黏性系数.

11.3.5   计算机模拟流程

1. 模拟计算流程图

定常直接模拟蒙特卡罗方法的模拟程序主要步骤简述如下:

(1) 随机抽样确定模拟分子初始状态, 包括模拟分子初始时刻的位置和速度.

(2) 计算模拟分子移动. 每个模拟分子移动一个时间步长的距离.

(3) 计算模拟分子与边界的作用. 根据模拟分子与边界壁面碰撞模型, 随机抽样确定边界壁面碰撞后模拟分子的速度.

(4) 模拟分子重新排序标识, 对原号码分子根据其运动后所在网格重新编号.

(5) 计算模拟分子碰撞. 使用碰撞数算法, 随机抽样确定哪些分子对发生碰撞, 计算碰撞数, 随机抽样确定碰撞后分子的方向和速度, 这是最耗时的部分.

(6) 流场性质取样. 如果满足稳定条件, 则进行流场性质取样, 流场性质取样就是流场参数求和, 如分子计数、分子速度累计、宏观速度累计. 如果不满足稳定条件, 返回计算.

(7) 输出计算结果. 如果满足结束条件, 输出流场和热场的计算结果, 如气体流场参量和边界壁面参量, 气体流场参量包括平均速度的网格分布和温度的网格分布. 边界壁面参量包括入射和反射的动量通量和能量通量. 如果不满足结束条件, 返回计算.

定常和非定常直接模拟蒙特卡罗方法的流程图如图 11.1 和图 11.2 所示.

2. 分子模拟参数设定

在直接模拟时, 有关网格大小、时间步长、边界条件、碰撞对选择、分子碰撞模型和稳定状态等参数都要设定.

(1) 网格大小设定. 直接模拟蒙特卡罗方法必须对所模拟的区域进行网格划分, 网格是为了确定分子所在的位置, 以便选取适当的碰撞对, 网格的大小应小于分子平均自由程, 一般选取 $\lambda/3$ 作为网格划分的基准. 网格有两种, 一种是结构网格, 为矩形网格, 容易处理, 适用于简单外形物体, 另一种是非结构网格, 为不规则网格, 适用于复杂外形物体.

(2) 时间步长设定. 时间步长必须远小于分子间的平均碰撞时间, 以保证在时间步长内将分子移动与分子碰撞解耦, 实现分子在网格间移动, 在网格内碰撞.

(3) 边界条件设定. 出现在系统的边界有: 进出口边界、镜反射边界、漫反射边界、麦克斯韦反射边界和 CLL 反射边界, 进出口边界指的是模拟分子进口与出口的数量与速度, 由分子数密度 n 来决定.

(4) 分子碰撞模型设定. 模拟分子碰撞时, 分子碰撞模型的选取有决定性的影响, 可采用可变硬球模型、可变软球模型、广义硬球模型和广义软球模型.

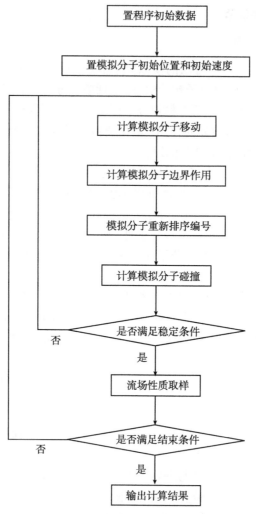

图 11.1　定常直接模拟流程图

(5) 碰撞模拟方法选择设定. 根据分子碰撞模型设定, 由模拟分子对发生碰撞的相对概率, 使用碰撞数算法抽样确定哪些模拟分子对发生碰撞, 并计算碰撞数.

(6) 稳态状态设定. 直接模拟蒙特卡罗方法描述的是非稳态过程, 并采用真实的时间步长, 由于流动达到稳态需要一定的时间, 并且当达到稳态后, 仍然需要大量的时间来平均稳态后的结果, 称为最大稳态时间.

稳态时间 = 稳态时间步长数 × 气流运动距离/气体分子平均热速度.

最大稳态时间 = 3× 稳态时间.

最大稳态时间步长数 = 最大稳态时间/时间步长.

由于直接模拟蒙特卡罗方法是建立在统计的基础上, 为了使得到的结果正确,模拟分子的数量不能太少, 从而使系统达到稳态.

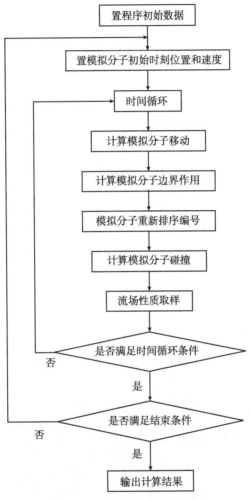

图 11.2　非定常直接模拟流程图

11.4　直接模拟蒙特卡罗方法应用

11.4.1　通用计算机程序开发

求解稀薄气体动力学问题, 直接模拟蒙特卡罗方法的计算机计算程序, 由于单一模拟分子随机运动, 只是边界条件不同, 比较容易做成通用的计算程序.

1. 经典计算程序

Bird(1994) 年所编写的《分子气体动力学和气体流动直接模拟》一书, 提供了一个直接模拟蒙特卡罗方法程序, 是基于结构化网格计算程序, 此程序通过输入模型网格的四个边以及其所分的结点数和分布律来自己生成标准的四边形网格, 是比较早的程序版本. 该程序可以模拟高度 20km 以上的理想大气、真实气体、任何自定义的气体类型等. 包括二维流场与二维轴对称流场, 作为演示性的程序, 为学习直接模拟蒙特卡罗方法提供了简便直观的途径.

2. 可视化计算程序

Bird(2010) 在网上发布一组可视化计算程序, 除了计算能力有所提高以外, 其最大特点是计算机可视化程度比较高. 包括下面几个程序:

(1) 可视化 DSMC 程序: DSMCX.

(2) 一维流动的可视化 DSMC 程序: DS1V.

(3) 二维轴对称流动的可视化 DSMC 程序: DS2V.

(4) 三维流动的可视化 DSMC 程序: DS3V.

(5) 化学反应的量子–动能模型计算程序.

(6) 涡轮分子泵计算程序.

可视化 DSMC 程序 DSMCX 的运行界面如图 11.3 所示.

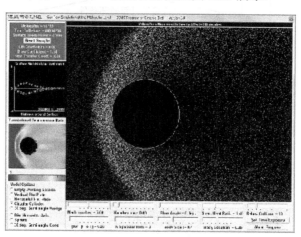

图 11.3   可视化 DSMC 程序 DSMCX 的运行界面

此计算程序研究稀薄气体流过不同物体的动力学问题, 可以选择的物体有垂直平板、水平平板、圆柱体、30 度半角楔体、垂轴圆盘、球体和 30 度半角锥体. 运行中的界面显示的信息有: 分子数、总碰撞数、表面作用数、升力系数、阻力系数、传热系数、马赫数和纽森数. 图 11.3 显示出表面传热系数、表面压强系数和表面层摩擦系数随物体表面距离的曲线变化. 用色彩显示出局部马赫数、流场温度比值、内部温度比值、传输温度比值、流场密度比值和标量压强比值的空间分布.

3. 并行计算问题

G.A.Bird 称直接模拟蒙特卡罗方法为 "昂贵的计算方法". 直接模拟蒙特卡罗方法描述的是非稳态过程, 并采用真实的时间步长, 为了保证解耦的实施, 认为气体分子在相邻两次碰撞间做匀速直线运动, 保证在这一时间间隔内所有的模拟分子是自由的, 时间步长应远远小于分子平均碰撞时间. 网格尺寸应小于分子平均自由程, 为了保证计算结果具有统计意义, 每个网格中至少要布置几十个模拟分子. 这些导致直接模拟蒙特卡罗方法需要很大的计算规模. 一个中等规模的问题, 需要计算一万个时间步长, 一百万个网格, 一千万个模拟分子, 还有上百个不同的初始条件, 这些数据都要储存在计算机的内存里, 将受到计算机内存的限制, 并且需要很长的计算时间. 为了保证计算的精度, 直接模拟蒙特卡罗方法的计算量非常大, 在单台微机上很难实现. 因此, 直接模拟蒙特卡罗方法的并行化是非常必要和有意义的. 王娴等 (2003) 利用 9 台奔腾 4 微机群组成局域网, 模拟二维微通道流动问题. 姜恺和黄良大 (2005) 在曙光 4000A 超级计算机上, 模拟稀薄气体流动换热问题.

SPRNG 是一个并行随机数发生器, 在并行程序中可以直接调用这个并行随机数发生器的函数接口. SPRNG 是基于 MPI 的, 支持 C 和 Fortran 两个语言接口. 可以在网址 http://archive.ncsa.uiuc.edu/Science/CMP/RNG/RNG-home.html 下载.

11.4.2　大尺度高速流动领域应用

20 世纪中叶, 随着航空航天事业的发展, 高速流动问题研究更为重要. 航天飞机、飞船、空间站、卫星和战略弹道导弹等航天飞行器在地球稀薄大气层飞行, 星际飞船进入火星大气层, 都遇到稀薄气体动力学问题, 需要用直接模拟蒙特卡罗方法进行模拟计算.

1. 航天飞机速度分布函数模拟

外形复杂的航天飞机在地球稀薄大气过渡流区域飞行, Bird(1990) 使用直接模拟蒙特卡罗方法, 在流场的总体和精细结构方面获得较好的结果. 其实, 对于强激波结构的流向和横向速度分布函数问题, 实验测量早在 1966 年就已经进行, 在氢气的正激波结构中, 马赫数为 25, 在 0.565 处, 获得流向和横向速度分布函数的实验测量值, 由于所得结果与当时可获得的 Mott-Smith 理论计算结果符合得不好而未公布, 直至 23 年后的 1989 年, 由于用直接模拟蒙特卡罗方法得到计算结果, 与实验测量结果符合得很好, Pham, Erwin, Muntz(1989) 才把实验测量结果发表在 *Science* 杂志上. 计算和测量结果在图 11.4 中给出, 图中, 左边为流向速度分布函数, 右边为横向速度分布函数. 直接模拟蒙特卡罗方法计算结果与实验测量结果符合得很好, 受到学术界的普遍关注. 直接模拟蒙特卡罗方法得到实验测量的验证, 提高了它的地位.

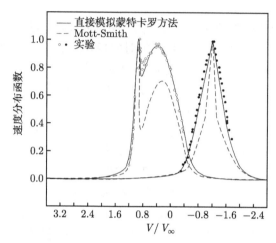

图 11.4   直接模拟蒙特卡罗方法与实验测量比较

2. 火星稀薄大气气动系数模拟

火星大气主要成分是二氧化碳, 约占 95.3%, 其余是氮、氩、一氧化碳和氧等. 水气的数量很少, 平均约为大气总量的 0.01%. 其表面大气压为 750 帕, 相当于地球 30~40km 高处的大气压. 它表面平均温度比地球低 30°C 以上.

1996 年 12 月 4 日, 美国国家航空航天局发射 "火星探路者" 号, 1997 年 7 月 4 日, 它携带的着陆器以及 "旅居者" 号火星车在火星上成功着陆, 最后一次向地面传送信号是在 1997 年 9 月. 为了探测火星稀薄大气, 此次飞行进行了火星稀薄大气的气动系数测量实验. 飞船进入火星大气层的高度为 3522km, 飞船相对速度 7.5km/s. 美国国家航空航天局兰勒研究中心的 Moss, Wilmoth, Price(1997), Moss, Blanchard, Wilmoth, Braun(1998) 发布研究报告, 给出火星稀薄大气气动系数测量结果, 并利用直接模拟蒙特卡罗方法, 计算火星稀薄大气的气动系数.

直接模拟蒙特卡罗方法的计算机程序使用两个编码: DSMC-G2 和 DSMC-DAC, 前者是 Bird(1992, 1994) 的轴对称二维编码, 后者是 LeBeau(1998) 的三维编码. 参考温度为 3000K, 分子弹性碰撞模型使用变径硬球模型. 分子碰撞考虑了由内能产生的非弹性碰撞, 非弹性碰撞使用 Larsen-Borgnakke 内能连续分布模型. 化学反应考虑 8 种分子组分: O_2, N_2, O, N, NO, C, CO, CO_2.

直接模拟蒙特卡罗方法计算火星稀薄气动系数, 在飞船飞行攻角: 0, 2, 5, 10, 15, 20, 25, 30 度下, 纽森数 Kn 为 0.027, 0.055, 0.109, 0.206, 0.404, 1.54, 5.03, 24.09,

100, 气动系数包括阻力系数 C_D、升力系数 C_L、轴向力系数 C_A、法向力系数 C_N、传热系数 C_H 和绕重心的俯仰矩系数 $C_{m,cg}$ 等. 阻力系数 C_D 的直接模拟蒙特卡罗方法模拟结果如图 11.5 所示. 阻力系数 C_D 的模拟和测量结果如图 11.6 所示. C_N/C_A 的模拟和测量结果如图 11.7 所示, 图中, 测量结果的虚线部分是大致走向结果, 原来这部分的测量结果为激烈波动曲线.

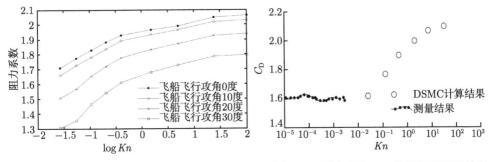

图 11.5　阻力系数 C_D 的模拟结果　　　图 11.6　阻力系数 C_D 的模拟和测量结果

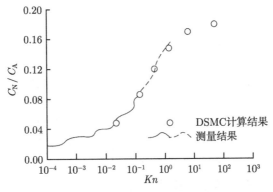

图 11.7　C_N/C_A 的模拟和测量结果

3. 导弹喷焰辐射流场模拟

建立战略弹道导弹发射早期预警系统和战略弹道导弹防御系统的天基预警跟踪监视系统, 有赖于导弹发射现象的理论研究和建模计算工作, 其中飞行导弹的喷焰辐射建模计算尤为重要. 导弹喷焰的流场数学模型主要计算压强、温度、密度和速度的时空分布, 导弹喷焰的红外波长从 0.7μm 到 25μm, 辐射数学模型主要计算辐射强度、光谱强度和辐射亮度的时空分布. 战略弹道导弹将飞越稀薄大气的滑流区域、过渡区域和自由分子流区域, 直接模拟蒙特卡罗方法用来计算过渡区域导弹喷焰流场和辐射.

Elgin(1986) 利用直接模拟蒙特卡罗方法, 计算过渡区域导弹喷焰流场和辐射.

为了使模拟分子数减少到可控制的数量, 人为地增大碰撞截面, 而分子数密度按同样比例减少. 在模拟化学反应时, 可以模拟正反应碰撞, 也可以模拟逆反应碰撞. 分子弹性碰撞模型使用变径硬球模型, 两个组分分子弹性碰撞截面为

$$\sigma_{ij} = A_{ij} E_{c}^{-\omega},$$

式中, A_{ij} 为常系数; E_c 为与相对速度平方成比例的碰撞能; ω 为黏性系数的温度指数. 分子碰撞考虑了由内能产生的非弹性碰撞. 非弹性碰撞是使用 Larsen-Borgnakke 内能连续分布模型, 为了运行内能与平动能交换模型, 假设一个固定值 ω. 在处理辐射时, 考虑辐射分子的对流运动, 辐射组分分子一旦处于受激状态, 不会立即辐射. 网格是三维轴对称网格结构, 第 i 个柱体半径为

$$r_i = r_{\max}[\exp(iB/N) - 1]/[\exp(B) - 1].$$

式中, N 为柱体数量; B 为网格应变参数.

11.4.3　微尺度低速流动领域应用

1. 微尺度低速流动领域应用概况

麦克斯韦和玻尔兹曼等人开始研究稀薄气体的流动特性, 当时, 研究范围限于气流速度很低的情况, 研究对象主要是真空技术中的孔流和管道流动. 人类对稀薄气体流动的研究是从 20 世纪初对微尺度的低速流动开始的, 20 世纪中叶主要集中在航天领域的大尺度高速流动研究, 20 世纪末微尺度的低速流动重新引起人们的兴趣, 时经百年, 研究动机已从基础性研究转变为应用性研究, 流动的复杂性和分析工具也发生根本性的变化. 过渡流区域组森数变化范围为 $0.1 \leqslant Kn \leqslant 10$, 分子自由程 L 在 10^{-7}m 量级, 微空间尺度 $X = L/Kn$, 因此其空间尺度为微米量级, 时间尺度为微秒量级. 微尺度低速流动系统包括真空等离子体材料加工、微电子蚀刻、微机电系统、化工和燃烧等在 21 世纪处于技术发展前沿的领域.

微机电系统的加工制造, 包括微槽道、微制动器、微泵浦、微涡轮、微喷管、微阀门、微马达和微燃料电池等. 这些系统是复杂系统, 兼备运动、探测和控制的功能. 在进入实际的工程问题分析之前, 可将流体机械内部复杂的通道简化, 选择微流体控制常见的微渠道为研究的机构, 用直接模拟蒙特卡罗方法模拟微尺度系统稀薄气体的流动特性, 包括流场速度和热场温度的分布特性, 分析氮气、氩气和氦气流经微渠道, 内部流场与热场的变化. 对系统内部建立分析与预测的能力, 借此了解微尺度下的气体流动和行为, 以作为微机电系统设计的理论依据.

大多微机电系统的气体流动是过渡流区域的流动, 微尺度低速流动的直接模拟蒙特卡罗方法是模拟微机电系统的气体流动. 微尺度低速流动模拟遇到最难克服的问题是模拟结果出现很大的统计散布, 误差很大. 要减小统计散布, 降低误差, 需要

增大模拟样本数. 背景噪声在 300K 温度下为 10^3m/s 量级, 而实验的有用信息为 0.2 m/s 量级, 要想从背景噪声分辨出有用信息, 直接模拟蒙特卡罗方法的样本数要求达到 10^8 个, 要进行一亿次模拟, 这样大的样本, 需要耗费大量的机时. 为了解决这个问题, Fan 和 Shen(2001) 提出信息保存方法, 沈青 (2003) 详细介绍信息保存方法的效果.

2. 两平板间剪切流动模拟

(1) Macrossan(2009) 给出一个两平板之间的剪切流动计算程序, 研究微尺度低速流动问题, 使用无量纲单位. 两平板间距离为 $H = 1$, 下平板静止, 上平板以速度 $V_w = 1.414$ 拉动, 温度为 T_w, 气体常数为 R, 使得 $RT_w = 1$. 使用变径硬球和变径软球模型, 气体的比热比为 5/3, 气体黏性系数的温度指数为 0.81. 网格数为 100, 每个网格的模拟分子数为 20, 模拟 10 万次. 得到一维剪切流动的模拟结果, 网格分布数据如图 11.8 所示, 其中 τ 为分子碰撞时间. 流场速度和热场温度的位置分布如图 11.9 所示.

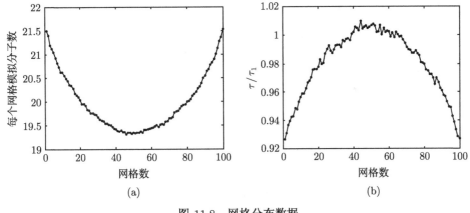

(a) (b)

图 11.8 网格分布数据

(2) 沈青 (2003) 给出一个微尺度低速一维剪切流动计算程序. 两平板之间的气体分子为氩气, 0.01 个大气压, 氩气初始最可几速度为 337m/s. 每个网格的模拟分子数 30 个. 一般网格数为 50, 信息保存方法的网格数为 300. 模拟 10 万次, 得到分子计数的空间网格分布和气体流场的空间网格分布, 包括法向速度、切向速度、三方向温度和介质温度的空间网格分布, 计算程序有信息保存方法功能. 信息保存方法的流场速度和热场温度分布如图 11.10 所示.

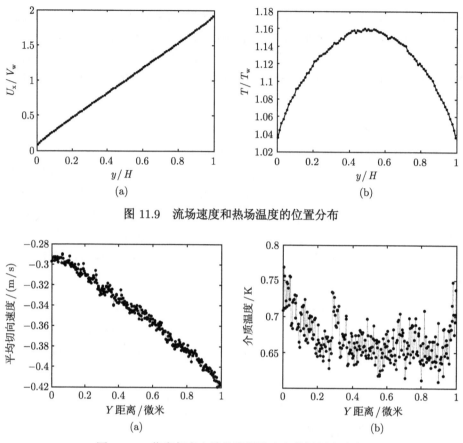

图 11.9 流场速度和热场温度的位置分布

图 11.10 信息保存方法的流场速度和热场温度分布

参 考 文 献

姜恺, 黄良大. 2005. 直接模拟蒙特卡罗方法的并行化. 高性能计算发展与应用, 第 2 期.

康崇禄. 1980. 解非线性输运问题的蒙特卡罗方法. 第一届全国蒙特卡罗方法学术交流会论文集.

沈青. 2003. 稀薄气体动力学. 北京: 国防工业出版社.

王娴等. 2003. 直接模拟蒙特卡罗方法的并行方案设计. 西安交通大学学报, 37(1): 105-107.

Baker L L, Hadjiconstantinor N G. 2008. Variance-reduced Monte Carlo solution of Boltzmann equation for low speed gas flows: A discontinuous Galerkin formulation. Int. J. Numer. Meth. Fluids, 58: 381-402.

Bergemann F, Boyd I D. 1995. New-discrete vibrational energy model for the direct simulation Monte Carlo method. Prograss in Aero and Astronautics, 158: 174.

Bird G A. 1970. Direct simulation of the Boltzmann equation. Phys. Fluids, 13: 2676.

Bird G A. 1976. Molecular Gas Dynamics. New York: Oxford Press.

Bird G A. 1979. Simulation of multi-dimensional and chemically reacting flows// Campargue R, ed. Rarefied Gas Dynamics, 1: 365.

Bird G A. 1981. Monte Carlo Simulation in an engineering context. Progr. Astro. Aero., 74, Proceedings of International Symposium on Rarefied Gas Dynamics, 239-255.

Bird G A. 1987. Direct simulation of high-vorticity gas flows. Physics of Fluids, 30(2): 346-366.

Bird G A. 1989. Perception of numerical methods in rarefied gas dynamics. Progr. Astro & Aero., 118: 211.

Bird G A. 1990. Application of the DSMC method to the full shuttle geometry. AIIA, 90: 1692.

Bird G A. 1992. The G2/A3 program uers manual. G. A. B. Consulting Pty Ltd, Killara, N. S. W., Australia.

Bird G A. 1994. Molecular Gas Dynamics and the Direct Simulation of Gas Flow. New York: Oxford University Press.

Bird G A. 1998. Recent advance and current challenges for DSMC. Computers Math. Applic., 35(1/2): 1-14.

Bird G A. 2006. Sophistcated Versus Simple DSMC. 25th International on Rarefied Gas Dynamics, Saint-Petersburg, Russia, July, 21-28, 2006.

Bird G A. 2007. Sophisticated DSMC.

Bird G A. 2010. Chemical reactions in DSMC 27th International Symposium on Rarefied Gas Dynamics, AIP Conference Proceedings, Vol. 1333, 1195-1202. http://link.aip.org/link/? APCPCS/1333/1195/1.

Borgnakke C, Larsen P S. 1975. Statistical collision model for Monte Carlo simulation of polyatomic gas mixture. J. Comput. Phys., 18: 405.

Cercignani C, Lampis M. 1971. Kinetic models for gas-suface interactions. Transport Theory and Statistical Physics, 1(2): 101-114.

Elgin J B. 1986. The CHARM Monte Carlo transition flow modules. Spectral Sciences Inc., SSI-TR -103.

Fan J, Shen C. 2001. Statistical simulation of low spead rarefied gas flows. J. of Computational Physics, 167: 393.

Haas B L, McDonald J D, Dagum L. 1993. Models of thermal relaxation mechanics for particle simulation methods. J. Comput Phys., 107: 348.

Ivanov M S, Rogazinskii S V. 1988. Comparative analysis of algorithms of DSMC in rarefied gas dynamics. Comput Math. and Math. Phys., 23(7): 1058.

Koura K, Matsumoto H. 1991. Variable soft sphere model for inverse power law or Lennard-Jones potential. Phys. Fluids A3: 2459-2465.

Koura K, Matsumoto H. 1992. Variable soft sphere model for air species. Phys. Fluids A4: 1083-1085.

Koura K. 1986. Null-collision technique in the DSMC method. Phys. Fluids, 29: 3529.

Larsen P S, Borgnakke C. 1974. Statistical collision model for simulating polyatomic gas with resricted energy exchange// Becker M, Fiebig, ed. Rarefied Gas Dynamics, A.7-1, DFVLR-Press.

LeBeau G J, Wilmoth R G. 1998. Application of the DAC DSMC code to a variety of three dimensional rarefied gas dynamics problems. Abstract submitted to the 21st International Symposium on Rarefied Gas Dynamics, Marseille, France, July, 26-31.

Lord R G. 1991. Application of the C-L scattering kernel to DSMC calculation//Beylich A E, ed. Rarefied Gas Dynamics, VCH, 1427-1344.

Lord R G. 1991. Some extensions to the C-L gas-surface scattering kernel. Phys. Fluids, A3: 706-710.

Macrossan M N. 2009. Matlab codes for the DSMC calculation of couet flow, using the variable hard Sphere(VHS) collision model. University of Queensland, Depart. Mech. Engin. Report No.2009/02.

Moss J N, Blanchard R C, Wilmoth R G, Braun R D. 1998. Mars Pathfinder rarefied aerodynamics: Computation and measuremenrs. AIAA: 98-0298.

Moss J N, Wilmoth R G, Price J M. 1997. DSMC Simulations of blunt body flows for Mars entries: Mars microprobe capsules. AIAA: 97-2508.

Pham-Van-Diep G, Erwin D, Muntz E P. 1989. Nonequilibrium molecular motion in a hypersonic shock wave. Science, 245: 624.

第 12 章　自然科学基础模拟

12.1　基本方程蒙特卡罗方法

12.1.1　自然科学基础模拟概述

物理学、化学和生物学是自然科学的基础学科, 它们之间形成一些交叉学科. 按照普里高津的耗散结构理论, 这些学科可概括为耗散系统, 包括经典耗散系统和量子耗散系统, 可用宏观经典系统和微观量子系统来描述. 这些学科之间有区别, 也有相通之处. 因此, 物理学、化学和生物学及其交叉学科的蒙特卡罗模拟, 在方法学上有共同点. 例如, 经典系统的蒙特卡罗方法, 适用于统计力学、统计物理学、化学和生物学; 量子系统蒙特卡罗方法适用于量子物理学和量子化学, 其反演用于地球科学, 关于蒙特卡罗反演可参考姚姚 (1997). 朗之万方程和主方程是自然科学的基本方程, 基本方程的蒙特卡罗方法应用于很广的领域. 这些共同方法构成自然科学蒙特卡罗模拟的基础. 物理学、化学和生物学及其交叉学科的蒙特卡罗模拟都是建立在这个基础之上. 自然科学是一个大系统, 学科众多, 实际系统和实际物体又很复杂, 本章的内容只是涉及物理学、化学和生物学, 而且只是蒙特卡罗模拟的基础, 因此称为自然科学基础模拟.

12.1.2　朗之万方程模拟

1. 朗之万方程描述

粒子随机运动规律用随机微分方程描述, 粒子随机微分方程称为朗之万方程. 朗之万方程是数学、物理和化学等领域常用的随机微分方程, 被广泛地用来研究宏观系统的涨落效应, 它在物理学、化学动力学、生物群体遗传学、通信、机械工程和金融经济等领域有广泛应用. 最简单的粒子随机微分方程为

$$\mathrm{d}v/\mathrm{d}t = -\alpha v/m + F(t)/m = -av + \varGamma(t),$$

式中, 方程右边第一项为摩擦力项, 避免粒子过热; 第二项为随机涨落力项, 对粒子起加热作用; v 为粒子速度, 是随机变量; m 为粒子质量; α 为常数; $\varGamma(t)$ 为单位质量的随机力.

实际粒子随机运动是随机过程, 随机微分方程要复杂得多, 随机微分方程是非线性随机微分方程. 在一般情况下, 用随机过程 $x(t)$ 代替最简单的随机微分方程中

的 v, 得到非线性朗之万方程为

$$\mathrm{d}x(t)/\mathrm{d}t = a(x(t), t)\mathrm{d}t + b(x(t), t)\Gamma(t)\mathrm{d}t.$$

式中, $a(x(t), t)$ 是漂移系数; $b(x(t), t)$ 是扩散系数.

2. 朗之万方程模拟描述

如果朗之万方程是非线性随机微分方程, 由于各种形式随机力的出现, 加之非线性, 朗万方程的解已经没有解析形式. 求解常微分方程已经有成熟的数值方法, 如欧拉算法和龙格–库塔算法. 求解随机微分方程的蒙特卡罗方法可以在常微分方程数值算法的基础上, 考虑随机因素和非线性, 建立蒙特卡罗模拟算法.

张孝泽 (1990) 和包景东 (2009) 给出朗之万方程蒙特卡罗模拟方法. 模拟方法有直接欧拉算法、隐式欧拉算法、随机龙格–库塔算法和米尔斯坦算法, 这些都是近似算法, 2005 年 Beskos 和 Roberts 提出一个精确算法.

1) 直接欧拉算法和隐式欧拉算法. 令 $k = 0, 1, 2, \cdots, n$, 步长为 h, 根据欧拉算法有

$$\boldsymbol{Y}_{k+1} = \boldsymbol{Y}_k + a(\boldsymbol{Y}_k, kh)h + b(\boldsymbol{Y}_k, kh)\sqrt{h}\boldsymbol{Z}_k.$$

$\boldsymbol{Z}_k$ 从标准正态分布 $N(\boldsymbol{0}, \boldsymbol{I})$ 抽样. 直接欧拉算法如下:

① 从 $\boldsymbol{X}(0)$ 的概率分布抽样产生 $\boldsymbol{Y}_0$, $k=0$.

② 从标准正态分布 $N(\boldsymbol{0}, \boldsymbol{I})$ 抽样产生 $\boldsymbol{Z}_k$.

③ 计算 $\boldsymbol{Y}_{k+1}$, 样本近似值 $\boldsymbol{X}_{kh}=\boldsymbol{Y}_{k+1}$.

④ $k = k+1$, 返回②.

隐式欧拉算法与直接欧拉算法不同之处是把 $\boldsymbol{Y}_{k+1}$ 隐藏在漂移系数 a 中, 结果有

$$\boldsymbol{Y}_{k+1} = \boldsymbol{Y}_k + a(\boldsymbol{Y}_{k+1}, kh)h + b(\boldsymbol{Y}_k, kh)\sqrt{h}\boldsymbol{Z}_k.$$

2) 随机龙格–库塔算法. Honeycutt(1992) 将龙格–库塔算法扩展到随机微分方程, 提出二阶随机龙格–库塔算法. 对白噪声, 随机微分方程为

$$\mathrm{d}x(t)/\mathrm{d}t = f(t) + \xi(t).$$

标准正态分布的随机变量为 ψ, 随机龙格–库塔算法为

$$x(\Delta t) = x_0 + (1/2)\Delta t(F_1 + F_2) + \sqrt{2D\Delta t}\psi,$$

式中, 扩散系数 $D = \gamma kT$; $F_1 = f(x_0)$; $F_2 = f(x_0 + \Delta tF_1 + \sqrt{2D\Delta t}\psi)$.

对色噪声, 随机微分方程为

$$\mathrm{d}x(t)/\mathrm{d}t = f(x) + \varepsilon(t), \quad \mathrm{d}\varepsilon(t)/\mathrm{d}t = -\lambda\varepsilon + \lambda g_\omega(t).$$

随机龙格–库塔算法为

$$x(t + \Delta t) = x(t) + (1/2)\Delta t(F_1 + F_2),$$
$$\varepsilon(t + \Delta t) = \varepsilon(t) + (1/2)\Delta t(H_1 + H_2) + \sqrt{2D\lambda^2\Delta t}\psi,$$

式中, $H_1 = h(\varepsilon(t))$; $H_2 = \varepsilon(t) + \Delta tH_1 + \sqrt{2D\lambda^2\Delta t}\psi$; $F_1 = f(x(t), \varepsilon(t))$; $F_2 = f(x(t) + \Delta tF_1, \varepsilon(t) + \Delta tH_1 + \sqrt{2D\lambda^2\Delta t}\psi)$.

3) 米尔斯坦算法. 根据随机过程的伊藤定理有

$$\begin{aligned}
\mathrm{d}b(X_s, s) &= b_x(X_s, s)\mathrm{d}X_s + b_s(X_s, s)\mathrm{d}s + (1/2)b_{xx}(X_s, s)\mathrm{d}[X_s, X_s] \\
&= b_x(X_s, s)\{a(X_s, s)\mathrm{d}s + b(X_s, s)\mathrm{d}W_s\} + b_s(X_s, s)\mathrm{d}s \\
&\quad + (1/2)b_{xx}(X_s, s)b(X_s, s)^2\mathrm{d}s,
\end{aligned}$$

式中, b_x, b_s, b_{xx} 是 $b(x, t)$ 相应的偏导数. 有如下结果:

$$\begin{aligned}
X_{t+h} &= X_t + \int_t^{t+h} a(X_u, u)\mathrm{d}u + \int_t^{t+h} b(X_u, u)\mathrm{d}W_u \\
&= X_tha(X_t, t) + b(X_t, t)(W_{t+h} - W_t) + O(h\sqrt{h}) \\
&\quad + \int_t^{t+h}\int_t^u b_x(X_s, s)b(X_s, s)\mathrm{d}W_s\mathrm{d}W_u,
\end{aligned}$$

其中最后一项可写为

$$b_x(X_t, t)b(X_t, t)(1/2)((W_{t+h} - W_t)^2 - h) + O(h^2).$$

因此有

$$Y_{k+1} = Y_k + a(Y_k, kh)h + b(Y_k, kh)\sqrt{h}Z_k + b_x(Y_k, kh)b(Y_k, kh)(Z_k^2 - 1)h/2.$$

一维米尔斯坦算法如下:

① 从 $X(0)$ 分布抽样产生 $Y(0)$, $k=0$.

② 从标准正态分布 $N(0, 1)$ 抽样产生 Z_k.

③ 计算 Y_{k+1}, 样本近似值 $X_{kh} = Y_{k+1}$.

④ $k = k+1$, 返回②.

4) 精确算法. 粒子随机运动是布朗桥运动, 其一维自治随机微分方程为

$$\mathrm{d}Y_t = a(Y_t)\mathrm{d}t + b(Y_t)\mathrm{d}W_t, \quad 0 \leqslant t \leqslant T, \quad Y_0 = y_0.$$

可以利用 Lamperti 变换把自治随机微分方程变换为具有单位扩散系数的形式:

$$X_t = F(Y_t) - F(y_0),$$

其中, $F(y) = \int_z^y (1/b(u))\mathrm{d}u$, z 是状态空间 $\{Y_t\}$ 的任意点. 变换过程 $\{X_t\}$ 满足的单位方差自治随机微分方程为

$$\mathrm{d}X_t = \alpha(X_t)\mathrm{d}t + \mathrm{d}W_t, \quad 0 \leqslant t \leqslant T, \quad X_0 = 0,$$

式中, 漂移系数 $\alpha(x) = a(F^{-1}(x + F[y_0]))/b(F^{-1}(x + F[y_0])) - (1/2)b'(F^{-1}(x + F[y_0]))$.

精确算法做如下假定:

(1) 单位方差自治随机微分方程存在唯一的弱解.

(2) 漂移系数 α 在每处是可微的, 其导数为 α'.

(3) 对于 $u, k_1, k_2 \in \mathbf{R}$, 存在常数 k_1, k_2, 满足 $k_1 \leqslant (1/2)(\alpha^2(u) + \alpha'(u)) \leqslant k_2$.

(4) 概率分布为

$$h(y) = \exp(A(y) - y^2/2T)/c,$$

式中, $c = \int_{-\infty}^{\infty} \exp(A(u) - u^2/2T)\mathrm{d}u < \infty$, 其中, $A(u) = \int_0^u \alpha(y)\mathrm{d}y$.

给定固定的终结时间 T, 满足 $0 < T < 1/(k_2 - k_1)$. 令 $\phi(u) = (1/2)(\alpha^2(u) + \alpha'(u)) - k_1$. 注意到④是取舍算法, 因此随机样本值是精确的. 精确算法如下:

① $Y_0 = 0$, $Y_T = Z$, Z 服从 $h(y)$, 固定布朗桥 $\{Y_t, 0 \leqslant t \leqslant T\}$ 的端点, $k = 0$.

② 从均匀分布 $U(0, T)$ 和 $U(0, 1/T)$ 抽样产生 V 和 W, $k = k + 1$.

③ 从布朗桥概率分布抽样产生样本值 Y_V, 给出当前的随机样本值.

④ 若 $\phi(Y_V) > W$ 或者随机数 $U < 1/k!$, 返回②; 否则, 若 k 是偶数, 舍弃随机样本值, 返回①, 若 k 是奇数, 取中随机样本值.

⑤ 输出当前的随机样本值作为单位方差自治随机微分方程的解.

12.1.3   主方程模拟

1. 主方程

主方程是描述输运现象的方程, 很多随时间发展变化的物理问题可以用主方程来描述. 主方程为

$$\partial f(\boldsymbol{x}, t)/\partial t = \int_{\Omega} w(\boldsymbol{x}' \to \boldsymbol{x}|t)f(\boldsymbol{x}', t)\mathrm{d}\boldsymbol{x}' - \int_{\Omega} w(\boldsymbol{x} \to \boldsymbol{x}'|t)f(\boldsymbol{x}, t)\mathrm{d}\boldsymbol{x}' + S(\boldsymbol{x})\delta(t),$$

式中, $f(\boldsymbol{x}, t)$ 为概率分布, 表示系统在 t 时刻状态 $\boldsymbol{x}$ 附近 $\mathrm{d}\boldsymbol{x}$ 内的概率; $w(\boldsymbol{x}' \to \boldsymbol{x}|t)$ 为跃迁函数, 表示系统 t 时刻单位时间内由状态 $\boldsymbol{x}'$ 跃迁到状态 $\boldsymbol{x}$ 附近 $\mathrm{d}\boldsymbol{x}$ 内的平均次数; $S(\boldsymbol{x})$ 为系统的初始分布, 系统的初始分布满足:

$$f(\boldsymbol{x}, t)|_{t=0} = S(\boldsymbol{x}), \quad S(\boldsymbol{x}) \geqslant 0, \quad \int_{\Omega} S(\boldsymbol{x})\mathrm{d}\boldsymbol{x} = 1.$$

$w_{\mathrm{T}}(\boldsymbol{x}, t) = \int_{\Omega} w(\boldsymbol{x} \to \boldsymbol{x}'|t)\mathrm{d}\boldsymbol{x}'$, 称为跃迁率, 表示系统 t 时刻状态 $\boldsymbol{x}$ 单位时间内发生跃迁的总次数. 主方程可写成为

$$\partial f(\boldsymbol{x}, t)/\partial t + w_{\mathrm{T}}(\boldsymbol{x}, t)f(\boldsymbol{x}, t) = \int_{\Omega} w(\boldsymbol{x}' \to \boldsymbol{x}|t)f(\boldsymbol{x}', t)\mathrm{d}\boldsymbol{x}' + S(\boldsymbol{x})\delta(t).$$

主方程是非定常微分积分方程, 当跃迁函数与时空有关时, 主方程无解析解, 普通数值方法比较困难, 可用蒙特卡罗方法求出数值近似解. 裴鹿成等 (1989), 张孝泽 (1990), 包景东 (2009) 给出主方程蒙特卡罗模拟有直接模拟方法和差分形式解模拟方法.

2. 直接模拟方法

把主方程的微分积分方程转化为积分方程, 积分方程为

$$f(\boldsymbol{x}, t) = \int_{\Omega} \int_{0}^{\infty} k(\boldsymbol{x}' \to \boldsymbol{x}, t' \to t)f(\boldsymbol{x}', t')\mathrm{d}\boldsymbol{x}'\mathrm{d}t' + S(\boldsymbol{x})f(0 \to t|\boldsymbol{x})/w_{\mathrm{T}}(\boldsymbol{x}, t),$$

式中, $k(\boldsymbol{x}' \to \boldsymbol{x}, t' \to t) = (w_{\mathrm{T}}(\boldsymbol{x}', t')/w_{\mathrm{T}}(\boldsymbol{x}, t))f_x(\boldsymbol{x}' \to \boldsymbol{x}|t')f_t(t' \to t|\boldsymbol{x})$, 其中,

$$f_x(\boldsymbol{x}' \to \boldsymbol{x}|t') = w(\boldsymbol{x}' \to \boldsymbol{x}|t')/w_{\mathrm{T}}(\boldsymbol{x}', t'),$$
$$f_t(t' \to t|\boldsymbol{x}) = w_{\mathrm{T}}(\boldsymbol{x}, t)\exp\left(-\int_{t'}^{t} w_{\mathrm{T}}(\boldsymbol{x}, t'')\mathrm{d}t''\right)\eta \ (0 \leqslant t' \leqslant t).$$

积分方程改写为

$$\begin{aligned} w_{\mathrm{T}}(\boldsymbol{x}, t)f(\boldsymbol{x}, t) = &\int_{\Omega} \int_{0}^{\infty} w_{\mathrm{T}}(\boldsymbol{x}', t')f(\boldsymbol{x}', t')f_x(\boldsymbol{x}' \to \boldsymbol{x}|t')f_t(t' \to t|\boldsymbol{x})\mathrm{d}\boldsymbol{x}'\mathrm{d}t' \\ &+ S(\boldsymbol{x})f(0 \to t, \boldsymbol{x}). \end{aligned}$$

把 $w_{\mathrm{T}}(\boldsymbol{x}, t)f(\boldsymbol{x}, t)$ 看作是方程待求的解, 根据积分方程的蒙特卡罗模拟方法, 直接模拟方法如下: 从概率分布 $S(\boldsymbol{x}_0)$ 抽样确定 $\boldsymbol{x}_0$, 从概率分布 $f(0 \to t_1, \boldsymbol{x}_0)$ 抽样确定 t_1, 从条件概率分布 $f_x(\boldsymbol{x}_m \to \boldsymbol{x}_{m+1}|t_{m+1})$ 抽样确定 $\boldsymbol{x}_{m+1}$, 从条件概率分布 $f_t(t_{m+1} \to t_{m+2}|\boldsymbol{x}_{m+1})$ 抽样确定 t_{m+2}. 物理量 A 为

$$A = \int_{\Omega} \int_{0}^{\infty} D(\boldsymbol{x}, t)f(\boldsymbol{x}, t)\mathrm{d}\boldsymbol{x}\mathrm{d}t,$$

式中, $D(\boldsymbol{x}, t)$ 为系统状态 $\boldsymbol{x}$ 和时间 t 的任意响应函数. 物理量 A 的无偏统计量为

$$\hat{A} = \sum_{m=0}^{\infty} D(\boldsymbol{x}_m, t_{m+1})/w_{\mathrm{T}}(\boldsymbol{x}_m, t_{m+1}).$$

3. 差分形式解模拟方法

从主方程的差分形式解出发进行蒙特卡罗模拟. 将主方程中的时间微分写成差商的形式, 移项后得到主方程的差分形式解为

$$f(\boldsymbol{x}, t + \Delta t) = (1 - w_{\mathrm{T}}(\boldsymbol{x}, t)\Delta t)f(\boldsymbol{x}, t) + \Delta t \int_{\Omega} w(\boldsymbol{x}' \to \boldsymbol{x}|t)f(\boldsymbol{x}', t)\mathrm{d}\boldsymbol{x}' + S(\boldsymbol{x})\delta(t)\Delta t.$$

将上式的 t 用 t' 替代, 并用 Δt 除其两边, 利用 δ 函数的性质, 令 $t = t' + \Delta t$, 再利用 δ 函数的性质, 得到一般形式的积分方程为

$$f(\boldsymbol{x}, t)/\Delta t = \int_{\Omega} \int_0^{\infty} (f(\boldsymbol{x}', t')/\Delta t)f^*(\boldsymbol{x}' \to \boldsymbol{x}, t' \to t)\mathrm{d}\boldsymbol{x}'\mathrm{d}t' + S^*(\boldsymbol{x}, t),$$

式中, $f^*(\boldsymbol{x}' \to \boldsymbol{x}, t' \to t) = f_x^*(\boldsymbol{x}' \to \boldsymbol{x}|t')\delta(t - t' - \Delta t)$; $S^*(\boldsymbol{x}, t) = S(\boldsymbol{x})\delta(t - \Delta t)$; 其中,

$$f_x^*(\boldsymbol{x}' \to \boldsymbol{x}|t') = (1 - w_{\mathrm{T}}(\boldsymbol{x}', t')\Delta t)\delta(\boldsymbol{x} - \boldsymbol{x}') + w(\boldsymbol{x}' \to \boldsymbol{x}|t')\Delta t.$$

把 $f(\boldsymbol{x}, t)/\Delta t$ 看作是方程待求的解, 差分形式解模拟方法如下: 从概率分布 $S(\boldsymbol{x}_0)$ 抽样确定 $\boldsymbol{x}_0$, $t_1 = \Delta t$. 状态 $\boldsymbol{x}_m$, t_{m+1} 已知后, 从概率分布 $f^*(\boldsymbol{x}_m \to \boldsymbol{x}_{m+1}, t_{m+1} \to t_{m+2})$ 抽样确定 $\boldsymbol{x}_{m+1}$ 和 t_{m+2}, 即以概率 $1 - w_{\mathrm{T}}(\boldsymbol{x}_m, t_{m+1})\Delta t$ 取值 $\boldsymbol{x}_{m+1} = \boldsymbol{x}_m$; 以概率 $w_{\mathrm{T}}(\boldsymbol{x}_m, t_{m+1})\Delta t$, 从概率分布 $w(\boldsymbol{x}_m \to \boldsymbol{x}_{m+1}|t_{m+1})$ 抽样确定 $\boldsymbol{x}_{m+1}$, $t_{m+2} = t_{m+1} + \Delta t$. 在忽略差分近似所引起的误差情况下, 物理量 A 的无偏统计量为

$$\hat{A} = \sum_{m=0}^{\infty} D(\boldsymbol{x}_m, t_{m+1})\Delta t.$$

12.2　经典系统蒙特卡罗方法

12.2.1　系综蒙特卡罗模拟

系综是统计意义上的系统, 并不是实际物体. 统计物理学研究的经典系统称为热力学系综, 用微观方法处理宏观现象, 是热力学系综的特征, 使用蒙特卡罗方法处理热力学系综, 正是利用热力学系综这个特征. 热力学系综的内能、比热、自由能和熵是重要的物理量, 热力学系综的物理量统一用 $A(\boldsymbol{x})$ 表示. 系综哈密顿量为 $H(\boldsymbol{x})$, 系综的状态用概率分布描述, 系统处在 $\boldsymbol{x}$ 状态的概率分布为

$$f(\boldsymbol{x}) = (1/Z)f^*(H(\boldsymbol{x})),$$

式中, Z 为配分函数, $Z = \int_{\Omega} f^*(H(\boldsymbol{x}))\mathrm{d}\boldsymbol{x}$. 系综平均是指物理量 A 的平均值, 系综平均为

$$\bar{A} = \int_{\Omega} A(\boldsymbol{x})f(\boldsymbol{x})\mathrm{d}\boldsymbol{x}.$$

系综蒙特卡罗模拟主要是解决随机抽样问题, 由于配分函数的积分是高维积分, 给不出来, 概率分布 $f(\boldsymbol{x})$ 是不完全已知概率分布, 需要用马尔可夫链蒙特卡罗方法抽样, 得到样本值 $\boldsymbol{X}$, 物理量 $A(\boldsymbol{x})$ 取为统计量, 物理量 A 的估计值为

$$\hat{A} = (1/n) \sum_{i=1}^{n} A(\boldsymbol{X}_i).$$

Heerman(1986), Binder 和 Heerman (1987, 1997, 2002, 2010), Frenkel 和 Smit (1996) 讨论系综抽样问题, 有微正则系综、正则系综、等温等压系综、等张力等温系综、巨正则系综和吉布斯系综. 此外还有半巨正则系综和等压等焓系综. 本书作者从马尔可夫链蒙特卡罗方法抽样角度给以统一处理. 建议转移函数 $q(\boldsymbol{x}'|\boldsymbol{x})$ 并没有给出具体形式, 在某些情况下, 系统在相空间运动变得非常缓慢, 难以收敛到平稳态, 算法收敛速度很慢. 关于建议转移函数和提高收敛速度的方法在马尔可夫链蒙特卡罗方法一章中有很多讨论.

12.2.2 微正则系综模拟

1. 微正则系综

令粒子数为 N, 体积为 V, 温度为 T, 压强为 P, 能量为 E, 化学势为 μ. 微正则系综在稠密液体和固体几乎是不可能的, 微正则系综实验上是很少见的, 但是也有出现的可能, Creutz(1983) 提出微正则系综蒙特卡罗方法. 微正则系综是系统的粒子数守恒、体积守恒和能量守恒, 称为 NVE 系综, 是孤立保守的统计系综. 由于哈密顿函数 $H(\boldsymbol{x})$ 不含动能项, 因此动能部分不起作用. 在体积 V 内有 N 个粒子的守恒系统的固定能量为 E, 状态的概率分布用一个 δ 函数表示, 单粒子系统处在 $\boldsymbol{x}$ 状态的概率分布为

$$f(\boldsymbol{x}) = (1/Z)\delta\left(H(\boldsymbol{x}) - E\right).$$

配分函数为 $Z = \int_{\Omega} \delta\left(H(\boldsymbol{x}) - E\right)\mathrm{d}\boldsymbol{x}$. 由于能量守恒, 没有能量交换, 哈密顿量与能量之差逐渐趋于零, $H(\boldsymbol{x}) - E \to 0$. 为了具体实现抽样, 可设一微小能量 $E_{\mathrm{D}} > 0$, $H(\boldsymbol{x})$ 的变化范围为 $(E - E_{\mathrm{D}}) < H(\boldsymbol{x}) < (E + E_{\mathrm{D}})$.

2. 微正则系综抽样算法

状态转移不使用随机判断, 但是可仿效马尔可夫链蒙特卡罗方法进行抽样, 接受概率为

$$\alpha(\boldsymbol{x}, \boldsymbol{x}') = \min(1, f(\boldsymbol{x}')/f(\boldsymbol{x})) = \min(1, \delta(H(\boldsymbol{x}') - E)/\delta(H(\boldsymbol{x}) - E)),$$

微正则系综的马尔可夫链蒙特卡罗方法的抽样算法如下:

① 给定初始状态 $\boldsymbol{x}_0$, 初始 E_{D0}, $\boldsymbol{x} \leftarrow \boldsymbol{x}_0$, $E_{\mathrm{D}} \leftarrow E_{\mathrm{D0}}$.

② 从建议转移函数 $q(\boldsymbol{x}' \,|\boldsymbol{x})$ 抽样产生新的位形 $\boldsymbol{x}'$.

③ 计算 $\Delta H = H(\boldsymbol{x}') - H(\boldsymbol{x})$.

④ 若 $\Delta H \leqslant 0$, $\boldsymbol{x} \leftarrow \boldsymbol{x}'$, $E_{\mathrm{D}} \leftarrow E_{\mathrm{D}} - \Delta H > 0$, 返回②.

⑤ 若 $\Delta H > 0$, 当 $\Delta H \leqslant E_{\mathrm{D}}$ 时, $\boldsymbol{x} \leftarrow \boldsymbol{x}'$, $E_{\mathrm{D}} \leftarrow E_{\mathrm{D}} - \Delta H$, 返回②;

当 $\Delta H > E_{\mathrm{D}}$ 时, $\boldsymbol{x} \leftarrow \boldsymbol{x}$, 返回②.

12.2.3　正则系综模拟

1. 正则系综

有很少数实验是属于正则系综, Wood(1968) 建立正则系综蒙特卡罗方法. 正则系综是系统的粒子数守恒、体积守恒、温度守恒, 称为 NVT 系综. 因为能量不再守恒, 总能量有一个涨落, 所以正则系综是一个浸泡在热浴中的系综. 玻尔兹曼常数为 k, 平衡时的温度为 T, 单粒子系统处在 $\boldsymbol{x}$ 状态的概率分布为

$$f(\boldsymbol{x}) = (1/Z) \exp(-H(\boldsymbol{x})/kT).$$

配分函数为 $Z = \displaystyle\int_{\varOmega} \exp(-H(\boldsymbol{x})/kT)\mathrm{d}\boldsymbol{x}$.

2. 正则系综抽样算法

马尔可夫链蒙特卡罗方法抽样的接受概率为

$$\alpha(\boldsymbol{x}, \boldsymbol{x}') = \min(1, f(\boldsymbol{x}') \,/\, f(\boldsymbol{x})) = \min(1, \exp(-\Delta H/kT)),$$

式中, 能量变化 $\Delta H = H(\boldsymbol{x}') - H(\boldsymbol{x})$, 正则系综的马尔可夫链蒙特卡罗方法的抽样算法如下:

① 给定初始状态 $\boldsymbol{x}_0$, $\boldsymbol{x} \leftarrow \boldsymbol{x}_0$.

② 从建议转移函数 $q(\boldsymbol{x}'|\boldsymbol{x})$ 抽样产生新的状态 $\boldsymbol{x}'$.

③ 计算能量变化 $\Delta H = H(\boldsymbol{x}') - H(\boldsymbol{x})$.

④ 若 $\Delta H \leqslant 0$, $\boldsymbol{x} \leftarrow \boldsymbol{x}'$, 返回②.

⑤ 若 $\Delta H > 0$, 当 $U \leqslant \exp(-\Delta H/kT)$ 时, $\boldsymbol{x} \leftarrow \boldsymbol{x}'$, 返回②;

当 $U > \exp(-\Delta H/kT)$ 时, $\boldsymbol{x} \leftarrow \boldsymbol{x}$, 返回②.

3. 多粒子系统

多粒子系统处在 $\boldsymbol{x}^N$ 状态的概率分布为

$$f(\boldsymbol{x}^N) = (1/Z) \exp(-U(\boldsymbol{x}^N)/kT).$$

配分函数为 $Z = (a^N/N!) \displaystyle\int_{\varOmega} \exp(-U(\boldsymbol{x}^N)/kT)\mathrm{d}\boldsymbol{x}^N$, 其中 $a = (2\pi mkT/h^2)^{3/2}$.

马尔可夫链蒙特卡罗方法抽样的接受概率为

$$\alpha(\boldsymbol{x}^N, \boldsymbol{x}'^N) = \min(1, f(\boldsymbol{x}'^N)/f(\boldsymbol{x}^N)) = \min(1, \exp(-\Delta U/kT)),$$

式中, 能量变化 $\Delta U = U(\boldsymbol{x}'N) - U(\boldsymbol{x}^N)$. 多粒子系统正则系综的马尔可夫链蒙特卡罗方法抽样算法与单粒子系统类似.

12.2.4 等温等压系综模拟

1. 等温等压系综

大多数实验是属于等温等压系综, Wood(1968) 建立的等温等压系综蒙特卡罗方法不容易应用到任意连续势体系, McDonald(1972) 建立的等温等压系综蒙特卡罗方法, 可应用到任意有连续分子作用力的体系, 应用广泛. 等温等压系综是粒子数守恒、压强守恒、温度守恒, 称为 NPT 系综. 体积不再是守恒量, 在等温等压下, 体积可能发生变化, 多粒子系统处在 $\boldsymbol{x}^N$ 状态的概率分布为

$$f(\boldsymbol{x}^N) = (1/Z) \exp(-(H(\boldsymbol{x}^N) + PV)/kT).$$

配分函数为

$$Z = \int_\Omega \exp(-(H(\boldsymbol{x}^N) + PV)/kT)\mathrm{d}\boldsymbol{x}^N = \int_0^\infty Z_N(V, T) \exp(-PV/kT)\mathrm{d}V,$$

式中, $Z_N(V, T)$ 为多粒子系统正则系综的配分函数.

2. 等温等压系综抽样算法

设有一个含 N 个粒子的边长为 L 的立方体积为 V 的系统, 引入标度坐标 $\boldsymbol{\rho}$、约化体积 τ 和约化压强 ψ, 定义如下:

$$\boldsymbol{\rho}_i = \boldsymbol{x}_i/L, \quad \tau = V/V_r, \quad \psi = PV_r/NkT,$$

式中, V_r 为参考体积. 定义一个新的无量纲的哈密顿量:

$$H'(\boldsymbol{\rho}, \tau) = N\psi\tau - N\ln\tau + H(L\boldsymbol{\rho}, L)/kT.$$

从建议转移函数 $q(\tau', \boldsymbol{\rho}'|\tau, \boldsymbol{\rho})$ 抽样产生约化体积 τ' 和与其相容的 $\boldsymbol{\rho}'$, 因为位置不能与体积相矛盾, 无量纲的哈密顿量之差为

$$\Delta H' = H'(\boldsymbol{\rho}, \tau) - H'(\boldsymbol{\rho}', \tau').$$

马尔可夫链蒙特卡罗方法抽样的接受概率为

$$\alpha(\boldsymbol{x}, \boldsymbol{x}') = \min(1, f(\boldsymbol{x}')/f(\boldsymbol{x})) = \min(1, \exp(-\Delta H'/kT)).$$

等温等压系综的马尔可夫链特卡罗方法的抽样算法如下:

① 给定 V_r, 初始体积 V_0, 初始约化体积 τ_0, 初始标度坐标 ρ_0, $\tau \leftarrow \tau_0$, $\rho \leftarrow \rho_0$.

② 从建议转移函数 $q(\tau', \rho' \,|\tau, \rho)$ 抽样产生新约化体积 τ' 和新标度坐标 ρ'.

③ 计算无量纲的哈密顿量之差 $\Delta H' = H'(\rho', \tau') - H'(\rho, \tau)$.

④ 若 $\Delta H' \leqslant 0$, $\rho \leftarrow \rho'$, $\tau \leftarrow \tau'$, 返回②.

⑤ 若 $\Delta H' > 0$, 当 $U \leqslant \exp(-\Delta H'/kT)$ 时, $\rho \leftarrow \rho'$, $\tau \leftarrow \tau'$, 返回②;
当 $U > \exp(-\Delta H'/kT)$ 时, $\rho \leftarrow \rho$, $\tau \leftarrow \tau$, 返回②.

12.2.5　巨正则系综模拟

1. 巨正则系综

有一些实验是属于巨正则系综, Norman 和 Filinov(1969) 建立巨正则系综蒙特卡罗方法. 巨正则系综是化学势 μ 守恒、体积守恒、温度守恒, 称为 μVT 系综. 由于粒子数不再守恒, 允许系统粒子的浓度有涨落, 因此系统粒子数要发生变动, 所以分子动力学方法难以用于这种系综, 只能用蒙特卡罗方法. 多粒子系统处在 x^N 状态的概率分布为

$$f(\boldsymbol{x}^N) = (1/Z)(a^N/N!) \exp(-H(\boldsymbol{x}^N)/kT),$$

式中, 配分函数 $Z = \sum_N (a^N/N!) \int_\Omega \exp(-H(\boldsymbol{x}^N)/kT)\mathrm{d}\boldsymbol{x}^N$; $H(\boldsymbol{x}^N)$ 是系统的内能; $a = (2\pi mkT/h^2)^{3/2} \exp(\mu/kT)$, 其中, m 是质量, h 是普朗克常数.

由于系统粒子数要发生变动, 所以要考虑如何把一部分粒子移出和移入体积 V, 需要移走那些粒子, 又如何把移进来的粒子放到什么地方. 因此, 在体积内粒子的坐标要变化, 这就引起位形变化. 移进体积的粒子可以看成是粒子的产生, 移出体积的粒子可以看成是粒子的消失. 粒子位形变化、粒子产生和粒子消失的概率分布分别为

$$f(\boldsymbol{x}^N) = (1/Z)(a^N/N!) \exp(-H(\boldsymbol{x}^N)/kT),$$

$$f(\boldsymbol{x}^{N+1}) = (1/Z)(a^{N+1}/(N+1)!) \exp(-H(\boldsymbol{x}^{N+1})/kT),$$

$$f(\boldsymbol{x}^{N-1}) = (1/Z)(a^{N-1}/(N-1)!) \exp(-H(\boldsymbol{x}^{N-1})/kT).$$

粒子产生概率和粒子消失概率分别为

$$W_\mathrm{C}(\boldsymbol{x}^N, \boldsymbol{x}^{N+1}) = \min\{1, f(\boldsymbol{x}^{N+1})/f(\boldsymbol{x}^N)\},$$

$$W_\mathrm{D}(\boldsymbol{x}^N, \boldsymbol{x}^{N-1}) = \min\{1, f(\boldsymbol{x}^{N-1})/f(\boldsymbol{x}^N)\}.$$

2. 巨正则系综抽样算法

三个过程为粒子位形变化过程、粒子产生过程和粒子消失过程, 以等概率选择这三个过程. 粒子位形变化的接受概率为

$$\alpha(\boldsymbol{x}^N, \boldsymbol{x}'^N) = \min\{1, f(\boldsymbol{x}'^N)/f(\boldsymbol{x}^N)\} = \min\{1, \exp(-\Delta H/kT)\},$$

式中, $\Delta H = H(\boldsymbol{x}'^N) - H(\boldsymbol{x}^N)$. 粒子产生的接受概率为

$$\alpha(\boldsymbol{x}^N, \boldsymbol{x}^{N+1}) = \min\{1, f(\boldsymbol{x}^{N+1})/f(\boldsymbol{x}^N)\} = \min\{1, \exp(-\Delta H/kT)\},$$

式中, $\Delta H = H(\boldsymbol{x}^{N+1}) - H(\boldsymbol{x}^N)$. 粒子消失的接受概率为

$$\alpha(\boldsymbol{x}^N, \boldsymbol{x}^{N-1}) = \min\{1, f(\boldsymbol{x}^{N-1})/f(\boldsymbol{x}^N)\} = \min\{1, \exp(-\Delta H/kT)\},$$

式中, $\Delta H = H(\boldsymbol{x}^{N-1}) - H(\boldsymbol{x}^N)$. 巨正则系综的马尔可夫链特卡罗方法的抽样算法如下:

① 给定 V 内 N 个粒子的初始位形 $\boldsymbol{x}_0^N$, $\boldsymbol{x}^N \leftarrow \boldsymbol{x}_0^N$.

② 以等概率选择三个过程.

③ 粒子位形变化.

a. 从建议转移函数 $q(\boldsymbol{x}'^N|\boldsymbol{x}^N)$ 抽样产生新位形 $\boldsymbol{x}'^N$.

b. 计算 $\Delta H = H(\boldsymbol{x}'^N) - H(\boldsymbol{x}^N)$.

c. 若 $\Delta H \leqslant 0$, $\boldsymbol{x}^N \leftarrow \boldsymbol{x}'^N$, 返回②.

d. 若 $\Delta H > 0$, 当 $U \leqslant \exp(-\Delta H/kT)$ 时, $\boldsymbol{x}^N \leftarrow \boldsymbol{x}'^N$, 返回②;

当 $U > \exp(-\Delta H/kT)$ 时, $\boldsymbol{x}^N \leftarrow \boldsymbol{x}^N$, 返回②.

④ 粒子产生.

a. 从建议转移函数 $q(\boldsymbol{x}^{N+1}|\boldsymbol{x}^N)$ 抽样产生新位形 $\boldsymbol{x}^{N+1}$.

b. 计算 $\Delta H = H(\boldsymbol{x}^{N+1}) - H(\boldsymbol{x}^N)$, $W_{\mathrm{C}} = (a/(N+1))\exp(-\Delta H/kT)$.

c. 若 $W_{\mathrm{C}} > 1$, $\boldsymbol{x}^N \leftarrow \boldsymbol{x}^{N+1}$, 返回②.

d. 若 $W_{\mathrm{C}} \leqslant 1$, 当 $U \leqslant W_{\mathrm{C}}$ 时, $\boldsymbol{x}^N \leftarrow \boldsymbol{x}^{N+1}$, 返回②;

当 $U > W_{\mathrm{C}}$ 时, $\boldsymbol{x}^N \leftarrow \boldsymbol{x}^N$, 返回②.

⑤ 粒子消失.

a. 从建议转移函数 $q(\boldsymbol{x}^{N-1}|\boldsymbol{x}^N)$ 抽样产生新位形 $\boldsymbol{x}^{N-1}$.

b. 计算 $\Delta H = H(\boldsymbol{x}^{N-1}) - H(\boldsymbol{x}^N)$, $W_{\mathrm{D}} = (N/a)\exp(-\Delta H/kT)$.

c. 若 $W_{\mathrm{D}} > 1$, $\boldsymbol{x}^N \leftarrow \boldsymbol{x}^{N-1}$, 返回②.

d. 若 $W_{\mathrm{D}} \leqslant 1$, 当 $U \leqslant W_{\mathrm{D}}$ 时, 则 $\boldsymbol{x}^N \leftarrow \boldsymbol{x}^{N-1}$, 返回②;

当 $U > W_{\mathrm{D}}$ 时, $\boldsymbol{x}^N \leftarrow \boldsymbol{x}^N$, 返回②.

12.2.6　随机行走模拟

随机行走模拟是基础模拟, 在很多地方用到. 在二维网格上的三种类型随机行走的示意图如图 12.1 所示. 随机行走是特殊的马尔可夫过程, 对任何时刻 k 都有

$$\Pr(\boldsymbol{r}_k|\boldsymbol{r}_0,\boldsymbol{r}_1,\cdots,\boldsymbol{r}_{k-1}) = \Pr(\boldsymbol{r}_k|\boldsymbol{r}_{k-1}) = F(\boldsymbol{r}_k - \boldsymbol{r}_{k-1}),$$

式中, $F(\boldsymbol{r}_k - \boldsymbol{r}_{k-1})$ 为累积分布函数. Binder 和 Heerman (1987, 1997, 2002, 2010) 给出随机行走模拟方法.

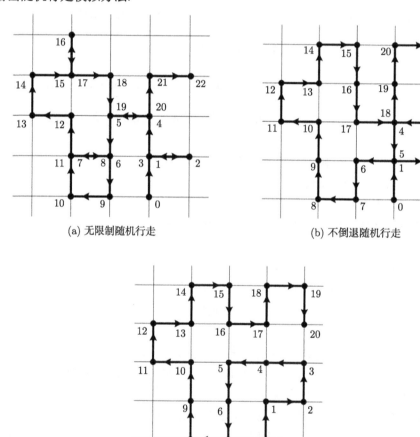

(a) 无限制随机行走　　　　　　　　　　(b) 不倒退随机行走

(c) 自回避随机行走

图 12.1　三种类型随机行走的示意图

1. 无限制随机行走

无限制随机行走是指每一次行走没有任何限制, 与前一次行走无关, 也与以前

任何一步所到的位置无关. 无限制随机行走, 可选择的行走方向有 4 个. 设行走步长为 b, 随机行走方向距离 $L(m)$ 为 $L(1) = (b, 0), L(2) = (0, b), L(3) = (-b, 0), L(4) = (0, -b)$. 行走步数为 N, 无限制随机行走模拟算法如下:

① 初始行走点 r_0, 行走步数 $k = 0$.

② 产生随机数 U, $m_k = [4U] + 1$.

③ $k = k + 1$, $r_k = r_{k-1} + L(m_{k-1})$.

④ 若 $k < N$, 返回②; 否则, 模拟结束.

2. 不倒退随机行走

不倒退随机行走是禁止每一步行走后立即倒退, 可选择的行走方向只有 3 个. 对向量 $\boldsymbol{L}(m_k)$ 引入某种 "周期性" 条件: $\boldsymbol{L}(m \pm 4) = \boldsymbol{L}(m)$, 就是引进一个保留一步的记忆. 有两种方法, 把无限制随机行走模拟算法的②改为 "当 $k > 1$ 时, 从 $\{m_{k-1} - 1, m_{k-1}, m_{k-1} + 1\}$ 中随机选出一个, 取它为 m_k." 或者改为 "产生随机数 U, $m_k = [4U] + 1$, 若 $L(m_k) = L(m_{k-1} + 2)$, 则删去 $L(m_k)$. "

3. 自回避随机行走

无限制随机行走和不倒退随机行走都产生自相交, 这与真实大分子结构在性质上不符合. 自回避随机行走是指所有已走过的位置不能再走, 自身没有交叉. 每一步到达的点必须检查是否已经行走过, 检查方法是给每个行走者在已经行走过的点赋予独特的标号, 在进到下一个点时, 检查这个点是否带有和它相同的标号. 加标号方法还分辨不出是上一次行走过的点, 还是更早时候行走过的点. 如果是上一次行走过的点, 必须重新再试, 如果是更早时候行走过的点, 结束模拟. 在编程时, 可使用数组来实现标号检查机制. 自回避随机行走模拟算法如下:

① 初始行走点 r_0, 行走步数 $k = 0$.

② 产生随机数 U, $m = [4U] + 1$, $k = k + 1$, $r_k = r_{k-1} + L(m_{k-1})$.

③ 若 r_k 通到已行走过的点, 模拟结束; 否则, 继续.

④ 若 $k < N$, 返回②; 否则, 模拟结束.

12.3　量子系统蒙特卡罗方法

12.3.1　量子蒙特卡罗模拟

1. 量子蒙特卡罗方法原理

量子力学的基本方程是薛定谔方程, 非定态薛定谔方程为

$$H\psi(\boldsymbol{x}, t) = \mathrm{i}\hbar \partial \psi(\boldsymbol{x}, t) / \partial t,$$

式中, $\hbar$ 为约化普朗克常数; $\psi(\boldsymbol{x}, t)$ 为波函数; 哈密顿算符定义为 $H = -(\hbar^2/2m) \cdot \nabla^2 + V$, 其中 $\nabla^2 = \partial^2/\partial x^2 + \partial^2/\partial y^2 + \partial^2/\partial z^2$; m 为质量; V 为势函数算符. 定态薛定谔方程为

$$H\psi_n(\boldsymbol{x}) = E_n\psi_n(\boldsymbol{x}),$$

式中, $\psi_n(\boldsymbol{x})$ 为本征波函数; E_n 为本征能量; H 为时间无关的哈密顿算符. 基态波函数为 $\psi_0(\boldsymbol{x})$, 基态能量为 E_0, 基态薛定谔方程为

$$H\psi_0(\boldsymbol{x}) = E_0\psi_0(\boldsymbol{x}).$$

令归一化常数为 c, 概率分布为

$$f(\boldsymbol{x}, t) = c|\psi(\boldsymbol{x}, t)|^2, \quad f(\boldsymbol{x}) = c|\psi_n(\boldsymbol{x})|^2.$$

概率分布与波函数相关, 波函数也称为概率幅度, 所以量子系统是随机系统.

量子力学的基本问题是求解薛定谔方程, 获得哈密顿算符所对应的能量本征态的波函数和能量本征值. 由于量子体系的哈密顿算符比较复杂, 量子力学的许多问题, 可以准确求解的问题不多, 许多问题不能求得精确解, 只能求得近似解. 量子物理和量子化学的许多实际问题, 涉及复杂的多粒子体系, 传统的近似方法求解是很困难的, 而量子蒙特卡罗方法则比较容易解决. 量子蒙特卡罗方法不是直接去求解薛定谔方程, 而是首先把薛定谔方程的解变成估计值问题, 然后用蒙特卡罗方法求解估计值问题, 最后得到基态波函数和基态能量.

2. 量子蒙特卡罗方法发展

Anderson(2007) 列出 1949~2005 年关于量子蒙特卡罗方法起源、发展和应用的 160 篇文章的摘要. 量子蒙特卡罗方法最初用于核物理、理论物理和凝聚态物理方面的研究, 研究量子耗散系统, 20 世纪 90 年代以后, 逐渐应用于量子化学计算.

量子系统蒙特卡罗方法与经典系统蒙特卡罗方法之间的区别一是应用的系统不同, 二是温度所起的作用不同. 基于温度是否为零, 量子蒙特卡罗方法分为两类: 零温方法和有限温度方法. 零温方法包括变分量子蒙特卡罗方法、格林函数量子蒙特卡罗方法和扩散量子蒙特卡罗方法, 适合零温度下玻色子和费米子的量子多体问题. 有限温度方法是路径积分量子蒙特卡罗方法. Kalos 等 (1962, 1974, 1986, 2000, 2008) 对量子蒙特卡罗方法做出重要贡献, 其中 Kalos 和 Whitlock(1986, 2008) 专著是前后两个版本, 对量子蒙特卡罗方法做了详细介绍.

12.3.2 变分量子蒙特卡罗方法

McMillan(1965) 提出变分量子蒙特卡罗方法. 变分量子蒙特卡罗方法是根据变分原理, 首先把求解定态薛定谔方程问题变成求解泛函极小值问题, 求解泛函极

小值问题变成求解试探波函数下变分能量的平均值, 变分能量的平均值是一个高维积分, 可用蒙特卡罗方法求解高维积分, 得到变分能量平均值的估计值, 最后得到基态波函数和基态能量. 变分量子蒙特卡罗方法简单易行, 但不是很精确.

在 $3N$ 维空间, $\boldsymbol{R} = (\boldsymbol{r}_1, \boldsymbol{r}_2, \cdots, \boldsymbol{r}_N)$. 根据变分原理, 把定态薛定谔方程求解变成泛函的极小值问题, 泛函为

$$E_t = \int \psi_t^*(\boldsymbol{R}) H \psi_t(\boldsymbol{R}) \mathrm{d}\boldsymbol{R} \Big/ \int \psi_t^*(\boldsymbol{R}) \psi_t(\boldsymbol{R}) \mathrm{d}\boldsymbol{R},$$

式中, $\psi_t^*(\boldsymbol{R})$ 是本征波函数 $\psi_t(\boldsymbol{R})$ 的共轭. 当本征波函数满足定态薛定谔方程时, E_t 有极小值 E_0. 变形后的泛函称为变分能量平均值, 变分能量平均值为

$$E_{\mathrm{v}} = \int (\psi_t^{-1}(\boldsymbol{R}) H \psi_t(\boldsymbol{R})) \psi_t^2(\boldsymbol{R}) \mathrm{d}\boldsymbol{R} \Big/ \int \psi_t^2(\boldsymbol{R}) \mathrm{d}\boldsymbol{R}.$$

在试探波函数 $\psi_{\mathrm{T}}(\boldsymbol{R})$ 下, 变分能量平均值应当大于或等于基态能量 E_0, 因此有

$$E_{\mathrm{v}} = \int (\psi_{\mathrm{T}}^{-1}(\boldsymbol{R}) H \psi_{\mathrm{T}}(\boldsymbol{R})) \psi_{\mathrm{T}}^2(\boldsymbol{R}) \mathrm{d}\boldsymbol{R} \Big/ \int \psi_{\mathrm{T}}^2(\boldsymbol{R}) \mathrm{d}\boldsymbol{R} \geqslant E_0.$$

如果试探波函数 $\psi_{\mathrm{T}}(\boldsymbol{R})$ 就是基态波函数 $\psi_0(\boldsymbol{R})$, 则上式等号成立. 被积函数可以看成局部能量, 根据哈密顿算符表示式, 得到局部能量为

$$E_{\mathrm{L}}(\boldsymbol{R}) = \psi_{\mathrm{T}}^{-1}(\boldsymbol{R}) H \psi_{\mathrm{T}}(\boldsymbol{R}) = (-\hbar^2/2m) \psi_{\mathrm{T}}^{-1}(\boldsymbol{R}) \sum_{j=\boldsymbol{x}}^{\boldsymbol{y},\boldsymbol{z}} \nabla_j^2 \psi_{\mathrm{T}}(\boldsymbol{R}).$$

变分能量平均值可写为

$$E_{\mathrm{v}} = (1/Z) \int E_{\mathrm{L}}(\boldsymbol{R}) \psi_{\mathrm{T}}^2(\boldsymbol{R}) \mathrm{d}\boldsymbol{R} = \int E_{\mathrm{L}}(\boldsymbol{R}) f(\boldsymbol{R}) \mathrm{d}\boldsymbol{R},$$

式中, 配分函数 $Z = \int \psi_{\mathrm{T}}^2(\boldsymbol{R}) \mathrm{d}\boldsymbol{R}$, 概率密度函数 $f(\boldsymbol{R}) = (1/Z) \psi_{\mathrm{T}}^2(\boldsymbol{R})$.

变分能量平均值是一个高维积分, 可用蒙特卡罗方法求解此高维积分. 由于配分函数也是一个高维积分, 是未知的, 概率密度函数 $f(\boldsymbol{R})$ 是不完全已知概率密度函数, 可使用马尔可夫链蒙特卡罗方法抽样, 产生样本值 $\boldsymbol{R}_i$. 模拟 n 次, 在试探波函数 $\psi_{\mathrm{T}}(\boldsymbol{R})$ 下, 变分能量平均值的估计值为

$$\hat{E}_{\mathrm{v}} = (1/n) \sum_{i=1}^n E_{\mathrm{L}}(\boldsymbol{R}_i).$$

实际模拟时, 可使用最优化蒙特卡罗方法的简单随机搜索算法, 不断地迭代更新试探波函数, 直到基态能量变化很小为止. 由此得到的试探波函数就是基态波函数 $\psi_0(\boldsymbol{x})$, 变分能量平均值的估计值就是基态能量 E_0.

12.3.3　格林函数量子蒙特卡罗方法

Kalos(1962) 提出格林函数量子蒙特卡罗方法. 首先把薛定谔方程的解转化为积分方程, 然后用蒙特卡罗方法迭代法求解积分方程, 得到基态波函数和基态能量. 格林函数量子蒙特卡罗方法比较精确, 但计算比较复杂. 下面是 Kalos 和 Whitlock (2008) 对格林函数量子蒙特卡罗方法的描述.

1. 薛定谔方程的解

H 为哈密顿算符, 格林函数 $G(\boldsymbol{R}, \boldsymbol{R}')$ 定义为

$$HG(\boldsymbol{R}, \boldsymbol{R}') = \delta(\boldsymbol{R} - \boldsymbol{R}').$$

格林函数是一个具有合适算符的格林函数, 格林函数和基态波函数有相同的边界条件, 要求格林函数是非负数. 令问题的本征函数为 $\psi_\alpha(\boldsymbol{R})$, 本征能量为 E_α, 格林函数的形式解为

$$G(\boldsymbol{R}, \boldsymbol{R}') = \sum_\alpha E_\alpha^{-1} \psi_\alpha(\boldsymbol{R}) \psi_\alpha(\boldsymbol{R}'). \tag{12.1}$$

薛定谔方程的解为积分方程, 积分方程为

$$\psi_0(\boldsymbol{R}) = E_0 \int G(\boldsymbol{R}, \boldsymbol{R}') \psi_0(\boldsymbol{R}') \mathrm{d}\boldsymbol{R}'. \tag{12.2}$$

2. 求解积分方程的蒙特卡罗方法

本书的第 9 章和第 10 章都涉及积分方程的蒙特卡罗模拟, 积分方程的蒙特卡罗方法是以积分方程的诺依曼级数解为基础. 式 (12.2) 的积分方程是多维积分方程, Kalos 和 Whitlock (1986, 2008) 提出用蒙特卡罗迭代法求解积分方程的解 $\psi_0(\boldsymbol{R})$, 下面分析其数学基础. 如果式 (12.2) 的积分方程是齐次积分方程, 则有迭代公式:

$$\psi^{(n+1)}(\boldsymbol{R}) = E_\mathrm{T} \int G(\boldsymbol{R}, \boldsymbol{R}') \psi^{(n)}(\boldsymbol{R}') \mathrm{d}\boldsymbol{R}', \tag{12.3}$$

此迭代公式也称为诺依曼级数解, 收敛于分布 $\psi(\boldsymbol{R})$. 式中, n 为迭代次数; E_T 为试探能量. 给定初始分布 $\psi^{(0)}(\boldsymbol{R})$, 如果把 $\psi^{(0)}$ 以 ψ_α 展开为

$$\psi^{(0)}(\boldsymbol{R}) = \sum_\alpha C_\alpha \psi_\alpha(\boldsymbol{R}).$$

由式 (12.1)、式 (12.2) 和式 (12.3) 得到

$$\psi^{(n)}(\boldsymbol{R}) = \sum_\alpha (E_\mathrm{T}/E_\alpha)^n C_\alpha \psi_\alpha(\boldsymbol{R}).$$

对于足够大的 n, $\alpha = 0$ 的项在上式求和中占支配地位, 因此有

$$\psi^{(n)}(\boldsymbol{R}) \cong (E_\mathrm{T}/E_0)^n C_0 \psi_0(\boldsymbol{R}), \quad \psi^{(n+1)}(\boldsymbol{R}) \cong (E_\mathrm{T}/E_0) \psi^{(n)}(\boldsymbol{R}).$$

此结果表明, 迭代公式的迭代将演化为基态波函数, 基态能量为

$$E_0 \cong E_{\mathrm{T}} \psi^{(n)}(\boldsymbol{R})/\psi^{(n+1)}(\boldsymbol{R}).$$

上述结果只是从数学上说明迭代公式 (12.3) 的诺依曼级数解, 迭代结果最后得到基态波函数和基态能量. 具体的蒙特卡罗迭代法需要知道格林函数的具体形式, 下面例子给出蒙特卡罗迭代法.

3. 蒙特卡罗迭代法例子

例如, 无限深势阱的薛定谔方程为

$$\mathrm{d}^2\psi(x)/\mathrm{d}x^2 = E\psi(x), \quad \psi(x) = 0, \quad |x| \geqslant 1.$$

其基态波函数和基态能量分别为

$$\psi_0(x) = \cos(\pi x/2), \quad E_0 = (\pi/2)^2.$$

格林函数为

$$G(x, x') = \left\{ \begin{array}{ll} (1-x')(1+x)/2, & x \leqslant x', \\ (1+x')(1-x)/2, & x \geqslant x'. \end{array} \right.$$

薛定谔方程转化为 1 维积分方程:

$$\psi(x) = E_{\mathrm{T}} \int G(x, x')\psi(x')\mathrm{d}x'.$$

求解 1 维积分方程的蒙特卡罗迭代法如下: 假设 $\psi_0(x')$ 为均匀分布, 其抽样产生迭代初始样本值 x', 对每一个初始样本值 x' 有下面迭代算法:

① 按 $G(x, x')$ 公式构造两个三角形.

② 对每个三角形, 计算 $E_{\mathrm{T}}A$, A 为三角形面积.

③ 对每个三角形, 产生整数随机数 N, 使得 $\langle N \rangle = E_{\mathrm{T}}A$, 表示 N 为小于 $E_{\mathrm{T}}A$ 的最大整数加上一个均匀随机数.

④ 每个三角形有 $\langle N \rangle$ 个样本, 这些样本是从归一化三角形概率分布抽样产生的, 构成下一次迭代样本.

第④步也可以改用随机行走算法产生分支样本, 作为下一次迭代样本, 样本权重为 $E_{\mathrm{T}}A$.

4. 随机行走算法求格林函数

如果给不出格林函数表达式, 就无法实现蒙特卡罗迭代法. 实际的量子力学问题由于哈密顿算符 H 和边界条件的复杂性, 并不知道格林函数的表达式. Kalos(1974) 提出用蒙特卡罗方法的随机行走算法求出格林函数表达式, 为此需要寻

找格林函数满足的积分方程. 令格林函数定义为

$$-\nabla^2 G(\boldsymbol{R}, \boldsymbol{R}_0) = \delta(\boldsymbol{R} - \boldsymbol{R}_0), \tag{12.4}$$

格林函数具有对称性: $G(\boldsymbol{R}, \boldsymbol{R}_0) = G(\boldsymbol{R}_0, \boldsymbol{R})$.

积分域为 D, 对每个 $\boldsymbol{R}_1 \in D$, 构造一个子域 $D_\mathrm{u}(\boldsymbol{R}_1) \subset D$, 所有 D_u 组成集合 $\{D_\mathrm{u}\}$. 在每一个子域 D_u 内, 定义子域格林函数 $G_\mathrm{u}(\boldsymbol{R}, \boldsymbol{R}_1)$ 如下:

$$-\nabla^2 G_\mathrm{u}(\boldsymbol{R}, \boldsymbol{R}_1) = \delta(\boldsymbol{R} - \boldsymbol{R}_1), \tag{12.5}$$

$$G_\mathrm{u}(\boldsymbol{R}, \boldsymbol{R}_1) = 0, \quad \boldsymbol{R}, \boldsymbol{R}_1 \notin D_\mathrm{u}(\boldsymbol{R}_1). \tag{12.6}$$

式 (12.4) 乘以 $G_\mathrm{u}(\boldsymbol{R}_1, \boldsymbol{R}_0)$, 式 (12.5) 乘以 $G(\boldsymbol{R}, \boldsymbol{R}_1)$, 两个乘积再相减, 对 $\boldsymbol{R}_1 \in D_\mathrm{u}(\boldsymbol{R}_0)$ 进行积分, 注意到式 (12.6), 得到格林函数满足的积分方程为

$$G(\boldsymbol{R}, \boldsymbol{R}_0) = G_\mathrm{u}(\boldsymbol{R}, \boldsymbol{R}_0) + \int_{\partial D_\mathrm{u}(\boldsymbol{R}_0)} [-\nabla_n G_\mathrm{u}(\boldsymbol{R}_1, \boldsymbol{R}_0)] G(\boldsymbol{R}, \boldsymbol{R}_1) \mathrm{d}\boldsymbol{R}_1,$$

式中, $-\nabla_n$ 是沿边界 $D_\mathrm{u}(\boldsymbol{R}_0)$ 外法线 n 的方向导数, 子域格林函数 $G_\mathrm{u}(\boldsymbol{R}, \boldsymbol{R}_0)$ 是已知的. 上式是线性积分方程, 可用随机行走算法求解, 从 $G(\boldsymbol{R}, \boldsymbol{R}_0)$ 抽样产生样本值 $\boldsymbol{R}$. 一维线性积分方程的随机行走算法, 可推广到多维. 求格林函数的随机行走算法如下:

① 粒子从 $\boldsymbol{R}_0$ 出发.

② 对任意 $l \geqslant 0$, 做一个包含 $\boldsymbol{R}_l$ 在内, 全部在 D 中的小区域 $D_l + \partial D_l$.

③ 由方程 $-\nabla_l^2 G_{\mathrm{u}_l}(\boldsymbol{R}, \boldsymbol{R}_l) = \delta(\boldsymbol{R} - \boldsymbol{R}_l)$ 计算 $G_{\mathrm{u}_l}(\boldsymbol{R}, \boldsymbol{R}_l)$.

④ 从概率分布 $-\nabla_n G_{\mathrm{u}_l}(\boldsymbol{R}_{l+1}, \boldsymbol{R}_l)$ 抽样产生 $\boldsymbol{R}_{n+1}$.

⑤ $l = l+1$, 返回②.

随机行走算法抽样产生样本值: $\boldsymbol{R}_0, \boldsymbol{R}_1, \cdots, \boldsymbol{R}_l, \boldsymbol{R}_{l+1}, \cdots, \boldsymbol{R}_L$, 格林函数 $G(\boldsymbol{R}, \boldsymbol{R}_0)$ 的估计值为

$$G(\boldsymbol{R}, \boldsymbol{R}_0) = \sum_{l=0}^{L} G_{\mathrm{u}_l}(\boldsymbol{R}, \boldsymbol{R}_l).$$

12.3.4　扩散量子蒙特卡罗方法

Reynolds(1982) 提出扩散量子蒙特卡罗方法. 扩散量子蒙特卡罗方法和格林函数量子蒙特卡罗方法都是基于虚时薛定谔方程, 前者看作是后者的短时近似, 扩散量子蒙特卡罗方法是基于含时格林函数, 构造类概率密度函数对波函数进行抽样. 扩散量子蒙特卡罗方法首先把薛定谔方程解转化为扩散方程, 扩散方程的解转化为积分方程, 然后用蒙特卡罗迭代法求解积分方程, 得到基态波函数和基态能量. 下面是 Kalos 和 Whitlock(2008) 对扩散量子蒙特卡罗方法的描述.

1. 扩散方程的解

虚时 $t = -\mathrm{i}\hbar\beta$, $\beta = kT$, T 为温度, k 为玻尔兹曼常数, 选取 $\hbar = 1$, $m = 1$. 选取一个试探波函数. $\psi_{\mathrm{T}}(\boldsymbol{R})$ 作为初始基态波函数 $\psi(\boldsymbol{R}, 0)$, 得到虚时薛定谔方程的解为

$$\psi(\boldsymbol{R}, t) = \exp[-(H - E_{\mathrm{T}})]\psi_{\mathrm{T}}(\boldsymbol{R}).$$

利用这样的初始波函数构造一个类概率密度函数:

$$f(\boldsymbol{R}, t) = \psi(\boldsymbol{R}, t)\psi_{\mathrm{T}}(\boldsymbol{R}).$$

可以证明, $f(\boldsymbol{R}, t)$ 满足的扩散方程为

$$\partial f(\boldsymbol{R}, t)/\partial t = -(-\nabla^2 - \nabla \cdot F(\boldsymbol{R}) + F(\boldsymbol{R}) \cdot \nabla - (E_{\mathrm{T}} - E_{\mathrm{L}}(\boldsymbol{R})))f(\boldsymbol{R}, t).$$

式中, $E_{\mathrm{L}}(\boldsymbol{x}) = \psi_{\mathrm{T}}(\boldsymbol{x})^{-1}H\psi_{\mathrm{T}}(\boldsymbol{x})$ 为局部能量; $F(\boldsymbol{R}) = 2\nabla \ln \psi_{\mathrm{T}}(\boldsymbol{R})$, 起力的作用. 时间间隔为 τ, 扩散方程的解为积分方程, 积分方程为

$$f(\boldsymbol{R}', t + \tau) = \int f(\boldsymbol{R}, t)G(\boldsymbol{R}', \boldsymbol{R}; \tau)\mathrm{d}\boldsymbol{R}.$$

式中, $G(\boldsymbol{R}', \boldsymbol{R}; \tau)$ 是扩散方程的格林函数. 如果 τ 足够小, 则格林函数可近似写为

$$G(\boldsymbol{R}', \boldsymbol{R}; \tau) \approx w(\boldsymbol{R}', \boldsymbol{R}; \tau)G_0(\boldsymbol{R}', \boldsymbol{R}; \tau).$$

式中, $w(\boldsymbol{R}', \boldsymbol{R}; \tau)$ 为分支因子; $G_0(\boldsymbol{R}', \boldsymbol{R}; \tau)$ 为 $3N$ 维的福克-普朗克方程的格林函数, 是一个概率分布. $w(\boldsymbol{R}', \boldsymbol{R}; \tau)$ 和 $G_0(\boldsymbol{R}', \boldsymbol{R}; \tau)$ 分别为

$$w(\boldsymbol{R}', \boldsymbol{R}; \tau) = \exp(-(E_{\mathrm{L}}(\boldsymbol{R}') + E_{\mathrm{L}}(\boldsymbol{R}))\tau/2 + E_{\mathrm{T}}\tau),$$

$$G_0(\boldsymbol{R}', \boldsymbol{R}; \tau) = (4\pi\tau)^{-3N/2}\exp(-(\boldsymbol{R}' - \boldsymbol{R} - \tau F(\boldsymbol{R}))^2/(4\tau)). \tag{12.7}$$

2. 蒙特卡罗迭代算法

用蒙特卡罗迭代算法求解积分方程, 蒙特卡罗迭代算法如下:

① 由试探波函数 $\psi_{\mathrm{T}}(\boldsymbol{R}')$ 产生第一次迭代的随机行走样本.

② 对时间间隔 τ 的每个 $\boldsymbol{R}'$ 值, 由式 (12.7) 抽样得到样本值 $\boldsymbol{X}$, 样本 $\boldsymbol{X}$ 具有 0 均值和 4τ 方差, $\boldsymbol{R} = \boldsymbol{X} + \boldsymbol{R}' + \tau F(\boldsymbol{R}')$.

③ 对每个 $\boldsymbol{R}$ 值, 产生整数 N, 使得 $\langle N \rangle = w(\boldsymbol{R}, \boldsymbol{R}', \tau)$.

④ 生成 $\langle N \rangle$ 个 $\boldsymbol{R}$ 样本, 作为下一次迭代新的随机行走样本.

⑤ 使用 $\{\boldsymbol{R}\}$ 数据计算期望值均值贡献.

⑥ 调整 E_{T} 值, 控制随机行走样本数, 重复②~⑤, 直到估计值的标准误差可接受为止.

其中, $\langle N \rangle = w(\boldsymbol{R}, \boldsymbol{R}', \tau)$ 表示 N 为小于 $w(\boldsymbol{R}, \boldsymbol{R}', \tau)$ 的最大整数加上一个均匀随机数.

12.3.5　路径积分量子蒙特卡罗方法

Feynman 和 Hibbs(1965) 由薛定谔方程导出量子统计力学的路径积分, 称为费恩曼路径积分. Pollock 和 Ceperley(1984) 提出路径积分量子蒙特卡罗方法, 用蒙特卡罗方法求解路径积分, 得到基态波函数和基态能量. 下面是 Kalos 和 Whitlock (2008) 对路径积分量子蒙特卡罗方法的描述.

1. 路径积分

对于有限温度系统或虚时系统, 布洛赫方程为

$$(-\nabla^2 + V(\boldsymbol{R}) + \partial/\partial\beta)\psi(\boldsymbol{R}, \beta) = 0.$$

根据多体量子系统的动态特性, 在热平衡下, 可以获得密度矩阵 $\rho(\boldsymbol{R}, \boldsymbol{R}', \beta)$, 密度矩阵是布洛赫方程的传播子, 密度矩阵为

$$\rho(\boldsymbol{R}, \boldsymbol{R}', \beta) = \langle \boldsymbol{R}| \exp(-\beta H|\boldsymbol{R}') \rangle = \sum_\alpha \psi_\alpha^*(\boldsymbol{R})\psi_\alpha(\boldsymbol{R}) \exp(-\beta E_\alpha),$$

式中, ψ_α 和 E_α 为哈密顿量 H 的本征函数和本征值, $\psi_\alpha^*(\boldsymbol{R})$ 是 $\psi_\alpha(\boldsymbol{R})$ 的共轭. 任何感兴趣的物理量 O 的期望值为

$$\langle O \rangle = (1/Z) \int \rho(\boldsymbol{R}, \boldsymbol{R}', \beta) \langle \boldsymbol{R}|O|\boldsymbol{R}' \rangle \, \mathrm{d}\boldsymbol{R}\mathrm{d}\boldsymbol{R}', \tag{12.8}$$

式中, 配分函数 $Z = \int \rho(\boldsymbol{R}, \boldsymbol{R}', \beta)\mathrm{d}\boldsymbol{R}$. 式 (12.8) 是一个高维积分, 称为路径积分, 可用蒙特卡罗方法求解.

2. 路径积分蒙特卡罗方法

路径积分蒙特卡罗方法关键是给出概率密度函数的形式, 由路径积分可以看出, 概率密度函数为

$$f(\boldsymbol{R}, \boldsymbol{R}', \beta) = (1/Z)\rho(\boldsymbol{R}, \boldsymbol{R}', \beta).$$

下面推导出其中的密度矩阵 $\rho(\boldsymbol{R}, \boldsymbol{R}', \beta)$ 的合适形式. 如果两个热密度矩阵卷积在一起, 在较低温度下密度矩阵有如下结果:

$$\langle \boldsymbol{R}|\mathrm{e}^{-(\beta_1+\beta_2)H}|\boldsymbol{R}' \rangle = \int \langle \boldsymbol{R}|\mathrm{e}^{-\beta_1 H}|\boldsymbol{R}_1 \rangle \langle \boldsymbol{R}_1|\mathrm{e}^{-\beta_2 H}|\boldsymbol{R}' \rangle \, \mathrm{d}\boldsymbol{R}_1.$$

开始时温度足够高, 密度矩阵可以由一体和两体密度矩阵扩展而成, 多卷积可以进行到温度为绝对零度附近. 把总时间 β 分成 N 个时间步, 令 $\beta/N = \delta\beta$, 密度矩阵为

$$\rho(\boldsymbol{R}, \boldsymbol{R}', \beta) = \iint \cdots \int \rho(\boldsymbol{R}, \boldsymbol{R}_1, \delta\beta)\rho(\boldsymbol{R}_1, \boldsymbol{R}_2, \delta\beta) \cdots$$

$$\cdot \rho(\boldsymbol{R}_{N-1}, \boldsymbol{R}', \delta\beta) \mathrm{d}\boldsymbol{R}_1 \mathrm{d}\boldsymbol{R}_2 \cdots \mathrm{d}\boldsymbol{R}_{N-1}.$$

如果 N 是有限的, 上式的积分表示离散时间路径, 对任何 $N \geqslant 1$, 上式是精确的. 当 $N \to \infty$ 时, 变成连续路径, 始点为 $\boldsymbol{R}$, 终点为 $\boldsymbol{R}'$. 为了利用上式, 在高温下, $\delta\beta$ 很小, 需要知道密度矩阵的形式. 令算子 $\Gamma = -\nabla^2$, 算子 Γ 与势能 V 的精确关系 为

$$\exp(-\beta(\Gamma + V) + (\beta^2/2)[\Gamma, V]) = \exp(-\beta\,\Gamma) \exp(-\beta V).$$

因为虚时间很小, 换位子项 $(\beta^2/2)[\Gamma, V]$ 的阶为 β^2, 因此可以忽略, 得到本原近似:

$$\exp(-\delta\beta(\Gamma + V)) \approx \exp(-\delta\beta\,\Gamma) \exp(-\delta\beta V).$$

把动能贡献和势能贡献分离, 利用上式可以把密度矩阵重新写为

$$\begin{aligned}
\rho(\boldsymbol{R}, \boldsymbol{R}', \beta) = \int \cdots \int \langle \boldsymbol{R}|\mathrm{e}^{-\delta\beta\Gamma}|\boldsymbol{R}_1\rangle \cdots \langle \boldsymbol{R}_{N-1}|\mathrm{e}^{-\delta\beta\Gamma}|\boldsymbol{R}'\rangle \\
\times \exp\left(-\delta\beta \sum_{i=1}^{N} V(R_i)\right) \mathrm{d}\boldsymbol{R}_1 \mathrm{d}\boldsymbol{R}_2 \cdots \mathrm{d}\boldsymbol{R}_{N-1},
\end{aligned} \tag{12.9}$$

式中, $\boldsymbol{R}_N = \boldsymbol{R}'$. 上式自由粒子项包含动能贡献, 可以看作是在时间 β 从 $\boldsymbol{R}$ 到 $\boldsymbol{R}'$ 引起的布朗随机行走的权重, 这些项用 $\rho_0(\boldsymbol{R}, \boldsymbol{R}', \beta)$ 表示, 密度矩阵写为

$$\rho(\boldsymbol{R}, \boldsymbol{R}', \beta) = \rho_0(\boldsymbol{R}, \boldsymbol{R}', \beta) \left\langle \exp\left(-\int_0^\beta V(R(\tau))\mathrm{d}\tau\right) \right\rangle.$$

对玻色子系统, 密度矩阵由可辨别粒子的密度矩阵得到, 把置换算子 $\wp$ 投影到对称 分量, 得到密度矩阵为

$$\rho(\boldsymbol{R}, \boldsymbol{R}', \beta) = \langle \boldsymbol{R}|\mathrm{e}^{-\beta H}|\boldsymbol{R}'\rangle_{\mathrm{B}} = \sum_{\wp} \langle \wp\boldsymbol{R}|\mathrm{e}^{-\beta H}|\boldsymbol{R}'\rangle \Big/ N!,$$

式中的置换求和也可以使用蒙特卡罗方法求解. 对费米子系统, 必须把路径限制所 在的区域, 保证费米子的密度矩阵是正值.

3. 路径积分基态计算

使用路径积分基态蒙特卡罗方法给出有限温度基态期望值. 虚时积分方程等价 于薛定谔方程, 虚时积分方程为

$$\psi(\boldsymbol{R}, \beta) = \int G(\boldsymbol{R}, \boldsymbol{R}', \beta - \beta_0) \psi(\boldsymbol{R}, \beta_0) \mathrm{d}\boldsymbol{R}',$$

式中, $G(\boldsymbol{R}, \boldsymbol{R}', \beta - \beta_0)$ 为布洛赫方程的传播子, 也称为格林函数.

　　这里的路径积分基态蒙特卡罗方法与前面的路径积分蒙特卡罗方法不同, 试探波函数的截断由虚时边界条件代替. 由合适的试探波函数 ψ_T 进行滤波, 可以得到基态本征函数. 基态波函数为

$$\psi_0(\boldsymbol{R}) = \lim_{t \to \infty} \psi(\boldsymbol{R}, \beta) = \lim_{t \to \infty} \int G(\boldsymbol{R}, \boldsymbol{R}', \beta)\psi_T(\boldsymbol{R}')\mathrm{d}\boldsymbol{R}'.$$

任何算子 O 的基态期望值为

$$\langle O \rangle = \frac{\langle \psi_T(\boldsymbol{R}) | G(\boldsymbol{R}, \boldsymbol{R}', \beta) O G(\boldsymbol{R}, \boldsymbol{R}', \beta) | \psi_T(\boldsymbol{R}') \rangle}{\langle \psi_T(\boldsymbol{R}) | G(\boldsymbol{R}, \boldsymbol{R}', \beta) G(\boldsymbol{R}, \boldsymbol{R}', \beta) | \psi_T(\boldsymbol{R}') \rangle}. \tag{12.10}$$

把式 (12.9) 代入式 (12.10), 得到

$$\langle O \rangle = \frac{\int \prod_{i=0}^{N} \mathrm{d}R_i O(\boldsymbol{R}_i)\psi_T(\boldsymbol{R}_0) \left(\prod_{i=0}^{N-1} \rho(\boldsymbol{R}_i, \boldsymbol{R}_{i+1}, \beta) \right) \psi_T(\boldsymbol{R}_N)}{\int \prod_{i=0}^{N} \mathrm{d}R_i \psi_T(\boldsymbol{R}_0) \left(\prod_{i=0}^{N-1} \rho(\boldsymbol{R}_i, \boldsymbol{R}_{i+1}, \beta) \right) \psi_T(\boldsymbol{R}_N)}.$$

式中, $\boldsymbol{R}_0 = \boldsymbol{R}$; $\boldsymbol{R}_N = \boldsymbol{R}'$; $\boldsymbol{R}_i$ 是内部时间限幅. 为使算法收敛, 如果算子放在路径极边, 则给出混合估计. 如果 $\boldsymbol{R}_i$ 在中间, 则得到基态精确期望值. 使用马尔可夫链蒙特卡罗方法抽样, 获得路径样本值.

12.4　物理学蒙特卡罗模拟

12.4.1　自然科学模拟

　　前面介绍了自然科学基础模拟方法, 包括基本方程、经典系统和量子系统的蒙特卡罗方法. 这些基础模拟方法只是为实际自然科学问题模拟提供基本算法. 物理学、化学和生物学及其交叉学科的实际问题模拟, 还有很多实际工作要做.

　　所谓蒙特卡罗模拟主要是两个环节, 一是概率分布抽样, 二是统计量估计. 实际问题的随机变量及其概率分布是什么, 采用什么抽样算法. 实际问题的统计量是什么物理量, 它与随机变量是什么函数关系. 基础模拟方法只是一般方法, 具体问题的模拟方法还得结合实际自己创建. 物理学、化学和生物学及其交叉学科的许多实际问题, 很多实际概率分布, 由于配分函数是不知道的, 是不完全已知概率分布, 需要使用马尔可夫链蒙特卡罗方法抽样. 例如, 第 4 章的聚类算法、杂交蒙特卡罗算法和辅助变量算法都是为解决统计物理问题而创建的. 一些物理学和生物学的模拟问题需要使用序贯蒙特卡罗算法.

　　蒙特卡罗方法在物理学的应用文献已是海量, 能够看到的已经出版一系列专著, 英文图书有 Binder 和 Heerman (1987, 1997, 2002, 2010); Heerman(1986); Frenkel

和 Smit(1996); Landau 和 Binder(2005); Kalos 和 Whitlock(1986, 2008). 中译本有宾德, 赫尔曼著, 秦克诚译 (1995); 赫尔曼著, 秦克诚译 (1996); Frenkel 和 Smit 著, 汪文川等译 (2002). 中文图书有张孝泽 (1990); 杨玉良和张红东 (1993); 包景东 (2009). Binder 和 Heerman 的书, 前 3 版本主要是经典系统蒙特卡罗方法, 2002 年的第 4 版增加两种量子系统蒙特卡罗方法, 2010 年的第 5 版增加自由能蒙特卡罗方法. 这些专著论述蒙特卡罗方法在经典系统和量子系统的应用, 内容相当丰富, 包括统计力学、统计物理、理论物理、分子模拟、高分子科学、经典和量子耗散系统. 下面简单地列举一些应用事例.

12.4.2 状态方程模拟

1. 物质状态方程模拟

Metropolis, Rosenbluth, Rosenbluth, Teller, Teller(1953) 的工作是最早的统计物理模拟事例. 在二维空间, 使用硬球分子模型, 系统分子数 224 个. 用蒙特卡罗方法模拟物质的状态方程, 使用正则系综, 提出一种全新的抽样方法 (梅特罗波利斯算法). 在曼尼阿克计算机上实现状态方程模拟, 得到较好的模拟结果. 梅特罗波利斯算法后来形成持续几十年的研究热潮, 发展成马尔可夫链蒙特卡罗方法, 为研究物理系统的性质提供了通用高效的抽样方法. 模拟结果如图 12.2 所示, 图中的 P 为压强, A 为面积, 模拟结果前端与理论 A 一致, 后端与理论 B 一致.

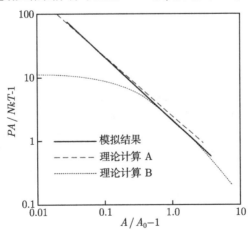

图 12.2 物质状态方程模拟结果

2. 流体状态方程系综模拟

Frenkel 和 Smit(1996) 给出 Lennard-Jones 流体状态方程模拟结果, Lennard-Jones 流体状态方程是研究得比较充分的. 在粒子数 $N = 108$, 温度 $T = 2K$, 体积

$V = 250.047$ 下, 分别对等温等压系综、正则系综和巨正则系综进行蒙特卡罗模拟, 得到压强与密度的关系曲线. 正则系综的模拟结果如图 12.3 所示, 图中, 圆圈表示模拟结果, 实线表示 Johnson 状态方程计算结果, 模拟结果与 Johnson 状态方程计算结果完全吻合.

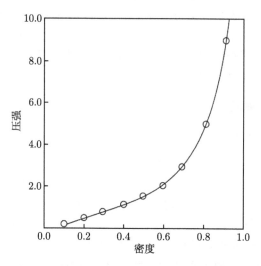

图 12.3　正则系综模拟

12.4.3　伊辛模型模拟

1. 伊辛模型

　　伊辛模型是描述铁磁相变的最具有代表性模型, 是在统计物理中被充分研究过的应用广泛的物理模型. 二维伊辛模型在理论分析上有重要的成果, 可以求得严格解, 但不能给出物理图像. 用蒙特卡罗方法求解伊辛模型, 可以求出伊辛模型的解, 并给出清晰的物理图像. 用网格自旋模型研究磁性材料的相变, 每个网格点代表一个电子的磁矩, 称为自旋 (s), 电子有两种自旋方向, 分别表示向上自旋和向下自旋. 哈密顿量是能量函数, 哈密顿量为

$$H(s) = -J \sum_{\langle i,j \rangle} s_i s_j + B \sum_i s_i, \quad s_i = \pm 1,$$

式中, J 为交换耦合能, 表示磁矩之间的作用强度; $\langle i, j \rangle$ 表示网格 i 周围最邻近的网格 j, 求和只对紧邻网格求和; B 为外磁场强度. 这里只是伊辛模型演示性蒙特卡罗模拟, 假定作用强度 $J = 1$ 焦耳, 玻尔兹曼常数 $k = 1$ 焦耳/K, 因而, 计算量是相对量, 不是绝对值. 假定自发磁化, $B = 0$. 伊辛模型的统计系综是正则系综, 自旋 s

是离散随机变量, $s = \pm 1$, 其概率密集函数为

$$f(s) = (1/Z)\exp(-H(s)/kT),$$

式中, 配分函数为 $Z = \sum_i \exp(-H(s_i)/kT)$. 配分函数实际上是无法计算的. 例如二维网格的伊辛模型, 有 10×10 点阵, $s = (s_1, s_2, \cdots, s_{100})$, $s_i = \pm 1$, 配分函数的求和要对 $2^{100} = 1.3 \times 10^{30}$ 项求和, 目前最快的巨型机每秒 10^{16} 次, 需要计算 400 万年, 因此配分函数是无法计算的. 概率分布是不完全已知概率分布, 可使用马尔可夫链蒙特卡罗方法的独立随机行走算法抽样, 得到自旋的样本值 S.

2. 蒙特卡罗模拟

对于二维伊辛模型, 二维网格为 $(N \times N)$, 每个网格状态表示自旋. 蒙特卡罗模拟时, 产生随机数 U, 随机选取温度 $T = 5U$. 网格自旋 $\boldsymbol{S}(N, N)$ 是 $N \times N$ 矩阵. 网格初始自旋 $\boldsymbol{S}_0$ 由均匀分布抽样确定, $\boldsymbol{S}_0(N, N) = [2U-1]$. 哈密顿量之差为

$$\Delta \boldsymbol{H}(N, N) = 2J\boldsymbol{S}(N, N)\boldsymbol{\Sigma}(N, N),$$

式中, $\boldsymbol{\Sigma}(N, N)$ 表示紧邻网格的自旋求和, 二维问题, 一个网格有 4 个紧邻网格. 跃迁概率和跃迁分别为

$$\boldsymbol{P}(N, N) = \exp(-\Delta \boldsymbol{H}(N, N)/kT),$$

$$\boldsymbol{Q}(N, N) = -2\boldsymbol{A}(N, N)\boldsymbol{B}(N, N) + 1,$$

其中 $\boldsymbol{A} = \eta(U < \boldsymbol{P}(N, N))$, $\boldsymbol{B} = \eta(U < 0.1)$. 总磁场能量和总磁化强度分别为

$$E_t = -(1/2)\sum_{i=1}^N \sum_{j=1}^N \Delta H(i, j), \quad M_t = \sum_{i=1}^N \sum_{j=1}^N S(i, j).$$

马尔可夫链数为 n, 马尔可夫链步数为 m, 伊辛模型蒙特卡罗模拟算法如下:

① 链数 $i = 1$, 随机选取温度 T, 网格初始自旋样本值 $\boldsymbol{S}_0(N, N)$.

② 步数 $k = 1$, 自旋样本值 $\boldsymbol{S}_k(N, N) = \boldsymbol{S}_{k-1}(N, N)$.

③ 计算 $\boldsymbol{\Sigma}(N, N)$, $\Delta \boldsymbol{H}(N, N)$, $\boldsymbol{P}(N, N)$ 和 $\boldsymbol{Q}(N, N)$.

④ 网格自旋样本值 $\boldsymbol{S}_{k+1}(N, N) = \boldsymbol{S}_k(N, N)\boldsymbol{Q}(N, N)$.

⑤ 计算总磁场能量 E_t 和总磁化强度 M_t.

⑥ 若步数 $k < m$, $k = k+1$, 返回③.

⑦ 计算每个网格的磁场能量和磁化强度.

⑧ 若链数 $i < n$, $i = i+1$, 返回②, 否则, 输出结果, 模拟结束.

马尔可夫链蒙特卡罗方法的独立随机行走抽样算法体现在③和④两步.

图 12.4 是网格自旋样本分布图, 白色网格表示向上自旋 $(s = +1)$, 黑色网格表示向下自旋 $(s = -1)$, 是在模拟时截取某一时刻网格自旋抽样结果. 在第 4 章中, 用辅助变量算法模拟统计物理的另一个模型 (Pott 模型), 有 8 个自旋方向. 本书作者对 20×20 网格模型, 模拟 5000 链, 每链 1000 步, 模拟计算得到每个网格的能量随温度变化、磁化强度随温度变化和磁化强度与能量关系, 如图 12.5~ 图 12.7 所示. 由能量和磁化强度随温度变化可以看到在温度 2~3K 发生相变过程. 在低温下磁化强度迅速收敛到热力学的极限值, 并在同一温度出现正和负的磁化强度. 在高温下, 磁化强度不为零. 伊辛模型的蒙特卡罗模拟, 可以得到清晰的物理图像.

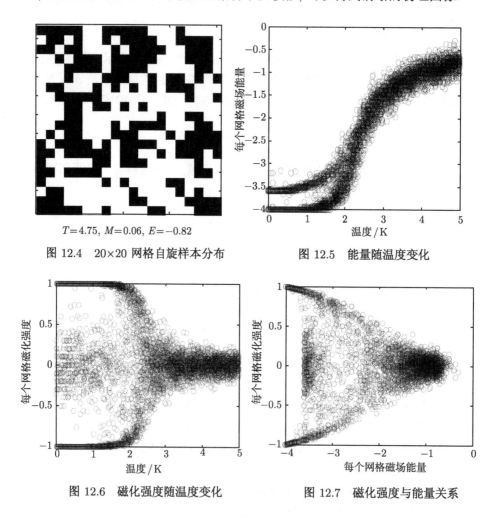

$T = 4.75$, $M = 0.06$, $E = -0.82$

图 12.4   20×20 网格自旋样本分布   图 12.5   能量随温度变化

图 12.6   磁化强度随温度变化   图 12.7   磁化强度与能量关系

12.4.4 规范场论模拟

K. G Wilson 建议把蒙特卡罗方法应用到格点规范场研究. 在裴鹿成等 (1989) 书中, 萨本豪介绍蒙特卡罗方法在格点规范场应用情况. 量子场论, 特别是量子规范场论, 是研究粒子物理的一种重要手段. 微扰规范场理论解决了许多重要问题, 取得了相当的成功. 但是非微扰规范场理论则遇到了发散等严重困难. 格点规范场理论为非微扰规范场理论的研究开辟了新途径. 蒙特卡罗方法可用来研究格点规范场理论, 形成研究热潮, 发展迅速. 真空期望值对于研究格点规范场理论起着很大的作用, 正像蒙特卡罗方法在计算系综平均的作用一样, 蒙特卡罗方法成为计算真空期望值的有力工具.

林立 (2005) 给出蒙特卡罗方法在量子场论计算中的应用. 量子场方程为

$$[\hat{\phi}(\boldsymbol{r}, t), \hat{\pi}(\boldsymbol{r}', t)] = \mathrm{i}\hbar\delta(\boldsymbol{r} - \boldsymbol{r}').$$

过去抽样方法一般使用梅特罗波利斯算法和热浴算法, 这些算法在实际计算时抽样效率很低, 因为随机产生的新场组态 $\{\phi\}$ 导致 $\exp(-S_E(\phi) - S_E(\phi_0))$ 的值很小, 转移接受概率很小, 使得新场组态几乎都不被接受, 从而一直停留在旧场组态上, 通常要经过一段很长的时间才会转移到一组新的场组态上.

针对梅特罗波利斯算法的缺点, 英国爱丁堡大学的一个研究小组, 1987 年提出杂交蒙特卡罗算法. 这个算法是利用古典力学中的哈密顿正则运动方程作为由旧的场组态 $\{\phi_0\}$ 产生新的场组态 $\{\phi\}$ 的运动方程, 一旦产生了新的场组态, 则以 $\exp(-S_E(\phi) - S_E(\phi_0))$ 作为概率来接受 $\{\phi\}$. 杂交蒙特卡罗算具有梅特罗波利斯算法的优点, 无系统偏差, 在实际计算中又没有梅特罗波利斯算法的缺点, 在有费米子场的问题中尤其是如此. 因此, 现在做量子场论问题非微扰计算时, 一般都是采用杂交蒙特卡罗算法. 杂交蒙特卡罗算法在本书第 4 章有详细介绍.

12.4.5 量子系统模拟

(1) 一维简谐振子变分量子蒙特卡罗模拟. 假设一定的质量、距离和能量单位, 以使定态薛定谔方程的动能算符成为 $-\nabla^2/2$, 因此一维简谐振子的定态薛定谔方程为

$$H\psi_n(x) = (-(1/2)\mathrm{d}^2/\mathrm{d}x^2 + x^2/2)\psi_n(x).$$

试探波函数 $\psi_{\mathrm{T}}(x) = \exp(-\alpha x^2)$, 局部能量为 $E_{\mathrm{L}}(x) = \alpha + x^2(1/2 - 2\alpha^2)$. 概率密度函数 $f(x) \propto \exp(-\alpha^2 x^4)$, 利用马尔可夫链蒙特卡罗方法的随机行走算法抽样, 建议概率密度函数 $q(|y - X|) = 1/2a$, a 为随机行走步长因子. 选取变分参数 α 为 0.4, 0.45, 0.5, 0.55, 0.6, 得到变分能量平均值的估计值为 0.513, 0.503, 0.5, 0.502, 0.508, 其方差为 0.009, 0.005, 0.0, 0.006, 0.013. 因此得到基态能量 $E_0 = 0.5$, 与精确解一致.

(2) 一维简谐振子路径积分量子蒙特卡罗模拟. 用路径积分量子蒙特卡罗方法计算一维简谐振子基态能量. 一维简谐振子的能量项为

$$(\varepsilon/\hbar)E(x_0, x_1, \cdots, x_N) = (\varepsilon/\hbar)\sum_{k=1}^{N}\left(((x_k - x_{k+1})/\varepsilon)^2 + x_k^2\right).$$

概率密度函数为

$$f(x_0, x_1, \cdots, x_N) = (1/Z)\exp\left(-(\varepsilon/\hbar)\sum_{k=1}^{N}\left(((x_k - x_{k+1})/\varepsilon)^2 + x_k^2\right)\right).$$

使用马尔可夫链蒙特卡罗方法的随机行走算法抽样, 接受概率为

$$\alpha(X, Y) = \min(1, f(Y)/f(X)) = \min(1, \exp(-\varepsilon\,\Delta E)),$$

式中, $\Delta E = E(Y_0, Y_1, \cdots, Y_N) - E(X_0, X_1, \cdots, X_N)$.

　　每次蒙特卡罗模拟相当于选取一条路径, 产生路径样本值: $X_0, X_1, \cdots, X_N$. 每选取一条路径, 计算一次能量项. 前后一条路径最多只有在一个时刻有不同的空间点. 每次模拟对被积函数为 $\delta(X - X_0)$ 进行计算, 经过多次模拟, 进行统计得到基态波函数平方 $|\psi_0(X_0, X_1, \cdots, X_N)|^2$ 的估计值, 再由解析算法计算基态能量 E_0. 一维简谐振子有精确解析解, 基态波函数 $\psi_0(x) = \exp(-x^2/2)$, 基态能量 $E_0 = 1/2$.

12.4.6　高分子科学模拟

　　高分子科学蒙特卡罗模拟被广泛应用在物理和化学领域. 杨玉良和张红东 (1993) 论述高分子科学蒙特卡罗模拟, 其特点是直接从高分子链构象出发导出蒙特卡罗模拟方法, 主要使用马尔可夫链蒙特卡罗抽样方法.

　　高分子模拟比一般分子模拟更为复杂, 即使是最简单的单个高分子链就可以被认为是一个热力学统计系综. 高分子链由大量的重复单元构成, 分子量在 $10^4 \sim 10^6$. 高分子链存在分子量概率分布和排列概率分布. 高分子链的构象数巨大, 构象统计十分复杂. 多官能团聚合反应的支化和凝胶化问题, 高分子链的热降解和辐射降解问题, 这些高分子物理问题需要用统计方法来处理. 由结构和性质复杂的个体堆砌而成的多链体系, 具有更复杂更深刻的统计内涵, 给理论研究带来巨大困难. 高分子科学存在大量可供蒙特卡罗模拟的随机性问题.

　　在随机行走模型中, 无限制随机行走模型和不倒退随机行走模型不适合于高分子链模拟, 只有自回避随机行走模型才适用. 高分子单链统计中的排除体积 (体斥效应) 问题, 曾经困扰高分子科学 30 多年. 排除体积问题就是自回避随机行走问题, 可建立自回避随机行走算法, 进行排除体积问题蒙特卡罗模拟. 高分子链构象的模拟方法有简单偏倚法、样本复制富集法、二聚法、扫描法、蛇行法和枢轴法等.

12.5 化学和生物学蒙特卡罗模拟

12.5.1 化学蒙特卡罗模拟

20 世纪以来, 化学的发展趋势逐渐变为由宏观到微观、由定性到定量、由稳定态到亚稳态的发展, 由经验逐渐上升到用理论来指导设计和开拓新的研究领域和思路. 同时, 在与其他自然科学的相互渗透过程中不断地产生新的研究方向. 也就是说化学向更加复杂的方向发展, 在系统方面, 呈现多组分、多反应和多物种的复杂性特征. 在结构上, 主要是多层次的有序高级结构. 过程上的复杂性主要体现在有复杂系统参加的化学反应中, 而复杂过程是由时空、有序地受控等一系列事件构成, 同时状态变化的复杂性又是过程复杂性的表现. 在这样的背景下, 常规的实验手段和实验水平已经不能完全满足理论研究的需要, 甚至很多方面的研究很难用现有的手段实现, 这就迫切需要一种新的技术来对实验方法进行补充和深化. 蒙特卡罗方法为化学研究提供一种新的手段, 蒙特卡罗方法可以很好地解决传统的推理演绎和实验方法不能满足理论研究的需要.

蒙特卡罗方法在化学上应用已经取得了可喜的进展, 蒙特卡罗模拟已成为化学理论计算的主要研究工具之一. 进入 20 世纪 90 年代, 蒙特卡罗方法在化学的各个领域都已成为研究前沿, 尤其是在实验和理论上解释都有一定困难的高聚物微观机理方面. 例如, 单链聚乙烯在特殊情况下化学键的参数, 支链含量和长度在共聚烯结晶中作用, 支链点对晶体的作用, 高分子凝胶网的溶胀平衡等方面的研究, 蒙特卡罗方法显示了其优越性. 代文彬和张运陶 (2007) 设计的蒙特卡罗法处理化学反应动力学程序, 用于模拟邻苯二甲酸二甲酯的碱性水解反应, 模拟结果与实验结果及常规化学反应动力学公式的计算结果相比较, 证明用蒙特卡罗模拟方法对于预测反应动力学具有较高的准确性. 周哲人, 梁得海, 左榘 (2001) 利用模拟程序研究溶剂对化学凝胶化过程的影响, 建立改进的晶格键流模型, 引进紧邻不饱和单元相互作用参数来描述溶剂的品质, 模拟的结果表明, 溶剂品质对凝胶化时间、簇平均时间、簇尺寸分布等有明显的影响.

谭子明和罗国安 (1987) 指出蒙特卡罗方法在化学中应用有: 液态化学中的平衡性质、量子化学计算、化学反应、表面化学性质、聚合物统计学计算、熔析过程、扩散过程、晶体生长、物性模型的模拟和检验、实验教据的误差分析和统计检验等.

化学实验模拟在第 15 章有专门介绍, 包括化学反应动力学模拟、聚合物降解模拟、聚合物构型模拟和凝胶化反应中溶剂效应模拟. 杨玉良和张红东 (1993) 介绍高分子化学问题蒙特卡罗模拟, 包括化学反应动力学模拟、缩聚反应动力学及其产物分子量分布模拟、自由基聚合反应模拟、反应–扩散体系模拟、共聚反应和序列分布模拟.

12.5.2　分子水平化学模拟

所谓分子模拟就是利用 12.2 节的统计系综蒙特卡罗方法, 在分子水平上对化学反应进行蒙特卡罗模拟. Frenkel 和 Smit(1996), 中文版 Frenkel 和 Smit 著, 汪文川等译 (2002), 讲述分子模拟算法和应用, 介绍分子模拟在化学领域的应用. 过去化学反应研究只属于化学实验研究, 分子模拟可以更好地把握化学反应的本质特征. 蒙特卡罗方法通过对体系各物系分子的质心坐标、分子空间定位以及分子构型进行随机扰动来产生体系的大量微观构型, 同时对这些大量微观构型进行随机抽样, 从而得到体系的热力学性质. 模拟化学反应的蒙特卡罗方法有如下方法:

(1) Coker 和 Watts(1981) 将巨正则系综蒙特卡罗方法修改, 模拟化学反应: $Br_2 + Cl_2 \Leftrightarrow 2BrCl$.

(2) D. A. Kofke 和 E.D. Glandt 校正 Coker 和 Watts 方法中的错误, 给出能计算化学平衡的半巨正则系综蒙特卡罗方法. 这两种方法需要计算化学势, 只适用于反应前后总分子数保持不变的情况.

(3) Shaw(1991) 对等温等压系综的化学反应进行计算, 避免计算化学势.

(4) Johnson(1994) 考虑到由于化学键的断裂和生成发生概率很小, 标准的梅特罗波利斯算法难收敛, 提出 RCMC 算法. 根据反应的化学计量学, 对作为蒙特卡罗移动一部分的正逆反应步骤直接抽样, 能迅速收敛到反应物和产物的平衡浓度, 从而克服收敛难的问题. RCMC 算法无须计算化学势, 能够模拟复杂的化学反应, 反应前后总分子数不守恒反应, 缔合流体的平衡性质以及混合物的相平衡和化学平衡.

(5) Smith 和 Triska(1994) 根据化学平衡原理, 从统计力学推导出一种算法, 称为反应系综蒙特卡罗 (REMC). 与 RCMC 不同的是将同一物种的相变也考虑的一种特殊反应.

彭璇, 黄世萍, 汪文川 (2003) 介绍纳米催化以及反应蒙特卡罗分子模拟的研究进展情况. 应用蒙特卡罗分子模拟方法来模拟化学反应, 尤其是孔内的化学反应, 是分子模拟领域比较前沿课题. 蒙特卡罗分子模拟方法从分子微观层次来观察催化材料的孔径大小、形状、表面非均匀性等性质以及温度、压强等变量对化学平衡和反应动力学的影响, 从而能更好地把握化学反应的本质特征.

(6) 流体构型能计算. 在化学理论计算中, 需要计算流体的构型能, 按照分子热力学, 流体内能的正则系综平均值为

$$u = (1/Q) \int \int \cdots \int E \exp(-E/kT) \mathrm{d}r_1 \mathrm{d}r_2 \cdots \mathrm{d}r_N,$$

式中, 配分函数 $Q = \int \int \cdots \int \exp(-E/kT)\mathrm{d}r_1\mathrm{d}r_2 \cdots \mathrm{d}r_N$. 流体内能的正则系综平均值是高维积分, 需要使用马尔可夫链蒙特卡罗方法.

12.5.3   生物分子结构模拟

刘军是旅美哈佛大学生物统计系教授. Liu(2001), 中译本为刘军著, 唐年胜等译 (2009). 此书讲述序贯蒙特卡罗方法和马尔可夫链蒙特卡罗方法及其应用, 偏重于蒙特卡罗模拟策略, 介绍蒙特卡罗方法在结构生物学和生物信息学的应用.

结构生物学是研究生物的分子结构, 生物学的分子是大分子长链高聚合物, 结构很复杂, 分子结构蒙特卡罗模拟是结构生物学最富有挑战性问题之一. 长链高聚合物分子的蒙特卡罗模拟由于其本身的复杂性以及其在生物学和化学中的重要性, 一直是生物学和化学领域的重大研究课题. 在研究诸如聚酯和聚乙烯等长链聚合物分子时, 长链聚合物分子模拟可用自回避随机游动模型来描述, 最初使用简单的自回避随机游动格点模型, 后来使用各种复杂的模型. 生物分子结构是高分子结构, 蛋白质分子是大分子的天然结构, 有基于网络结构的复杂模型.

Rosenbluth(1955) 及 Hammersley 和 Handscomb(1964) 提出长链聚合物分子蒙特卡罗模拟方法, 使用简单的自回避随机游动格点模型, 使用序贯蒙特卡罗方法. 由于序贯重要抽样的样本退化问题, 研究工作进展缓慢. Gordon, Salmond, Smith (1993), Kong, Liu, Wong(1994), Liu 和 Chen(1995), 他们在使用序贯重要抽样方法时, 引入重抽样, 发展成为序贯重要重抽样方法, 克服了样本权重退化问题, 序贯蒙特卡罗方法成为生物分子结构模拟的有效方法. 采用的模型有简单的液体模型、复杂的大分子模型和复杂的格点珠子模型.

(1) 液体模型. 能量函数为

$$U(\boldsymbol{x}) = \sum_{i,j} \Phi(|x_i - x_j|) = \sum_{i,j} \Phi(r_i r_j),$$

式中, $\Phi(\cdot)$ 称为 Lennard-Jones 配对潜能, $\Phi(r) = 4\varepsilon((\sigma/r)^{1/2} - (\sigma/r)^6)$, ε 为潜能势阱深度, σ 为分子直径.

(2) 大分子模型. Creighton(1993) 在蛋白质结构模拟时使用大分子模型. 能量函数为

$$U(\boldsymbol{x}) = \sum_{\text{键}}(\text{键项}) + \sum_{i,j} \left(\Phi(r_{i,j}) + q_i q_j / 4\pi\varepsilon_0 r_{ij} \right),$$

式中最后一项表示两个原子之间的静电作用. 键由三个键项组成, 键项为

$$\text{键项} = \sum_{\text{键}} k_i (l_i - l_{i,0})^2 / 2 + \sum_{\text{角}} k_i (\theta_i - \theta_{i,0})^2 / 2 + \sum_{\text{转矩}} \nu(\omega_i),$$

式中, l_i 是键长; θ_i 是键角; ω_i 是转矩角. 转矩项为

$$\nu(\omega) = V_n (1 + \cos(n\omega - \gamma)/2).$$

(3) 格点珠子模型. 结构生物学和生物物理学中最著名的问题是蛋白质折叠问

题, 就是采用格点珠子模型. 珠子序列的每一组态的能量函数为

$$U_n(\boldsymbol{x}_n) = -\sum_{|i-j|>1} c(x_i, x_j).$$

如果 x_i 和 x_j 为非键合的, 且珠子 i 和珠子 j 本身都是黑色的, 则 $c(x_i, x_j) = 1$; 否则 $c(x_i, x_j) = 0$. 目标概率分布为

$$f_n(\boldsymbol{x}_n) \propto \exp(-U_n(\boldsymbol{x}_n)/2).$$

12.5.4　生物信息学模拟

分子生物学的核心课题是遗传信息如何从 DNA 转移到 RNA 再转移到蛋白质的问题. 生物高分子 DNA, RNA 和蛋白质是生命的三种重要分子结构. DNA 是一种信息存储分子, 生物体的全部遗传信息都包含在染色体中. RNA 包含一系列微小的十分重要的功能, 拥有更为广泛的作用. 蛋白质是生命的工作分子, 由 20 种不同氨基酸残基组成的链, 负责生物的生命机能并构成多种生命结构, 所有蛋白质序列由基因的染色体片段编码而成. 人类和其他生物基因库, 储存丰富的公用的 DNA 和蛋白质序列数据, 需要挖掘和分析这些序列数据.

1. 寻找 DNA 序列的基序

分析生物序列数据的一个重要问题是找到多个蛋白质或 DNA 序列之间的相似性强的序列片段, 以便识别各种各样的蛋白质或 DNA 序列. 人们对识别蛋白质或 DNA 序列的共同模式感兴趣, 这种共同模式称为基序 (motif), 基序是相似的序列片段, 蛋白质或 DNA 序列出现基序, 表明这些蛋白质或 DNA 可能是功能或结构相关的. 可以使用序贯蒙特卡罗方法和马尔可夫链蒙特卡罗方法, 寻找蛋白质或 DNA 序列的基序.

2. 寻找 DNA 序列的重复基序

可以使用马尔可夫蒙特卡罗方法, 寻找生物序列的重复基序, 有探测隐基序的吉布斯抽样方法和数据增广基序抽样方法.

3. 种群遗传学中的推断

进化论认为随机突变事件可以改变个体生物的染色体, 这些改变可能会遗传给后代. 因此, 比较某个群体中随机抽取的样本的同源染色体组, 可以揭示这个群体进化过程的特性, 由此比较还可以得到一些与基因疾病相关的定位基因的重要信息. 近年来生物技术发展提供大量的 DNA 序列数据, 有利于进化论研究和验证. 为进行种群遗传学中的推断, 建立一个简单的人口统计模型, 它基于同源 DNA 片段的比较, 来推断不同物种之间的关系. 根据此模型, 进行最大似然推断, 但是计算似然值没有解析解, 只能进行近似计算, 近似计算方法可以使用序贯蒙特卡罗方法.

12.5.5　分子马达模拟

分子马达是由生物大分子构成并利用化学能进行机械做功的纳米系统. 天然的分子马达, 如驱动蛋白、RNA 聚合酶、肌球蛋白等, 在生物体内参与了胞质运输、DNA 复制、细胞分裂、肌肉收缩等一系列重要生命活动.

有人从朗之万方程出发, 对多分子马达输运过程中的货物速度进行了修正, 得到了货物速度和马达个数的关系, 修正以后的结果与试验值符合得相当好, 为多分子马达输运机制的研究提供了新的思路和方法, 朗之万方程可用蒙特卡罗模拟.

Singh, Mallik, Gross (2005) 对单分子细胞质动力蛋白建立蒙特卡罗模拟方法. 肌球蛋白 VI(myosin VI) 是肌球蛋白的一种, 李晨璞, 支雄莉, 韩英荣 (2010) 根据肌球蛋白 VI 分子马达头部核苷的变化建立一个四态循环过程, 利用单分子细胞质动力蛋白蒙特卡罗模拟方法, 模拟肌球蛋白 VI 定向运动的动力学性质, 定向运动速度, 滞留时间与溶液中 ATP 浓度、ADP 浓度和负载力 F 的关系. 定向梯跳运动模拟结果与一些实验大致吻合.

参 考 文 献

包景东. 2009. 经典和量子耗散系统的随机模拟方法. 北京: 科学出版社.

宾德, 赫尔曼. 1995. 统计物理学中的蒙特卡罗模拟方法. 秦克诚, 译. 北京: 北京大学出版社.

代文彬, 张运陶. 2007. Monte Carlo 化学动力学程序的 MATLAB 实现及其应用. 西华师范大学学报 (自然科学版), 28(1): 103-107.

赫尔曼. 1996. 理论物理学中的计算机模拟方法. 秦克诚, 译. 北京: 北京大学出版社.

李晨璞, 支雄莉, 韩英荣. 2010. 肌球蛋白 VI 定向运动的蒙特卡罗模拟. 生物学杂志, 27(3): 8-12.

林立. 2005. 随机过程在量子场论计算中的应用. 台湾物理双月刊, 27(3): 500-504.

刘军. 2009. 科学计算中的蒙特卡罗策略. 唐年胜, 等译. 北京: 高等教育出版社.

裴鹿成. 1989. 计算机随机模拟. 长沙: 湖南科学技术出版社.

彭璇, 黄世萍, 汪文川. 2003. 纳米催化以及反应蒙特卡罗分子模拟研究进展. 计算机与应用化学, 20(2): 861-866.

谭子明, 罗国安. 1987. 蒙特卡罗方法及其在化学中的应用. 计算机与应用化学, 4(1): 68-73.

杨玉良, 张红东. 1993. 高分子科学中的 Monte Carlo 方法. 上海: 复旦大学出版社.

姚姚. 1997. 蒙特卡洛非线性反演方法及应用. 北京: 冶金工业出版社.

张孝泽. 1990. 蒙特卡罗方法在统计物理中的应用. 郑州: 河南科学技术出版社.

周哲人, 梁得海, 左榘. 2001. 凝胶化反应中溶剂效应的计算机模拟. 高分子材料科学与工程, 17(5): 16-19.

Frenkel D, Smit B. 2002. 分子模拟 —— 从算法到应用. 汪文川, 等译. 北京: 化学工业出版社.

Anderson J B. 2007. Quantum Monte Carlo Origins, Developmment, Applications. Oxford: Oxford University Press.

Binder K, Heerman D W. 1987. Monte Carlo Simulation in Statistical Physics-An Introduction. New York: Springer Verlag.

Binder K, Heerman D W. 1997. Monte Carlo Simulation in Statistical Physics-An Introduction. 3th ed. New York: Springer Verlag.

Binder K, Heerman D W. 2002. Monte Carlo Simulation in Statistical Physics-An Introduction. 4th ed. New York: Springer Verlag.

Binder K, Heerman D W. 2010. Monte Carlo Simulation in Statistical Physics-An Introduction. 5th ed. New York: Springer Verlag.

Creighton T E. 1993. Proteis: Structures and Molecular Properties 2nd ed. W H Freeman, New York.

Creutz M. 1983. Microcanonical Monte Carlo simulation. Phys. Rev. Lett., 50:1411-1414.

Feynman R P, Hibbs A R. 1965. Quantum Mechanics and Path Integrals. New York: McGraw Hill.

Frenkel D, Smit B. 1996. Understanding Molecular Simulation——From Algorithrms to Applications. New York: Academic Press.

Gordon N J, Salmond D J, Smith A F M. 1993. Novel approach to nonlinear/non-Gaussian Bayesian state estimation. IEE Proceedings on Radar and Signal Processing, 140(2): 107-113.

Hammersley J M, Handscomb D C. 1964. Monte Carlo Methods. London: Methuen.

Heerman D W. 1986. Computer Simulation Methods in Theoretical Physics. Berlin, Heidelberg: Springer Verlag.

Honeycutt R L. 1992. Stochastic Runge-Kutta algorithms. I. White noise, II. Colored noise. Phys. Rev. A, 45: 600-604.

Johnson J K, Panagiotopoulos A Z, Gubbins K E. 1994. Reactive canonical Monte Carlo:A new simulation technique for reacting or associating fluids. Mol. Phys., 81: 717-733.

Kalos M H, Levesque D, Verlet L. 1974. Helium at zero temperature with hard-sphere and other forces. Physical Review A 9: 2178.

Kalos M H, Pederiva F. 2000. Exact Monte Carlo method for continuum fermion system. Physical Review Letters, 85: 3547.

Kalos M H, Whitlock P A. 1986. Monte Carlo Methods, volume 1: Basics. New York: John Wiley.

Kalos M H, Whitlock P A. 2008. Monte Carlo Methods. 2nd ed. New York: John Wiley.

Kalos M H. 1962. Monte Carlo calculations of the ground state of three and four body nuclei. Phys. Rev., 128: 1791-1795.

Kong A, Liu J S, Wong W H. 1994. Sequential imputations and Bayesian missing data problems. Jurnal of the American Statistical Association 89(425):278-288.

Landau D P, Binder K. 2005. A Guide to Monte Carlo Simulation in Statistical Physics. 2nd ed. Cambridge: Cambridge University Press.

Liu J S, Chen R. 1995. Blind deconvolution via sequential imputations. Journal of the American Statistical Association 90(430): 567-576.

Liu J S. 2001. Monte Carlo Strategies in Scientific Computing. New York: Springer Verlag.

McDonald I R. 1972. NpT-ensemble Monte Carlo calculations for binary liquid mixtures. Mol. Phys., 23: 41-58.

McMillan W L. 1965. Ground state of liquid ^{4}He. Phys. Rev. (A), 138: 442-451.

Metropolis N, Rosenbluth A W, Rosenbluth M N, Teller A H, Teller E. 1953. Equation of State calculation by fast computing machines. Journal of Chemical Physics, 21(6): 1087-1092.

Norman G E, Filinov V S. 1969. Investigation of phase transitions by a Monte Carlo method. High Temp. (USSR), 7: 216-222.

Pollock E L, Ceperley D M. 1984. Simulation of quantum many body systems by path integral methods. Phys. Rev. (B), 30: 2555-2568.

Reynolds P J, Ceperley D M, Alder B J, Lester W A. 1982. Jr.Fixed-node quantum Monte Carlo for molecules. J. Chem. Phys. 77: 5593-5603.

Rosenbluth M N, Rosenbluth A W. 1955. Monte Carlo calculation of the verage extension of molecular chains. Journal of Chemical Physics, 23(2): 356-359.

Shaw M S. 1991. Monte Carlo simuation of equilibrium chemical composition of molecular fluid mixtures in the Natomap Tcnsemble. J. Chem. Phys., 94: 7550-7553.

Singh M P, Mallik R, Gross S P. 2005. Monte Carlo modeling of single molecu le cytoplasmic dynein. PNAS, 102(34): 12059-12064.

Smith W R, Triska B. 1994. Reaction ensemble method for the computer simulation of chemical Phase equiliibria, Theory and basic examples. J. Chem. Phys., 100: 3019.

Wood W W. 1968. Monte Carlo calculations for hard disks in the isothermal-isobaric ensemble. J. Chem. Phys., 23: 41-58.

第13章　统计学和可靠性模拟

13.1　传统统计学方法的困境和出路

13.1.1　统计模型的困难

由于统计学研究对象的复杂性, 在统计模型和统计推断两个方面, 传统统计学方法都遇到了困难. 在统计模型方面的困难是出现了删失数据模型、混合模型和移动平均模型等复杂模型, 这些复杂模型的统计推断用传统统计学方法无法解决.

1. 删失数据模型

例如随机变量 X 服从正态分布 $N(\theta, \sigma^2)$, 随机变量 Y 服从正态分布 $N(\mu, \tau^2)$, 删失数据变量 $Z = X \wedge Y = \min(X, Y)$, 删失数据变量 Z 的概率分布为

$$f(z) = (1 - \Phi((z - \theta)/\sigma))\varphi((z - \mu)/\tau)/\tau + (1 - \Phi((z - \mu)/\tau))\varphi((z - \theta)/\sigma)/\sigma,$$

式中, $\varphi(\cdot)$ 是标准正态分布 $N(0,1)$ 的密度函数; $\Phi(\cdot)$ 是标准正态分布的累积分布函数, 是不容易计算的概率积分. 又如随机变量 X 服从韦伯分布 $We(\alpha, \beta)$, 删失数据变量 $Z = X \wedge \omega = \min(X, \omega)$, ω 为常数, 删失数据变量 Z 的概率分布为

$$f(z) = \alpha\beta \, z^{\alpha-1} \exp(-\beta \, z^\alpha) I_{z \leqslant \omega} + \delta_\omega(z) \int_\omega^\infty \alpha\beta \, x^{\alpha-1} \exp(-\beta \, x^\alpha) dx,$$

式中, $I_{z \leqslant \omega}$ 为示性函数, $\delta_\omega(z)$ 为狄拉克函数, 删失数据变量 Z 的概率分布是不容易计算的积分. 由于模型数据部分删失, 删失数据变量没有解析表达式, 使得很难计算似然函数, 因此传统统计推断的数值方法很难处理模型删失数据问题.

2. 混合模型

混合模型是概率分布的混合, 混合模型为

$$f(\boldsymbol{x}) = \prod_{i=1}^n \{p_1 f_1(x_i) + \cdots + p_k f_k(x_i)\},$$

似然函数为

$$L(\boldsymbol{\theta}|\boldsymbol{x}) = \sum_{j=1}^k \prod_{i=1}^n f_j(x_i|\boldsymbol{\theta}).$$

混合模型的最大似然估计的传统数值方法需要计算似然函数, 计算量的阶为 $O(k^n)$, 当 k 或 n 很大时, 计算量呈指数剧增. 似然函数包含 k^n 项, 当 $k = 2$, 样本数 $n = 100$

时, 似然函数计算量的阶为 $O(2^n) = O(4 \times 10^{22})$, 目前巨型计算机的速度为每秒 10^{16} 次, 需要计算 100 万年. 当 k 和 n 更大时, 需要无限的计算时间, 数值方法是永远无法完成的. 因此很难使用统计推断的传统数值方法做大样本分析, 因此大数据处理遇到了困难.

3. 移动平均模型

移动平均模型是多元自回归模型 $\mathrm{MA}(q)$, 移动平均模型为

$$X_t = \varepsilon_t + \sum_{j=1}^q \beta_j \varepsilon_{t-j}, \quad t = 0, \cdots, n,$$

观测样本为 $(X_0, \cdots, X_n)$, 当 $n > q$ 时, 样本的概率密度函数为

$$
\begin{aligned}
f(\boldsymbol{x}) = \int_{R^q} & \sigma^{-(n+q)} \prod_{i=1}^q \varphi(\varepsilon_{-i}/\sigma) \varphi((x_0 - \sum_{i=1}^q \beta_i \varepsilon_{-i})/\sigma) \\
& \times \varphi((x_1 - \beta_1 \hat{\varepsilon}_0 - \sum_{i=2}^q \beta_i \varepsilon_{1-i})/\sigma) \\
& \times \cdots \times \varphi((x_n - \sum_{i=1}^q \beta_i \varepsilon_{n-i})/\sigma) d\varepsilon_{-1} \cdots d\varepsilon_{-q},
\end{aligned}
$$

式中, $\hat{\varepsilon}_0 = x_0 - \sum_{i=1}^q \beta_i \varepsilon_{-i}, \hat{\varepsilon}_1 = x_1 - \sum_{i=2}^q \beta_i \varepsilon_{1-i} - \beta_1 \hat{\varepsilon}_0, \cdots, \hat{\varepsilon}_n = x_n - \sum_{i=1}^q \beta_i \hat{\varepsilon}_{n-i}$. 样本的概率密度函数是一个高维积分, 其中 $\hat{\varepsilon}_i$ 又是一个迭代过程, 当 $i = -q, -(q-1), \cdots, -1$ 时, 扰动 ε_{-i} 可能是缺失数据, 因此移动平均模型很难进行数值解析计算.

13.1.2 统计推断的困难

1. 最大似然估计的困难

频率学派的统计推断是根据总体和样本的信息推断总体参数, 称为最大似然估计. 总体 X 分布 $f(x|\boldsymbol{\theta})$, 总体参数 $\boldsymbol{\theta} = (\theta_1, \theta_2 \cdots, \theta_m)$. 样本 $\boldsymbol{x} = (x_1, x_2, \cdots, x_n)$, 样本个体分布写成 $f(x_i|\theta)$. 样本独立同分布, 当 $X_1 = x_1, \cdots, X_n = x_n$ 时, 样本的联合分布 $f(\boldsymbol{x}|\theta)$ 值称为似然函数 $L(\boldsymbol{\theta}|\boldsymbol{x})$, 似然函数

$$L(\boldsymbol{\theta}|\boldsymbol{x}) = f(x_1, \cdots, x_n|\boldsymbol{\theta}) = \prod_{i=1}^n f(x_i|\boldsymbol{\theta})$$

是参数 $\boldsymbol{\theta}$ 的函数, 它综合了总体和样本的信息. "似然" 是 "likelihood" 的文言文翻译, 白话文是 "可能" 意思. 似然函数 $L(\boldsymbol{\theta}|\boldsymbol{x})$ 表示总体参数 $\boldsymbol{\theta}$ 的可能取值. 最大似然估计是使似然函数 $L(\boldsymbol{\theta}|\boldsymbol{x})$ 达到最大的参数 $\boldsymbol{\theta}$ 值作为参数 $\boldsymbol{\theta}$ 的估计. 最大似然估计的最优化问题表示为

$$\hat{\boldsymbol{\theta}} = \arg \max L(\boldsymbol{\theta}|\boldsymbol{x}).$$

传统最大似然估计方法是用数值方法求解最优化问题, 但是很多实际的统计问题, 模型比较复杂, 随机因素影响很大, 数值最优化方法很难解决, 传统最大似然估计

遇到数值最优化的困难, 数值最优化方法无法解决随机优化问题, 需要使用蒙特卡罗模拟方法.

2. 贝叶斯估计的困难

贝叶斯学派的统计推断是根据总体、先验和样本的信息推断总体参数, 称为贝叶斯估计. 总体 X 分布 $f(x|\theta)$, 总体参数 $\theta = (\theta_1, \theta_2, \cdots, \theta_m)$, 总体参数的先验分布为 $f(\theta)$, 样本 $\boldsymbol{x} = (x_1, x_2, \cdots, x_n)$, 样本个体分布写成 $f(x_i|\theta)$. 样本独立同分布, 样本 x 的联合分布 $f(x|\theta)$ 值, 称为似然函数 $L(\theta|\boldsymbol{x})$, 它综合了总体和样本的信息, 因此, 似然函数 $L(\boldsymbol{\theta}|\boldsymbol{x})$ 为

$$L(\boldsymbol{\theta}|\boldsymbol{x}) = f(x, \cdots, x_n|\boldsymbol{\theta}) = \prod_{i=1}^{n} f(x_i|\boldsymbol{\theta}).$$

根据贝叶斯定理, 总体参数 θ 的后验分布为

$$f(\boldsymbol{\theta}|\boldsymbol{x}) = \frac{L(\boldsymbol{\theta}|\boldsymbol{x})f(\boldsymbol{\theta})}{\int L(\boldsymbol{\theta}|\boldsymbol{x})f(\boldsymbol{\theta})d\boldsymbol{\theta}} = \frac{L(\boldsymbol{\theta}|\boldsymbol{x})f(\boldsymbol{\theta})}{m(\boldsymbol{x})} = c(\boldsymbol{x})L(\boldsymbol{\theta}|\boldsymbol{x})f(\boldsymbol{\theta}),$$

式中, $m(\boldsymbol{x}) = \int L(\boldsymbol{\theta}|\boldsymbol{x})f(\boldsymbol{\theta})d\boldsymbol{\theta}$ 是 $\boldsymbol{X}$ 的边缘分布, 称为规范化常数; $c(\boldsymbol{x}) = 1/m(\boldsymbol{x})$, 称为归一化常数. 如果 $m(\boldsymbol{x})$ 积分积不出来, 又无解析表达式, 因此规范化常数 $m(\boldsymbol{x})$ 和归一化常数 $c(\boldsymbol{x})$ 是未知的. 后验分布写成核的形式: $f(\boldsymbol{\theta}|\boldsymbol{x}) \propto L(\boldsymbol{\theta}|\boldsymbol{x})f(\boldsymbol{\theta})$, 是不完全已知概率分布. 贝叶斯估计是总体参数 θ 的估计, 总体参数 θ 的估计为

$$\hat{\boldsymbol{\theta}} = \int_{\Theta} \boldsymbol{\theta} f(\boldsymbol{\theta}|\boldsymbol{x})d\boldsymbol{\theta}.$$

贝叶斯估计传统数值方法的困难是数值积分困难, 首先要计算边缘分布 $m(\boldsymbol{x})$ 的积分, 得到后验分布 $f(\theta|\boldsymbol{x})$, 然后再计算参数 θ 估计的积分. 如果参数 θ 是多维向量, 则这两个积分都是高维积分, 所以传统贝叶斯估计遇到最大的困难是边缘分布和参数估计的高维积分计算的困难. 高维积分的数值方法, 其误差随着积分维数的增加而迅速增长, 无法得到高维积分结果, 这称为高维灾难或高维诅咒. 贝叶斯推断虽然模式简单, 概率形式优美, 但是遇到了高维积分困难, 曾经成为贝叶斯估计应用的瓶颈, 一度陷入困境, 很长时间困扰着贝叶斯估计的应用, 发展受到制约.

13.1.3　蒙特卡罗统计学方法

蒙特卡罗方法与统计学有着紧密的联系, 序贯蒙特卡罗方法就是吸收统计学的序贯抽样思想发展起来的. 可是很长一个时期, 统计学并没有吸收蒙特卡罗方法的研究成果. 20 世纪 50 年代, Metropolis,et al (1953) 提出的梅特罗波利斯算法标志蒙特卡罗方法在统计物理学应用的开始, 此后形成持续不断研究热潮. 直到 90 年

代, 由于传统统计学方法的困难, 蒙特卡罗方法在统计学的应用才逐渐开展起来, 蒙特卡罗方法在统计学应用比在统计物理学应用晚了 40 年. 是统计模型和统计推断的困难孕育了蒙特卡罗统计学方法. 英国剑桥大学 Spiegelhalter,et al (1995) 开发出贝叶斯估计软件 WinBUGS, 后来发展成 OpenBUGS. 许多欧美统计学者, 法国巴黎大学统计学教授 C. P. Robert、美国佛罗里达州立大学统计学教授 G.Casella 和美国哈佛大学统计学教授刘军等一批统计学家, 做了大量的研究工作. 经过 20 多年的发展, 蒙特卡罗方法对统计学产生了深刻的影响, 统计学方法发生了历史性变化, 贝叶斯估计走出困境, 获得新生, 走向复兴, 开辟了广阔的应用前景, 蒙特卡罗统计学方法已经成为统计学的常用工具. Gentle(2000) 对统计学的蒙特卡罗方法有一般描述. Robert,Casella(2002,2005) 的书名取为 "蒙特卡罗统计学方法", Robert,Casella(2010) 介绍用 R 语言进行蒙特卡罗统计模拟, 给出很多算例和模拟结果. 蒙特卡罗统计学产生了海量文献和一些新算法, 例如蒙特卡罗期望最大化算法、完备化吉布斯算法、混合吉布斯算法、数据增广算法、可逆跳跃算法和总体蒙特卡罗算法. 出现了一些应用广泛的工具软件, 例如贝叶斯估计软件 OpenBUGS、自适应 MCMC 算法软件包 AMCMC 和宇宙学总体蒙特卡罗算法软件包 CosmoPMC. 这些算法和工具软件推动 MCMC 方法发展.

由于规范化常数和归一化常数未知, 后验分布只好写成核的形式, 是不完全已知概率分布, 完全已知概率分布的直接抽样方法是无能为力的, 只能使用马尔可夫链蒙特卡罗抽样方法 (MCMC), 所以 MCMC 抽样方法是蒙特卡罗统计学方法的核心.

13.1.4 缺失数据模型处理方法

删失数据模型的困难是删失数据带来的统计推断困难, 混合模型的困难是似然函数计算量太大. 克服传统统计模型的困难是寻找一种处理方法, 称为删失数据模型处理方法和混合模型处理方法. 一般模型是指不需要处理就可以直接使用蒙特卡罗方法的统计模型, 缺失数据模型是指需要利用处理方法才能使用蒙特卡罗方法的统计模型. 缺失数据模型之所以不能直接使用吉布斯算法, 是因为不能直接推导出后验分布的全条件概率分布.

1. 处理方法与统计模型和算法的关系

一般模型可以直接使用最大似然估计的最优化蒙特卡罗算法、贝叶斯估计的吉布斯算法和 M-H 算法. 缺失数据模型包括删失数据模型和混合模型, 删失数据模型处理方法用于最大似然估计的蒙特卡罗期望最大化算法和贝叶斯估计的吉布斯算法; 混合模型处理方法用于贝叶斯估计的吉布斯算法. 处理方法与统计模型类型和蒙特卡罗算法有关, 其关系见图 13.1.

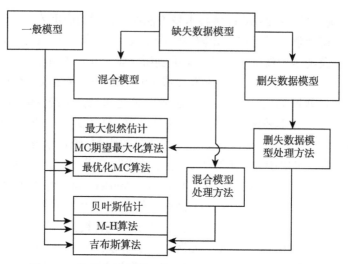

图 13.1　处理方法与统计模型类型和蒙特卡罗算法关系

2. 辅助变量算法

随机变量 x 的概率分布为 $f(x)$, 引入辅助变量 z 作为潜变量, 如果把概率分布 $f(x)$ 写成边缘分布:

$$f(x) = \int_Z f(x, z) dz,$$

则满足上式关系的联合分布 $f(x, z)$ 称为边缘分布 $f(x)$ 的完备化. 在此情况下, 可用联合分布 $f(x, z)$ 抽样代替边缘分布 $f(x)$ 抽样, 因此称为去边缘化. 这就是辅助变量算法, 也称为去边缘化算法. 辅助变量 z 认为是缺失数据, 因此也称为缺失数据模型. 当模型存在缺失数据时, 处理方法是引入表征缺失数据的潜变量 z. 完全数据 (x, z) 是观测数据 x 与缺失数据 z 的混合, 得到完全数据的联合概率分布, 从联合概率分布 $f(x, z)$ 抽样, 得到观测数据 x 和缺失数据 z 的样本值. 因此, 辅助变量算法解决了缺失数据模型的概率分布抽样问题. 在有参数 θ 的条件下, 边缘分布写为

$$f(x|\theta) = \int_Z f(\mathbf{x}, z|\theta) dz,$$

可用联合分布 $f(x, z|\theta)$ 抽样代替边缘分布 $f(x|\theta)$ 抽样.

3. 最大似然估计删失数据模型处理方法

最大似然估计删失数据模型处理方法是根据辅助变量算法, 得到完全数据 (x, z) 联合概率分布 $f(x, z|\theta)$, 潜变量 z 的条件概率分布为

$$f(z|\theta, x) = f(x, z|\theta)/f(x|\theta),$$

继而得到完全数据似然函数为 $L^c(\boldsymbol{\theta}|\boldsymbol{x}, \boldsymbol{z})$,

$$L^c(\boldsymbol{\theta}|\boldsymbol{x}, \boldsymbol{z}) = \prod_{i=1}^{n} f(x_i, z_i|\boldsymbol{\theta}).$$

观测数据的似然函数可以写为

$$L(\boldsymbol{\theta}|\boldsymbol{x}) = E[L^c(\boldsymbol{\theta}|\boldsymbol{x}, \boldsymbol{z}] = \int_{\boldsymbol{z}} L^c(\boldsymbol{\theta}|\boldsymbol{x}, \boldsymbol{z}) f(\boldsymbol{z}|\boldsymbol{\theta}, \boldsymbol{x}) d\boldsymbol{z}.$$

删失数据模型处理方法用于最大似然估计的蒙特卡罗期望最大化算法.

4. 贝叶斯估计吉布斯算法删失模型处理方法

根据辅助变量算法, 可以比较容易地推导出全条件概率分布, 就可以使用吉布斯算法.

(1) 两级吉布斯算法情况

完全数据的概率分布 $f(\boldsymbol{x}, \boldsymbol{z}|\boldsymbol{\theta})$ 是任意的, 可以选取为全条件概率分布. 随机变量 $\boldsymbol{X}$ 不是从观测数据分布 $f(\boldsymbol{x}|\boldsymbol{\theta})$ 抽样, 而是从完全数据的概率分布 $f(\boldsymbol{x}, \boldsymbol{z}|\boldsymbol{\theta})$ 抽样, 也就是从全条件概率分布抽样. 例如, 多项分布为

$$X \sim M_4\left(n; p_1, p_2, p_3, p_4\right) = M_4\left(n; 1/2 + \theta/4, (1-\theta)/4, (1-\theta)/4, \theta/4\right),$$

潜变量 $z = x_1 + x_2$, 完全数据的概率分布 $f(\boldsymbol{x}, z|\boldsymbol{\theta})$ 为

$$(z, x_1 - z, x_2, x_3, x_4) \sim M_5\left(n; 1/2, \theta/4, (1-\theta)/4, (1-\theta)/4, \theta/4\right).$$

先验分布为均匀分布 $f(\theta) = 1$, 可推导出参数 θ 和删失数据 z 的全条件概率分布为

$$\theta|z, x \sim Beta(z + x_4 + 1, x_2 + x_3 + 1),$$
$$z|\theta, x \sim Bin(x_1, \theta/(2+\theta)).$$

(2) 多级吉布斯算法情况

根据辅助变量算法, 概率分布 $f(\boldsymbol{x}, \boldsymbol{z})$ 是任意的, 可选取为全条件概率分布, 在吉布斯算法中, 用 $f(\boldsymbol{x}, \boldsymbol{z})$ 取代 $f(\boldsymbol{x})$, 因此随机变量 $\boldsymbol{X}$ 不是从观测数据分布 $f(\boldsymbol{x})$ 抽样, 而是从完全数据的概率分布 $f(\boldsymbol{x}, \boldsymbol{z})$ 抽样, 也就是从全条件概率分布抽样. 令 $\boldsymbol{y} = (\boldsymbol{x}, \boldsymbol{z}) = (y_1, \cdots, y_p), p \geqslant 2$, 去边缘化后, 得到密度函数 $f(\boldsymbol{y}) = f(\boldsymbol{x}, \boldsymbol{z})$ 的全条件概率分布为

$$f(y_j|y_{-j}) = f(y_j|y_1, \cdots, y_{j-1}, y_{j+1}, \cdots, y_p), \quad j = 1, \cdots, p.$$

$f(y_j|y_{-j})$ 就是完全数据 $y = (x, z)$ 的概率分布. 两级和多级吉布斯算法的抽样方法在后面 13.3.1 节给出. 抽样得到观测数据 $\boldsymbol{x}$ 和删失数据 $\boldsymbol{z}$ 的样本值, 则得到样本联合分布 $f(\boldsymbol{x}, \boldsymbol{z}|\boldsymbol{\theta})$, 也就是似然函数 $L(\boldsymbol{x}, \boldsymbol{z}|\boldsymbol{\theta})$. 再由先验分布, 根据贝叶斯定理, 写出后验分布, 继而可以导出参数 $\boldsymbol{\theta}$ 和删失数据 $\boldsymbol{z}$ 的全条件概率分布.

5. 贝叶斯估计吉布斯算法混合模型处理方法

混合模型可以表示为缺失数据模型, 作为缺失数据模型来处理. 混合模型处理方法是根据辅助变量算法, 比较容易推导出参数和潜变量的全条件概率分布, 因此可以使用吉布斯算法.

令 $f(\cdot|\xi_j)$ 是带有未知参数 ξ_j 的参数化概率密度函数, 由混合分布

$$\sum_{j=1}^{k} p_j f(x|\xi_j),$$

给定样本 $\boldsymbol{x} = (x_1, \cdots, x_n)$. 当潜变量 $z_i \in \{1, \cdots, k\}$ 时, 辅助变量算法的去边缘化是使得潜变量 Z_i 和样本变量 X_i 的概率分布满足

$$z_i \sim M_k(1; \omega_1, \cdots, \omega_k), \quad x_i|z_i \sim f(x|\xi_{z_i}),$$

式中, $\sum_{j=1}^{k} \omega_j = 1$. 对两级吉布斯算法情况, 后验分布潜变量 Z_i 和样本变量 X_i 的全条件概率分布为

$$f(z_i = j|\boldsymbol{x}, \xi) \propto p_j f(x_i|\xi_j), \quad i = 1, \cdots, n, j = 1, \cdots, k, \quad x_i|z_i \sim f(x|\xi_{z_i}).$$

例如两正态分布混合模型为

$$pN(\mu_1, \sigma^2) + (1-p)N(\mu_2, \sigma^2).$$

假定参数 (μ_1, μ_2) 的先验分布为 $N(0, v^2\sigma^2)$, 其中 v^2 已知. 后验分布潜变量 Z_i 和样本变量 X_i 的全条件概率分布为

$$f(z_i = 1) = 1 - f(z_i = 2) = p, \quad x_i|z_i = k \sim N(\mu_k, \sigma^2).$$

因此可以使用两级吉布斯算法.

13.2　最大似然估计模拟

13.2.1　一般统计模型最大似然估计模拟

一般统计模型, 包括一般统计分布、线性回归模型和混合模型等, 最大似然估计可以直接使用最优化蒙特卡罗算法. 本书第 5 章的最优化蒙特卡罗方法, 许多算法可以利用, 特别是模拟退火算法更为有效.

1. 线性回归模型最大似然估计

观测值 (x_i, y_i) 和误差 ε_i 都是随机变量, 参数为 a, b, 线性回归模型为

$$y_i = ax_i + b + \varepsilon_i, \quad i = 1, 2, \cdots, n.$$

最小二乘估计是求距离最小化的参数 a, b, 距离为

$$R = \sum_{i=1}^{n} (y_i - ax_i - b)^2.$$

误差 ε_i 服从正态分布 $N(0, \sigma^2)$, $Y_i|x_i$ 服从正态分布 $N(ax_i + b, \sigma^2)$, 对数似然函数为

$$L(a, b, \sigma|x_i, y_i) = \log(\sigma^{-n}) - \sum_{i=1}^{n} (y_i - ax_i - b)^2/2\sigma^2.$$

最小二乘的线性回归模型最大似然估计为

$$(a^*, b^*, \sigma^*) = \arg\max(\log(\sigma^{-n}) - \sum_{i=1}^{n} (y_i - ax_i - b)^2/2\sigma^2).$$

最优化蒙特卡罗算法模拟可以得到参数 a, b, σ 的估计值.

2. 混合模型最大似然估计模拟

多分布混合模型最大似然估计为

$$\boldsymbol{\theta}^* = \arg\max L(\boldsymbol{\theta}|\boldsymbol{x}) = \arg\max \sum_{j=1}^{k} \prod_{i=1}^{n} f_j(x_i|\boldsymbol{\theta}).$$

可用最优化蒙特卡罗方法求解最优化, 优化的目标函数就是似然函数. 模拟退火算法求解最优化, 只是从似然函数的概率分布抽样获得样本值, 不需要计算似然函数, 因此避开了传统数值方法似然函数计算量大的困难. 例如两正态分布混合模型为

$$0.25N(\mu_1, 1) + 0.75N(\mu_2, 1),$$

对数似然函数为

$$L(\mu_1, \mu_2|x_i) \propto \prod_{i=1}^{n} \log\{0.25\varphi(x_i - \mu_1) + 0.75\varphi(x_i - \mu_2)\},$$

式中 φ 是标准正态分布 $N(0, 1)$ 的密度函数. 最大似然估计为

$$(\mu_1^*, \mu_2^*) = \arg\max \prod_{i=1}^{n} \log\{0.25\varphi(x_i - \mu_1) + 0.75\varphi(x_i - \mu_2)\}.$$

利用模拟退火算法求解最大似然估计, 建议概率分布 $q(\nu_t|\mu_t)$ 为正态分布. 使用 R 语言编程. 由两正态混合分布产生 $n = 500$ 个大样本数据. 给定等高线参数, 计算密度函数的等高线数据点. 参数 $\mu = (\mu_1, \mu_2)$ 的初始值服从均匀分布 $U(-2, 5)$. 模

拟退火温度方案 $T_t = 1/10 \log(1+t)$. 两正态分布混合模型密度函数为 $f(\mu_t)$, 接受概率为

$$\alpha(\mu_t, \nu_t) = \min[f(\nu_t)q(\mu_t|\nu_t)/f(\mu_t)q(\nu_t|\mu_t), 1].$$

模拟退火算法如下:

① 从均匀分布 $U(-2, 5)$ 抽样, 得到参数的初始值 μ_0.

② 按照模拟退火温度方案选取退火温度 T_t.

③ 从建议概率分布 $q(\nu_t|\mu_t)$ 为正态分布抽样产生候选状态 ν_t.

④ 计算接受概率 $\alpha(\mu_t, \nu_t)$.

⑤ 若随机数 $U \leqslant \alpha(\mu_t, \nu_t)$, $\mu_{t+1} = \nu_t$; 否则 $\mu_{t+1} = \mu_t$.

⑥ $t = t+1$, 返回②继续执行, 直至最终退火温度为止.

每次模拟得到参数 (μ_1, μ_2) 的优化径迹图如图 13.2 所示, 两图分别表示参数 (μ_1, μ_2) 的不同初始值的模拟结果. 两正态分布混合模型是双峰模型, 等高线呈双峰结构.

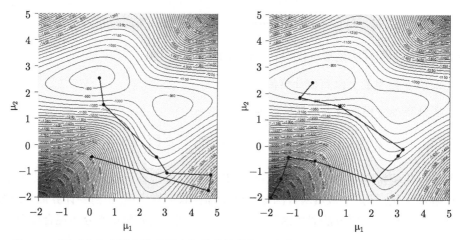

图 13.2　两正态分布混合模型最大似然估计模拟退火算法参数 (μ_1, μ_2) 的优化径迹图

13.2.2　蒙特卡罗期望最大化算法

删失数据模型最大似然估计根据删失数据模型处理方法, 构造数值期望最大化算法和蒙特卡罗期望最大化算法.

1. 数值期望最大化算法

Dempster, Laird, Rubin(1977) 为了解决最大似然估计的删失数据难题, 提出数值期望最大化算法. 根据删失数据模型处理方法, 完全数据似然函数为 $L^c(\boldsymbol{\theta}|\boldsymbol{x}, \boldsymbol{z})$. 观测数据的似然函数可以写为

$$L(\boldsymbol{\theta}|\boldsymbol{x}) = E[L^c(\boldsymbol{\theta}|\boldsymbol{x}, \boldsymbol{z}] = \int_{\boldsymbol{z}} L^c(\boldsymbol{\theta}|\boldsymbol{x}, \boldsymbol{z}) f(\boldsymbol{z}|\boldsymbol{\theta}, \boldsymbol{x}) \mathrm{d}\boldsymbol{z}.$$

式中, E 表示期望. 对任何值 θ_0, 期望对数似然函数为

$$L(\boldsymbol{\theta}|\boldsymbol{\theta}_0, \boldsymbol{x}) = \mathrm{E}_{\boldsymbol{\theta}_0}[\log L^c(\boldsymbol{\theta}|\boldsymbol{x}, \boldsymbol{z})] - \mathrm{E}_{\boldsymbol{\theta}_0}[\log f(\boldsymbol{z}|\boldsymbol{\theta}, \boldsymbol{x})].$$

上式左边最大化只是右边第一项最大化, 而忽略第二项最大化, 这就是去边缘化. 期望最大化是求解期望对数似然函数最大化:

$$\hat{\boldsymbol{\theta}} = \arg\max_{\boldsymbol{\theta}} L(\boldsymbol{\theta}|\boldsymbol{\theta}_0, \boldsymbol{x}).$$

数值期望最大化算法是迭代算法, 根据前一步结果更新参数, 算法如下:

①给出初值 $\hat{\theta}_{(0)}$.

②计算对数似然函数 $L(\theta|\hat{\theta}_{(j)}, \boldsymbol{x}) = \mathrm{E}_{\hat{\theta}_{(j)}}[\log L^c(\theta|\boldsymbol{x}, \boldsymbol{z})]$.

③求解对数似然函数最大化: $\hat{\theta}_{(j+1)} = \arg\max_{\theta} L(\theta|\hat{\theta}_{(j)}, \boldsymbol{x})$.

④迭代次数 $j = j + 1$, 不到固定点返回②, 到固定点, 结束计算.

数值期望最大化算法, 每次迭代要计算对数似然函数, 计算量很大, 数值算法难以实现, 为了克服这个困难, Wei 和 Tanner(1990) 提出蒙特卡罗期望最大化算法.

2. 蒙特卡罗期望最大化算法

期望对数似然函数是一个数学期望, 利用蒙特卡罗方法求数学期望的特点, 蒙特卡罗期望最大化算法是从删失数据潜变量的概率分布 $f(\boldsymbol{z}|\boldsymbol{\theta}, \boldsymbol{x})$ 抽样产生潜变量 $\boldsymbol{z}$ 的样本值: $Z_1, Z_2, \cdots, Z_M$, 完全数据的对数似然函数估计为

$$\hat{L}(\theta|\theta_0, \boldsymbol{x}) = (1/M) \sum_{i=1}^{M} \log L^c(\theta|\boldsymbol{x}, z_i).$$

例如 $X_i \sim N(\theta, 1)$, 删失数据阈值为 a, 删失数据 $\boldsymbol{z} = (z_{n-m+1}, \cdots, z_n)$, 完全数据似然函数为

$$L^c(\theta|\boldsymbol{x}, \boldsymbol{z}) = \prod_{i=1}^{m} \exp[-(x_i - \theta)^2/2] \prod_{i=m+1}^{n} \exp[-(z_i - \theta)^2/2],$$

第 j 次迭代的参数解为 $\hat{\theta}_{(j)}$, 蒙特卡罗期望最大化算法是从潜变量概率分布

$$f(\boldsymbol{z}|\hat{\theta}_{(j)}, \boldsymbol{x}) = (1/(2\pi))^{(n-m)/2} \exp\left\{\sum_{i=m+1}^{n} (z_i - \hat{\theta}_{(j)})^2/2\right\}$$

抽样产生样本值 Z_i, Z 的期望为

$$E_{\theta_{(j)}}(Z) = (1/M) \sum_{i=1}^{M} Z_i,$$

第 $j+1$ 次迭代的参数解为

$$\hat{\theta}_{(j+1)} = (m\bar{x} + (n-m)E_{\hat{\theta}_{(j)}}(Z))/n.$$

每次迭代就不要计算对数似然函数, 避开数值期望最大化算法计算量很大的困难.

13.2.3　删失数据模型最大似然估计模拟

1. 增广数据模型最大似然估计

删失数据可能是实际情况观测数据的删失, 也可能是模型结构要求的数据增广, 称为增广数据模型. 观测数据 (x_1, x_2, x_3, x_4) 来自多项分布

$$M_4(n; 1/2 + \theta/4, (1-\theta)/4, (1-\theta)/4, \theta/4),$$

引入潜变量 z_1 和 z_2, 令 $x_1 = z_1 + z_2$, 增广数据模型为

$$(z_1, z_2, x_2, x_3, x_4) \sim M_5(n; 1/2, \theta/4, (1-\theta)/4, (1-\theta)/4, \theta/4).$$

完全数据似然函数为 $\theta^{z_2+x_4}(1-\theta)^{x_2+x_3}$, 观测数据似然函数为 $(2+\theta)^{x_1}\theta^{x_4}(1-\theta)^{x_2+x_3}$, 期望完全数据对数似然函数为

$$\mathrm{E}_{\theta_0}[(z_2+x_4)\log\theta + (x_2+x_3)\log(1-\theta)] = (\theta_0 x_1/(2+\theta_0)+x_4)\log\theta + (x_2+x_3)\log(1-\theta).$$

据此, 数值期望最大化算法可以容易求得参数 θ 的估计值为

$$\hat{\theta}_1 = \{\theta_0 x_1/(2+\theta_0+x_4)\}/\{\theta_0 x_1/(2+\theta_0) + x_2 + x_3 + x_4\}.$$

用经验平均取代期望 $\theta_0 x_1/(2+\theta_0)$, 将得到蒙特卡罗期望最大化算法的解为

$$\bar{z}_m = (1/m)\sum_{i=1}^{m} z_i,$$

式中, z_i 是从二项分布 $Bin(x_1, \theta_0/(2+\theta_0))$ 抽样的样本值, 相当于写为

$$m\bar{z}_m \sim Bin(mx_1, \theta_0/(2+\theta_0)).$$

使用蒙特卡罗期望最大化算法进行最大似然估计, 参数 θ 的估计值为

$$\hat{\theta}_1 = (\bar{z}_m + x_4)/(\bar{z}_m + x_2 + x_3 + x_4).$$

很明显, 当 m 趋于无限大时, 收敛到 $\hat{\theta}_1$. 这是蒙特卡罗期望最大化算法收敛性的形式化说明.

2. 逻辑模型最大似然估计模拟

蒙特卡罗期望最大化算法实现起来比较复杂, 下面例子说明使用 MCMC 算法的实际做法比较可行. 观测数据为 $y_{ij}(i=1,\cdots,n, j=1,\cdots,m)$, 协变量为 x_{ij}, 逻辑模型为

$$f(y_{ij}=1|x_{ij}, u_i, \beta) = \exp(\beta x_{ij} + u_i)/(1 + \exp(\beta x_{ij} + u_i)),$$

式中, $u_i \sim N(0, \sigma^2)$, 是不可观测的随机影响, 随机影响向量 $(U_1, \cdots, U_m)$ 相当于删失数据 $\boldsymbol{Z}$. 逻辑模型最大似然估计是估计参数 $\theta = (\beta, \sigma)$ 的值, 对数似然函数为

$$
\begin{aligned}
L(\theta'|\theta, \boldsymbol{x}, \boldsymbol{y}) = & \sum_{i,j} y_{ij} \mathrm{E}[\beta' x_{ij} + U_i | \beta, \sigma, \boldsymbol{x}, \boldsymbol{y}] \\
& - \sum_{i,j} \mathrm{E}[\log 1 + \exp(\beta' x_{ij} + U_i) | \beta, \sigma, \boldsymbol{x}, \boldsymbol{y}] \\
& - \sum_i \mathrm{E}[U_i^2 | \beta, \sigma, \boldsymbol{x}, \boldsymbol{y}]/2\sigma'^2 - n \log \sigma',
\end{aligned}
$$

式中 $\sigma'^2 = (1/n) \sum_i \mathrm{E}[U_i^2 | \beta, \sigma, \boldsymbol{x}, \boldsymbol{y}]$. 在 β' 处, 对数似然函数 $L(\theta'|\theta, \boldsymbol{x}, \boldsymbol{y})$ 最大化是求解固定点方程:

$$
\sum_{ij} y_{ij} x_{ij} = \sum_{ij} \mathrm{E}[\{\exp(\beta' x_{ij} + U_i)/(1 + \exp(\beta' x_{ij} + U_i))\} | \beta, \sigma, \boldsymbol{x}, \boldsymbol{y}] x_{ij},
$$

然而上式不是特别容易求解出 β, 可以用 MCMC 算法从下面 U_i 的条件分布抽样求解,

$$
f(u_i | \beta, \sigma, \boldsymbol{x}, \boldsymbol{y}) \propto \exp(\sum_j y_{ij} u_i - u_i^2/2\sigma^2)/\prod_j [1 + \exp(\beta x_{ij} + u_i)].
$$

Robert, Casella(2010) 使用 R 语言模拟, $n = 20, m = 35, \beta = -3, \sigma = 1, x_{ij}$ 服从均匀分布 $U(-1, 1)$, 逻辑模型参数的蒙特卡罗期望最大化算法估计如图 13.3 所示, 最大似然估计 $(\beta_{10}, \sigma_{10}) = (-3.002, 1.048)$. 上图表示 σ 随 β 变化, 下图表示完全数据似然函数 $L^c(\beta, \sigma, \boldsymbol{u}|\boldsymbol{x}, \boldsymbol{y})$ 随迭代次数变化.

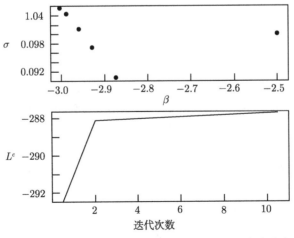

图 13.3 逻辑模型参数的蒙特卡罗期望最大化算法估计

13.3   贝叶斯估计模拟

13.3.1   一般模型贝叶斯估计模拟

由于后验分布只能写成核的形式, 后验分布是不完全已知概率分布, 完全已知概率分布的直接抽样方法不适用, 只能使用马尔可夫链蒙特卡罗方法, 第 4 章已有详细叙述. Gamerman(1997), Chen, Shao, Ibrahim(2000), Moral, Doucet, Jasra (2007) 对贝叶斯估计蒙特卡罗模拟有详细叙述. 贝叶斯估计的 MCMC 算法有两大类, 一大类是梅特罗波利斯 - 黑斯廷斯算法及其各种改进算法, 统称 M-H 算法, 最大特点是从建议分布抽样, 以接受概率判断马尔可夫链状态转移. 另一大类是以吉布斯算法为主的条件抽样算法, 最大特点是每一步都用全条件分布来构建马尔可夫链, 这些全条件分布的产生是通过将目标分布限制在一定的子空间, 遵循目标分布的动态性. 这类算法包括吉布斯算法、完备化吉布斯算法、混合吉布斯算法、数据增广算法. 统计学家对吉布斯算法的喜爱胜过 M-H 算法, 有三个原因, 一是推导出全条件概率分布并不是一件很困难的事; 二是吉布斯算法的条件抽样比 M-H 算法的扰动型游动抽样, 更具有全局性; 三是吉布斯算法接受概率为 1, 抽样效率最高, M-H 算法抽样效率较低, 建议分布具有任意性, 由于随意性太强, 可能对统计模型不太有效.

1. 吉布斯算法

本书第 4 章给出吉布斯算法的简洁表达. 使用吉布斯算法从后验分布抽样, 一个基本要求是后验分布必须写成全条件概率分布, 全条件概率分布是归一化常数已知的概率分布, 可以使用完全已知概率分布的各种直接抽样算法. 令 $\boldsymbol{\theta}_{-j}$ 表示除第 j 个分量以外的所有分量, 参数 $\theta_1, \cdots, \theta_m$ 的全条件概率分布为

$$f(\theta_j | \boldsymbol{\theta}_{-j}) = f(\theta_1, \cdots \theta_{j-1}, \theta_{j+1}, \cdots, \theta_m) \Big/ \int f(\theta_1, \cdots, \theta_m) d\theta_j.$$

上式的分母是一维积分, 如果一维积分可积, 能写出解析表达式, 就可以得到全条件概率分布. 但是不是任何后验分布都能推导出全条件概率分布的形式的, 只要具有全条件概率分布的形式, 统计学家总是可以推导出来的, 虽然不是轻而易举的事.

通过对多个单变量全条件概率分布抽样来实现对后验分布抽样, 称为多级吉布斯抽样, 若只有两个单变量, 则称为两级吉布斯抽样. 当前样本值为 $\Theta_t = (\Theta_{t,1}, \Theta_{t,2})$, 两级吉布斯算法如下:

① 给定 $t = 0$ 的初始值 $\Theta_0 = \theta_0$, $\Theta_{t,2} = \Theta_0$.

② 从全条件概率分布 $f(\theta_1 | \Theta_{t,2})$ 抽样产生 $\Theta_{t+1,1}$,

从全条件概率分布 $f(\theta_2 | \Theta_{t+1,1})$ 抽样产生 $\Theta_{t+1,2}$.

③ $t = t + 1$, 若 $t < m$, 返回②, 否则结束.

多级吉布斯算法有系统扫描吉布斯算法和随机扫描吉布斯算法. 当前样本值为 $\Theta_t = (\Theta_{t,1}, \cdots, \Theta_{t,m})$, 系统扫描多级吉布斯算法如下:

① 给定 $t = 0$ 的初始值 $\Theta_0 = (\Theta_{0,1}, \cdots, \Theta_{0,m})$, $\Theta_{t,2} = \Theta_0$.

② 从下列全条件概率分布抽样产生样本值 $\Theta_{t+1} = (\Theta_{t+1,1}, \cdots, \Theta_{t+1,m})$.

从全条件概率分布 $f(\theta_1|\Theta_{t,2}, \cdots, \Theta_{t,m})$ 抽样产生 $\Theta_{t+1,1}$,

从全条件概率分布 $f(\theta_2|\Theta_{t+1,1}, \Theta_{t,3}, \cdots, \Theta_{t,m})$ 抽样产生 $\Theta_{t+1,2}$,

$$\vdots$$

从全条件概率分布 $f(\theta_m|\Theta_{t+1,1}, \cdots, \Theta_{t+1,m-1})$ 抽样产生 $\Theta_{t+1,m}$.

③ $t = t + 1$, 若 $t < m$, 返回②, 否则结束.

随机扫描吉布斯算法是在序列 $\theta_1, \cdots, \theta_m$ 中, 由离散概率分布 $f(\theta_j) = 1/m$, 等概率随机地选取一个 θ_j. 当前样本值为 $\Theta_t = (\Theta_{t,1}, \cdots, \Theta_{t,m})$, 在其他分量维持不变的条件下, 从全条件概率分布 $f(\theta_{t+1,-j}|\Theta_{t,-j})$ 抽样, 得到样本值: $\Theta_{t+1,-j} = \Theta_{t,-j}$.

一般模型是指直接使用 M-H 算法和吉布斯算法的模型. 使用吉布斯算法时, 可以直接推导出全条件概率分布, 例如分层正态模型和层次结构模型.

2. 分层正态模型贝叶斯估计

多级分层正态模型的样本个体分布为

$$X_{ij} \sim N(\theta_i, \sigma^2), \quad i = 1, \cdots, k, \quad j = 1, \cdots, n_i.$$

参数先验分布为

$$\theta_i \sim N(\mu, \tau^2), \quad i = 1, \cdots, k, \quad \mu \sim N(\mu_0, \sigma_\mu^2),$$
$$\sigma^2 \sim IG(a_1, b_1), \quad \tau^2 \sim IG(a_2, b_2), \quad \sigma_\mu^2 \sim IG(a_3, b_3).$$

可以直接导出后验分布的全条件概率分布为

$$\theta_i \sim N(\sigma^2\mu/(\sigma^2 + n_i\tau^2) + n_i\tau^2\bar{X}_i/(\sigma^2 + n_i\tau^2), \sigma^2\tau^2/(\sigma^2 + n_i\tau^2)), \quad i = 1, \cdots, k,$$
$$\mu \sim N(\tau^2\mu_0/(\tau^2 + k\sigma_\mu^2) + k\sigma_\mu^2\bar{\theta}/(\tau^2 + k\sigma_\mu^2), \sigma_\mu^2\tau^2/(\tau^2 + k\sigma_\mu^2)),$$
$$\sigma^2 \sim IG(n/2 + a_1, (1/2)\sum_{ij}(X_{ij} - \theta_i)^2 + b_1),$$
$$\tau^2 \sim IG(k/2 + a_2, (1/2)\sum_i(\theta_i - \mu)^2 + b_2),$$
$$\sigma_\mu^2 \sim IG(1/2 + a_3, (1/2)(\mu - \mu_0)^2 + b_3).$$

式中, $\bar{X}_i = (1/n_i)\sum_{j=1}^{n_i} X_{ij}, \bar{\theta} = (1/n)\sum_{i=1}^k n_i\theta_i, n = \sum_{i=1}^k n_i$. 可以使用多级吉布斯算法进行贝叶斯估计模拟.

3. 层次结构模型吉布斯算法模拟

一般层次结构模型由样本个体分布和参数先验分布构成, 样本个体分布为

$$X_i \sim f_i(x|\theta), \quad i = 1, \cdots, n, \quad \theta = (\theta_1, \cdots, \theta_m).$$

参数先验分布为

$$\theta_j \sim f_j(\theta|\gamma), \quad j = 1, \cdots, m, \quad \gamma = (\gamma_1, \cdots, \gamma_s),$$
$$\gamma_k \sim f(\gamma_k), \quad k = 1, \cdots, s.$$

后验分布为

$$f(\theta_j, \gamma_k|\boldsymbol{x}) \propto \prod_{i=1}^{n} f_i(x_i|\theta) \prod_{j=1}^{m} f_j(\theta_j|\gamma) \prod_{k=1}^{s} f(\gamma_k).$$

可以导出后验分布的全条件概率分布为

$$\theta_j \propto f_j(\theta_j|\gamma) \prod_{i=1}^{n} f_i(x_i|\theta), \quad j = 1, \cdots, m,$$
$$\gamma_k \propto f(\gamma_k) \prod_{j=1}^{m} f_j(\theta_j|\gamma), \quad k = 1, \cdots, s.$$

例如核电站的水泵发生的故障次数和持续时间如表 13.1 所示.

表 13.1　核电站水泵发生的故障次数和持续时间

水泵号 i	1	2	3	4	5	6	7	8	9	10
故障次数 x_i	5	1	5	14	3	19	1	1	4	22
持续时间 t_i	94.32	15.72	62.88	125.76	5.24	31.44	1.05	1.05	2.10	10.48

核电站水泵故障的两级层次结构模型由样本个体分布和参数先验分布构成, 样本个体分布为 *Poisson* 分布:

$$f(x_i|\lambda_i, t_i) = (\lambda_i t_i)^{x_i} e^{-\lambda_i t_i}/x_i!, \quad i = 1, \cdots, 10.$$

参数先验分布为 *Gamma* 分布:

$$f(\lambda_i|\alpha, \beta) = \lambda_i^{\alpha-1} e^{-\beta\lambda_i} \beta^{\alpha}/\Gamma(\alpha), \quad i = 1, \cdots, 10,$$
$$f(\beta|\gamma, \delta) = \beta^{\gamma-1} e^{-\delta\beta} \delta^{\gamma}/\Gamma(\gamma).$$

样本联合分布 (似然函数) 为

$$f(\boldsymbol{x}|\boldsymbol{\theta}) = L(\boldsymbol{x}|\boldsymbol{\theta}) = \prod_{i=1}^{10} f(x_i|\boldsymbol{\theta}) = \prod_{i=1}^{10} (\lambda_i t_i)^{x_i} e^{-\lambda_i t_i}/x_i!.$$

后验分布为

$$f(\lambda_1, \cdots, \lambda_{10}, \beta | t_1, \cdots, t_{10}, x_1, \cdots, x_{10})$$

$$\propto \prod_{i=1}^{10} f(x_i | \lambda_i, t_i) f(\lambda_i | \alpha, \beta) f(\beta | \gamma, \delta)$$

$$\propto \prod_{i=1}^{10} \{(\lambda_i t_i)^{x_i} e^{-\lambda_i t_i} \lambda_i^{\alpha-1} e^{-\beta \lambda_i}\} \beta^{10\alpha} \beta^{\gamma-1} e^{-\delta\beta}$$

$$\propto \prod_{i=1}^{10} \{\lambda_i^{x_i+\alpha-1} e^{-(t_i+\beta)\lambda_i}\} \beta^{10\alpha+\gamma-1} e^{-\delta\beta}.$$

可以导出后验分布的全条件概率分布为

$$\lambda_i | \beta, t_i, x_i \sim Gamma(x_i + \alpha, t_i + \beta), \quad i = 1, \cdots, 10,$$

$$\beta | \lambda_1, \cdots, \lambda_{10} \sim Gamma(\gamma + 10\alpha, \delta + \sum_{i=1}^{10} \lambda_i).$$

超参数 $\alpha = 1.8, \gamma = 0.01, \delta = 1$. 根据全条件概率分布, 利用吉布斯算法, 使用 R 语言编程, 得到贝叶斯估计模拟结果. 也可以使用 OpenBUGS 软件, 不用写出全条件概率分布, 连似然函数和后验分布也不用写出, 只需要定义样本个体分布和参数先验分布, 省去自己推导全条件概率分布的精力. 甚至可以不用编程模式, 使用图形模式, 得到贝叶斯估计模拟结果.

　　R 语言编程和 OpenBUGS 得到参数估计值如表 13.2 所示. OpenBUGS 使用两种模式: 编程模式和图形模式, 两种模式结果基本一致. R 语言编程和 OpenBUGS 的模拟结果有些差异.

表 13.2　核电站水泵发生的故障贝叶斯估计模拟结果

参数名称		β	λ_1	λ_2	λ_3	λ_4	λ_5
R 语言编程		3.313	0.069	0.144	0.102	0.124	0.582
OpenBUGS	编程模式	2.472	0.070	0.154	0.104	0.123	0.628
	图形模式	2.471	0.070	0.154	0.104	0.123	0.628
参数名称		λ_6	λ_7	λ_8	λ_9	λ_{10}	
R 语言编程		0.596	0.673	0.667	1.098	1.729	
OpenBUGS	编程模式	0.614	0.829	0.825	1.301	1.841	
	图形模式	0.614	0.829	0.825	1.301	1.841	

4. 零通货膨胀模型吉布斯算法模拟

　　Kroese, Taimre, Botev(2011) 给出零通货膨胀模型. 样本数据为 $X_j = R_j Y_j, j = 1, 2, \cdots, m$, 其中, R 服从贝努利分布 $Ber(p)$, Y 服从泊松分布 $Poi(\lambda)$. 参数 p 和 λ 的先验分布分别为均匀分布 $p \sim U(0,1)$ 和伽马分布 $f(\lambda|p) = Gamma(a, b)$, 因此参

数 r_j 的条件分布为 $f(r_j|p,\lambda) = \mathrm{Ber}(p)$. 样本数据的条件分布为 $f(x_j|\boldsymbol{r},\lambda,p)$. 由贝叶斯定理, 得到后验条件概率分布为

$$f(\lambda,p,\boldsymbol{r}|\boldsymbol{x}) \propto f(\lambda|p) \prod_{j=1}^{m} f(x_j|r_j,\lambda,p) f(r_j|p,\lambda)$$

$$\propto (b^a \lambda^{a-1} e^{-b\lambda}/\Gamma(\mathrm{a})) \prod_{j=1}^{m} e^{-\lambda r_j} (\lambda r_j)^{x_j} p^{r_j} (1-p)^{1-r_j}/x_j!$$

$$\propto (b^a \lambda^{a-1} e^{-b\lambda}/\Gamma(\mathrm{a})) e^{-\lambda \sum_{j=1}^{m} r_j} p^{\sum_{j=1}^{m} r_j} (1-p)^{m-\sum_{j=1}^{m} r_j} \lambda^{\sum_{j=1}^{m} x_j} \prod_{j=1}^{m} r_j^{x_j}/(x_j)! \,.$$

贝叶斯估计是给定 $\boldsymbol{x} = (x_1, x_2, \cdots, x_n)$, 估计参数 λ 和 p. 参数 λ, p, r_k 的全条件概率分布分别为伽玛分布、贝塔分布和贝努利分布:

$$f(\lambda|p,\boldsymbol{r},\boldsymbol{x}) \sim Gamma\left(a + \sum_{j=1}^{m} x_j, b + \sum_{j=1}^{m} r_j\right),$$

$$f(p|\lambda,\boldsymbol{r},\boldsymbol{x}) \sim Beta\left(1 + \sum_{j=1}^{m} r_j, m + 1 - \sum_{j=1}^{m} r_j\right),$$

$$f(r_k|\lambda,p,\boldsymbol{x}) \sim Ber\left(pe^{-\lambda}/(pe^{-\lambda} + (1-p)\mathrm{I}_{\{x_k=0\}})\right).$$

采用系统扫描吉布斯算法, 从全条件概率分布抽样产生参数 λ 和 p 的样本值. 零通货膨胀经济模型参数 $p = 0.3$, $\lambda = 2$, 产生 $m = 100$ 个数据点. 令 $a = b = 1$, 模拟 10 万次, 得到 p 的估计值为 0.301, 95% 置信区间为 $(0.197,0.428)$, λ 的估计值为 1.587, 95% 置信区间为 $(1.051,2.213)$.

5. M-H 算法

　　M-H 算法, 包括各种改进算法, 如独立抽样算法和关联性多点建议算法. 一般只需给定建议分布, 建议分布具有任意性, 原则上任何分布都可以做建议分布, 不同的建议分布都可以得到近似样本值, 只是收敛速度、抽样效率和精确度不同而已. M-H 算法的建议分布具有任意性, 为什么任意建议分布都能得到大致相同的模拟结果, 这是由于马尔可夫链的收敛性, 使得抽样的样本值服从同一的目标分布, 所以统计学家也不要太过偏爱吉布斯算法, 而拒绝 M-H 算法. M-H 算法不像吉布斯算法那样, 需要推导出全条件概率分布, 推导全条件概率分布并不是轻而易举的事, M-H 算法要简单容易得多.

　　(1) 二次拟合模型的样本个体分布为

$$y_{ij} = a + bx_i + cx_i^2 + \varepsilon_{ij}, \quad i = 1, \cdots, k, \quad j = 1, \cdots, n_i,$$

其中, 假定 $\varepsilon_{ij} \sim N(0, \sigma^2)$, 独立同分布. 似然函数为

$$f(y|a,b,c,\sigma^2) \propto (1/\sigma^2)^{n/2} \exp\{(-1/2\sigma^2) \sum_{ij} (y_{ij} - a - bx_i - cx_i^2)^2\},$$

式中, 总观测次数 $n = \sum_i n_i$. 先验分布为平坦先验分布 $f(a,b,c,\sigma^2) \propto 1/\sigma^2$. 可得到参数 a,b,c,σ^2 的后验分布为

$$f(a,b,c,\sigma^2|y) \propto (1/\sigma^2)^{n/2+1} \exp\{(-1/2\sigma^2) \sum_{ij} (y_{ij} - a - bx_i - cx_i^2)^2\}.$$

M-H 算法使用独立抽样算法, 建议分布为 $q(a,b,c,\sigma^2)$. a,b,c 的建议分布为正态分布: $a \sim N(2.63, 14.8^2)$, $b \sim N(0.887, 2.03^2)$, $c \sim N(0.1, 0.065^2)$; σ^2 的建议分布为逆伽马分布: $\sigma^2 \sim IG(n/2, (n-3)15.17^2)$. 根据 R 语言的 cars 数据集用最大似然估计方法进行估计, 得到建议分布中的超参数. Robert,Casella(2010) 使用 R 语言模拟, 进行 4000 次模拟, 得到模拟结果, 如图 13.4 所示. 图中, 横坐标表示 x, 纵坐标表示 y, 圆点表示 cars 数据集原始数据. 深色粗线表示最小二乘拟合结果. 多条灰色线表示最后 500 次模拟, 二次拟合模型的拟合结果.

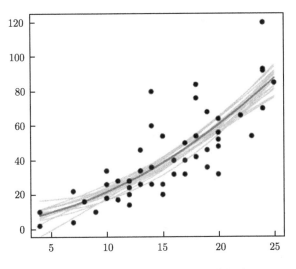

图 13.4 二次拟合模型 M-H 算法模拟结果

(2) 两正态分布混合模型: $0.25N(\mu_1, 1) + 0.75N(\mu_2, 1)$, 使用 R 语言编程, 产生 500 个样本数据, 模拟 1000 次. 贝叶斯估计使用 M-H 算法模拟, 建议分布分别为标准正态分布和均匀分布, 模拟得到参数 (μ_1, μ_2) 径迹图如图 13.5 所示. 如果建议分布为伽马分布和贝塔分布等, 也会得到类似的结果. M-H 算法得到接受概率较低, 在两正态混合模型的标度参数 $\sigma = 1$ 时, 接受概率只有 0.015 左右. 如果标度参数 $\sigma = 0.1$, 接受概率可达到 0.46. 混合模型 M-H 算法只是从建议分布抽样获得样本值, 不需要计算似然函数, 因此避开传统数值方法似然函数计算量大的困难.

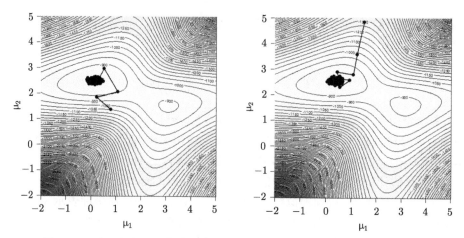

图 13.5　两正态分布混合模型 M-H 算法贝叶斯估计参数 (μ_1, μ_2) 径迹图

13.3.2　缺失数据模型贝叶斯估计模拟

1. 删失数据模型吉布斯算法贝叶斯估计

总体 X 分布为多项分布 M_5:

$$X \sim M_5(n; p_1, p_2, p_3, p_4, p_5) = M_5(n; a_1\theta_1 + b_1, a_2\theta_1 + b_2, a_3\theta_2 + b_3, a_4\theta_2 + b_4, c(1-\theta_1-\theta_2)),$$

其中, $\sum_{i=1}^{5} p_i = 1, 0 \leqslant a_1 + a_2 = a_3 + a_4 = 1 - \sum_{i=1}^{4} b_i = c \leqslant 1, a_i, b_i \geqslant 0$ 已知, θ_1 和 θ_2 为总体参数. 当模型出现数据删失时, 根据删失数据模型的处理方法, 引入潜变量 $\boldsymbol{Z} = (Z_1, Z_2, Z_3, Z_4)$, 满足下面条件:

$$X_1 = Z_1 + Z_2, X_2 = Z_3 + Z_4, X_3 = Z_5 + Z_6, X_4 = Z_7 + Z_8.$$

去边缘化后, 完全数据变量 $y = (x, z)$ 的概率分布为多项分布 M_9:

$$Y \sim M_9(n; a_1\theta_1, b_1, a_2\theta_1, b_2, a_3\theta_2, b_3, a_4\theta_2, b_4, c(1 - \theta_1 - \theta_2)),$$

由多项分布 M_9 抽样得到完全数据样本值:

$$Y = (Z_1, X_1 - Z_1, Z_2, X_2 - Z_2, Z_3, X_3 - Z_3, Z_4, X_4 - Z_4, X_5).$$

参数 (θ_1, θ_2) 的先验分布为狄利克雷 (Dirichlet) 分布:

$$f(\theta_1, \theta_2) \propto \theta_1^{\alpha_1 - 1} \theta_2^{\alpha_2 - 1} (1 - \theta_1 - \theta_2)^{\alpha_3 - 1},$$

根据贝叶斯定理, 写出后验分布, 继而可以推导出全条件概率分布为

$$(\theta_1, \theta_2, 1 - \theta_1 - \theta_2)|\boldsymbol{z}, x \sim D(z_1 + z_2 + \alpha_1, z_3 + z_4 + \alpha_2, x_5 + x_3),$$
$$z_i|\theta_1, \theta_2, \boldsymbol{x} \sim Beta(x_i, a_i\theta_1/(a_i\theta_1 + b_i)), \quad i = 1, 3,$$
$$z_i|\theta_1, \theta_2, \boldsymbol{x} \sim Beta(x_i, a_i\theta_1/(a_i\theta_1 + b_i)), \quad i = 5, 7.$$

有了全条件概率分布就可以使用多级吉布斯算法进行抽样, 得到贝叶斯估计.

例如基因类型问题是多项分布模型, 是显性等位基因产生删失数据, 按照血型数据观测基因类型频率, 基因类型模型数据如表 13.3 所示, 其中 * 表示删失数据.

表 13.3 基因类型模型数据

基因类型	基因类型概率	观测血型	观测血型概率	频数
AA	p_A^2	A	$p_A^2 + 2p_Ap_O$	$n_A = 186$
AO	$2p_Ap_O$	*	*	*
BB	p_B^2	B	$p_B^2 + 2p_Bp_O$	$n_B = 38$
BO	$2p_Bp_O$	*	*	*
AB	$2p_Ap_B$	AB	p_Ap_B	$n_{AB} = 13$
OO	p_O^2	O	p_O^2	$n_O = 284$

观测数据的似然函数正比于:

$$(p_A^2 + 2p_Ap_O)^{n_A}(p_B^2 + 2p_Bp_O)^{n_B}(p_Ap_B)^{n_{AB}}(p_O^2)^{n_O}.$$

删失数据为 z_A 和 z_B, 完全数据的似然函数正比于:

$$(p_A^2)^{z_A}(2p_Ap_O)^{n_A-z_A}(p_B^2)^{z_B}(2p_Bp_O)^{n_B-z_B}(p_Ap_B)^{n_{AB}}(p_O^2)^{n_O}.$$

按照前面导出的全条件概率分布的形式, 写出等位基因频率 p_A, p_B, p_O 参数的全条件概率分布的具体形式. 贝叶斯估计是估计等位基因频率 p_A, p_B, p_O, 进行多级吉布斯算法抽样模拟. Robert, Casella(2010) 用 R 语言模拟, 得到等位基因频率 p_A, p_B, p_O 的直方图, 如图 13.6 所示.

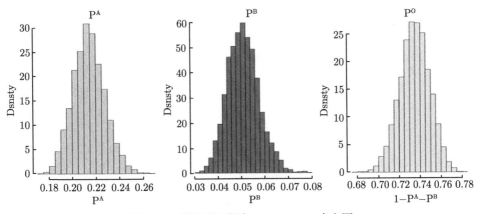

图 13.6 等位基因频率 p_A, p_B, p_O 直方图

2. 混合模型吉布斯算法贝叶斯估计

两正态分布混合模型为

$$pN(\mu_1, \sigma^2) + (1-p)N(\mu_2, \sigma^2).$$

根据混合模型的处理方法, 参数 (μ_1, μ_2) 与潜变量 z 的联合分布为

$$f(\mu_1, \mu_2, \boldsymbol{z}|\boldsymbol{x}) \propto \exp\{-(\mu_1^2 + \mu_2^2)/v^2\sigma^2\}$$
$$\times \prod_{i:z_i=1} p\exp\{-(x_i-\mu_1)^2/2\sigma^2\} \prod_{i:z_i=2}(1-p)\exp\{-(x_i-\mu_2)^2/2\sigma^2\},$$

可以导出后验分布参数 (μ_1, μ_2) 的全条件概率分布为

$$\mu_j|\boldsymbol{x}, \boldsymbol{z} \sim N((v^2/(n_jv^2+1))\sum_{i:z_i=j} x_i, \ v^2\sigma^2/(n_jv^2+1)), \quad j=1,2,$$

式中, n_j 表示 $z_i = j$ 的数目. 在给出参数 (μ_1, μ_2) 的条件下, 可以推导出潜变量 z 的全条件概率分布为

$$f(z_i=j|x_i, \mu_1, \mu_2) = \frac{p\exp\{-(x_i-\mu_j)^2/2\sigma^2\}}{p\exp\{-(x_i-\mu_1)^2/2\sigma^2\} + (1-p)\exp\{-(x_i-\mu_2)^2/2\sigma^2\}}.$$

对于两正态混合模型: 0.7N(0,1)+0.3N(2.7,1), Robert, Casella(2010) 用 R 语言模拟, 产生 5000 个数据点, 使用吉布斯算法, 抽样 15000 次, 得到参数 (μ_1, μ_2) 径迹图如图 13.7 所示. 对比前面 13.3.1 节的例子 (图 13.5), 两者相比较, 结果无什么差异, 但吉布斯算法模拟, 由于需要推导全条件概率分布, 推导过程是很麻烦的, 与 M-H 算法比较, 要困难得多.

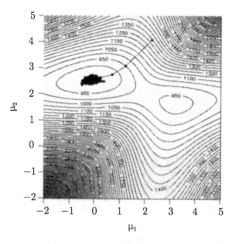

图 13.7　两正态混合模型吉布斯算法模拟参数 (μ_1, μ_2) 径迹图

13.3.3　总体蒙特卡罗算法

回顾一下第 8 章的序贯蒙特卡罗方法. 为了提高精度和效率, 原始序贯蒙特卡罗方法加入重要抽样技巧, 构成序贯重要抽样方法, 但出现样本权重退化问题. 为了克服样本权重退化, 进行样本分裂, 引入重抽样, 发展成为序贯重要重抽样方法. 序贯蒙特卡罗方法在科学和工程的不同领域, 使用不同的名称, 在统计学领域称为总体蒙特卡罗算法. 序贯蒙特卡罗方法最主要特征是使用迭代过程, 每次迭代都要进行多次蒙特卡罗模拟, 又称为迭代蒙特卡罗方法.

Iba(2000) 提出基于总体的蒙特卡罗算法, Cappé et al(2004) 正式提出总体蒙特卡罗 (Population Monte Carlo) 算法. 由于总体蒙特卡罗算法效率较高, 得到比较广泛应用. 2012 年由 10 位统计学家, 其中有 O. Cappé和 C. P. Robert, 推出 CosmoPMC 软件包, 为宇宙学贝叶斯估计提供总体蒙特卡罗算法模拟 C 语言程序包.

1. 总体蒙特卡罗算法原理

总体蒙特卡罗算法是利用相干模拟原理, 在构造建议分布时借用 MCMC 算法思想, 在构造近似估计时借用重要重抽样技巧. MCMC 算法是由马尔可夫链产生样本的迭代过程, 重要抽样技巧也可像 MCMC 算法那样进行迭代. 总体蒙特卡罗算法原理是重要样本被迭代地产生, 重要函数依赖于前面所产生的重要样本. 总体蒙特卡罗算法比其他 MCMC 算法优越之处是任何迭代都是无偏的, 因此能够在任何时刻停止迭代, 迭代可以改善重要函数的性能, 因此是自适应重要抽样方法. 总体蒙特卡罗算法是实现从后验分布抽样的技术, 是自适应重要抽样方法, 用迭代方法改善建议分布, 以便接近后验分布.

$(X_1, \cdots, X_n)$ 是目标分布 $f(x)$ 的样本, 每次迭代从建议分布 $q(x^t|X^{1:t-1})$ 抽样产生样本值 X_i^t, 第 t 次迭代的权重为

$$w_i^t = f(x_i^t)/q(x_i^t), \quad i = 1, \cdots, n, \quad t = 1, \cdots, T,$$

在序贯蒙特卡罗方法中, q 称为重要概率分布, 在 MCMC 方法和总体蒙特卡罗算法中, q 称为建议分布. 如果在迭代过程建议分布 q 是固定不变的, 则不会改变样本的统计特性. 权重为 w_i^t, 样本估计为

$$\hat{X}^t = (1/n) \sum_{i=1}^{n} w_i^t X_i^t,$$

样本估计的方差为

$$Var(\hat{X}_t) = (1/n^2) \sum_{i=1}^{n} Var(w_i^t X_i^t).$$

建议分布 q 的归一化常数具有封闭的形式, 问题是如何选取建议分布 q, 使得样本估计的方差较小. 总体蒙特卡罗算法是迭代蒙特卡罗方法, 产生建议分布序列 $q(\theta)$,

这样每次迭代产生的建议分布比前一次迭代的建议分布更接近目标分布 $f(\boldsymbol{x})$. 这样的模拟框架具有自学习目标分布的能力, 也就是自适应能力.

2. 总体蒙特卡罗算法

迭代总次数为 T, 每次迭代模拟次数为 n, 贝叶斯估计参数为 $\boldsymbol{\theta}$, 样本联合分布为 $f(\boldsymbol{x}|\boldsymbol{\theta})$, 似然函数为 $L(\boldsymbol{x}|\boldsymbol{\theta})$, 建议分布为 $q(\theta)$, 重抽样算法在第 8 章有详细叙述. 总体蒙特卡罗算法如下:

① 迭代次数 $t = 0$, 每次迭代的模拟次数为 n.
② 模拟次数 $i = 1$, 初始概率分布 $f(\theta_i^0)$ 抽样产生 θ_i^0, 计算初始权重 $w(\theta_i^0)$.
③ 从建议分布 $q(\theta)$ 抽样产生样本值 θ_i^t, 计算权重 $w_i^{(t)} = L(\theta_i^{(t)})/q(\theta_i^{(t)})$.
④ 计算归一化权重 $\tilde{w}_i^{(t)}$, $\tilde{w}_i^{(t)} = w_i^{(t)}/\sum_{i=1}^n w_i^{(t)}$.
⑤ 从重抽样概率分布抽样, 产生重抽样样本值 $(\tilde{\theta}_i^{(t)})$ 和重抽样权重 $\tilde{\tilde{w}}_i^{(t)}$.
⑥ 若 $i < n$, $i = i + 1$, 返回③.
⑦ 输出第 t 次迭代参数估计值 $\hat{\theta}^t = (1/n)\sum_{i=1}^n \tilde{\theta}_i^t \tilde{\tilde{w}}(\boldsymbol{X}_i^t)$.
⑧ 若 $t < T$, $t = t + 1$, 返回②, 否则, 输出均方根误差, 模拟结束.

3. 总体蒙特卡罗算法模拟算例

正态分布混合模型的样本个体分布为

$$f(\boldsymbol{x}|\mu_1, \mu_2) = \omega N(\mu_1, \sigma^2) + (1 - \omega)N(\mu_2, \sigma^2), \quad \omega \neq 0.5, \sigma > 0,$$

似然函数为

$$L(\mu_1, \mu_2|x_i) \propto \prod_{i=1}^n \{\omega \exp(-(x_i - \mu_1)^2/2\sigma^2) + (1 - \omega)\exp(-(x_i - \mu_2)^2/2\sigma^2)\}.$$

先验分布为

$$f(\mu_1, \mu_2) = N(\theta, \sigma^2/\lambda),$$

后验分布为

$$f(\mu_1, \mu_2|\boldsymbol{x}) \propto L(\mu_1, \mu_2|\boldsymbol{x})f(\mu_1, \mu_2)$$
$$= \exp(-\lambda(\theta - \mu_1)^2/2\sigma^2)\exp(-\lambda(\theta - \mu_2)^2/2\sigma^2)$$
$$\times \prod_{i=1}^n \{\omega \exp(-(x_i - \mu_1)^2/2\sigma^2) + (1 - \omega)\exp(-(x_i - \mu_2)^2/2\sigma^2)\}.$$

Cappé et al(2004) 给出两正态分布混合模型的总体蒙特卡罗算法和模拟结果. 建议分布为方差 v_k 的正态分布为

$$(\mu_1)_i^t \sim N((\mu_1)_i^{t-1}, v_k), \quad (\mu_2)_i^t \sim N((\mu_1)_i^{t-1}, v_k),$$

其中, $v_k = 0.01, 0.05, 1, 2, 5$, 因此多了一个内循环 k. 权重为

$$w_i \propto \frac{f(x|(\mu_1)_i^t, (\mu_2)_i^t) f((\mu_1)_i^t, (\mu_2)_i^t)}{\varphi((\mu_1)_i^t|(\mu_1)_i^{t-1}, v_k) \varphi((\mu_2)_i^t|(\mu_2)_i^{t-1}, v_k)}.$$

式中, $\varphi((\mu_1)_i^t|(\mu_1)_i^{t-1}, v_k)$ 是在 $(\mu_1)_i^t$ 点, 均值为 $(\mu_1)_i^{t-1}$ 方差为 v_k 的正态分布密度函数.

对于两正态分布混合模型, $\omega = 0.2$, $\mu_1 = 0$, $\mu_2 = 2$, $\sigma = 1$, 给出 1000 个样本观测值. 先验分布参数 $\theta = 1$, $\lambda = 0.1$. 迭代次数 $T = 500$, 每次迭代模拟次数 $n = 1050$. 总体蒙特卡罗算法模拟得到后验分布参数 μ_1, μ_2、方差 $\text{Var}(\mu_1)$, $\text{Var}(\mu_2)$ 和重抽样的样本数随迭代次数的变化, 图 13.8 给出参数 μ_1 和 μ_2 随迭代次数的变化, 很快稳定到均值附近.

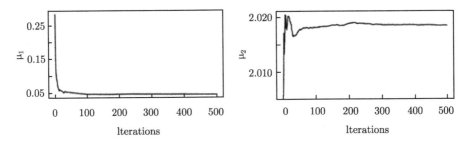

图 13.8 参数 μ_1 和 μ_2 随迭代次数 t 的变化

Robert, Casella(2005) 给出两正态分布混合模型的总体蒙特卡罗算法和模拟结果. 建议分布为方差 v_k 的正态分布

$$(\mu_1)_i^t \sim N((\mu_1)_i^{t-1}, v_k), \quad (\mu_2)_i^t \sim N((\mu_1)_i^{t-1}, v_k),$$

其中, $v_k = 0.01, 0.05, 0.1, 0.5$. μ 的先验分布为 $N(1, 10)$. 权重为

$$w_i \propto \frac{f((\mu_1)_i^t, (\mu_2)_i^t|x)}{\sum_k w_k \varphi((\mu_1)_i^t; (\mu_1)_i^{t-1}, v_k)}.$$

由混合模型 $0.3N(0, 1) + 0.7N(2, 1)$ 产生 500 个观测样本. 模拟得到对数后验分布参数 μ_1, μ_2 的等高线图. 图 13.9 表示两正态分布混合模型的总体蒙特卡罗算法 8 次迭代的对数后验分布参数 μ_1, μ_2 的等高线图, 随着迭代次数的增加, 对数后验分布参数 μ_1, μ_2 的分布更为集中, 模拟结果更为精确.

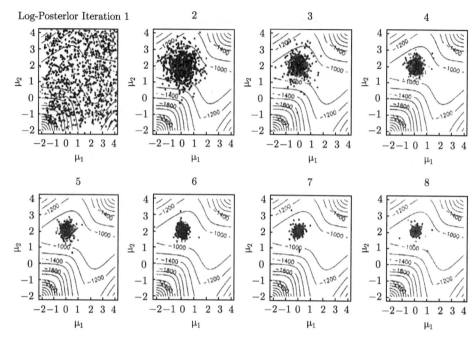

图 13.9　两正态分布混合模型的总体蒙特卡罗算法 8 次迭代模拟结果

对于两正态分布混合模型, 基于数据增广, MCMC 方法的吉布斯算法可以从参数的后验联合概率分布抽样, 得到参数 μ_1 和 μ_2 估计. 然而有学者研究指出, 实现吉布斯算法抽样, 数据增广这一步不是必需的, 总体蒙特卡罗算法就可以实现, 本例也说明这一结论.

13.3.4　关于 OpenBUGS 软件

BUGS 是 Bayesian inference Using Gibbs Sampling 缩写, WinBUGS 是由英国剑桥大学医学研究理事会生物统计学部和公共卫生研究所 Spiegelhalter, Thomas, Best, Gilk(1995) 基于其核心技术开发出的软件. WinBUGS 使用马尔可夫链蒙特卡罗 (MCMC) 方法进行贝叶斯推断, 由于其特有的简便性, 被统计学界广泛使用. WinBUGS 已经停止开发, 由 OpenBUGS 代替, 可在网站 http://www.openbugs. info/w.cgi/Downloads 免费下载, OpenBUGS 的功能更强大, 还在更新中.

根据样本分布 (似然函数) 和先验分布, 由贝叶斯定理得到的后验分布大多是归一化因子未知的不完全已知概率分布. 吉布斯算法要求首先把后验分布写成归一因子已知的全条件概率分布, 然后根据吉布斯算法, 使用完全已知概率分布的直接抽样方法, 从全条件概率分布抽样得到样本值, 生成马尔科夫链, 最后进行统计估计, 得到参数的估计值. 参数 $\theta_1, \theta_2, \cdots, \theta_m$ 的全条件概率分布计算公式为

$$f(\theta_j|\boldsymbol{\theta}_{-j}) = f(\theta_1, \cdots \theta_{j-1}, \theta_{j+1}, \cdots, \theta_m)/\int f(\theta_1, \cdots, \theta_m)d\theta_j$$
$$= cf(\theta_1, \cdots \theta_{j-1}, \theta_{j+1}, \cdots, \theta_m),$$

上式的分母是容易计算的一维积分, 归一化因子 c 是已知的. 对于复杂的后验分布, 写成全条件概率分布, 不是轻松容易的事, 有的根本就无法写成全条件概率分布. 所以如果后验分布能写成全条件概率分布, 则使用吉布斯算法, 否则使用 M-H 算法.

OpenBUGS 的建模有两种模式, 一种是图形模式, 用有向图来描述模型, 比较直观, 不用编写程序代码, 根据模型机理, 建立模型图形文档、模型数据文档和参数初始值文档后, 经过检验, 进行模拟运行, 得到模拟结果. 另一种是编程模式, 使用 BUGS 语言编程, 定义样本个体分布和先验分布, 给定模型数据和参数初始值, 生成 BUGS 文档, 经过检验, 进行模拟运行, 得到模拟结果. 编程模式比图形模式灵活, 但容易出错, 直观性不如图形模式. 图形模式操作简单形象, 模型层次清晰, 容易查找错误, 但灵活性较差. Spiegelhalter 等人一再强调图形模式的重要性, 因为图形模式比较直观地看出结点之间的层次关系, 对于复杂模型, 图形模式比较容易理清关系, 查找错误, 完成建模工作. OpenBUGS 不用写出后验分布和全条件概率分布, 只需定义样本个体分布和先验分布, 就可以进行贝叶斯估计, 对于吉布斯算法, 不用推导全条件概率分布, 节省大量工作, 吸引很多应用工作者.

编程模式使用比较简便, 容易掌握, 但是如果统计模型比较复杂, 由于其灵活性, 使得编程模式容易出错, 查找错误也很麻烦. 对于复杂统计模型, 使用图形模式容易查找错误, 但是用有向图来描述模型, 建模工作操作比较麻烦.

国内还没有出版 OpenBUGS 用户手册的中文版, 本书作者根据 2014 年 Open-BUGS 版本 3.2.3 修订本 1012 整理成 OpenBUGS 使用方法 (中文), 为方便读者需要, 又不占用本书篇幅, OpenBUGS 使用方法 (中文) 收录在 "蒙特卡罗方法和应用程序代码" 中.

13.4 可靠性蒙特卡罗方法

13.4.1 可靠性问题特点

在工业、工程和计算机科学的许多领域, 如制造系统、交通系统、电力系统、通信系统和计算机网络等, 这些系统和网络都遇到可靠性问题. 可靠性问题有两个特点, 一是复杂性, 二是稀有性. 复杂性表现在系统的组件、网络的链路, 数目成千成万, 结构很复杂. 由 m 个组件组成的系统, 由 m 条链路组成的网络, 每个组件或链

路的工作状态有两种状态: 正常状态和故障状态, 系统或网络状态是组件或链路状态的组合. 用普通数值方法计算可靠性, 求和的项数有 2^m 项, 需要涉及 2^m 项数值计算, 当 m 很大时, 如 $m = 100$, $2^m \approx 10^{30}$, 目前巨型计算机的计算速度为每秒 1 万万亿次, 相当于 $10^{16}/\mathrm{s}$, 需要计算 4×10^6 年 $= 400$ 万年. 数值算法的计算时间随组件数呈指数增长, 如果组件数数很大, 数值方法计算是不可行的, 而用蒙特卡罗模拟则是容易的事.

　　稀有性表现在可靠性问题是高可靠性问题, 可靠度非常大, 是一个非常接近 1 的数值: $0.99 \cdots 9$. 然而人们关心的是故障概率, 是失效概率, 是不可靠度, 不可靠度非常小, 是一个非常接近 0 的数值: $0.00 \cdots 01$, 是小概率稀有事件, 稀有程度很严重, 特别是一些重大灾难事件, 不可靠度非常小.

　　蒙特卡罗方法对复杂性不敏感, 但是对稀有性却很敏感. 可靠性问题的第一个特点决定蒙特卡罗方法适用性, 适用于复杂的高维问题. 可靠性问题的第二个特点则影响蒙特卡罗方法适用性, 不可靠度越小, 稀有程度越严重, 直接模拟结果的方差越大, 精度越低, 只靠增加模拟次数来降低方差, 不是个办法, 需要有好的技巧, 加速收敛, 降低方差, 提高精度. 这就是可靠性问题蒙特卡罗方法的两重性.

　　可靠性问题蒙特卡罗方法文献很多, 比较新的有 Dubi(2000), 有中译本. 作者杜比以特有的视觉论述蒙特卡罗方法在工业系统工程的应用. Lomonosov(1994); Rubino 和 Tuffin(2009); Kroese, Taimre, Botev(2011) 介绍网络可靠性分析方法.

13.4.2　结构函数计算方法

　　在可靠性分析中, 状态向量和结构函数有不同定义, 基本上分为离散情况和连续情况. 离散情况的状态向量和结构函数只取二值. 连续情况的状态向量和结构函数取连续值. 串行/并行网络的结构函数计算方法比较简单. 非串行/并行网络的结构函数计算方法比较复杂, 需要计算最小路集和最小割集. 然而, 对于大型复杂系统或网络, 最小路集数和最小割集数太大, 不可能计算, 而是使用比较简单的深度首次搜索法.

1. 结构函数定义

　　(1) 离散结构函数. 一个组件或链路的状态用 B 表示, 表示是否出现故障. 状态有运行和故障两种状态, 运行状态 $B = 1$, 故障状态 $B = 0$. 系统或网络由 m 个组件或链路组成, 所有状态构成状态向量, 用 $\boldsymbol{B}$ 表示, $\boldsymbol{B} = (B_1, B_2, \cdots, B_m)$. 状态向量 $\boldsymbol{B}$ 是二进制向量, 状态向量 $\boldsymbol{B}$ 的一个可能值称为一个组态, 共有 2^m 个组态, 它们构成的空间称为状态空间, 所有可能组态集合用 $\boldsymbol{D}$ 表示. 系统或网络的状态取决于各个组件或链路的状态, 即取决于状态向量 $\boldsymbol{B}$, 因此, 可以把系统或网络的状态定义为组件或链路状态的函数, 该函数称为结构函数, 用 $S(\boldsymbol{B})$ 表示, 结构函数表示系统或网络的状态, 系统或网络的状态也有两种状态: 运行状态, $S(\boldsymbol{B}) = 1$; 故障状态, $S(\boldsymbol{B}) = 0$.

(2) 连续结构函数. 一个组件或链路的状态用 X 表示, 表示一个组件或链路出现故障时间. 系统或网络由 m 个组件或链路组成, 状态向量 $\boldsymbol{X}$ 表示所有组件或链路出现故障时间, $\boldsymbol{X} = (X_1, X_2, \cdots, X_m)$, 结构函数 $S(\boldsymbol{X})$ 表示系统或网络出现故障时间, X、$\boldsymbol{X}$ 和 $S(\boldsymbol{X})$ 都取连续值.

(3) 结构函数定义. 离散结构函数 $S(\boldsymbol{B})$ 和连续结构函数 $S(\boldsymbol{X})$ 定义分别为

$$S(\boldsymbol{B}) = \min_{P \in P_{\min}} \max_{e \in P} \boldsymbol{B} = \max_{C \in C_{\min}} \min_{e \in C} \boldsymbol{B},$$

$$S(\boldsymbol{X}) = \min_{P \in P_{\min}} \max_{e \in P} \boldsymbol{X} = \max_{C \in C_{\min}} \min_{e \in C} \boldsymbol{X}.$$

式中, e 表示组件或链路; P 表示路集; $P_{\min}$ 表示最小路集; C 表示割集; $C_{\min}$ 表示最小割集.

2. 串行/并行系统或网络的离散结构函数计算方法

有两种基本结构的离散结构函数计算非常简单. 由 m 个组件或链路串联而成的结构称为基本串行结构, 其离散结构函数为

$$S(\boldsymbol{B}) = \min(B_1 B_2 \cdots B_m) = B_1 B_2 \cdots B_m.$$

由 m 个组件或链路并联而成的结构称为基本并行结构, 如果至少有一个组件或链路正常运行, 则整个系统或网络就能正常运行, 因此, 其离散结构函数为

$$S(\boldsymbol{B}) = \max(B_1 B_2 \cdots B_m) = B_1 + B_2 + \cdots + B_m - B_1 B_2 \cdots B_m$$
$$= 1 - (1 - B_1)(1 - B_2) \cdots (1 - B_m).$$

任何串行/并行系统或网络都可以认为是由两种基本结构串行/并行而成.

3. 非串行/并行系统或网络的离散结构函数计算方法

当非串行/并行系统或网络不是太复杂, 最小路集数或者最小割集数还可以计算时, 可以利用最小路集数或者最小割集数计算结构函数.

(1) 最小路集. 如果一个子系统中的所有组件或链路都运行, 整个系统亦运行, 则称为一个路集. 如果一个路集删除其中任何一个组件或链路后就不再是路集, 则称该路集为最小路集. 最小路集是不包含其他路集 (较短的路集) 的路集. 所以, 最小路径是两结点间不含重复结点和组件或链路的路径, 所有最小路径组成的集合称为最小路集. 图 13.10 的网络结构是非串行/并行型网络, {1,2,3}不是最小路集, 因为删除其中的链路 2 之后, 剩下的集合{1,3}仍然是路集. {1,3}, {1,4}和{2,4}是最小路集.

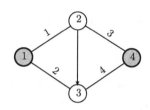

图 13.10　非串行/并行型网络

(2) 最小割集. 有时候使用最小割集概念更为方便. 如果一个子系统中的所有组件或链路都故障, 整个系统亦故障, 则称为一个割集. 如果一个割集删除其中任何一个组件或链路后就不再是割集, 则称该割集为最小割集. 因此, 最小割集是不包含其他割集 (较小的割集) 的割集. 所以, 最小割径为两结点间不含重复结点和组件或链路的割径, 所有最小割径组成的集合称为最小割集. 图 13.10 的网络结构, {1,2,3}不是最小割集, 因为删除其中的链路 3 之后, 剩下的集合{1,2}仍然是割集. {1,2}, {1,4}和{3,4}是最小割集.

(3) 最小路集数和最小割集数

最小路集数和最小割集数将随网络的拓扑结构大小而指数增长. 对于二终结点网络, 最小路集数为 $2^{(m+1)/3}$, 最小割集数为 $(m+1)^2/9$. 例如组件数或链路数 $m = 100$, 最小路集数为 1×10^{10}, 最小割集数为 1133. 对于全终结点网络, 路径用生成树代替, 连接所有结点的生成树数为 2^{n-2}, 最小割集数为 $2^{n-1}-1$, 例如结点数 $n=100$, 最小割集数为 6×10^{29}. 这样大的最小路集数和最小割集数, 直接计算是不可能的.

首先把非串行/并行系统或网络变换成串行/并行系统或网络, 然后利用串行/并行系统或网络的结构函数计算方法计算结构函数. 把系统或网络框图等效地变换, 变换成最小路集的并行结构, 例如图 13.10 系统或网络结构等效的最小路集并行结构, 如图 13.11 所示. 或者变换成最小割集的串行结构, 例如图 13.10 系统或网络结构等效的最小割集串行结构, 如图 13.12 所示.

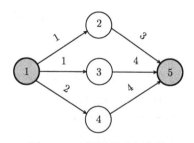

图 13.11　等效的并行结构

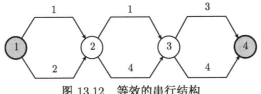

图 13.12 等效的串行结构

注意由于 B 的取值为 1 或 0, 可进行降幂处理, 即 $B_i^m \to B_i$. 由最小路集, 图 13.11 的离散结构函数为

$$S(\boldsymbol{B}) = 1 - [(1 - S_1(\boldsymbol{B}))(1 - S_2(\boldsymbol{B}))(1 - S_3(\boldsymbol{B}))]$$
$$= 1 - [(1 - B_1B_3)(1 - B_1B_4)(1 - B_2B_4)]$$
$$= B_1B_3 + B_1B_4 + B_2B_4 - B_1B_3B_4 - B_1B_2B_4.$$

由最小割集, 图 13.12 的离散结构函数为

$$S(\boldsymbol{B}) = S_1(\boldsymbol{B})S_2(\boldsymbol{B})S_3(\boldsymbol{B})$$
$$= [1 - (1 - B_1)(1 - B_2)][1 - (1 - B_1)(1 - B_4)][1 - (1 - B_3)(1 - B_4)]$$
$$= B_1B_3 + B_1B_4 + B_2B_4 - B_1B_3B_4 - B_1B_2B_4.$$

于是由最小路集和最小割集得到的离散结构函数相同.

4. 非串行/并行网络的连续结构函数计算方法

最小路集数和最小割集数将随网络的拓扑结构大小而指数增长. 对于二终结点网络, 最小路集数为 $2^{(m+1)/3}$, 最小割集数为 $(m+1)^2/9$. 例如组件数或链路数 $m = 100$, 最小路集数为 1×10^{10}, 最小割集数为 1133. 对于全终结点网络, 路径用生成树代替, 连接所有结点的生成树数为 2^{n-2}, 最小割集数为 $2^{n-1}-1$, 例如结点数 $n=100$, 最小割集数为 6×10^{29}. 这样大的最小路集数和最小割集数, 直接计算是不可能的.

对于大型复杂系统或网络, 由于太过复杂, 最小路集数或者最小割集数太大, 不可能计算, 此时, 计算结构函数不可能利用最小路集或者最小割集, 需要使用直接方法计算连续结构函数. 为此引入网络的拓扑结构, 图 13.13 表示二终结点网络的梯形拓扑结构.

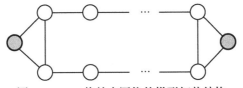

图 13.13 二终结点网络的梯形拓扑结构

根据网络的拓扑结构, 结构函数计算不用计算最小路集和最小割集, 而是使用比较简单的深度首次搜索法. Knuth(1997) 给出深度首次搜索法. 连续故障时间向量 $\boldsymbol{X} = (X_1, X_2, \cdots, X_m)$, 给定系统或网络 $G(\boldsymbol{V}, \boldsymbol{E}, \boldsymbol{K})$ 参数, $b = 1$, 用深度首次搜索检查系统或网络运行, 深度首次搜索算法如下:

① 令 $\pi = (\pi_1, \cdots, \pi_m)$ 是组件或链路 $1, \cdots, m$ 的排列, 使得 $X_{\pi_1} < \cdots < X_{\pi_m}$.

② 系统或网络运行的组件或链路为 $\pi_1, \cdots, \pi_b$, 故障的组件或链路为 $\pi_{b+1}, \cdots, \pi_m$.

③ 检查系统或网络是否运行, 若运行, 停止检查, 转向④; 否则, $b = b + 1$, 返回②.

④ 输出 $S(\boldsymbol{X}) = X_{\pi_b}$, 此时的 b 值称为组件或链路故障时间 $\boldsymbol{X}$ 的临界数.

注意 b 值是排列 π 的函数. 深度首次搜索要使用邻接矩阵, 每次加入新的连接, 需要更新邻接矩阵, 复杂度为 $O(n^2 + m)$. 为了缓解复杂度, 对二终结点网络, 可以使用 Dijkstra 的所谓最短路径算法. 源宿结点之间的最短路径为

$$\min_{P \in P_{\min}} \sum_{e \in P} X_e.$$

由于 $(X_1^\alpha + X_2^\alpha + \cdots + X_k^\alpha)^{1/\alpha} \approx \max\{X_1, X_2, \cdots, X_k\}$, 当 α 足够大时, 例如 $\alpha = 100$, 复杂度降为 $O(m \ln n)$, 结构函数为

$$S(\boldsymbol{X}) \approx \left(\min_{P \in P_{\min}} \sum_{e \in P} X_E^\alpha \right)^{1/\alpha}.$$

13.4.3　直接模拟方法

1. 离散情况可靠性直接模拟方法

在离散情况下, 每个组件或每条链路可靠性为 p, 组件或链路状态 B 服从伯努利分布, $f(b) = p^b (1-p)^{1-b}$. m 个组件或链路的状态向量 $\boldsymbol{B} = (B_1, B_2, \cdots, B_m)$, 离散结构函数 $S(\boldsymbol{B}) = 0$ 或 $S(\boldsymbol{B}) = 1$. 从伯努利概率密集函数 $f(b)$ 抽样产生样本值 B. 使用离散结构函数计算方法计算出离散结构函数 $S(\boldsymbol{B})$, 网络的不可靠度为

$$\eta(\boldsymbol{B}) = \begin{cases} 1, & S(\boldsymbol{B}) = 0, \\ 0, & S(\boldsymbol{B}) = 1. \end{cases}$$

直接模拟 n 次, 不可靠度 $\eta_i(\boldsymbol{B})$ 作为统计量, 网络不可靠度的估计值为

$$\hat{\eta} = (1/n) \sum_{i=1}^{n} \eta_i(\boldsymbol{B}).$$

直接模拟方法网络不可靠度估计值的均方差为

$$\sigma = \sqrt{\mathrm{Var}\left[\eta_i(\boldsymbol{B})\right]} = \sqrt{\frac{1}{n} \sum_{i=1}^{n} \eta_i^2(\boldsymbol{B}) - \left(\frac{1}{n} \sum_{i=1}^{n} \eta_i(\boldsymbol{B}) \right)^2}.$$

在某置信水平下, 取定正态差 X_α, 直接模拟方法网络不可靠度估计值的绝对误差和相对误差分别为

$$\varepsilon_{\mathrm{a}} = X_\alpha \sigma / \sqrt{n}, \quad \varepsilon_{\mathrm{r}} = X_\alpha \sigma / \hat{\eta} \sqrt{n}.$$

例如, 由 m 个独立组件组成的串行系统, 串行系统结构函数 $S(\boldsymbol{B}) = B_1 B_2 \cdots B_m$. 这种简单系统不可靠度的解析精确值为 $1 - p^m$. 在计算机上模拟 100 万次, 不同故障概率 100 个组件数串行系统的直接模拟结果如表 13.4 所示, 直接模拟方法的误差比较大, 故障概率越小, 误差越大. 每个组件的故障概率 $q = 10^{-6}$, 不同组件数串行系统不可靠度直接模拟结果如表 13.5 所示, 误差较大; 模拟时间是微机的计算时间, 组件数越多, 模拟时间越长.

表 13.4   不同故障概率相同组件数串行系统不可靠度直接模拟结果

故障概率 q	解析精确值	不可靠度估计值	相对误差/%
10^{-4}	9.950661×10^{-3}	1.002700×10^{-2}	0.99
10^{-5}	9.995052×10^{-4}	1.002000×10^{-3}	3.15
10^{-6}	9.999505×10^{-5}	1.0000000×10^{-4}	10.00
10^{-7}	9.999950×10^{-6}	9.0000000×10^{-6}	33.33
10^{-8}	9.999995×10^{-7}	1.0000000×10^{-6}	100.00

表 13.5   不同组件数相同故障概率串行系统不可靠度直接模拟结果

组件数 m	解析精确值	不可靠度估计值	相对误差/%	模拟时间/s
1	1.0×10^{-6}	2.0×10^{-6}	70.71	< 1
10	9.999955×10^{-6}	8.0×10^{-6}	35.35	1
100	9.999505×10^{-5}	1.0×10^{-4}	10.00	3
1000	9.995007×10^{-4}	1.018×10^{-3}	3.13	24
10000	9.950171×10^{-3}	9.995×10^{-3}	1.00	244

2. 连续情况可靠性直接模拟方法

在连续情况下, 一个组件或链路的状态用 X 表示, X 服从负指数分布, $f(x) = \lambda \exp(-\lambda x)$, λ 为故障率常数. m 个组件或链路状态向量 $\boldsymbol{X}$ 表示所有组件或链路出现故障的时间, $\boldsymbol{X} = (X_1, X_2, \cdots, X_m)$, 连续结构函数 $S(\boldsymbol{X})$ 是组件或链路状态向量 $\boldsymbol{X}$ 的函数, 表示系统或网络出现故障的时间. 从概率密度函数 $f(x)$ 抽样产生样本值 X. 计算出连续结构函数 $S(\boldsymbol{X})$, 系统或网络的不可靠度为

$$\eta_i(\boldsymbol{X}) = \begin{cases} 1, & S(\boldsymbol{X}) > 1, \\ 0, & S(\boldsymbol{X}) \leqslant 1. \end{cases}$$

直接模拟 n 次, 不可靠度 $\eta_i(\boldsymbol{X})$ 作为统计量, 系统或网络不可靠度的估计值为

$$\hat{\eta} = (1/n) \sum_{i=1}^{n} \eta_i(\boldsymbol{X}).$$

例如, 图 13.14 是两终结点网络结构.

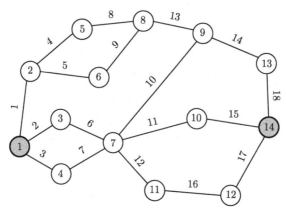

图 13.14　两终结点网络结构

每条链路的故障概率为 q, 用直接模拟方法模拟 100 万次, 当 $q = 0.1$ 时, 不可靠度的估计值为 1.88×10^{-2}, 模拟的相对误差为 0.723%. 当 $q = 10^{-2}$ 时, 不可靠度的估计值为 2.10×10^{-5}, 模拟的相对误差为 21.82%. 更小的 q 值需要模拟次数更多, 直接模拟方法才能得到不可靠度的估计值. 目前微机速度不能得到 $q < 10^{-2}$ 的不可靠度估计值. 当 $q = 10^{-3}$ 时, 用解析公式计算的相对误差为 708%, q 值更小, 直接模拟方法的误差更大, 这样大的误差, 模拟结果是不可用的.

3. 降低方差技巧

蒙特卡罗方法对复杂性和维数不敏感, 但是对事件的稀有性非常敏感. 可靠性系统是高可靠性系统, 不可靠度很小, 是小概率事件, 稀有程度很低. 直接模拟方法的误差随着不可靠度减小而无限增大, 直接模拟的误差可能很大, 因此必须采取技巧, 降低方差. 在第 6 章的降低方差技巧, 特别是稀有事件模拟技巧, 有许多可用于可靠性系统. 例如, Elperin, Gertsbakh, Lomomosov(1991) 的条件期望技巧; Cancela, L'Ecuyer, Lee, Rubino, Tuffin(2009) 的重要抽样技巧; Kroese 和 Hui(2007) 的重要抽样技巧, 重要概率密度函数选择采用互熵方法. 早期的还有 Fishman (1980) 的控制变量技巧; Easton 和 Wong(1980) 的序贯蒙特卡罗方法; Kumamoto, Tanaka, Inoue, Henley(1980) 匕首抽样技巧, 匕首抽样技巧是一种相关抽样技巧.

13.4.4　条件期望技巧

第 6 章曾经详细叙述条件期望技巧. 如果各链路故障是独立无关的, 则可使用条件期望技巧来估计网络的不可靠度, 达到降低方差的目的. 条件期望技巧是基于条件方差原理, 同时改变概率分布和统计量. 有两个相关的随机变量 X 和 Z, 随机变量 X 的概率分布为 $f(x)$, 随机变量 Z 的概率分布为 $g(z)$. 条件期望技巧不是从

概率分布 $f(x)$ 抽样, 而是从概率分布 $g(z)$ 抽样产生 Z. 不可靠度 $\eta(\boldsymbol{X})$ 的条件期望 $E[\eta(\boldsymbol{X}|Z=z)]$ 作为统计量, 统计量估计值为

$$\hat{\eta} = (1/n) \sum_{i=1}^{n} E[\eta(\boldsymbol{X})|Z_i = z_i].$$

根据条件方差原理有

$$\mathrm{Var}[E[\eta(\boldsymbol{X})|Z]] < \mathrm{Var}[\eta(\boldsymbol{X})].$$

因此, 不可靠度 $\eta(\boldsymbol{X})$ 的条件期望的方差总是小于不可靠度 $\eta(\boldsymbol{X})$ 的方差, 所以条件期望技巧可以降低方差.

Kroese, Taimre, Botev(2011) 使用条件期望技巧的蒙特卡罗方法称为排列蒙特卡罗方法. 首先计算排列和故障率, 然后使用条件期望技巧, 模拟估计值. 令排列 $\boldsymbol{\Pi} = (\boldsymbol{\Pi}_1, \boldsymbol{\Pi}_2, \cdots, \boldsymbol{\Pi}_m)$, 排列由维修次数大小的排序作如下定义:

$$\boldsymbol{X}_{\boldsymbol{\Pi}_1} < \boldsymbol{X}_{\boldsymbol{\Pi}_2} < \cdots < \boldsymbol{X}_{\boldsymbol{\Pi}_m}.$$

链路修复次数 X_e 的概率密度函数为

$$f(x_e) = \exp(\lambda(e)),$$

式中, 链路 $e = 1, 2, \cdots, m$, 修复率 $\lambda(e) = -\ln q_e, q_e = 1 - p_e$, 其中 p_e 为每条链路的运行概率, q_e 为每条链路的故障概率.

根据深度首次搜索算法, 计算结构函数 $S(\boldsymbol{X})$, 使得网络成为可运行的. 不可靠度 $\eta(\boldsymbol{X})$ 的条件期望为

$$E\left[\eta(\boldsymbol{X}|Z_i = z_i)\right] = G_1(\boldsymbol{\Pi}_i) = P(A_1 + A_2 + \cdots + A_b > 1).$$

A_i 的概率密度函数为

$$g(A_i) = \exp(\lambda(E_i)),$$

式中, 故障率 $\lambda(E_i), i = 1, 2, \cdots, b, \lambda(E_1) > \lambda(E_2) > \cdots > \lambda(E_b)$; E_i 计算公式为

$$E_1 = E, \quad E_i = E_{i-1} \setminus \{\pi_{i-1}\}, \quad 2 \leqslant i \leqslant m,$$

式中, $\setminus$ 表示右除符号. 对给定排列为 $\boldsymbol{\pi} = (\pi_1, \pi_2, \cdots, \pi_m)$, 计算故障率公式为

$$\lambda(E_i) = \sum_{e \in E_i} \lambda(e).$$

条件概率值为

$$G_1(\boldsymbol{\Pi}) = P(A_1 + A_2 + \cdots + A_b > 1).$$

条件概率值 $G_1(\boldsymbol{\Pi})$ 作为统计量, 不可靠度的估计值为

$$\hat{\eta} = (1/n) \sum_{i=1}^{n} G_1(\boldsymbol{\Pi}_i).$$

统计量为条件概率 $G_1(\boldsymbol{\Pi}_i)$, 条件概率的经验分布表明, 对故障概率估计值的主要贡献来自右端少数几个组态. Elperin, Gertsbakh, Lomomosov(1991) 给出的排列蒙特卡罗算法如下:

① 从概率密度函数 $f(x_e)$ 抽样产生独立修复次数 X_e.

② 根据深度首次搜索算法, 计算结构函数 $S(\boldsymbol{X})$, 使得网络成为可运行的.

③ 确定临界数 $\boldsymbol{b} = \boldsymbol{b}(\boldsymbol{\Pi})$, 即找出满足 $S(\boldsymbol{X}) = \boldsymbol{X}_{\boldsymbol{\Pi}_b}$ 的 $\boldsymbol{b}$.

④ 由故障率公式计算故障率 $\lambda(E_i), i = 1, 2, \cdots, b, \lambda(E_1) > \lambda(E_2) > \cdots > \lambda(E_b)$.

⑤ 从概率密度函数 $g(A)$ 抽样产生 A_i, 精确计算 $P(A_1 + A_2 + \cdots + A_b > 1)$.

⑥ 重复①~⑤, 模拟 n 次, 最后统计计算不可靠度估计值.

例如, 图 13.14 的两终结点网络结构, 直接模拟方法的误差非常大, 模拟结果不可用, 而且目前微机速度不能得到 $q < 10^{-2}$ 的不可靠度估计值. 使用条件期望技巧, 每条链路的故障概率为 q, 模拟 100 万次, 求得在不同的 q 值下, 网络不可靠度如表 13.6 所示, 与直接模拟比较, 误差大大地下降, 而且 $q < 10^{-2}$ 的不可靠度估计值都可计算出来. 对每个 q 值, 条件期望技巧的模拟的微机时间为 3 分钟.

表 13.6　网络不可靠度模拟结果

q	不可靠度估计值	相对误差/%	q	不可靠度估计值	相对误差/%
10^{-1}	1.90×10^{-2}	0.247	10^{-6}	2.01×10^{-17}	0.630
10^{-2}	2.00×10^{-5}	0.563	10^{-7}	2.03×10^{-20}	0.626
10^{-3}	1.99×10^{-8}	0.626	10^{-8}	1.99×10^{-23}	0.632
10^{-4}	2.00×10^{-11}	0.630	10^{-9}	1.99×10^{-26}	0.633
10^{-5}	2.01×10^{-14}	0.629	10^{-10}	1.99×10^{-29}	0.631

13.4.5　重要抽样技巧

1. 矩生成函数方法

直接模拟方法的误差比较大, 可用重要抽样技巧降低方差. 采用矩生成函数方法选择重要概率密集函数. 由 m 个独立组件组成的串行系统, 每个组件的运行概率为 p, 组件状态 B 是离散随机变量, 服从伯努利分布, 概率密集函数为

$$f(b) = p^b(1-p)^{1-b}, \quad b \in \{0, 1\},$$

矩生成函数 $M(\theta)$ 为

$$M(\theta) = \int \mathrm{e}^{\theta b} f(b) \mathrm{d}b = p\mathrm{e}^{\theta} + 1 - p.$$

重要概率密集函数为

$$g(b) = \mathrm{e}^{\theta b} f(b) / M(\theta) = p_\theta^b (1 - p_\theta)^{1-b},$$

式中, $p_\theta = p\mathrm{e}^\theta / (p\mathrm{e}^\theta + 1 - p)$. 从重要概率密集函数 $g(b)$ 抽样产生 B, m 个独立组件组成的串行系统状态向量 $\boldsymbol{B}$ 为

$$\boldsymbol{B} = \prod_{j=1}^{m} B_j.$$

权重为

$$w = f(\boldsymbol{B}) / g(\boldsymbol{B}) = \mathrm{e}^{-\theta B} (p\mathrm{e}^\theta + 1 - p).$$

计算 m 个独立组件组成的串行系统的结构函数 $S(\boldsymbol{B})$, 不可靠度为

$$\eta(\boldsymbol{B}) = \begin{cases} 1, & S(\boldsymbol{B}) = 0, \\ 0, & S(\boldsymbol{B}) = 1. \end{cases}$$

模拟 n 次, 不可靠度 $\eta(\boldsymbol{B}_i)$ 作为统计量, 不可靠度的估计值为

$$\hat{\eta} = (1/n) \sum_{i=1}^{n} \eta(\boldsymbol{B}_i) w_i.$$

串行系统不可靠度的直接模拟, 相对误差较大, 为了减少误差, 使用矩生成函数方法的重要抽样技巧. 在微机上模拟 100 万次, 不同故障概率 100 个组件数串行系统的重要抽样模拟结果如表 13.7 所示. 每个组件的故障概率 $q = 10^{-6}$, 不同组件数串行系统不可靠度重要抽样模拟结果如表 13.8 所示. 与直接模拟方法的误差比较, 如表 13.4 和表 13.5 所示, 重要抽样技巧的误差大为降低.

表 13.7　不同故障概率相同组件数串行系统不可靠度的重要抽样模拟结果

故障概率 q	解析精确值	不可靠度估计值	相对误差/%	θ 取值
10^{-4}	9.950661×10^{-3}	9.0454190×10^{-3}	0.21	-3
10^{-5}	9.995052×10^{-4}	9.9950520×10^{-4}	0.25	-5
10^{-6}	9.999505×10^{-5}	9.8391510×10^{-5}	0.49	-6
10^{-7}	9.999950×10^{-6}	9.9934970×10^{-6}	0.95	-7
10^{-8}	9.999995×10^{-7}	1.0137980×10^{-6}	1.82	-8

表 13.8　不同组件数相同故障概率串行系统不可靠度的重要抽样模拟结果

组件数 m	解析精确值	不可靠度估计值	相对误差/%	θ 取值
1	1.000000×10^{-6}	1.000706×10^{-6}	0.67	-10
10	9.999955×10^{-6}	9.831428×10^{-6}	0.58	-8
100	9.999505×10^{-5}	9.839151×10^{-5}	0.49	-6
1000	9.995007×10^{-4}	9.824852×10^{-4}	0.42	-4
10000	9.950171×10^{-3}	9.614686×10^{-3}	0.36	-2

2. 组合重要抽样技巧

Kroese, Taimre, Botev(2011) 使用一种组合马尔可夫链蒙特卡罗方法的重要抽样技巧, 达到降低方差的目的. 重要抽样技巧的关键是选取什么样的重要概率分布. 离散状态向量 B_e 与连续状态向量 X_e 的关系为

$$B_e = I_{\{X_e \leqslant 1\}}.$$

式中, I 为示性函数, 如果满足条件 $\{X_e \leqslant 1\}$, $I = 1$, 否则 $I = 0$. 因此有

$$P(X_e > 1) = P(B_e = 0) = 1 - p_e = q_e.$$

式中, p_e 为每条链路的运行概率, q_e 为每条链路的故障概率.

需要了解结构函数 $S(\boldsymbol{X})$ 的一些先验知识, 结构函数 $S(\boldsymbol{X})$ 的变化范围为

$$S_{\mathrm{L}}(\boldsymbol{X}) \stackrel{\text{def}}{=} \max_{C \in C_{\min}} \min_{e \in C} X_e \leqslant S(\boldsymbol{X}) \leqslant \min_{P \in P_{\min}} \max_{e \in P} X_e \stackrel{\text{def}}{=} S_{\mathrm{U}}(\boldsymbol{X}).$$

最小路径 $P_{\min}^*$ 是不相交的最小路集, 定义

$$\eta_{\mathrm{U}} = P(S_{\mathrm{U}}(\boldsymbol{X}) > 1) = P\left(\min_{P \in P_{\min}^*} \max_{e \in P} X_e > 1\right) = \prod_{P \in P_{\min}^*} \left(1 - \prod_{e \in P} p_e\right).$$

η_{U} 是容易计算的. 网络链路维修时间向量 $\boldsymbol{X}$ 的概率密度函数为

$$f(\boldsymbol{x}) = \lambda \exp(-\lambda \boldsymbol{x}).$$

使用有界重要抽样技巧, 重要概率密度函数为

$$g(\boldsymbol{x}) = f(\boldsymbol{x}) I_{\{S_{\mathrm{U}}(x) > 1\}} / \eta_{\mathrm{U}}.$$

每次模拟从重要概率密度函数抽样, 产生样本值 $\boldsymbol{X}_i$, 网络不可靠度的估计值为

$$\hat{\eta} = (1/n) \sum_{i=1}^{n} g(\boldsymbol{X}_i) / f(\boldsymbol{X}_i) = (\eta_{\mathrm{U}}/n) \sum_{i=1}^{n} I_{\{S(\boldsymbol{X}_i) > 1\}}.$$

重要概率密度函数 $g(\boldsymbol{x})$ 是条件概率密度函数, 归一化常数是未知的, 使用马尔可夫链蒙特卡罗方法抽样, Cancela, L'Ecuyer, Lee, Rubino, Tuffin (2009) 给出重要概率密度函数的抽样方法如下:

(1) 在最小路径 $P_{\min}^*$ 中取一条路径 $P = (e_1, e_2, \cdots, e_k)$, 计算

$$a_i = (1 - p_{e_i}) \prod_{j=1}^{i-1} p_{e_j} \Big/ \left(1 - \prod_{j=1}^{k} p_{e_j}\right), \quad i = 1, 2, \cdots, k.$$

(2) 以概率 $P(I = i) = a_i$ 选取一个指标 $I \in \{1, 2, \cdots, k\}$.

(3) 对每一个 $i = 1, 2, \cdots, I-1$, 产生一个指数随机变量 Y_i, 带有参数 $\lambda(e_i) = -\ln(1 - p_{e_i})$, 条件是 $Y_i \leqslant 1$.

(4) 从概率分布 $\mathrm{Exp}(\lambda(e_I))$ 抽样产生 Y_I, 条件是 $Y_I > 1$; 即令 $Y_I = 1 + Z$, Z 服从 $\mathrm{Exp}(\lambda(e_I))$ 分布.

(5) 对每一个 $i = I+1, I+2, \cdots, k$, 独立地从概率分布 $\mathrm{Exp}(\lambda(e_i))$ 抽样产生 Y_I.

(6) 指定 $X_{e_j} = Y_j, j = 1, 2, \cdots, k$, 从路径 $P_{\min}^*$ 中除去路径 P. 如果路径 $P_{\min}^*$ 没有更多的路径, 则转向第 (7) 步, 否则返回第 (1) 步.

(7) 不属于路径 $P_{\min}^*$ 中的任何路径的任何链路 e 的维修时间, 独立地从相应的边际概率密度函数 $f(\boldsymbol{x})$ 抽样, X_e 服从概率分布 $\mathrm{Exp}(\lambda(e))$.

(8) 抽样的样本值为 $\boldsymbol{X} = (X_1, X_2, \cdots, X_m)$.

例如, 图 13.15 表示一个 12 面体的两终结点网络. 所有链路的故障概率 $q = 10^{-3}$. 从源结点 1 到宿结点 20 有三条路径, 图 13.9 中用粗线表示, 结点分别为 (1, 2, 5, 11, 17, 20), (1, 4, 9, 15, 19, 20), (1, 3, 7, 13, 18, 20), 链路分别为 (1, 4, 11, 20, 28), (3, 8, 17, 26, 30), (2, 6, 14, 23, 29). 使用组合重要抽样技巧, 模拟 10 万次, 网络不可靠度估计值为 1.95×10^{-9}, 相对误差为 2.5%. 如果用直接模拟方法, 误差非常大, 相对误差为 7161%. 与直接模拟比较, 重要抽样的误差降低 2864 倍. 如果同时采用条件期望技巧和重要抽样技巧, 网络不可靠度估计值为 2.01×10^{-9}, 相对误差为 0.76%.

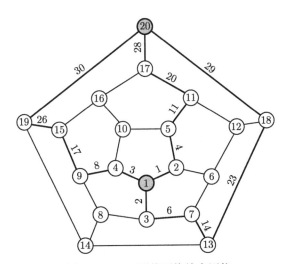

图 13.15 12 面体两终结点网络

参 考 文 献

杜比 2007. 蒙特卡洛方法在系统工程中的应用. 卫军胡, 译. 西安: 西安交通大学出版社.

Cancela H,L'Ecuyer P,Lee M,Rubino G,Tuffin B.2009. Analysis and improvements of path-based methods for Monte Carlo reliability evaluation of static models. New York: Springer Verlag.

Cappé O, Guillin A, Marin J M, Robert C P. 2004. Population Monte Carlo. Statistics and Computing, 13(4):907–929.

Chen M H,Shao Q M,Ibrahim J G.2000. Monte Carlo methods in Bayesian Computation. New York:Springer Vertlag.

Dempster A P,Laird N M,Rubin D B.1977. Maximum likelihood from incomplete data via the EM algorithm. J. Royal Statist. Soc.,Series B,39(1):1-38.

Duane S,Kennedy A D,Pendleton B J,Roweth D.1987. Hybrid Monte Carlo. Physics Letters B 195(2):216-222.

Dubi A.2000. Monte Carlo Application in Systems Engineering. New York:John Wiley & Sons.

Easton M,Wong C.1980. Sequential destruction method for Monte Carlo evaluation of system reliability. IEEE Transactions on Reliability,29(1):27-32.

Elperin T,Gertsbakh I B,Lomomosov M.1991. Estimation of network reliability using graph evolution models. IEEE Transactions on Reliability,40(5):572-581.

Fishman G.1980. A Monte Carlo sampling plan for estimating network reliability. Opeations Research,34(4):581-594.

Gamerman D.1997. Markov Chain Monte Carlo: Stochastic Simulation for Bayesian Inference. Boca Raton:CRC Press.

Gentle J E.2000. Random Number Generation and Monte Carlo Methods. Statistics and Computing,2nd edition. Berlin/Heidelberg:Springer Verlag.

Iba Y. 2000. "Population -Based Monte Carlo Algorithms." Journal of Computational and Graphical Statistics 7,175-193.

Knuth D E.1997. The Art of Computer Programming Volume 1.third edition. Boston:Addison Wesley.

Kroese D P,Taimre T,Botev Z I.2011. Handbook of Monte Carlo methods. New York:John Wiley & Sons.

Kroese D P,Hui K P.2007. Applications of the cross-entropy method in reliability. In G.Levitin,Editor,Computational Intelligence in Reliability Engineering,volume 40, page 37-82,Berlin:Springer Verlag.

Kumamoto H K,Tanaka K,Inoue K,Henley E J.1980. Dagger sampling Monte Carlo for system unavailability evaluation. IEEE Transactions on Reliability,29(2):376-380.

Liu J S.2001. Monte Carlo Strategies in Scientific Computing. New York:Springer Vertlag.

Lomonosov M.1994. On Monte Carlo estimates in network reliabity. Probability in the Engineering and Informational Sciences,8(2):245-265.

Metropolis N,Rosenbluth A W,Rosenbluth M N,Teller A H,Teller E.1953. Equations of state calculations by fast computing machines. J.Chem.Phys.,21:1087-1092.

Moral P D, Doucet A, Jasra A.2007. Sequential Monte Carlo for Bayesian computation.

Neal R M.1996. Bayesian Learning for neural networks. New York:Springer Verlag.

Robert C P,Casella G.2002,2005. Monte Carlo Statistical Methods. New York:Springer.

Robert C P, Casella G. 2010. Introducing Monte Carlo Methods with R. New York:Springer.

Rubino G,Tuffin B.2009. Rare Event Simulation. New York:John Wiley & Sons.

Wei G, Tanner M.1990. A Monte Carlo implementation of the EM algorithm and the poor man's data augmentation algorithm. J. American Statist Assoc.,85:699-704.

Kroese D P,Taimre T,Botev Z I.2011. Handbook of Monte Carlo methods. New York:John Wiley & Sons.

Technical report, Medical Research Council Biostatistics Unit, Institute of Public Health, Cambridge Univ.

Spiegelhalter D, Thomas A, Best N, Gilk W.1995b. BUGS examples. Technical report, MRC Biostatistics Unit, Cambridge Univ.

第14章 金融经济学模拟

14.1 金融经济问题模拟

14.1.1 挑战性的金融难题

1. 股票价格波动

自从股票交易市场出现以来, 股票价格波动的研究就一直没有间断过, 1900 年法国人巴舍利耶试图用布朗运动描述股票价格的波动过程. 用几何布朗运动描述股票价格波动如图 14.1 所示, 股票价格波动的路径如图 14.2 所示. 股票价格波动难以分析和难以预测正体现了股票市场的高度复杂性和魅力所在. 1987 年的黑色星期五, 股票价格一天下跌 30%, 是一个跳跃式波动, 表明股票价格模型非常复杂. Kou(2002) 用双指数跳跃扩散模型来刻画金融资产收益过程, 认为资产价格波动可以分别由一个几何布朗运动驱动的连续随机过程和一个离散的跳跃过程来表示.

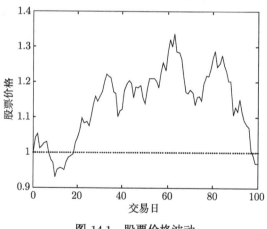

图 14.1 股票价格波动

2. 挑战性的金融问题

金融证券市场有债券市场和股票市场, 金融资产有债券资产和股票资产, 债券资产是无风险资产, 股票资产是有风险资产. 标的资产是指各种金融衍生品, 包括股票、债券、外汇和商品等. 金融经济问题很多, 其中标的资产的期权定价是一个非常具有挑战性的问题. 期权市场是最具有活力和变化的市场, 盈利和避险需要不断地产生新的工具, 期权是一种最为独特的金融衍生品, 是更为有效的风险管理工具. 在 20 世纪的前 70 多年, 众多的经济学家做出无数的努力, 试图解决资产期权定价问题, 但都未能获得令人满意的结果. 在探索资产期权定价的漫长征途中, 具有里程碑意义的工作是 1973 年金融学家 F. Black 和 M. Scholes 发表的著名论文 "期权定价与公司负债", 导出了 Black-Scholes 欧式期权定价的解析公式. M. Scholes 主要因为这一工作与 R. Merton 一起获得 1997 年的诺贝尔经济学奖.

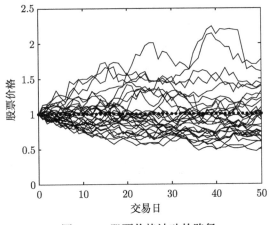

图 14.2 股票价格波动的路径

实证研究表明, Black-Scholes 模型的结果与实物期权定价仍然有距离. 实际股票价格波动和金融证券市场是很复杂的, 随机因素很多. 金融证券市场理论基本假定是无套利原则, 是风险中性世界. Black-Scholes 模型做了很多的简化假设, 其中的一些不确定因素是很难事先确定的, 波动率实际上是随机变量而不是常数. 期权定价的数值方法, 如二叉树方法和有限差分方法, 也是做了很多的简化假设, 只适用于几何布朗运动, 而不适用于复杂的随机过程, 这种简化假设可能偏离实际情况, 因此数值解与真实结果相差甚远. 为了解决期权定价中不确定因素的影响, 可使用蒙特卡罗模拟, 模拟期权定价的实际过程, 通过统计方法消除不确定因素的影响, 有可能得到准确的结果.

3. 高维问题

资产期权定价问题有两类高维问题, 一是多资产期权定价问题和附属抵押契约 (CMO) 问题, 二是时间段期权定价问题, 这些高维问题成为金融资产期权定价的高维灾难. 价差期权、彩虹期权和一篮子期权是多资产期权, 一个资产就是一维, 因此多资产期权是多维问题. 附属抵押契约 (CMO) 问题, 是高于 360 维积分问题. 一些金融衍生品的价格依赖于时间段的随机涨落, 是多时间阶段的路径依赖期权定价问题, 在方法上不能用闭合形式的表示式来代替. 亚式期权与到期时间之内的资产平均价格有关, 期权的到期时间为一年, 一年有 252 个交易日, 则平均股票价格是 252 维积分, 亚式期权定价问题是高维积分问题. 真正概率意义上的平均价格, 只能用蒙特卡罗方法计算. 当资产数目增加时, 二叉树方法和有限差分方法等数值方法所需的计算时间将成几何速度增长, 高维积分数值方法是不可行的.

14.1.2　蒙特卡罗模拟方法

Boyle(1977) 首先把蒙特卡罗方法引入金融经济分析领域, 并用来解决期权定价问题. 此后 30 多年, 国外金融经济分析蒙特卡罗模拟发展迅速, 文献呈海量增加. 2000 年以后就出版了几部专著, 如 Jäckel(2001); Glasserman(2003); McLeish(2005); Dagpunar(2007). Kroese, Taimre, Botev(2011) 也论述蒙特卡罗方法在金融分析中的应用. 国内期权市场长期缺位, 改革开放以后, 国内有些人到境外进行期权交易. 在 20 世纪 90 年代中期以前, 国内期权定价研究几乎是一片空白. 直到 1997 年 Scholes 和 Merton 由于经典的期权定价模型而获得诺贝尔经济学奖以后, 期权定价问题才引起人们的注意. 2000 年以后, 国内关于期权定价问题的研究, 随着我国金融市场的不断完善和发展, 期权定价问题引起人们的兴趣, 用蒙特卡罗方法解决期权定价问题逐渐开展起来.

2015 年 1 月本书第一版出版, 2015 年 2 月 9 日上海证券交易所 50ETF 股票期权交易上市, 后续还有个股期权和股指期权. 股票期权是指期权交易的买方与卖方经过协商之后以支付一定的期权费 (option premium) 为代价, 取得一种在一定期限内按协定价格购买或出售一定数额股票的权利, 超过期限, 合约义务自动解除. 上证期权类同欧式期权, 上证期权市场有些名词, 例如"认购期权"和"认沽期权", 本书称为"看涨期权 (call option), 和"看跌期权 (put option)", 只是叫法不同而已. 期权费是期权的价格, 期权定价研究是研究合理的期权价格, 本书称为期权价值. 期权定价理论研究成果与金融市场的实际操作有非常紧密的联系, 被直接应用于金融交易实践并产生了很大影响, 推动衍生金融市场的发展. 上证期权交易上市, 开启我国的"期权"时代, 将促进国内期权定价研究的发展.

1. 蒙特卡罗方法基本框架

根据第 5 章所描述的蒙特卡罗方法基本框架, 可以导出资产期权定价问题的蒙特卡罗方法. 资产期权定价问题是估计值问题, 估计值问题蒙特卡罗方法的基本框架用概率测度论语言描述如下: 首先构建一个概率空间 $(\Omega, \mathscr{F}, P)$. 然后在该概率空间中, 确定资产价格的随机过程 $S(t)$, 它定义为样本空间 Ω 上的一个实值函数 R, 具有联合概率分布, 其联合概率密度函数为 $f(s(t); t)$. 统计量为资产期权价值, 资产期权价值 V 是资产价格 $s(t)$ 的函数: $V = g(s(t))$, 其期望为 μ, 均方差为 σ. 从概率密度函数 $f(s(t); t)$ 抽样, 产生样本值 $S_i(t_j)$, 资产期权价值的取值为 $V_i =$

$g\left(S_i(t_j)\right)$. 最后进行统计估计, 资产期权价值的算术平均值是资产期权价值的无偏估计, 作为估计问题的近似估计值, 它依概率 p 收敛于估计量期望 μ. 资产期权价值估计的误差 ε 与均方差 σ 成正比, 与模拟次数 n 平方根成反比. 下面叙述直接模拟方法, 没有采用降低方差技巧.

2. 随机过程抽样

资产期权定价问题研究对象是随机过程, 资产价格遵循随机过程, 随机过程的自变量是时间, 用 $\{S(t), t \geqslant 0\}$ 表示, 简记为 $S(t)$. 资产价格 $S(t)$ 的联合概率密度函数为

$$f(s(t)) = f(s_1, s_2, \cdots, s_m; t_1, t_2, \cdots, t_m).$$

主要随机过程有布朗运动、泊松过程以及一些特别复杂的随机过程. 关于随机过程抽样方法可参见第 3 章和第 4 章. 例如, 资产价格波动一般遵循几何布朗运动, 资产价格的随机微分方程为

$$\mathrm{d}S(t) = rS(t)\mathrm{d}t + \sigma S(t)\mathrm{d}W(t).$$

上述齐次线性随机微分方程的强解为

$$S(t) = S(0) \exp((r - \sigma^2/2)t + \sigma W(t)).$$

其中维纳过程 $W(t)$ 是服从均值为 0, 均方差为 $t^{1/2}$ 的正态分布, $W(t) \sim N(0, t)$. $Z(t)$ 是服从均值为 0, 均方差为 1 的标准正态分布, $Z(t) \sim N(0, 1)$. 维纳过程与标准正态过程的关系为 $W(t) = t^{1/2}Z(t)$, 因此资产价格为

$$S(t) = S(0) \exp((r - \sigma^2/2)t + \sigma\sqrt{t}Z(t)).$$

对离散时间, 采样点为 $0 = t_0 < t_1 < t_2 < \cdots < t_m$, 几何布朗运动随机过程抽样算法如下:

① 从标准正态分布 $N(0, 1)$ 抽样产生 $Z(t_1), Z(t_2), \cdots, Z(t_m)$.

② 样本值 $S(t_k) = S(0) \exp((r - \sigma^2/2)t_k + \sigma \sum_{j=1}^{k} \sqrt{t_j - t_{j-1}} Z(t_j)), k = 1, 2, \cdots, m.$

3. 统计量选取

随机过程是一族随机变量, 统计量是随机过程的函数, 因此统计量也是一族随机变量. 资产期权定价问题最终是计算期权价值, 统计量取为期权价值. 到期时间 T 执行期权, 期权收益是资产价格的函数, 期权收益函数为

$$C(T) = g(S(T)) = g(S_T).$$

其波动率 σ 可以由历史数据用统计公式估计, 其漂移率 μ 称为增长率, 通常难于估计, 可以用无风险利率 r 来代替. 折现因子为

$$\eta = \mathrm{e}^{-rT} = \exp\left(-\int_0^T r(t)\mathrm{d}t\right).$$

到期时间 T 的期权价值为

$$V(T) = \eta C(T) = \eta g(S(T)) = \eta g(S_T).$$

各种期权定价问题的期权收益函数 $g(S_T)$ 有不同的计算方法, 几种期权收益函数如表 14.1 所示, 其中 $(S_T - K)^+$ 表示 $\max(S_T - K, 0)$, $I_{S(u)>b}$ 是示性函数.

表 14.1　几种期权收益函数

期权名称	期权收益函数 $C(T) = g(S_T)$	
	看涨期权	看跌期权
欧式期权	$(S_T - K)^+$	$(K - S_T)^+$
美式期权	$(S(T) - K)^+$	$(K - S(T))^+$
亚式期权	$(S_{\mathrm{avg}} - K)^+$	$(K - S_{\mathrm{avg}})^+$
回望期权	$(S_{\max} - K)^+$	$(K - S_{\min})^+$
障碍期权	$(S(t) - K)^+ I_{S(u)>b}$	$(K - S(t))^+ I_{S(u)>b}$

4. 期权价值估计

第 i 次模拟期权价值为 $V_i(T)$, 总共进行 n 次模拟, 直接模拟蒙特卡罗方法, 期权价值估计值为

$$\hat{V} = (1/n)\sum_{i=1}^n V_i(T).$$

期权价值估计值的方差为

$$\mathrm{Var}[\hat{V}] = (1/n)\sum_{i=1}^n V_i^2(T) - \left((1/n)\sum_{i=1}^n V_i(T)\right)^2.$$

令正态差为 X_α, 显著水平为 α, 置信度为 $1 - \alpha$, 在此置信度下, 期权价值估计值的绝对误差为

$$\varepsilon_a = X_\alpha\sqrt{\mathrm{Var}[\hat{V}]}\Big/\sqrt{n}.$$

期权价值估计值的置信区间为 $(\hat{V} - \varepsilon_a, \hat{V} + \varepsilon_a)$. 在此置信度下, 期权价值估计的相对误差为

$$\varepsilon_{\mathrm{r}} = 100 X_\alpha\sqrt{\mathrm{Var}[\hat{V}]}\Big/\hat{V}\sqrt{n}\%.$$

14.2　期权定价蒙特卡罗模拟

14.2.1　常规期权定价模拟

期权有常规期权和非常规期权, 常规期权是标准期权, 包括欧式期权和美式期权.

1. 欧式期权定价直接模拟

假定资产价格波动遵循几何布朗运动, 欧式期权只是到期时间 T 才执行期权, 到期时间 T 的欧式期权价值为

$$V(T) = \begin{cases} \eta \max(S(T) - K, 0) = \eta(S(T) - K)^+, & \text{看涨期权}, \\ \eta \max(K - S(T), 0) = \eta(K - S(T))^+, & \text{看跌期权}. \end{cases}$$

例如, 欧式期权定价直接模拟. 标的资产为欧式股票, 当前股票价格 $S_0 = 100$, 期权执行价格 $K = 100$, 无风险利率 $r = 0.06$, 股票波动率 $\sigma = 0.4$, 到期时间 $T = 1$ 年. 在 0.95 置信度下, 根据直接模拟方法, 欧式期权定价模拟结果如表 14.2 所示. 欧式期权定价问题有解析解, 由 Black-Scholes 公式给出.

表 14.2　欧式期权定价直接模拟结果

模拟次数	欧式看涨期权		欧式看跌期权	
	期权价值	相对误差/%	期权价值	相对误差/%
10^4	18.464	3.60	12.569	2.73
10^5	18.616	1.12	12.621	0.86
10^6	18.525	0.35	12.629	0.27
10^7	18.465	0.11	12.651	0.08
解析解	18.473		12.649	

2. 美式期权特征

美式期权是广泛使用的常规期权, 是一种重要的金融衍生品, 美式期权的特点是可在有效期内任何时候执行期权, 所以具有提前执行特征. 美式买权实际不具有提前执行的特征, 美式卖权才具有提前执行的特征. 美式期权定价问题要决定何时提前执行期权, 这是提前履约问题, 要决策判断是否应该提前履约还是继续持有该期权. 因为存在多个可能的执行日期, 所以期权持有者在每一个执行日, 必须决定是执行期权还是继续等待. 提前执行的准则是执行所获得的期权价值大于不执行所获得的期权价值, 不执行所获得的期权价值是后续的存续期内的期权价值.

传统上认为蒙特卡罗方法无法处理美式期权定价问题, 因为一般来说蒙特卡罗方法是一种前向跟踪方法, 只能进行前向迭代搜索, 无法进行后向迭代搜索, 因此无法决定何时提前履约, 无法判断是否应该提前履约还是继续持有该期权, 所以不能很好地确定具有后向迭代搜索特征的美式期权定价问题. 近年来已有突破, 提出各种方法处理提前履约决策问题, 形成研究热潮, 涌现出大量文献. 最初, Barraquand 和 Martineau(1995); Broadie 和 Glasserman(1997); 提出美式期权定价的蒙特卡罗方法. 这里介绍 Longstaff 和 Schwartz(2001) 提出的最小二乘蒙特卡罗方法.

3. 美式期权最小二乘蒙特卡罗方法

提前执行期权的决定要进行比较, 期权现期执行可以得到的回报 (即期执行的价值), 在未来一个日期执行期权得到的回报 (即继续持有期权的价值), 比较两者的大小. 所以最优执行策略与继续持有期权的价值的估计有关. 在期权的存续期内可能有多次提前执行的机会, 但只有一次是最优的, 使得期权的价值最大, 此时的价值才是期权的真正价值. 美式期权定价就是要找到最优执行时刻, 并将该时刻的期望收益折现到当前时刻. 美式期权提前执行时刻可视为一系列停止时间, 需要找到最优停止时间.

建立随机过程的概率空间 $(\Omega, \mathscr{F}, P)$, P 为风险中性概率测度. 定义期权现金流 $V(\omega, s : t, T), \omega \in \Omega, s \in (t, T)$, 假定有限个执行时间为 $0 = t_0 < t_1 < t_2 < \cdots < t_m$, 继续持有期权的价值为未来折现期权现金流 $V(\omega, s : t, T)$ 的风险中性预期为

$$F(\omega, t_i) = E_Q \left[\sum_{j=t+1}^{m} \exp \left(- \int_{t_i}^{t_j} r(\omega, s) \mathrm{d}s \right) V(\omega, t_j : t_i, T) | F_t \right],$$

式中, $r(\omega, s)$ 为无风险利率, F_t 为时刻 t 的信息集, Q 表示等价鞅测度.

将到期时间 T 离散为 $m+1$ 个时刻, 得到美式期权可以执行的停止时刻点. 在停止时刻 j 资产价格为 S_j, 执行价格为 K, 在停止时刻 j 执行期权, 期权收益为

$$C_j = K - S_j.$$

在停止时刻 j 不执行期权, 其期权价值为下一个停止时刻 $j+1$ 期权价值 V_{j+1} 的条件期望值 $E[V_{j+1}|C_j]$ 折现到时刻 j 时的期权价值为

$$E[V_{j+1}|C_j] \exp(-rT/m),$$

式中, $\mathrm{e}^{-rT/m}$ 为折现因子. 停止时刻 j 的期权价值为二者中最大者, 停止时刻 j 的期权价值为

$$V_j = \max \left(X_j, E[V_{j+1}|C_j] \exp(-rT/m) \right).$$

到期日的期权价值为

$$V_m = \max(C_m, 0).$$

零时刻期权价值为

$$V_0 = \max(X_0, E[V_1|C_0] \exp(-rT/m)).$$

如果最优停止时刻为 τ, 则零时刻期权价值为

$$V_0 = E[V_\tau|C_0] \exp(-r\tau/m).$$

但是最优停止时刻 τ 无法得到, 它可以是 $m+1$ 个时刻中的任何一个, 所以美式期权没有解析解, 只能寻找数值解.

最小二乘蒙特卡罗方法思想并不复杂, 首先以多项式函数逼近停止时刻的期权价值的条件期望, 多项式各系数通过最小二乘回归方法得到, 最小二乘法结合蒙特卡罗模拟提供的数据, 使用最小二乘回归估计继续持有期权的价值. 这些回归的拟合值就被看作继续持有期权价值的期望. 然后从后往前倒推, 该过程一直后向迭代, 比较估计值和即期执行的价值, 判定最优停止规则, 逐步得到各个停止时刻的期权价值, 直到零时刻为止. 折现得到的现金流至零时刻, 得到零时刻美式期权的价格. 最小二乘蒙特卡罗方法的缺点是当路径数目增大时, 计算时间增加得很多.

根据资产价格的随机过程 $S(t)$, 随机地得到 n 条路径, 路径 i 停止时刻 j 执行期权的期权收益为

$$C_{ij} = K - S_{ij}, \quad i = 0, 1, \cdots, n; j = 1, 2, \cdots, m.$$

下一个停止时刻 $j+1$ 期权价值 V_{j+1} 的条件期望值 $E[V_{j+1}|C_j]$ 折现到时刻 j 时的期权价值表示为一个多项式:

$$E[V_{i(j+1)}|C_{ij}]\exp(-rT/m) = \sum_{k=0}^{m} a_{jk}L_{jk}(C_{ij}).$$

式中, $L_{jk}(C_{ij})$ 表示基函数, a_{jk} 为参数, m 为多项式的项数. 基函数有多种选择, 如 Hermite 多项式、Legengre 多项式、Chebyshev 多项式和 Jacobi 多项式. 最简单的多项式为

$$\sum_{k=0}^{m} a_{jk}(S_{ij})^k.$$

对于最简单的多项式, 以 $V_{i(j+1)}\exp(-\gamma T/m)$ 作为因变量, S_{ij} 作为自变量, 通过简单最小二乘多项式回归得到参数 a_{jk} 的估计值 $\hat{a}_{jk}$, 通过多项式函数逼近期望值, 得到估计值为

$$\hat{E}_{i(j+1)} = \hat{E}[V_{i(j+1)}|C_{ij}]\exp(-rT/m) = \sum_{k=0}^{m} \hat{a}_{jk}L_{jk}(C_{ij}).$$

各个停止时刻期权价值的后向递推公式为

$$V_{ij} = C_{ij}I_{(C_{ij} > \hat{E}_{i(j+1)})} + V_{i(j+1)}\exp(-rT/m)I_{(C_{ij} \leqslant \hat{E}_{i(j+1)})}.$$

式中, $I_{(\cdot)}$ 为示性函数. 往后依次递推, 直到停止时刻 $j = 1$, 得到 V_{i1}. 之所以只到停止时刻 $j = 1$, 是因为回归到 $j = 0$ 时出现矩阵奇异. 蒙特卡罗模拟, 进行 n 次模拟, 也就是跟踪 n 条路径, 得到期权价值的估计值为

$$E[V_{i1}|C_{i0}]\exp(-rT/m) = (1/n)\sum_{i=1}^{n} V_{i1}\exp(-rT/m).$$

最后得到期权价值为

$$V_0 = \max\left(C_0, (1/n)\sum_{i=1}^{n} V_{i1}\exp(-rT/m)\right).$$

美式期权定价问题的最小二乘蒙特卡罗方法实际上是通过多项式函数逼近期望值, 寻找每条路径的最优停止时刻, 将执行价值通过平均得到期权价值.

例如, 美式看跌股票期权, 当前股票价格 $S_0 = 23$, 期权执行价格 $K = 25$, 无风险利率 $r = 0.05$, 股票波动率 $\sigma = 0.2$, 到期时间 $T = 1$ 年. 时间间隔数 $m = 100$, 模拟次数 $n = 10000$. 采用最小二乘蒙特卡罗方法, 期权价值估计值为 2.527, 相对误差为 0.71%.

14.2.2　奇异期权定价模拟

非常规期权是通过在常规期权的基础上加入了条件约束或增加新的变量等方式, 经过变化、组合和派生, 形成比常规期权更复杂的衍生品, 称为奇异期权. 奇异期权有亚式期权、障碍期权、回望期权、百慕大期权、复合期权、交换期权和交叉组合期权.

1. 亚式期权定价直接模拟

亚式期权有欧式亚式期权和美式亚式期权. 欧式亚式期权与欧式期权一样, 只是到期时间才执行期权, 但是期权价值不与到期时间的资产价格有关, 而与到期时间内的平均资产价格 S_{avg} 有关. 亚式看涨和看跌期权价值分别为

$$V(T) = \begin{cases} \eta\max(S_{\mathrm{avg}} - K, 0) = \eta(S_{\mathrm{avg}} - K)^+, & \text{看涨期权,} \\ \eta\max(K - S_{\mathrm{avg}}, 0) = \eta(K - S_{\mathrm{avg}})^+, & \text{看跌期权.} \end{cases}$$

到期时间内平均资产价格 S_{avg} 是一个高维积分:

$$S_{\mathrm{avg}} = (1/T)\int_0^T S(t)\mathrm{d}t.$$

用蒙特卡罗方法计算这个 m 维积分, 得到平均资产价格 S_{avg} 估计值为

$$S_{\mathrm{avg}} = (1/m)\sum_{k=0}^{m} S(t_k), \quad t_k = kT/m, \quad k = 0, 1, 2, \cdots, m,$$

式中, 取等时间间隔 $\Delta t = t_k - t_{k-1}$, $S(t_k)$ 为

$$S(t_k) = S_0\prod_{j=1}^{k}\exp\left((r - \sigma^2/2)\Delta t + \sigma\sqrt{\Delta t}Z_j\right), \quad k = 1, 2, \cdots, m.$$

例如, 亚式期权定价直接模拟. 标的资产为亚式股票, 当前股票价格 $S_0 = 100$, 期权执行价格 $K = 100$, 无风险利率 $r = 0.06$, 股票波动率 $\sigma = 0.4$, 到期时间 $T = 1$

年. 1 年有 252 个交易日, 维数 $m = 252$. 在 0.95 置信度下, 根据直接模拟方法, 亚式期权定价模拟结果如表 14.3 所示.

表 14.3 亚式期权定价直接模拟结果

模拟次数	亚式看涨期权		亚式看跌期权	
	期权价值	相对误差/%	期权价值	相对误差/%
10^4	10.331	3.31	7.483	2.86
10^5	10.273	1.05	7.448	0.90
10^6	10.299	0.33	7.446	0.28
10^7	10.323	0.11	7.443	0.09

2. 障碍期权

障碍期权是在期权有效期内如果资产价格超过一定界限, 期权得以存在, 否则期权作废. 障碍期权不但具有一般期权的普通特征: 看涨和看跌, 欧式和美式, 而且具有特殊的特征: 障碍设定在当前价格之上或之下 (up or down), 敲入或敲出 (in or out), 有上升敲入、上升敲出、下降敲入和下降敲出等障碍期权.

上升敲入障碍期权不但受控于期权执行价格 K 和时刻 t, 而且受控于附加价格 b 和附加时刻 $u, u < t$. 障碍期权的交易是只有在 u 时刻股票价格 $S(t)$ 超过附加价格 b 时, 期权持有者才有在时刻 t 以执行价格 K 购买的权力, 否则期权作废.

股票价格服从几何布朗运动, 无风险利率为 r, 波动率为 σ. 令 $S(0) = S_0$, 定义 $X = \ln(S(u)/S_0)$, $Y = \ln(S(t)/S(u))$. 由几何布朗运动的性质可知, X 和 Y 是相互独立的随机变量, 分别服从正态分布 $f(x) = N(ur, u\sigma^2)$ 和 $f(y) = N((t-u)r, (t-u)\sigma^2)$. 对正态分布 $f(x)$ 和 $f(y)$ 抽样, 产生样本值 X 和 Y, 因此有 $S(t) = S_0 \exp(X+Y), S(u) = S_0 \exp(X)$. 上升敲入障碍期权的收益为

$$C(t) = (S(t) - K)^+ I_{S(u)>b},$$

式中, 示性函数 $I_{S(u)>b} = \begin{cases} 1, & S(u) > b, \\ 0, & S(u) \leqslant b. \end{cases}$

障碍期权的价值为

$$V(t) = \eta(S(t) - K)^+ I_{S(u)>b}.$$

直接模拟方法, 期权价值的估计值为

$$\hat{V} = (1/n) \sum_{i=1}^{n} V_i(t).$$

14.2.3　多资产期权定价模拟

1. 多资产期权定价蒙特卡罗方法

彩虹期权、一篮子期权和差价期权是多资产期权. 多资产期权的特点是有多个资产, 这些资产可以是相互独立的, 也可以是相互关联的. 如果多资产不是独立的, 而是相互关联的, 如何进行随机抽样产生具有相关性的随机过程, 将是多资产期权定价蒙特卡罗方法的关键问题.

有 m 个资产就有 m 个随机过程, 资产价格为随机过程, 分别为 $S_1(t), S_2(t), \cdots,$ $S_m(t)$. 如果多资产是相互关联的, 抽样方法采用第 3 章的仿射变换算法, 得到相关标准正态随机过程抽样的样本值 $Z_1(t), Z_2(t), \cdots, Z_m(t)$. 如果资产价格遵循几何布朗运动随机过程, 则多资产价格为

$$
\begin{aligned}
S_1(t - \Delta t) - S_1(t) &= rS_1(t)\Delta t + \sigma S_1(t)\sqrt{\Delta t}Z_1(t), \\
S_2(t - \Delta t) - S_2(t) &= rS_2(t)\Delta t + \sigma S_2(t)\sqrt{\Delta t}Z_2(t), \\
&\vdots \\
S_m(t - \Delta t) - S_m(t) &= rS_m(t)\Delta t + \sigma S_m(t)\sqrt{\Delta t}Z_m(t).
\end{aligned}
$$

彩虹期权的到期收益取决于一篮子标的资产中最好的, 或者次好的, 或者最坏的. 计算多个资产的到期收益, 按最好的, 或者次好的, 或者最坏的进行排序, 得到彩虹期权的到期收益. 如果有两个期权, 差价期权的到期收益是两个期权到期收益之差:

$$
C = \max(S_2 - S_1 - K).
$$

2. 彩虹期权

有三只股票期权 A, B 和 C, 三家公司在同一个行业, 三只股票价格正相关, 相关系数为 ρ_{12}, ρ_{13} 和 ρ_{23}. 假定彩虹欧式看涨期权的到期收益是三者价格中次好的价格与执行价格之差. 三者的当前价格为 $S_{A0} = 90, S_{B0} = 100, S_{C0} = 110$, 价格波动率为 $\sigma_A = 0.2, \sigma_B = 0.3, \sigma_C = 0.4$, 无风险利率 $r = 0.1$, 到期时间 $T = 1$ 年, 执行价格 $K = 100$. 求解彩虹看涨欧式期权价值. $S_B(T)$ 和 $S_A(T)$ 的互相关系数函数矩阵为

$$
\boldsymbol{R} = \begin{bmatrix} 1 & \rho_{12} & \rho_{13} \\ \rho_{12} & 1 & \rho_{23} \\ \rho_{13} & \rho_{23} & 1 \end{bmatrix}.
$$

三家公司股票价格为

$$
\begin{aligned}
S_A(t - \Delta t) - S_A(t) &= rS_A(t)\Delta t + \sigma S_A(t)\sqrt{\Delta t}Z_A(t), \\
S_B(t - \Delta t) - S_B(t) &= rS_B(t)\Delta t + \sigma S_B(t)\sqrt{\Delta t}Z_B(t), \\
S_C(t - \Delta t) - S_C(t) &= rS_C(t)\Delta t + \sigma S_C(t)\sqrt{\Delta t}Z_C(t).
\end{aligned}
$$

相关正态随机过程的抽样方法采用仿射变换算法, 得到

$$Z_A(t) = a_{11}X_1(t) = X_1(t),$$

$$Z_B(t) = a_{21}X_1(t) + a_{22}X_2(t) = \rho_{12}X_1(t) + \sqrt{1 - \rho_{12}}X_2(t),$$

$$Z_C(t) = a_{31}X_1(t) + a_{32}X_2(t) + a_{33}X_3(t) = \rho_{13}X_1(t) + ((\rho_{13} - \rho_{13}\rho_{12})/\sqrt{1 - \rho_{12}})X_2(t)$$

$$+ \sqrt{1 - \rho_{13}^2 - ((\rho_{13} - \rho_{13}\rho_{12})^2/(1 - \rho_{12}))}X_3(t).$$

例如, 彩虹期权定价直接模拟. 对相关系数 $\rho_{12} = \rho_{13} = \rho_{23} = 0.0, 0.5, 0.9$ 三种相关情况, 模拟得到彩虹看涨欧式期权价值估计值和误差如表 14.4 所示.

表 14.4 彩虹看涨欧式期权价值和误差

模拟次数	期权价值估计值			相对误差/%		
	$\rho = 0.0$	$\rho = 0.5$	$\rho = 0.9$	$\rho = 0.0$	$\rho = 0.5$	$\rho = 0.9$
10^4	10.159	12.927	15.763	4.06	4.24	4.28
10^5	10.013	12.899	15.760	1.29	1.35	1.34
10^6	9.970	12.825	15.648	0.41	0.43	0.43

3. 差价期权

有两只股票期权, 两家公司在同一个行业, 其股票价格存在正相关, 相关系数为 ρ. A 公司股票的当前价格为 $S_{A0} = 80$, B 公司股票的当前价格为 $S_{B0} = 100$, 两公司股票的无风险利率 $r = 0.1$, 股票波动率 $\sigma = 0.4$. 首先买入一个差价欧式看涨期权, 到期时间 $T = 1$ 年, 期权到期后, 如果届时两公司股票价格 $S_B(T)$ 和 $S_A(T)$ 的价差大于 20, 则获得收益为 $S_B(T) - S_A(T) - K$, 即期权执行价格 $K = 20$, 否则收益为零. $S_B(T)$ 和 $S_A(T)$ 的互相关系数函数矩阵为

$$\boldsymbol{R} = \begin{bmatrix} 1 & \rho \\ \rho & 1 \end{bmatrix}.$$

两公司股票价格为

$$S_A(t - \Delta t) - S_A(t) = rS_A(t)\Delta t + \sigma S_A(t)\sqrt{\Delta t}Z_A(t),$$

$$S_B(t - \Delta t) - S_B(t) = rS_B(t)\Delta t + \sigma S_B(t)\sqrt{\Delta t}Z_B(t).$$

相关正态随机过程的抽样方法采用仿射变换算法, 得到

$$Z_A(t) = a_{11}X_1(t) = X_1(t),$$

$$Z_B(t) = a_{21}X_1(t) + a_{22}X_2(t) = \rho X_1(t) + \sqrt{1 - \rho}X_2(t),$$

式中, $X_1(t), X_2(t)$ 为独立标准正态分布 $N(0,1)$ 抽样产生的样本值.

例如, 差价期权定价直接模拟, 相关系数 $\rho = 0.5$, 求差价欧式看涨期权的价值, 模拟 10 万次, 差价欧式看涨期权的价值为 15.046, 绝对误差为 0.222, 置信间隔为 $(14.824, 15.268)$, 相对误差为 1.48%.

14.3　减小蒙特卡罗模拟误差方法

14.3.1　减小离散化误差方法

金融经济问题蒙特卡罗模拟有两种误差, 一是离散化误差, 二是统计误差. 描述随机过程的随机微分方程, 其时间自变量是连续的, 但是蒙特卡罗抽样时, 连续时间采用若干个采样点, 是对时间自变量做了离散化处理, 由此引起蒙特卡罗模拟估计偏差, 称为离散化误差. 离散化误差由样本路径模拟过程所致, 主要通过采用有效的高阶收敛特性的样本路径模拟逼近方法来解决. 减小离散化误差方法有 Euler 逼近方法、Milstein 逼近方法和 Talay 逼近方法. Barraquand 和 Martineau(1995); Glasserman (2003) 对减小离散化误差方法做了详细介绍. Euler 逼近方法、Milstein 逼近方法和 Talay 逼近方法的收敛阶数分别为 0.5, 1.0 和 1.5.

1. Euler 逼近方法

Euler 逼近方法是对随机微分方程进行近似模拟, 随机过程 $X(t)$ 满足的随机微分方程为

$$\mathrm{d}X(t) = a(X(t))\mathrm{d}t + b(X(t))\mathrm{d}W(t).$$

方程右边第一项为漂移项, 第二项为扩散项. 时间离散化为 $0 = t_0 < t_1 < t_2 < \cdots < t_m$, 随机过程 $X(t)$ 近似为 $\tilde{X}(t), \tilde{X}(0) = 0, \tilde{X}(t)$ 的递推式为

$$\tilde{X}(t_{i+1}) = \tilde{X}(t_i) + a(\tilde{X}(t_i))(t_{i+1} - t_i) + b(\tilde{X}(t_i))\sqrt{t_{i+1} - t_i}Z_{i+1}.$$

对固定时间步长 $h > 0$, 一维情况, 得到 Euler 逼近公式为

$$\tilde{X}((i+1)h) = \tilde{X}(ih) + a(\tilde{X}(ih))h + b(\tilde{X}(ih))\sqrt{h}Z_{i+1},$$

Euler 逼近方法的收敛性如下: 漂移项收敛阶数为 $O(h)$, 而扩散项收敛阶数只有 $O(h^{0.5})$. 由于其自身较低的收敛阶数和稳定特性, 所以对许多期权, 应用效果不是很理想.

2. Milstein 逼近方法

Euler 逼近方法的收敛阶数较低, 为了改善 Euler 逼近方法的收敛性, 提高扩散项收敛阶数, 采取加细时间步长方法, 一维情况, Milstein 逼近公式为

$$\tilde{X}((i+1)h) = \tilde{X}(ih) + a(\tilde{X}(ih))h + b(\tilde{X}(ih))\sqrt{h}Z_{i+1} + \frac{1}{2}b'(\tilde{X}(ih))b(\tilde{X}(ih))h(Z_{i+1}^2 - 1),$$

式中, b' 表示一阶微分. 加细时间步长, 扩散项收敛阶数变为 $O(h)$, 改善收敛性.

3. Talay 逼近方法

进一步加细时间步长, 一维情况, Talay 逼近公式为

$$\tilde{X}((i+1)h) = \tilde{X}(ih) + ah + b\Delta W + \left(ab' + \frac{1}{2}b^2 b''\right)(\Delta Wh - \Delta I) + a'b\Delta I$$
$$+ \frac{1}{2}bb'(\Delta W^2 - h) + \left(aa' + \frac{1}{2}b^2 a''\right)\frac{1}{2}h^2,$$

式中, a', b', a'', b'' 表示一阶和二阶微分, $\Delta W = W(t+h) - W(t)$, $W(t)$ 为维纳随机过程, ΔW 和 ΔI 遵从正态分布:

$$\left(\begin{array}{c} \Delta W \\ \Delta I \end{array}\right) \sim N\left(0, \left(\begin{array}{cc} h & h^2/2 \\ h^2/2 & h^3/3 \end{array}\right)\right).$$

一维情况, 简化 Talay 逼近公式为

$$\tilde{X}(n+1) = \tilde{X}(n) + ah + b\Delta W + \frac{1}{2}\left(a'b + ab' + \frac{1}{2}b^2 b''\right)\Delta Wh$$
$$+ \frac{1}{2}bb'[\Delta W^2 - h] + \left(aa' + \frac{1}{2}b^2 a''\right)\frac{1}{2}h^2.$$

多维情况, 简化 Talay 逼近公式为

$$\tilde{X}_i(n+1) = \tilde{X}_i(n) + a_i h + \sum_{k=1}^{m} b_{ik}\Delta W_k + \frac{1}{2}L^0 a_i h^2 + \frac{1}{2}\sum_{k=1}^{m}(L^k a_i$$
$$+ L^0 b_{ik})\Delta W_k h$$
$$+ \frac{1}{2}\sum_{k=1}^{m}\sum_{j=1}^{m} L^j b_{ik}(\Delta W_j \Delta W_k - V_{jk}),$$

式中, $i = 1, 2, \cdots, d$, 令 $V_{jj} = h$, $V_{jk} = -V_{kj}$, $j < k$, V_{jk} 表示 h 和 $-h$ 各具有 0.5 概率的独立随机变量取值. L^0 和 L^k 表示如下:

$$L^0 = \frac{\partial}{\partial t} + \sum_{i=1}^{d} a_i \frac{\partial}{\partial x_i} + \frac{1}{2}\sum_{i,j=1}^{d}\sum_{k=1}^{m} b_{ik}b_{jk}\frac{\partial^2}{\partial x_i \partial x_j},$$

$$L^k = \sum_{i=1}^{d} b_{ik}\frac{\partial}{\partial x_i}, \quad k = 1, 2, \cdots, m.$$

4. 美式看涨期权离散化误差

在美式看涨期权的最小二乘蒙特卡罗方法中, 股票价格 $S(t)$ 的随机微分方程为

$$\mathrm{d}S(t) = rS(t)\mathrm{d}t + \sqrt{V(t)}S(t)\mathrm{d}W(t),$$

其中, 股票价值 $V(t)$ 的随机微分方程为

$$\mathrm{d}V(t) = \kappa(\theta - V(t))\mathrm{d}t + \sqrt{V(t)}(\sigma_1\mathrm{d}W_1(t) + \sigma_2\mathrm{d}W_2(t)).$$

根据多维简化 Talay 逼近公式有

$$\tilde{S}(i+1) = \tilde{S}(i)(1 + rh + \sqrt{\tilde{V}(i)}\Delta W_1) + \frac{1}{2}r^2\tilde{S}(i)h^2$$

$$+ \left([r + (\sigma_1 - \kappa)/4]\tilde{S}(i)\sqrt{\tilde{V}(i)} + [\kappa\theta/4 - \sigma^2/16]\tilde{S}(i)\Big/\sqrt{\tilde{V}(i)}\right)\Delta W_1 h$$

$$+ \frac{1}{2}\tilde{S}(i)(\tilde{V}(i) + \sigma_1/2)(\Delta W_1^2 - h) + \frac{1}{4}\sigma_2\tilde{S}(i)(\Delta W_2\Delta W_1 + \xi).$$

$$\tilde{V}(i+1) = \kappa\theta h + (1 - \kappa h)\tilde{V}(i) + \sqrt{\tilde{V}(i)}(\sigma_1\Delta W_1 + \sigma_2\Delta W_2) - \frac{1}{2}\kappa^2(\theta - \tilde{V}(i))h^2$$

$$+ \left([\kappa\theta/4 - \sigma^2/16]\Big/\sqrt{\tilde{V}(i)} - \frac{3}{2}\kappa\sqrt{\tilde{V}(i)}\right)(\sigma_1\Delta W_1 + \sigma_2\Delta W_2)h$$

$$+ \frac{1}{4}\sigma_1^2(\Delta W_1^2 - h) + \frac{1}{4}\sigma_2^2(\Delta W_2^2 - h) + \frac{1}{2}\sigma_1\sigma_2\Delta W_1\Delta W_2,$$

式中, $\sigma^2 = \sigma_1^2 + \sigma_2^2$, ξ 为 h 和 $-h$ 各具有 0.5 概率的取值.

例如, 当前股票价格 $S_0 = 100$, 期权执行价格 $K = 100$, 无风险利率 $r = 0.05$, 股票波动率 $\sigma = 0.3$, $\sigma_1 = \rho\sigma$, $\rho = -0.5$, $V_0 = 0.04$, $\kappa = 1.2$, $\theta = 0.04$, 到期时间 $T = 1$ 年. $h = T/m$, $m = 3, 6, 12, 25, 100$. 对每种方法在每一个 m, 模拟 2~4 百万次, 模拟结果得到绝对误差随时间步长数 m 的变化情况, 如图 14.3 所示.

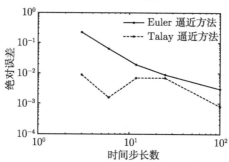

图 14.3　绝对误差随时间步长数的变化情况

14.3.2　降低方差技巧

减小统计误差的方法是使用降低方差技巧, 金融分析通常使用降低方差技巧有控制变量、对偶随机变量、分层抽样、重要抽样、条件期望、公共随机数和矩匹配等. 前面 6 种技巧已经在第 6 章详细介绍过, 这里只介绍矩匹配技巧. Barraquand 和 Martineau(1995); Boyle, Broadie, Glasserman(1997) 提出并改进矩匹配,

Jäckel(2001); Glasserman(2003) 介绍矩匹配. 国内有人不了解具体含义把 "moment matching" 错译成 "时刻匹配".

1. 矩匹配技巧

矩 (moment) 是指随机变量概率分布的矩, 从概率分布抽样得到样本值 X_i, k 阶矩为

$$m_k = (1/n) \sum_{i=1}^{n} X_i^k.$$

一阶矩为均值 $\bar{X}$, 二阶矩为方差 σ_r^2, 其中 σ_r 为均方差. 矩匹配是把样本值与总体矩的匹配表示为一种变换关系. 矩匹配用在期权定价问题, 是指标的资产匹配. 资产价格为

$$S_i(T) = S_0 \exp\left((r - \sigma^2/2)T + \sigma\sqrt{T} Z_i(T)\right), \quad i = 1, 2, \cdots, n, \tag{14.1}$$

其中, σ 为资产波动率; Z 服从独立标准正态分布, 样本值为 Z_i, $i = 1, 2, \cdots, n$. 矩匹配有一阶矩匹配和二阶矩匹配, 每种又有两种形式.

(1) 一矩阶匹配形式 1(MM1-1). 正态分布的均值为零, 样本值为 Z_i, 总体矩为

$$\bar{Z} = (1/n) \sum_{i=1}^{n} Z_i.$$

变换关系为

$$\bar{Z}_i = Z_i - \bar{Z}, \quad i = 1, 2, \cdots, n.$$

根据式 (14.1) 得到

$$\bar{S}_i(T) = S_0 \exp\left((r - \sigma^2/2)T + \sigma\sqrt{T}\bar{Z}_i(T)\right), \quad i = 1, 2, \cdots, n,$$

折现因子为 e^{-rT}, 期权价值为

$$V_i = e^{-rT} \max(\bar{S}_i(T) - K, 0).$$

(2) 一阶矩匹配形式 2(MM1-2). 正态分布的均值不是零, 而是总体均值 $\mu_{S(T)}$, $\mu_{S(T)} = S_0 e^{rT}$. 样本值为 $S_i(T)$, 总体矩为

$$\bar{S}(T) = (1/n) \sum_{i=1}^{n} S_i(T).$$

变换关系为

$$\bar{S}_i(T) = S_i(T) - \bar{S}(T) + \mu_{S(T)}, \quad i = 1, 2, \cdots, n.$$

矩匹配估计值为

$$\hat{S}(T) = (1/(n-1)) \sum_{i=1}^{n} \left(\bar{S}_i(T) - \bar{S}(T)\right).$$

期权价值为

$$V_i = \mathrm{e}^{-rT} \max(\hat{S}(T) - K, 0).$$

(3) 二阶矩匹配形式 1(MM2-1). 正态分布的均值不是零, 而是总体均值 μ_Z. 样本值 Z_i 的标准差为 s_Z; 总体标准差为 σ_Z. 变换关系为

$$\bar{Z}_i = (Z_i - \bar{Z})\sigma_Z/s_Z + \mu_Z, \quad i = 1, 2, \cdots, n.$$

根据式 (14.1) 得到

$$\bar{S}_i(T) = S_0 \exp\left((r - \sigma^2/2)T + \sigma\sqrt{T}\bar{Z}_i(T)\right), \quad i = 1, 2, \cdots, n.$$

期权价值为

$$V_i = \mathrm{e}^{-rT} \max(\bar{S}_i(T) - K, 0).$$

(4) 二阶矩匹配形式 2(MM2-2). 正态分布的均值不是零, 而是总体均值 $\mu_{S(T)}$, $\mu_{S(T)} = S_0 \mathrm{e}^{rT}$. 样本值为 $S_i(T)$, 总体矩为

$$\bar{S}(T) = (1/n)\sum\nolimits_{i=1}^{n} S_i(T).$$

样本值 S_i 的标准差为 $s_{S(T)}$, 总体标准差 $\sigma_{S(T)}$ 为

$$\sigma_{S(T)} = S_0\sqrt{\mathrm{e}^{2rT}\left(\exp\left(\sigma^{2T-1}\right) - 1\right)}.$$

变换关系为

$$\bar{S}_i(T) = (S_i(T) - \bar{S}(T))\sigma_{S(T)}/s_{S(T)} + \mu_{S(T)}, \quad i = 1, 2, \cdots, n.$$

矩匹配估计值为

$$\hat{S}(T) = (1/(n-1))\sum\nolimits_{i=1}^{n} (\bar{S}_i(T) - \bar{S}(T)).$$

期权价值为

$$V_i = \mathrm{e}^{-rT} \max(\hat{S}(T) - K, 0).$$

(5) 期权价值的估计值. 上述 4 种情况, 得到期权价值 V_i, 模拟 n 次, 期权价值的估计值为

$$\hat{V} = (1/n)\sum\nolimits_{i=1}^{n} V_i.$$

例如, 欧式看涨期权, 当前价格为 S_0, 期权执行价格为 $K = 100$, 波动率为 σ, 无风险利率 $r = 0.10$, 到期时间 $T = 0.2$ 年. 模拟 1 万次, 直接模拟方法 (DSM) 和 4 种形式矩匹配的标准误差 (均方差) 如表 14.5 所示, 二阶矩匹配的标准误差比一阶矩匹配的标准误差小.

表 14.5 直接模拟方法和 4 种矩匹配技巧的标准误差

波动率 σ	S_0/K	标准误差				
		DSM	MM1-1	MM1-2	MM2-1	MM2-2
	0.9	0.24	0.19	0.19	0.11	0.09
0.2	1.0	0.62	0.29	0.26	0.09	0.10
	1.1	0.93	0.19	0.15	0.09	0.11
	0.9	0.80	0.55	0.51	0.24	0.17
0.4	1.0	1.22	0.66	0.56	0.19	0.23
	1.1	1.61	0.63	0.48	0.17	0.28
	0.9	1.40	0.95	0.84	0.38	0.28
0.6	1.0	1.93	1.10	0.91	0.31	0.39
	1.1	2.38	1.13	0.85	0.25	0.49

2. 对偶随机变量和控制变量技巧应用

(1) 对偶随机变量技巧应用. 在期权定价问题中, 股票价格为

$$S(T) = S_0 \exp((r - \sigma^2/2)T + \sigma\sqrt{T}Z(T)),$$

式中, $Z(T)$ 是服从标准正态分布的随机过程, 由于随机过程 $Z(T)$ 与随机过程 $-Z(T)$ 是同分布, 而且是负相关的, 构成对偶随机变量关系. 统计量取为期权价值, 两个期权价值为

$$V_1(T) = \mathrm{e}^{-rT} \max(S(Z) - K, 0),$$

$$V_2(T) = \mathrm{e}^{-rT} \max(S(-Z) - K, 0).$$

两个期权价值也是负相关的, 构成对偶随机变量关系. 对偶随机变量技巧期权价值估计值为

$$\hat{V}(T) = (1/n) \sum_{i=1}^{n} (1/2)(V_{1i}(T) + V_{2i}(T)).$$

两个期权价值有相同的方差, 对偶随机变量技巧期权价值估计值的方差为

$$\mathrm{Var}[\hat{V}(T)] = (1/2)\mathrm{Var}[V_1(T)](1 + \mathrm{Corr}[V_1(T), V_2(T)]).$$

(2) 控制变量技巧应用. 把控制变量技巧应用在亚式期权上, 对于亚式期权定价问题, 用直接模拟方法计算期权价值, 统计量 $h(x)$ 为

$$h(x) = \mathrm{e}^{-rT} \max(\hat{S}_{\mathrm{avg}} - K, 0).$$

亚式看涨期权价值估计值为

$$\hat{V} = \sum_{i=1}^{n} h_i(x) = \mathrm{e}^{-rT} \frac{1}{n} \sum_{i=1}^{n} \max(\hat{S}_{\mathrm{avg}} - K, 0).$$

其期望为 $E[h(X)]$, 方差为 $\mathrm{Var}[h(X)]$.

已知的设定统计量为 $h_1(x)$, 其期望 $E[h_1(X)]$ 和方差 $\mathrm{Var}[h_1(X)]$ 都已知, 设定统计量为

$$h_1(x) = \mathrm{e}^{-rT}\max(S_{1\mathrm{avg}} - K).$$

式中, $S_{1\mathrm{vag}} = \left(\prod_{j=1}^{m} S(t_j)\right)^{1/(m+1)}$, 其中, $S(t_j) = S_0 \exp((r - \sigma^2/2)t_j + \sigma Z(t_j))$. 设定统计量 $h_1(x)$ 的期望为

$$E[h_1(x)] = \mathrm{e}^{-rT} E[\max(S_{1\mathrm{avg}} - K)] = \exp(-(6r + \sigma^2)T/12)S_0\Phi(a_1) - K\mathrm{e}^{-rT}\Phi(a_2),$$

式中, $a_1 = a_2 = (\ln(S_0/K) + (1/2)(r - \sigma^2/6 \pm \sigma^2/3)T)/\sigma\sqrt{T/3}$, a_1 对应 "+", a_2 对应 "−". 设定统计量 $h_1(x)$ 的方差为 $\mathrm{Var}[h_1(X)]$.

例如, 标的资产为亚式股票, 当前股票价格 $S_0 = 40$, 期权执行价格 $K = 35$, 无风险利率 $r = 0.07$, 股票波动率 $\sigma = 0.2$, 到期时间 $T = 4$ 个月 $= 4/12$ 年. 4 个月有 88 个交易日, 维数 $m = 88$. 模拟 1 万次, 直接模拟方法得到看涨期权价值为 5.395, 在 0.99 置信度下, 绝对误差为 0.068, 置信区间为 (5.327, 5.463), 相对误差为 1.26%. 控制变量技巧得到看涨期权价值为 5.357, 在 0.99 置信度下, 绝对误差为 0.001, 置信区间为 (5.356, 5.358), 相对误差为 0.018%. 相对误差提高了 70 倍.

3. 分层抽样和条件期望技巧应用

Ross(2006) 对障碍期权定价问题使用分层抽样技巧和条件期望技巧降低方差. 分层抽样技巧是按障碍水平, 分成两层: $S(u) > b$ 和 $S(u) \leqslant b$. 条件期望技巧是给出给定条件 $S(u) > b$ 和 $S(u) \leqslant b$ 下的条件期望 $E(V(t)|S(u) > b)$ 和 $E(V(t)|S(u) \leqslant b)$. 障碍期权价值的期望为

$$
\begin{aligned}
E[V] &= E[V|S(u) > b]P(S(u) > b) + E[V|S(u) \leqslant b]P(S(u) \leqslant b) \\
&= E[V|X > \ln(b/S_0)]P(X > \ln(b/S_0)) \\
&= E[V|X > \ln(b/S_0)]\bar{\Phi}((\ln(b/S_0) - u\mu)/\sigma\sqrt{u}),
\end{aligned}
$$

式中, $P(\cdot)$ 表示概率; $\bar{\Phi} = 1 - \Phi$, Φ 为标准正态分布的累积分布函数. 为了得到 $E[V]$, 只需确定在给定的 $X > \ln(b/S_0)$ 条件下的条件期望 $E[V|X > ln(b/S_0)]$ 即可. 由于当 $X > \ln(b/S_0)$ 时, 在时刻 u 该期权得以存在, 与常规期权有相同的期权收益, 所以这个条件期望是可以计算的. 此时该期权的初始价格为 $S(u) = S_0\exp(X)$, $t - u$ 之后期权到期. 因此, 在以大于 $\ln(b/S_0)$ 为条件抽样产生 X, 障碍期权的期望价值为

$$E[V] = V(K, t - u, S_0 \exp(X))\bar{\Phi}\left((\ln(b/S_0) - u\mu)/\sigma\sqrt{u}\right).$$

第 i 次模拟, 在以大于 $\ln(b/S_0)$ 为条件抽样产生 X_i, 采用降低方差技巧后, 期权价值的估计值为

$$\hat{V} = \bar{\Phi}\left((\ln(b/S_0) - u\mu)/\sigma\sqrt{u}\right)(1/n)\sum_{i=1}^{n} V(K, t - u, S_0 \exp(X_i)).$$

在以大于 $\ln(b/S_0)$ 为条件从标准正态分布抽样产生 X 的算法如下:

① $c = (\ln(b/S_0) - u\mu)/\sigma u^{1/2}$, $\lambda = c + (c^2 + 1)^{1/2}$.

② $Y = -(1/\lambda)\ln U_1$, $X = c + Y$.

③ 若 $U_2 \leqslant \exp(-(X - \lambda)^2/2)$, 结束模拟, 否则, 返回②.

14.4 高效蒙特卡罗方法

14.4.1 拟蒙特卡罗方法

Birge(1994) 首先将拟蒙特卡罗方法应用到期权定价问题. Paskov 和 Traub (1995) 比较分析了蒙特卡罗方法和拟蒙特卡罗方法期权定价问题的估计效果. L'Ecuyer(2004, 2009) 详细讨论了拟蒙特卡罗方法在金融领域的应用.

1. 拟蒙特卡罗方法误差

直接模拟蒙特卡罗方法误差一般比较大, 拟蒙特卡罗方法可以减小误差. 使用福尔拟随机数序列, 对亚式股票期权收益进行模拟, 得到相对误差. 当前股票价格 $S_0 = 40$, 期权执行价格 $K = 35$, 无风险利率 $r = 0.07$, 股票波动率 $\sigma = 0.2$, 到期时间 T 天. 亚式股票期权价值与到期时间内的平均股票价格有关, 平均股票价格是 $1 \sim T$ 维积分. 模拟 1 万次, 亚式期权收益估计值相对误差随维数的变化如图 14.4 所示.

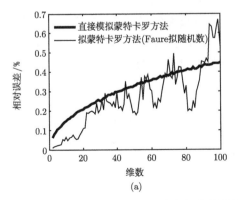
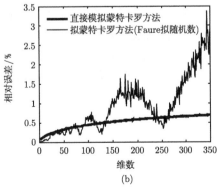

(a)　　　　　　　　　　　　　(b)

图 14.4　亚式期权收益估计值相对误差随维数的变化

当维数小于 30 时, 拟蒙特卡罗方法的相对误差比直接模拟蒙特卡罗方法的相对误差小, 误差有所改善. 当维数大于 30, 小于 90 时, 拟蒙特卡罗方法仍有一定优势, 大于 90 维, 拟蒙特卡罗方法的相对误差比直接模拟蒙特卡罗方法的相对误差大, 变成劣势, 主要是由于 30 维以后, 福尔拟随机数序列出现严重的丛聚现象, 拟随机数的等分布均匀性破坏, 产生很大的方差. 使用索波尔拟随机数序列结果会好些.

2. 简单非线性经济模型

简单非线性经济模型为

$$\log(y_t) = \alpha_0 \log(x_t) + \alpha_1 \log(y_{t-1}) + u_t,$$
$$z_t = \beta_0 x_t + \beta_1 y_t + v_t.$$

Bruno(2007) 把 12 个周期间隔的一组参数代入模型, 进行蒙特卡罗模拟和拟蒙特卡罗模拟计算, 得到总和均方根误差如表 14.6 所示.

表 14.6　简单非线性经济模型的总均方根误差

模拟次数	伪随机数	福尔序列	索波尔序列	尼德雷特序列
1024	2598.6	233.62	42.437	30.041
2048	2580.0	33.489	7.184	4.9231
4096	609.61	9.4229	2.3	2.246
16384	172.63	3.7981	0.20188	0.20149
65536	41.43	0.1585	0.020891	0.011097
655360	5.794	1.912×10^{-3}	5.727×10^{-4}	2.569×10^{-4}

3. 360 维附属抵押契约问题

30 年契约按月支付, 一年 12 个时间周期, 30 年则有 360 个时间周期. 抵押品的抵押契约依赖于 360 个将来时间周期的利率, 也依赖于那 360 个时间周期的每个时间周期契约握有者的预付份额. 如果预付份额模仿利率是确定性函数, 则维数为 360 维, 否则维数大于 360 维. Paskov(1994) 给出附属抵押契约 (CMO) 问题. 30 年契约按月支付, 一年 12 个时间周期, 30 年则有 360 个时间周期. 归结为计算 360 维积分. 抵押品 30 年兑现值的 360 维积分为

$$I = \int_0^1 \int_0^1 \cdots \int_0^1 v(\sigma G(x_1), \sigma G(x_2), \cdots, \sigma G(x_s)) \mathrm{d}x_1 \mathrm{d}x_2 \cdots \mathrm{d}x_{360},$$

式中, G 是均匀分布 $U(0,1)$ 拟随机数 U 到标准正态分布 $N(0,1)$ 随机变量的转换:

$$G = (y_m(x_{m+1} - |U - 0.5|) + y_{m+1}(|U| - x_m))/0.005, \quad U \geqslant 0.5,$$
$$G = -G, \quad U < 0.5,$$

式中, 下脚标 $m = (|U| - 0.5)/0.005 + 1, x_m$ 和 y_m 是下面两个公式的数值点:

$$x_m = x_{m-1} + 0.005,$$

$$y_m = y_{m-1} + 0.005 \left(1/2\sqrt{2\pi}\right) (\exp(-0.5x_{m-1}^2) + \exp(-0.5x_m^2)).$$

被积函数可写为

$$v(\xi_1, \xi_2, \cdots, \xi_{360}) = \sum_{k=1}^{360} u_k m_k,$$

式中, ξ 为正态分布 $N(0, \sigma)$ 的随机变量; u_k 为折扣因子; m_k 为现金流.

$$u_k = \prod_{j=0}^{k-1} (1 + i_j)^{-1}, \quad k = 1, 2, \cdots, 360,$$

$$m_k = cr_k[(1 - w_k) + w_k c_k],$$

式中,

$$i_k = k_0 \exp(\xi_1) \exp(\xi_2) \cdots \exp(\xi_s) = k_0 \exp(\xi_k) i_{k-1}, \quad k_0 = \exp(-\sigma^2/2),$$

$$w_k = k_1 + k_2 \arctan(k_3 i_k + k_4), \quad c_k = \sum_{j=0}^{s-k} (1 + i_0)^{-j}, \quad r_k = \prod_{j=1}^{k} (1 - w_j),$$

式中, 下脚标 k 表示第 k 个月; i_k 为利率; w_k 为剩余抵押品预付份额; r_k 为剩余抵押品份额; c_k 为剩余年金$/c$. 参数如下: $i_0 = 0.007, k_1 = 0.01, k_2 = -0.005, k_3 = 10, k_4 = 0.5, \sigma^2 = 0.0004$.

　　例如, 附属抵押契约 (CMO) 问题拟蒙特卡罗模拟. 模拟 16000 次, 使用无收敛加速和有收敛加速两种计算方法, 收敛加速方法见 7.4.2 节. 利用霍尔顿序列拟随机数, 积分估计值分别为 131.05 和 130.98. 利用柯罗波夫序列拟随机数, 积分估计值分别为 130.985 和 130.984. 模拟结果如图 14.5 所示, 图中示出利用霍尔顿序列和柯罗波夫序列拟随机数时, 有无收敛加速方法的结果. 柯罗波夫序列比霍尔顿序列收敛速度更快.

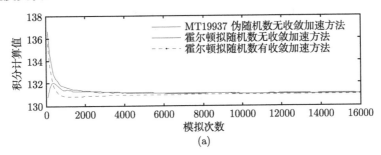

(a)

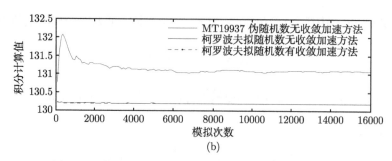

(b)

图 14.5　附属抵押契约 (CMO) 问题拟蒙特卡罗模拟结果

14.4.2　马尔可夫链蒙特卡罗方法

包括股票价格在内, 实际的资产价格波动是很复杂的随机过程, 其概率分布是不完全已知分布, 需要使用马尔可夫链蒙特卡罗方法抽样.

1. 股票价格随机过程抽样

股票价格波动是随机过程, 股票价格为

$$S(t_k) = S_0 \exp\left((r - \sigma^2/2)k\delta + \sigma\sqrt{\delta}\sum_{j=1}^{k} X_j\right), \quad k = 1, 2, \cdots, n,$$

式中, $\delta = T/n, t_k = k\delta$. 随机向量 $\boldsymbol{X} = (X_1, X_2, \cdots, X_n)^{\mathrm{T}}$, 其概率密度函数为

$$f(\boldsymbol{x}) \propto H(\boldsymbol{x})(\exp -\boldsymbol{x}^{\mathrm{T}}\boldsymbol{x}/2),$$

式中, $H(\boldsymbol{x}) = (S(t_n)K)^+ \boldsymbol{I}(\min_{1\leqslant i\leqslant n} S(t_i) \leqslant \beta)$. 概率密度函数 $f(\boldsymbol{x})$ 的归一化因子未知, 是不完全已知概率分布, 其抽样方法需要使用马尔可夫链蒙特卡罗方法.

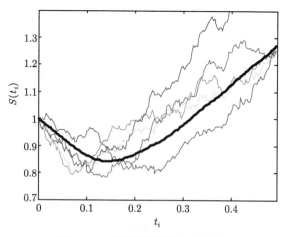

图 14.6　股票价格模拟 5 条路径

例如, 股票价格马尔可夫链蒙特卡罗方法. 参数 $(r, \sigma, K, \beta, S_0, n, T)$=(0.07, 0.2, 1.2, 0.8, 1, 180, 180/365), 采用马尔可夫链蒙特卡罗方法的"打了就跑"算法抽样, 得到 5 条股票价格样本路径如图 14.6 所示, 其中粗曲线表示平均价值. 随机变量 X_n 的平均值随 n 的变化如图 14.7 所示.

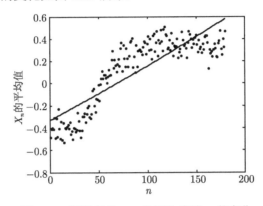

图 14.7   随机变量 X_n 的平均值随 n 的变化

2. 金融资产收益的复杂随机过程

(1) 随机过程. 布朗运动和正态分布被广泛用于期权定价和金融资产收益分析. 但是人们逐渐地发现布朗运动和正态分布无法解释金融资产收益的非对称偏峰特征. 许多研究工作试图在资产收益中嵌入这种非对称偏峰特征, 如分数维布朗运动、时变布朗运动和广义双曲线模型. 但是, 所有这些修正的模型都面临同样的处境, 很难得到期权价格的解析解. 此外, 也缺乏金融行为理论与心理学上的解释. Kou(2002) 提出双指数跳跃扩散模型来刻画金融资产收益过程. 认为资产价格波动可以分别由一个几何布朗运动驱动的连续随机过程和一个离散的跳跃过程来表示. 其中跳跃过程的对数服从双指数分布, 跳跃时间服从泊松分布. Kou 证明了该模型可以从均衡经济学导出, 具有明显的经济学意义. 此外, 双指数跳跃扩散模型具有行为金融理论意义和心理学解释意义. 模型中的跳跃部分可以看作是市场对外部消息的反应. 也就是说, 随着泊松流的好消息或不利消息的传来, 金融资产价格根据跳跃过程分布做出反应和改变. 双指数分布的主要特征是尖峰特征, 反映了市场对外部消息的反应不足; 双指数分布的次要特征是重尾特征, 反映市场对外部消息的过度反应. 此外双指数分布的非对称特征可以刻画市场对好消息和坏消息的不同反应程度.

(2) 联合概率密度函数. 资产价格 $S(t)$ 的随机微分方程为

$$dS(t) = \mu S(t)dt + \sigma S(t)dW(t) + S(t)d\left(\sum_{i=1}^{\mathrm{poi}(t)}(V_i - 1)\right), \qquad (14.2)$$

其中, $W(t)$ 是标准布朗运动的维纳过程; $\text{poi}(t)$ 是参数为 λ 的泊松过程; V_i 是独立同分布的非负随机变量, 且其对数 $Y = \log(V)$ 服从非对称双指数分布:

$$f_Y(y) = p\eta_1 \mathrm{e}^{-\eta_1 y} I_{\{y \geqslant 0\}} + q\eta_2 \mathrm{e}^{\eta_2 y} I_{\{y < 0\}},$$

式中, $p \geqslant 0$, $q \geqslant 0$, $p + q = 1$, $\eta_1 > 1$, $\eta_2 > 0$, η_1 和 η_2 表征市场对好消息和坏消息的反应程度, η_1, η_2 越大, 反映市场对外部消息的反应不足程度越高.

取时间间隔为 Δt, 对式 (14.2) 离散化, 得到无离散误差表达式为

$$\frac{\Delta S(t)}{S(t)} = \frac{S(t + \Delta t)}{S(t)} - 1 = \exp\bigg((\mu - (1/2)\sigma^2)\Delta t$$
$$+ \sigma(W(t + \Delta t) - W(t)) + \sum_{i=N(t)+1}^{N(t+\Delta t)} Y_i \bigg) - 1.$$

经过处理得到

$$X(t) \equiv \Delta S(t)/S(t) = \mu\Delta t + \sigma\sqrt{\Delta t} Z_t + B_t Y_t.$$

随机过程 $X(t)$ 的联合概率密度函数为

$$f(x(t)|I_{t-1}, t) = \sum_{i=0}^{1} \int f_X(x(t)|B_t = i, Y_t) f_Y(y)\mathrm{d}y$$

$$= \frac{1-k}{\sqrt{2\pi\Delta t}\sigma} \exp\bigg(-\frac{(x(t) - \mu\Delta t)^2}{2\sigma^2\Delta t} \bigg)$$

$$+ k\bigg\{ p\eta_1 \exp\bigg(\frac{\sigma^2\eta_1^2\Delta t}{2} - (x(t) - \mu\Delta t - \kappa)\eta_1 \bigg) \frac{1}{\sqrt{2\pi\Delta t}\sigma}$$

$$\times \int_0^{+\infty} \exp\bigg(-\frac{(y - (x(t) - \mu\Delta t - \sigma^2\eta_1\Delta t - \kappa))^2}{2\sigma^2\Delta t} \bigg) \mathrm{d}y$$

$$+ q\eta_2 \exp\bigg(\frac{\sigma^2\eta_2^2\Delta t}{2} + (x(t) - \mu\Delta t - \kappa)\eta_2 \bigg) \frac{1}{\sqrt{2\pi\Delta t}\sigma}$$

$$\times \int_{-\infty}^0 \exp\bigg(-\frac{(y - (x(t) - \mu\Delta t + \sigma^2\eta_2\Delta t - \kappa))^2}{2\sigma^2\Delta t} \bigg) \mathrm{d}y \bigg\}.$$

(3) 后验概率分布. 上述联合概率密度函数含有许多参数, $\theta = (\mu, \sigma, \eta_1, \eta_2, p, \kappa, k)$. 通过最大似然估计方法求得这些参数的估计将是非常复杂的, 通过广义矩估计方法获得合适的矩条件也不容易, 可以通过贝叶斯估计方法求得这些参数.

令 $X = (X_1 X_2, \cdots, X_n)$. 模型中的隐含变量为 $B, Y, B = (B_1 B_2, \cdots, B_n), Y = (Y_1, Y_2, \cdots, Y_n)$. Poi$(\cdot|\cdot)$ 表示泊松分布的概率密度函数; $f_Y(\cdot|\cdot)$ 是广义双指数分布的概率密度函数; $f_X(\cdot|\cdot)$ 是正态分布; 分别为

$$f_Y(Y_t|p, \eta_1, \eta_2, \kappa) = p\eta_1 \mathrm{e}^{-\eta_1(Y_t-\kappa)} I_{\{(Y_t-\kappa)\geqslant 0\}} + q\eta_2 \mathrm{e}^{\eta_2(Y_t-\kappa)} I_{\{(Y_t-\kappa)<0\}},$$

$$f_X(X_t|B_t, Y_t, \mu, \sigma) = \frac{1}{\sqrt{2\pi\Delta t}\sigma} \exp\left(-\frac{(X_t - \mu\Delta t - B_t Y_t)^2}{2\sigma^2 \Delta t}\right).$$

先验概率分布为 $f(\theta)$, 根据贝叶斯定理, 给定观测到的收益率 X, 后验概率分布为

$$f(\theta, B, Y|X) \propto f(\theta) \prod_{t=1}^{n} \mathrm{Poi}(B_t|\theta) f_Y(Y_t|\theta) f_X(X_t|B_t, Y_t, \theta)$$

$$\propto f(\theta) \prod_{t=1}^{n} \mathrm{Poi}(B_t|k) f_Y(Y_t|p, \eta_1, \eta_2, \kappa) f_X(X_t|B_t, Y_t, \mu, \sigma).$$

(4) 马尔可夫链蒙特卡罗抽样方法. 后验概率分布的归一化常数是未知的, 是不完全已知概率分布, 采用吉布斯算法如下:

① 初始化 θ^0, B^0, Y^0.

② 从概率分布 $f(\theta^{i+1}, B^i, Y^i|X)$ 抽样产生 θ^{i+1}.

③ 从概率分布 Poi $(B_t^{i+1}|k^i) f_X(X_t|B_t^{i+1}, Y_t^i, \mu^{i+1}, \sigma^{i+1})$ 抽样产生 B_t^{i+1}.

④ 从概率分布 $f_Y(Y_t^{i+1}|p^{i+1}, \eta_1^{i+1}, \eta_2^{i+1}, \kappa^{i+1}) f_X(X_t|B_t^{i+1}, Y_t^{i+1}, \mu^{i+1}, \sigma^{i+1})$ 抽样产生 Y_t^{i+1}.

⑤ 回到②, 直到马尔可夫链收敛为止.

(5) 双指数跳跃扩散模型实证研究. 根据某股市日综合指数, 数据采自 2002 年 1 月 4 日至 2007 年 1 月 8 日日收盘数据, 共 1207 个数据. 应用马尔可夫链蒙特卡罗模拟方法对广义双指数跳跃扩散模型的参数进行估计, 得到实证结果, 参数估计结果如表 14.7 所示.

表 14.7 广义双指数跳跃扩散模型参数的估计结果

参数	均值	置信区间 (2.5%, 97.5%)	MC 误差	标准差
μ	0.07369	$(-0.1393, 0.2866)$	6.231×10^{-4}	0.0108
σ	0.2327	$(0.2228, 0.2428)$	5.126×10^{-5}	0.00512
p	0.9262	$(0.7649, 0.9975)$	0.003868	0.06331
η_1	6.368	$(3.203, 10.97)$	0.1293	2.046
η_2	2.659	$(0.4406, 8.308)$	0.1047	2.085
κ	-0.1004	$(-0.1078, -0.09387)$	2.536×10^{-4}	0.003846
k	0.01007	$(0.004194, 0.01814)$	6.25×10^{-5}	0.00359

参 考 文 献

Barraquand J, Martineau D. 1995. Numerical valuation of high dimensional multivariate American securities. Journal of Financial and Quantitative Analysis, 30: 383-405.

Birge J R. 1994. Quasi Monte Carlo approaches to option pricing. The University of Michigan, Technical Report 1994-19.

Boyle P. 1977. Options:a Monte Carlo approach. Journal of Financial Economics, 4: 323-338.

Boyle P, Broadie M, Glasserman P. 1997. Monte Carlo Methods for Security Pricing. Journal of Economics Dynamics and Control, 21: 1267-1321.

Broadie M, Glasserman P. 1997. Pricing American style securities by simulation. Journal of Economic Dynamics and Control, 21: 1323-1352.

Bruno G. 2007. Quasi Monte Carlo Methods for Stochastic Simulation of econometric models:a comparative approach. Pank of Italy, Resecrch Deportment.

Dagpunar J S. 2007. Simulation and Monte Carlo, With application in financ and MCMC. New York: John Wiley & Sons.

Glasserman P. 2003. Monte Carlo Methods in Financial Engineering. New York: Springer Verlag.

Jäckel P. 2001. Monte Carlo Methods in Finance. New York: Springer Verlag.

Kou S G. 2002. A jump diffusion for option pricing. Management Science, 48(8): 1086-1101.

Kroese D P, Taimre T, Botev Z I. 2011. Handbook of Monte Carlo methods. New York: John Wiley & Sons.

L'Ecuyer P. 2004. Quasi Monte Carlo Methods with Application in Finance:// Ingalls R G, et al, ed. Procedings of the 2004 Winter Simulation Conference. New Jersey: IEEE Press Piscataway.

L'Ecuyer P. 2008. Quasi Monte Carlo Methods with Application in Finance. Finance and Stochastics, 13(3): 307-349.

Longstaff F A, Schwartz E S. 2001. Valuing American options by simulation: A simple least squares approach. The Review of Financial Studies, 14(1): 113-147.

McLeish D L. 2005. Monte Carlo Simulation and Finance. New York: John Wiley & Sons.

Paskov S H. 1994. Computing High dimensional intergrals with applications to finance. Department of Computer Science Columbia University, Technical Report CUCS-023-94.

Paskov S, Traub J. 1995. Faster valuation of financial derivatives. Journal of Portfolio Management, 22: 113-120.

Ross S M. 2006. Simulation. New York: Elsevier(Singapore)Pte Ltd.

第15章 科学实验和离散事件模拟

15.1 科学实验模拟方法

15.1.1 理论实验与模拟

1. 实验和理论问题

理论分析、实验测定和模拟计算已经成为现代科学研究的三种主要方法. 理论与实验之间的比较, 并不总是导致确定无疑的结论, 理论并不是立即就能解释实验, 实验并不是立即就能验证理论, 还需要用模拟来沟通理论和实验之间的隔阂. 因此, 常常设计模拟计算, 对实际系统进行解析处理时, 检验其近似精度. 对一个模型的模拟同实验之间的直接比较, 则不受近似的牵累, 从而可以更确定无疑地表明, 这个模型是否忠实地代表实际系统. Landau 和 Binder(2005) 论述模拟与理论和实验之间的关系, 如图 15.1 所示, 三者之间联系紧密, 相互补充.

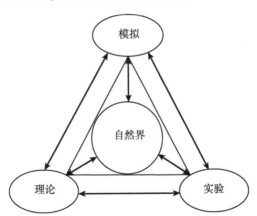

图 15.1 模拟与理论和实验之间的关系

科学传统上分为理论科学和实验科学, 这种分法现在看来有些偏颇, 不全面了. 需要模拟与理论和实验相互补充, 才能使得理论研究解释实验结果, 实验结果验证理论假设. 实验是自然科学研究的重要手段, 而社会科学则很难进行实验研究. 自然科学与社会科学的交叉, 如统计学、经济学、运筹学和管理学等也是很难进行实验研究的. 武器可以靶场试验, 军事可以演练, 战争不能实验. 模拟则可以在这些不能实验的领域进行模拟实验.

2. 蒙特卡罗模拟

蒙特卡罗模拟理论使得蒙特卡罗方法从一种单纯数值计算方法, 提升到实验模拟手段. 模拟实验不需要实验设备, 只是使用数学模型和计算机程序. 不但起到模拟真实实验的作用, 而且还有更多的优点. 模拟实验不用做太多的简化, 比较符合真实的实验情况. 模拟实验并非仅仅是作为理论和实验的补充, 可以获得关于所考察的体系任意详尽的信息, 可以提供真实实验可测的物理量, 也可得到真实实验无法测量的物理量. 模拟实验完全是透明的, 模拟给出的各种微观状态, 足以描述体系的静态和动态行为, 可以在分子水平上跟踪体系演化的特点, 给人们以形象而深刻的物理感受. 由于模拟实验完全依赖于问题的最基本物理定律和化学定律, 并且可以自如控制各种近似, 因此不仅能提供问题的有关物理量, 而且有可能导致某些意想不到的新发现. 只有模拟实验才能达到对一个体系的精确定义的目的, 真正自如地控制体系的各种内部和外部条件, 从而来考察所感兴趣的因素对体系的各种统计性质的影响. 因此, 模拟实验作为了解自然规律的重要手段受到各个学科的科学家的重视. 模拟实验与真实实验的最大区别在于: 模拟可任意改变体系的各种作用势, 模拟不存在任何困难, 模拟完全是透明的.

模拟实验是一种有别于真实实验的科学实验. 模拟实验为什么如此吸引人, 占有如此重要的地位. 模拟的吸引力在于: 一是模拟的特殊意义是对精确描述的模拟系统能够给出精确的信息; 二是模拟提供的信息可以任意地详尽. 不管是什么物理量, 只要研究者认为它有用, 就可以设法对这个物理量的分布进行抽样, 统计模拟结果, 得到物理量的平均值和涨落. 现在已经很清楚了, 模拟方法很重要, 它是理解自然规律的一种有效的研究手段, 模拟与理论和实验互相补充, 一些过去从事理论和实验的科学家现在也开始做蒙特卡罗模拟实验了.

15.1.2　物理实验模拟

1. 核物理实验模拟

许淑艳 (2006) 详细叙述蒙特卡罗方法在核物理实验中的应用, 这里简单介绍其中几个核物理实验模拟.

(1) 载钆液体闪烁体探测效率模拟. 在使用大体积载钆液体闪烁体探测器测量瞬发裂变中子数和中子核反应截面时, 需要估计探测器的探测效率. 由于中子与闪烁体探测器元素发生俘获反应产生伽马射线, 考虑中子俘获反应的双级联和多级联伽马发射, 中子在探测器介质中的输运问题是中子和伽马联合输运问题. 降低方差采用限制碰撞技巧. 对 0.25~10MeV 的 16 个中子能量, 模拟得到载钆液体闪烁体的探测效率曲线, 与实验测量结果符合.

(2) 碘化钠 (铊) 晶体的伽马射线响应函数模拟. 在伽马光谱学测量中, 需要把

碘化钠 (铊) 晶体对伽马射线的响应函数进行刻度. 由于伽马射线与探测器元素碰撞, 产生次级伽马射线和电子, 电子韧致辐射和正电子湮没都产生伽马射线, 因此伽马射线在探测器介质中的输运问题是伽马射线和电子联合输运问题, 联合输运采用字典编辑多分支方法. 模拟 $3'' \times 3''$ 碘化钠 (铊) 晶体对 4.43MeV 和 7.48MeV 伽马射线的响应函数, 与实验测量结果一致.

(3) 正比管反冲质子谱模拟. 正比管是通过测量中子与氢作用产生反冲质子的脉冲高度, 来间接测量中子. 蒙特卡罗模拟是模拟中子在正比管含氢或甲烷的介质产生的反冲质子谱, 降低方差采用禁区方法的半解析技巧和相关抽样技巧. 对于 1.403MeV 单能中子, 含有甲烷 (CH_4) 的圆柱形正比管, 模拟得到反冲质子计数能谱, 与实验测量结果符合很好.

2. 高能物理实验模拟

蒙特卡罗方法广泛应用于高能物理实验, 主要应用在事例产生器、粒子碰撞过程的相空间产生、高能物理实验设计研究和高能物理实验数据分析. Weinzierl(2000) 介绍了高能物理的蒙特卡罗方法, 裴鹿成等 (1989), 马文淦 (2005) 介绍了高能物理实验应用情况.

(1) 事例产生器. 在粒子物理研究中, 要做微分截面和总截面测量, 需要知道理论计算得到的截面值在多大精度范围内能被实验装置测量出来, 理论要与实验结果进行对比. 事例产生器是一个随机地产生 "非加权" 事例的蒙特卡罗模拟程序, "非加权" 是指末态粒子的四动量按精确的微分截面来产生. 通过蒙特卡罗事例产生器, 对某个运动学变量的值产生事例, 得到该变量的微分截面, 最终可以得到总截面的蒙特卡罗估计值, 因此可以使用蒙特卡罗事例去模拟探测器. 将理论计算得到的精确微分截面公式, 在实验探测相空间内进行高维积分, 对探测器效率引入各种随机统计效应. 降低方差可以使用适应性技巧. 微分截面和总截面表示为

$$d\sigma = \frac{d\sigma}{dx}(x)dx, \quad \sigma = \int d\sigma = \int \frac{d\sigma}{dx}(x)f(x)dx,$$

式中, x 表示张开相空间的运动学变量, 是随机向量. 认为随机向量 x 服从均匀分布 $U(0,1)$, 概率密度函数 $f(x)=1$, 随机抽样得到样本值 $x_i = U_i$, 模拟 n 次, 求得总截面的估计值为

$$\hat{\sigma} = (1/n)\sum_{i=1}^{n} \frac{d\sigma}{dx}(x_i) \cdot \int dx,$$

式中的积分项是把积分区间变换到 $(0,1)$ 而引入的因子.

(2) 粒子碰撞的相空间产生. 在高能粒子碰撞实验中, 物理可观测量 A 的计算公式的一般形式为

$$A = \int_V (M/8K(s))F(A, p_1 p_2 \cdots p_n)d\Phi_n(p_a + p_b, p_1 p_2 \cdots p_n),$$

式中, M 为相关过程的矩阵元绝对值的平方, 是 $3n-4$ 个独立运动学参数的函数; $1/8K(s)$ 为 Mandelstam 变量 s 的函数, $s = (p_a + p_b)^2$; $F(A, p_1, p_2, \cdots, p_n)$ 是可观测量 A 和末态 n 个粒子四动量 $p_1, p_2, \cdots, p_n$ 的函数; $d\Phi_n(p_a + p_b, p_1, p_2, \cdots, p_n)$ 为洛伦兹不变的相空间体积元. 正负电子对撞湮没过程实验就有上述形式, 强子碰撞过程略有差别. 粒子碰撞的相空间产生需要进行相空间积分是高维积分, 用蒙特卡罗模拟求得.

(3) 高能物理实验设计研究. 在大型实验装置和实验建议付诸实施之前, 可使用蒙特卡罗方法对准备研究的物理过程、本底、判选条件、探测器性能和装置中各探测器的设计安排等问题进行研究, 分为实验装置性能研究、实验方案可行性研究和实验数据分析.

实验装置性能研究. 探测器是通过终态粒子在探测器中穿行过程中留下的时间和能量沉积信息, 来决定终态粒子的物理参数, 如能量、动量、运动方向和粒子种类等, 而高能粒子反应的终态粒子在探测器中的输运过程很复杂, 用蒙特卡罗方法模拟终态粒子在探测器中的输运过程是很有效的. 高能粒子在探测器介质的输运是粒子线性输运问题, 所使用的蒙特卡罗方法在第 10 章已经介绍.

实验方案可行性研究. 检验某种理论或假设的正确性是高能物理实验的目的之一, 在对实验装置进行评估时, 判断它能否实现对理论或假设的检验是很有必要的. 实验方案是否可行, 需要通过蒙特卡罗模拟. 所有大型高能物理实验的建议书都包含大量的蒙特卡罗模拟结果, 这样才能使主审委员会和从事该实验的成员相信该实验方案是可行的.

实验数据分析. 在高能物理实验中, 常用一些大型复杂的程序来分析实验数据, 对实验数据进行筛选分类. 为了检验这些程序的可靠性, 可以采用输入一些已知数据格式的蒙特卡罗模拟数据, 以检验大型复杂程序能否总是成功地重建输入数据. 这种方法是非常有用的, 特别是在实验装置运行之前, 采用蒙特卡罗模拟数据来检验大型复杂程序就更为必要.

(4) 胶子发现. 通过蒙特卡罗方法的实验数据分析, 还可以用来检验理论的正确性. 即使实验得到的结果似乎与某个理论预测不一致, 还是要说明在多大可信度内, 这个理论是不正确的. 要做这样的分析, 可以做一些蒙特卡罗模拟. 最好能从实验中测量到某个物理量的概率分布后, 再与蒙特卡罗模拟得到的概率分布进行比较, 这样更为精确. 例如, 胶子是否存在的实验数据分析就是基于这种对比分析.

在 MARK-J 实验中, 通过对强子事例分析, 确认了三喷注现象. 为了研究三喷注现象的产生机制, 理论假设了三种唯象模型: 费曼-费尔德双喷注模型, 胶子模型和相空间模型. 为了与实验数据比较, 对三种模型做了全面的蒙特卡罗模拟, 分析这些蒙特卡罗模拟数据, 并与实验结果比较. 用蒙特卡罗方法对强子碎裂过程进行模拟, 在正负电子具有 30GeV 以上的质心系能量的对撞机上, 强子产生的机制之

一为下面过程:

$$e^+e^- \to \gamma \to q\bar{q},$$

式中, q 和 $\bar{q}$ 为夸克和反夸克, 它们碎裂后成为强子. 实验数据点与按此机制所绘制的蒙特卡罗计算曲线不相符. 如果加入下面过程:

$$e^+e^- \to \gamma \to q\bar{q}g,$$

该过程除了产生夸克对 q 和 $\bar{q}$ 以外, 还有一个胶子 g, 它们碎裂后成为强子. 这样得到的蒙特卡罗计算曲线与实验点相符很好. 因此, 蒙特卡罗模拟沟通了理论和实验之间的联系, 证明胶子的存在, 给予存在胶子假设的 QCD 理论有力的支持.

15.1.3 化学实验模拟

化学是实验性很强的基础学科, 现在化学实验已经可以模拟, 用蒙特卡罗方法模拟化学反应. 实验化学家们通过改变化学反应中各组分的初始浓度和相对配比来研究化学反应动力学, 而蒙特卡罗模拟则是很容易实现.

1. 化学反应动力学模拟

化学反应是离子或分子相互作用的结果, 反应能否发生以及反应进行的程度都与离子或分子的碰撞概率有关, 属于典型的随机性问题. 化学反应速度方程用微分方程或微分方程组表示, 因反应速度方程可用概率来解释, 即有反应发生和不发生两种可能, 并且随着反应的进行, 反应物浓度逐渐减少, 分子或者离子发生碰撞的概率也在减小, 反应发生的概率也随之减小, 故蒙特卡罗方法可用于模拟化学反应过程. 在处理化学反应动力学问题时, 需要设定一个反应尝试次数 N 和一个反应器容积常数 V, 其中反应器容积常数用来将反应器的体积划分为 V 个等分, 然后将速率常数 k 和浓度 c 做归一化处理, 使其值都处于 0 与 1 之间. 假如产生的随机数小于或等于反应物与速率常数的乘积, 则反应发生, 这时, 反应物浓度减少 $1/V$, 生成物浓度增加 $1/V$. 在反应物浓度不是非常小的情况下, 如果容积参数 V 和反应尝试次数 N 足够大, 模拟结果与反应实际情况相符合. 当物质的浓度很小的时候, 即使反应器体积和反应尝试次数都足够大, 模拟反应过程时, 每次模拟的结果都有少许差异, 算法的稳定性不是很好. 为了解决这一问题, 采用重复运算, 取其平均值作为输出结果, 这样使算法的稳定性有了明显的提高. 代文彬和张运陶 (2007) 设计的化学反应动力学蒙特卡罗模拟主程序步骤如下:

(1) 输入各步反应速率常数 k, 总时间 T, 时间间隔 Δt, 各反应物的初始浓度 c, 反应器假设容积常数 V, 反应尝试次数 N 以及迭代次数 Gen.

(2) 归一化处理速率常数和各物质的浓度.

(3) 令 gen = 0, 调用子程序.

(4) 若 gen < Gen, gen = gen+1, 返回 (3); 否则, 在结果中添加本次得到的数据.

(5) 对各次所得结果统计求和, 求其平均数, 作为结果估计输出.

(6) 绘制各物质的浓度随时间变化的曲线图.

子程序步骤如下:

(1) 调入上面处理后的速率常数和浓度, 以及其他参数.

(2) 设置 $t = 1, i = 0$.

(3) 产生随机数, 根据每个反应 k 值及反应物的浓度判断反应是否能够发生, 若能发生, 反应物浓度减少, 生成物浓度增加; 否则, 各物质浓度保持不变.

(4) 更新上一次得到的数据, 只保留本次得到的数据.

(5) $i = i + 1$, 若 $i = N \times \Delta t / t$, 转到 (6); 否则, 返回 (3).

(6) $t = t + \Delta t$, 在结果中添加本次的数据, 若 $t = T$, 转到 (7); 否则, 返回 (3).

(7) 输出本次调用的计算结果.

2. 聚合物降解模拟

线型聚合物的分子由 x 个链节以 $x{-}1$ 个化学键串联结合而成, x 称为链长或聚合度, 它的分子量就是 mx, m 为一个链节的分子量. 化学结合键的断裂称为降解, 每发生一次断裂, 一个链长为 x 的分子就分解为两个较小的分子. 降解过程数学分析的任务就是研究聚合物分子量随降解程度的变化. 聚合物 (化学纤维塑料和橡胶等) 降解的研究对于聚合物加工和老化具有重要的实用意义.

聚合物降解最简单的情况是所有的结合键都可以随机性地被切断, 这称为无规降解, 无规降解可以解析处理, 各种数学方法取得了一致的结果. 对于非无规降解, 有许多降解机理, 但都难于进行解析研究, 事实上, 它们准确的数学处理还是一个尚待解决的问题.

Ovenall 降解机理假设链型分子的降解是随机的, 即分子中任何键都可以随机地被切断, 不过降解产物的链长不得小于某指定值 L. 模拟时, 首先将可切断的链按某种方式排序, 接着利用随机数切断某一分子的某一链, 产生两个降解产物分子, 在进行了一定次数的切断以后, 即可计算降解产物的数均分子量和分布指数.

赵得禄和吴大诚 (1984) 用蒙特卡罗方法研究聚合物降解, 特别适用于难于解析处理的各种非无规降解机理. 以 Ovenall 降解机理为例来说明模拟程序步骤如下:

(1) 确定原料的总分子数 N_0 和概率密度函数 $f(x)$, 按定义, $N(x) = N_0 f(x)$ 就是原料中链长为 x 的分子数目.

(2) 统计这些分子中可以切断的结合键数目为

$$s = \sum_{x \geqslant 2L} N(x)(x - 2L + 1).$$

这些结合键组成了数轴上的一段区间 $[0, s]$, 把这些键按一定的顺序 (如按它们所属分子的链长从小到大) 排列在这段区间上, 每个键就占据了一个长度为 1 的概率区间.

(3) 产生一个 $[0, 1]$ 随机数 U, 在 $[0, s]$ 均匀分布的随机变量 $U_s = [sU]$.

(4) 判别 U_s 落在了哪个键的概率区间上, 就意味着切断了这一个键. 具体做法是: 不断比较求和式 $s(x_a) = \sum_{x=2L}^{x_a} N(x)(x - 2L + 1)$ 与 U_s 的大小, 如果 $s(x_a) \leqslant U_s \leqslant s(x_a + 1)$, 则意味着切断了一个链长为 $x_a + 1$ 的分子.

(5) 计算出 $\lambda = s(x_a + 1) - U_s$, 由于链长 $x_a + 1$ 的分子中只有 $x_a - 2L + 2$ 个键可以切断, 正数 $\lambda' = \lambda \mathrm{mod}(x_a - 2L + 2)$ 的整数部分 b 就是在该链长的分子上被切断的键的位置, 即意味着产生了两个链长分别为 $L - b$ 和 $x_a + 1 - L - b$ 的分子.

(6) 重新回到 (2), 在进行了一定次数的切断以后, 按定义计算出降解产物的数均分子量 M_n、重均分子量 M_w 和分布指数 Q.

3. 聚合物构型模拟

假设链型聚合物分子的原子可以纳入晶格模型, 第一个原子等概率占据任一空位, 各个原子等概率地占据任一邻近晶格. 按照随机游走模型, 利用随机数序列从一晶格出发作连续的等步长随机行走, 将走过的路径视为链分子, 一旦某一步踏上了已被占据的晶格, 则旧的分子链终止, 另产生新的分子链. 最后就可以得到聚合物的构型, 并进行统计.

4. 凝胶化反应中溶剂效应模拟

从溶胶到凝胶的相变过程是长期来被广泛研究的课题, 所用方法主要有 Flory 和 Stockmayer 的经典方法和近代渗流理论, 二者都未考虑溶剂效应和分子间相互作用. 然而在真正的凝胶化体系中, 溶剂分子与单体分子处在热平衡中, 它们的运动受到其相互作用的控制, 溶剂改变了体系中静电作用和氢键作用的本质和大小, 溶剂不同时, 活性单元与溶剂分子之间的相互作用就不同, 使得凝胶化时间及最终的凝胶结构和力学性质等都不相同. 周哲人, 梁得海, 左榘 (2001) 给出凝胶化反应中溶剂效应的蒙特卡罗模拟方法. 认为不饱和单元之间的相互作用将影响分子的扩散作用. 规定一次蒙特卡罗模拟分两步实现, 第一步为分子扩散, 第二步为化学键联.

15.1.4　武器试验模拟

武器试验主要是确定武器的射击精度, 通常是通过靶场试验来确定, 为了能够有把握确定射击精度, 必须在各种条件下进行许多次的靶场试验, 大规模靶场试验的耗费很大. 这种武器试验可以通过蒙特卡罗模拟得到射击精度, 因此可以部分代替靶场试验, 只要进行少数几次靶场试验, 就有把握确定射击精度, 从而节省大量经费. 武器试验的蒙特卡罗模拟可以模拟改变各种试验条件, 如导弹参数、气象数据、地面目标、导弹发射和落点, 这是靶场试验做不到的.

1. 机载空地导弹试验

机载空地导弹是在三维空间运动, 数学模型是三维模型. 为简化起见, 只考虑机载空地导弹在铅垂平面内的运动规律, 地面靶标固定不动, 位于惯性参考系的原点. 描述导弹运动的变量如图 15.2 所示.

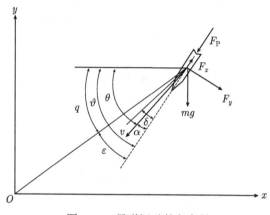

图 15.2　导弹运动的各变量

2. 导弹运动方程组

较为简单的空地导弹运动方程组为

$$m\dot{v} = -0.5\rho v^2 S(C_{x0} + C_y^\alpha \alpha^2) + F_P \cos\alpha - mg\sin\theta,$$
$$m\dot{\theta} = 0.5\rho v^2 S(C_y^\alpha \alpha + C_y^\delta \delta) + F_P \sin\alpha - mg\cos\theta.$$

$$I_z \dot{\omega}_z = 0.5\rho v^2 SL(C_m^\alpha \alpha + C_m^\omega \omega_z L/v + C_m^\delta \delta),$$

$$\dot{x} = -v\cos\theta, \quad \dot{y} = v\sin\theta, \quad \dot{\vartheta} = \omega_z,$$

$$\alpha = \vartheta - \theta, \quad \varepsilon = \vartheta - q, \quad q = \arctan(-y/x), \quad \rho_{\text{miss}} = x - x_D,$$

式中符号表示如下: 发动机推力 F_P; 重力加速度 g; 导弹质量 m; 气动阻力 D; 气动升力 L; 导弹对弹体轴的转动惯量分量 I_z; 导弹弹体的转动角速度分量 ω_z; 导弹速度 v; 攻角 α; 弹道倾角 θ; 俯仰角 ϑ; 误差角 ε; 舵偏角 δ; 大气密度 ρ; 导弹最大截面积 S; 气动阻力、气动升力和气动力矩的系数为 C; 靶标位置 x_D; 脱靶距离 ρ_{miss}.

较为复杂的空地导弹运动方程组包含更多的变量和参数, 有些是常数, 有些是随机变量, 有些是随机过程. 如果导弹速度、导弹质量和大气密度都是常数, 则除了误差角外, 所有的随机过程都退化为随机变量.

3. 模拟结果

韩松臣 (2001) 给出机载空地导弹试验蒙特卡罗模拟结果, x 和 y 方向脱靶距离的标准差为 σ_x 和 σ_y, 表示地空导弹的制导精度, 如图 15.3 所示.

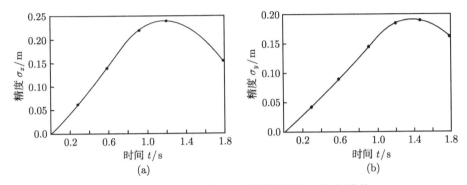

图 15.3 地空导弹蒙特卡罗模拟脱靶距离的标准差

15.2 中段反导系统模拟

15.2.1 中段反导系统

中段反导系统是战略弹道导弹防御系统, 系统比较复杂. 人们比较关注的是中段反导系统是否可行有效, 这里以美国中段反导系统为背景, 用蒙特卡罗方法模拟拦截系统的制导精度, 这是中段反导系统最为关键的问题. 关于反导系统蒙特卡罗方法模拟, 康崇禄 (2003, 2009) 有详细介绍.

中段反导系统的拦截目标是对方的战略弹道导弹, 战略弹道导弹助推段发射飞行, 释放弹头和诱饵, 被动段弹头和诱饵继续飞行, 形成目标弹道, 求解弹道导弹飞行动力学数学模型的微分方程组, 可以得到目标弹道的精确数据.

中段反导系统的目的是拦截对方被动段飞行的弹头, 为此首先是通过部署的战略预警系统, 5 颗高轨道卫星组网监视对方导弹发射区域、其红外传感器进行不间断的搜索, 捕获对方助推段弹道导弹信息, 提供战略预警. 由 24 颗低轨道卫星组成星座, 其红外传感器搜索被动段飞行的弹头和诱饵, 进行跟踪识别. 与此同时, 部署在地面的预警雷达搜索被动段飞行的弹头和诱饵, 进行跟踪; 部署在地面的 X 波段雷达跟踪识别目标, 并对拦截系统进行制导. 战略预警系统的作用是发现和识别目标, 利用发现和识别目标的数学模型, 可以估计发现概率和识别概率.

战略预警系统获得目标详细信息后, 拦截弹发射, 拦截弹是三级弹道导弹, 第三级释放杀伤器 (EKV), 杀伤器上的红外导引头跟踪识别目标, 捕获弹头, 杀伤器 55kg, 在制导系统的精确制导下, 杀伤器与弹头直接碰撞, 其巨大的动能沉积在弹头上, 形成弹坑, 从而达到破坏弹头的目的, 弹头产生爆炸, 成功拦截目标. 根据拦截弹导引弹道方程、拦截弹助推段制导方案、杀伤器制导方案, 由发射参数计算方法, 可以精确计算得到拦截弹导引弹道.

根据目标弹道和拦截弹导引弹道的精确数据, 由脱靶距离计算方法和拦截弹制导精度的影响因素分析, 对拦截弹制导精度进行蒙特卡罗模拟, 每次模拟得到杀伤器与弹头的脱靶距离, 经过成千次模拟, 得到脱靶距离的平均值及其标准差, 也就得到拦截弹制导精度.

15.2.2　导引方程和制导方案

1. 拦截弹导引弹道方程

拦截弹包括一个三级助推器和一个杀伤器 (EKV), 助推器是固体火箭发动机. 在弹体坐标系建立导弹移动运动动力学方程, 作用在导弹上的力只考虑推力、气动力和重力, 要把气动力和重力投影在弹体坐标系上. 对于助推器的一级, 需考虑气动力的影响, 对于助推器的二、三级和杀伤器, 处于真空状态, 不考虑气动力的影响. 拦截弹飞行过程示意图如图 15.4 所示.

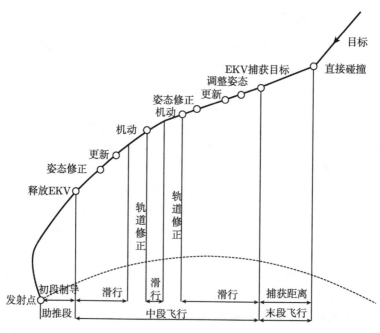

图 15.4　拦截弹飞行过程示意图

令质量为 m, 速度为 v, 发动机推力为 F_{PB}, 气动力为 F_{aB}, 重力加速度为 g, 拦

截弹移动运动的动力学方程为

$$\dot{v}_{x\mathrm{B}} = (F_{x\mathrm{PB}} + F_{xa\mathrm{B}})/m + g_{x\mathrm{B}},$$
$$\dot{v}_{y\mathrm{B}} = (F_{y\mathrm{PB}} + F_{ya\mathrm{B}})/m + g_{y\mathrm{B}},$$
$$\dot{v}_{z\mathrm{B}} = (F_{z\mathrm{PB}} + F_{za\mathrm{B}})/m + g_{z\mathrm{B}}.$$

令位置为 $x,\, y,\, z$; 欧拉角为 θ, ϕ, ψ, 拦截弹移动运动的运动学方程为

$$\dot{x} = v_{x\mathrm{B}} \cos\psi \cos\theta + v_{y\mathrm{B}}(\sin\phi\sin\psi\cos\theta - \cos\phi\sin\theta)$$
$$+ v_{z\mathrm{B}}(\cos\phi\sin\psi\cos\theta + \sin\phi\sin\theta),$$
$$\dot{y} = v_{x\mathrm{B}} \cos\psi \sin\theta$$
$$+ v_{y\mathrm{B}}(\sin\phi\sin\psi\sin\theta + \cos\phi\cos\theta) + v_{z\mathrm{B}}(\cos\phi\sin\psi\sin\theta - \sin\phi\cos\theta),$$
$$\dot{z} = -v_{x\mathrm{B}} \sin\psi + v_{y\mathrm{B}} \sin\phi\cos\psi + v_{z\mathrm{B}} \cos\phi\cos\psi.$$

质量秒流量为 $\dot{m}_{\mathrm{c}}(t)$, 质量方程为 $m = m_0 - \displaystyle\int_0^t \dot{m}_{\mathrm{c}}(t)\mathrm{d}t.$

2. 助推段制导方案

拦截弹的制导方式采用复合制导, 助推段是自主控制制导, 杀伤器是寻的制导. 拦截弹三级飞行俯仰程序角数学模型为

$$\theta*_1(t) = \begin{cases} 90°, & 0 \leqslant t \leqslant t_{11}, \\ \alpha(t) + \vartheta(t) + \Omega_{ez}t, & t_{11} < t \leqslant t_{13}, \\ \theta*(t_{13}), & t_{13} < t \leqslant t_{1k}. \end{cases}$$

$$\theta*_2(t) = \begin{cases} \theta*(t_{1k}), & t_{1k} < t \leqslant t_{21}, \\ \theta*(t_{1k}) - K_2(t - t_{21}), & t_{21} < t \leqslant t_{22}, \\ \theta*(t_{22}), & t_{22} < t \leqslant t_{2k}. \end{cases}$$

$$\theta*_3(t) = \begin{cases} \theta*(t_{2k}), & t_{2k} < t \leqslant t_{31}, \\ \theta*(t_{2k}) - K_3(t - t_{31}), & t_{31} < t \leqslant t_{32}, \\ \theta*(t_{32}), & t_{32} < t \leqslant t_{3k}, \end{cases}$$

式中参数为: 拦截导弹飞行时间 t; 俯仰程序角 $\theta_*(t)$. 攻角 $\alpha(t)$; 弹道倾角 $\vartheta(t)$; 地球自转角速度在发射坐标系 z 轴的分量 Ω_{ez}; 一级转弯开始时间 t_{11}; 攻角达到零的时间 t_{12}; 常值飞行段开始时间 t_{13}; 一级助推器关机时间 t_{1k}. 二级匀速转弯段的斜率 K_2; 二级匀速转弯段开始时间 t_{21}; 二级匀速转弯段结束时间 t_{22}; 二级助推器关机时间 t_{2k}. 三级匀速转弯段的斜率 K_3; 三级匀速转弯段开始时间 t_{31}; 三级匀速转弯段结束时间 t_{32}; 三级助推器关机时间 t_{3k}.

3. 杀伤器制导方案

杀伤器制导采用寻的制导, 其中, 飞行中段是冲量制导, 飞行末段是比例导引, 导引头为红外导引头.

(1) 中段制导. 拦截弹助推段结束并释放杀伤器, 于是进入杀伤器中段飞行, 通过杀伤器定位的星图校准和目标轨道数据更新 (目标指令修正), 为了消除各级固体助推发动机耗尽关机、捷联惯导初始定位及其测量误差以及发射前预测命中点的误差等, 在中段惯性飞行初段引入一次或两次冲量修正, 欲使目标轨道数据更新后的零控预测命中点误差在末段轨控发动机允许的横向修偏范围内, 使杀伤器在中、末段交班时射入规定的 "篮框" 内. 中段冲量制导采用零控预测脱靶距离制导方案, 并由杀伤器轨控发动机实施轨道机动.

零控预测脱靶冲量制导方案. 直接在目标视线坐标系 (杀伤器) 形成和执行冲量制导指令, 对于一次冲量制导, 杀伤器轨控发动机的开启控制律为

$$P_{ys}(t_p) = \begin{cases} P_0 \text{sign}(\rho_{mys}(t_p)), & |\rho_{mys}(t_p)| > \varepsilon_\rho, \\ 0, & |\rho_{mys}(t_p)| \leqslant \varepsilon_\rho. \end{cases}$$

$$P_{zs}(t_p) = \begin{cases} P_0 \text{sign}(\rho_{mzs}(t_p)), & |\rho_{mzs}(t_p)| > \varepsilon_\rho, \\ 0, & |\rho_{mzs}(t_p)| \leqslant \varepsilon_\rho, \end{cases}$$

式中, $P_{ys}(t_p)$ 和 $P_{zs}(t_p)$ 为杀伤器法向和侧向轨控发动机推力; P_0 为杀伤器轨控发动机常推力; $\rho_{mys}(t_p)$ 和 $\rho_{mzs}(t_p)$ 为零控预测脱靶距离; ε_ρ 为杀伤器末段轨控发动机的横向修偏能力确定的允许横向距离. 对于较大的零控预测脱靶距离一般采用两次冲量制导, 两次冲量之间至少相隔 10 秒以上, 其制导原理相同. 这时第二次冲量除消除分配的零控预测脱靶距离外, 还可以对第一次冲量产生的误差做一定的修正.

(2) 末段制导. (a) 末段的初中段杀伤器一般为惯性飞行. 红外导引头捕获目标群和稳定跟踪目标群 (形心), 这时姿控发动机工作实施姿态控制和姿态稳定, 轨控发动机不工作. 通过红外导引头较长时间连续稳定观测目标群, 并比对地基相控阵雷达发送的目标威胁图, 能基本识别目标. 识别目标后将红外导引头跟踪点从目标群形心切换到真目标上.

(b) 末段的中后段比例导引制导. 杀伤器利用轨控发动机实施比例导引轨道控制, 姿控系统欲使弹纵轴跟踪目标视线, 最终使视线转率趋于非常小的范围, 同时红外导引头进入目标弹头准成像阶段, 通过被动测距为目标弹头的要害点 (瞄准点) 确定创造有利条件. 杀伤器轨控发动机的控制规律为

$$P_{ys}(t) = \begin{cases} P_0 \text{sign}(\omega_\zeta), & |\omega_\zeta| \geqslant \omega_{\text{on}} \text{ 或 } \omega_{\text{on}} > |\omega_\zeta| > \omega_{\text{off}} \text{ 且 } P_{ys}(t - \Delta t) \neq 0, \\ 0, & \text{其他}. \end{cases}$$

$$P_{zs}(t) = \begin{cases} P_0\mathrm{sign}(\omega_\eta), & |\omega_\eta| \geqslant \omega_{\mathrm{on}} \text{ 或 } \omega_{\mathrm{on}} > |\omega_\eta| > \omega_{\mathrm{off}} \text{ 且 } P_{zs}(t - \Delta t) \neq 0, \\ 0, & \text{其他}. \end{cases}$$

式中, $\omega_{\mathrm{on}}, \omega_{\mathrm{off}}$ 为轨控发动机开启的视线转率阈值, Δt 为积分步长.

(c) 末终段导引控制. 当 $\rho \leqslant 4.5\mathrm{km}$ 时, 为实现直接碰撞的精确制导, 取已确定的目标弹头要害点 (瞄准点) 为基准, 基于该段直线相对运动的特性, 杀伤器做最后一次横向修偏的轨道机动, 将杀伤器导引到目标弹头的要害点. 在固化的目标视线坐标系垂直视线的修偏距离分量为

$$\begin{bmatrix} \rho_{ys}(t^*) \\ \rho_{zs}(t^*) \end{bmatrix} = \begin{bmatrix} \rho(t^*)\omega_{zs}(t^*)t_f - l_{ys} \\ -\rho(t^*)\omega_{ys}(t^*)t_f - l_{zs} \end{bmatrix},$$

式中, $\rho(t^*) = 4.5\mathrm{km}$; t^* 为对应 $\rho = 4.5\mathrm{km}$ 的时刻 (以时统为基准); $\omega_{zs}(t^*), \omega_{ys}(t^*)$ 为 t^* 时剩余的视线转率; l_{ys}, l_{zs} 为目标弹头瞄准点相对其质心的纵向距离 l 在固化的目标视线坐标系垂直视线的分量.

15.2.3 发射和导引弹道参数

1. 发射参数计算

(1) 发射参数计算数学模型. 拦截弹发射参数计算首先确定预测命中点. 拦截弹发射参数计算采用了一种工程参数计算方法. 工程参数计算方法的特点是: 根据飞行力学原理和助推段飞行的特点, 先给出导弹飞行程序角和发射方位角的数学模型, 然后应用数值计算方法确定模型中的各个待定参量, 以满足给定的弹道约束条件. 拦截弹飞行弹道受到许多发射参数的影响, 这就要求对拦截弹发射参数进行选择, 以便确定控制拦截弹飞行过程的一组可调参数, 使得拦截弹在飞行过程中能够达到所要求的性能指标. 在选择发射参数时, 假设拦截弹满足以下条件: 偏航程序角 $\psi_*(t) = 0$, 滚动程序角 $\phi_*(t) = 0$, 拦截弹发射点的地心纬度、经度、高度以及各级发动机工作时间是给定的. 因此, 影响拦截弹飞行弹道的发射参数主要是发射方位角 A_0 和飞行俯仰程序角 $\theta_*(t)$.

俯仰程序角数学模型参见前面助推段制导方案数学模型. 在计算发射方位角时, 考虑地球旋转, 所以要先预估拦截弹的飞行时间 T^*. 拦截弹发射点 I 的纬度为 Φ_{I0}, 经度为 λ_{I0}. 在旋转地球上的预测命中点 C 的纬度为 Φ_C, 经度为 λ_C. 在不动球壳上 (惯性系) 的预测命中点为 C_A, 解球面三角可得拦截弹的发射方位角初值 A_{I0}. 在惯性系拦截弹发射点与预测命中点地心矢径的夹角余弦为

$$\cos\Phi_I^* = \sin\Phi_{I0}\sin\Phi_C + \cos\Phi_{I0}\cos\Phi_C\cos(\lambda_C - \lambda_{I0} + \omega_e T^*).$$

拦截弹发射方位角 A_{I0} 为

$$A_{I0} = \arctan(\sin A_{I0}/\cos A_{I0}), \quad (-\pi \leqslant A_{I0} \leqslant \pi),$$

式中, $\sin A_{I0} = \dfrac{\cos \Phi_C \sin(\lambda_C - \lambda_{I0} + \omega_e T^*)}{\sin \Phi_I^*}$, $\cos A_{I0} = \dfrac{\sin \Phi_C - \sin \Phi_{I0} \cos \Phi_I^*}{\cos \Phi_{I0} \sin \Phi_I^*}$.

(2) 发射参数的牛顿迭代计算方法. 为使拦截弹在助推段结束后能在无控条件下接近目标, 还需要更进一步对飞行程序中的各个参数进行选择. 主要参数包括发射方位角 A_0; 一级各时间结点的最大攻角 α_m; 二级各时间结点的斜率 K_2; 三级各时间结点的斜率 K_3. 由于拦截弹为耗尽关机, 因此依据假设简化了发射参数计算, 主要选取了一级最大攻角 α_m, 二、三级斜率 $(K_2 = K_3)$ 以及发射方位角 A_0 为要调整的发射参数. 当发射参数确定以后, 采用牛顿迭代法来确定发射参数 α_m, K_2, A_0 的值.

首先, 给定一组初值 $\alpha_m^{(0)}$, $K_2^{(0)}$, $A_0^{(0)}$. 利用积分计算拦截弹飞行弹道, 得到拦截点在地心惯性系的位置矢量参数 $(x_k^{(0)}, y_k^{(0)}, z_k^{(0)})$, 并通过比较 $(x_k^{(0)}, y_k^{(0)}, z_k^{(0)})$ 与预测命中点在地心惯性系下的位置矢量参数 (x_k^*, y_k^*, z_k^*), 判断是否满足给定的精度 $\varepsilon_x, \varepsilon_y, \varepsilon_z$. 比较式为

$$\left| x_k^* - x_k^{(0)} \right| < \varepsilon_x, \quad \left| y_k^* - y_k^{(0)} \right| < \varepsilon_y, \quad \left| z_k^* - z_k^{(0)} \right| < \varepsilon_z.$$

若比较式不成立, 则利用牛顿迭代法求解新的值, 重复计算, 直到满足精度要求.

2. 导引弹道参数计算

(1) 计算基础数据. 拦截弹助推器和杀伤器数据如表 15.1 所示. 拦截弹的一级气动阻力系数和气动升力系数由理论计算得到, 气动阻力系数和气动升力系数与速度和攻角有关.

表 15.1　拦截弹助推器和杀伤器数据

	1 级助推器	2 级助推器	3 级助推器	杀伤器 EKV
长度/m	13.0	1.5	1.5	1.5
直径/m	1.01	0.8	0.7	0.8
起飞质量/kg	14820	1520	820	55
级质量/kg	13300	700	700	55
推进剂名称		HTPB	HTPB	
推进剂质量/kg	11765	576	576	
比冲/(m/s)	2550	2795	2795	
工作时间/s	63	40	40	277.64

(2) 弹道参数计算. 假定拦截目标是弹道导弹, 根据弹道导弹飞行弹道数学模型, 已经计算得到目标飞行弹道参数. 根据拦截弹导引弹道数学模型, 用龙格–库塔数值积分法, 求解拦截弹运动微分方程组. 在计算机上用 C++ 语言编制计算程序, 运行程序, 得到拦截弹导引弹道参数. 拦截弹导引弹道参数, 包括助推段和杀伤器段飞行弹道参数, 飞行弹道参数包括飞行位置、速度和加速度等. 弹道参数是在地

心地固坐标系下给出的.

15.2.4 反导制导精度模拟

1. 脱靶距离计算

在拦截飞行终段, 杀伤器接近目标弹头瞄准点的最小相对距离称为杀伤器的终端脱靶距离. 拦截点为杀伤器接近目标弹头瞄准点的最小距离的空间点, 令 t_f 为杀伤器到达拦截点的瞬时间, 脱靶矢量 $\rho(t_f)$ 为 t_f 时刻的相对距离, 定义脱靶距离为

$$\boldsymbol{\rho}_{\mathrm{miss}} = \boldsymbol{\rho}(t_f).$$

根据脱靶矢量的定义, 可以知道脱靶矢量垂直当时的相对速度矢. 定义垂直 t_f 时刻相对速度矢的平面称为脱靶平面. 任一脱靶矢量必位于脱靶平面上. 从总体上可以认为脱靶平面为拦截点的集合, 用以刻画脱靶距离的分布. 对确定的拦截情况, 理论上脱靶平面是唯一的, 不同拦截情况存在不同的脱靶平面. 考虑到计算精度的限制, 存在着计算用的脱靶平面, 用以近似地描述理想的脱靶平面. 直线相对运动脱靶状态特征参数示意图如图 15.5 所示.

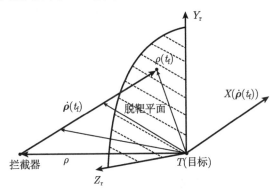

图 15.5 直线相对运动脱靶状态特征参数示意图

2. 制导精度模拟

(1) 拦截弹制导精度. 中段反导系统拦截弹的拦截目标是战略弹道导弹的弹头. 拦截弹上杀伤器的制导系统主要由红外导引头、制导设备以及姿控和轨控动力系统等组成. 导引头主要由望远镜、可见光探测器和长波红外探测器等组成, 用于捕获、跟踪和识别目标. 制导设备主要由信号处理机、数字处理机和惯性测量装置等组成, 信号处理机负责处理导引头获取的目标数据, 并准确地确定出目标的方位; 惯性测量装置用于敏感杀伤器的运动, 提供杀伤器的精确位置和速度数据; 数字处理机负责处理信号处理机提供的目标信息和惯性测量装置提供的杀伤器运动参数,

识别真假目标、选择瞄准点并计算正确的拦截弹道, 控制姿控和轨控动力系统工作, 使杀伤器准确地飞向目标并与之直接相碰撞. 姿控和轨控动力系统由 6 台姿态控制发动机、4 台轨道控制发动机和推进剂储箱等组成, 用于为杀伤器提供横向机动飞行能力和保持姿态稳定. 图 15.6 给出杀伤器的制导部件的相互关系.

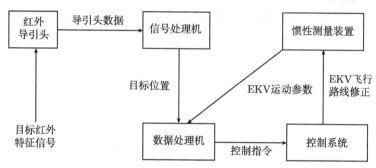

图 15.6　杀伤器制导部件的相互关系

　　美国已经认识到直接碰撞效果比破片杀伤效果要好得多. 在接近速度大于 4km/s 的情况下, 为了实现确保可接受的脱靶距离所必需的精度, 在 5 个关键技术领域已取得进展: 非常精确的导引头测量装置, 处理导引头信息的高速信号处理机, 体积小而精度高的惯性测量装置, 用于制导计算和飞行路线修正的高速数据处理机, 控制拦截弹快速响应的控制系统.

　　(2) 制导精度影响因素. 制导精度影响因素主要有红外导引头测量精度、制导数据更新率、制导和控制系统响应时间和瞄准点精度.

　　(a) 根据红外导引头测角精度为 100~300 微弧度, 可以得到红外导引头角速度测量精度为 0.005~0.017 度/秒, 可几值为 0.01 度/秒, 属随机误差. 红外导引头数据传输速度为 100Hz.

　　(b) 惯性测量装置数据处理速度为 50~100Hz, 制导数据更新率为 50~100Hz, 它造成的脱靶距离为系统偏差, 是无法补偿的. 模拟计算时, 用模拟时间步长来实现.

　　(c) 制导和控制系统响应时间为 10~50 毫秒. 它造成的脱靶距离为系统偏差, 是无法补偿的.

　　(d) 末端制导开始后, 以瞄准点为基准进行预测制导, 瞄准点的定位精度决定于对目标弹头了解的程度, 瞄准点精度为 0.1~0.01m, 属随机误差.

　　(3) 制导精度模拟结果. 由拦截弹制导精度的影响因素分析, 根据目标弹道和拦截弹导引弹道的精确数据, 使用脱靶距离计算方法, 对拦截弹制导精度进行蒙特卡罗模拟, 经过成千次模拟, 得到脱靶距离的平均值及其标准差, 也就是得到拦截弹制导精度.

第 i 次模拟获得脱靶距离抽样的样本值 ρ_{yi} 和 ρ_{zi}, 总共进行 n 次模拟, 脱靶距离的估计值为

$$\hat{\rho}_y = (1/n) \sum_{i=1}^n \rho_{yi}, \quad \hat{\rho}_z = (1/n) \sum_{i=1}^n \rho_{zi}.$$

脱靶距离的标准差为

$$\sigma_y = \sqrt{\frac{1}{n-1} \sum_{i=1}^n (\rho_{yi} - \hat{\rho}_y)^2}, \quad \sigma_z = \sqrt{\frac{1}{n-1} \sum_{i=1}^n (\rho_{zi} - \hat{\rho}_z)^2}.$$

根据制导精度影响因素的数值范围, 模拟时取值如下, 红外导引头测角精度 200 微弧度, 红外导引头角速度测量精度 0.01 度/秒, 红外导引头数据传输速度 100Hz, 惯性测量装置数据处理速度 75Hz, 制导数据更新率 75Hz, 制导和控制系统响应时间 25 毫秒, 瞄准点精度 0.05m. 进行 1000 次模拟, 得到竖向脱靶距离的估计值及其标准差分别为 0.345m 和 0.231m, 横向脱靶距离的估计值及其标准差分别为 0.310m 和 0.217m. 如果对方不采取有效的突防措施, 这样高的制导精度, 对目标的命中概率和毁伤概率是相当高的.

15.2.5 模拟可视化

科学实验和科学试验本来是可视的, 低级的蒙特卡罗模拟, 只是数值模拟计算, 科学实验和科学试验的过程模拟无法可视化. 如果能够实现模拟可视化, 将使蒙特卡罗模拟更加完美. 目前计算机可视化技术已经有可能实现蒙特卡罗模拟可视化, 实现视景演示.

1. 计算机可视化技术

目前计算机可视化的硬件和软件技术已经成熟, 硬件技术有微机技术、图形工作站技术、虚拟现实技术和网络技术. 软件技术从低级到高级, 从微机到图形工作站, 都提供三维模型建模和视景模拟软件系统.

(1) 低级系统. 三维模型建模软件有 Open GL, 视景模拟软件有 Performen. 简单可视化问题可用低级系统, 但是复杂可视化问题, 工作量太大, 需用高级系统.

(2) 高级系统. 三维模型建模软件和视景模拟软件有两个系列, 一个是 MultiGen 和 Vega; 另一个是 lightwave 和 STK.

上述低级和高级系统都有微机和图形工作站的版本. 反导系统蒙特卡罗模拟, 曾经在微机和图形工作站实现了模拟可视化.

2. 模拟可视化结果

中段反导系统蒙特卡罗模拟做了演示系统, 实现了三维视景模拟. 图 15.7 是从 30 多分钟的三维视景模拟演示过程中, 截取的 27 帧镜头.

战略弹道导弹发射阵地

战略弹道导弹起竖

战略弹道导弹发射飞行

战略弹道导弹一级分离

战略弹道导弹二级分离

战略弹道导弹三级头体分离

弹头飞行

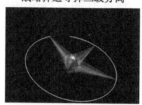

高轨道卫星组网运行轨道

高轨道卫星

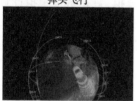

高轨道卫星传感器扫描监视

高轨道卫星传感器扫描探测

高轨道卫星传感器捕获目标

低轨道卫星星座轨道

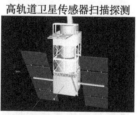

低轨道卫星

低轨道卫星传感器跟踪目标

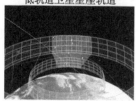

预警雷达搜索跟踪目标

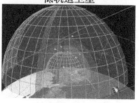

X 波段雷达识别目标

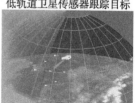

X 波段雷达制导 EKV 杀伤器

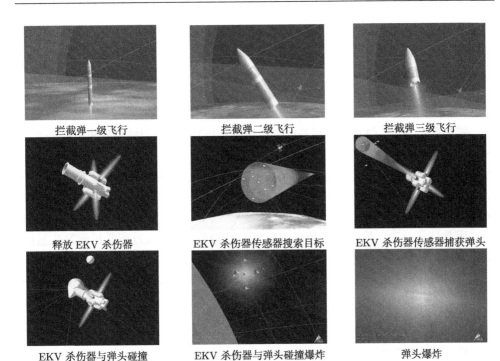

拦截弹一级飞行　　　　拦截弹二级飞行　　　　拦截弹三级飞行

释放 EKV 杀伤器　　　EKV 杀伤器传感器搜索目标　　EKV 杀伤器传感器捕获弹头

EKV 杀伤器与弹头碰撞　　EKV 杀伤器与弹头碰撞爆炸　　　弹头爆炸

图 15.7　中段反导系统三维视景模拟演示镜头

15.3　离散事件模拟

15.3.1　解析方法的困难

随机服务系统是广泛存在的实际系统, 典型的随机服务系统有排队系统、库存系统和修理系统。基于离散事件的思想, 按照离散事件的发生时间和类型, 系统的特性由离散事件序列描述, 系统状态由随机过程描述, 系统从一个状态变化到另一个状态, 用蒙特卡罗方法模拟随时间变化的随机服务系统, 称为离散事件模拟。

处理排队系统的经典理论称为排队论, 处理库存系统的经典理论称为库存论, 已经有比较成熟的解析方法。之所以能够得到解析结果, 是基于一些重要的假设, 假设输入流和服务流都是最简单流, 系统状态处于时间无限长的平稳态, 这些假设不完全符合实际。由于客观世界千变万化, 错综复杂, 许多现实复杂系统, 随机影响因素很多, 如果过度简化假设, 数学模型就不能反映实际系统, 计算结果远离真实结果。输入流和服务流不是最简单流, 而是具有复杂的概率分布。服务时间服从指数分布, 大部分顾客将非常迅速地接受服务, 这与实际情况不完全符合, 所以 A.K. 爱尔朗建议使用爱尔朗流。实际系统状态不处在时间无限长的稳态, 而是处在时间有限的暂态. 上述情况用经典理论的解析方法处理是很困难的, 而用蒙特卡罗方法比较容易解决.

15.3.2　离散事件模拟方法

1. 共同的模拟框架

随机服务系统, 包括排队系统、库存系统和修理系统, 蒙特卡罗模拟有一个共同的模拟框架. 每个随机服务系统都是一个随机过程, 产生一系列离散事件, 称为离散事件流, 离散事件流有输入流和输出流, 对应系统的输入过程和输出过程. 排队系统的离散事件流是顾客流, 输入过程是顾客到来排队, 输出过程是服务后顾客离开. 库存系统的离散事件流是货物流, 输入过程是库存需求产生的缺货量, 输出过程是订货补充. 修理系统的离散事件流是故障流, 输入过程是机器发生故障, 输出过程是故障修理. 蒙特卡罗模拟的核心是从输入过程和输出过程的随机过程概率分布进行随机抽样, 对统计量进行模拟统计, 得到随机服务系统性能数据的估计值.

2. 随机过程概率分布

排队系统的顾客相继到达时间间隔、服务顾客相继离开时间间隔, 库存系统的缺货量、订货到达时间间隔和订货交付时间 (滞后时间), 修理系统由于机器有限寿命发生故障和修理时间, 这些随机过程都服从某一概率分布.

单位时间平均到达的离散事件数称为平均到达率, 用 λ 表示, 离散事件相继到达的时间间隔 τ 是连续随机变量. 单位时间平均服务的离散事件数称为平均服务率, 用 μ 表示, 服务离散事件相继离开的时间间隔 υ 是连续随机变量, 离散事件相继离开的时间间隔又称为服务时间. 这里用统一符号表示, 用 ν 表示 λ 和 μ, 用 ω 表示 τ 和 υ. 输入流和输出流有最简单流、爱尔朗流、韦伯流和定长流, 它们都是随机过程.

(1) 最简单流. 最简单流是泊松流, 是泊松随机过程, 进入离散事件数 $m = 0, 1, 2, \cdots$ 服从泊松分布, 其联合概率密集函数为

$$f(m; t) = (\nu^m / m!) \exp(-\nu).$$

由此可以得到 ω 的联合概率密度函数为指数分布:

$$f(\omega; t) = \nu \exp(-\nu\omega), \quad \omega > 0.$$

(2) 爱尔朗流. 爱尔朗流联合概率密度函数为

$$f(\omega; t) = ((m\nu)^m / (m-1)!) \omega^{m-1} \exp(-m\nu\omega), \quad \omega > 0, m = 1, 2, \cdots$$

(3) 韦伯流. 韦伯流联合概率密度函数为

$$f(\omega; t) = ab\omega^{a-1} \exp(-b\omega^a), \quad \omega > 0, a > 0, b > 0.$$

(4) 定长流. 定长流是均匀分布, 其联合概率密度函数为

$$f(\omega; t) = 1/(b - a), \quad a \leqslant \omega \leqslant b.$$

3. 直接模拟方法

随机服务系统直接模拟蒙特卡罗方法如下:

(1) 根据离散事件输入流概率分布, 进行随机抽样, 产生离散事件相继到达时间间隔 τ_i, 得到离散事件相继到达事件发生时间, 计算输入离散事件数.

(2) 根据离散事件输出流概率分布, 进行随机抽样, 产生离散事件相继离开时间间隔 (服务时间) v_i, 得到离散事件服务事件发生时间, 计算服务离散事件数.

(3) 确定系统性能的统计量 $h(\tau_i, v_i)$.

(4) 重复上述过程, 进行 n 次模拟, 统计量的估计值为

$$\hat{h} = (1/n) \sum_{i=1}^{n} h(\tau_i, v_i).$$

例如排队系统的统计量 $h(\tau, v)$ 是排队系统的性能估计, 是顾客相继到达时间间隔 τ 和顾客相继离开时间间隔 v 的函数. 诸如系统的顾客数、系统顾客数的概率、排队等候服务的顾客数、排队等候服务顾客数的概率、到达系统的顾客在系统中的逗留时间、到达系统的顾客在系统中的等候时间. 排队等候服务的顾客数称为排队长度. 库存系统和修理系统也有相应的统计量.

15.3.3 排队系统模拟

1. 排队系统

排队系统由输入过程、排队结构和排队规则、服务机构和服务规则组成. 排队结构指排队队列数目和排队方式, 服务规则指顾客在排队系统中按什么规则接受服务. 排队系统如图 15.8 所示.

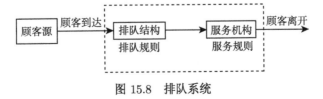

图 15.8 排队系统

(1) 输入过程. 输入过程表示顾客到达规律, 是随机过程, 服从相应的概率分布.

(2) 排队服务规则. 顾客的排队服务规则有损失制、等待制和混合制.

(3) 服务过程. 服务机构包括服务台 (服务员) 的数目、服务机构的结构形式 (如串联、并联、混联、网络). 服务过程是顾客接受服务的时间, 表示顾客接受服务的规律, 是一个随机过程, 服从相应的概率分布.

2. 系统顾客数概率直接模拟

排队系统的基本问题是求解排队系统顾客数的概率, 有了它就可得到其他统计量. 经典排队论使用数值解析方法, 把排队问题归结为求解柯尔莫哥洛夫方程组, 柯尔莫哥洛夫方程组是常微分方程组, 没有解析解, 只能在计算机上进行数值求解, 得到系统状态概率是时间的函数, 数值求解过程比较复杂. 想要得到解析解, 必须假定排队系统处在稳定状态下, 又称为在极限状态下, 即当时间 $t \to \infty$ 时的状态, 可以求得排队系统在极限状态下的稳态概率. 在多数情况下, 知道排队系统的稳态概率就足够了. 在极限状态下, 所有的状态概率是常量, 它们的时间微商等于零, $\mathrm{d}P_n(t)/\mathrm{d}t=0$, 因此, 可以假定柯尔莫哥洛夫方程组的左边为零, 得到线性代数方程组, 求解线性代数方程组得到系统稳态概率的解析解, 排队系统有 n 个顾客的概率为

$$P_n = (\lambda/\mu)^n P_0 = (\lambda/\mu)^n(1 - \lambda/\mu) = \rho^n(1 - \rho).$$

求出的排队系统顾客数的概率不是系统的暂态概率, 而是系统的稳态概率, 是时间 $t \to \infty$ 时的极限概率.

模拟一个最简单的单个服务台排队系统 M/M/1/∞/∞/FCFS 的顾客数概率. 假设条件与经典排队论相似, 输入流和服务流都是最简单流. 平均到达率为 $\lambda = 1$, 平均服务率为 $\mu = 4$, 服务强度为 $\rho = \lambda/\mu = 0.25$. 顾客源无限, 顾客单个到来, 相互独立, 相继到达时间间隔 τ 服从指数分布. 排队服务规则 FCFS 表示先到先服务. 各顾客服务相互独立, 服务时间 v 服从指数分布. 系统状态用系统顾客数表示, 直接模拟方法, 事件总数 10^6, 模拟结果如表 15.2 所示. 其中, 解析方法是经典排队论的解析结果, 得到的是稳态概率. 直接模拟方法是根据排队系统实际情况, 离散事件发生在有限时间内, 进行蒙特卡罗模拟, 得到的实际模拟概率是暂态概率. 两者有所不同, 有差别, 差别还相当大, 系统顾客数为零的概率, 直接模拟方法比解析方法小 1 倍, 系统顾客数为非零的概率, 直接模拟方法比解析方法大 1 倍多到 2 倍. 排队系统的顾客数概率是小概率, 随着系统顾客数增大, 直接模拟方法的误差增大, 只能模拟到 11 个顾客, 再大就不能模拟了.

系统顾客数时间分布图见图 15.9, 可见模拟事件发生在有限的时间内, 是处在暂态, 而不是处在稳态, 直接模拟方法得到的系统顾客数概率是暂态概率, 而经典

排队论的解析方法得到的系统顾客数概率是稳态概率, 是时间无限长的极限概率, 两者是有差别的.

表 15.2 蒙特卡罗直接模拟方法的系统顾客数概率

系统顾客数	解析方法稳态概率	直接模拟方法暂态概率	相对误差/%	系统顾客数	解析方法稳态概率	直接模拟方法暂态概率	相对误差/%
0	7.50e-01	3.75e-01	0.13	7	4.58e-05	1.56e-04	8.01
1	1.88e-01	4.68e-01	0.11	8	1.14e-05	4.20e-05	15.4
2	4.69e-02	1.17e-01	0.27	9	2.86e-06	8.00e-06	35.4
3	1.17e-02	2.94e-02	0.57	10	7.15e-07	2.00e-06	70.7
4	2.90e-03	7.57e-03	1.14	11	1.79e-07	1.00e-06	100
5	7.32e-04	1.96e-03	2.26	12	4.47e-08	0.00e-00	NaN
6	1.83e-04	5.19e-04	4.39				

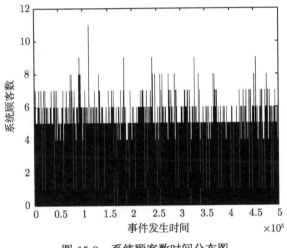

图 15.9 系统顾客数时间分布图

3. 系统顾客数概率估计多级分裂方法

蒙特卡罗方法对复杂性不敏感, 但是对稀有性却很敏感, 当稀有概率小于 10^{-4} 时, 直接模拟方法的误差很大, 甚至无法进行模拟, 得不到系统顾客数概率值. 直接模拟方法, 在事件总数 10^6 下, 只能模拟到系统顾客数等于 12 时, 再大就无法模拟了. 当系统顾客数很大时, 系统顾客数发生是小概率事件, 其发生概率很小, 需要使用多级分裂方法模拟排队系统, 才能得到系统顾客数概率.

多级分裂方法, 根据第 6 章叙述的多级分裂方法, 每级顾客数 Δ= 系统顾客数/分级数. 在 Δ=5 时, 模拟 100 次, 每级的分裂样本数 (总事件数) 为 10^4. 多级分裂方法的系统顾客数概率模拟结果如表 15.3 所示. 系统顾客数越大, 暂态概率比稳态概率高得越多, 高达几个数量级.

表 15.3　多级分裂方法的系统顾客数概率

系统顾客数	解析方法稳态概率	多级分裂方法暂态概率	相对误差/%	系统顾客数	解析方法稳态概率	多级分裂方法暂态概率	相对误差/%
5	7.32e-04	1.88e-03	3.50	50	5.92e-31	5.03e-28	15.3
10	7.15e-07	3.28e-06	5.12	60	5.64e-37	1.80e-33	16.0
15	6.98e-10	6.38e-09	6.22	70	5.38e-43	5.32e-39	15.5
20	6.82e-13	1.20e-11	7.29	80	5.13e-49	1.97e-44	21.8
25	6.66e-16	2.15e-14	8.72	90	4.89e-55	6.19e-50	22.0
30	6.51e-19	4.07e-17	11.1	100	4.67e-61	1.99e-55	20.4
40	6.20e-25	1.43e-22	12.8				

4. 排队长度模拟

一个由两个服务台串联成的服务系统 GI/G/1. 顾客相继到达时间间隔和服务时间服从 U(0,1) 均匀分布. 两个服务台的排队长度如图 15.10 所示. 总事件数 2956, 第二个服务台繁忙时间 490.9 秒, 繁忙率 0.9815.

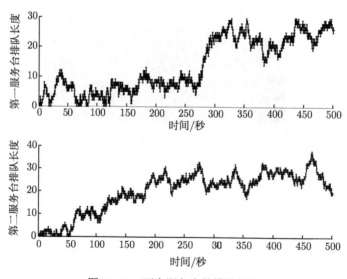

图 15.10　两个服务台的排队长度

15.3.4　库存系统模拟

1. 库存系统

库存系统包括确定性库存系统和随机性库存系统. 库存系统是研究合理的库存

量和存贮策略, 什么时候补充库存, 补充多少数量, 根据目标函数, 寻求最优存贮策略. 库存系统包括下面三个部分:

(1) 需求. 需求是缺货量, 是库存系统的输入.

(2) 存贮. 存贮包括存贮策略和存贮费用.

(3) 订货. 订货是补充, 是库存系统的输出.

库存系统如图 15.11 所示.

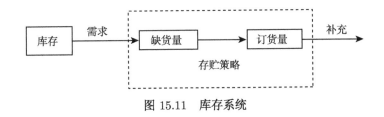

图 15.11　库存系统

补充中的订货到达时间间隔和订货交付时间, 可以是随机变量. 订货交付时间是指从订货到货物进入库存的时间, 也称为滞后时间. 费用包括订货费、保管费和缺货费. 目标函数为平均费用或平均利润. 需求量可以是随机变量. 订货到达时间间隔、订货交付时间和需求量服从某一概率分布. 存贮策略用 (s, S) 表示, s 为订货点, S 为库存水平. 净库存量为 $I(t), I(t=0)=S, I(t)=S-Q$. 如果净库存量 $I(t)<s$, 则订货. 订货量 $Q=S-I(t)=S-s$, 库存水平 $S=Q+I(t)=Q+s$. 由订货点 s 可以确定订货时间。单位时间的费用为

$$C = c_1 S + c_2 f_{neg} + c_3 f_{ord},$$

式中, c_1, c_2, c_3 为常数, f_{neg} 为净库存为负的时间分额, f_{ord} 为单位时间订货次数.

对典型的库存系统模型, 有解析方法. 但是对复杂的库存系统, 由于随机因素太复杂, 一般解析方法很困难. 需求量、订货到达时间间隔和订货交付时间都是随机变量, 服从某一概率分布, 可用直接模拟方法模拟.

2. 库存系统模拟

例如模拟时间 90 天, 存贮策略 (s,S)=(10,40), c_1=5,c_2=500,c_3=100. 需求量服从均匀分布 U(0,10), 订货到达时间间隔服从指数分布 Exp(1/5), 订货交付时间 (滞后时间) 服从 U(5,10) 均匀分布. 模拟结果如图 15.12 所示, 上图表示库存水平随时间的变化, 下图表示净库存随时间的变化. 单位时间的费用为 245.

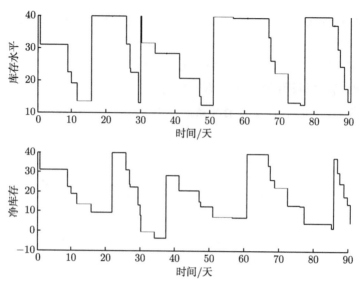

图 15.12　库存水平和净库存随时间的变化

15.3.5　修理系统模拟

1. 修理系统

修理系统由 n 台机器和 m 个修理工组成, $m \leqslant n$. 机器出故障, 立即送去修理, 先到先修理, 可能出现机器排队等待修理的情况. 机器的故障和修理时间服从某一概率分布. 机器故障和修理时间假定相互独立. 修理系统如图 15.13 所示.

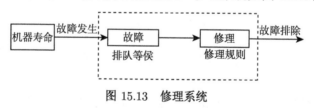

图 15.13　修理系统

修理系统有两类事件, 一是机器故障事件, 一是修理事件. 修理系统状态有等待修理机器数的排队 Q_t, 闲着的修理工数 R_t, 出故障的机器数 F_t. 因此, 忙着修理工数为 $m - R_t$, 工作着的的机器数为 $n - F_t$.

2. 修理系统模拟

例如模拟时间 8 小时, 修理系统有 8 台机器和 4 个修理工. 由于机器寿命有限发生故障服从韦伯分布 $\text{Weib}(\alpha, 1)$, $\alpha = 1, 2 \cdots, 8$, 修理时间服从均匀分布 $\text{U}(0,1)$. 模拟结果, 平均有 2.85 个修理工忙着, 平均有 5 台机器工作着, 忙着的修理工数和工作着的机器数随时间变化如图 15.14 所示.

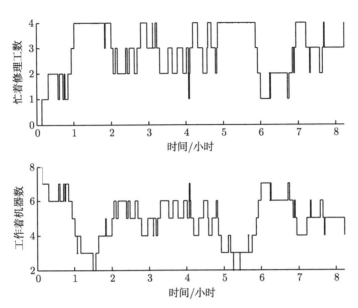

图 15.14　忙着修理工数和工作着机器数随时间变化

参 考 文 献

代文彬, 张运陶. 2007. Monte Carlo 化学动力学程序的 MATLAB 实现及其应用. 西华师范大学学报 (自然科学版),28(1): 103-107.

韩松臣. 2001. 导弹武器系统效能分析的随机理论方法. 北京: 国防工业出版社.

康崇禄. 2003. 国防系统分析方法. 北京: 国防工业出版社.

康崇禄. 2009. 武器性能分析方法. 北京: 解放军出版社.

马文淦. 2005. 计算物理学. 北京: 科学出版社.

裴鹿成, 等. 1989. 计算机随机模拟. 长沙: 湖南科学技术出版社.

许淑艳. 2006. 蒙特卡罗方法在实验核物理中的应用. 北京: 原子能出版社.

赵得禄, 吴大诚. 1984. 聚合物降解的 Monte Carlo 研究. 数学的实践与认识, 3:18-21.

周哲人, 梁得海, 左榘. 2001. 凝胶化反应中溶剂效应的计算机模拟. 高分子材料科学与工程, 17(5): 16-19.

Kroese D P, Taimre T, Botev Z I. 2011. Handbook of Monte Carlo methods. New York:John Wiley & Sons.

Landau D P and Binder K. 2005. A Guide to Monte Carlo Simulation in Statistical Physics. 2nd ed,Cambridge: Cambridge University Press.

Weinzierl S. 2000. Introduction to Monte Carlo methods. NIKHEF-00-012, arXiv:hep-ph /0006269v1.

索　引